阿拉善植物图鉴

冯 起 邱华玉 司建华 席海洋 鱼腾飞 等 著

科 学 出 版 社

北 京

内 容 简 介

本书在大量野外采集标本和拍照的基础上，记录了阿拉善地区植物93科388属913种，其中，蕨类植物6科7属13种，裸子植物3科5属14种，被子植物84科376属886种。按照《中国植物志》进行了系统排列，同时参照《中国生物物种名录》(2020版)对部分植物科属种名进行了修订，每个植物种配有特征描述、生态类型及分布区域，以便对照查询。

本书可供农业、林业、畜牧业、医药业、环境保护、植物学等方向科技工作者与高等院校相关专业的师生及自然保护区管理人员参考使用。

图书在版编目（CIP）数据

阿拉善植物图鉴/冯起等著. —北京：科学出版社，2022.6
ISBN 978-7-03-064078-9

Ⅰ. ①阿…　Ⅱ. ①冯…　Ⅲ. ①植物-阿拉善盟-图集　Ⅳ. ①Q948.522.62-64

中国版本图书馆CIP数据核字（2020）第015427号

责任编辑：杨向萍　汤宇晨 / 责任校对：任苗苗
责任印制：师艳茹 / 封面设计：陈　敬

科学出版社出版
北京东黄城根北街16号
邮政编码：100717
http://www.sciencep.com
北京九天鸿程印刷有限责任公司印刷
科学出版社发行　各地新华书店经销
*
2022年6月第　一　版　开本：889×1194　1/16
2022年6月第一次印刷　印张：40　1/4
字数：1 500 000

定价：698.00元

前言

阿拉善地区位于内蒙古自治区最西部，四周群山环绕，狼山余脉罕乌拉山和雅布赖山等干燥剥蚀山地的插入，将之分割为大小不等的几个盆地，盆地中心被以流动沙丘为主的巴丹吉林、腾格里、乌兰布和三大沙漠覆盖。在阿拉善盟 27 万 km^2 的土地中，荒漠化土地面积达 16.8 万 km^2，占全盟土地总面积的 60% 以上，是我国西北强沙尘暴主要策源地之一。除三大沙漠外，黑河下游额济纳河沿岸绿洲，东西绵延 800km 的梭梭林带，贺兰山天然次生林及沿贺兰山西麓分布的滩地、固定和半固定沙地，共同构成了阿拉善地区的三大生态屏障，是我国西北地区的重要生态防线。虽然阿拉善地区干旱少雨，但抗旱植物种分布较多，结合野外考察植物群落的调查资料，在阿拉善荒漠及贺兰山、龙首山低山带，共有种子植物 800 多种。因此，为了更好地开展阿拉善地区不同立地条件下的生态治理，植物种调查和标本采集工作尤为重要。

关于阿拉善植物研究，主要著作有《内蒙古植物志》（第一～八卷）、《内蒙古维管植物检索表》（2014 年）、《祁连山维管植物彩色图谱》（2013 年）、《阿拉善荒漠区种子植物》（2011 年）、《内蒙古维管植物图鉴》（双子叶植物卷，2015 年）、《内蒙古维管植物图鉴》（蕨类植物、裸子植物和单子叶植物卷，2017 年）、《贺兰山植物志》（2011 年）、《内蒙古阿拉善右旗植物图鉴》（2010 年）等，本书基于以上著作编纂完成，内容新、种类多、图片清晰。

冯起、邱华玉等学者，跋山涉水、痴迷执着，历经 10 年之久，对阿拉善地区植物进行了全面系统地考察采集和整理鉴定，每个物种都配有 1~6 张不同角度或不同器官的彩色照片，突出了植物的分类特征和识别要点。对阿拉善地区物种丰富地区进行了多次重点调查，先后在吉兰泰盐池、雅布赖盐池、洪果尔山、阿克雷山、宗乃山－雅布赖山、北大山、巴丹吉林沙漠、腾格里沙漠、乌兰布和沙漠、黄河沿岸土质平地等地区采集植物图片，共采集 7 万余张，从中选出 913 种（亚种、变种）植物的 2800 余张照片，著成本书。

本书以图片为主，直观鲜活，有利于识别鉴定物种。本书不仅直观地展示出了阿拉善地区植物类群的多样性，方便教学与科研，而且为开发利用阿拉善地区的植物资源和基因资源架设了一条信息通道，也为深入研究和保护干旱荒漠等边缘过渡区的特殊植物区系提供了方便，还为揭示我国植物区系的发生和发展增添了重要的资料。本书在大量野外采集标本和拍照的基础上，整理了阿拉善地区植物 93 科 388 属 913 种，其中，蕨类植物 6 科 7 属 13 种，裸子植物 3 科 5 属 14 种，被子植物 84 科 376 属 886 种，按照《中国植物志》进行了系统排列，同时参照《中国生物物种名录》（2020 版）对部分植物种、属和科名进行了修订。盆果虫实、无刺刺藜、红腺大戟、热河芦苇等植物为《内蒙古维管植物图鉴》（蕨类植物、裸子植物和单子叶植物卷）、《贺兰山植物志》收录。每个植物种配有外部识别特征描述，以便对照查询，配有茎、叶、花等特征照片，注明了分布地区，是一部系统描述阿拉善植物多样性的图书，可以为完善我国植物图鉴数据库提供详细资料，也可以为丝绸之路经济带生态保护提供数据支撑。阿拉善植物图鉴数据库的建立给国家战略植物资源的保育建设提供了极大的便利。书后附有植物中文名和拉丁名索引，以便读者检索。

在本书即将付梓之时，特别感谢前辈们及同行，没有他们的鼓励、支持及学术上的帮助，本书难以完成。感谢中国科学院西北生态环境资源研究院阿拉善荒漠生态水文试验研究站同仁的大力支持。同时，感谢阿拉善盟林业局、贺兰山自然保护区管理局、额济纳旗林业和草原局及林业工作站、阿拉善左旗林业工作站工作人员对野外工作提供的帮助。

本书的编纂与出版得到了国家重点研发计划项目“西北内陆区水资源安全保障技术集成与应用”（2017YFC0404300）、“甘肃祁连山生态环境研究中心建设项目”、甘肃省重大专项“祁连山涵养水源生态系统与水文过程相互作用及其对气候变化的适应研究”(18JR4RA002)、甘肃省重点项目“黑河流域土地沙漠化与生态修复技术跨境研究”(17YF1WA168)、内蒙古自治区科技重大专项“巴丹吉林沙漠脆弱环境形成机理及安全保障体系”（zdzx2018057）、中国科学院“中年拔尖科学家”项目“气候变化对西北干旱区水循环的影响及水资源安全研究”（QYZDJ-SSW-DQC031）的支持，在此表示感谢。

植物图鉴的编纂与出版是以植物分类学知识为学术支撑的工作，野外调研和采集过程中需要查阅大量植物物种的资料，工作量巨大，加之作者水平有限，本书可能存在不足之处，恳请读者批评指正。

作　者

2021年12月

目　录

卷柏属 *Selaginella* P. Beauv.

红枝卷柏 *Selaginella sanguinolenta* (L.) Spring　　别名：圆枝卷柏

多年生草本，株高10~25cm；植株密生，灰绿色，茎细而坚实，圆柱形，斜升，下部少分枝，常为鲜红色，上部密生分枝。叶紧贴于茎上，覆瓦状排列，长卵形，长1.4~1.6mm，宽0.6~0.8mm，基部稍下延而抱茎，边缘具狭的膜质白边，有微锯齿，背部呈龙骨状凸起，先端有钝凸尖。孢子囊穗单生于枝顶端，四棱形，长1~5cm，径1~1.5mm；孢子叶卵状三角形，长1.4~1.5mm，宽0.7~1mm，背部龙骨状突起，边缘干膜质，有微齿，先端急尖。

中生植物。常生于海拔1400~3450m的山坡岩石上。

阿拉善地区分布于贺兰山。我国分布于东北、华北、西北、西南等地。俄罗斯、蒙古也有分布。

中华卷柏 *Selaginella sinensis* (Desv.) Spring

多年生草本，株高15~45cm，植株平铺地面。茎坚硬，圆柱形，二叉分枝，禾秆色。主茎和分枝下部的叶疏生，螺旋状排列，鳞片状，椭圆形，黄绿色，贴伏茎上，长1.5~2mm，宽0.9~1mm，边缘具厚膜质白边，一侧有长纤毛，另一侧具短纤毛或近于全缘，先端钝尖。分枝上部的叶4行排列，背叶2列，矩圆形，长约1.5mm，宽约1mm，先端圆形，边缘具厚膜质白边，内侧边缘下方具长纤毛，外侧纤毛较短；腹叶2列，矩圆状卵形，长1~1.5mm，宽0.8~1mm，叶缘同侧叶，先端钝尖，基部宽楔形。孢子囊穗四棱形，无柄，单生于枝顶，长3~7mm，径1~1.5mm；孢子叶卵状三角形或宽卵状三角形，具厚膜质白边，有纤毛状锯齿，背部龙骨状突起，先端长渐尖，大孢子叶稍大于小孢子叶；孢子囊单生于叶腋，大孢子囊少数，常生于穗下部。

中生植物。常生于海拔100~2800m的灌丛中岩石或土坡上。

阿拉善地区分布于贺兰山。我国特有种，分布于东北、华北、西北、华中、华东等地。

木贼科 Equisetaceae

木贼属 *Equisetum* L.

问荆 *Equisetum arvense* L.

多年生草本。根状茎匍匐，具球茎，向上生出地上茎。茎二型，生殖茎早春生出，淡黄褐色，无叶绿素，不分枝，高 8~25cm，粗 1~3mm，具 10~14 条浅肋棱。叶鞘筒漏斗形，长 5~17mm，叶鞘齿 3~5，棕褐色，质厚，每齿由 2~3 小齿连合而成；孢子叶球有柄，长椭圆形，钝头，长 1.5~3.3cm，粗 5~8mm；孢子叶六角盾形，下生 6~8 个孢子囊。孢子成熟后，生殖茎渐枯萎，营养茎由同一根茎生出，绿色，高 25~40cm，粗 1.5~3mm，中央腔径约 1mm，具肋棱 6~12 条，沿棱具小瘤状突起，槽内气孔 2 纵列，每列具 2 行气孔；叶鞘筒长 7~8mm，鞘齿条状披针形，黑褐色，具膜质白边，背部具 1 浅沟。分枝轮生，3~4 棱，斜升挺直，常不再分枝。

中生植物。常生于海拔 3700m 以下的草地、河边、沙地。

阿拉善地区分布于贺兰山。我国分布于东北、华北、西北、西南、华中等地。北半球温带和寒带地区均有分布。

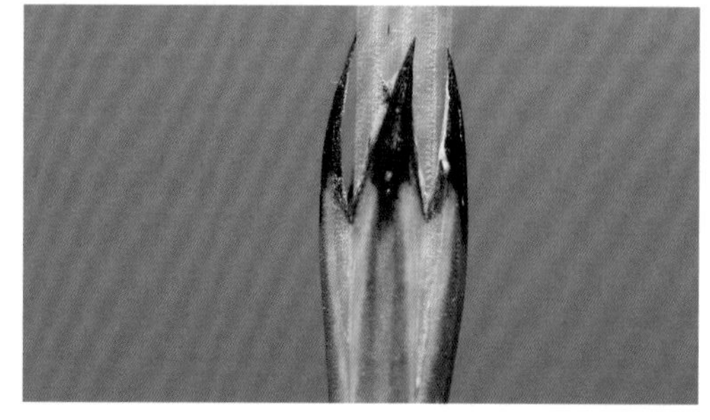

节节草 *Equisetum ramosissimum* Desf. 别名：土木贼、土麻黄、草麻黄

多年生草本，株高25~75cm。根状茎黑褐色，地上茎灰绿色，粗糙，粗1.5~4.5mm，中央腔径1~3.5mm；节上轮生侧枝1~7，或仅基部分枝，侧枝斜展；主茎具肋棱6~16条，沿棱脊有疣状突起1列，槽内气孔2列，每列具2~3行气孔；叶鞘筒长4~12mm，鞘齿6~16枚，披针形或狭三角形，背部具浅沟，先端棕褐色，具长尾，易脱落。孢子叶球顶生，无柄，矩圆形或长椭圆形，长5~15mm，径3~4.5mm，顶端具小凸尖。

中生植物。常生于海拔100~3300m的沙地、草原。

阿拉善地区分布于阿拉善左旗、阿拉善右旗等地。我国广泛分布于各地。亚洲其他地区、欧洲、北非及北美洲也有分布。

凤尾蕨科 Pteridaceae

粉背蕨属 *Aleuritopteris* Fée

银粉背蕨 *Aleuritopteris argentea* (S.G.Gmel.) Fée 别名：五角叶粉背蕨

多年生草本，株高15~25cm。根状茎直立或斜升，被有亮黑色披针形的鳞片，边缘红棕色。叶簇生，厚纸质，上面暗绿色，下面有乳白色或淡黄色粉粒；叶柄长6~20cm，栗棕色，有光泽，基部疏被鳞片，向上光滑；叶片五角形，长5~6cm，宽与长约相等；羽片3~5对，基部一对羽片最大，无柄，长2~5cm，宽2~3.5cm，近直角三角形；小羽片3~4对，条状披针形或披针形，羽轴下侧的小羽片较上侧的大，基部下侧1片特大，长1~3cm，宽5~15mm，浅裂，其余向上各片渐小，稍有齿或全缘；叶脉羽状，侧脉2叉，不明显。孢子囊群生于小脉顶端，成熟时汇合成条形；囊群盖条形连续，厚膜质，全缘或略有细圆齿；孢子圆形，周壁表面具颗粒状纹饰。

旱生植物。常生于海拔1400~3900m的灌丛间岩石缝或路边墙缝隙中。

阿拉善地区分布于贺兰山。我国广泛分布于各地。日本、朝鲜、蒙古、俄罗斯东部、印度、缅甸北部也有分布。

冷蕨科 Cystopteridaceae

 冷蕨属 *Cystopteris* Bernh.

冷蕨 *Cystopteris fragilis* (L.) Bernh.

多年生草本，株高13~30cm。根状茎短而横卧，密被宽披针形鳞片。叶近生或簇生，薄草质；叶柄长6~15cm，禾秆色或红棕色，光滑无毛，基部常被少数鳞片；叶片披针形、矩圆状披针形或卵状披针形，长10~22(32)cm，宽(4)5~8cm，二回羽状或三回羽裂；羽片8~12对，彼此远离，基部一对稍缩短，披针形或卵状披针形，中部羽片长2~5cm，宽1~2cm，先端渐尖，基部具有狭翅的短柄，一至二回羽状；小羽片4~6对，卵形或矩圆形，长5~9(12)mm，宽3~9mm，先端钝，基部不对称，下延，彼此相连，羽状深裂或全裂，末回小裂片矩圆形，边缘有粗锯齿；叶脉羽状，每齿有小脉1条。孢子囊群小，圆形，生于小脉中部；囊群盖卵圆形，膜质，基部着生，幼时覆盖孢子囊群，成熟时被压在下面；孢子具周壁，表面具刺状纹饰。

中生植物。常生于海拔210~4800m的山沟、阴坡石缝中或林下岸壁阴湿处。

阿拉善地区分布于贺兰山。我国分布于东北、华北、西北、四川、云南、西藏、台湾等地。欧洲、北美洲、亚洲东部其他地区也有分布。

欧洲冷蕨 *Cystopteris sudetica* A. Br. & Milde

多年生草本，株高15~25cm。根状茎细长而横走，褐黑色，疏被宽卵形鳞片。叶远生；叶柄长10~17cm，淡绿色，下部褐色，疏被淡褐色鳞片；叶片三角形，长6~9cm，宽2~3cm，先端渐尖，三回深羽裂；羽片三角状披针形或矩圆状披针形，基部一对最大，有柄，长约5cm，宽约3cm，二回羽裂；小羽片披针形，长1~1.5cm，宽5~10mm，羽状深裂，裂片矩圆形，先端钝，边缘有细锯齿；叶脉羽状，每裂齿有1条小脉。孢子囊群小，圆形，生于小脉中部稍下处；囊群盖近圆形，以基部着生；孢子较小，周壁表面具刺状纹饰。

中生植物。常生于海拔900~3300m的山沟阴湿石缝中。

阿拉善地区分布于贺兰山、龙首山。我国分布于东北、内蒙古、河北、山西、四川、云南、西藏等地。日本、朝鲜、俄罗斯也有分布。

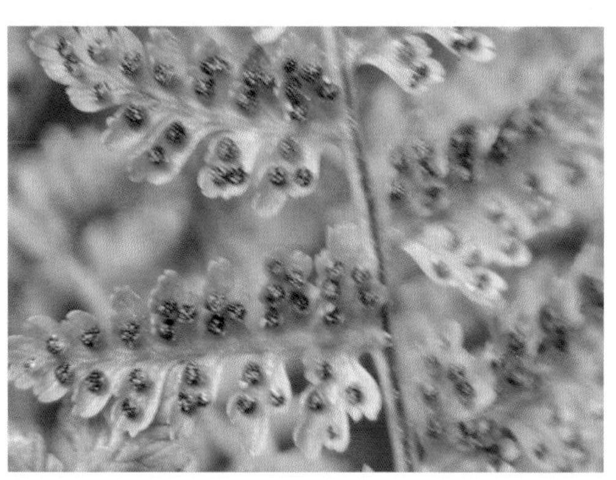

高山冷蕨 *Cystopteris montana* (Lam.) Bernh. ex Desv.

多年生草本，株高20~30cm。根状茎细长横走，黑褐色，无毛，疏生淡棕色的卵形鳞片。叶远生；叶柄长15~22cm，为叶片长的1~2倍，疏生淡棕色的卵形鳞片，向上禾秆色；叶片近五角形，长8~12cm，宽小于长，先端渐尖，四回羽状或羽裂；羽片8~10对，下部的近对生，向上互生，基部一对小羽片最大，三角形，基部偏斜；小羽片6~8对，羽轴下侧的小羽片较上侧的长，基部下侧第一对小羽片最大，长为上侧羽片的2~3倍，两侧不对称，近平角，向下展开；二回小羽片卵形，基部常下延，与小羽轴合生，末回裂片卵形，先端圆钝，近对生，斜展，以狭翅相连，羽裂，羽脉网状，主脉稍曲折，小脉单一，稀二叉，伸向裂齿末端微凹处，羽轴及羽脉多少具毛或短腺毛。孢子囊群圆形，裂片3~7枚，黄棕色，生于小脉中部，每齿1枚；囊群盖近圆形，孢子表面具短刺状或疣状突起。

中生植物。常生于海拔1700~4500m的高山林下潮湿地。

阿拉善地区分布于贺兰山。我国分布于内蒙古、山西、陕西、宁夏、甘肃、青海、新疆、云南、西藏、河南、台湾等地。日本、朝鲜半岛、俄罗斯、印度北部、巴基斯坦东部及北美洲也有分布。

羽节蕨属 *Gymnocarpium* Newman

羽节蕨 *Gymnocarpium jessoense* (Koidz.) Koidz.

多年生草本，株高25~50cm。根状茎细长而横走，幼时被卵状披针形棕色鳞片，老时脱落。叶远生；草质，光滑，羽片和叶轴连接处密生灰白色腺体；叶柄长15~30cm，禾秆色，基部疏被鳞片，向上光滑；叶片卵状三角形，长大于宽，长15~33cm，渐尖头，三回羽状；羽片7~9对，对生，斜向上，相距2~7cm，基部一对最大，长三角形，有短柄，长7~15cm，宽4~10cm，二回羽状；一回小羽片7~9对，斜向上，羽轴下侧小羽片较上侧的稍大，基部一对最大，三角状披针形或矩圆状披针形，尖头，基部圆截形，长3~6cm，宽12~25mm，羽状深裂，裂片矩圆形，先端圆钝，边缘具浅圆齿；叶脉羽状，分叉。孢子囊群小，圆形，背生于侧脉上部、靠近叶边，沿脉两侧各成1行；无囊群盖；孢子具半透明的周壁，具褶皱，表面具小穴状纹饰。

中生植物。常生于海拔450~3975m的林下阴湿处或山坡。

阿拉善地区分布于贺兰山。我国分布于黑龙江、内蒙古、山西、陕西、甘肃、青海、新疆、四川、云南、西藏等地。俄罗斯、日本、朝鲜、印度、阿富汗、巴基斯坦均有分布。

铁角蕨属 *Asplenium* L.

北京铁角蕨 *Asplenium pekinense* Hance　　别名：小叶鸡尾草、小凤尾草

多年生草本，株高 7~15cm。根状茎短而直立，顶端密被黑褐色狭披针形的鳞片，鳞片粗筛孔，基部着生处具棕色长毛。叶簇生，坚草质，光滑无毛；叶柄长 2~3cm，绿色，基部被有与根状茎相同的鳞片，向上到叶轴疏生黑褐色纤维状小鳞片；叶片披针形，长 5~9cm，宽 1.5~2.5cm，二回羽状；羽片 8~10 对，互生或近对生，有短柄，相距 5~12mm，基部羽片稍短，中部羽片长 10~13mm，宽 6~9mm，三角状或菱状卵形，基部楔形，不对称，一回羽裂；裂片 2~3 对，基部上侧 1 片最大，与叶轴平行，长约 5mm，宽约 2mm，先端常具 5 锐尖锯齿，基部楔形，其余浅裂，裂片先端均具锐尖锯齿；叶脉羽状分枝，每裂片有 1 小脉，伸达齿顶端。孢子囊群矩圆形，每裂片有 1~3 枚；囊群盖条形，灰白色、膜质、全缘。

中生植物。常生于海拔 380~3900m 的山谷石缝中。

阿拉善地区分布于贺兰山。我国分布于长江以南各地，北至华北和西北等地。朝鲜、日本也有分布。

西北铁角蕨 *Asplenium nesii* Christ

多年生草本，株高 5~15cm。根状茎短，直立，顶端连同叶柄基部被墨褐色披针形的全缘鳞片。叶簇生，坚草质，两面无毛；叶柄长 1~5cm，绿色，近基部呈褐色或栗黑色，疏生褐色条状披针形鳞片；叶片披针形，长 3~8cm，宽 1~2cm，先端渐尖，二回深羽裂至全裂；羽片 8~12 对，下部几对不缩短，互生或近对生，相距 5~10mm，斜三角状矩圆形或三角状卵形，中部羽片长 5~10mm, 宽 3~5mm，钝头，基部斜楔形，不对称，羽状全裂或深裂；小羽片或裂片 3~4 对，上先出，基部上侧一片较大，向上渐小，倒卵形，顶端有 3~5 粗钝齿，两侧全缘；叶脉羽状，侧脉 2~3 叉，每裂片有 1 条小脉。孢子囊群矩圆形，每裂片 1~3 枚，靠近主脉或羽轴；囊群盖半月形，灰白色、膜质、全缘；孢子周壁具较密的褶皱。

中生植物。常生于海拔 1100~4000m 的干旱石缝中。

阿拉善地区分布于贺兰山。我国分布于内蒙古、河北、山西、陕西、甘肃、宁夏、青海、新疆、西藏等地。印度、巴基斯坦、阿富汗、伊朗也有分布。

水龙骨科 Polypodiaceae

瓦韦属 *Lepisorus* (J. Sm.) Ching

粗柄瓦韦 *Lepisorus crassipes* Ching & Y. X. Lin

多年生草本，株高 5~18cm。根状茎横走，密被鳞片，鳞片深棕色，卵状披针形，先端渐尖，具长毛发状长尾，边缘有长的刺状突起，筛孔大而透明。叶近生；叶柄长 (0.5)1~3cm，禾秆色，基部被鳞片，向上光滑；叶片宽条状披针形，长 3~13cm，宽 4~9(13)mm，向顶端通常不变狭，圆头（少为钝尖头），基部渐变狭，楔形下延，干后薄纸质，灰绿色；叶脉网状，内藏小脉单一或分叉，不明显。孢子囊群圆形，生于主脉和叶边之间，幼时有黑褐色盾状隔丝覆盖。

中生植物。常生于海拔 2400~2700m 的林下岩石上或山坡阴湿岩石缝中。

阿拉善地区分布于贺兰山。我国分布于内蒙古、河北、陕西、甘肃、青海、四川、重庆、湖北等地。

有边瓦韦 *Lepisorus marginatus* Ching

多年生草本，株高18~25cm。根状茎横走，粗约2.4mm，褐色，密被棕色软毛和鳞片，鳞片近卵形，网眼细密透明，棕褐色，基部通常有软毛粘连，老时软毛易脱落。叶近生或远生；叶柄长2~7(10)cm，禾秆色，光滑；叶片披针形，长15~25cm，中部最宽，通常2~3(4)cm，渐尖头，向基部渐变狭并长下延，叶边有软骨质的狭边，干后呈波状，少反折，软革质，两面均为灰绿色，上面光滑，下面少有卵形棕色小鳞片贴生；主脉上下均隆起，小脉不见。孢子囊群圆形或椭圆形，着生于主脉与叶边之间，彼此远离，相距约等于1.5~2个孢子囊群体积，在叶片下面高高隆起，在上面呈穴状凹陷，幼时被棕色圆形的隔丝覆盖。

中生植物。常生于海拔920~3000m的山地。

阿拉善地区分布于贺兰山。我国分布于内蒙古、河北、山西、陕西、甘肃、湖北、河南等地。

松　　科　Pinaceae

云杉属 *Picea* A. Dietrich

大果青扦 *Picea neoveitchii* Mast.　　别名：青杄杉

常绿乔木，树高20m，胸径可达50cm；树皮暗灰色，裂成不规则鳞片脱落，树冠塔形。一年生枝淡灰褐色或淡黄灰色，无毛，稀疏生短毛；二或三年生枝淡灰色或灰色；冬芽卵圆形，黄褐色或灰褐色，无树脂；小枝基部宿存的芽鳞不反曲。叶四棱状锥形，长8~13mm，宽1.2~1.7mm，先端尖，横断面四棱形或扁菱形，每面各有气孔线4~6条，微具白粉。球果卵状圆柱形或椭圆状长卵形，长4.5~8cm，径2~2.5cm，种鳞成熟前绿色，成熟后淡黄褐色或淡褐色；中部种鳞倒卵形，长14~20mm，宽10~14mm，种鳞上部圆形或有急尖头，或呈钝三角形，背面无明显的条纹；苞鳞匙形或条形，长约5mm；种子倒卵形，暗褐色，长4~5mm，连翅长10~16mm。花期5月，球果成熟期9~10月。

中生植物。常生于海拔1400~1750m的山地阴坡或半阴坡，常成纯林或与其他针叶树、阔叶树成混交林。

阿拉善地区分布于贺兰山。我国特有种，分布于内蒙古、河北、山西、陕西、甘肃、青海、四川、湖北等地。

青海云杉 *Picea crassifolia* Kom.

常绿乔木，树高达 23m，胸径可达 60cm。一年生枝淡绿黄色，后变淡粉红色或粉红褐色；二或三年生枝粉红色或褐黄色，无毛或有疏毛，被白粉或无白粉；冬芽圆锥形，淡褐色，无树脂；小枝基部芽鳞宿存，先端向外反曲。叶四棱状锥形，长 1.2~2.2cm，宽 2~2.5mm，先端钝或钝尖，横断面四方形，上面每侧有气孔线 5~7 条，下面每侧有气孔线 4~6 条；小枝上面的叶向上伸展，下面和两侧的叶向上弯伸。球果圆锥状圆柱形或矩圆状圆柱形，长 7~11mm，径 2~3mm；幼球果紫红色，直立，成熟前种鳞绿色，上部边缘仍呈紫红色，成熟时褐色；中部种鳞倒卵形，先端圆形，边缘呈波状或全缘；苞鳞三角状匙形；种子倒卵形，褐色，长约 4mm，连翅长约 14mm。花期 5 月，球果成熟期 9 月。

中生植物。常生于海拔 1750~3100m 的山地阴坡和半阴坡及潮湿的谷地，常成纯林，或与白桦、山杨成混交林，为寒湿性暗针叶林的建群种。

阿拉善地区分布于贺兰山、龙首山。我国特有种，分布于内蒙古、甘肃、青海、宁夏等地。

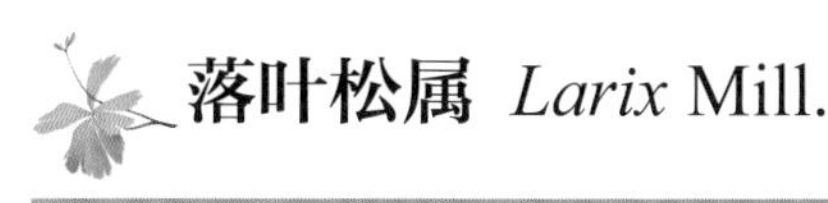

落叶松属 *Larix* Mill.

华北落叶松（变种）*Larix gmelinii* var. *principis-rupprechtii* (Mayr) Pilg.

落叶乔木，树高达30m，胸径达1m；树皮灰褐色或棕褐色，纵裂成不规则小块片状脱落；树冠圆锥形。一年生长枝淡褐色或淡褐黄色，幼时有毛，后脱落，被白粉，径1.5~2.5mm；二或三年生枝灰褐色或暗灰褐色；短枝灰褐色或暗灰色，径3~4mm，顶端叶枕之间有黄褐色柔毛。叶窄条形，先端尖或钝，长1.5~3cm，宽约1mm，上面平，稀每边有1~2条气孔线，下面中肋隆起，每边有2~4条气孔线。球果卵圆形或矩圆状卵形，长2~4cm，径约2cm，成熟时淡褐色，有光泽；种鳞26~45枚，背面光滑无毛，不反曲，中部种鳞近五角状卵形，先端截形或微凹，边缘有不规则细齿；苞鳞暗紫色，条状矩圆形，不露出，长为种鳞的1/2~2/3；种子斜倒卵状椭圆形，灰白色，长3~4mm，连翅长10~12mm。花期4~5月，球果成熟期9~10月。

中生植物。常生于海拔2800m以下的山坡。

阿拉善地区分布于贺兰山。我国特有种，分布于内蒙古、山西、河北、四川等地。

松属 *Pinus* L.

油松 *Pinus tabulaeformis* Carrière

常绿乔木，树高达25m，胸径可达1.8m；树皮深灰褐色或褐灰色，裂成不规则较厚的鳞状块片，裂缝及上部树皮红褐色。一年生枝较粗，淡灰黄色或淡红褐色，无毛，幼时微被白粉；冬芽圆柱形，顶端尖，红褐色，微具树脂，芽鳞边缘有丝状缺裂。针叶2针一束，长6.5~15cm，径约1.5mm，粗硬，不扭曲，边缘有细锯齿，两面有气孔线，横断面半圆形；叶鞘淡褐色或淡黑褐色，宿存，有环纹。球果卵球形或圆卵形，长4~9cm，成熟前绿色，成熟时淡橙褐色或灰褐色，留存树上数年不落；鳞盾多呈扁菱形或菱状多角形，肥厚隆起或微隆起，横脊显著，鳞脐有刺，不脱落；种子褐色，卵圆形或长卵圆形，长6~8cm，径4~6cm，连翅长15~18mm。花期5月，球果成熟于翌年9~10月。

中生植物。常生于海拔约2300m的山坡、河旁。

阿拉善地区分布于贺兰山。我国分布于吉林、辽宁、内蒙古、河北、河南、山西、陕西、甘肃、宁夏、青海、四川北部、山东等地。朝鲜也有分布。

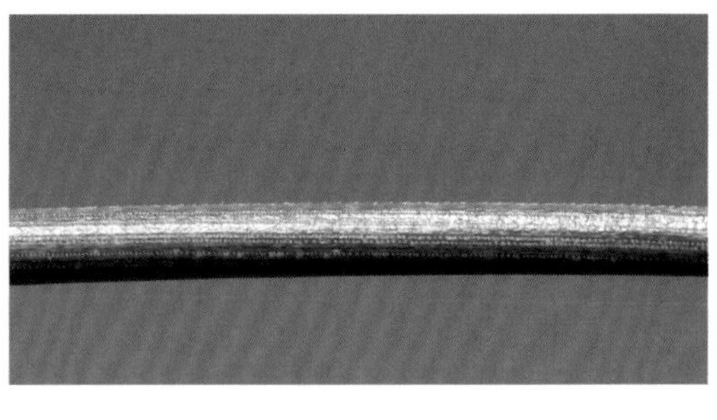

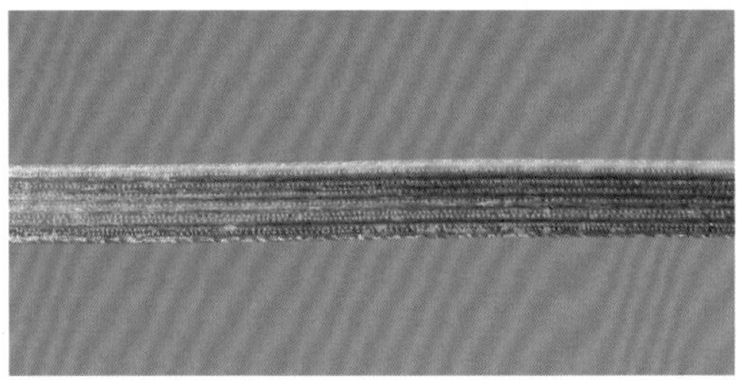

柏　　科 Cupressaceae

刺柏属 *Juniperus* L.

圆柏 *Juniperus chinensis* L.　　别名：桧柏

常绿乔木，树高达 20m，胸径达 3.5m；树皮灰褐色，纵裂条片脱落；树冠塔形。叶二型，刺叶 3 叶交叉轮生，长 6~12mm，先端渐尖，基部下延，上面微凹，有两条白粉带，下面拱圆；鳞叶交叉对生或 3 叶轮生，菱状卵形，排列紧密，长 1.5~2mm，先端钝或微尖，下面近中部具椭圆形的腺体。雌雄异株，稀同株；雄球花黄色，椭圆形，雄蕊 5~7 对，常 3~4 花药。球果近圆球形，成熟前淡紫褐色，成熟时暗褐色，径 6~8mm，被白粉，微具光泽，有 2~4 粒种子，稀 1 粒种子；种子卵圆形，黄褐色，微具光泽，长约 6mm，具棱脊及少数树脂槽。花期 5 月，球果成熟于翌年 10 月。

中生植物。常生于海拔 1300m 以下的山坡丛林中。

阿拉善地区分布于贺兰山。我国分布于黑龙江、内蒙古、河北、山西、陕西、甘肃、四川、贵州、云南、河南、湖北、安徽、江苏、山东、江西、浙江、福建、台湾、广东、广西等地。朝鲜、日本也有分布。

祁连圆柏 *Juniperus przewalskii* Kom.

常绿乔木，树高达 4m；树皮灰色或灰褐色，裂成条片脱落。生鳞叶的小枝近方形或圆柱形，直或稍弧状弯曲，径 1~2mm。叶二型，鳞叶排列较疏或较密，交互对生，菱状卵形，长 1~2.5mm，多少被蜡粉，先端尖或微尖，基部或近基部有圆形、卵圆形或椭圆形腺体；刺叶 3 叶轮生，斜展，长 4~7mm，上面凹，有白粉带，中脉隆起，下面拱圆或具钝脊。雌雄同株。球果卵圆形或近球形，长 8~14mm，成熟前绿色，成熟时蓝褐色、蓝黑色或黑色，微具光泽，内有 1 粒种子；种子扁球形或近球形，径 7~10mm，两端平截或微凹，表面具有或深或浅不规则的树脂槽，两侧有明显凸起的棱脊。

中生植物。常生于海拔 2800~3000m 的山地阳坡。

阿拉善地区分布于龙首山。我国特有种，分布于内蒙古、青海、甘肃、四川北部等地。

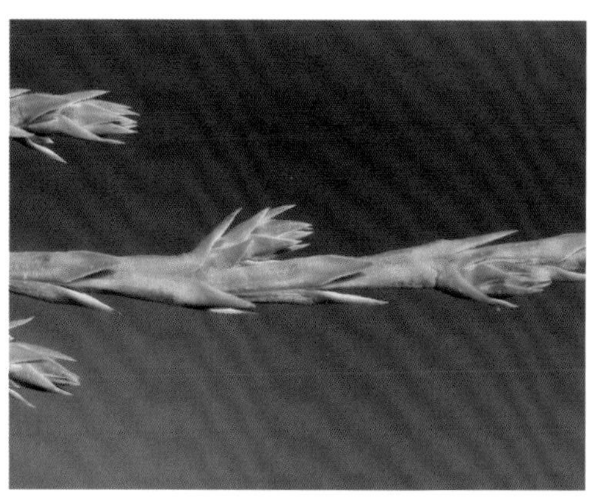

叉子圆柏 *Juniperus sabina* L.

别名：爬地柏、臭柏

匍匐灌木，稀直立灌木或小乔木，高不足 1m；树皮灰褐色，裂成不规则薄片脱落。叶二型，刺叶仅出现在幼龄植株上，交互对生或 3 叶轮生，披针形，长 3~7mm，先端刺尖，上面凹，下面拱圆，叶背中部有长椭圆形或条状腺体；壮龄树上多为鳞叶，交互对生，斜方形或菱状卵形，长 1.5mm，先端微钝或急尖，叶背中部有椭圆形或卵形腺体。雌雄异株，稀同株；雄球花椭圆形或矩圆形，长 2~3mm，雄蕊 5~7 对，各具 2~4 花药；雌球花和球果着生于向下弯曲的小枝顶端。球果倒三角状球形或叉状球形，长 5~8mm，径 5~9mm，成熟前蓝绿色，成熟时褐色、紫蓝色或黑色，多少被白粉；种子 (1)2~3(5) 粒，微扁，卵圆形，长 4~5mm，顶端钝或微尖，有纵脊和树脂槽。花期 5 月，球果成熟于翌年 10 月。

旱中生植物。常生于海拔 1100~2800m 的多石山坡或沙丘上，针叶林或针阔叶混交林下。

阿拉善地区分布于贺兰山、龙首山。我国分布于内蒙古、新疆天山至阿尔泰山、甘肃、青海东北部、宁夏、陕西等地。欧洲南部至中亚也有分布。

杜松 *Juniperus rigida* Siebold & Zucc. 别名：崩松、刚桧

小乔木或常绿灌木，树高达 11m；树冠塔形或圆柱形；树皮褐灰色，纵裂成条片状脱落。小枝下垂或直立，幼枝三棱形，无毛。刺叶 3 叶轮生，条状刺形，质厚，挺直，长 12~22mm，宽约 1.2mm，顶端渐窄，先端锐尖，上面凹下呈深槽，白粉带位于凹槽之中，较绿色边带为窄，下面有明显的纵脊，横断面呈“V”状。雌雄异株；雄球花着生于一年生枝的叶腋，椭圆形，黄褐色；雌球花亦腋生于一年生枝的叶腋，球形，绿色或褐色。球果圆球形，径 6~8mm，成熟前紫褐色，成熟时淡褐黑色或蓝黑色，被白粉，内有 2~3 粒种子；种子近卵圆形，顶端尖，有 4 条钝棱，具树脂槽。花期 5 月，球果成熟于翌年 10 月。

旱中生植物。常生于海拔 1400~2200m 山地的阳坡或半阳坡、干燥岩石裸露山顶或山坡的石缝中。

阿拉善地区分布于贺兰山。我国分布于黑龙江、吉林、辽宁、内蒙古、河北、山西、陕西、甘肃及宁夏等地。朝鲜、日本也有分布。

麻黄属 *Ephedra* L.

草麻黄 *Ephedra sinica* Stapf　　别名：麻黄

草本状灌木，基部多分枝，丛生。木质茎短或呈匍匐状；小枝直立或稍弯曲，具细纵槽纹，粗糙。叶2裂，裂片锐三角形，先端急尖，褐色。雄球花各具4对苞片，复穗状，具总花梗，成熟时苞片肉质，红色。雄蕊7~8(10)，花丝合生或顶端稍分离；雌球花单生，顶生于当年新枝，腋生于老枝，具短梗，花卵形或矩圆状卵形。种子常2粒，包于肉质苞片内，不外露或与苞片等长，深褐色，一侧扁平或凹，一侧凸起，具2条槽纹，较光滑。花期5~6月，种子成熟期8~9月。

旱生植物。常生于海拔700~1600m丘陵坡地、平原、沙地，为石质和沙质草原的伴生种，局部地段可形成群聚。

阿拉善地区分布于贺兰山。我国分布于东北、内蒙古、河北、山西、陕西、河南等地。蒙古也有分布。

大麻黄 *Ephedra major* Host　　别名：山麻黄、木麻黄

小灌木，株高达1m。木质茎粗长，直立或部分呈匍匐状，灰褐色，茎皮呈不规则纵裂，中部茎枝径2.5~4mm；小枝细，径约1mm，直立，具不甚明显的纵槽纹，稍被白粉，光滑，节间长1.5~3cm。叶2裂，裂片短三角形，长0.5mm，先端钝或稍尖，鞘长1.8~2.0mm。雄球花穗状，1~3(4)个集生于节上，近无梗，卵圆形，长2.5~4.0mm，宽2~2.5mm，苞片3~4对，基部约1/3合生，雄蕊6~8，花丝合生，稍露出；雌球花常2个对生于节上，长卵圆形，苞片3对，最下一对为卵状菱形，先端钝，中间一对为长卵形，最上一对为椭圆形，近1/3或稍高处合生，先端稍尖，边缘膜质，其余为淡褐色；雌花1~2，珠被管长1.5~2mm，直立或稍弯曲。雌球花成熟时苞片肉质，红色，长约8mm，径约5mm，近无梗。种子常为1粒，棕褐色，长卵状矩圆形，长6mm，径约3mm，顶部压扁似鸭嘴状，两面突起，基部具4槽纹。花期5~6月，种子成熟期8~9月。

旱生植物。常生于海拔200m以下干旱与半干旱地区的山顶、山脊、沙地及岩石上。

阿拉善地区分布于贺兰山、龙首山。我国分布于内蒙古、河北、山西、陕西、甘肃、青海、新疆等地。蒙古、俄罗斯 、中亚地区也有分布。

斑子麻黄 *Ephedra rhytidosperma* Pachom.

矮小垫状灌木，株高 10~20cm。木质茎明显，弯曲向上，灰褐色；小枝绿色，较短，密集于节上呈假轮生状，具粗纵槽纹，节间长 0.8~1.8cm，径 0.8~1mm。叶 2 裂，裂片为短而宽的三角形，长 0.5mm，先端微钝或钝尖，鞘长 0.5mm，几乎全为褐色，仅边缘为白色膜质。雄球花对生于节上，长 2~3mm，无梗，具 2~3 对苞片，假花被片倒卵圆形，雄蕊 5~8，花丝全部合生，近 1/2 露出花被之外；雌球花单生，苞片 2(3) 对，下部一对较小，深褐色，具膜质缘，上部一对矩圆形，长约 5mm，深褐色具较宽膜质缘，上部近 1/2 裂开，雌花 2，胚珠外围的假花被粗糙，有横列碎片状细密突起，花被管长 0.6~1mm，先端斜直，稍弯曲。种子 2 粒，较苞片长，约 1/3 外露，棕褐色，椭圆状卵圆形、卵圆形，长约 6mm，径约 3mm，背部中央及两侧边缘具突起的黄色纵棱，棱间及腹面均有锈黄色横列碎片状细密突起。花期 5~6 月，果期 7~8 月。

强旱生植物。常生于海拔 1500m 以下半荒漠区的山地，多见于石质的低山区或山麓洪积扇上部。

阿拉善地区分布于贺兰山、腾格里沙漠等地。我国特有种，分布于内蒙古。

单子麻黄 *Ephedra monosperma* Gemlin ex C. A. Mey.　　别名：小麻黄

草本状灌木，株高 3~10cm。木质茎短小，埋于地下，长而多节，弯曲并有结节状突起，有节部生根，地上部枝丛生；绿色小枝较开展，常弯曲，具细纵槽纹，光滑，节间短，长 0.8~2cm，径 0.8~1mm。叶 2 裂，裂片短三角形，长 0.5mm，先端急尖或钝尖，膜质鞘长 1~1.5mm，上部膜质，围绕基部的部分显著变厚，呈褐色环，其余为白色。雄球花多呈复穗状，单生枝顶或对生节上，长 3~4mm，径 2~4mm，苞片 3~4 对，近圆形，带绿色，两侧具较宽的膜质边缘，合生部分近 1/2，雄蕊 7~8，花丝完全合生；雌球花单生枝顶，对生于节上，具短而弯曲的梗，梗长 0.9mm，苞片 3 对，下面的一对基部合生，宽卵圆形，具膜质缘，最上一对苞片圆形，约 1/2 合生，雌花通常 1，稀 2，珠被管多长而弯曲，稀较短直。雌球花成熟时苞片肉质，红色稍带白粉，卵圆形或矩圆状卵形，长约 6mm，径 3~4mm。种子 1 粒，外露，三角状矩圆形，长约 5mm，径约 3mm，棕褐色，具不等长纵纹。花期 6 月，果期 8 月。

旱生植物。常生于海拔 1800~4000m 的多石质山坡或林木稀少的干燥沙地。

阿拉善地区分布于龙首山。我国分布于黑龙江、内蒙古、河北、山西、新疆、青海、宁夏、甘肃、四川、西藏等地。俄罗斯也有分布。

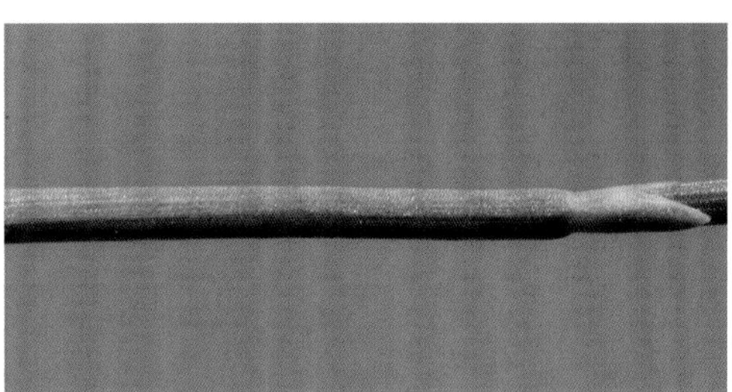

膜果麻黄 *Ephedra przewalskii* Stapf　　别名：蛇麻黄

灌木，株高 50~100(240)cm。木质茎明显，茎皮灰黄色或灰白色，裂后显出细纤维，长条状纵裂或不规则的小块状剥落；枝直立，粗糙，具纵槽纹，小枝绿色，2~3 枝生于黄绿色的老枝节上，分枝基部再生小枝，形成假轮生状，小枝节间较粗，长 2~4(5)cm，径 (1)2~3mm。叶多为 3 裂并混有少数 2 裂，裂片短三角形或三角形，长 0.3~0.5mm，先端钝尖或渐尖，稍具膜质缘，鞘长 1~1.8mm，几乎全为红褐色，干后裂片裂至基部，先端向外反曲。雄球花密集成团状复穗花序，对生或轮生于节上，淡褐色或褐黄色，圆球形，径 2~3mm，苞片 3~4 轮，每轮 3 片，膜质，淡黄绿色或黄色，中肋草质绿色，宽倒卵形或圆卵形，假花被似盾状突起，稍扁，倒卵形，雄蕊 7~8，花丝大部分合生，顶端分离，花药具短梗；雌球花淡绿褐色或淡红褐色，近圆球形，径 3~4mm，苞片 4~5 轮，每轮 3 片，稀 2 片对生，中央部分绿色，较厚，其余为干燥膜质，扁圆形或三角状扁卵形，几乎全部离生，基部窄缩成短柄状或具明显的爪，最上一轮或一对苞片各生 1 雌花，胚珠顶端呈短颈状，珠被长 1.5~2mm，外露，直立、弯曲或卷曲，裂口约占全长的 1/2。雌球花成熟时苞片薄膜状，干燥半透明，淡褐色。种子常为 3 粒，稀 2 粒，包于干燥膜质苞片内，深褐色，长卵圆形，长约 4mm，径 2~2.5mm，顶端呈细尖突状，表面有细而密的纵皱纹。花期 5~6 月，果期 7~8 月。

超旱生植物。常生于海拔 300~3800m 的干燥沙漠地区及干旱山麓，在多砾石的盐碱地上也能生长，在水分充足地区能形成大面积群落。

阿拉善地区均有分布。我国分布于内蒙古、宁夏、甘肃、青海、新疆等地。蒙古、哈萨克斯坦、塔吉克斯坦也有分布。

中麻黄 *Ephedra intermedia* Schrenk ex C. A. Mey.

灌木，株高 20~50(100)cm。木质茎短粗，灰黄褐色，直立或匍匐斜上，基部多分枝，茎皮干裂后呈现细纵纤维；小枝直立或稍弯曲，灰绿色或灰淡绿色，具细浅纵槽纹，槽上具白色小瘤状突起，触之粗糙感，节间长 3.0~5.5(6.5)cm，径 (1)2mm。叶 3 裂及 2 裂混生，裂片钝三角形或先端具长尖头的三角形，长 1~2mm，中部淡褐色，具膜质缘，鞘长 2~3mm，围绕基部的变厚部分为深褐色，余处为白色。雄球花常数个（稀 2~3）密集于节上呈团状，几无梗，苞片 5~7 对，交叉对生或 5~7 轮（每轮 3 片），雄蕊 5~8，花丝全合生，花药无梗；雌球花 2~3，对生或轮生于节上，具短梗，梗长 1.5mm，由 3~5 轮（每轮 3 片）或 3~5 对交叉对生的苞片组成，基部合生，具窄膜质缘，最上一轮或一对苞片有 2~3 雌花，珠被管长达 3mm，螺旋状弯曲。雌球花成熟时苞片肉质，红色，椭圆形、卵圆形或矩圆状卵圆形，长 6~10mm，径 5~8mm。种子通常 3 粒（稀 2），包于红色肉质苞片内，不外露，卵圆形或长卵圆形，长 5~6mm，径约 3mm。花期 5~6 月，果期 7~8 月。

强旱生植物。抗旱性强，常生于干旱与半干旱地区海拔 900~2000m 的沙地、山坡及草地上。

阿拉善地区均有分布。我国分布于东北、河北、内蒙古、山西、甘肃、青海、陕西、河南等地。蒙古也有分布。

杨属 *Populus* L.

胡杨 *Populus euphratica* Oliv. 别名：异叶杨、胡桐

落叶乔木，树高可达 30m；树皮淡黄色，基部条裂。小枝淡灰褐色，无毛或有短绒毛。叶形多变化，苗期和萌条叶披针形，边缘为全缘或具 1~2 齿；成年树上的叶卵圆形或三角状卵圆形，长 2~5cm，宽 3~7cm，先端有粗齿，基部楔形至圆形或平截，有 2 腺点，两面同色，为灰蓝或灰色，有毛或无毛；叶柄长 1~3cm，稍扁，无毛或有毛。雌雄异株，柔荑花序，花盘杯状，上部常具锯齿，早落，雄花序长 1.5~2.5cm，雌花序长 3~5cm，柱头紫红色，花序轴或花梗被短毛或无毛；苞片近菱形，长约 3mm，上部有疏齿。果穗长 6~10cm，蒴果长卵圆形，长约 1.5cm，2 瓣裂，无毛。花期 5 月，果期 6~7 月。

潜水旱中生－中生植物。喜生于海拔 200~2400m 的盐碱土壤，为吸盐植物。主要生于荒漠区的河流沿岸及盐碱湖边，为荒漠河岸林建群种。

阿拉善地区均有分布，主要分布于额济纳旗沿河两岸。我国分布于内蒙古、新疆、甘肃、青海等地。蒙古、俄罗斯、巴基斯坦、伊朗、阿富汗、叙利亚、埃及也有分布。

山杨 *Populus davidiana* Dode

落叶乔木，树高可达 20m；树冠圆形或近圆形；树皮光滑，淡绿色或淡灰色；老树基部暗灰色。小枝无毛、光滑，赤褐色，叶芽顶生，卵圆形，光滑、微具黏性；短枝叶为卵圆形、圆形或三角状圆形，长 3~8cm，宽 2.5~7.5cm，基部圆形、宽圆形或截形，边缘具波状浅齿，初被疏柔毛，后变光滑；萌发枝的叶大，长达 13.5cm；叶柄扁平，长 1.5~5.5cm；山杨叶较欧洲山杨为小，边缘具浅而密锯齿，可与之区别。花序轴有疏毛或密毛；苞片棕褐色，掌状条裂，边缘有密长毛；雄花序长 5~9cm，雄蕊 5~12，花药紫红色；雌花序长 4~7cm；子房圆锥形，柱头 2 深裂，带红色。蒴果椭圆状纺锤形，通常 2 裂。花期 4~5 月，果期 5~6 月。

中生植物。多生长于海拔 100~3800m 的山坡、山脊和沟谷地带，常形成小面积纯林或与其他树种形成混交林。为强阳性树种，耐寒冷、耐干旱瘠薄土壤，在微酸性至中性土壤中皆可生长，适于生长在山腹以下排水良好的肥沃土壤。

阿拉善地区分布于贺兰山、龙首山。我国分布于内蒙古、宁夏、甘肃、青海、新疆等地。蒙古、中亚、巴基斯坦、伊朗、阿富汗、叙利亚、伊拉克、埃及也有分布。

青杨 *Populus cathayana* Rehder

落叶乔木，树高可达 30m，胸径达 1m；幼树皮灰绿色，光滑，老树皮暗灰色，具沟裂；树冠宽卵形。当年生枝圆柱形，幼时橄榄绿，后变橙黄色至灰黄色，无毛；冬芽圆锥形，无毛，多胶质，略呈红色。长枝叶与短枝叶同形，狭卵形或卵形，长 5.5~10cm，宽 2.5~5cm，先端渐尖，基部圆形、近心形或宽楔形，上面绿色，下面带白色，边缘具细密锯齿；叶柄近圆柱形，长 2~6cm。短枝叶菱状长椭圆形、宽披针形或宽倒披针形；叶柄长 1~2cm。雄花序长 5~6cm，每花具雄蕊 30~35；雌花序长 4~5cm，光滑无毛；子房卵圆形，柱头 2~4 裂。蒴果具短梗或无梗，卵球形，急尖，长 7~9mm，(2)3~4 瓣裂，先端反曲。花期 4 月，果期 5~6 月。

中生植物。常生于海拔 1300~2000m 阴坡或沟谷中。

阿拉善地区分布于贺兰山。我国分布于辽宁、华北、西北、西南等地。俄罗斯、朝鲜也有分布。

柳属 *Salix* L.

密齿柳 *Salix characta* C.K. Schneid. in Sargent

灌木，株高可达 5m。幼枝被疏柔毛，后渐脱落，二至三年生枝黄褐色或紫褐色；芽卵形，黄褐色，无毛。叶长椭圆状披针形，长 1.5~4.5cm（长枝叶及萌枝叶可长达 7cm），宽 5~10mm，先端渐尖，基部楔形，边缘有细密锯齿，上面深绿色，下面色淡，两面无毛或仅下面沿脉疏生毛；叶柄长 2~7mm，上面被短柔毛。花序长 2~3cm，有短柄，花序轴被柔毛；雄花有 2 雄蕊，离生，花丝无毛，苞片近圆形，褐色，两面被或多或少的柔毛，腹腺 1；子房矩圆形，近无毛，有柄，花柱明显，柱头短，矩圆形，苞片卵形，先端尖，腹腺 1。蒴果矩圆形，长约 4mm。花期 5 月上、中旬，果期 6~7 月。

中生植物。常生于海拔 1700~3000m 的山坡及沟边。

阿拉善地区分布于贺兰山、龙首山。我国特有种，分布于内蒙古、甘肃、青海等地。

杯腺柳 *Salix cupularis* Rehder　　别名：高山柳

灌木，株高 0.8~1m。多分枝；老枝灰褐色或深灰色，幼枝紫红色或紫褐色，光滑无毛；芽矩圆状卵形，长 4~8mm。叶互生或于短枝上簇生，倒卵状矩圆形、宽椭圆形或卵圆形，长 1~3cm，宽 8~15mm，先端钝圆或微尖，基部圆形，少宽楔形，上面绿色，光滑无毛，下面苍白色，被白粉，全缘；叶柄长 5~8mm，托叶小，卵圆形。花序长 1~1.5cm，径 4~6mm；苞片深褐色，椭圆形，被长柔毛；雄花具 2 雄蕊，分离，花丝中下部具长柔毛，苞片长为花丝的 1/2，背腹腺各 1，腹腺先端有时分裂；雌花序具花序梗，梗长 5~8mm，其上着生小叶，苞片倒卵圆形，黄褐色，边缘被白色长柔毛；子房密被短绒毛，有明显的花柱，柱头 2，先端分裂，背腹腺各 1，腹腺常 2~4 裂，基部连合成杯状。蒴果长约 4mm，密被灰白色短绒毛，具短柄。花期 6 月，果期 8~9 月上旬。

中生植物。常生于海拔 2800~3200m 的亚高山地带，形成大面积的杯腺柳灌丛。

阿拉善地区分布于贺兰山、龙首山。我国分布于内蒙古、陕西、甘肃、青海、四川北部等地。

中国黄花柳 *Salix sinica* (K. S. Hao ex C. F. Fang & A. K. Skvortsov) G. H. Zhu

灌木或小乔木，株高可达 4m。幼枝灰绿色或灰褐色，被灰色柔毛，后渐脱落；二至三年生枝常较粗壮，黄褐色或黄绿色，光滑无毛；芽卵圆形或卵形，黄褐色，无毛；托叶卵形，有疏腺齿，常早落。叶多变化，质薄，椭圆形、卵状披针形或倒卵形，长 3~7cm，宽 1.5~3cm，先端渐尖、急尖或稍钝，基部钝圆或宽楔形，边缘全缘或有稀疏细齿，上面深绿色，下面苍白，幼时有柔毛，后脱落；叶柄长 7~12mm，无毛或被疏毛。花先于叶开放；雄花序椭圆形，近无柄，长 2~3cm，径 1.2~1.5cm，雄蕊 2，离生，花丝比苞片长约 2 倍，腹腺 1；雌花序长 3~4cm，果期可达 8cm，苞片椭圆状卵形，先端黑褐色，被长柔毛；子房卵状圆锥形，被柔毛，有柄，柄长约为子房的 1/3；腹腺 1。蒴果长 7~9cm，具柔毛。花期 5 月，果期 6 月。

中生植物。常生于山坡林缘及沟边，分布海拔可至 2000m。

阿拉善地区分布于大青山、贺兰山。我国特有种，分布于华北、西北等地。

乌柳 *Salix cheilophila* C. K. Schneid. in Sargent　　别名：筐柳

灌木或小乔木，株高可达 4m。枝细长，幼时被绢毛，后脱落；一、二年生枝常为紫红色或紫褐色，有光泽。叶条形、条状披针形或条状倒披针形，长 1.5~5cm，宽 3~7mm，先端尖或渐尖，基部楔形，边缘常反卷，中上部有细腺齿，基部近于全缘，上面幼时被绢状柔毛，后渐脱落，下面有明显的绢毛；叶柄长 1~3mm。花序先于叶开放，圆柱形，长 1.5~2.5cm，径 3~4mm，花序轴有柔毛；苞片倒卵状椭圆形，淡褐色或黄褐色，先端钝或微凹，基部有柔毛；雄蕊 2，完全合生，花丝无毛，花药球形，黄色；腹腺 1，狭圆柱形；子房几无柄，卵形或卵状椭圆形，密被短柔毛，花柱极短。蒴果长约 3mm，密被短毛。花期 4~5 月，果期 5~6 月。

湿生植物。常生于海拔 750~3000m 的河流、溪沟两岸及沙丘间低湿地。

阿拉善地区分布于贺兰山、龙首山。我国特有种，分布于内蒙古、河北、山西、陕西、甘肃、宁夏、西藏、四川、云南等地。

小红柳（变种） *Salix microstachya* var. *bordensis* (Nakai) C. F. Fang

灌木，株高 1~2m。二年生枝黄褐色或淡黄色；小枝红褐色，常弯曲或下垂，幼时被绢毛，后渐脱落。叶条形或条状披针形，长 1.5~4.5cm，宽 2~5mm，先端渐尖，基部楔形，边缘全缘或有不明显的疏齿，幼时两面密被绢毛，后渐脱落；叶柄长 1~3mm；无托叶。花序与叶同时开放，细圆柱形，长 1~2cm，径 3~4mm，具短梗，其上着生小叶片，花序轴具柔毛；苞片淡黄褐色或褐色，倒卵形或卵状椭圆形，先端近于截形，有不规则的齿牙，基部具长柔毛；腺体 1，腹生；雄花有 2 雄蕊，完全合生，花药常为红色，球形，花丝光滑无毛；子房卵状圆锥形，无毛，花柱明显，柱头 2 裂。蒴果长 3~4mm，无毛。花期 5 月，果期 6 月。

湿生植物。常生于海拔 1050~2046m 的固定沙丘间湿地或河边、湖边低湿地。

阿拉善地区分布于贺兰山。我国分布于黑龙江、吉林、辽宁、内蒙古、宁夏、甘肃等地。蒙古、俄罗斯也有分布。

北沙柳 *Salix psammophila* C. Wang & C. Y. Yang

灌木，株高2~4m；树皮灰色。老枝颜色变化较大，浅灰色、黄褐色或紫褐色。小枝叶可长达12cm，先端渐尖，基部楔形，边缘有稀疏腺齿，上面淡绿色，下面苍白色，幼时微具柔毛，后光滑；叶柄长3~5mm；托叶条形，常早落，萌枝上的托叶常较长。花先于叶开放，长1.5~3cm，具短梗，基部有小叶片，花序轴具柔毛；苞片卵状矩圆形，先端钝圆，中上部黑色或深褐色，基部有长柔毛；腺体1，腹生；雄花具雄蕊2，完全合生，花丝基部有短柔毛，花药黄色或紫色，近球形，4室；子房卵形，无柄，被柔毛，花柱明显，长约1mm，柱头2裂。蒴果长5.8mm，被柔毛。花期4月下旬，果期5月。

中生植物。常生于海拔920~1650m的低山、平原、河流两岸及地下水位较高的固定、半固定沙丘上，常与乌柳组成柳湾林。

阿拉善地区分布于贺兰山。我国特有种，分布于内蒙古、陕西北部、宁夏、山西等地。

胡桃科 Juglandaceae

 胡桃属 *Juglans* L.

胡桃 *Juglans regia* L. 别名：核桃

乔木，树高可达30m；树皮灰色，浅纵沟裂。冬芽球形，具数鳞片，幼时两面皆被淡黄色绒毛。小枝无毛，具光泽，被盾状着生的腺体，灰绿色，后来带褐色。单数羽状复叶，叶长20~27(30)cm，小叶常为7片，稀为5或9片，椭圆状卵形至长椭圆形，长6~13cm，宽3~8.5cm，先端钝或短尖，基部歪斜、近于圆形，边缘全缘，上面暗绿色，无毛，下面淡绿色，幼时仅脉腋具簇毛。花与叶同时开放；雄性柔荑花序下垂，长5~10(15)cm；花密生，具苞片及小苞片，花被6裂，腹面具雄蕊6~30，花药黄色；雌花序穗状，直立于枝条顶端，具花1~4朵，雌花的总苞被极短腺毛，柱头浅绿色。核果近球形或椭圆形，外果皮绿色，光滑，径4~5cm，核常为卵球形，稀椭圆形，先端微短尖，具褶皱，表面具2条棱。花期5月上旬，果期10月。

旱生植物。常生于海拔400~1800m的山坡、丘陵地带。

阿拉善地区分布于贺兰山。我国分布于华北、西北、西南、华中、华南等地。中亚、西亚、南亚和欧洲也有分布。

桦木科 Betulaceae

桦木属 *Betula* L.

白桦 *Betula platyphylla* Sukaczev　　别名：粉桦

落叶乔木，树高可达25m，胸径达50cm；树皮白色，纸状分层剥离，内皮呈赤褐色。小枝红褐色，幼时有毛，后无毛。叶厚纸质，三角状卵形、长卵形、菱状卵形或宽卵形，长3~7cm，顶端渐尖至尾状，基部截形、宽楔形或楔形，边缘具重锯齿。果序单生，圆柱形，下垂或斜展，果苞基部楔形或宽楔形，上部具3裂片，中裂片三角状卵形，侧裂片卵形或近圆形；小坚果狭矩圆形、矩圆形或卵形，背面疏被极短柔毛，膜质翅较小坚果长1/3，较少与之等长，与果等宽或稍宽。花期5~6月，果期8~9月。

中生乔木。适应性强，常生于海拔400~4100m的山坡或林中，与山杨混生构成次生林的先锋树种，有时成纯林或散生在其他针叶林、阔叶林中。

阿拉善地区分布于贺兰山。我国分布于东北、华北、陕西、宁夏、甘肃、青海、四川、云南、河南等地。俄罗斯、蒙古、朝鲜、日本也有分布。

虎榛子属 *Ostryopsis* Decne.

虎榛子 *Ostryopsis davidiana* Decne.　　别名：棱榆

灌木，株高1~3m；基部多分枝，植物体密被或疏被短柔毛；树皮浅灰色，稍剥裂。老枝灰褐色，小枝黄褐色，具黄褐色皮孔。叶卵形或椭圆状卵形，边缘具重锯齿，中部以上具浅裂。雄花序单生于小枝的叶腋，短圆柱形，苞鳞宽卵形，每苞片具4~6雄蕊。果4枚至多数，排列成总状，着生于当年生小枝顶端，果苞厚纸质，下半部紧包果实，上半部延伸呈管状，外面密被短柔毛，具条棱，绿色带紫红色，成熟后一侧开裂，顶端4浅裂；小坚果宽卵圆形或近球形，栗褐色，有光泽，具细肋。花期4~5月，果期7~8月。

中生植物。喜光灌木，稍耐干旱，常形成虎榛子灌丛，在海拔800~2400m的荒山坡或林缘常见。

阿拉善地区分布于贺兰山。我国分布于内蒙古、河北、山西、陕西、甘肃和四川等地。俄罗斯、朝鲜和日本也有分布。

榆　科　Ulmaceae

榆属 *Ulmus* L.

榆树 *Ulmus pumila* L.　　别名：白榆、家榆、榆

乔木，树高可达20m，胸径可达1m；树冠卵圆形；树皮暗灰色，不规则纵裂，粗糙。小枝黄褐色、灰褐色或紫色，光滑或具柔毛。叶矩圆状卵形或矩圆状披针形，长2~7cm，宽1.2~3cm，先端渐尖或尖，基部近对称或稍偏斜，圆形、微心形或宽楔形，上面光滑，下面幼时有柔毛，后脱落或仅在脉腋簇生柔毛，边缘具不规则的重锯齿或单锯齿；叶柄长2~8mm。花先于叶开放，两性，簇生于去年枝上；花萼4裂，紫红色，宿存；雄蕊4，花药紫色。翅果近圆形或卵圆形，长1~1.5cm，除顶端缺口处被毛外，余处无毛，果核位于翅果的中部或微偏上，与翅果颜色相同，为黄白色；果柄长1~2mm。花期4月，果期5月。

旱中生植物。常生于海拔1000~2500m的森林草原及草原地带的山地、沟谷及固定沙地。

阿拉善地区均有分布。我国分布于东北、华北、西北、西南、华东、华中等地。俄罗斯、蒙古、朝鲜、日本也有分布。

旱榆 *Ulmus glaucescens* Franch. 别名：灰榆、粉榆、崖榆

乔木或灌木，树高可达 18m，胸径可达 80cm；树皮暗灰色，有裂沟。枝细长，直立或斜展，浅褐黄色或带绿色，后变褐色，无毛，幼枝有毛；芽微有短柔毛；当年生枝通常为紫褐色或紫色，少为黄褐色，具疏毛，后渐光滑；二年生枝深灰色或灰褐色。叶卵形或菱状卵形，长 2~5cm，宽 1~2.5cm，先端渐尖或骤尖，基部圆形或宽楔形，近于对称或偏斜，两面光滑无毛，稀下面有短柔毛及上面较粗糙，边缘具钝而整齐的单锯齿；叶柄长 4~7mm，被柔毛。花出自混合芽或花芽，散生于当年枝基部，或 5~9 花簇生于去年枝上；花萼钟形，长 2~3mm，先端 4 浅裂，宿存。翅果宽椭圆形、椭圆形或近圆形，长 15~25mm，宽 12~18mm，果核多位于翅果中上部，上端接近缺口，缺口处具柔毛，其余光滑，翅近于革质；果梗与宿存花被近等长，被柔毛。花期 4 月，果期 5 月。

旱生植物。常生于海拔 1000~2600m 的向阳山坡、山麓及沟谷等地。

阿拉善地区均有分布。我国分布于内蒙古、河北、山西、宁夏、陕西、甘肃、青海、山东等地。北美洲、欧洲、日本、哥伦比亚也有分布。

葎草属 *Humulus* L.

葎草 *Humulus scandens* (Lour.) Merr.　　别名：勒草、拉拉藤、葛勒子秧

多年生缠绕草本，茎、枝、叶柄均具倒钩刺。叶纸质，肾状五角形，掌状5~7深裂，稀3裂，长宽约7~10cm，基部心脏形，表面粗糙，疏生糙伏毛，背面有柔毛和黄色腺体，裂片卵状三角形，边缘具锯齿；叶柄长5~10cm。雄花小，黄绿色，圆锥花序，长15~25cm；雌花序球果状，径约5mm，苞片纸质，三角形，顶端渐尖，具白色绒毛；子房被苞片包围，柱头2，伸出苞片外。瘦果成熟时露出苞片外。花期春夏，果期秋季。

中生植物。常生于沟边和路旁荒地。

阿拉善地区分布于贺兰山。我国除新疆和青海外，各省份均有分布。俄罗斯、朝鲜、日本也有分布。

朴属 *Celtis* L.

黑弹树 *Celtis bungeana* Blume　　别名：小叶朴

落叶乔木，树高可达10m；树皮灰色或暗灰色。当年生小枝淡棕色，老后色较深，无毛，散生椭圆形皮孔；二年生小枝灰褐色；冬芽棕色或暗棕色，鳞片无毛。叶厚纸质，狭卵形、长圆形、卵状椭圆形至卵形，长3~7(15)cm，宽2~4(5)cm，基部宽楔形至近圆形，稍偏斜至几乎不偏斜，先端尖至渐尖，中部以上疏具不规则浅齿，有时一侧近全缘，无毛；叶柄淡黄色，长5~15mm，上面有沟槽，幼时槽中有短毛，老后脱净；萌发枝上的叶形变异较大，先端可具尾尖且有糙毛。果单生于叶腋（在极少情况下，1个总梗上可具2果），果柄较细软，无毛，长10~25mm，果成熟时蓝黑色，近球形，直径6~8mm；核近球形，肋不明显，表面极大部分近平滑或略具网孔状凹陷，直径4~5mm。花期4~5月，果期10~11月。

中生植物。常生于海拔150~2300m的路旁、山坡或林边。

阿拉善地区分布于贺兰山。我国分布于东北南部、华北、西北、西南、华中、华东等地。朝鲜也有分布。

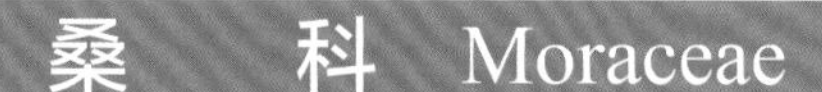

桑　　科 Moraceae

桑属 *Morus* L.

桑 *Morus alba* L.　　别名：家桑、桑树

落叶乔木或灌木，树高可达15m，胸径可达50cm；树皮厚，黄褐色，不规则的浅纵裂。冬芽黄褐色，卵球形；当年生枝细，暗绿褐色，密被短柔毛；小枝淡黄褐色，幼时密被短柔毛，后渐脱落。单叶互生，卵形、卵状椭圆形或宽卵形，长6~13(16)cm，宽4~8(13)cm，先端渐尖、短尖或钝，基部圆形或浅心形，稍偏斜，边缘具不整齐的疏钝锯齿，有时浅裂或深裂，上面暗绿色，无毛，下面淡绿色，沿脉疏被短柔毛及脉腋有簇毛；叶柄长1~4.5cm，初有毛，后脱落；托叶披针形，淡黄褐色，长0.8~1cm，被毛，早落。花单性，雌雄异株，均排成腋生穗状花序；雄花序长1~3cm，被密毛，下垂，具花被片4，雄蕊4，中央有不育雌蕊；雌花序长8~20cm，直立或倾斜，具花被片4，结果时变为肉质，花柱几无或极短，柱头2裂，宿存。果实称桑葚(聚花果)，球形至椭圆状圆柱形，浅红色至暗紫色，有时白色，长10~25mm；果柄密被短柔毛；聚花果由多数卵圆形、外被肉质花萼的小瘦果组成；种子小。花期5月，果熟期6~7月。

中生植物。常栽培于田边、村边。

阿拉善地区分布于贺兰山。我国各地均有栽培。朝鲜、日本、蒙古、中亚各国和欧洲也有栽培。

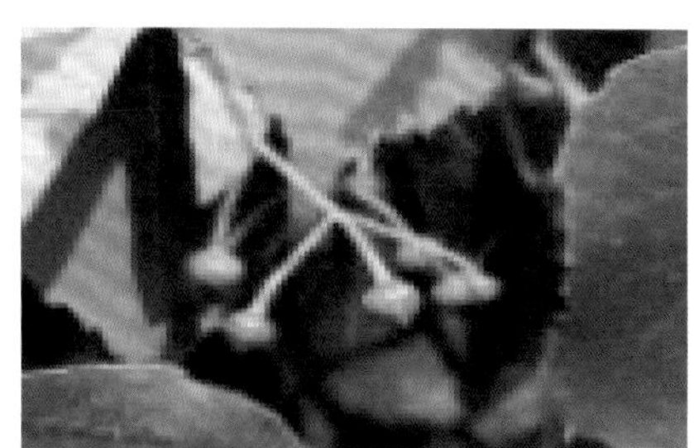

荨麻属 *Urtica* L.

麻叶荨麻 *Urtica cannabina* L. 别名：哈拉海、火麻、焮麻

多年生草本，株高 50~150cm，全株被柔毛和螯毛。具根茎，茎丛生。叶片掌状 3 深裂或 3 全裂，裂片再呈缺刻状羽状深裂或羽状缺刻，上面疏生短伏毛或近于无毛，密生小颗粒状钟乳体，下面被短伏毛和疏生螯毛；托叶披针形。花雌雄同株；雄花序圆锥状，生于茎下部叶腋间，花被 4 深裂；雌花序穗状聚伞状，丛生于茎上部叶腋间，分枝，退化雌蕊杯状，花被 4 中裂，靠内的 2 裂片花后增大。瘦果具少数褐色斑点。花期 7~8 月，果期 8~9 月。

中生植物。常生于海拔 800~2800m 的丘陵性草原或坡地、沙丘坡上、河漫滩、河谷、溪旁等处。

阿拉善地区分布于贺兰山、龙首山。我国分布于内蒙古、河北、新疆、甘肃、四川、陕西等地。蒙古、中亚、欧洲也有分布。

宽叶荨麻 *Urtica laetevirens* Maxim.

多年生草本，株高 30~90cm。根状茎匍匐，茎纤细，节间常较长，四棱形，近无刺毛或有稀疏的刺毛和疏生细糙毛，在节上密生细糙毛。叶近膜质，卵形或披针形，长 4~9cm，宽 2~5.5cm，先端锐尖或尾状尖，基部近截形、宽楔形或浅心形，边缘具大形粗锯齿，有时有缘毛，两面均密生细短毛，密布短棒状钟乳体和散生螯毛，主脉 3~5 条，下面稍隆起；叶柄长 1.5~3cm，疏生螯毛和柔毛；托叶离生，条状披针形，长 4~12mm，渐尖，膜质。花单性，雌雄同株，稀异株，纤细，生于茎枝上部的叶腋，长达 8cm；雌花序成对生于下方叶腋，聚伞状，较短，具断续着生的簇生花，花轴有柔毛，苞片小，矩圆形或条形，长 1~1.2mm；雄花花被 4 深裂，裂片椭圆形或椭圆状卵形，内凹，背面伏生柔毛，雄蕊 4，花丝比花被裂片长，花药黄色，近圆形，退化雌蕊半透明杯状；雌花花被 4 深裂，侧生 2 枚较小，椭圆状卵形，背生 2 枚花后增大，宽卵形，长约 1.5mm，背部和边缘有长柔毛，包被瘦果。瘦果卵形或宽卵形，稍扁平，长 1~1.5mm，近光滑。花期 7~8 月，果期 8~9 月。

中生植物。常生于海拔 800~3500m 的山坡林下阴湿处、林缘路旁、山谷溪流附近、水边湿地或沟边。

阿拉善地区分布于贺兰山、龙首山。我国分布于东北、华北、内蒙古、山东、陕西、甘肃、云南、四川、湖北、湖南、河南等地。朝鲜、日本、俄罗斯也有分布。

贺兰山荨麻 *Urtica helanshanica* W. Z. Di & W. B. Liao

多年生草本，株高50~90cm，全株被白色粗伏毛，节上常有螫毛。茎直立，近四棱形，具纵棱。叶片卵形，稀卵状披针形，长5~17cm，宽2~8.5cm，行端尾状渐尖，基部宽楔形至截形，边缘具8~12对大型粗锯齿，有时近羽裂，上面密布点状钟乳体，下面沿脉被白色粗伏毛及疏螫毛，主脉3条，下面稍隆起；叶柄长2~5.3cm；托叶三角状披针形或狭长椭圆形，长4~8cm。花雌雄同株；雄花序圆锥形，成对生于茎下部叶腋；雌花序密穗状，成对生于茎上部叶腋；雄花序和雌花序之间叶腋的花序常为雌雄同序；苞片小，宽倒卵形；雄花花被4深裂，裂片椭圆形，雄蕊4，花丝舌状，退化雌蕊半透明杯状；雌花花被4深裂，裂片圆形或宽椭圆形，背面具白色粗伏毛，背生2枚花被片于花后增大，长1~1.3cm，背面中脉上各具1枚螫毛，包被瘦果，侧生2枚花被片较小，长为背生的1/4。瘦果椭圆形，稍扁平，长约1.2mm，黄棕色，表面具腺点和颗粒状白色分泌物。花期6~7月，果期7~8月。

中生植物。常生于阴坡山沟、林缘湿处。

阿拉善地区分布于贺兰山。我国特有种，分布于内蒙古和宁夏。

百蕊草属 *Thesium* L.

长叶百蕊草 *Thesium longifolium* Turcz.

多年生草本，株高约50cm。茎簇生，有明显的纵沟。叶无柄，线形，长4~4.5cm，宽2.5mm，两端渐尖，有3脉。总状花序腋生或顶生；花黄白色，钟状，长4~5mm；花梗长0.6~2cm，有细条纹；苞片1枚，线形，长约1cm；小苞片2枚，狭披针形，长约4.5mm，边缘均粗糙；花被5裂，裂片狭披针形，顶端锐尖，内弯；雄蕊5，插生于裂片基部，内藏；花柱内藏，子房柄长0.5mm。坚果近球形或椭圆状，黄绿色，长3.5~4mm，表面偶有分叉的纵脉（棱），宿存花被比果短。花果期6~7月。

中旱生植物。常生于海拔50~3700m的沙地、沙质草原、山坡、山地草原、林缘、灌丛中，也见于山顶草地、草甸上。

阿拉善地区分布于桃花山。我国分布于东北、华北、西北、西南、华中等地。蒙古、俄罗斯也有分布。

蓼　科 Polygonaceae

大黄属 *Rheum* L.

波叶大黄 *Rheum rhabarbarum* L.

多年生草本，株高0.6~1.5m。根肥大。茎直立，粗壮，具细纵沟纹，无毛，通常不分枝。基生叶大，叶柄长7~12cm，半圆柱形，甚壮硬；叶片三角状卵形至宽卵形，长10~16cm，宽8~14cm，先端钝，基部心形，边缘具强皱波，有5条由基部射出的粗大叶脉，叶柄、叶脉及叶缘被短毛；茎生叶较小，具短柄或近无柄，叶片卵形，边缘呈波状；托叶鞘长卵形，暗褐色，下部抱茎，不脱落。圆锥花序直立顶生；苞片小，肉质通常破裂而不完全，内含3~5朵花；花梗纤细，中部以下具关节；花白色，直径2~3cm；花被片6，卵形或近圆形，排成2轮，外轮3片较厚而小，花后向背面反曲；雄蕊9；子房三角状卵形，花柱3，向下弯曲，极短，柱头扩大，稍呈圆片形。瘦果卵状椭圆形，长8~9mm，宽6.5~7.5mm，具3棱，沿棱有宽翅，先端略凹陷，基部近心形，具宿存花被。花期6月，果期7月以后。

中生植物。常散生于海拔1000m左右的针叶林区、森林草原区山地的石质山坡、碎石坡麓等地。

阿拉善地区分布于贺兰山。我国分布于黑龙江、吉林、内蒙古、河北、山西、陕西、河南、湖北等地。俄罗斯、蒙古也有分布。

总序大黄 *Rheum racemiferum* Maxim.

多年生草本，株高50~70cm。根直，黑褐色。茎直立，中空，直径约1cm，光滑无毛，棕色。基生叶2~5片，叶片近革质到革质，心圆形或宽卵圆形，长10~20cm，宽稍小于长或近于相等，顶端圆钝，基部圆或浅心形，边缘具极弱的皱波，掌状脉3~5(7)出，中脉特别发达，叶下面常呈青白色，两面均光滑无毛；叶柄短而粗壮，长4~9cm，扁或扁圆，光滑无毛，常紫红色；茎生叶1~2(3)片，腋内多具花序枝，叶片渐窄小，叶柄更短；托叶鞘短，常破裂，一般长数毫米或到1.5cm，深褐色，无毛。圆锥花序，通常只具一次分枝，稀在下部的枝上具小分枝，枝粗壮光滑，花数朵到十数朵簇生；花梗比花长，关节在中部以下；花被片6，外轮3片较窄小，中线略呈龙骨状隆起，内轮较大，椭圆形到长椭圆形，长1.5~2mm；雄蕊与花被近等长，花药近长圆状；子房近椭圆形，花柱极短，柱头粗糙。果实椭圆形到矩圆状椭圆形，稀近卵状椭圆形，长12mm，宽8.5~9.5mm，顶端圆，有时微下凹，基部浅心形，翅与种子等宽或稍窄，浅棕色，脉靠近翅的边缘；种子卵状椭圆形，深棕色，宿存花被长约为种子的1/2或短于1/2，淡棕白色。花期6~7月，果期7~8月。

中旱生植物。常散生于海拔1300~2000m的荒漠区山地的石质山坡、碎石坡麓和岸石缝隙中，为山地荒漠草原和草原化荒漠的伴生种，景观上比较明显。

阿拉善地区主要分布于低山区。我国分布于内蒙古、甘肃、宁夏等地。蒙古也有分布。

小大黄 *Rheum pumilum* Maxim.

多年生矮小草本，株高10~25cm。茎细，直立，下部直径2~3.5mm，具细纵沟纹，被稀疏灰白色短毛，靠近上部毛较密。基生叶2~3片，叶片卵状椭圆形或卵状长椭圆形，长1.5~5cm，宽1~3cm，近革质，顶端圆，基部浅心形，全缘，基出脉3~5条，中脉发达粗壮，叶上面光滑无毛或偶在主脉基部具稀疏短柔毛，下面具稀疏白色短毛，毛多生于叶脉及叶缘上；叶柄半圆柱状，与叶片等长或稍长，被短毛；茎生叶1~2片，通常叶部均具花序分枝，稀最下部一片叶腋无花序分枝，叶片较窄小近披针形；托叶鞘短，长约5cm，干后膜质，常破裂，光滑无毛。窄圆锥状花序，分枝稀而不具复枝，具稀短毛，花2~3朵簇生；花梗极细，长2~3mm，关节在基部；花被不开展，花被片椭圆形或宽椭圆形，长1.5~2mm，边缘为紫红色；雄蕊9，稀较少，不外露；子房宽椭圆形，花柱短，柱头近头状。果实三角形或角状卵形，长5~6mm，最下部宽约4mm，顶端具小凹，基部平直或稍内，翅窄，宽1~1.5mm，纵脉在翅的中间部分；种子卵形，宽2~2.5mm。花期6~7月，果期8~9月。

湿生植物。常生于海拔2800~4500m的山坡或灌丛下。

阿拉善地区分布于贺兰山。我国分布于内蒙古、甘肃、青海、四川及西藏等地。蒙古、俄罗斯也有分布。

矮大黄 *Rheum nanum* Siev. ex Pall.

多年生草本，株高10~20cm。根肥厚，直伸，圆锥形，外皮暗褐色，具横皱纹，根颈部密被暗褐色或棕褐色膜质托叶鞘及枯叶柄。茎由基部分出2个花葶状枝，不具叶，具纵沟槽，无毛。叶基生，具短柄，叶片革质，肾圆形至近圆形，先端圆形，基部浅心形，边缘具不整齐皱波及白色星状瘤，上面疏生星状瘤，下面沿叶脉疏生乳头状突起和星状瘤，叶脉掌状，主脉3条，由基部射出，并于下面凸起。圆锥花序顶生，分枝开展，粗壮，具纵沟槽；苞片小，卵形，长约1mm，肉质，褐色；花梗长约2mm，基部具关节；花小，黄色；花被片6，排成2轮，外轮3片较小，矩圆形，边缘略纵向内曲，呈船形，果时向下反折，内轮3片较大，宽卵形，长3~4mm，宽2.5~3mm；雄蕊9，花丝较短；子房三棱形，花柱3，向下弯曲，柱头膨大呈头状。瘦果肾圆形，宽大于长，长1.1~1.2cm，宽1.2~1.4cm，具3棱，沿棱生宽翅，呈淡红色，顶端圆形或略凹陷，基部浅心形，具宿存花被。花果期5~6月。

旱生植物。多散生于海拔700~2000m的山坡、山沟或砂砾地。耐盐抗旱能力很强。

阿拉善地区主要分布于戈壁低山区。我国分布于内蒙古、甘肃、新疆等地。蒙古、哈萨克斯坦、俄罗斯也有分布。

单脉大黄 *Rheum uninerve* Maxim.

多年生草本，株高 15~30cm。根状茎肥厚。叶基生；叶柄疏生柔毛，中部具关节；托叶鞘贴生叶柄下半部；叶片半革质，卵形、宽卵形、长卵形、棱状卵形或倒卵形，基部宽楔形或楔形，边缘具较弱的皱波及不整齐波状齿，叶脉掌式羽状。圆锥花序 1~3，与叶等长或超出；花梗纤细，下部有关节；花小，花被片 6，2 轮；雄蕊 9；子房三棱形，花柱 3，向下弯曲，柱头膨大呈头状。瘦果宽椭圆形，具 3 棱，沿棱生宽翅，淡红紫色，顶端略凹陷，基部心形，具宿存花被。花果期 6~9 月。

中旱生植物。常散生于海拔 1100~2300m 的山坡砂砾地带或山路旁。

阿拉善地区均有分布。我国分布于内蒙古、甘肃、宁夏等地。蒙古也有分布。

酸模属 *Rumex* L.

皱叶酸模 *Rumex crispus* L.

多年生草本，株高 50~80cm。根粗大，断面黄棕色，味苦。茎直立，单生，通常不分枝，具浅沟槽，无毛。叶柄比叶片稍短；叶片薄纸质，披针形或矩圆状披针形，长 9~25cm，宽 1.5~4cm，先端锐尖或渐尖，基部楔形，边缘皱波状，两面均无毛；茎上部叶渐小，披针形或狭披针形，具短柄；托叶鞘筒状，常破裂脱落。花两性，多数花簇生于叶腋，或在叶腋形成短的总状花序，合成一狭长的圆锥花序；花梗细，长 2~5mm，果时稍伸长，中部以下具关节；花被片 6，外花被片椭圆形，长约 1mm，内花被片宽卵形，先端锐尖或钝，基部浅心形，边缘微波状或全缘，网纹明显，各具 1 小瘤，小瘤卵形，长 1.7~2.5mm；雄蕊 6；花柱 3，柱头画笔状。瘦果椭圆形，有 3 棱，角棱锐，褐色，有光泽，长约 3mm。花果期 6~9 月。

中生植物。常生于海拔 30~2500m 的阔叶林区及草原区的山地、沟谷、河边。

阿拉善地区均有分布。我国分布于东北、华北、西北及四川、云南、福建、广西等地。亚洲北部、欧洲、北美洲、非洲北部也有分布。

巴天酸模 *Rumex patientia* L.

多年生草本，株高 1~1.5m。根肥厚。茎直立，粗壮，不分枝或分枝，具纵沟纹，无毛。基生叶与茎下部叶有粗壮的叶柄，腹面具沟，长 4~8cm，叶片矩圆状披针形或长椭圆形，长 15~20cm，宽 5~7cm，先端锐尖或钝，基部圆形、宽楔或近心形，边缘皱波状至全缘，两面近无毛；茎上部叶狭小，矩圆状披针形、披针形至条状披针形，具短柄；托叶鞘筒状，长 2~4cm。圆锥花序大型，顶生并腋生，狭长而紧密，有分枝，直立，无毛；花两性，多数花朵簇状轮生，花簇紧接；花梗短，近等长或稍长于内花被片，中部以下具关节；花被片 6，2 轮，外花被片矩圆状卵形，全缘，果时外展或微向下反折，内折，内花被片宽心形，果时增大，长约 6mm，宽 5~7mm，钝圆头，基部心形，全缘或有不明显的细圆齿，膜质，棕褐色，有凸起的网纹，只 1 片具小瘤，小瘤长卵形，其余 2 片无小瘤或发育较差。瘦果卵状三棱形，渐尖头，基部圆形，棕褐色，有光泽，长约 5mm。花期 6 月，果期 7~9 月。

中生植物。常生于海拔 700~3800m 的阔叶林区、草原区的河流两岸、低湿地、村边、路边等处，为草甸中习见的伴生种。

阿拉善地区均有分布。我国分布于东北、华北、西北等地。亚洲北部和欧洲也有分布。

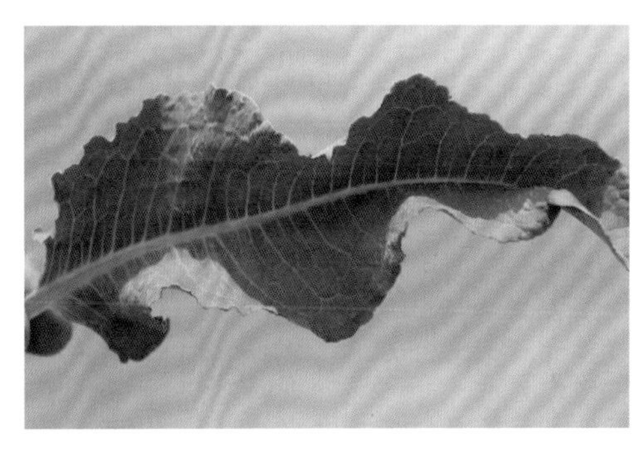

蒙新酸模 *Rumex similans* Rech. f. 别名：短齿单瘤酸模

一年生草本，株高 10~30(50)cm。茎直立，自基部分枝，具细纵棱。茎下部叶披针形或椭圆状披针形，长 1.5~5cm，宽 0.7~1.5cm，顶端急尖，基部楔形或圆形，边缘皱波状；叶柄长 1~1.5cm；上部叶较小。花序总状，具叶，通常数个组成圆锥状；花两性，多花轮生；花梗细，基部具关节；外花被片椭圆形，内花被片果时增大，卵状三角形，顶端钻状渐尖，基部圆形，仅 1 片具小瘤，具小瘤的花被片边缘每侧具 2~3 个针刺，针刺长 4~5mm，其他 3 个内花被片的刺状齿近等长。瘦果椭圆形，长约 1mm，具 3 锐棱，褐色，有光泽。花期 6~7 月，果期 7~8 月。

湿生植物。常生于海拔 300 ~1000m 的河边、湖边、荒地湿处。

阿拉善地区分布于额济纳旗。我国分布于内蒙古、新疆等地。蒙古、哈萨克斯坦、俄罗斯、欧洲东南部、乌克兰也有分布。

沙拐枣属 *Calligonum* L.

阿拉善沙拐枣 *Calligonum alaschanicum* Losinsk.

灌木，株高1~3m。老枝暗灰色，当年枝黄褐色，嫩枝绿色，节间长1~3.5cm。叶长2~4mm。花淡红色，通常2~3朵簇生于叶腋；花梗细弱，下部具关节；花被片卵形或近圆形；雄蕊约15，与花被片近等长；子房椭圆形。瘦果宽卵形或球形，长20~25mm，向右或向左扭曲，具明显的棱和沟槽，每棱肋具刺毛2~3排；刺毛长于瘦果的宽度，呈叉状二至三回分枝，顶叉交织，基部微扁，分离或微结合，不易断落。花果期6~8月。

强旱生植物。常生于海拔500~1500m的流动、半流动沙丘和覆沙戈壁上。多散生在沙质荒漠群落中。

阿拉善地区均有分布。我国特有种，分布于内蒙古、甘肃西部等地。

沙拐枣 *Calligonum mongolicum* Turcz.

灌木，株高可达150cm。老枝开展，拐曲；分枝呈“之”形弯曲，老枝灰白色，当年枝绿色，节间长1~3cm，具纵沟纹。叶细鳞片状，长2~4mm。花淡红色，通常2~3朵簇生于叶腋；花梗细弱，下部具关节；花被片卵形或近圆形，果期开展或反折；雄蕊12~16，与花被近等长；子房椭圆形，有纵列鸡冠状突起。瘦果椭圆形，直或稍扭曲，长8~12mm，两端锐尖，棱肋和沟不明显；刺毛较细，易断落，每棱肋3排，有时有1排发育不好，基部稍加宽，二回分叉，刺毛互相交织，长等于或小于瘦果的宽度。花期5~7月，果期8月。

强旱生植物。常生于海拔500~1800m的荒漠地带和荒漠草原地带流动、半流动沙地，覆沙戈壁，砂质或砂砾质坡地和干河床上，为沙质荒漠的重要建群种。也经常散生或群生于蒿类群落和梭梭荒漠中，为常见伴生种。

阿拉善地区均有分布。我国分布于内蒙古、甘肃西部、新疆东部等地。蒙古也有分布。

戈壁沙拐枣 *Calligonum gobicum* (Bunge ex Meisn.) Losinsk.

灌木，株高约 1m。枝细长，呈“之”形弯曲，老枝淡褐色或带紫褐色，当年枝绿色，多直伸。花被片边缘不整齐，果期反折。瘦果卵形，长 13~16mm，直或稍向左扭曲，棱肋凸出，沟明显；刺毛沿棱排成 2 排，稀疏，较粗，质脆易断落，基部加宽，二回二歧分叉，顶端开展，刺毛长与瘦果宽相等或稍大。5 月开花，6 月上旬形成幼果，6~7 月结果。

强旱生植物。常生于海拔 650~1600m 的荒漠地区流动和半固定沙丘。

阿拉善地区均有分布。我国分布于内蒙古、甘肃西部和新疆北部等地。蒙古也有分布。

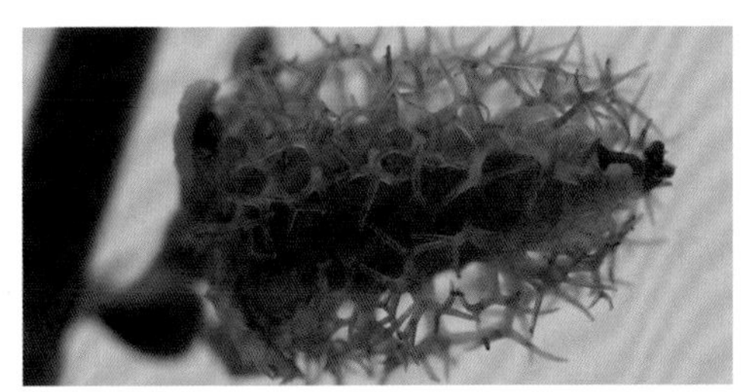

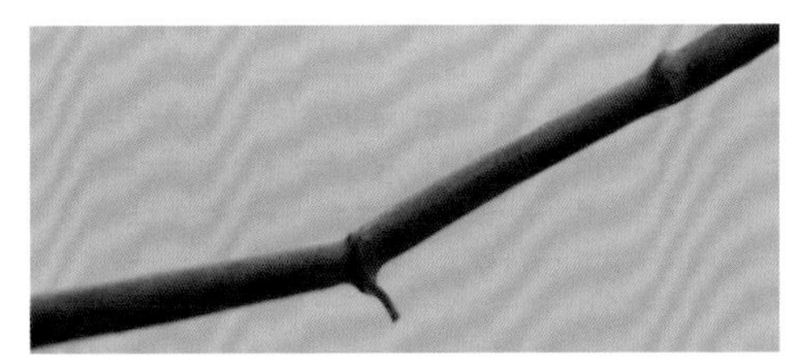

木蓼属 *Atraphaxis* L.

锐枝木蓼 *Atraphaxis pungens* (M. Bieb.) Jaub. & Spach

灌木，株高 30~50cm。多分枝；小枝灰白色或灰褐色，木质化，顶端无叶呈刺状；老枝灰褐色，外皮条状剥裂。叶互生，具短柄，革质，椭圆形、倒卵形或条状披针形，长 1.5~2cm，宽 5~12mm，先端尖或钝，基部宽楔形或楔形，全缘，常微向下反卷，灰绿色，无毛，上面平滑，下面网脉明显；托叶鞘筒状，白色，顶端 2 裂。总状花序侧生于当年生的木质化小枝上，花序短而密集；苞片卵形，膜质，透明；花梗中部具关节；花淡红色；花被片 5，2 轮，内轮花被片果时增大，近圆形或圆心形，外轮花被片宽椭圆形，反折；雄蕊 8；子房倒卵形，柱头 3 裂，近头状。瘦果卵形，具 3 棱，暗褐色，有光泽。花果期 6~9 月。

强旱生植物。常生于海拔 510~3400m 的干旱砾石坡地及河谷漫滩，偶散生于流动沙地裸露的丘间低地。

阿拉善地区均有分布。我国分布于内蒙古、宁夏、甘肃、青海、新疆等地。蒙古、俄罗斯、印度也有分布。

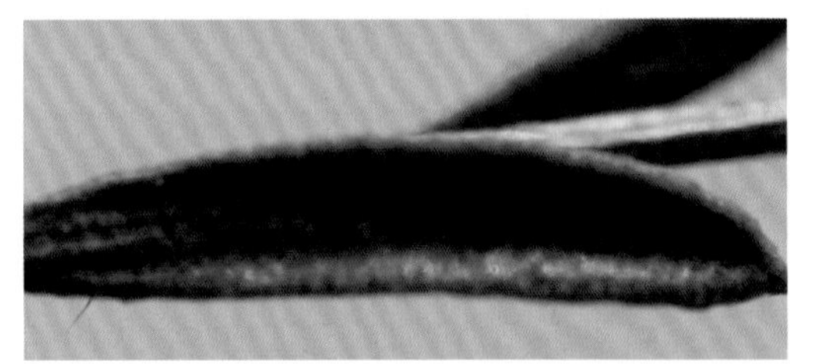

沙木蓼 *Atraphaxis bracteata* Losinsk.

灌木，株高 1~2m。茎直立或开展；嫩枝淡褐色或灰黄色；老枝灰褐色，外皮条状剥裂。叶互生，革质，具短柄，圆形、卵形、长倒卵形、宽卵形或宽椭圆形，长 1~3cm，宽 1~2cm，先端锐尖或圆钝，有时具短尖头，基部楔形、宽楔形或稍圆，全缘或具波状折皱，有明显的网状脉，无毛；托叶鞘膜质，白色，基部褐色。花少数，生于一年生枝上部，每 2~3 朵花生于 1 苞腋内，形成总状花序；花梗细弱，长达 6mm，在中上部具关节；花被片 5，2 轮，粉红色，内轮花被片圆形或心形，长宽相等或长小于宽，外轮花被片宽卵形，水平开展，边缘波状；雄蕊 8，花丝基部扩展并联合。瘦果卵形，具 3 棱，暗褐色，有光泽。花果期 6~9 月。

强旱生植物。常生于海拔 1000~1500m 的流动沙丘低地及半固定沙丘。

阿拉善地区均有分布。我国分布于内蒙古、宁夏、甘肃西部、陕西北部、青海等地。蒙古也有分布。

宽叶沙木蓼（变种）*Atraphaxis bracteata* A. Los. var. *iatifolia* H. C. Fu et M. H. Zhao

灌木，株高 1~2m。茎直立或开展；嫩枝淡褐色或灰黄色；老枝灰褐色，外皮条状剥裂。叶互生，革质，具短柄，圆形或宽卵形，稀宽椭圆形，长 1~3cm，宽 1~2cm，先端圆形具短尖头，鲜黄色或黄绿色，基部楔形、宽楔形或稍圆，全缘或具波状折皱，有明显的网状脉，无毛；托叶鞘膜质，白色，基部褐色。花少数，生于一年生枝上部，每 2~3 朵花生于 1 苞腋内，形成总状花序；花梗细弱，长达 6mm，在中上部具关节；花被片 5，2 轮，粉红色，内轮花被片圆形或心形，长宽相等，外轮花被片宽卵形，水平开展，边缘波状；雄蕊 8，花丝基部扩展并联合。瘦果卵形，具 3 棱，暗褐色，有光泽。花期 5~7 月，果期 6~10 月。

强旱生植物。常生于海拔 100~1500m 的沙丘上。

阿拉善地区分布于巴丹吉林沙漠，腾格里沙漠有零星分布。我国特有种，分布于内蒙古、宁夏等地。

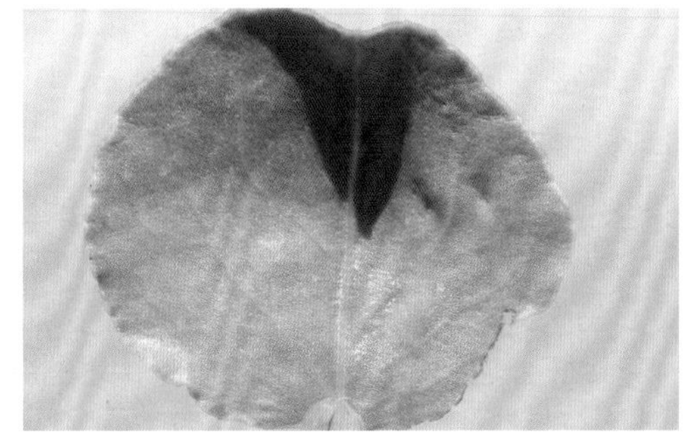

木蓼 *Atraphaxis frutescens* (L.) Eversm.

灌木，株高 20~70cm。多分枝；小枝开展或向上，灰白色或灰褐色，木质化，顶端具叶和花，无刺；老枝灰褐色，外皮条状剥裂。叶互生，无柄或具短柄，狭披针形、披针形、椭圆形或倒卵形，长 10~20mm，宽 3~10mm，先端尖或钝，有硬骨质短尖，基部楔形或宽楔形，全缘或稍有齿牙，灰蓝绿色，无毛，下面网脉明显；托叶鞘筒状，长 3~4mm，膜质，上部白色，下部淡褐色，顶端开裂。总状花序顶生于当年生小枝末端；花梗中部具关节；花被玫瑰色或白色，内轮花被片果时增大，半圆形或近心形，外轮花被片较小，反折。瘦果卵形，具 3 棱，暗褐色，有光泽。花果期 6~8 月。

旱生植物。常生于海拔 500~3000m 的荒漠带石质丘陵坡麓、干河床和覆沙戈壁滩上。

阿拉善地区分布于额济纳旗。我国分布于内蒙古、新疆、甘肃等地。蒙古、俄罗斯也有分布。

圆叶木蓼 *Atraphaxis tortuosa* A. Los.

灌木，株高 50~60cm。多分枝，呈球状；嫩枝较细弱，常弯曲，淡褐色，有乳头状突起；老枝灰褐色，外皮条状剥裂。叶具短柄，革质，近圆形、宽椭圆形或宽卵形，长 1~1.5cm，宽 1~1.3cm，先端钝圆并具短尖头，基部宽楔形或近圆形，边缘有皱波状钝齿，两面绿色或灰绿色，密被蜂窝状腺点，中脉凸起，沿中脉及边缘有乳头状突起；托叶鞘褐色。总状花序顶生，苞片菱形，基部卷折呈斜漏斗状，褐色，膜质，基部有乳头状突起；每 3 朵花生于 1 苞腋内；花梗长 5~8cm，中部具关节，有乳头状突起；花小，粉红色或白色，后变棕色或褐色，花被片 5，2 轮，外轮花被片肾圆形，上升，少水平开展，不反折，内轮花被片近扇形，直立；雄蕊 8；子房椭圆形，花柱 2~3，下部合生，柱头头状。瘦果尖卵形，长 5mm，具 3 棱，暗褐色，有光泽。花期 5~6 月，果期 6~7 月。

旱生植物。常生于海拔 1000~2300m 的荒漠草原石质低山丘陵。

阿拉善地区分布于阿拉善左旗。我国特有种，主要分布于内蒙古。

萹蓄属 *Polygonum* L.

萹蓄 *Polygonum avriculare* L.　　别名：竹叶草、扁竹

一年生草本，株高10~40cm。茎平卧或斜升，稀直立，由基部分枝，绿色，具纵沟纹，无毛，基部圆柱形，幼具棱角。叶具短柄或近无柄，叶片狭椭圆形、矩圆状倒卵形、披针形、条状披针形或近条形，长1~3cm，宽5~13mm，先端钝圆或锐尖，基部楔形，全缘，蓝绿色，两面均无毛，侧脉明显，叶基部具关节；托叶鞘下部褐色，上部白色透明，先端多裂，有不明显的脉纹。花遍生于茎上，常1~5朵簇生于叶腋；花梗细而短，顶部有关节；花被5深裂，裂片椭圆形，长约2mm，绿色，边缘白色或淡红色；雄蕊8，比花被片短；花柱3，柱头头状。瘦果卵形，具3棱，长约3mm，黑色或褐色，表面具不明显的细纹和小点，无光泽，微露出于宿存花被之外。花果期6~9月。

中生植物。常生于海拔10~4200m的田边路旁、沟边湿地，为盐化草甸和草甸群落的伴生种。

阿拉善地区均有分布。我国各地均有分布。欧洲、亚洲、北美洲也有分布。

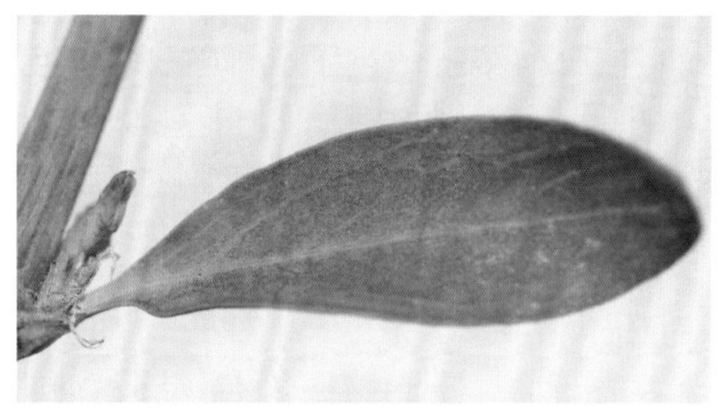

习见萹蓄 *Polygonum plebeium* R. Br.

一年生草本，株高10~30cm。茎匍匐或直立，多分枝，具沟纹，节间通常较叶片短。叶近无柄，叶片矩圆形、狭椭圆形或倒卵状披针形，长5~10mm，宽1~2mm，先端钝或锐尖，基部楔形，全缘，侧脉不显，无毛；托叶鞘膜质，无脉纹或脉纹不显著。花小，1至数朵簇生叶腋；花梗甚短，中部具关节；花被5深裂，裂片矩圆形，长约2mm，粉红色或白色；雄蕊5；花柱3，很短，柱头头状。瘦果椭圆形或菱形，具3棱，长1~1.5mm，黑色或黑褐色，表面有光泽，全部包于宿存的花被内。花期5~8月，果期6~9月。

中生植物。常生长于海拔30~2200m的路边、田边、河边湿地。

阿拉善地区分布于龙首山。我国分布于内蒙古、河北、陕西、河南、长江以南等地。亚洲其他地区和欧洲也有分布。

蓼属 *Persicaria* (L.) Mill.

酸模叶蓼 *Persicaria lapathifolia* (L.) S. F. Gray　　别名：马蓼

一年生草本，株高30~80cm。茎直立，有分枝，无毛，通常紫红色，节部膨大。叶柄短，有短粗硬刺毛。叶片披针形、矩圆形或矩圆状椭圆形，长5~15cm，宽0.5~3cm，先端渐尖或全缘，叶缘被刺毛；托叶鞘筒状，长1~2cm，淡褐色，无毛，具多数脉，先端截形，无缘毛或具稀疏缘毛。圆锥花序由数个花穗组成，花穗顶生或腋生，长4~6cm，近乎直立，具长梗，侧生者梗较短，密被腺体；苞片漏斗状，边缘斜形并具稀疏缘毛，内含数花；花被淡绿色或粉红色，长2~2.5mm，通常4深裂，被腺点，外侧2裂片各具3条明显凸起的脉纹；雄蕊通常6；花柱2，近基部分离，向外弯曲。瘦果宽卵形，扁平，微具棱，长2~3mm，黑褐色，光亮，包于宿存的花被内。花期6~8月，果期7~10月。

中生植物。多散生于海拔30~3900m的阔叶林带、森林草原、草原以及荒漠带的低湿草甸、河谷草甸和山地草甸。

阿拉善地区均有分布。我国分布于南北各地。欧亚大陆温带地区均有分布。

尼泊尔蓼 *Persicaria nepalensis* (Meisn.) H. Gross

一年生草本，株高 10~30cm。茎细弱，直立或平卧，通常分枝，无毛或近节处被稀疏白色刺状毛和腺毛。叶柄通常在下部的较长，上部的较短或近无柄，抱茎；叶片三角状卵形或卵状披针形，长 3~4cm，宽 2~3cm，先端锐尖，基部截形或圆形，沿叶柄下延呈翅状或耳垂形，边缘微波状，两面疏生白色刺状毛，下面密生腺点，边缘具细乳头状突起；托叶鞘筒状，淡褐色，先端斜截形，基部被白色刺状毛和腺毛，易破碎。头状花序顶生和腋生，直径 0.5~1.5cm，具叶状总苞，总苞基部被腺毛；苞片卵状椭圆形，长 2~3cm，通常无毛，内含 1 朵花；花梗短；花被筒状或钟状，淡紫色至白色，长 2~3cm，通常 4 深裂，裂片矩圆形，先端钝圆；雄蕊 5~6，与花被近等长，花药暗紫色；花柱 2，下部合生，柱头头状。瘦果扁宽卵形，两面凸起，直径约 2mm，先端微尖，黑色，密生小点，无光泽，包于宿存花被内。花期 5~8 月，果期 7~10 月。

中生植物。多散生于海拔 1600~3600m 的河谷、溪旁，为山地草甸群落的伴生种。

阿拉善地区分布于贺兰山。我国分布于东北、华北、华中、西北至西南各地。朝鲜、日本、印度、菲律宾、非洲也有分布。

拳参属 *Bistorta* (L.) Adans.

拳参 *Bistorta officinalis* Raf.

多年生草本，株高20~80cm。根状茎肥厚，弯曲，外皮黑褐色，多须根，具残留的老叶。茎直立，较细弱，不分枝，无毛，通常2~3条自根状茎上发出。茎生叶具长柄，叶片矩圆状披针形、披针形至狭卵形，长4~18cm，宽1~3cm，先端锐尖或渐尖，基部钝圆或截形，有时近心形，稀宽楔形，沿叶柄下延成狭翅，边缘通常外卷，两面无毛，稀被乳头状突起或短粗毛；托叶鞘筒状，长3~6cm，上部锈褐色，下部绿色，无毛或有毛；茎上部叶较狭小，条形或狭披针形，无柄或抱茎。花序穗状，顶生，圆柱状，通常长3~9cm，宽1~1.5cm，花密集；苞片卵形或椭圆形，淡褐色，膜质，内含4朵花；花梗纤细，顶端具关节，较苞片长；花被白色或粉红色，5深裂，裂片椭圆形；雄蕊8，与花被片近等长；花柱3。瘦果椭圆形，具3棱，长约3mm，红褐色或黑色，有光泽，常露出宿存花被外。花期6~7月，果期8~9月。

中生植物。多散生于海拔800~3000m的山地草甸和林缘。

阿拉善地区均有分布。我国分布于东北、华北、西北、江苏、湖南、湖北、浙江、江西等地。日本、蒙古、哈萨克斯坦、欧洲也有分布。

珠芽拳参 *Bistorta vivipara* (L.) Gray

多年生草本，株高15~60cm。根状茎粗壮，弯曲，黑褐色，直径1~2cm。茎直立，不分枝，通常2~4条自根状茎发出。基生叶长圆形或卵状披针形，长3~10cm，宽0.5~3cm，顶端尖或渐尖，基部圆形、近心形或楔形，两面无毛，边缘脉端增厚，外卷，具长叶柄；茎生叶较小，披针形，近无柄；托叶鞘筒状，膜质，下部绿色，上部褐色，偏斜，开裂，无缘毛。总状花序呈穗状，顶生，紧密，下部生珠芽；苞片卵形，膜质，每苞内具1~2花；花梗细弱；花被5深裂，白色或淡红色，花被片椭圆形，长2~3mm；雄蕊8，花丝不等长；花柱3，下部合生，柱头头状。瘦果卵形，具3棱，深褐色，有光泽，长约2mm，包于宿存花被内。花期5~7月，果期7~9月。

中生植物。常生于海拔1200~5100m的高山、亚高山带和海拔较高的山地顶部地势平缓的坡地，有时也进入林缘、灌丛间和山地群落中。

阿拉善地区分布于贺兰山、龙首山。我国分布于东北、华北、西北、西南及河南等地。朝鲜、日本、蒙古、哈萨克斯坦、印度、欧洲、北美洲也有分布。

圆穗拳参 *Bistorta macrophylla* (D. Don) Soják

多年生草本，株高 8~30cm。根状茎粗壮，弯曲，直径 1~2cm。茎直立，不分枝，2~3 条自根状茎发出。基生叶长圆形或披针形，长 3~11cm，宽 1~3cm，顶端急尖，基部近心形，上面绿色，下面灰绿色，有时疏生柔毛，边缘叶脉增厚，外卷，叶柄长 3~8cm；茎生叶较小，狭披针形或线形，叶柄短或近无柄；托叶鞘筒状，膜质，下部绿色，上部褐色，顶端偏斜，开裂，无缘毛。总状花序呈短穗状，顶生，长 1.5~2.5cm，直径 1~1.5cm；苞片膜质，卵形，顶端渐尖，长 3~4mm，每苞内具 2~3 花；花梗细弱，比苞片长；花被 5 深裂，淡红色或白色，花被片椭圆形，长 2.5~3mm；雄蕊 8, 比花被长，花药黑紫色；花柱 3, 基部合生，柱头头状。瘦果卵形，具 3 棱，长 2.5~3mm，黄褐色，有光泽，包于宿存花被内。花期 7~8 月，果期 9~10 月。

湿中生植物。常生于海拔 2300~5000m 的山坡草地、高山草甸。

阿拉善地区分布于贺兰山。我国分布于内蒙古、陕西、甘肃、青海、四川、云南、贵州、西藏、湖北等地。印度北部、尼泊尔、不丹也有分布。

何首乌属 *Fallopia* Adans.

木藤蓼 *Fallopia aubertii* (L. Henry) Holub

半灌木。茎近直立或缠绕，褐色，无毛，长达数米。叶常簇生或互生，叶柄长 0.5~2.5cm；叶片矩圆状卵形、卵形或宽卵形，长 2~4.5cm，宽 1~2cm，先端钝或锐尖，基部浅心形，两面均无毛；托叶鞘膜质，褐色。花序圆锥状，顶生，分枝少而稀疏；总花梗和花序轴被乳头状突起；苞片膜质，褐色，鞘状，先端斜形，锐尖，内含 3~6 花；花梗细，长约 4mm，上部具狭翅，下部具关节；花被 5 深裂，白色，外面裂片 3，舟形，背部具翅，翅下延至花梗关节，里面裂片 2，宽卵形；雄蕊 8，比花被稍短；花柱极短，柱头 3，盾状。瘦果卵状三棱形，长约 3mm，黑褐色，包于花被内。花期 6~7 月，果期 8~9 月。

中生植物。常散生于海拔 900~3200m 的荒漠区山地的林缘和灌丛间，为伴生种。

阿拉善地区分布于贺兰山。我国分布于内蒙古、山西、陕西、甘肃、宁夏、四川、云南、西藏、河南等地。蒙古、巴基斯坦、阿富汗、伊朗、印度也有分布。

卷茎蓼 *Fallopia convolvulus* (L.) Á. Löve　　别名：卷旋蓼、蔓首乌

一年生草本。茎缠绕，长 1~1.5m，具纵棱，自基部分枝，具小突起。叶卵形或心形，长 2~6cm，宽 1.5~4cm，顶端渐尖，基部心形，两面无毛，下面沿叶脉具小突起，边缘全缘，具小突起；叶柄长 1.5~5cm，沿棱具小突起；托叶鞘膜质，长 3~4mm，偏斜，无缘毛。花序总状，腋生或顶生，花稀疏，下部间断，有时成花簇，生于叶腋；苞片长卵形，顶端尖，每苞具 2~4 花；花梗细弱，比苞片长，中上部具关节；花被 5 深裂，淡绿色，边缘白色，花被片长椭圆形，外面 3 片背部具龙骨状突起或狭翅，被小突起，果时稍增大；雄蕊 8，比花被短；花柱 3，极短，柱头头状。瘦果椭圆形，具 3 棱，长 3~3.5mm，黑色，密被小颗粒，无光泽，包于宿存花被内。花期 5~8 月，果期 6~9 月。

中生植物。常生于海拔 100~3500m 的山坡草地、山谷灌丛、沟边湿地。

阿拉善地区分布于贺兰山。我国分布于东北、华北、西北、四川、贵州、云南、西藏、湖北西部、山东、江苏北部、安徽、台湾等地。日本、朝鲜、蒙古、巴基斯坦、阿富汗、伊朗、印度、欧洲、非洲北部、美洲北部也有分布。

 西伯利亚蓼属 *Knorringia* (Czukav.) Tzvelev

西伯利亚蓼 *Knorringia sibirica* (Laxm.) Tzvelev

多年生草本，株高5~30cm。具细长的根状茎，茎斜升或近直立，通常自基部分枝，无毛；节间短。叶有短柄；叶片近肉质，矩圆形、披针形、长椭圆形或条形，长2~15cm，宽2~20mm，先端锐尖或钝，基部略呈戟形，且向下渐狭而成叶柄，两侧小裂片钝或稍尖，有时不发育则基部为楔形，全缘，两面无毛，具腺点。花序为顶生的圆锥花序，由数个花穗相集而成，花穗细弱，花簇着生间断，不密集；苞片呈漏斗状，上端截形或具小尖头，无毛，通常内含花5~6朵；花具短梗，中部以上具关节，时常下垂；花被5深裂，黄绿色，裂片近矩圆形，长约3mm；雄蕊7~8，与花被近等长；花柱3，甚短，柱头头状。瘦果卵形，具3棱，棱钝，黑色，平滑而有光泽，长2.5~3mm，包于宿存花被内或略露出。花期6~7月，果期8~9月。

中生植物。常生于海拔30~5100m的草原和荒漠地带的盐化草甸、盐湿低地，局部还可形成群落，为农田杂草。

阿拉善地区均有分布。我国分布于东北、华北、西北、西南等地。蒙古、俄罗斯也有分布。

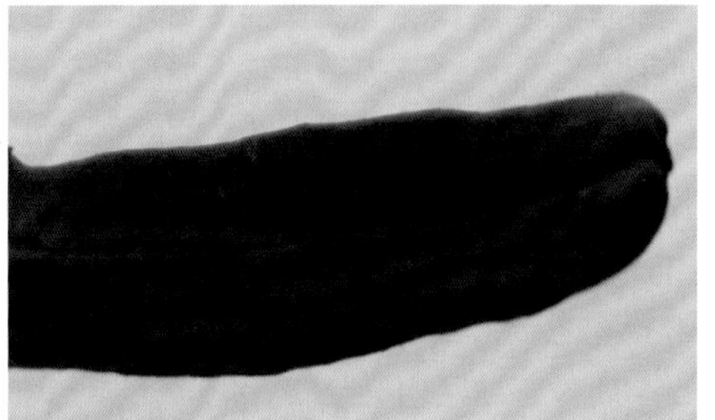

盐穗木属 *Halostachys* C. A. Mey.

盐穗木 *Halostachys caspica* (M. Bieb.) C. A. Mey.

灌木，株高0.5~2m。茎直立，多分枝，枝条交互对生；小枝肉质，蓝绿色，有关节，具小突起；老枝常无叶。叶对生，肉质，鳞片状，先端钝或锐尖，基部连合。穗状花序，长1~3.5cm，直径1.5~3mm，着生于枝端；花两性，每3朵花生于1苞腋内，无小苞片；花被合生，肉质，倒卵形，顶端3浅裂，裂片内折；雄蕊1；子房卵形，柱头2，钻状，有乳头状小突起。胞果卵形，果皮膜质；种子直立，卵形或矩圆状卵形，直径6~7mm，红褐色，两侧扁，胚半球形，有胚乳。花果期7~9月。

旱中生植物。常生于荒漠区西部河岸、湖滨潮湿盐碱土上，为盐生荒漠的建群种之一，有时与盐爪爪混合生长或生于柽柳灌丛和胡杨林下，为伴生种。

阿拉善地区均有分布。我国分布于内蒙古、宁夏、甘肃北部、新疆等地。俄罗斯、中亚、伊朗、阿富汗、蒙古也有分布。

假木贼属 *Anabasis* L.

短叶假木贼 *Anabasis brevifolia* C. A. Mey.

半灌木，株高5~15cm。主根粗壮，黑褐色，由基部主干上分出多数枝条；老枝灰褐色或灰白色，具裂纹，粗糙；当年生枝淡绿色，被短毛，节间长5~20mm。叶矩圆，长3~5mm，宽1.5~2mm，先端具短刺尖，稍弯曲，基部彼此合生成鞘状，腋内生绵毛。花两性，1~3朵生于叶腋；小苞片2，舟状，边缘膜质；花被5，果时外轮3个花被片自背侧横生翅，翅膜质，扇形或半圆形，边缘有不整齐钝齿，具脉纹，淡黄色或橘红色；内轮2个花被片生较小的翅。胞果宽椭圆形或近球形，直径约2.5mm，黄褐色，密被乳头状突起；种子与果同形。花期7~8月，果期9月。

强旱生植物。常生于海拔1400~1600m的荒漠区和荒漠草原带的石质山丘，为亚洲中部石质荒漠植被的建群植物之一，也以亚优势种或伴生成分出现在珍珠柴、绵刺等其他荒漠群落中。

阿拉善地区均有分布。我国分布于内蒙古、宁夏、甘肃、新疆等地。蒙古、俄罗斯也有分布。

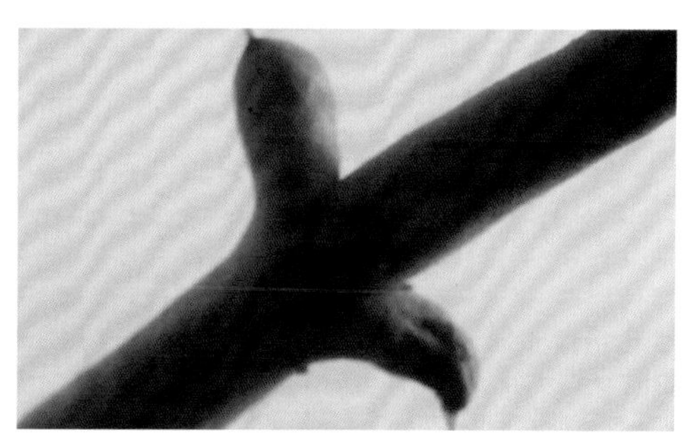

梭梭属 *Haloxylon* Bunge

梭梭 *Haloxylon ammodendron* (C. A. Mey.) Bunge　　别名：琐琐

灌木或小乔木，株高1~9cm，地径可达50cm；树皮灰白色。二年生枝灰褐色，有环状裂缝；当年生枝细长，蓝色，节间长4~8mm。叶退化成鳞片状宽三角形，先端钝，腋间有绵毛。花单生于叶腋；小苞片宽卵形，边缘膜质；花被片5，矩圆形，果时自背部横生膜质翅，翅半圆形，宽5~8mm，有黑褐色纵脉纹，全缘或稍有缺刻，基部心形，全部翅直径8~10mm，花被片翅以上部分稍内曲。胞果半圆球形，顶部稍凹，果皮黄褐色，肉质；种子扁圆形，直径2.5mm。花期7月，果期9月。

强旱生－盐生植物。常生于荒漠区的湖盆低地外缘固定、半固定沙丘砂砾质－碎石地，砾石戈壁及干河床。在阿拉善地区多与地下潜水相联系，形成高大植丛，为盐湿荒漠的重要建群种。

阿拉善地区均有分布。我国分布于内蒙古、甘肃、青海、新疆等地。蒙古、俄罗斯也有分布。

驼绒藜属 *Krascheninnikovia* Gueldenst.

驼绒藜 *Krascheninnikovia ceratoides* (L.) Gueldenst.

灌木，株高 0.3~1m，茎分枝多集中于下部。叶较小，条形、条状披针形、披针形或矩圆形，长 1~2cm，宽 2~5mm，先端锐尖或钝，基部渐狭，楔形或圆形，全缘，1 脉，有时近基部有 2 条不甚显著的侧脉，极稀为羽状，两面均有星状毛。雄花序较短而紧密，长达 4cm；雌花管椭圆形，长 3~4mm，密被星状毛，花管裂片角状，其长为管长的 1/3，叉开，先端锐尖，果时管外具 4 束长毛，其长约与管长相等。胞果椭圆形或倒卵形，被毛。花果期 6~9 月。

强旱生植物。常生于海拔 1000~1400m 的草原区西部和荒漠区沙质、砂砾质土壤，为小针茅草原的伴生种，在草原化荒漠可形成大面积的驼绒藜群落，也出现在其他荒漠群落中。

阿拉善地区均有分布。我国分布于内蒙古、甘肃、青海、新疆、西藏等地。欧亚大陆的干旱地区均有分布。

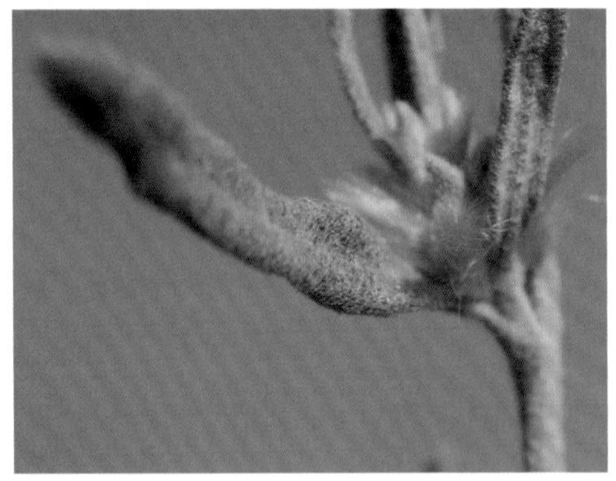

华北驼绒藜 *Krascheninnikovia arborescens* (Losinsk.) Czerep.

灌木，株高 1~2m，分枝多集中于上部，较长。叶较大，具短柄，叶片披针形或矩圆状披针形，长 2~5(7)cm，宽 0.7~1(1.5)cm，先端锐尖或钝，基部楔形至圆形，全缘，通常具明显的羽状叶脉，两面均有星状毛。雄花序细长而柔软，长可达 8cm；雌花管倒卵形，长约 3mm，花管裂片粗短，其长为管长的 1/5~1/4，先端钝，略向后弯，果时管外两侧的中上部具 4 束长毛，下部则有短毛。胞果椭圆形或倒卵形，被毛。花果期 7~9 月。

旱生植物。常散生于海拔 2500~3600m 的草原区和森林草原区的干燥山坡、固定沙地、旱谷和干河床内，为山地草原和沙地植被的伴生成分和亚优势成分。

阿拉善地区分布于贺兰山、龙首山。我国特有种，分布于吉林、辽宁、内蒙古、河北、山西、陕西、甘肃、四川等地。

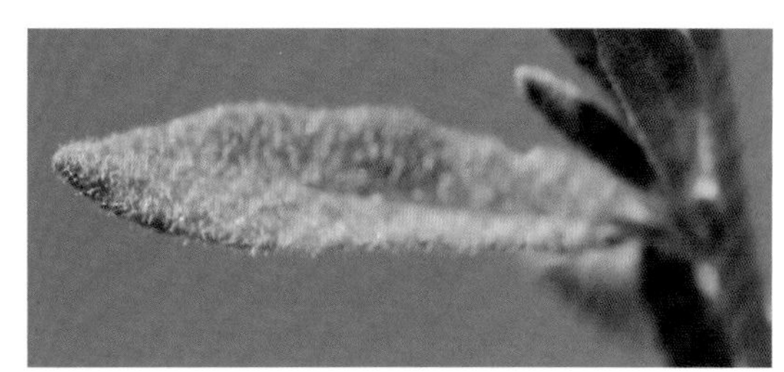

猪毛菜属 *Salsola* L.

珍珠猪毛菜 *Salsola passerina* Bunge　　别名：珍珠柴

半灌木，株高5~30cm。根粗壮，木质化，常弯曲，外皮暗褐色或灰褐色，不规则剥裂。茎弯曲，常劈裂，树皮灰色或灰褐色，不规则剥裂，多分枝；老枝灰褐色，有毛；嫩枝黄褐色，常弧形弯曲，密被鳞片状丁字形毛。叶互生，锥形或三角形，长2.5~3cm，宽约2mm，肉质，密被鳞片状丁字形毛，叶腋和短枝着生球状芽，亦密被毛。花穗状，着生于枝条上部；苞片卵形或锥形，肉质，有毛；小苞片宽卵形，长于花被；花被片5，长卵形，有丁字形毛，果时自背侧中部横生膜质翅，翅黄褐色或淡紫红色，其中3个翅较大，肾形或宽倒卵形，具多数扇状脉纹，水平开展或稍向上弯，顶端边缘有不规则波状圆齿；另2片翅较小，倒卵形，全部翅(包括花被)直径8~10mm；花被片翅以上部分聚集成近直立的圆锥状；雄蕊5，花药条形，自基部分离至近顶部，顶端有附属物；柱头锥形。胞果倒卵形；种子圆形，横生或直立。花果期6~10月。

超旱生植物。常生于海拔1500~2400m荒漠区的砾石质、砂砾质戈壁，或黏土壤、荒漠草原带盐碱湖盆地。为阿拉善荒漠最重要的建群种之一，组成优势群落类型。

阿拉善地区均有分布。我国分布于内蒙古、甘肃、青海、宁夏等地。蒙古也有分布。

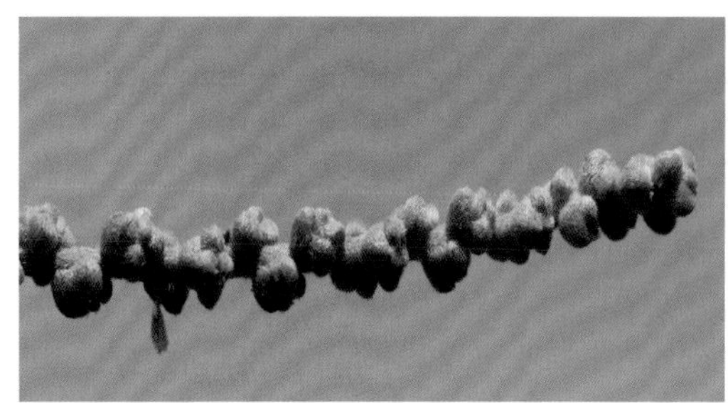

松叶猪毛菜 *Salsola laricifolia* Turcz. ex Litv.

小灌木，株高 20~50cm。多分枝；老枝深灰色或黑褐色，开展，多硬化成刺状；幼枝淡黄白色或灰白色，有光泽，常具纵裂纹。叶互生或簇生，条状半圆形，长 1~1.5cm，宽 1~2mm，肉质，肥厚，先端有短尖，基部扩展，扩展处的上部缢缩，上面有沟槽，下面凸起，黄绿色。花单生于苞腋，在枝顶排列成为穗状花序；苞片条形；小苞片宽卵形，长于花被；花被片 5，长卵形，稍坚硬，果时自背侧中下部横生干膜质翅，翅红紫色或淡紫褐色，肾形或宽倒卵形，具多数扇状脉纹，水平开展或稍向上弯，顶端边缘有不规则波状圆齿，全部翅 (包括花被) 直径 8~14mm；花被片翅以上部分聚集成圆锥状；雄蕊 5，花药矩圆形，顶端有条形的附属物，先端锐尖；柱头锥状。胞果倒卵形；种子横生。花期 6~8 月 , 果期 9~10 月。

强旱生植物。常生于石质低山残丘，广布于亚洲中部荒漠，是草原化石质荒漠群落的主要优势种。

阿拉善地区均有分布。我国分布于内蒙古、宁夏、甘肃、新疆等地。蒙古、中亚也有分布。

薄翅猪毛菜 *Salsola pellucida* Litv.　　别名：戈壁沙蓬、戈壁猪毛菜

一年生草本，株高 10~40cm，全体灰绿色，干后白黄色。茎粗壮，直立，通常由基部分枝，下部枝多对生并接近，伸长，斜升，茎及枝具白色条纹，被乳头状短糙硬毛。叶互生，条状披针形，肉质，长 5~30mm，宽 1~3mm，先端具硬刺尖，基部扩展，扁平，主脉 1 条稍隆起，两面疏生乳头状突起。花单生于苞腋，多数于枝端或枝侧形成短穗状花序；苞片长卵形，具长刺尖，肉质，基部稍扩展，边缘干膜质，被乳头状短糙硬毛；小苞片锥状，先端具刺尖，两者于果时均开展；花被透明膜质，无色或白色，卵形或披针形，长约 2mm，先端渐尖，果时于背侧中下部横生干膜质翅，白色，其中 3 个翅较大，肾形、倒卵形或扇形，具多数扇状凸起而呈褐色的脉纹，水平开展，或稍向上弯，顶端边缘有不规则缺刻状钝齿或裂片，另 2 片翅甚小，短条状，全部翅 (包括花被) 直径 5~8mm；花被片翅以上部分近膜质，条状披针形，先端渐尖，聚集在中央形成圆锥状；雄蕊 5，花药矩圆形，长约 1mm，自基部分离至中部，顶端具点状附属物；柱头 2 裂，丝状，长为花柱的 3~4 倍。胞果倒卵形，果皮膜质；种子横生。花期 6~8 月，果期 8~9 月。

强旱生植物。常生于海拔 2300~3200m 的戈壁滩、山沟及河滩。

阿拉善地区均有分布。我国分布于内蒙古、宁夏、甘肃、青海、新疆等地。欧洲东南部、蒙古西部、俄罗斯也有分布。

刺沙蓬 *Salsola tragus* L.

一年生草本，株高30~100cm。茎直立，自基部分枝，茎、枝生短硬毛或近于无毛，有白色或紫红色条纹。叶片半圆柱形或圆柱形，无毛或有短硬毛，长1.5~4cm，宽1~1.5mm，顶端有刺状尖，基部扩展，扩展处的边缘为膜质。花序穗状，生于枝条的上部；苞片长卵形，顶端有刺状尖，基部边缘膜质，比小苞片长；小苞片卵形，顶端有刺状尖；花被片长卵形，膜质，无毛，背面有1条脉；花被片果时变硬，自背面中部生翅，翅3个较大，肾形或倒卵形，膜质，无色或淡紫红色，有数条粗壮而稀疏的脉，2个翅较狭窄，花被果时（包括翅）直径7~10mm；花被片在翅以上部分近革质，顶端为薄膜质，向中央聚集，包覆果实；柱头丝状，长为花柱的3~4倍。种子横生，直径约2mm。花期8~9月，果期9~10月。

旱中生植物。常生于海拔280~1400m的砂质或砂砾质土壤上，喜疏松土壤，可进入农田成为杂草，也可上升到海拔2000~2700m的山间盆地及山坡等处。

阿拉善地区均有分布。我国分布于内蒙古、甘肃、宁夏、新疆等地。广布于欧亚大陆温带草原和荒漠区。

蒙古猪毛菜 *Salsola ikonnikovii* Iljin

一年生草本，株高 10~30cm。茎由基部分枝，斜升或倾卧；茎和枝淡绿色，干后变黄白色或淡紫色，具白色条纹，密被乳头状短糙硬毛。叶多数，互生，中部和下部叶条状圆柱形，肉质，长 10~30mm，宽约 1mm，先端有硬刺尖，基部稍扩展，上面具浅沟槽，疏生乳头状短糙硬毛，水平开展或向下弯曲，上部叶较密，多反折，较短，近披针形，扁平，有 1 条脉，边缘膜质并疏生乳头状突起。花单生于苞腋，通常在茎及枝的上端排列成密集的穗状花序；苞片和小苞片与叶近似，但较宽短，反折；花被片透明膜质，白色，有毛，以后脱落，其中 3 片较大，矩圆状卵形，先端变窄，锐尖或钝，另 2 片较狭小，果时于背侧横生翅，白色，其中 3 个翅较大，膜质，扇形，具多数扇状脉纹，水平开展，或稍向上弯，顶端边缘有不规则锯齿或波状圆齿，另 2 片翅不发达，锥状，革质，全部翅 (包括花被) 直径 5~7mm；花被片翅以上部分聚集成圆锥状，果时大部分变硬，仅先端为干膜质；雄蕊 5，花药矩圆形，长约 1mm，顶端无附属物，自基部向上分离至 1/3 处；柱头丝形，与花柱近等长或较短。胞果倒卵形，果皮膜质；种子横生。花果期 7~10 月。

中生植物。常生于砂砾地，常散生于荒漠草原和草原群落中。

阿拉善地区均有分布。我国分布于内蒙古。蒙古南部也有分布。

地肤属 *Kochia* Roth

木地肤 *Kochia prostrata* (L.) C. Schrad.

半灌木，株高 10~60cm。根粗壮，木质。茎基部木质化，浅红色或黄褐色；分枝多而密，于短茎上呈丛生状，枝斜升，纤细，被白色柔毛，有时被长绵毛，上部近无毛。叶于短枝上呈簇生状，叶片条形或狭条形，长 0.5~2cm，宽 0.5~1.5cm，先端锐尖或渐尖，两面被疏或密的柔毛。花单生或 2~3 朵集生于叶腋，或于枝端构成复穗状花序，花无梗，不具苞，花被壶形或球形，密被柔毛；花被片 5，密生柔毛，果时变革质，自背部横生 5 个干膜质薄翅，翅菱形或宽倒卵形，顶端边缘有不规则钝齿，基部渐狭，具多数暗褐色扇状脉纹，水平开展；雄蕊 5，花丝条形，花药卵形；花柱短，柱头 2，有羽毛状突起。胞果扁球形，果皮近膜质，紫褐色；种子横生，卵形或近圆形，黑褐色，直径 1.5~2mm。花果期 6~9 月。

旱生植物。常生于草原区和荒漠区东部的栗钙土和棕钙土上，为草原和荒漠草原群落的恒有伴生种，在小针茅 - 葱类草原中可成为亚优势种，亦可进入部分草原化荒漠群落。

阿拉善地区均有分布。我国分布于东北、华北、西北、西藏等地。蒙古、俄罗斯、中亚也有分布。

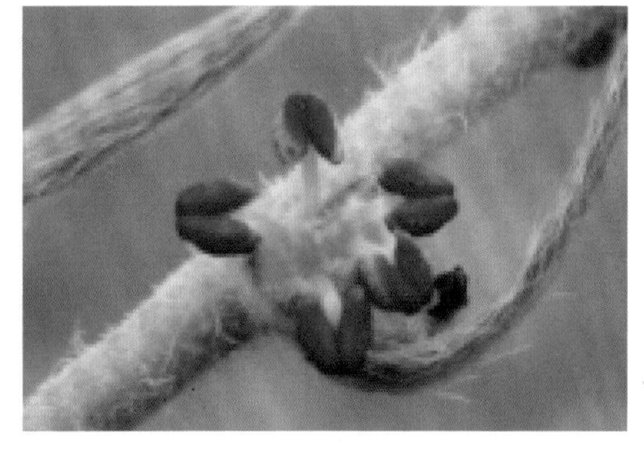

地肤 *Kochia scoparia* (L.) Schrad.

一年生草本，株高 50~100cm。茎直立，粗壮，常自基部分枝，多斜升，具条纹，淡绿色或浅红色，至晚秋变为红色，幼枝有白色柔毛。叶片无柄，披针形至条状披针形，长 2~5cm，宽 3~7mm，扁平，先端渐尖，基部渐狭成柄状，全缘，无毛或被柔毛，边缘常有白色长毛，逐渐脱落，淡绿色或黄绿色，通常具 3 条纵脉。花无梗，通常单生或 2 朵生于叶脉，于枝上排成稀疏的穗状花序；花被片 5，基部合生，黄绿色，卵形，背部近先端处有绿色隆脊及横生的龙骨状突起，果时龙骨状突起发育为横生的翅，翅短，卵形，膜质，全缘或有钝齿。胞果扁球形，包于花被内；种子与果同形，直径约 2mm，黑色。花期 6~9 月，果期 10 月。

中生植物。常生于夏绿阔叶林区和草原区的撂荒地、路旁，散生或群生，亦为常见农田杂草。

阿拉善地区均有分布。我国各省份均有分布。欧洲、亚洲、非洲均有分布。

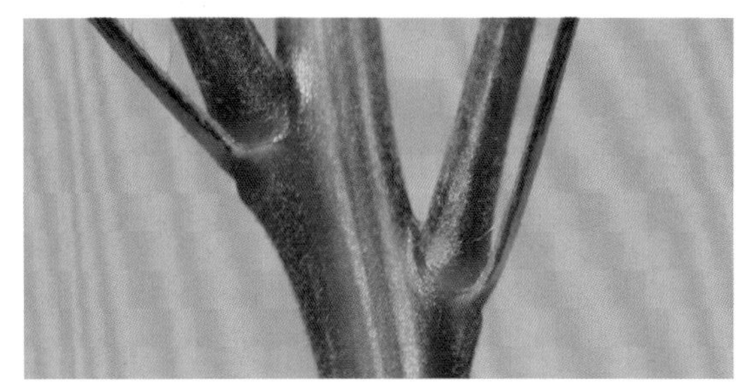

碱地肤 *Kochia sieversiana* (Pall.) C. A. Mey.

一年生草本，株高 50~100cm。茎直立，粗壮，常自基部分枝，多斜升，具条纹，淡绿色或浅红色，至晚秋变为红色，幼枝有白色柔毛。叶片无柄，叶片披针形至条状披针形，长 2~5cm，宽 3~7mm，扁平，先端渐尖，基部渐狭成柄状，全缘，无毛或被柔毛，边缘常有白色长毛，逐渐脱落，淡绿色或黄绿色，通常具 3 条纵脉。花无梗，通常单生或 2 朵生于叶脉，于枝上排成稀疏的穗状花序，花下有较密的束生柔毛；花被片 5，基部合生，黄绿色，卵形，背部近先端处有绿色隆脊及横生的龙骨状突起，果时龙骨状突起发育为横生的翅，翅短，卵形，膜质，全缘或有钝齿。胞果扁球形，包于花被内；种子与果同形，直径约 2mm，黑色。花期 6~9 月，果期 8~10 月。

旱中生植物。广布于草原带和荒漠地带，常生于盐碱化的低湿地和质地疏松的撂荒地上，亦常见于农田杂草和居民点附近。

阿拉善地区均有分布。我国分布于东北、华北、西北等地。蒙古、俄罗斯也有分布。

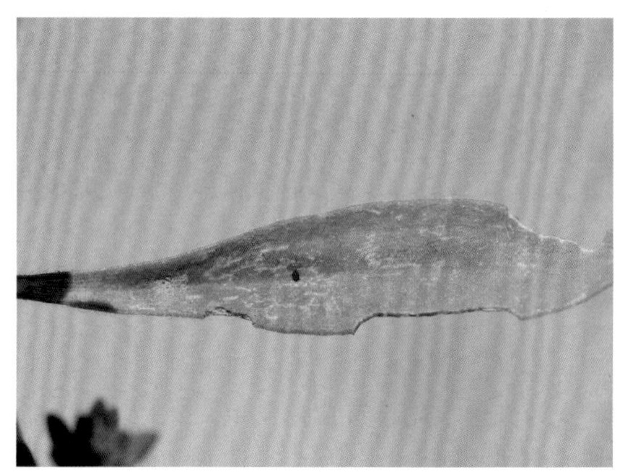

毛花地肤 *Kochia laniflora* (S. G. Gmel.) Borbás

一年生草本，株高 20~40cm。茎直立，常带紫红色，具细条棱，色条不明显，疏被柔毛，后无毛，不分枝或少分枝，斜升，细瘦。叶半圆柱状，长 5~20cm，宽 0.5~1mm，先端渐尖，近无柄，稍被绢状长柔毛，直伸或稍内弯。花通常 2~3 朵聚集于叶腋，生于茎和分枝上部形成间断的穗状花序；花被密被黄色绢毛，花被裂片的翅状附属物膜质，菱状卵形至条形，具棕褐色脉纹，边缘啮蚀状；雄蕊 5，花药矩圆形；柱头 2 或 3。胞果扁球形，果皮膜质，与种子离生；种子宽卵形，长 1.5~2mm，黑褐色。花果期 7~9 月。

旱中生植物。常生于荒漠的沙地、山坡或河流沿岸。

阿拉善地区均有分布。我国分布于内蒙古、新疆北部。中亚、欧洲也有分布。

合头草属 *Sympegma* Bunge

合头草 *Sympegma regelii* Bunge　　别名：列氏合头草、黑柴

半灌木，株高10~50cm。茎直立，多分枝；老枝灰褐色，通常有条状裂纹；当年枝灰绿色。叶互生，肉质，圆柱形，长4~10mm，直径1~2mm，先端稍尖，基部缢缩，易断落，灰绿色。花两性，常3~4朵聚集成顶生或腋生的小头状花序；花被片5，草质，边缘膜质，果时变坚硬且自近顶端横生翅，翅膜质，宽卵形至近圆形，大小不等，黄褐色；雄蕊5，花药矩圆状卵形，顶端有点状附属物；柱头2。胞果扁圆形，果皮淡黄色；种子直立，直径1~1.2mm。花果期7~8月。

强旱生植物。常生于海拔2000m左右荒漠区的石质山坡或土质低山丘陵坡地，也可见于山麓及干河谷的砂砾质、砂质、砂壤质灰棕荒漠土上。

阿拉善地区均有分布。我国分布于内蒙古、宁夏、甘肃、青海、新疆等地。蒙古、中亚也有分布。

盐爪爪属 *Kalidium* Moq.

盐爪爪 *Kalidium foliatum* (Pall.) Moq.

半灌木，株高20~50cm。茎直立或斜升，多分枝；枝灰褐色，幼枝稍为草质，带黄白色。叶圆柱形，长4~6mm，宽0.7~1.5mm，先端钝或稍尖，基部半抱茎，直伸或稍弯，灰绿色。花序穗状，圆柱状或卵形，长8~20mm，直径3~4mm，每3朵花生于1鳞状苞片内。胞果圆形，直径约1mm，红褐色；种子与果同形。花果期7~8月。

强旱生植物。广布于草原区和荒漠区的盐碱土上，尤喜潮湿疏松的盐土，经常在湖盆外围、盐湿低地和盐化沙地上形成大面积的盐湿荒漠，也以伴生种或亚优势种的形式出现于芨芨草盐化草甸中。

阿拉善地区均有分布。我国分布于黑龙江、内蒙古、河北、宁夏、甘肃、青海、新疆等地。蒙古、欧洲也有分布。

细枝盐爪爪 *Kalidium gracile* Fenzl

半灌木，株高10~30cm。茎直立，多分枝；老枝红褐色或灰褐色，幼枝纤细，黄褐色。叶不发达，瘤状；先端钝，基部狭窄，黄绿色。花序穗状或圆柱状，细弱，长1~3.5cm，直径约1.5mm，第1朵花生于第1个鳞状苞片内。胞果卵形；种子与果同形。花果期7~8月。

强旱生植物。常生于草原区和荒漠区盐湖外围和盐碱土上。散生或群集，可为盐湖外围、河流尾端低湿洼地的建群种，形成盐生荒漠，也可进入芨芨草盐化草甸，为伴生种。

阿拉善地区均有分布。我国分布于内蒙古、宁夏、陕西、甘肃、青海、新疆等地。蒙古也有分布。

尖叶盐爪爪 *Kalidium cuspidatum* (Ung.-Sternb.) Grubov

半灌木，株高10~30cm。茎多由基部分枝，枝斜升；老枝灰褐色；幼枝较细弱，黄褐色或带黄白色。叶卵形，长1.5~3mm，先端锐尖，边缘膜质，基部半抱茎，灰蓝色。花序穗状、圆柱状或卵状，长5~15mm，直径1.5~3mm，每3朵花生于1鳞状苞片内。胞果圆形，直径约1mm；种子与果同形。花果期7~8月。

强旱生植物。常生于草原区和荒漠区的盐土或盐碱土上。在湖盆外围、盐渍低地常形成单一的群落，有时也进入盐化草甸。

阿拉善地区均有分布。我国分布于内蒙古、河北、宁夏、陕西、甘肃、新疆等地。蒙古、俄罗斯也有分布。

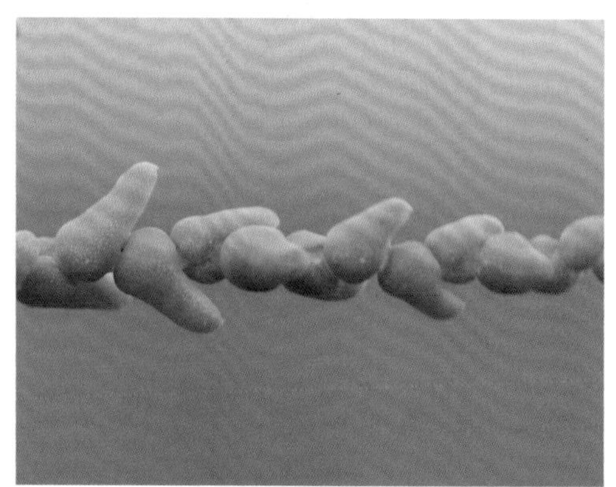

黄毛头（变种）*Kalidium cuspidatum* var. *sinicum* A. J. Li

半灌木，株高10~15cm。茎自基部分枝，枝条密集，灰褐色，小枝灰黄色或带红色，密布多数黄绿色或带红色球芽状的短枝。叶片卵形，长1~1.5mm，宽0.5~1mm。先端锐尖，基部半抱茎，下延。花序穗状，生于枝条上部，长5~15mm，直径2~3mm，花排列紧密，每1苞片内有3朵花；花被合生，上部扁平呈盾状，盾片呈五角形，具狭窄的翅状边缘。胞果近圆形，果皮膜质；种子近圆形，直径约1mm，有乳头状小突起。花果期7~9月。

强旱生植物。常生于阿拉善荒漠南部的土质低山丘陵，也见于洪积扇扇缘地带，为珍珠柴、合头草荒漠的重要亚优势种或伴生种。

阿拉善地区均有分布。我国分布于内蒙古、甘肃、青海等地。蒙古、俄罗斯、中亚也有分布。

滨藜属 *Atriplex* L.

野滨藜 *Atriplex fera* (L.) Bunge　　别名：三齿粉藜

一年生草本，株高30~60cm。茎直立或斜升，钝四棱形，具条纹，黄绿色，通常多分枝，有时不分枝。叶互生，叶柄长8~20mm，叶片卵状披针形或矩圆状卵形，长2.5~7cm，宽5~25mm，先端钝或渐尖，基部宽楔形或近圆形，全缘或微波状缘，两面绿色或灰绿色，上面稍被粉粒，下面被粉粒，后期渐脱落。花单性，雌雄同株，簇生于叶腋，成团伞花序；雄花4~5基数，早脱落；雌花无花被，有2个苞片，苞片的边缘全部合生，果时两面膨胀，包住果实，呈卵形、宽卵形或椭圆形，木质化，具明显的梗，顶端具3齿，中间的1齿稍尖，两侧稍短而钝，表面被粉状小膜片，不具棘状突起，或具1~3个棘状突起。果皮薄膜质，与种子紧贴；种子直立，圆形，稍压扁，暗褐色，直径1.5~2mm。花期7~8月，果期8~9月。

湿生植物。常生于草原区的湖滨、河岸、低湿的盐化土及盐碱土上，也生于路旁及沟渠附近。

阿拉善地区均有分布。我国分布于黑龙江、吉林、内蒙古、河北、山西、陕西、甘肃、青海、新疆等地。蒙古、俄罗斯、中亚也有分布。

中亚滨藜 *Atriplex centralasiatica* Iljin

一年生草本，株高 20~50cm。茎直立，钝四棱形，多分枝，枝黄绿色，密被粉粒。叶互生，具短柄或近无柄，叶片菱状卵形、三角形、卵状戟形或长卵状戟形，有时为卵形，长 1.5~6cm，宽 1~4cm，先端钝或短渐尖，基部宽楔形，边缘通常有少数缺刻状钝齿，中部的 1 对齿较大，呈裂片状，上面绿色，稍有粉粒，下面密被粉粒，银白色。花单性，雌雄同株，簇生于叶腋，形成团伞花序，于枝端及茎顶形成间断的穗状花序；雄花花被片 5，雄蕊 3~5；雌花无花被，有 2 个苞片，苞片边缘合生，仅先端稍分离或合生，果时膨大，包住果实，菱形或近圆形，有时呈 3 裂片状，长 4~8mm，宽 4~10mm，通常在同一株上可见有两种形状，一种膨大成球形，通常背部密被瘤状突起，上部边缘草质，有齿，另一种略扁平，不具瘤状突起，边缘具齿，基部楔形。胞果宽卵形或圆形，直径 2~3mm；种子扁平，棕色，光亮。花果期 7~8 月。

湿生植物。常生于荒漠区和草原区的盐化或碱化土及盐碱土壤上。

阿拉善地区均有分布。我国分布于吉林、辽宁、内蒙古、河北、山西、陕西、宁夏、甘肃、青海、新疆、西藏等地。蒙古、俄罗斯、中亚地区也有分布。

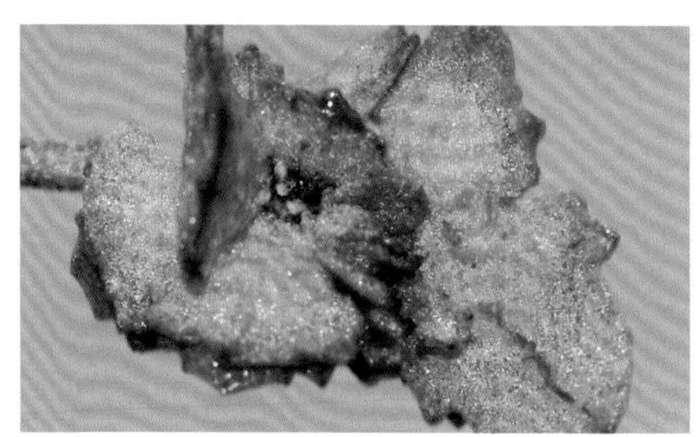

滨藜 *Atriplex patens* (Litv.) Iljin

一年生草本，株高 20~80cm。茎直立，有条纹，上部多分枝；枝细弱，斜生。叶互生，在茎基部的近对生，叶柄长 5~15mm，叶片披针形至条形，长 3~9cm，宽 4~15mm，先端尖或微钝，基部渐狭，边缘有不规则的弯锯齿或全缘，两面稍有粉粒。花单性，雌雄同株，团伞花簇形成稍疏散的穗状花序，腋生；雄花花被片 4~5，雄蕊和花被片同数；雌花无花被，有 2 个苞片，苞片中部以下合生，果时为三角状菱形，表面疏生粉粒或有时生有小突起，上半部边缘常有齿，下半部全缘。种子近圆形，扁，红褐色或褐色，光滑，直径 1~2mm。花果期 7~10 月。

湿生植物。常生于草原区和荒漠区的盐渍化土壤上。

阿拉善地区均有分布。我国分布于黑龙江、吉林、辽宁、内蒙古、河北、陕西、甘肃、宁夏、青海、新疆等地。蒙古、欧洲东部也有分布。

西伯利亚滨藜 *Atriplex sibirica* L.

一年生草本，株高 20~50cm。茎直立，钝四棱形，通常由基部分枝，被白粉粒；枝斜生，有条纹。叶互生，具短柄，叶片菱状卵形、卵状三角形或宽三角形，长 3~5(6)cm，宽 1.5~3(6)cm，先端微钝，基部宽楔形，边缘具不整齐的波状钝齿，中部的 1 对齿较大，呈裂片状，稀近全缘，上面绿色，平滑或稍有白粉，下面密被粉粒，银白色。花单性，雌雄同株，簇生于叶腋，成团伞花序，于茎上部构成穗状花序；雄花花被片 5，雄蕊 3~5，生于花托上；雌花无花被，被 2 个合生苞片包围，果时苞片膨大，木质，宽卵形或近圆形，两面凸，膨大，呈球状，顶端具齿，基部楔形，有短柄，表面被白粉，生多数短棘状突起。胞果卵形或近圆形，果皮薄，贴附种子；种子直立，圆形，两面凸，稍呈扁球形，红褐色或淡黄褐色，直径 2~2.5cm。花期 7~8 月，果期 8~9 月。

湿生植物。常生于草原区和荒漠区的盐土和盐化土壤上，也散见于路边及居民点附近。

阿拉善地区均有分布。我国分布于黑龙江、吉林、辽宁、内蒙古、河北、陕西、宁夏、甘肃、青海、新疆等地。蒙古、俄罗斯也有分布。

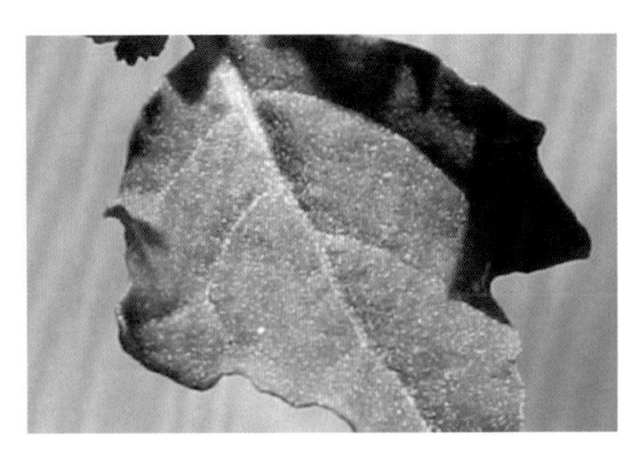

碱蓬属 *Suaeda* Forssk. ex J. F. Gmel.

碱蓬 *Suaeda glauca* (Bunge) Bunge

一年生草本，株高30~60cm。茎直立，圆柱形，浅绿色，具条纹，上部多分枝，分枝细长，斜升或开展。叶条形，半圆柱状或扁平，灰绿色，长1.5~3(5)cm，宽0.7~1.5mm，先端钝或稍尖，光滑或被粉粒，通常稍向上弯曲；茎上部叶渐变短。花两性，单生或2~5朵簇生于叶腋的短柄上，或呈团伞状，通常与叶具共同的柄；小苞片短于花被，卵形，锐尖；花被片5，矩圆形，向内包卷，果时花被增厚，具隆脊，呈五角星状。胞果有2型，其一扁平，圆形，紧包于五角星形的花被内；其二呈球形，上端稍裸露，花被不为五角星形。种子近圆形，横生或直立，有颗粒状点纹，直径约2mm，黑色。花期7~8月，果期9月。

湿生植物。常生于盐渍化和盐碱湿润的土壤上，群集或零星分布，能形成群落或层片。

阿拉善地区均有分布。我国分布于东北、华北、西北等地。朝鲜、日本、俄罗斯、蒙古也有分布。

阿拉善碱蓬 *Suaeda przewalskii* Bunge　　别名：水珠子、水杏

一年生草本，株高10~30cm。茎平卧或直立，圆柱形，无毛，具条纹，由基部分枝，枝斜升，开展。叶倒卵形，长0.5~2cm，宽1.5~3mm，先端钝圆，基部渐狭成柄状，通常弯曲，黄绿色，有粉粒。花两性或雌性，5~7朵簇生于叶腋，呈团伞状；小苞片短于花被，卵形，白色，膜质；花被半球形，花被片5，向上包卷，基部合生，宽卵形，肉质，边缘膜质，果时花被周围常具极窄的翅状环边(有时无突起物)；雄蕊5，花药宽卵形或近圆形，伸出于花被外；柱头2。种子近圆形，两面稍压扁，直径约1.5mm，黑褐色，有光泽，表面具清晰的点纹。花果期7~10月。

湿生植物。常生于海拔300~1500m荒漠区的盐碱湖滨、盐潮洼地或沙丘间的低地，能形成小群落，有时零星分布。

阿拉善地区均有分布。我国分布于内蒙古、宁夏、甘肃等地。蒙古也有分布。

角果碱蓬 *Suaeda corniculata* (C. A. Mey.) Bunge

一年生草本，株高10~30cm，全株深绿色，秋季变紫红色，晚秋常变黑色，无毛。茎粗壮，由基部分枝，斜升或直立，有红色条纹，枝细长，开展。叶条形、半圆柱状，长1~2cm，宽0.7~1.5mm，先端渐尖，基部渐狭，常被粉粒。花两性或雌性，3~6朵簇生于叶腋，呈团伞状；小苞片短于花被；花被片5，肉质或稍肉质，向上包卷，包住果实，果时背部生不等大的角状突起，其中之一发育伸长为长角状；雄蕊5，花药极小，近圆形；柱头2，花柱不明显。胞果圆形，稍扁；种子横生或斜生，直径1~1.5mm，黑色或黄褐色，有光泽，具清晰的点纹。花期8~9月，果期9~10月。

湿生植物。常生于盐碱或盐湿土壤，群集或零星分布，形成群落或层片。可与芨芨草盐生草甸形成镶嵌分布的复合群落，在盐湖、水坑外围形成优势群落。

阿拉善地区均有分布。我国分布于东北、华北、西北、西藏等地。蒙古、俄罗斯也有分布。

平卧碱蓬 *Suaeda prostrata* Pall.

一年生草本，株高10~30cm。茎平卧或斜升，基部分枝稍木质化，具微条棱，光滑、无毛，上部分枝平展。叶条形，半圆柱状，长5~15mm，宽1~1.5mm，先端急尖或微钝，基部稍收缢并稍压扁，光滑或被粉粒；侧枝上的叶较短、等长或稍长于花被。团伞花序2~5朵腋生；小苞片短于花被片，卵形或椭圆形，膜质白色；花两性；花被稍肉质，5深裂，果时花被裂片增厚呈兜状，基部向外延伸出不规则的翅状或舌状突起；雄蕊5，花药宽矩圆形或近圆形，长0.2mm，花丝稍外伸；柱头2，花柱不明显。胞果顶基扁，果皮膜质，淡黄褐色；种子双凸镜形，直径1.2~1.5mm，黑色，表面具清晰的蜂窝状点纹，稍有光泽。花期6~9月，果期8~10月。

湿生植物。常生于盐碱或重盐地，在盐碱化的湖边、河岸和洼地常形成群落，为盐生植物群落建群植物之一。

阿拉善地区均有分布。我国分布于内蒙古、河北、山西、陕西、宁夏、甘肃、新疆、江苏等地。蒙古、俄罗斯也有分布。

沙蓬属 *Agriophyllum* M. Bieb.

沙蓬 *Agriophyllum squarrosum* (L.) Moq. 别名：沙米

一年生草本，株高15~50cm。茎坚硬，浅绿色，具不明显条棱，幼时全株密被分枝状毛，后脱落；多分枝，最下部枝条通常对生或轮生，平卧，上部枝条互生，斜展。叶无柄，披针形至条形，长1.3~7cm，宽4~10mm，先端渐尖有小刺尖，基部渐狭，有3~9条纵行的脉，幼时下面密被分枝状毛，后脱落。花序穗状，紧密，宽卵形或椭圆状，无梗，通常1(3)个着生于叶腋；苞片宽卵形，先端急缩具短刺尖，后期反折；花被片1~3，膜质；雄蕊2~3，花丝扁平，锥形，花药宽卵形；子房扁卵形，被毛，柱头2。胞果圆形或椭圆形，两面扁平或背面稍凸，除基部外周围有翅，顶部具果喙，果喙深裂成2个条状扁平的小喙，在小喙先端外侧各有1小齿；种子近圆形，扁平，光滑。花果期8~10月。

旱生植物。常生于流动、半流动沙地和沙丘，为中国北部沙漠地区常见的沙生植物。在草原区沙地和沙漠中分布极为广泛，往往可以形成大面积的先锋植物群聚。

阿拉善地区均有分布。我国分布于东北、华北、西北、西藏、河南等地。蒙古、俄罗斯、中亚也有分布。

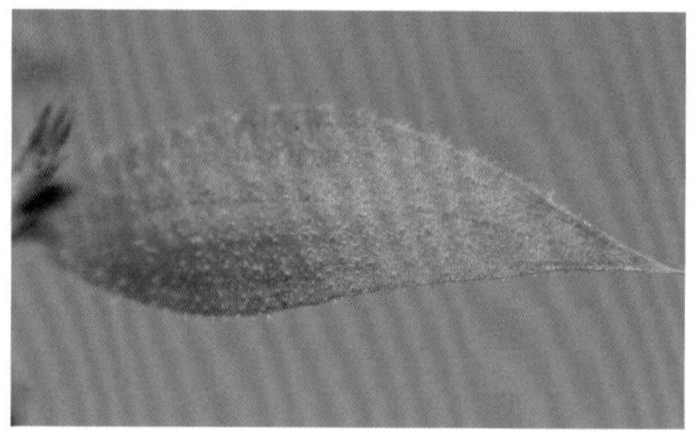

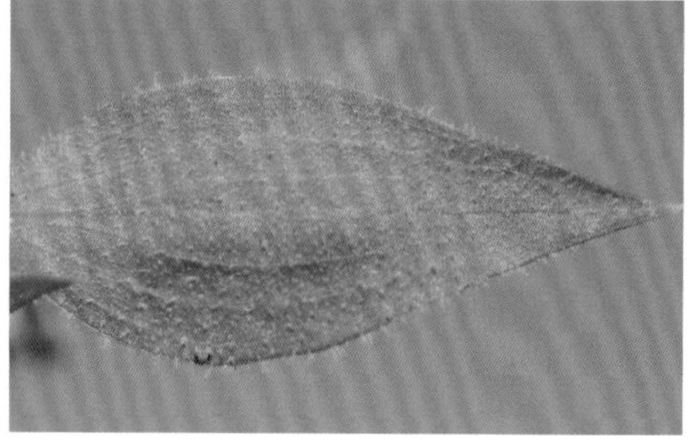

虫实属 *Corispermum* L.

碟果虫实 *Corispermum patelliforme* Iljin

一年生草本，株高10~45cm。茎直立，圆柱状，被散生的星状毛，分枝多集中于中、上部，斜升。叶长椭圆形或倒披针形，长1~4.2cm，宽4~10mm，先端钝圆，具小凸尖，基部渐狭，具3脉，干时皱缩。穗状花序圆柱状，长1.5~4(8)cm，宽0.6~1cm，通常其中、上部较密，下部较稀疏；苞片和叶有明显的区别，花序中、上部的苞片卵形或宽卵形，少数下部的苞片宽披针形，长0.5~1.5cm，宽0.3~0.7cm，先端锐尖或骤尖，具小短尖头，基部圆形，具较狭的膜质边缘，1~3脉，果时苞片掩盖果实；花被片3，近轴花被片宽卵形或近圆形，长约1mm；雄蕊5，花丝钻形，与花被等长或稍长。果实圆形或近圆形，直径2.6~5mm，扁平，背面平坦，腹面凹入较浅，呈碟状，棕色或浅棕色，有光泽，无毛和其他附属物，果翅极窄，向腹面反折，果喙不显。花果期8~9月。

旱生植物。常生于荒漠区流动、半流动沙丘上。

阿拉善地区均有分布。我国分布于内蒙古、甘肃、宁夏、青海等地。蒙古也有分布。

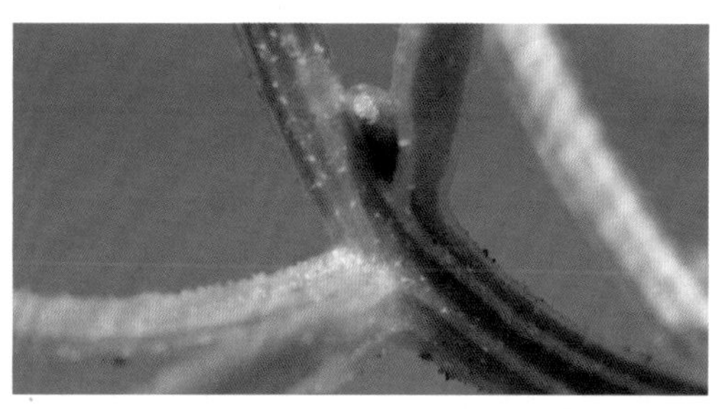

盆果虫实（变种） *Corispermum patelliforme* Iljin var. *pelviforme* H. C. Fu et Z. Y. Chu

一年生草本，株高 10~50cm。茎直立，圆柱状，被散生的星状毛，分枝多集中于中、上部，斜升。叶长椭圆形或倒披针形，长 1~4.2cm，宽 4~10mm，先端钝圆，具小凸尖，基部渐狭，具 3 脉，干时皱缩。穗状花序圆柱状，长 1.5~4(8)cm，宽 0.6~1mm，通常其中、上部较密，下部较稀疏；苞片和叶有明显的区别，花序中、上部的苞片卵形或宽卵形，少数下部的苞片宽披针形，长 0.5~1.5cm，宽 0.3~0.7cm，先端锐尖或骤尖，具小短尖头，基部圆形，具较狭的膜质边缘，1~3 脉，果时苞片掩盖果实；花被片 3，近轴花被片宽卵形或近圆形，长约 1mm；雄蕊 5，花丝钻形，与花被等长或稍长。果实圆形，直径约 2mm，背部凸出，腹面凹入较深，呈盆状，棕色或浅棕色，有光泽，无毛和其他附属物，果翅极窄，向腹面反折，果喙不显。花果期 8~9 月。

旱生植物。常生于荒漠区流动、半流动沙丘上。

阿拉善地区均有分布。我国分布于内蒙古、甘肃、宁夏、青海等地。蒙古也有分布。

蒙古虫实 *Corispermum mongolicum* Iljin

一年生草本，株高10~35cm。茎直立，圆柱形，被星状毛，通常分枝集中于基部，最下部分枝较长，平卧或斜升，上部分枝较短，斜展。叶条形或倒披针形，长1.5~2.5cm，宽0.2~0.5cm，先端锐尖，具小尖头，基部渐狭，1脉。穗状花序细长，不紧密，圆柱形；苞片条状披针形至卵形，长5~20mm，宽约2mm，先端渐尖，基部渐狭，1脉，被星状毛，具宽的白色膜质边缘，全部包被果实；花被片1，矩圆形或宽椭圆形，顶端具不规则细齿；雄蕊1~5，超出花被片。果实宽椭圆形至矩圆状椭圆形，长1.5~2.25(3)mm，通常约2mm，宽1~1.5mm，顶端近圆形，基部楔形，背部具瘤状突起，腹面凹入；果核与果同形，黑色、黑褐色到褐色，有光泽，通常具瘤状突起，无毛；果喙短，喙尖为喙长的1/2；翅极窄，几近于无翅，浅黄色，全缘。花果期7~9月。

旱生植物。常生于荒漠区和草原区的砂质土壤、戈壁和沙丘上。

阿拉善地区均有分布。我国分布于内蒙古、宁夏、甘肃、新疆等地。蒙古、俄罗斯也有分布。

兴安虫实 *Corispermum chinganicum* Iljin

一年生草本，株高10~50cm。茎直立，圆柱形，绿色或紫红色，由基部分枝，下部分枝较长，斜升，上部分枝较短，斜展，初期疏生长柔毛，后无毛。叶条形，长2~5mm，宽约2mm，先端渐尖，具小尖头，基部渐狭，1脉。穗状花序圆柱形，稍紧密，长(1.5)4~5mm，直径3~8mm，通常约5mm；苞片披针形至卵形或宽卵形，先端渐尖或骤尖，1~3脉，具较宽的白色膜质边缘，全部包被果实；花被片3，近轴花被片1，宽椭圆形，顶端具不规则的细齿；雄蕊1~5，稍超过花被片。果实矩圆状倒卵形或宽椭圆形，长3~3.5(3.75)mm，宽1.5~2mm，顶端圆形，基部近圆形或近心形，背部凸起，腹面扁平，无毛；果核椭圆形，灰绿色至橄榄色，后期为暗褐色，有光泽，常具褐色斑点或无；无翅或翅狭窄，为果核的1/8~1/7，浅黄色，不透明，全缘；小喙粗短，为喙长的1/4~1/3。花果期6~8月。

旱生植物。常生于草原和荒漠草原的砂质土壤上，也出现于荒漠区湖边沙地和干河床。

阿拉善地区均有分布。我国分布于黑龙江、吉林、辽宁、内蒙古、河北、宁夏、甘肃等地。蒙古、俄罗斯也有分布。

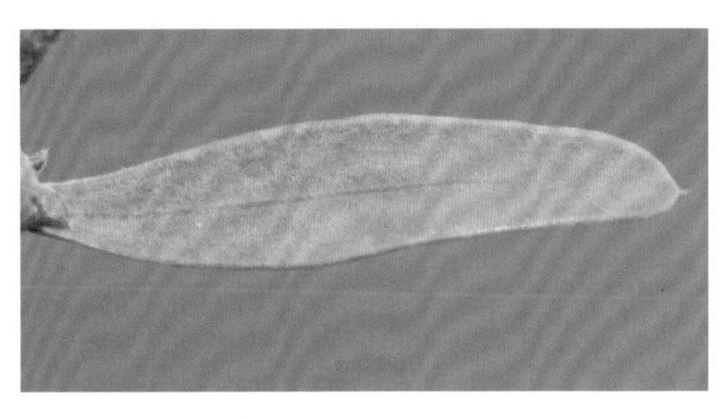

辽西虫实 *Corispermum dilutum* (Kitag.) C. P. Tsien & C. G. Ma

一年生草本，株高5~30cm。茎直立，圆柱形，绿色或下部紫色，稍被星状毛，果时毛脱离；由基部分枝，最下部分枝较长，斜升或平卧，上部分枝较短，斜展。叶条形，长2.5~4.5cm，宽2~6cm，通常宽约3mm，先端锐尖，具小尖头，基部渐狭，1脉，绿色，疏生星状毛。穗状花序倒卵状或棍棒状，长1~3(10)cm，直径1~1.5cm，紧密；苞片宽披针形、卵形至宽卵形，长5~10(22)mm，宽4~6mm，先端锐尖或骤尖，具小尖头，基部圆形，3脉，具宽的白色膜质边缘，其上部有明显的乳头状突起；花被片3，近轴花被片1，宽椭圆形或近圆形，长约1.2mm，顶端具不规则小齿，远轴花被片2，小，三角形；雄蕊3~5，超过花被片。果实倒宽卵形，长3.5~4.5mm，宽2.5~4mm，顶端具明显的钝角状缺刻，基部心形或近心形，背部凸起，腹部凹入，无毛；果核倒卵形，黄绿色，具少数褐色斑纹和泡状突起；果喙长约0.8mm，喙尖为喙长的1/3~1/2，直立；翅较宽，约0.7mm，黄褐色，不透明，边缘具不规则细齿。花果期7~9月。

旱生植物。常生于草原区的沙地或沙丘上。

阿拉善地区均有分布。我国特有种，分布于辽宁、内蒙古等地。

宽翅虫实 *Corispermum platypterum* Kitag. 别名：鳞虫实

一年生草本，株高30~50cm。茎直立，圆柱形，绿色，被疏毛；分枝纤细，基部的分枝最长，斜升。叶条形，长3~5cm，宽约1mm，先端渐尖，具小尖头，基部渐狭，全缘，1脉。穗状花序圆柱状，纤细，具稀疏的花，下部疏离，上部稍密；上部苞片椭圆形至卵形，下部苞片条形至卵状披针形，长1.5~3cm，宽1~1.5mm，仅基部稍具白色膜质边缘，显著比果窄，中部以上披针形至卵形，全具膜质边缘，比果稍窄；花被片1~3，近轴花被片宽卵形，顶端圆形，具不规则的细齿，基部圆形，白色膜质，远轴花被片2，小，三角形；雄蕊3~5，花丝比花被片长。果实近圆形，长4~4.5mm，宽3.5~4.5mm，顶部下陷呈锐角状缺刻，基部圆楔形或心形，背面凸起，中央压扁，腹面扁平，无毛；果核椭圆状倒卵形，长约3.5mm，宽约2mm，顶端圆形，基部楔形；果喙长约1.2mm，喙尖为喙长的1/4；果翅宽约1mm，薄，半透明，边缘具不规则的细齿。花果期7~9月。

旱生植物。常生于海拔约500m的草原区比较湿润沙地、沙丘上。

阿拉善地区分布于雅布赖山。我国特有种，分布于吉林、辽宁、内蒙古、河北等地。

绳虫实 *Corispermum declinatum* Stephan ex Iljin

一年生草本，株高15~50cm。茎直立，稍细弱，分枝多，最下部者较长，斜升，绿色或带红色，具条纹。叶条形，长2~3(6)cm，宽1.5~3mm，先端渐尖，具小尖头，基部渐狭，1脉。穗状花序细长，稀疏；苞片较狭，条状披针形至狭卵形，长3~7mm，宽约3mm，先端渐尖，具小尖头，1脉，边缘白色膜质，除上部萼片较果稍宽外均较果窄；花被片1，稀3，近轴花被片宽椭圆形，先端全缘或齿啮状；雄蕊1~3，花丝长为花被片长的2倍。果实倒卵状矩圆形，长3~4mm，宽1.5~2mm，中部以上较宽，顶端锐尖，稀近圆形，基部圆楔形，背面中央稍扁平，腹面凹入，无毛；果核狭倒卵形，平滑或稍具瘤状突起；果喙长约0.5mm，喙尖为喙长的1/3，直立；边缘具狭翅，翅宽为果核的1/8~1/3。花果期6~9月。

旱生植物。常生于海拔500~1400m的草原区砂质土壤和固定沙丘上。

阿拉善地区分布于额济纳旗、阿拉善左旗。我国分布于辽宁、内蒙古、河北、山西、陕西、甘肃、新疆、河南等地。蒙古、俄罗斯也有分布。

轴藜属 *Axyris* L.

杂配轴藜 *Axyris hybrida* L.

一年生草本，株高 5~40cm。茎直立，由基部分枝，枝通常斜生，幼时被星状毛，后期脱落。叶具短柄；叶片卵形、椭圆形或矩圆状披针形，长 0.5~3.5cm，宽 0.2~1cm，先端钝或渐尖，具小尖头，基部楔形，全缘，下面叶脉明显，两面均密被星状毛。雄花序穗状，花被片 3，膜质，矩圆形，背面密被星状毛，后期脱落，雄蕊 3，伸出花被外；雌花无梗，通常构成聚伞花序生于叶腋，苞片披针形或卵形，背面密被星状毛，花被片 3，背部密被星状毛。胞果宽椭圆状倒卵形，长 1.5~2mm，宽约 1.5mm，侧面具同心圆状皱纹，顶端有 2 个小的三角状附属物。花果期 7~8 月。

中生植物。常生于沙质撂荒地上，也见于固定沙地、干河床。

阿拉善地区均有分布。我国分布于东北、华北、西北、云南、西藏等地。蒙古、俄罗斯也有分布。

雾冰藜属 *Grubovia* Freitag & G. Kadereit

雾冰藜 *Grubovia dasyphylla* (Fisch. & C. A. Mey.) Freitag & G.Kadereit

别名：雾冰草、星状刺果藜、肯诺藜

一年生草本，株高5~30cm，全株被灰白色长毛。茎直立，具条纹，黄绿色或浅红色，多分枝，开展，细弱，后变硬。叶肉质，圆柱状或半圆柱状条形，长0.3~1.5cm，宽1~5mm，先端钝，基部渐狭。花单生或2朵集生于叶腋，但仅1花发育；花被球状壶形，草质，5浅裂，果时在裂片背侧中部生5个锥状附属物，呈五角星状。胞果卵形；种子横生，近圆形，压扁，直径1~2mm，平滑，黑褐色。花果期8~10月。

旱生植物。散生或群生于草原区和荒漠区的砂质和砂砾质土壤上，也见于沙质撂荒地和固定沙地，稍耐盐。自荒漠草原带向西，个体数量明显增多，在沙地上可形成单一群落。

阿拉善地区均有分布。我国分布于东北西部、华北北部、西北、西藏、山东等地。蒙古、俄罗斯、中亚地区也有分布。

腺毛藜属 *Dysphania* R. Br.

菊叶香藜 *Dysphania schraderiana* (Roem. & Schult.) Mosyakin & Clemants

一年生草本，株高20~60cm，有强烈香气，全体具腺及腺毛。茎直立，分枝，下部枝较长，上部枝较短，有纵条纹，灰绿色，老时紫红色。叶具柄，长0.5~1cm；叶片矩圆形，长2~4cm，宽1~2cm，羽状浅裂至深裂，先端钝，基部楔形，裂片边缘有时具微小缺刻或齿，上面深绿色，下面浅绿色，两面有短柔毛和棕黄色腺点；上部或茎顶的叶较小，浅裂至不分裂。花多数，单生于小枝的腋内或末端，组成二歧聚伞花序，再集成塔形的大圆锥花序；花被片5，卵状披针形，长0.3~0.5mm，背部稍具隆脊，绿色，被黄色腺点及刺状突起，边缘膜质，白色；雄蕊5，不外露。胞果扁球形，不全包于花被内；种子横生，扁球形，直径0.5~1mm，种皮硬壳质，黑色或红褐色，有光泽；胚半球形。花期7~9月，果期9~10月。

中生植物。常生于撂荒地和居民点附近的潮湿、疏松的土壤上。

阿拉善地区分布于龙首山。我国分布于辽宁、内蒙古、山西、陕西、甘肃、青海、四川、云南、西藏等地。中亚、欧洲、非洲也有分布。

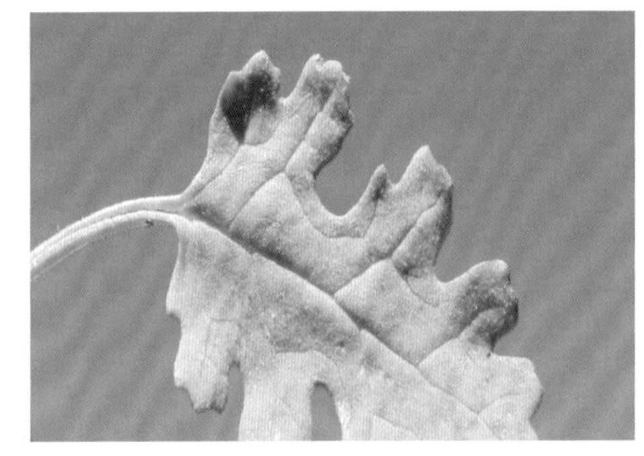

刺藜属 *Teloxys* Moq.

刺藜 *Teloxys aristata* (L.) Moq.

一年生草本，株高 10~25cm。茎直立，圆柱形，稍有角棱，具条纹，淡绿色，或老时带红色，无毛或疏生毛，多分枝，开展，下部枝较长，上部枝较短。叶条形或条状披针形，长 2~5cm，宽 3~7mm，先端锐尖或钝，基渐狭成不明显叶柄，全缘，两面无毛，秋季变成红色，中脉明显。二歧聚伞花序，分枝多且密，枝先端具刺芒，花近无梗，生于刺状枝腋内；花被片 5，矩圆形，长 0.5mm，先端钝圆或尖，背部绿色，稍具隆脊，边缘膜质白色或带粉红色，内曲；雄蕊 5，不外露。胞果上下压扁，圆形，果皮膜质，不全包于花被内；种子横生，扁圆形，黑褐色，有光泽，直径约 0.5mm；胚球形。花果期 8~10 月。

旱生植物。常生于砂质地或固定沙地上，为农田杂草，也可见于山坡、荒地等处。

阿拉善地区分布于贺兰山。我国分布于黑龙江、吉林、辽宁、内蒙古、河北、山西、陕西、宁夏、甘肃、四川、青海、新疆、河南、山东等地。朝鲜、日本、蒙古、欧洲、北美洲也有分布。

无刺刺藜（变种）*Chenopodium aristatum* var. *inerme* W. Z. Di[①]

一年生草本，株高10~25cm。茎直立，圆柱形，稍有角棱，具条纹，淡绿色，或老时带红色，无毛或疏生毛，多分枝，开展，下部枝较长，上部枝较短。叶条形或条状披针形，长2~5cm，宽3~7mm，先端锐尖或钝，基渐狭成不明显之叶柄，全缘，两面无毛，秋季变成红色，中脉明显。二歧聚伞花序，分枝多且密，花序末端无不育枝发育的针刺；花近无梗，生于刺状枝腋内；花被片5，矩圆形，长约0.5mm，先端钝圆或尖，背部绿色，稍具隆脊，边缘膜质白色或带粉红色，内曲；雄蕊5，不外露。胞果上下压扁，圆形，果皮膜质，不全包于花被内；种子横生，扁圆形，黑褐色，有光泽，直径约0.5mm；胚球形。花果期8~10月。

中生植物。常生于山沟、干河床、撂荒地、田边、路旁沙地。

阿拉善地区分布于贺兰山。我国分布于黑龙江、吉林、辽宁、内蒙古、河北、山西、陕西、宁夏、甘肃、青海、新疆、四川、河南、山东等地。欧洲也有分布。

藜属 *Chenopodium* L.

小白藜 *Chenopodium iljinii* Golosk.

一年生草本，株高10~25cm。茎直立，多分枝，枝细长，斜升，具条纹，黄绿色，老时变紫红色。叶具短柄，柄长2~5mm；叶片卵形至卵状三角形，长3~12mm，宽2~8mm，先端钝或锐尖，基部宽楔形，两侧常有两个浅裂片，上面光滑或疏被白色粉粒，腋生或顶生。花簇生于枝端及叶腋的小枝上，形成疏散的圆锥花序；花被裂片5，宽卵形或椭圆形，被粉粒，背部中央绿色，较厚，呈龙骨状突起，边缘膜质，先端钝或微尖；雄蕊5，超出花被；子房扁球形，柱头2，果实包于花被内。胞果深棕褐色，果皮薄，初期被小泡状突起；种子横生，两面凸呈扁球形或扁卵圆形，直径约0.75mm，边缘具钝棱，黑色，有光泽，表面有不明显放射状细纹；胚球形。花果期7~8月。

旱生植物。常生于海拔200~4000m的荒漠草原带和荒漠带的碱土和盐碱地上。

阿拉善地区均有分布。我国分布于内蒙古、宁夏、甘肃、青海、新疆、四川等地。中亚也有分布。

---

① 因无刺刺藜与刺藜亲缘关系相近，同划为刺藜属，但暂无对应拉丁名，仍沿用旧名。

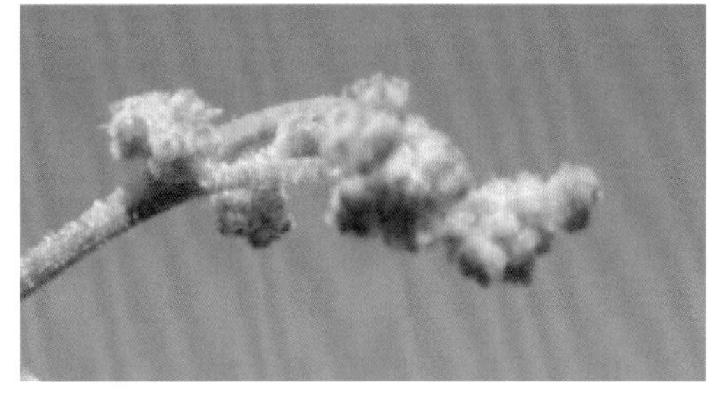
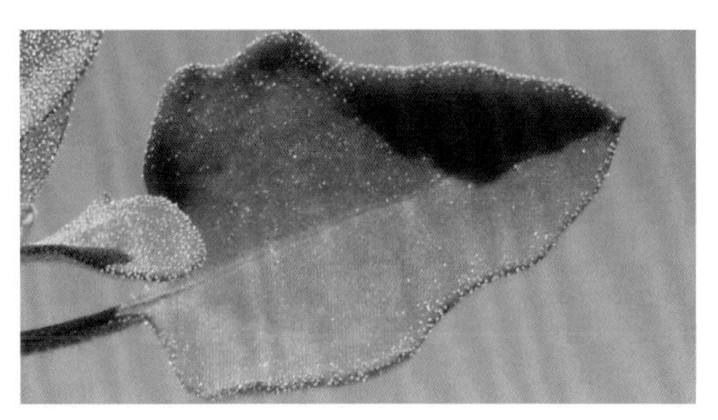

尖头叶藜 *Chenopodium acuminatum* Willd.

一年生草本，株高10~30cm。茎直立，分枝或不分枝，枝通常平卧或斜升，细弱，无毛，具条纹，有时带紫红色。叶具柄，长1~3cm；叶片卵形、宽卵形、三角状卵形、长卵形或菱状卵形，长2~4cm，宽1~3mm，先端钝圆或锐尖，具短尖头，基部宽楔形或圆形，有时近平截，全缘，通常具红色或黄褐色半透明的环边，上面无毛，淡绿色，下面被粉粒，灰白色或带红色；茎上部叶渐狭小，几为卵状披针形或披针形。花每8~10朵聚生为团伞花簇，花簇紧密地排列于花枝上，形成有分枝的圆柱形花穗，或再聚为尖塔形大圆锥花序；花序轴密生玻璃管状毛；花被裂片5，宽卵形，背部中央具绿色龙骨状隆脊，边缘膜质，白色，向内弯曲，疏被膜质透明的片状毛，果时包被果实，全部呈五角星状；雄蕊5，花丝极短。胞果扁球形，近黑色，具不明显放射状细纹及细点，稍有光泽；种子横生，直径约1mm，黑色，有光泽，表面有不规则点纹。花期6~8月，果期8~9月。

中生植物。常生于海拔50~2900m的盐碱地、河岸砂质地、撂荒地和居民点的砂壤土上。

阿拉善地区均有分布。我国分布于东北、西北、河南、浙江等地。朝鲜、日本、蒙古、俄罗斯也有分布。

杂配藜 *Chenopodium hybridum* L.　　别名：大叶藜

一年生草本，株高40~90cm。茎直立，粗壮，具5锐棱，无毛，基部通常不分枝，枝细长，斜伸。叶具长柄，长2~7cm；叶片质薄，宽卵形或卵状三角形，长5~9cm，宽4~6.5cm，先端锐尖或渐尖，基部微心形或几为圆状截形，边缘具不整齐微弯缺状渐尖或锐尖的裂片，两面无毛，下面叶脉凸起，黄绿色。花序圆锥状，较疏散，顶生或腋生，花两性兼有雌性；花被裂片5，卵形，先端圆钝，基部合生，边缘膜质，背部具肥厚隆脊，腹面凹，包被果实。胞果双凸镜形，果皮薄膜质，具蜂窝状的4~6角形网纹；种子横生，扁圆形，两面凸，径1.5~2cm，黑色，无光泽，边缘具钝棱，表面具明显的深洼点；胚环形。花期8~9月，果期9~10月。

中生植物。常生于林缘、山地沟谷、河边及居民点附近。

阿拉善地区均有分布。我国分布于黑龙江、吉林、辽宁、内蒙古、河北、山西、陕西、宁夏、甘肃、青海、新疆、西藏、四川、云南、浙江等地。广布于北半球温带及夏威夷群岛。

藜 *Chenopodium album* L.　　别名：灰菜

一年生草本，株高30~120cm。茎直立，粗壮，圆柱形，具棱，有沟槽及红色或紫色的条纹，嫩时被白色粉粒，多分枝，枝斜升或开展。叶具长柄；叶片三角状卵形或菱状卵形，有时上部的叶呈狭卵形或披针形，长3~6cm，宽1.5~5cm，先端钝或尖，基部楔形，边缘具不整齐的波状牙齿，或稍呈缺刻状，稀近全缘，上面深绿色，下面灰白色或淡紫色，密被灰白色粉粒。花黄绿色，每8~15朵花或更多聚成团伞花簇，多数花簇排成腋生或顶生的圆锥花序；花被裂片5，宽卵形至椭圆形，被粉粒，背部具纵隆脊，边缘膜质，先端钝或微尖；雄蕊5，伸出花被外；花柱短，柱头2。胞果全包于花被内或顶端稍露，果皮薄，初被小泡状突起，后期小泡脱落变成皱纹，和种子紧贴；种子横生，两面凸或呈扁球形，直径1~1.3cm，光亮，近黑色，表面有浅沟纹及点洼；胚环形。花期8~9月，果期9~10月。

中生植物。常生于海拔50~4200m的田间、路旁、荒地、居民点附近和河岸低湿地。

阿拉善地区均有分布。我国各省份均有分布。世界各国均有分布。

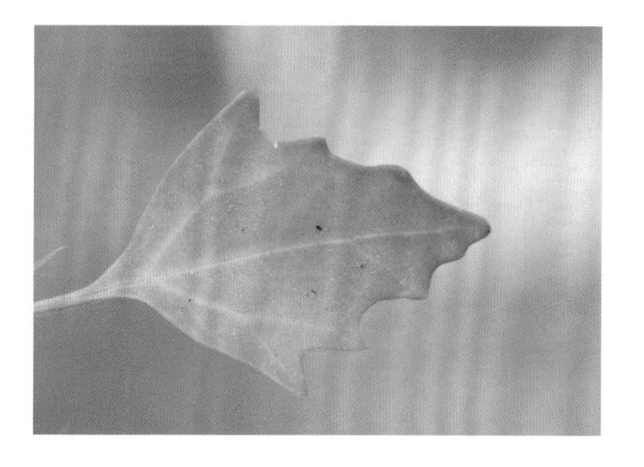
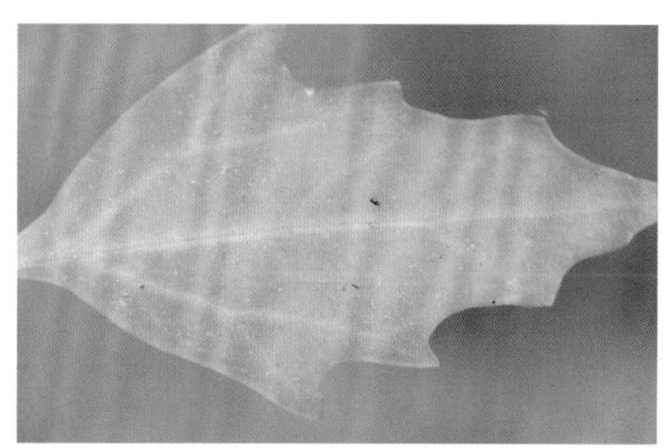

市藜属 *Oxybasis* Kar. & Kir.

灰绿藜 *Oxybasis glauca* (L.) S. Fuentes, Uotila & Borsch

一年生草本，株高15~30cm。茎通常由基部分枝，斜升或平卧，有沟槽及红色或绿色条纹，无毛。叶有短柄，柄长3~10mm；叶片稍厚，带肉质，矩圆状卵形、椭圆形、卵状披针形、披针形或条形，长2~4cm，宽7~15mm，先端钝或锐尖，基部渐狭，边缘具波状牙齿，稀近全缘，上面深绿色，下面灰绿色或淡紫红色，密被粉粒，中脉黄绿色。花序穗状或复穗状，顶生或腋生；花被片3~4，稀为5，狭矩圆形，先端钝，内曲，背部绿色，边缘白色膜质，无毛；雄蕊通常3~4，稀1~5，花丝较短；柱头2，甚短。胞果不完全包于花被内，果皮薄膜质；种子横生，稀斜生，扁球形，暗褐色，有光泽，直径约1mm。花期6~9月，果期8~10月。

中生植物。常生于居民点附近和轻度盐渍化农田。

阿拉善地区均有分布。我国分布于长江以北各省份。广布于南北两半球的温带地区。

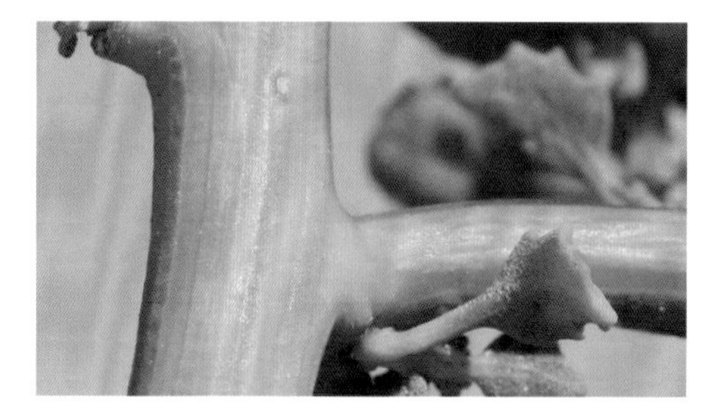

东亚市藜 *Oxybasis micrantha* (Trautv.) Sukhor. & Uotila

一年生草本，株高 30~60cm。茎粗壮，直立，淡绿色，具条棱，无毛，不分枝或上部分枝，枝斜升。叶具长柄，长 2~6cm；叶片菱形或菱状卵形，长 5~12cm，宽 4~9(12)cm，先端锐尖，基部宽楔形，边缘有不整齐的弯缺状大锯齿，有时仅近基部生 2 个尖裂片，自基部分生 3 条明显的叶脉，两面光绿色，无毛；上部叶较狭，近全缘。花序穗状或圆锥状，顶生或腋生，花两性兼有雌性；花被 3~5 裂，花被片狭倒卵形，先端钝圆，基部合生，背部稍肥厚，黄绿色，边缘膜质淡黄色，果时通常开展；雄蕊 5，超出花被；柱头 2，较短。胞果小，近圆形，两面凸或呈扁球状，直径 0.5~0.7mm，果皮薄，黑褐色，表面有颗粒状突起；种子横生、斜生、稀直立，红褐色，边缘锐，有点纹。花期 8~9 月，果期 9~10 月。

中生植物。常生于盐化草甸和杂类草草甸较潮湿的轻度盐化土壤上，也见于撂荒地和居民点附近。

阿拉善地区分布于龙首山。我国分布于黑龙江、吉林、辽宁、内蒙古、河北、山西、陕西、新疆、山东、江苏等地。蒙古、伊朗、俄罗斯和欧洲西部也有分布。

盐角草属 *Salicornia* L.

盐角草 *Salicornia europaea* L. 别名：海蓬子

一年生草本，株高 5~30cm。茎直立，多分枝；枝灰绿色或紫红色。叶鳞片状，长 1.5mm，先端锐尖，基部连合呈鞘状，边缘膜质。穗状花序有短梗，圆柱状，长 1~5cm；花每 3 朵成 1 簇，着生于肉质花序轴两侧的凹陷内；花被上部扁平；雄蕊 1 或 2，花药矩圆形。胞果卵形，果皮膜质，包于膨胀的花被内；种子矩圆形，长 1~1.5mm。花果期 6~8 月。

湿生植物。常生于盐湖或盐渍低地，可组成一年生盐生植被。

阿拉善地区均有分布。我国分布于东北、华北、西北、山东、江苏等地。朝鲜、日本、印度、欧洲、非洲、北美洲也有分布。

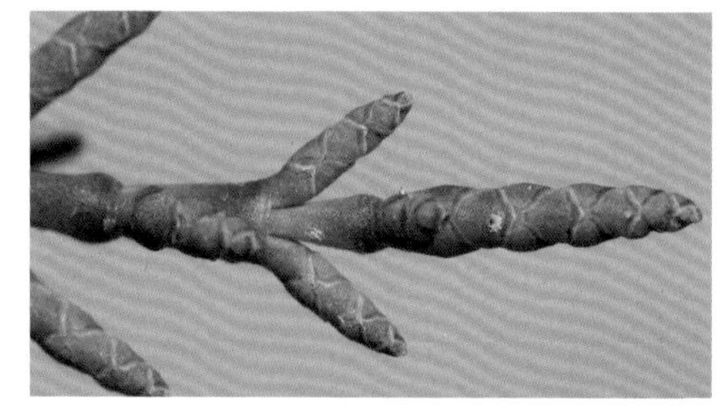

单刺蓬属 *Cornulaca* Delile

阿拉善单刺蓬 *Cornulaca alaschanica* C. P. Tsien & G. L. Chu

一年生草本，株高10~20cm，塔形。根细瘦，圆柱状，苍白色，通常弯曲。茎直立，圆柱状，有棱，无毛，具多数排列紧密的分枝；枝互生，斜伸或平展，茎下部的枝较长，3~6cm，并再具短分枝，上部的枝渐短而不再分枝。叶针刺状，长5~8cm，黄绿色，平滑、劲直或稍向外弧曲，基部扩展，呈三角形或宽卵形，边缘膜质，腋内束生长柔毛。花2~3朵簇生或单生；小苞片舟状，先端具长2~4mm的刺尖；花被顶端的裂片狭三角形，白色，果期花被与刺状附属物的结合体长约6.5mm；雄蕊5，花药狭椭圆形，先端具点状附属物，药囊基部1/5分离；子房微小，柱头伸出于花被裂片外。胞果卵形，背腹扁，长1~1.2mm。花果期8~10月。

旱生植物。常生于流动沙丘边缘及沙丘间低地。

阿拉善地区均有分布。我国特有种，分布于内蒙古、甘肃等地。

盐生草属 *Halogeton* C. A. Mey.

盐生草 *Halogeton glomeratus* (Bieb.) C. A. Mey.

一年生草本，株高 5~30cm。茎直立，基部多分枝；枝互生，基部枝近对生，无毛，灰绿色，茎和枝常紫红色。叶圆柱状，长 4~12mm，宽 1~2mm，先端有黄色长刺毛，易脱落，基部扩大，半抱茎，叶腋有白色长毛束。花腋生，通常 4~6 朵聚集成团伞花序，几乎遍布于全植株；苞片卵形；花被片披针形，膜质，背部有 1 条粗脉，果时自背侧近顶部生翅；翅半圆形，膜质，大小近相等，有明显脉纹，有时翅不发育而花被增厚成革质。胞果球形或卵球形；种子直立，圆形。花果期 7~9 月。

强旱生植物。常生于海拔 700~1000m 的荒漠区西部轻度盐渍化的黏壤土质或砂砾质、砾质戈壁滩上。在极端严酷的生境条件下，能形成群落，并常以伴生种进入其他荒漠群落。

阿拉善地区均有分布。我国分布于内蒙古、甘肃、青海、新疆等地。蒙古、俄罗斯也有分布。

白茎盐生草 *Halogeton arachnoideus* Moq.　　别名：灰蓬

一年生草本，株高 10~40cm。茎直立，自基部分枝；枝互生，灰白色，幼时被蛛丝状毛，毛以后脱落。叶互生，肉质，圆柱状，长 3~10mm，宽 1.5~2mm，先端钝，有时生小短尖，叶腋有绵毛。花小，通常 2~3 朵簇生于叶腋；小苞片 2，卵形，背部隆起，边缘膜质；花被裂片 5，宽披针形，膜质，先端钝或尖，全缘或有齿，果时自背侧的近顶部生翅；翅半圆形，膜质，透明；雄花的花被常缺，雄蕊 5，花药矩圆形；柱头 2，丝形。胞果宽卵形，背腹压扁，果皮膜质，灰褐色；种子圆形，横生，直径 1~1.5mm；胚螺旋状。花果期 7~9 月。

旱中生植物。常生于荒漠地带的碱化土壤或砾石戈壁滩上，为荒漠群落的常见伴生种，沿盐渍化低地也进入荒漠草原地带，但一般很少进入典型草原地带。

阿拉善地区均有分布。我国分布于内蒙古、山西、陕西、宁夏、甘肃、青海、新疆等地。蒙古、中亚也有分布。

 苋属 *Amaranthus* L.

反枝苋 *Amaranthus retroflexus* L.　　别名：西风古

一年生草本，株高20~60cm。茎直立，粗壮，分枝或不分枝，被短柔毛，淡绿色，有时具淡紫色条纹，略有钝棱。叶片椭圆状卵形或菱状卵形，长5~10cm，宽3~6cm，先端锐尖或微缺，具小凸尖，基部楔形，全缘或波状缘，两面及边缘被柔毛，下面毛较密，叶脉隆起；叶柄长3~5cm，有柔毛。圆锥花序顶生及腋生，直立，由多数穗状花序组成，顶生花穗较侧生者长；苞片及小苞片锥状，长4~6mm，远较花被长，顶端针芒状，背部具隆脊，边缘透明膜质；花被片5，矩圆形或倒披针形，长约2mm，先端锐尖或微凹，具芒尖，透明膜质，有绿色隆起的中肋；雄蕊5，超出花被；柱头3，长刺锥状。胞果扁卵形，环状横裂，包于宿存的花被内；种子近球形，直径约1mm，黑色或黑褐色，边缘钝。花期7~8月，果期8~9月。

中生植物。常生于田间、路旁、住宅附近。

阿拉善地区均有分布。我国分布于东北、华北、西北等地。世界各地均有分布。

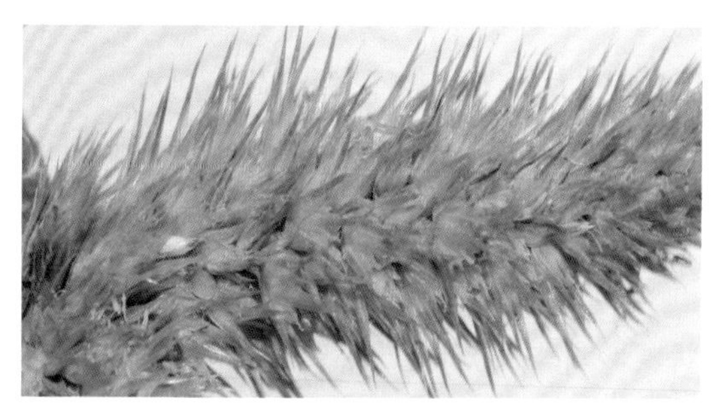

北美苋 *Amaranthus blitoides* S. Watson

一年生草本，株高 15~30cm。茎平卧或斜升，通常由基部分枝，灰褐色，具条棱，无毛或近无毛。叶片倒卵形、匙形至矩圆状倒披针形，长 0.5~2cm，宽 0.3~1.5cm，先端钝或锐尖，具小凸尖，基部楔形，全缘，具白色边缘，上面绿色，下面淡绿色，叶脉隆起，两面无毛；叶柄长 5~15mm。花簇小型，腋生，有少数花；苞片及小苞片披针形，长约 3mm；花被片通常 4，有时 5，雄花花被卵状披针形，先端短渐尖，雌花花被矩圆状披针形，长短不一，基部呈软骨质肥厚。胞果椭圆形，长约 2mm，环状横裂；种子卵形，直径 1.3~1.6mm，黑色，有光泽。花期 8~9 月，果期 9~10 月。

中生植物。常生于田野、路旁及荒地上，常在瘠薄干旱的砂质土壤上生长。

阿拉善地区分布于贺兰山。我国分布于辽宁、内蒙古、河北等地。欧洲和亚洲其他地区也有分布。

马齿苋科 Portulacaceae

马齿苋属 *Portulaca* L.

马齿苋 *Portulaca oleracea* L. 别名：马齿草、蚂蚱菜、马苋菜

一年生草本，全株光滑无毛。茎平卧或斜升，长 10~25cm，多分枝，淡绿色或红紫色。叶肥厚肉质，倒卵状楔形或匙状楔形，长 6~20mm，宽 4~10mm，先端圆钝，平截或微凹，基部宽楔形，全缘，中脉微隆起；叶柄短粗。花小，黄色，3~5 朵簇生于枝顶，直径 4~5mm，无梗；总苞片 4~5，叶状，近轮生；萼片 2，对生，盔形，左右压扁，长约 4mm，先端锐尖，背部具翅状隆脊；花瓣 5，黄色，倒卵状矩圆形或倒心形，顶端微凹，较萼片长；雄蕊 8~12，长约 12mm，花药黄色；雌蕊 1，子房半下位，1 室，花柱比雄蕊稍长，顶端 4~6，条形。蒴果圆锥形，长约 5mm，自中部横裂成帽盖状；种子多数细小，黑色，有光泽，肾状卵圆形。花期 7 月，果期 8~10 月。

中生植物。常生于田间、路旁、菜园，为习见田间杂草。

阿拉善地区均有分布。我国各省份均有分布。广布于全世界温带和热带地区。

石竹科 Caryophyllaceae

牛漆姑属 *Spergularia* (Pers.) J. & C. Presl

牛漆姑 *Spergularia marina* (L.) Griseb. 别名：牛漆姑草、拟漆姑

一年生草本，株高 5~20cm。茎铺散，多分枝，下部平卧，无毛，上部稍直立，被腺毛。叶稍肉质，条形，先端钝，带凸尖，基部渐狭，全缘，近无毛，有时顶部叶稍被腺毛；托叶膜质，三角状卵形，基部合生。蝎尾状聚伞花序顶生；花梗被腺柔毛，萼片卵状披针形，背面被腺柔毛，具白色宽膜质边缘。花瓣淡粉紫色或白色，雄蕊 5 或 2~3。蒴果卵形，褐色，稍扁，多数无翅，只基部少数周边具宽膜质翅。花期 6~7 月，果期 7~9 月。

中生植物。常生于海拔 400~2800m 的盐化草甸及砂质轻度盐碱地。

阿拉善地区均有分布。我国分布于东北、华北、西北、华东等地。欧洲、亚洲其他地区、北美洲及南美洲温带地区也有分布。

裸果木属 *Gymnocarpos* Forssk.

裸果木 *Gymnocarpos przewalskii* Bunge ex Maxim. 别名：瘦果石竹

灌木，株高50~100cm，株丛直径可达2m；树皮灰褐色，具不规则纵沟裂。茎多分枝而曲折，嫩枝红赭色。叶狭条状扁圆柱形，长5~10cm，宽1~1.5mm，肉质，稍带红色，顶端锐尖具短尖头，基部稍收缩。腋生聚伞花序；苞片膜质，白色透明，宽椭圆形，长6~8mm，宽3~4mm；花托钟状漏斗形，长约1.5mm，其内部具肉质花盘；萼片5，倒披针形，长约1.5mm，先端具尖头，外面被短柔毛；无花瓣；雄蕊2轮，外轮5，无花药，内轮5，与萼片对生，具花药；子房上位，近球形，内含基生胚珠1，花柱单一，丝状。瘦果包藏在宿存萼内。花期5~6月，果期6~7月。

超旱生植物。为亚洲中部荒漠区的特征植物，是起源于地中海旱生植物区系的第三纪古老残遗成分，稀疏生长于海拔1000~2500m的荒漠区的干河床，丘间低地，一般不形成郁闭群落。

阿拉善地区均有分布。我国分布于内蒙古、宁夏、青海、甘肃、新疆等地。蒙古也有分布。

孩儿参属 *Pseudostellaria* Pax

异花孩儿参 *Pseudostellaria heterantha* (Maxim.) Pax 别名：异花假繁缕

多年生草本，株高5~10cm。块根纺锤形，单生，有多数分枝细根。茎单一，直立，具2列毛，中部有分枝。叶无柄或具短柄，披针形或卵状披针形，长6~10mm，宽4~7mm，两面无毛，先端渐尖，基部渐狭成柄，柄上被长柔毛。开花受精花单生，顶生或腋生；花梗细长，被一列毛；花萼披针形，长3~4mm，边缘膜质，背面被柔毛；花瓣白色，椭圆状披针形，长5~6mm，全缘，先端钝或截形；雄蕊10，比花瓣稍短，花药紫色；子房卵形，花柱2，稀3；闭锁花生于茎下部叶腋，稍小，花梗有毛，萼片4。蒴果略长于萼；种子肾形，表面具乳头状突起。花期5~6月，果期6~7月。

中生植物。常生于海拔2250m的山地林下。

阿拉善地区分布于贺兰山。我国分布于内蒙古、河北、陕西、四川、云南、西藏、河南、安徽等地。俄罗斯、日本也有分布。

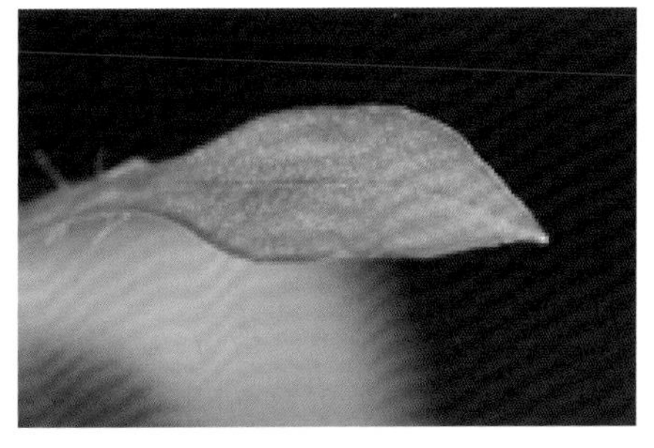

无心菜属 *Arenaria* L.

老牛筋 *Arenaria juncea* Bieb.

多年生草本，株高 3~7cm，垫状。直根，粗壮，径达 1cm，黄褐色，顶端具多数木质枝。茎多数，直立，不分枝或花序分枝，上部被腺毛。基部叶丛生，长 1~2cm，钻状线形，先端渐尖，顶端具刺尖，上面扁平，下面中央突起，叶的横断面为三角形，两面无毛；茎生叶与基生叶相似而较小，长 3~9mm，明显短于节间。花单生或 2~7 朵组成聚伞花序；苞片狭披针形，长 3~4mm，边缘宽膜质或全部膜质，被腺毛；花梗长 2~9mm，密被腺毛；萼片 5，卵状披针形，长 4~6mm，先端锐尖，背面被腺毛，中央绿色，边缘膜质；花瓣 5，矩圆状倒卵形，顶端微缺，长为萼片 1.5 倍；雄蕊 10，与萼片近等长；子房 1 室，花柱 3。蒴果卵球形，与萼片近等长，3 瓣裂，裂瓣再 2 裂；种子三角状肾形，具疣状突起。花果期 7~9 月。

旱生植物。常生于海拔 2800~3400m 的高山石缝。

阿拉善地区分布于贺兰山。我国分布于黑龙江、吉林、辽宁、内蒙古、河北、山西、陕西、宁夏、甘肃、山东等地。俄罗斯、蒙古也有分布。

美丽老牛筋 *Arenaria formosa* Fisch. ex Ser. 别名：美丽蚤缀

多年生草本，密丛生，株高5~10cm。主根粗壮，木质化，侧根纤细。茎直立，基部具枯老残苗（不木质化），中、上部具脉柔毛，向上至花序处密。叶线形，长2~4cm，宽约1mm，基部较宽，连合成短鞘，边缘平展不卷，顶端渐尖。花1~3朵，呈聚伞状；苞片卵状披针形，长2~3mm，宽约1.5mm，基部较宽，边缘狭膜质，多少被腺毛；萼片5，卵状披针形至卵形，长5~6mm，宽2~3mm，顶端极尖，基部较宽，被腺毛，中脉突起；花瓣5，白色，倒卵形至倒卵状长圆形，长8~10mm；花盘具5腺体，圆形，浅褐色；雄蕊10，5长5短，花丝中间具1脉，花药淡黄色；子房倒卵形，花柱3，长近1mm。蒴果倒卵形，长5~6mm，3裂瓣，裂瓣再2裂；种子多数，具瘤状突起。花期6~7月，果期8~9月。

旱生植物。常生于海拔2000~2200m的山坡草地。

阿拉善地区分布于贺兰山。我国分布于内蒙古、宁夏、甘肃、新疆等地。哈萨克斯坦、俄罗斯、蒙古也有分布。

繁缕属 *Stellaria* L.

二柱繁缕 *Stellaria bistyla* Y. Z. Zhao

多年生草本，株高10~30cm。直根，圆柱形，直径5~8mm，顶端具多数地下茎。茎叉状分枝，密集丛生，圆柱形，有时带紫色，密被腺毛。叶狭矩圆状披针形、矩圆状披针形或宽矩圆状披针形，长1~2cm，宽2~10mm，先端锐尖头，基部渐狭，全缘，中脉1条，表面下陷，背面隆起，两面被腺毛，无柄。聚伞花序顶生，稀疏；苞片叶状，披针形，长约5mm，两面被腺毛；花梗密被腺毛，长3~20mm；萼片5，矩圆状披针形，长4~5mm，宽约1mm，先端尖，边缘膜质，被腺毛；花瓣5，白色，倒卵形，长约3mm，宽约2mm，比萼片短，先端2浅裂，基部楔形；雄蕊10，长约3mm；子房球形，花柱2。蒴果倒卵形，长约2.5mm，顶端4齿裂，含1种子；种子卵形，长约1.5mm，黑褐色，表面具小疣状突起。花期7~8月，果期8~9月。

旱中生植物。常生于海拔2000~2600m的山地林下、山坡石缝处。

阿拉善地区均有分布。我国特有种，分布于内蒙古、宁夏等地。

钝萼繁缕 *Stellaria amblyosepala* Schrenk

多年生草本，株高 15~30cm。直根粗壮，圆柱形，直径达 1cm，灰褐色。茎多数，四棱形，由基部多次二歧式分枝，密集丛生，被腺毛或腺质柔毛。叶条状披针形至条形，长 5~35mm，宽 1~3mm，先端渐尖，基部渐狭，全缘，两面被腺毛或腺质柔毛，中脉 1 条，上面凹陷，下表隆起，无柄。二歧聚伞花序顶生，具多数花；苞片与叶同形而较小；花梗纤细，10~40mm，被腺毛或腺质柔毛；萼片 5，矩圆形或卵形，先端钝圆，长约 4mm，宽约 1.4mm，边缘宽膜质，背面被腺毛或腺质柔毛；花瓣白色，椭圆形，长 4~5mm，宽 1.3~2mm，先端 2 浅裂；雄蕊 10；子房卵球形，花柱 3。蒴果卵形，长约 2mm，包藏在宿存的花萼内，通常含种子 1 粒，果梗下垂；种子宽卵形，长约 1.8mm，黑褐色，表面具小疣状突起。花果期 6~9 月。

旱生植物。常生于海拔 1800m 左右的石质山坡、阴坡林下及沟谷。

阿拉善地区分布于阿拉善左旗、阿拉善右旗。我国分布于内蒙古、甘肃、新疆、山西、陕西等地。蒙古、俄罗斯、中亚也有分布。

线叶繁缕（变种）*Stellaria dichotoma* var. *linearis* Fenzl　　别名：线叶叉繁缕

多年生草本，株高30~60cm，全株被腺毛或腺质柔毛。直根粗长，圆柱形，直径达1.5cm，黄褐色。茎多数，丛生，从基部多次二歧式分枝，枝缠结交错，形成球形草丛。叶无柄，条形、条状披针形或椭圆形，长4~15cm，宽2~5mm，先端锐尖，中脉明显。聚伞花序分枝繁多，开张，呈大型多花的圆锥状；苞片卵形，小，长1~3mm，宽1~1.5mm；花梗细，直伸；萼片矩圆状披针形，长约3mm，先端稍钝，边缘膜质；花瓣白色，与萼片近等长，2深裂，裂片条形。蒴果椭圆形，与宿存萼片等长，6瓣裂，具种子1~3粒；种子卵状肾形，长约2.5mm，黑色，表面具明显疣状突起。花果期7~9月。

旱生植物。常生于海拔1250~3100m的流动或半固定沙丘、沙地及荒漠草原。

阿拉善地区分布于阿拉善左旗。我国分布于内蒙古、陕西、宁夏等地。蒙古也有分布。

叉歧繁缕 *Stellaria dichotoma* L.　　别名：叉繁缕

多年生草本，全株呈扁球形，株高15~30cm。主根粗长，圆柱形，直径约1cm，灰黄褐色，深入地下。茎多数丛生，由基部开始多次二歧式分枝，被腺毛或腺质柔毛，节部膨大。叶无柄，卵形、卵状矩圆形或卵状披针形，长4~15mm，宽3~7mm，先端锐尖或渐尖，基部圆形或近心形，稍抱茎，全缘，两面被腺毛或腺质柔毛，有时近无毛，下面主脉隆起。二歧聚伞花序生于枝顶，具多数花；苞片和叶同形而较小；花梗纤细，长8~16mm；萼片披针形，长4~5mm，宽约1.5mm，先端锐尖，膜质边缘稍内卷，背面多少被腺毛或腺质柔毛，有时近无毛；花瓣白色，近椭圆形，长约4mm，宽约2mm，2叉状分裂至中部，具爪；雄蕊5长5短，基部稍合生，长雄蕊基部增粗且有黄色蜜腺；子房宽倒卵形，花柱3。蒴果宽椭圆形，长约3mm，直径约2mm，全部包藏在宿存花萼内，含种子1~3，稀4或5；果梗下垂，长达25mm；种子宽卵形，长1.8~2.0mm，褐黑色，表面有小瘤状突起。花果期6~8月。

旱生植物。常生于海拔250~800m的向阳石质山坡、山顶石缝间和固定沙丘。

阿拉善地区分布于阿拉善左旗、阿拉善右旗。我国分布于东北、华北、西北等地。蒙古、俄罗斯也有分布。

贺兰山繁缕 *Stellaria alaschanica* Y. Z. Zhao

多年生草本，株高 1~5cm。茎密丛生，细弱，多分枝，四棱形，沿棱被倒向柔毛。叶片线形或披针状线形，长 5~20mm，宽 1~2.5mm，顶端渐尖，基部渐狭，边缘具缘毛，下面中脉凸起，叶腋常生不育短枝。聚伞花序顶生，通常 1~3 花；苞片卵状披针形，长 1.5~3mm，边缘宽，膜质；花梗纤细，长 7~15mm，无毛；萼片 5，卵状披针形，长约 3mm，宽约 1.2mm，顶端渐尖，边缘膜质，无毛，中脉明显；花瓣 5，白色，长约 2mm，短于萼片 1/3，2 深裂达基部；裂片长圆状线形，顶端稍钝，基部渐狭；雄蕊 10，略长于花瓣；花柱 3，长约 1mm。蒴果长圆状卵形，长约 4 mm，比宿存萼长近 1 倍；种子多数，宽卵形或近圆形，微扁，长 0.5~0.8mm，近平滑。花期 7 月，果期 8 月。

旱中生植物。常生于海拔 2050~2800m 的云杉林下及林缘岩石缝处。

阿拉善地区分布于贺兰山。我国特有种，分布于甘肃、青海等地。

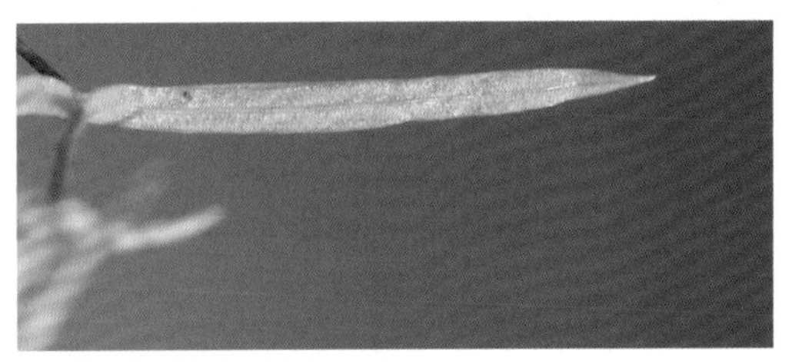

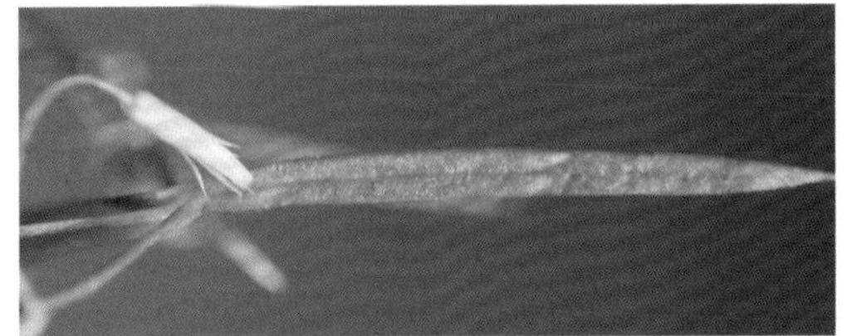

沼生繁缕 *Stellaria palustris* Ehrh. ex Hoffm. 别名：沼繁缕

多年生草本，株高 (10)20~35cm，全株无毛，灰绿色，沿茎棱、叶缘和中脉背面粗糙，均具小乳突。根纤细。茎丛生，直立，下部分枝，具四棱。叶片线状披针形至线形，长 2~4.5cm，宽 2~4mm，顶端尖，基部稍狭，边缘具短缘毛，无柄，带粉绿色，两面无毛，中脉明显。二歧聚伞花序，花序梗长 7~10cm；苞片披针形至狭卵状披针形，长 (3)5~6(7)mm，边缘白色，膜质；萼片卵状披针形，长 (4)5~7mm，顶端渐尖，边缘膜质，下面 3 脉明显；花瓣白色，长 4~7mm，2 深裂达近基部，与萼片等长或稍长；裂片近线形，基部稍狭，顶端钝尖；雄蕊 10，稍短于萼片；子房卵形，具多数胚珠，花柱 3，丝状，长 3mm。蒴果卵状长圆形，比宿存萼稍长或近等长，具多数种子；种子细小，近圆形，稍扁，暗棕色或黑褐色，表面具明显的皱纹状突起。花期 6~7 月，果期 7~8 月。

湿中生植物。常生于海拔 1000~3600m 的河滩草甸、沟谷草甸、白桦林下、固定沙丘阴坡。

阿拉善地区分布于阿拉善左旗、阿拉善右旗。我国分布于东北、内蒙古、河北、山西、陕西、甘肃、河南、山东等地。哈萨克斯坦、日本、伊朗、蒙古、欧洲也有分布。

禾叶繁缕 *Stellaria graminea* L. 别名：草状繁缕

多年生草本，株高 10~30cm，全株无毛。茎细弱，密丛生，近直立，具 4 棱。叶无柄，叶片线形，长 0.5~4(5)cm，宽 1.5~3(4)mm，顶端尖，基部稍狭，微粉绿色，边缘基部有疏缘毛，中脉不明显，下部叶腋生出不育枝。聚伞花序顶生或腋生，有时具少数花；苞片披针形，长约 2(5)mm，边缘膜质，中脉明显；花梗纤细，长 0.5~2.5cm；花直径约 8mm；萼片 5，披针形或狭披针形，长 4~4.5mm，具 3 脉，绿色，有光泽，顶端渐尖，边缘膜质；花瓣 5，稍短于萼片，白色，2 深裂；雄蕊 10，花丝丝状，无毛，长 4~4.5mm，花药带褐色，小，宽椭圆形，长 0.3mm；子房卵状长圆形，花柱 3，稀 4，长约 2mm。蒴果卵状长圆形，显著长于宿存萼，长 3.5mm；种子近扁圆形，深栗褐色，具粒状钝突起，长约 1mm。花期 5~7 月，果期 8~9 月。

中生植物。常生于海拔 2400m 的山坡草地或林下。

阿拉善地区分布于贺兰山。我国分布于内蒙古、山西、河北、陕西、甘肃、青海、四川、云南、西藏、湖北等地。印度、阿富汗、不丹、尼泊尔、蒙古、欧洲、北美洲也有分布。

 卷耳属 *Cerastium* L.

卷耳（亚种） *Cerastium arvense* subsp. *strictum* Gaudin

多年生草本，株高 10~35cm。茎基部匍匐，上部直立，绿色并带淡紫红色，下部被下向的毛，上部混生腺毛。叶片线状披针形或长圆状披针形，长 1~2.5cm，宽 1.5~4mm，顶端急尖，基部楔形，抱茎，被疏长柔毛，叶腋具不育短枝。聚伞花序顶生，具 3~7 花；苞片披针形，草质，被柔毛，边缘膜质；花梗细，长 1~1.5cm，密被白色腺柔毛；萼片 5，披针形，长约 6mm，宽 1.5~2mm，顶端钝尖，边缘膜质，外面密被长柔毛；花瓣 5，白色，倒卵形，比萼片长 1 倍或更长，顶端 2 裂深达 1/4~1/3；雄蕊 10，短于花瓣；花柱 5，线形。蒴果长圆形，长于宿存萼片 1/3，顶端倾斜，10 齿裂；种子肾形，褐色，略扁，具瘤状突起。花期 5~8 月，果期 7~9 月。

中生植物。常生于海拔 1200~2600m 的高山草地、山沟溪边、林缘或丘陵区。

阿拉善地区均有分布。我国分布于东北、华北、西北等地。中欧、北欧、北极、俄罗斯、哈萨克斯坦、朝鲜、日本、蒙古、北美洲也有分布。

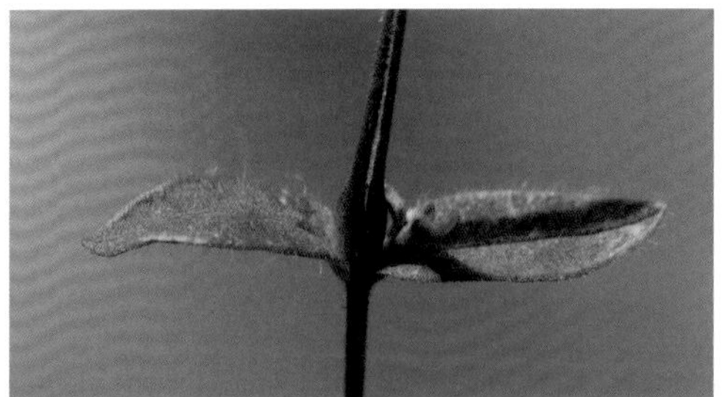

山卷耳 *Cerastium pusillum* Ser.

多年生草本，株高5~15cm。须根纤细。茎丛生，上升，密被柔毛。茎下部叶较小，叶片匙状，顶端钝，基部渐狭成短柄状，被长柔毛；茎上部叶稍大，叶片长圆形至卵状椭圆形，长5~15mm，宽3~7mm，顶端钝，基部钝圆或楔形，两面均密被白色柔毛，边缘具缘毛，下面中脉明显。聚伞花序顶生，具2~7朵花；苞片草质；花梗细，长5~8mm，密被腺柔毛，花后常弯垂；萼片5，披针状长圆形，长5~6mm，下面密被柔毛，顶端两侧宽膜质，有时带紫色；花瓣5，白色，长圆形，比萼片长1/3~1/2，基部稍狭，顶端2浅裂至1/4处；花柱5，线形。蒴果长圆形，10齿裂；种子褐色，扁圆形，具疣状突起。花期7~8月，果期8~9月。

中生植物。常生于海拔2800~3200m的高山草地。

阿拉善地区分布于阿拉善左旗、阿拉善右旗。我国分布于内蒙古、甘肃、青海、新疆、云南等地。俄罗斯、哈萨克斯坦、蒙古也有分布。

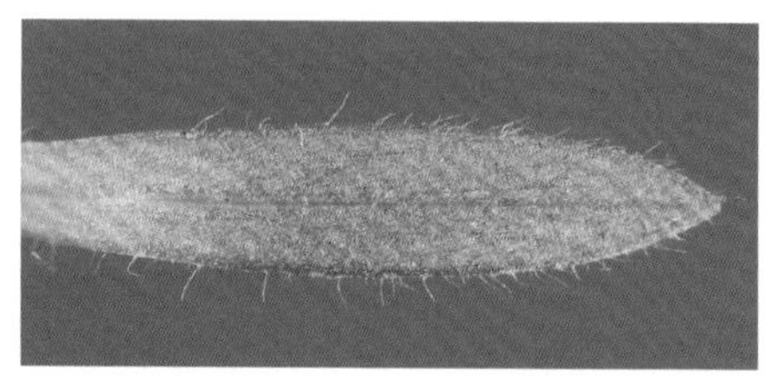

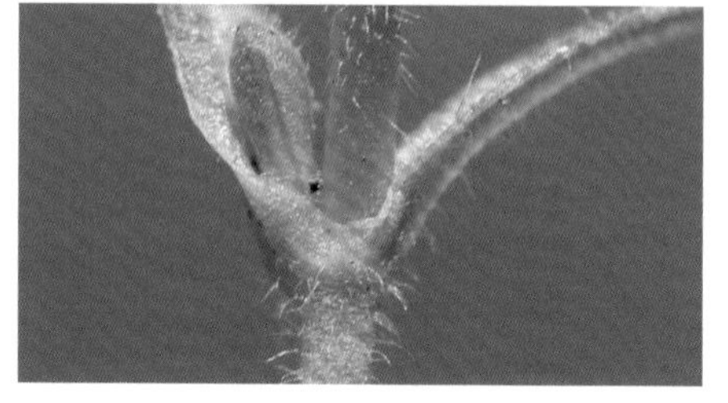

 薄蒴草属 *Lepyrodiclis* Fenzl

薄蒴草 *Lepyrodiclis holosteoides* (C. A. Mey.) Fenzl ex Fisch. & C. A. Mey.

一年生草本，株高40~100cm，全株被腺毛。茎具纵条纹，上部被长柔毛。叶片披针形，长3~7cm，宽2~5mm，有时达10mm，顶端渐尖，基部渐狭，上面被柔毛，沿中脉较密，边缘具腺柔毛。圆锥花序开展；苞片草质，披针形或线状披针形；花梗细，长1~2(3) cm，密生腺柔毛；萼片5，线状披针形，长4~5mm，顶端尖，边缘狭膜质，外面疏生腺柔毛；花瓣5，白色，宽倒卵形，与萼片等长或稍长，顶端全缘；雄蕊通常10，花丝基部宽扁；花柱2，线形。蒴果卵圆形，短于宿存萼，2瓣裂；种子扁卵圆形，红褐色，具突起。花期5~7月，果期7~8月。

中生植物。常生于海拔1200~2800m的山坡草地、荒芜农地或林缘。

阿拉善地区分布于贺兰山。我国分布于内蒙古、陕西、宁夏、甘肃、青海、新疆、四川、西藏等地。土耳其、中亚、伊朗、阿富汗、巴基斯坦、印度西北部、尼泊尔、蒙古也有分布。

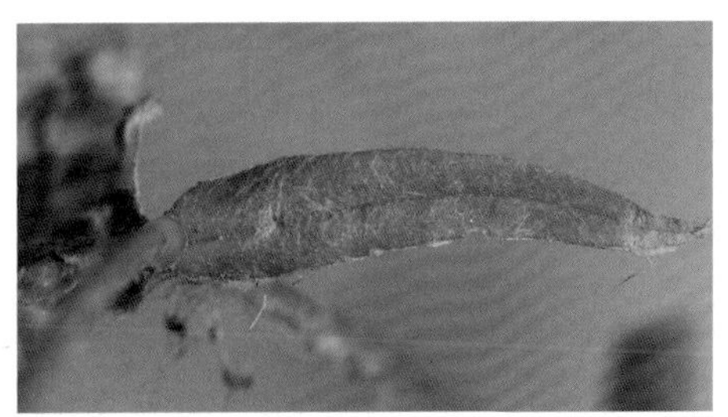

蝇子草属 *Silene* L.

女娄菜 *Silene aprica* Turcz. ex Fisch. & C. A. Mey. 别名：桃色女娄菜

一年生或二年生草本，株高10~40cm，全株密被倒生短柔毛。茎直立，基部多分枝。叶条状披针形或披针形，长2~5cm，宽2~8mm，先端锐尖，基部渐狭，全缘，中脉在下面明显凸起，下部叶具柄，上部叶无柄。聚伞花序顶生和腋生；苞片披针形或条形，先端长渐尖，紧贴花梗；花梗近直立，长短不一；萼片椭圆形，长6~8mm，密被短柔毛，具10条纵脉，果期膨大呈卵形，顶端5裂；裂片近披针形或三角形，边缘膜质；花瓣白色或粉红色，与萼片近等长或稍长，瓣片倒卵形，先端浅2裂，基部渐狭成长爪，瓣片与爪间有2鳞片；花丝基部被毛；子房长椭圆形，花柱3。蒴果卵形或椭圆状卵形，长8~9mm，具短柄，顶端6齿裂，包藏于宿存花萼内；种子圆肾形，黑褐色，表面被钝的瘤状突起。花期5~7月，果期7~8月。

旱中生植物。常生于海拔3800m以下的石砾质坡地、固定沙地、疏林及草原中。

阿拉善地区分布于贺兰山、龙首山。我国分布于东北、华北、西北、西南、华东等地。蒙古、俄罗斯、朝鲜、日本也有分布。

贺兰山蝇子草 *Silene alaschanica* (Maxim.) Bocquet　　别名：贺兰山女娄菜

多年生草本，株高30~50cm，全株密被短腺毛。茎直立，单一，数枝丛生。基生叶和下部茎生叶匙形或卵状披针形，长2~7cm，宽8~20mm，先端钝尖，下部渐狭成短柄；中部及上部茎生叶矩圆状披针形或披针形，长1~7cm，宽2~25mm，全缘，先端尖，无柄。花于茎上部腋生，呈稀疏的聚伞状花序，花梗长；花萼筒状或钟形，长约10mm，宽4~8mm，密被短腺毛，萼齿5，裂片卵圆形，先端钝圆，边缘宽膜质，稍带紫色；花淡紫色，长1.5~1.8cm，花瓣4裂，每裂片2裂或不裂，瓣爪与雄蕊基部具短柔毛；花柱3或4；雌雄蕊柄极短，花萼果期膨大。蒴果卵球形，3或4瓣裂，裂瓣顶端又2裂，径约10mm；种子肾形，长约1.5mm，宽约1mm，表面具成行的疣状突起。花期7月，果期8月。

中生植物。常生于海拔2000~2300m的山脚石缝或沟边湿地。

阿拉善地区均有分布。我国特有种，分布于内蒙古、宁夏等地。

蔓茎蝇子草 *Silene repens* Patrin in Persoon　　别名：毛萼麦瓶草、蔓麦瓶草

多年生草本，株高15~50cm。根状茎细长，匍匐地面。茎直立或斜升，有分枝，被短柔毛。叶条状披针形、条形或条状倒披针形，长1.5~4.5cm，宽(1)2~8mm，先端锐尖，基部渐狭，全缘，两面被短柔毛或近无毛。聚伞状狭圆锥花序生于茎顶；苞片叶状，披针形，常被短柔毛；花梗长3~6mm，被短柔毛；萼筒棍棒形，长12~14mm，直径3~5mm，具10条纵脉，密被短柔毛，萼齿宽卵形，先端钝，边缘宽膜质；花瓣白色、淡黄白色或淡绿白色，瓣片开展，顶端2深裂，瓣片与瓣爪之间有2鳞片，基部具长爪；雄蕊10；子房矩圆柱形，无毛，花柱3；雌雄蕊柄长4~8mm，被短柔毛。蒴果卵状矩圆形，长5~7mm；种子圆肾形，长约1mm，黑褐色，表面被短条形的细微突起。花果期6~9月。

中生植物。常生于海拔1500~3500m的山坡草地、固定沙丘、山沟溪边、林下、林缘草甸、沟谷草甸、河滩草甸、泉水边及撂荒地。

阿拉善地区均有分布。我国分布于东北、华北、西北、西藏等地。日本、朝鲜、蒙古、俄罗斯也有分布。

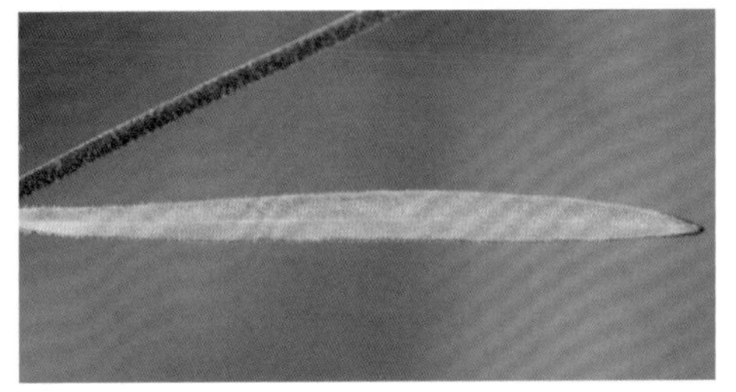

山蚂蚱草 *Silene jeniseensis* Willd.

多年生草本，株高20~50cm。直根粗长，直径6~12mm，黄褐色或黑褐色，顶部具多头。茎几个至十余个丛生，直立或斜升，无毛或基部被短糙毛，基部常包被枯黄色残叶。基生叶簇生，多数1，具长柄，柄长1~3cm；叶片披针状条形，长3~5cm，宽1~3mm，先端长渐尖，基部渐狭，全缘或有微齿状突起，两面无毛或稍被疏短毛；茎生叶3~5对，与基生叶相似但较小。聚伞状圆锥花序顶生或腋生，具花十余朵；苞片卵形，先端长尾状，边缘宽膜质，具缘毛，基部合生；花梗长3~6mm，果期延长；花萼筒状，长8~9mm，无毛，具10纵脉，先端脉网结，脉间白色膜质，果期膨大呈管状钟形，萼齿三角状卵形，边缘宽膜质，具短缘毛；花瓣白色，长约12mm，瓣片4~5mm，开展，2中裂，裂片矩圆形，瓣爪倒披针形，瓣片与瓣爪间有2小鳞片；雄蕊5长5短；子房矩圆状圆柱形，花柱3；雌雄蕊柄长约3mm，被短柔毛。蒴果宽卵形，长约6mm，包藏在花萼内，6齿裂；种子圆肾形，长约1mm，黄褐色，被条状细微突起。花期6~8月，果期7~8月。

旱生植物。常生于海拔250~1000m的砾石质山地、草原及固定沙地。

阿拉善地区分布于贺兰山。我国分布于黑龙江、吉林、辽宁、内蒙古、河北、山西等地。朝鲜、蒙古和俄罗斯也有分布。

细蝇子草 *Silene gracilicaulis* C. L.Tang

多年生草本，株高 (5)20~50cm。直根，粗壮，稍木质。茎数条，疏丛生，直立，纤细，不分枝或下部分枝，上部和中部无毛，下部和基部密被粗短毛。基生叶簇生，条形或倒披针状条形，长 3~9cm，宽 1~3mm，基部渐狭成柄状，先端渐尖，两面无毛，基部边缘具缘毛；茎生叶与基生叶同形而较小。花序总状，具 1~5(10) 花；花梗不等长，比花萼短或近等长，无毛；苞片卵状披针形，先端长渐尖，下部边缘具白色缘毛；花萼筒状棍棒形，长 14~17cm，宽 3~5mm，无毛，开花后上部膨大，果时紧贴果实，具 10 条纵脉，萼齿三角形，顶端急尖或钝，边缘膜质；花瓣淡黄绿色或淡紫色，瓣爪稍外露，狭楔形，无耳，瓣片外露，长约 2cm，2 深裂达 2/3，裂片矩圆形，喉部有 2 枚鳞片状附属物；雄蕊外露，花丝无毛；花柱 3，外露；雌雄蕊柄被短毛，长 5~6mm。蒴果卵形，长约 8mm，顶端 6 齿裂；种子三角状肾形，长约 1mm，灰褐色，表面具条形低突起，脊背具浅槽。花果期 7~8 月。

中生植物。常生于海拔 2200~3000m 的林缘、沟谷草甸、高山灌丛中。

阿拉善地区分布于贺兰山、龙首山。我国特有种，分布于内蒙古、青海、四川、云南、西藏等地。

石头花属 *Gypsophila* L.

头状石头花 *Gypsophila capituliflora* Rupr.

多年生草本，株高 10~30cm，植株垫状，基部具致密的叶丛，全株光滑无毛。直根，粗壮。茎多数，不分枝、少分枝至多分枝。叶近三棱状条形，长 1~3cm，宽 0.5~1mm，具 1 条中脉且于背面突起，先端尖。花多数，密集成紧密的头状聚伞花序；苞片膜质，卵状披针形，先端渐尖；花梗长 1~3mm；花萼钟形，长 3~3.5mm，5 浅裂至中裂，裂片卵状三角形，长 1~1.5mm，先端尖，边缘宽膜质；花瓣淡紫色或淡粉色，长约 7mm，倒披针形，先端圆形，基部楔形；雄蕊稍短于花瓣；花柱 2。蒴果矩圆形，与花萼近等长。花期 7~9 月，果期 9 月。

旱生植物。常生于海拔 800~2580m 的石质山坡、山顶石缝。

阿拉善地区分布于贺兰山、龙首山。我国分布于内蒙古、甘肃、新疆、宁夏等地。俄罗斯、阿富汗、蒙古、中亚也有分布。

细叶石头花 *Gypsophila licentiana* Hand. -Mazz.

多年生草本，株高 25~50cm，全株光滑无毛。直根，粗壮。茎多数，上部多分枝。叶条形或披针状条形，长 1~5cm，宽 1~4mm，先端尖，基部渐狭，具一条中脉且于下面突起。花多数，密集成紧密的头状聚伞花序；苞片卵状披针形，膜质，先端渐尖；花梗长 1~3(4)mm；花萼钟形，长 3~4mm，5 中裂，萼齿卵状三角形，先端尖，边缘宽膜质；花瓣白色或淡粉色，长约 8mm，倒披针形，先端微凹，基部楔形；雄蕊稍短于花瓣；花柱 2。蒴果卵形，长与花萼近相等，4 瓣裂；种子黑色，圆肾形，表面具疣状突起。花期 7~9 月，果期 9 月。

旱生植物。常生于海拔 500~2000m 的石质山坡。

阿拉善地区分布于贺兰山、龙首山。我国分布于内蒙古、河北、山西、陕西、甘肃、四川、河南、山东等地。俄罗斯也有分布。

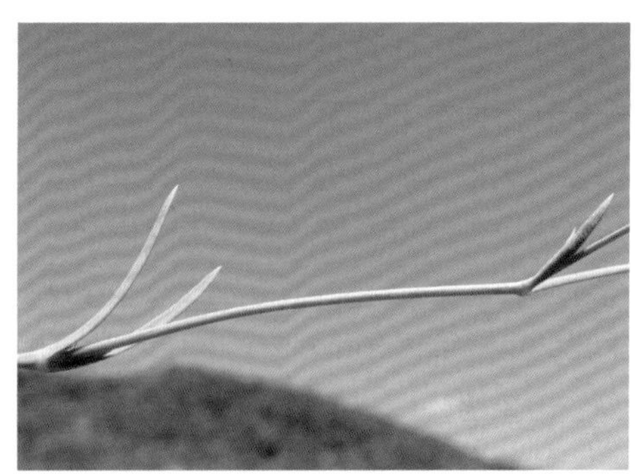

石竹属 *Dianthus* L.

瞿麦 *Dianthus superbus* L.

多年生草本，株高30~50cm。根茎横走，茎丛生，直立，无毛，上部稍分枝。叶条状披针形或条形，长3~8cm，宽3~6mm，先端渐尖，基部呈短鞘状围抱节上，全缘，中脉在下面凸起。聚伞花序顶生，有时呈圆锥状，稀单生；苞片4~6，倒卵形，长6~10mm，宽4~5mm，先端骤凸；萼筒圆筒形，长2.5~3.5cm，直径约4mm，常带紫色，具多数纵脉，萼齿5，直立，披针形，长4~5mm，先端渐尖；花瓣5，淡紫红色，稀白色，长4~5cm，瓣片边缘细裂成流苏状，基部有须毛，瓣爪与萼近等长。蒴果狭圆筒形，包于宿存萼内，与萼近等长；种子扁宽卵形，长约2mm，边缘具翅。花果期7~9月。

中生植物。常生于海拔400~3700m的林缘、疏林下、草甸、沟谷溪边。

阿拉善地区分布于贺兰山。我国分布于东北、华北、西北、华东、四川等地。日本、朝鲜、蒙古、俄罗斯也有分布。

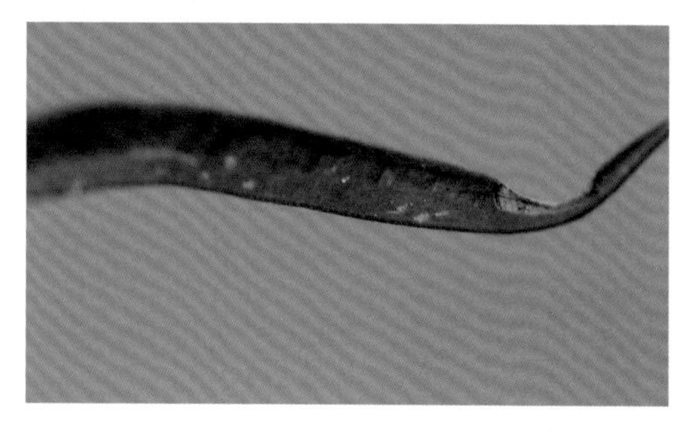

麦蓝菜属 *Vaccaria* Wolf

麦蓝菜 *Vaccaria hispanica* (Miller) Rauschert　　别名：王不留行

一年生或二年生草本，株高25~50cm，全株平滑无毛，稍被白粉呈灰绿色。茎直立，圆筒形，中空，上部二叉状分枝。叶卵状披针形至披针形，长3~7cm，宽1~2cm，先端锐尖，基部圆形或近心形，稍抱茎，全缘，中脉在下面明显凸起；无叶柄。聚伞花序顶生，呈伞房状，具多数花；花梗细长，长1~4cm；苞片叶状，较小，边缘膜质；萼筒卵状圆筒形，长1~1.3cm，直径3~4mm，具5条翅状突起的脉棱，棱间绿白色，近膜质；花萼后期中下部膨大而先端狭，呈卵球形，萼齿5，三角形，先端锐尖，边缘膜质；花瓣淡红色，长14~17mm，瓣片倒卵形，顶端有不整齐牙齿，下部渐狭成爪；雄蕊10，隐于萼筒中；子房椭圆形，花柱2。蒴果卵形，顶端4裂，包藏于宿存花萼内；种子球形，黑色，直径约2mm，表面被小瘤状突起。花期6~7月，果期7~8月。

中生植物。常生于草坡、撂荒地或麦田中，为麦田常见杂草。

阿拉善地区分布于阿拉善左旗、阿拉善右旗。我国除华南外均有分布。广泛分布于欧洲和亚洲。

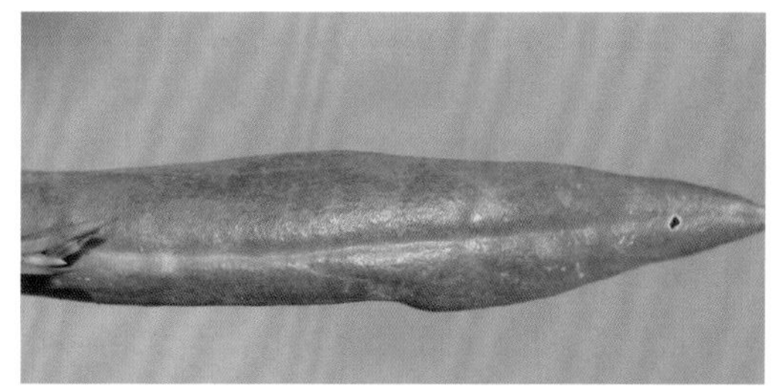

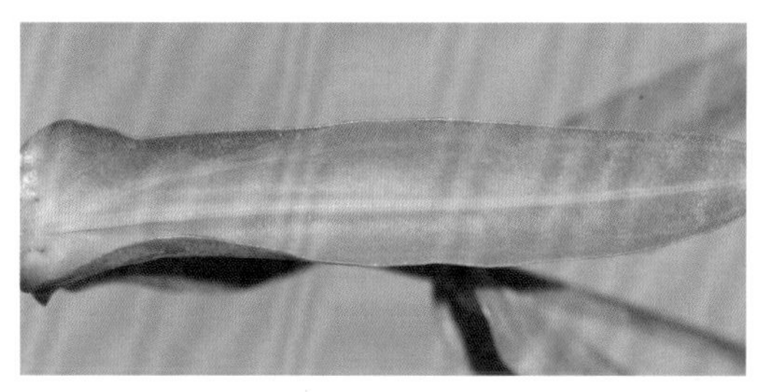

毛茛科 Ranunculaceae

驴蹄草属 *Caltha* L.

三角叶驴蹄草（变种）*Caltha palustris* var. *sibirica* Regel　　别名：西伯利亚驴蹄草

多年生草本，株高20~50cm，全株无毛。根状茎缩短，具多数粗壮的须根。茎直立或上升，单一或上部分枝。基生叶丛生，具条柄，柄长达30cm；叶多为三角状肾形，边缘只在下部有齿，其他部分微波状或近全缘，长2~5cm，宽3~7cm，顶端圆形，基部深心形，边缘全部具齿；茎生叶向上渐小，叶柄短或近无柄。单歧聚伞花序，花2朵；花梗长2~10cm；萼片5，黄色，倒卵形或倒卵状椭圆形，长1~1.8cm，宽0.6~1.2cm，先端钝圆，脉纹明显；雄蕊长5~7mm；心皮5~12，无柄，有短花柱。蓇葖果长1~1.5cm；种子多数，卵状矩圆形，长1.5~2mm，黑褐色。花期6~7月，果期7月。

湿中生植物。常生于沼泽草甸、盐化草甸、河岸。

阿拉善地区分布于贺兰山。我国分布于东北、华北、山东等地。北半球温带及寒温带地区也有分布。

类叶升麻属 *Actaea* L.

红果类叶升麻 *Actaea erythrocarpa* Fisch.

多年生草本，株高 60~70cm。茎圆柱形，粗 4~6mm，微具纵棱，下部无毛，中部以上被短柔毛。叶 2~3 枚，下部叶为三回三出近羽状复叶，具长柄；叶片三角形，宽达 25cm；顶生小叶卵形至宽卵形，长 6~10cm，宽 5~8cm，三裂，边缘有锐锯齿，侧生小叶斜卵形，不规则二至三深裂，表面近无毛，背面沿脉疏被白色短柔毛或近无毛；叶柄长达 24cm。总状花序长约 6cm；轴及花梗均密被短柔毛；花直径 8~10mm，密集；萼片倒卵形，长约 2.5mm；花瓣匙形，长约 2.5mm，顶端圆形，下部渐狭成爪；花药长约 0.7mm，花丝长 4~5mm；心皮与花瓣近等长。果序长 4~10cm；果梗粗约 0.6mm，疏被白色短柔毛；果实红色，直径 5~6mm，无毛；种子约 8 粒，长约 3mm，宽约 2mm，近黑色，干后表面微粗糙状，无毛。花期 5~6 月，果期 7~8 月。

中生植物。常生于海拔 700~1500m 的山地阔叶林下或路旁。

阿拉善地区分布于贺兰山。我国分布于辽宁、吉林、黑龙江、山西、内蒙古、河北等地。俄罗斯、蒙古及日本也有分布。

耧斗菜属 *Aquilegia* L.

小花耧斗菜 *Aquilegia parviflora* Ledeb.

多年生草本，株高 15~45cm。根圆柱形，灰褐色。茎不分枝或在上部少分枝，无毛，通常无叶。基生叶少数，为二回三出复叶；叶片轮廓三角形，宽 5~12cm，中央小叶无柄或具 1~3mm 的短柄，倒卵形至倒卵状楔形，长 1.6~3.5cm，宽 1.1~2.2cm，近革质，顶端三浅裂，浅裂片圆形，全缘或有时具 2~3 粗圆齿，侧面小叶通常无柄，二浅裂，与中央小叶近等长或稍短，表面绿色，无毛，背面淡绿色，疏被短柔毛或无毛，边缘稍内卷；叶柄长 4~14cm，无毛。花 3~6 朵，近直立；苞片线状深裂；花梗长 2~4cm；萼片开展，蓝紫色，罕为白色，卵形，长 1.5~2cm，宽 0.9~1.2cm，顶端钝；花瓣瓣片钝圆形，长 3~5mm，具短距，距长 3~5mm，末端直或微弯；雄蕊比萼片短，花药黄色，退化雄蕊狭椭圆形，白膜质，长 5~6mm，边缘皱曲；心皮 5，被腺状柔毛。蓇葖果长 1.2~2.3cm，直立，被长柔毛，顶端有一细长的喙；种子黑色，长约 2mm。花期 6 月，果期 7~8 月。

中生植物。常生于海拔 2500~3500m 的山地林下，林缘草甸。

阿拉善地区分布于贺兰山、龙首山。我国分布于内蒙古、黑龙江等地。俄罗斯、蒙古、日本也有分布。

耧斗菜 *Aquilegia viridiflora* Pall.

多年生草本，株高15~50cm，常在上部分枝，除被柔毛外还密被腺毛。根肥大，圆柱形，粗达1.5cm，简单或有少数分枝，外皮黑褐色。基生叶少数，二回三出复叶；叶片宽4~10cm，中央小叶具1~6mm的短柄，楔状倒卵形，长1.5~3cm，宽与长近相等或更宽，上部三裂，裂片常有2~3个圆齿，表面绿色，无毛，背面淡绿色至粉绿色，被短柔毛或近无毛；叶柄长达18cm，疏被柔毛或无毛，基部有鞘。茎生叶数枚，为一至二回三出复叶，向上渐变小。花3~7朵，倾斜或微下垂；苞片三全裂；花梗长2~7cm；萼片黄绿色，长椭圆状卵形，长1.2~1.5cm，宽6~8mm，顶端微钝，疏被柔毛；花瓣瓣片与萼片同色，直立，倒卵形，比萼片稍长或稍短，顶端近截形，距直或微弯，长1.2~1.8cm；雄蕊长达2cm，伸出花外，花药长椭圆形，黄色，退化雄蕊白膜质，线状长椭圆形，长7~8mm；心皮密被伸展的腺状柔毛，花柱比子房长或等长。蓇葖果长1.5cm；种子黑色，狭倒卵形，长约2mm，具微凸起的纵棱。花期5~7月，果期7~8月。

旱中生植物。常生于海拔200~2300m石质山坡的灌丛间、基岩露头上及沟谷中。

阿拉善地区分布于贺兰山、龙首山。我国分布于东北、华北、西北、山东等地。俄罗斯、蒙古也有分布。

紫花耧斗菜（变种）*Aquilegia viridiflora* var. *atropurpurea* (Willd.) Finet & Gagnep.

多年生草本，株高 15~50cm。根肥大，圆柱形，粗达 1.5cm，简单或有少数分枝，外皮黑褐色。茎高 15~50cm，常在上部分枝，除被柔毛外还密被腺毛。基生叶少数，二回三出复叶；叶片宽 4~10cm，中央小叶具 1~6cm 的短柄，楔状倒卵形，长 1.5~3cm，宽几相等或更宽，上部三裂，裂片常有 2~3 个圆齿，表面绿色，无毛，背面淡绿色至粉绿色，被短柔毛或近无毛；叶柄长达 18cm，疏被柔毛或无毛，基部有鞘。茎生叶数枚，为一至二回三出复叶，向上渐变小。花 3~7 朵，较小，倾斜或微下垂；苞片三全裂；花梗长 2~7cm；萼片灰绿色带紫色，长椭圆状卵形，长 1.2~1.5cm，宽 6~8mm，顶端微钝，疏被柔毛；花瓣暗紫色，瓣片与萼片同色，直立，倒卵形，比萼片稍长或稍短，顶端近截形，距直或微弯，长 1.2~1.8cm；雄蕊长达 2cm，伸出花外，花药长椭圆形，黄色，退化雄蕊白膜质，线状长椭圆形，长 7~8mm；心皮密被伸展的腺状柔毛，花柱比子房长或等长。蓇葖果长 1.5cm；种子黑色，狭倒卵形，长约 2mm，具微凸起的纵棱。花期 5~7 月，果期 7~8 月。

旱中生植物。常生于石质丘陵山地岩石缝中。

阿拉善地区分布于贺兰山。我国分布于辽宁、内蒙古、山西、河北、青海、山东等地。俄罗斯、蒙古、日本也有分布。

 拟耧斗菜属 *Paraquilegia* J. R. Drumm. & Hutch.

乳突拟耧斗菜 *Paraquilegia anemonoides* (Willd.) O. E. Ulbr.

多年生草本，株高 5~10cm。根状茎粗壮，上部分枝，生出数丛枝叶，宿存多数枯叶柄残基。叶全部基生，为二回三出复叶；小叶楔形或宽倒卵形，长 3~5mm，宽 3~5mm，顶端 3 浅裂或具 3 个粗圆齿，上面绿色，下面淡绿色，两面无毛；叶柄长 1.5~6cm，无毛。花葶一至数条，高出叶；苞片 2，生于花下，披针形，长 5~9mm，基部扩展成白色膜质鞘，抱葶；萼片 5，浅蓝色或浅堇色，宽椭圆形至倒卵形，长 13~18mm，宽 8~12mm，顶端钝；花瓣 5，倒卵形，长约 5mm，宽约 3mm，基部囊状，顶端 2 浅裂；花药椭圆形，长 1mm，花丝长 3~8mm；心皮通常 5，无毛。蓇葖果直立，长 7~9mm，宽约 3mm，具长约 2mm 的向外稍弯曲的细喙，表面具突起的横脉；种子卵状长椭圆形，长 1.5~2mm，表面密被乳突状小疣状突起或乳头状毛。花期 7~8 月，果期 8~9 月。

旱中生植物。常生于海拔 2600~3400m 的山地岩石缝处。

阿拉善地区分布于贺兰山、龙首山。我国分布于内蒙古、新疆、青海、甘肃、宁夏、西藏等地。蒙古、俄罗斯也有分布。

蓝堇草属 *Leptopyrum* Rchb.

蓝堇草 *Leptopyrum fumarioides* (L.) Rchb.

多年生草本，株高8~30cm。直根细长，径2~3.5mm，生少数侧根。茎(2)4~9(17)条，多少斜升，上生少数分枝。基生叶多数，无毛；茎生叶1~2，小；叶片轮廓三角状卵形，长0.8~2.7cm，宽1~3cm，三全裂，中全裂片等边菱形，长达12mm，宽达11mm，下延成的细柄常再三深裂，深裂片长椭圆状倒卵形至线状狭倒卵形，常具1~4个钝锯齿，侧全裂片通常无柄，不等二深裂；叶柄长2.5~13cm。花小，直径3~5mm；花梗纤细，长3~30mm；萼片椭圆形，淡黄色，长3~4.5mm，宽1.7~2mm，具3条脉，顶端钝或急尖；花瓣长约1mm，近二唇形，上唇顶端圆，下唇较短；雄蕊通常10~15，花药淡黄色，长0.5mm左右，花丝长约2.5mm；心皮6~20，长约2mm，无毛。蓇葖果直立，线状长椭圆形，长8~10mm；种子4~14粒，卵球形或狭卵球形，长0.5~0.7mm。花期5~6月，果期6~7月。

旱中生植物。常生于海拔100~1440m的田边、路边或干燥草地上。

阿拉善地区分布于贺兰山、龙首山。我国分布于黑龙江、吉林、辽宁、内蒙古、河北、山西、陕西、甘肃、新疆、青海东北部等地。朝鲜、俄罗斯、蒙古也有分布。

唐松草属 *Thalictrum* L.

高山唐松草 *Thalictrum alpinum* L.

多年生草本，株高 5~40cm，全株无毛。须根多数，簇生。叶基生，为二回羽状三出复叶，小叶薄革质，具短柄或无柄，圆状倒卵形或倒卵形，长和宽均为 2~3mm，基部圆形或宽楔形，3 浅裂，浅裂片全缘，上面脉凹陷，下面脉凸出；叶柄长 1~2cm。花葶 1~2，高 5~8cm，不分枝；花序总状，长 2~4cm；苞片狭卵形，长 2~3mm，基部抱茎；花梗向下弯曲，长 3~4mm；萼片 4，脱落，椭圆形，长约 2mm；雄蕊 7~10，长约 4mm，花药狭矩圆形，长约 1.5mm，顶端具短尖头，花丝丝状；心皮 3~5，柱头箭头状，约与子房等长。瘦果无柄，歪椭圆形，稍扁，具 8 条纵肋，长约 2mm。花果期 7~8 月。

中生植物。常生于海拔 3000m 以上的高山草甸。

阿拉善地区分布于贺兰山、龙首山。我国分布于内蒙古、新疆、西藏等地。亚洲其他地区、欧洲、北美洲也有分布。

腺毛唐松草 *Thalictrum foetidum* L.　　别名：香唐松草

多年生草本，株高 20~50cm。根茎较粗，具多数须根。茎具纵槽，基部近无毛，上部被短腺毛。茎生叶三至四回三出羽状复叶；基部叶具较长的柄，柄长达 4cm，上部叶柄较短，密被短腺毛或短柔毛，叶柄基部两侧加宽，呈膜质鞘状；复叶轮廓宽三角形，长约 10cm，小叶具短柄，密被短腺毛或短柔毛，小叶片卵形、宽倒卵形或近圆形，长 2~10mm，宽 2~9mm，基部微心形或圆状楔形，先端 3 浅裂，裂片全缘或具 2~3 个钝牙齿，上面绿色，下面灰绿色，两面均被短腺毛或短柔毛，下面较密，叶脉上面凹陷，下面明显隆起。圆锥花序疏松，被短腺毛；花小，直径 5~7mm，通常下垂；花梗长 0.5~1.2mm；萼片 5，淡黄绿色，稍带暗紫色，卵形，长约 3mm，宽约 1.5mm；无花瓣；雄蕊多数，比萼片长 1.5~2 倍，花丝丝状，长 3~5mm，花药黄色，条形，长 1.5~3mm，比花丝粗，具短尖；心皮 4~9 或更多，子房无柄，柱头具翅，长三角形。瘦果扁，卵形或倒卵形，长 2~5mm，具 8 条纵肋，被短腺毛；果喙长约 1mm，微弯。花期 8 月，果期 9 月。

中旱生植物。常生于海拔 350~4500m 的山地草原及灌丛中。

阿拉善地区分布于贺兰山、龙首山。我国分布于东北、华北、西北、西南等地。蒙古、俄罗斯也有分布。

展枝唐松草 *Thalictrum squarrosum* Steph. ex Willd.

多年生草本，株高达1m。须根发达，灰褐色。茎呈“之”字形曲折，常自中部二叉状分枝，多分枝，通常无毛。叶集生于茎下部和中部，近向上直展，具短柄，基部加宽呈膜质鞘状，为三至四回三出羽状复叶；小叶具短柄或近无柄，顶生小叶柄较长；小叶卵形，倒卵形或宽倒卵形，长6~20cm，宽3~15mm，基部圆形或楔形，顶端通常具3个大齿或全缘，有时上部3浅裂，中裂片具3个齿，上面绿色，下面色淡，两面无毛，脉在下面稍隆起。圆锥花序近二叉状分枝，呈伞房状；花梗长1.5~3cm，基部具披针形小苞；花直径5~7cm；萼片4，淡黄绿色，稍带紫色，狭卵形，长3~5mm，宽1.2~2mm；无花瓣；雄蕊7~10，花丝细，长2~5mm，花药条形，长约3mm，比花丝粗，先端渐尖；心皮1~3，无柄，柱头三角形，有翼。瘦果新月形或纺锤形，一面直，另一面呈弓形弯曲，长5~8mm，宽1.2~2mm，两面稍扁，具8~12条凸起的弓形纵肋；果喙微弯，长约1.5mm。花期7~8月，果期8~9月。

旱中生植物。常生于海拔200~1900m的典型草原、沙质草原群落中，为常见的草原中旱生伴生植物。

阿拉善地区分布于贺兰山。我国分布于黑龙江、吉林、辽宁、内蒙古、河北、山西、陕西等地。蒙古、俄罗斯也有分布。

亚欧唐松草 *Thalictrum minus* L.

多年生草本，株高60~120cm，全株无毛。茎直立，具纵棱。下部叶为三至四回三出羽状复叶，有柄，柄长达4cm，基部有狭鞘，复叶长20cm；上部叶为二至三回三出羽状复叶，有短柄或无柄；小叶纸质或薄革质，楔状倒卵形、宽倒卵形或狭菱形，长0.5~1.2cm，宽0.3~1cm，基部楔形至圆形，先端3浅裂或有疏牙齿，上面绿色，下面淡紫色，脉不明显隆起，脉网不明显。圆锥花序长达30cm；花梗长3~8mm；萼片4，淡黄绿色，外面带紫色，狭椭圆形，长约3.5mm，宽约1.5mm，边缘膜质；无花瓣；雄蕊多数，长约7mm，花药条形，长约3mm，顶端具短尖头，花丝丝状；心皮3~5，无柄，柱头三角状箭头形。瘦果狭椭圆球形，稍扁，长约3mm，有8条纵棱。花期7~8月，果期8~9月。

中生植物。常生于海拔1400~2700m的山地林缘、林下、灌丛及草甸中。

阿拉善地区分布于贺兰山。我国分布于内蒙古、山西、青海、新疆、甘肃、四川等地。欧洲、亚洲其他地区也有分布。

东亚唐松草（变种）*Thalictrum minus* var. *hypoleucum* (Siebold & Zucc.) Miq.

别名：佛爷指甲、烟锅草、金鸡脚下黄

多年生草本，株高60~120cm，全株无毛。茎直立，具纵棱。下部叶为三至四回三出羽状复叶，有柄，柄长达4cm，基部有狭鞘，复叶长达20cm；上部叶为二至三回三出羽状复叶，有短柄或无柄，叶较大，长宽约1.5~4cm，粉绿色，脉隆起，脉网明显，楔状倒卵形、宽倒卵形或狭菱形，基部楔形至圆形，先端3浅裂或有疏牙齿。圆锥花序长达30cm；花梗长3~8mm；萼片4，淡黄绿色，外面带紫色，狭椭圆形，长约3.5mm，宽约1.5mm，边缘膜质；无花瓣；雄蕊多数，长约7mm，花药条形，长约3mm，顶端具短尖头，花丝丝状；心皮3~5，无柄，柱头正三角状箭头形。瘦果狭椭圆球形，稍扁，长约3mm，有8条纵棱。花期7~8月，果期8~9月。

中生植物。常生于海拔100~1500m的山地灌丛、林缘、林下、沟谷草甸。

阿拉善地区分布于贺兰山。我国分布于东北、华北、西北、西南、华中、华东等地。朝鲜、日本也有分布。

 银莲花属 *Anemone* L.

展毛银莲花 *Anemone demissa* Hook. f. & Thomson

多年生草本，株高 13~20cm，全株被或疏或密的长柔毛，植株基部具枯叶柄纤维。基生叶 5~10，具长柄，长达 10cm；叶片卵形，长 2.5~4cm，宽 3~5cm，基部心形，3 全裂；中全裂片菱状宽卵形，基部宽楔形，突然缩成短柄，柄长 3~5mm，3 深裂；侧全裂片较小，近无柄，卵形，不等 3 深裂；各回裂片互相少量覆压，末回裂片卵形，先端钝圆或急尖。苞片 3，无柄，长 1~2cm，3 深裂，裂片椭圆状披针形，伞幅 1~5，长 1~5cm；萼片 5~6，白色或紫色，倒卵形或椭圆状倒卵形，长 1~1.8cm，宽 0.5~1.2cm，外面疏被长柔毛；雄蕊长 2.5~5mm，花丝条形；心皮无毛。瘦果椭圆形或倒卵形，长 5~7mm，宽约 5mm。花期 6~7 月。

中生植物。常生于海拔 3100~3400m 的高山石缝中。

阿拉善地区分布于贺兰山。我国分布于内蒙古、甘肃、青海、四川、西藏等地。不丹、印度、尼泊尔也有分布。

伏毛银莲花（亚种）*Anemone narcissiflora* subsp. *protracta* (Ulbr.) Ziman & Fedor.

多年生草本，株高 15~35cm，植株基部密被枯叶柄纤维。根状茎粗壮，暗褐色。基生叶多数，有长柄，柄长 20cm，密被白色开展的长柔毛；叶片轮廓宽卵形，基部心形，长 3~5cm，宽 5~7cm，3 全裂，中央全裂片菱状宽卵形，无柄，3 浅裂，侧全裂片卵形，不等 3 中裂，末回裂片卵形，先端钝圆或钝尖，上面无毛或疏被长柔毛，下面被长柔毛。花葶单一或数个，被白色长柔毛；苞片 3，无柄，3 深裂，裂片椭圆状披针形，长 1.5~3cm，裂片先端具小齿；花梗 1~3，长 1~8cm，自总苞中抽出，疏被白色开展的长柔毛；萼片 5，白色，外面带紫色，椭圆状倒卵形或倒卵形，长 1.5~2cm，宽 6~12mm，雄蕊长 4~5mm，花丝条形；心皮无毛。瘦果倒卵圆形或近圆形，长约 6mm，宽约 5mm，先端的喙弯曲，喙长 1.8mm。花期 5~7 月，果期 8 月。

中生植物。常生于海拔 2200~3000m 的岩石缝中。

阿拉善地区分布于贺兰山。我国分布于内蒙古、新疆、宁夏等地。蒙古、俄罗斯也有分布。

长毛银莲花（亚种）*Anemone narcissiflora* subsp. *crinita* (Juz.) Kitag.

多年生草本，株高 30~60cm。根状茎粗壮，黑褐色，生多数须根，植株基部密被枯叶柄纤维。基生叶多数，有长柄，柄长 10~30cm，密被白色开展的长柔毛；叶片轮廓圆状肾形，长 3~5.5cm，宽 4~9cm，3 全裂，全裂片二至三回羽状细裂，末回裂片披针形或条形，宽 2~5mm，两面疏被长柔毛，上面深绿色，下面灰绿色。花葶 1 至数个，直立，疏被白色开展的长柔毛；总苞苞片掌状深裂，无柄，裂片 2~3 深裂或中裂，小裂片条状披针形，两面被长柔毛，外面基部毛较密；花梗 2~6，长 5~8cm，疏被长柔毛，呈伞形花序状，顶生；萼片 5，白色，菱状倒卵形，长约 1.5cm，宽约 1cm；雄蕊长 3~5mm，花丝条形；心皮无毛。瘦果宽倒卵形或近圆形，长 5~7mm，宽 5~5.5mm，无毛，先端具向下弯曲的喙，喙长约 1mm。花期 5~6 月，果期 7~9 月。

中生植物。常生于海拔 2300~4000m 的山地林下、林缘及草甸。

阿拉善地区分布于贺兰山。我国分布于黑龙江、辽宁、内蒙古、河北等地。蒙古、俄罗斯也有分布。

疏齿银莲花（亚种）*Anemone geum* subsp. *ovalifolia* (Brühl) R. P. Chaudhary

多年生草本，株高 3.5~15cm，稀高达 30cm。基生叶具长柄，叶片轮廓卵形，长 1~2cm，3 全裂，侧全裂片较小，是中全裂片的一半左右，又 3 浅裂，裂片全缘或有 1~2 齿，两面通常被少量短柔毛。花葶被开展的柔毛；花序有 1 花；苞片 3，倒卵形，3 浅裂，或卵状矩圆形，不分裂，全缘或有 1~3 齿；萼片 5，白色、蓝色或黄色；心皮 20~30，子房密被白色柔毛，稀无毛。花期 5~7 月。

中生植物。常生于海拔 2900~4000m 的高山草甸或灌丛边。

阿拉善地区分布于贺兰山。我国分布于内蒙古、河北、山西、青海、新疆、甘肃、宁夏、陕西、四川、云南、西藏等地。不丹、印度、尼泊尔也有分布。

碱毛茛属 *Halerpestes* Greene

碱毛茛 *Halerpestes sarmentosa* (Adams) Kom. 别名：水葫芦苗

多年生草本，株高3~12cm。具细长的匍匐茎，节上生根长叶，无毛。叶全部基生，具长柄，柄长1~10cm，无毛或稍被毛，基部加宽成鞘状；叶片近圆形、肾形或宽卵形，长0.4~1.5cm，宽度稍大于长度，基部宽楔形、截形或微心形，先端3或5浅裂，有时3中裂，无毛，基出脉3条。花葶1~4，由基部抽出或苞腋伸出两个花梗，直立，近无毛；苞片条形；花直径7mm；萼片5，淡绿色，宽椭圆形，长约3.5mm，无毛；花瓣5，黄色，狭椭圆形，长约3mm，宽约1.5mm，基部具爪，爪长约1mm，蜜槽位于爪的上部；花托椭圆形或圆柱形，被短毛。聚合果椭圆形或卵形，长约6mm，宽约4mm；瘦果狭倒卵形，长1.5mm，两面扁而稍鼓凸，具明显的纵肋，顶端具短喙。花期5~7月，果期6~8月。

中生植物。常生于海拔2000m以下的低湿地草甸及轻度盐化草甸，为轻度耐盐的中生植物，可成为草甸优势种。

阿拉善地区均有分布。我国分布于东北、华北、西北、西南等地。朝鲜、蒙古、俄罗斯、印度、北美洲也有分布。

长叶碱毛茛 *Halerpestes ruthenica* (Jacq.) Ovcz. 别名：黄戴戴

多年生草本，株高10~25cm。具细长的匍匐茎，节上生根长叶。叶全部基生，具长柄，柄长2~14mm，基部加宽成鞘，无毛或近无毛；叶片宽梯形或卵状梯形，长1.2~4cm，宽0.7~2.5cm，基部宽楔形、近截形、圆形或微心形，两侧常全缘，稀有小齿，先端具3(稀5)个圆齿，中央齿较大，两面无毛，近革质。花葶较粗而直，疏被柔毛，单一或上部分枝，有1~3(4)花；苞片披针状条形，长约1cm，基部加宽，膜质，抱茎，着生在分枝处；花直径约2cm；萼片5，淡绿色，膜质，狭卵形，长约7mm，外面有毛；花瓣6~9枚，黄色，狭倒卵形，长约10mm，宽约5mm，基部狭窄，具短爪，有蜜槽，先端钝圆；花托圆柱形，被柔毛。聚合果球形或卵球形，长约1cm；瘦果扁，斜倒卵形，长约3mm，具纵肋，先端有微弯的果喙。花期5~6月，果期7月。

中生植物。常生于海拔1400m以下的各种低湿地草甸及轻度盐化草甸，可成为草甸优势成分，并常与碱毛茛在同一群落中混生。

阿拉善地区均有分布。我国分布于东北、华北、西北等地。蒙古、俄罗斯也有分布。

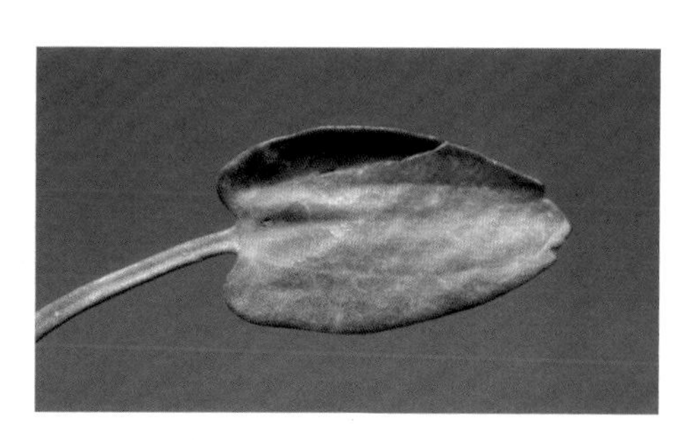

毛茛属 *Ranunculus* L.

裂叶毛茛 *Ranunculus pedatifidus* Sm.

多年生草本，株高 15~20cm。根状茎短，簇生多数须根。茎直立，单一或稍有分枝，密被开展的白色细长柔毛。基生叶具长柄，柄长 2~5cm，密被开展的白色细长柔毛，基部具膜质鞘，枯死后呈纤维状残存；叶片近圆形，长和宽为 1~1.5cm，7~15 掌状深裂，有时浅裂，裂片条状披针形或披针形，不裂或齿裂，顶端具钝点，被白色细长柔毛，叶片基部心形；茎生叶 1~2，无柄或有鞘状短柄，叶片 3~5 全裂，裂片条形，长 1~2cm，宽 1~1.5mm，全缘，被白色细长柔毛。花较大，直径约 2cm；花梗密被细柔毛，果期伸长达 9cm；萼片卵圆形，长 4~5mm，边缘膜质，背部黄褐色，密被白色长柔毛；花瓣 5~7，宽倒卵形，长 8~10mm，有细脉纹，下部渐狭成短爪，蜜槽呈杯形袋穴；雄蕊长约 4mm；花托在果期伸长呈圆柱状，长达 1mm，密被短细毛。聚合果矩圆状卵形，长达 1.2cm，径约 6mm；瘦果卵球形，稍扁，密被短细毛或近无毛，长 1.5~2mm，宽约 1.5mm，有背腹肋棱，喙细而弯，长约 0.5mm。花果期 6~7 月。

中生植物。常生于海拔 1800~2700m 亚高山带的山地草甸。

阿拉善地区分布于龙首山。我国分布于内蒙古、新疆等地。蒙古、俄罗斯也有分布。

掌裂毛茛 *Ranunculus rigescens* Turcz. ex Ovcz.

多年生草本，株高 10~15cm。须根细长或呈束状，淡褐色。茎直立或斜升，自下部分枝，基部残存枯叶柄，无毛或被长细柔毛。基生叶多数，叶柄长 2~4cm，疏被长细柔毛，叶片轮廓圆状肾形或近圆形，长 1~2cm，宽 1.5cm，掌状 5~11 深裂，少中裂或浅裂，裂片倒披针形，全缘或具牙齿状缺刻，叶片基部浅心形，两面被稀疏长细柔毛；茎生叶 3~5 全裂至基部，无柄，基部加宽成叶鞘状，裂片条形至披针状条形，长 1.5~3cm，宽约 1.5mm，被稀疏长细柔毛，裂片或牙齿先端均具胼胝体状钝点。花着生于分枝顶端，直径 1~1.5cm；花梗密被长细柔毛；萼片 5，宽卵形，长约 4mm，边缘膜质，外面带紫色，密被长细柔毛；花瓣 5，宽倒卵形，长约 7mm，黄色，基部楔形，渐狭，先端钝圆或少有牙齿；花托矩圆形，长约 6mm，宽约 3mm，密被短毛。聚合果近球形，径约 7mm；瘦果倒卵状椭圆形，径约 1.5mm，两面鼓凸，密被细毛或近无毛，果喙直或稍弯曲。花期 5~6 月，果期 7 月。

中生植物。常生于海拔 700m 左右的山地沟谷草甸、泉边。

阿拉善地区分布于贺兰山、龙首山。我国分布于黑龙江、内蒙古、新疆等地。蒙古、俄罗斯也有分布。

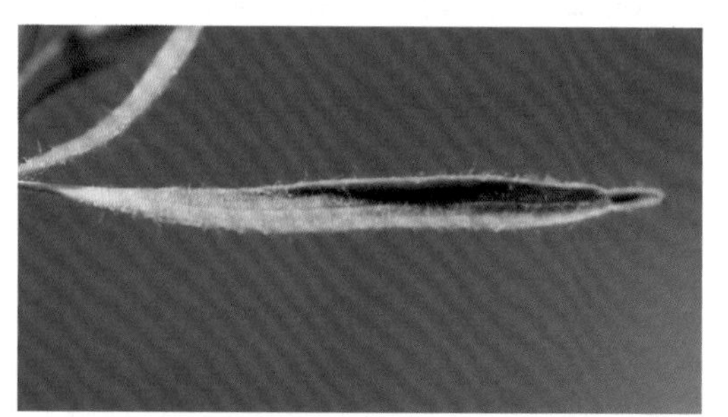

茴茴蒜 *Ranunculus chinensis* Bunge

多年生草本，株高 15~40cm。须根细长。茎直立，中空，单一或分枝，密被开展的淡黄色长硬毛。叶为三出复叶，基生叶与下部茎生叶具长柄，长 5~10cm，被长硬毛；复叶轮廓宽卵形，长 2~7cm，宽 2.5~8cm，中央小叶具长柄，两侧小叶柄稍短，3 深裂或全裂，裂片基部楔形，上部具不规则的牙齿；茎上部叶渐小，叶柄渐短至无柄，叶两面被硬伏毛。花 1~2 朵生于茎顶或分枝顶端；花梗被硬伏毛，长 1.5~3cm；花径约 1cm；萼片 5，黄绿色，狭卵形，长约 4cm，宽约 2cm，向下反卷，外面被长硬毛；花瓣 5，黄色，倒卵状椭圆形，长约 5cm，宽约 3cm，基部具蜜槽；花托在果期伸长，圆柱形或长椭圆形，长约 1cm，宽约 3cm，密被短柔毛。聚合果椭圆形，长约 1.1cm，宽约 7cm；瘦果卵状椭圆形，长约 2.5cm，两面扁，边缘具棱线，果喙短，微弯。花期 5~8 月，果期 6~9 月。

湿中生植物。常生于海拔 700~2500m 的河滩草甸、沼泽草甸。

阿拉善地区分布于贺兰山。我国分布于东北、华北、西北、西南、华东、华南等地。朝鲜、蒙古、日本、俄罗斯、印度、尼泊尔也有分布。

裂萼细叶白头翁（变种）*Ranunculus turczaninovii* var. *fissasepalum* J. H. Yu

多年生草本，株高 10~40cm，基部密包被纤维状的枯叶柄残余。根粗大，垂直，暗褐色。基生叶多数，通常与花同时长出，叶柄长达 14cm，被白色柔毛；叶片狭椭圆形，长 4~14cm，宽 2~7cm，二至三回羽状分裂；第一回羽片通常对生或近对生，中下部的裂片具柄，顶部的裂片无柄，裂片羽状深裂，第二回裂片再羽状分裂，最终裂片条形或披针状条形，宽 1~2mm，全缘或具 2~3 个小齿；成长叶两面无毛或沿叶脉稍被长柔毛。总苞叶掌状深裂，裂片条形或倒披针状条形，全缘或 2~3 分裂，里面无毛，外面被长柔毛，基部联合呈管状，管长 3~4mm；花葶疏或密被白色柔毛；花向上开展；萼片 6，蓝紫色或蓝紫红色，长椭圆形或椭圆状披针形，长 2.5~4cm，宽达 1.4cm，外面密被伏毛；雄蕊多数，比萼片短约一半。瘦果狭卵形，宿存花柱长 3~6cm，弯曲，密被白色羽毛。花果期 5~6 月。

旱中生植物。常生于典型草原及森林草原带的草原与草甸草原群落中，可在群落下层形成早春开花的杂类草层片，也可见于山地灌丛中。

阿拉善地区分布于贺兰山。我国分布于东北、内蒙古、河北、宁夏等地。蒙古、俄罗斯也有分布。

深齿毛茛（变种）*Ranunculus popovii* var. *stracheyanus* (Maxim.) W. T. Wang

多年生草本，株高 5~25cm。根状茎短，簇生多数须根。茎斜升，较粗壮，粗可达 3mm，稍弯曲，不分枝或少有分枝，密被白色的长细柔毛，基部残存枯叶柄。基生叶多数，叶柄长 2~7cm，密至疏被白色的长细柔毛；叶片轮廓形状多样，长圆状卵形、掌状楔形、宽卵形或椭圆形等，长 0.5~4cm，宽 0.4~2.5mm，边缘 3~11 浅裂、深裂或全裂，或仅具齿裂，叶片基部宽楔形，上面无毛，下面密被白色细长柔毛；茎生叶 3~5 全裂，裂片条状披针形，长 1~3cm，宽 1~2mm，上面无毛，下面密被白色细长柔毛。花着生于茎顶和分枝顶端，径 1.3~1.7cm；花梗长 1~2cm，与最上部叶邻近，果期伸长，密被白色细柔毛；萼片 5，椭圆状卵形，长 4~5mm，外面密被细柔毛，边缘膜质；花瓣 5，倒卵形，长 6~8mm，黄色，具黄褐色细脉纹，向基部渐狭成短爪；花托长圆形，被短毛。瘦果卵状圆球形，稍扁，两侧具纵肋，无毛，具细喙，直伸或稍弯。花期 6 月，果期 7 月。

中生植物。常生于海拔 2400~2900m 的沟谷草甸。

阿拉善地区分布于贺兰山。我国分布于内蒙古、甘肃、青海、新疆、四川、云南、西藏等地。印度也有分布。

 水毛茛属 *Batrachium* S. F. Gray

小水毛茛 *Batrachium eradicatum* (Laest.) Fr.

多年生草本，株高 3~6cm。节间短，长 0.5~1cm，无毛。叶有柄；叶片扇形，长约 1cm，宽达 2cm，二至三回二至三裂，末回裂片长 1~2mm，狭线形或近丝形，质地较硬，在水外叉开，无毛；叶柄长 5~15mm，基部有抱茎的耳状叶鞘，大多无毛。花直径 6~8mm；花梗长 1~2cm，较硬直，无毛；萼片卵形，长 1.5~2mm，有 3 脉，边缘白膜质，无毛；花瓣白色，下部黄色，狭倒卵形，长 3~4mm，宽 2~3mm，有 5~7 脉，基部有长达 1mm 的爪，蜜槽呈点状；雄蕊 8 至 10 余枚，花药卵形，长约 0.5mm；花托生短毛。聚合果圆球形，直径约 3mm；瘦果 10 余，椭圆形，长约 1.5mm，宽约 1mm，两侧较扁，有横皱纹，沿背肋有毛，喙直或弯。花果期 5~7 月。

湿生植物。常生于海拔 500~3900m 的湖泊、河流水边。

阿拉善地区分布于阿拉善左旗。我国分布于黑龙江、内蒙古、新疆等地。亚洲北部和欧洲也有分布。

 铁线莲属 *Clematis* L.

毛灌木铁线莲（变种）*Clematis fruticosa* var. *canescens* Turcz.

小灌木，株高达 1m。茎枝具棱，紫褐色，疏被毛。单叶对生，具短柄，柄长 0.5~1cm；叶片薄革质，狭三角形或披针形，长 2~3.5cm，宽 0.8~1.4cm，边缘疏生牙齿，下部常羽状深裂或全裂，两面近无毛或微有柔毛，绿色，下面叶脉隆起。聚伞花序顶生或腋生，长 2~4cm，具 1~3 花；花梗长 1~2.5cm，被短毛，近中部有 1 对苞片，披针形；花萼宽钟形，黄色，萼片 4，卵形或狭卵形，长 1.3~22cm，宽 5~10mm，顶端渐尖，边缘密生白色短柔毛；无花瓣；雄蕊多数，长 0.7~1.3cm，无毛，花丝披针形，花药黄色，稍短于花丝或近等长；心皮多数，密被长绢毛，花柱弯曲，圆柱状。瘦果近卵形，扁，长约 4mm，宽约 3mm，紫褐色，密生柔毛，羽毛状宿存花柱长约 2.5cm。花期 7~8 月，果期 9 月。

旱生植物。常生于海拔 1000~1800m 荒漠草原带及荒漠区的石质山坡、沟谷、干河床中，也可见于山地灌丛中，多零星散生。

阿拉善地区均有分布。我国分布于华北、西北等地。蒙古也有分布。

灰叶铁线莲 *Clematis tomentella* (Maxim.) W. T. Wang & L. Q. Li

小灌木，株高达 1m。茎枝具棱，被密细柔毛，后渐无毛。单叶对生或数叶簇生；叶片狭披针形至披针形，长 1~4cm，宽 2~8mm，革质，两面被细柔毛呈灰绿色，先端锐尖，基部楔形，全缘，极少基部具 1~2 个牙齿或小裂片；叶柄极短或近无柄。聚伞花序具 1~3 花，顶生或腋生；花梗长 5~20mm；萼片 4, 向上斜展呈宽钟状，黄色狭卵形或卵形，长 1~2cm，顶端渐尖，外面边缘密生绒毛，其余被细柔毛，里面无毛或近无毛；雄蕊多数，无毛，花丝狭披针形，长于花药。瘦果密被白色长柔毛。花期 7~8 月，果期 9 月。

强旱生植物。常生于海拔 1100~1900m 荒漠及荒漠草原地带的石质残丘、山地、沙地及沙丘低洼地。

阿拉善地区均有分布。我国分布于内蒙古、甘肃北部、宁夏等地。

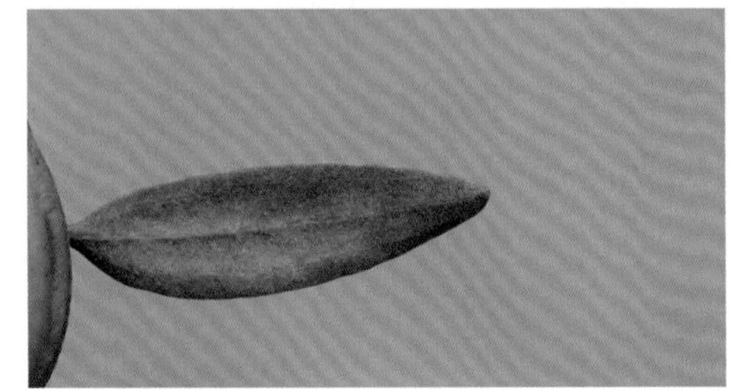

小叶铁线莲 *Clematis nannophylla* Maxim.

小灌木，株高 30~100cm。枝有棱，小枝密被短柔毛，后渐脱落。单叶对生或数叶簇生；叶片轮廓狭卵形，长 0.5~1cm，宽 3~5mm，羽状全裂，有裂片 2~3 对，裂片又 2~3 裂或不裂，裂片或小裂片狭椭圆形或披针形，长 1~4mm，两面被短柔毛或近无毛；具短柄或近无柄。花单生或有 3 花成聚伞花序；萼片 4，向上斜展呈宽钟状，黄色，长椭圆形，长 0.8~1.5cm，宽 5~8mm，外面被短柔毛，边缘密生绒毛，里面被短柔毛至近无毛；雄蕊无毛，花丝披针形，长于花药。瘦果椭圆形，扁，长约 5mm，被柔毛，宿存花柱长约 2cm，有黄色绢状毛。花期 7~8 月，果期 9 月。

旱生植物。常生于海拔 1200~3200m 荒漠区的山地干坡上。

阿拉善地区分布于龙首山。我国分布于内蒙古、青海、甘肃、陕西等地。蒙古、中亚也有分布。

准噶尔铁线莲 *Clematis songorica* Bunge

小灌木，株高达 1m。枝具纵棱，灰白色，无毛或近无毛。单叶对生或簇生，条形、条状披针形、狭披针形或披针形，长 2~8cm，宽 2~20mm，顶端锐尖或钝，基部渐狭成柄，全缘或有据齿，薄革质，灰绿色，两面无毛。圆锥状聚伞花序顶生；萼片 4，稀 5，开展，白色，矩圆状倒卵形或宽倒卵形，长 5~10mm，宽 3~6mm，顶端平截或有凸头，外面密被短柔毛，里面无毛；雄蕊无毛，花丝条形，与花药等长或稍短。瘦果扁，卵形，长 3~5mm，密被白色柔毛，宿存花柱长 2~3mm。花期 7~8 月，果期 8~9 月。

旱生植物。常生于海拔 1600m 左右的荒漠区山麓冲积扇、砾石堆或山坡上。

阿拉善地区分布于额济纳旗。我国分布于内蒙古、新疆等地。蒙古、俄罗斯也有分布。

短尾铁线莲 *Clematis brevicaudata* DC. 别名：林地铁线莲

多年生藤本。枝条暗褐色，疏生短毛，具明显的细棱。叶对生，为一至二回三出或羽状复叶，长达18cm；叶柄长3~6cm，被柔毛；小叶卵形至披针形，长1.5~6cm，先端渐尖成尾状，基部圆形，边缘具缺刻状牙齿，有时3裂，叶两面散生短毛或近无毛。复聚伞花序腋生或顶生，腋生花序长4~11cm，较叶短；总花梗长1.5~4.5cm，被短毛，小花梗长1~2cm，被短毛；中下部有一对小苞片，苞片披针形，被短毛；花直径1~1.5cm；萼片4，展开，白色或带淡黄色，狭倒卵形，长约6mm，宽约3mm，两面均有短绢状柔毛，毛在里面较稀疏，外面沿边缘密生短毛；无花瓣；雄蕊多数，比萼片短，无毛，花丝扁平，花药黄色，比花丝短；心皮多数，花柱被长绢毛。瘦果宽卵形，长约2mm，宽约1.5mm，微带浅褐色，被短柔毛，羽毛状宿存花柱长达2.8cm，末端具加粗稍弯曲的柱头。花期8~9月，果期9~10月。

中生植物。常生于海拔460~3200m的山地林下、林缘及灌丛中。

阿拉善地区分布于贺兰山、龙首山。我国分布于东北、华北、西北、西南、华东等地。朝鲜、蒙古、俄罗斯、日本也有分布。

长瓣铁线莲 *Clematis macropetala* Ledeb. 别名：大瓣铁线莲

多年生藤本。枝具6条细棱，幼枝被伸展长毛或近无毛，老枝无毛。叶对生，为二回三出复叶，长达15cm，小叶具柄，狭卵形，长1.8~4.8cm，宽1~3cm，先端渐尖，基部楔形或圆形，小叶片3裂或不裂，边缘具少数至多数不整齐的分裂或锯齿，上面近无毛，下面疏被柔毛；叶柄长3.5~7cm，稍被柔毛。花单一，顶生；具长梗，梗长15cm，有细棱，顶端通常下弯；花大，径达10cm；花萼钟形，蓝色或蓝紫色；萼片4，狭卵形，长3~4.6cm，宽1~1.8cm，顶端渐尖，两面被短柔毛；无花瓣；退化雄蕊多数，花瓣状，披针形，外轮者与萼片同色，近等长，稍长或稍短，背面密被舒展柔毛，有时先端残留有发育不完全的花药，内轮者渐短，被柔毛；雄蕊多数，花丝匙状条形，边缘生长柔毛，花药条形；心皮多数，被柔毛。瘦果卵形，歪斜，稍扁，长4~5.5mm，宽2.5~3.5mm，被灰白色柔毛，羽毛状宿存花柱长达4.5cm。花期6~7月，果期8~9月。

中生植物。常生于海拔2000~2600m的山地林下、林缘草甸。

阿拉善地区分布于贺兰山。我国分布于东北、华北、西北等地。蒙古、俄罗斯也有分布。

白花长瓣铁线莲（变种） *Clematis macropetala* var. *albiflora* (Maxim. ex Kuntze) Hand.-Mazz.

多年生藤本。枝具6条细棱，幼枝被伸展长毛或近无毛，老枝无毛。叶对生，为二回三出复叶，长达15cm，小叶具柄，狭卵形，长1.8~4.8cm，宽1~3cm，先端渐尖，基部圆形而全缘，中部边缘有整齐的锯齿，上面近无毛，下面疏被柔毛；叶柄长3.5~7cm，稍被柔毛。花单一，顶生，具长梗；梗长15cm，有细棱，顶端通常下弯；花大，径达10cm；花萼钟形，白色或淡黄色；萼片4，狭卵形，长3~4.6cm，宽1~1.8cm，顶端渐尖，两面被短柔毛；无花瓣；退化雄蕊多数，花瓣状，披针形，外轮者与萼片同色，近等长、稍长或稍短，背面密被舒展柔毛，有时先端残留发育不完全的花药，内轮者渐短，被柔毛；雄蕊多数，花丝匙状条形，边缘生长柔毛，花药条形；心皮多数，被柔毛。瘦果卵形，歪斜，稍扁，长4~5.5mm，宽2.5~3.5mm，被灰白色柔毛，羽毛状宿存花柱长达4.5cm。花期6~7月，果期8~9月。

中生植物。常生于海拔1750~2000m的山地林下、林缘草甸。

阿拉善地区分布于贺兰山。我国分布于内蒙古、山西、宁夏等地。蒙古、俄罗斯也有分布。

芹叶铁线莲 *Clematis aethusifolia* Turcz.

草质藤本。根细长。枝纤细，长达 2m，径约 2mm，具细纵棱，棕褐色，疏被短柔毛或近无毛。叶对生，三至四回羽状细裂，长 7~14cm；羽片 3~5 对，长 1.5~5cm，末回裂片披针状条形，宽 0.5~2mm，两面稍有毛；叶柄长约 2cm，疏被柔毛。聚伞花序腋生，具 1~3 花；花梗细长，长达 9cm，疏被柔毛，顶端下弯；苞片叶状；花萼钟形，淡黄色，萼片 4，矩圆形或狭卵形，长 1~1.8cm，宽 3~5mm，有三条明显脉纹，外面疏被柔毛，沿边缘密生短柔毛，里面无毛，先端稍向外反卷；无花瓣；雄蕊多数，长度约为萼片之半，花丝条状披针形，向基部逐渐加宽，疏被柔毛，花药无毛，长椭圆形，长约为花丝的 1/3；心皮多数，被柔毛。瘦果倒卵形，扁，红棕色，长约 4.5mm，宽约 3mm，羽毛状宿存花柱长达 3cm。花期 7~8 月，果期 9 月。

旱中生植物。常生于海拔 600~3000m 的石质山坡及沙地柳丛中，也见于河谷草甸。

阿拉善地区分布于贺兰山、龙首山。我国分布于华北、西北等地。蒙古、俄罗斯地区也有分布。

宽芹叶铁线莲（变种）*Clematis aethusifolia* var. *latisecta* Maxim.

多年生草本。根细长。枝纤细，长达 2m，径约 2mm，具细纵棱，棕褐色，疏被短柔毛或近无毛。叶对生，二至三回羽状中裂至深裂，最终裂片椭圆形至椭圆状披针形，长 7~14cm，宽 (1.5)2~4mm；羽片 3~5 对，长 1.5~5cm，末回裂片披针状条形，宽 0.5~2mm，两面稍有毛；叶柄长约 2cm，疏被柔毛。聚伞花序腋生，具 1~3 花；花梗细长，长达 9cm，疏被柔毛，顶端下弯；苞片叶状；花萼钟形，淡黄色，萼片 4，矩圆形或狭卵形，长 1~1.8cm，宽 3~5mm，有三条明显脉纹，外面疏被柔毛，沿边缘密生短柔毛；里面无毛，先端稍向外反卷；无花瓣；雄蕊多数，长度约为萼片的 1/2，花丝条状披针形，向基部逐渐加宽，疏被柔毛，花药无毛，长椭圆形，长约为花丝的 1/3；心皮多数，被柔毛。瘦果倒卵形，扁，红棕色，长约 4.5mm，宽约 3mm，羽毛状宿存花柱长达 3cm。花期 7~8 月，果期 9 月。

旱中生植物。常生于海拔 1500m~2000m 的石质山坡及沙地柳丛中，也见于河谷草甸。

阿拉善地区分布于贺兰山。我国分布于华北、西北。蒙古、俄罗斯也有分布。

东方铁线莲 *Clematis orientalis* L.

多年生草本。茎攀缘，少许被毛或近无毛，淡黄绿色。一至二回羽状复叶，淡黄绿色；小叶具柄，2~3 全裂或深裂、浅裂至不分裂，中央裂片较大，狭卵形、卵状披针形或条状披针形，长 1.5~3(7)cm，宽 5~15(30)mm，基部圆形或圆楔形，先端钝尖，全缘，两面疏被细柔毛，两侧裂片较小。圆锥状聚伞花序，腋生；苞片叶状，全缘；萼片 4，淡黄色或黄色，或外面带紫红色，斜上展，披针形或矩圆状披针形，长 1.5~2cm，宽 4~5mm，内外两面被柔毛，先端长渐尖，反卷；花丝疏被柔毛，花药无毛。瘦果卵形或狭卵形，扁，长 3~4mm，棕褐色，被短毛，宿存花柱长 3~6cm，具白色羽毛。花期 6~7 月，果期 8~9 月。

旱中生植物。常生于海拔 200~2000m 荒漠地带的宅旁、公园、公路两旁。

阿拉善地区分布于额济纳旗。我国分布于内蒙古、新疆等地。俄罗斯也有分布。

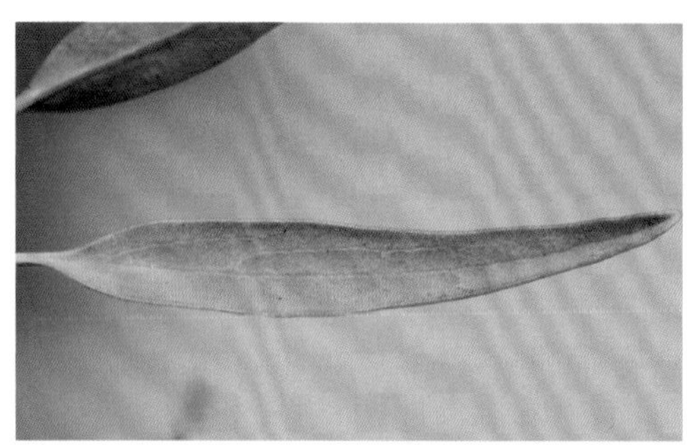

黄花铁线莲 *Clematis intricata* Bunge

多年生草本。茎攀缘，多分枝，具细棱，近无毛或幼枝疏被柔毛。叶对生，为二回三出羽状复叶，长达15cm，羽片通常2对，具细长柄；小叶条形、条状披针形或披针形，长1~4cm，宽1~10mm，中央小叶较侧生小叶长，不分裂或下部具1~2小裂片，先端渐尖，基部楔形，边缘疏生牙齿或全缘，叶灰绿色，两面疏被柔毛或近无毛。聚伞花序腋生，通常具2~3花；花梗长约3cm，疏被柔毛，位于中间者无苞叶，侧生者花梗下部具2枚对生的苞叶，苞叶全缘或2~3浅裂至全裂；花萼钟形，后展开，黄色，萼片4，狭卵形，长1.2~2cm，宽4~9mm，先端尖，两面通常无毛，只在边缘密生短柔毛；雄蕊多数，长为萼片之半，花丝条状披针形，被柔毛，花药椭圆形，黄色，无毛；心皮多数。瘦果多数，卵形，扁平，长约2.5mm，宽2mm，沿边缘增厚，被柔毛，羽毛状宿存花柱长达5cm。花期7~8月，果期8月。

旱中生植物。常生于海拔1600~2600m的山地、丘陵、低湿地、沙地及田边、路旁、房舍附近。

阿拉善地区均有分布。我国分布于辽宁、内蒙古、河北、山西、陕西、甘肃、青海等地。蒙古也有分布。

甘青铁线莲 *Clematis tangutica* (Maxim.) Korsh.

多年生草本。主根粗壮，木质，剥裂。茎长达4m，老茎木质，具纵棱，幼时被长柔毛，后脱落。一回羽状复叶，有5~7小叶，下部常浅裂、深裂或全裂，侧生裂片小，中裂片较大，卵状披针形或披针形，长1.5~3cm，宽5~15mm，基部楔形，先端渐尖或锐尖，边缘有不整齐缺刻状锯齿，叶灰绿色，两面疏被柔毛。单花，顶生或腋生；花梗粗壮，长4~20cm，被柔毛；萼片4，黄色，斜上展，狭卵形或椭圆状矩圆形，长1.5~3cm，顶端渐尖或急尖，里面无毛或近无毛，外面疏被柔毛，边缘密被白色绒毛；花丝条形，被开展的长柔毛，花药无毛；子房密被柔毛。瘦果倒卵形，长约4mm，被长柔毛，宿存花柱长达4cm，有白色羽毛。花期6~8月，果期7~9月。

旱中生植物。常生于海拔1800~4900m的荒漠地带的山地灌丛中。

阿拉善地区分布于贺兰山、龙首山。我国分布于内蒙古、新疆、青海、甘肃、陕西、四川、西藏等地。俄罗斯也有分布。

甘川铁线莲 *Clematis akebioides* (Maxim.) H. T. Veitch

多年生草本。茎无毛，具纵棱。一回羽状复叶；小叶 5~7，下部常 2~3 浅裂或深裂，侧裂片小，中裂片较大，宽椭圆形、椭圆形或矩圆形，长 1~3cm，宽 5~15mm，顶端钝或圆形，具小尖头，基部圆楔形至圆形，边缘有不规则浅锯齿，叶鲜绿色，两面光滑无毛。花单生或 2~5 朵簇生；花梗纤细，长 5~10cm；苞片叶状；萼片 4，稀 5，黄色，斜上展，椭圆形至狭椭圆形，长 1.5~2.5cm，宽 7~10mm，顶端锐尖或成小尖头，里面无毛，外面边缘被短毛；花丝条形，被柔毛，花药无毛。瘦果倒卵形，长约 3mm，被柔毛，宿存花柱被长柔毛。花期 7~8 月，果期 9~10 月。

中生植物。常生于海拔 1930~3600m 的高山草甸与灌丛。

阿拉善地区分布于龙首山、贺兰山。我国分布于内蒙古、青海、甘肃、西藏、云南、四川等地。

翠雀属 *Delphinium* L.

白蓝翠雀花 *Delphinium albocoeruleum* Maxim.

多年生草本，株高 10~60cm。茎直立，具纵棱，密被反曲的白色短柔毛。基生叶 3 中裂，开花时枯萎或有时存在；茎生叶在茎上等距排列，具长柄，柄长 3~15cm，3 深裂至全裂，叶片轮廓五角形，长 2~4cm，宽 3~8cm，一回裂片茎下部者浅裂，上部者通常一至二回深裂，小裂片狭卵形、披针形或条形，宽 2~5mm，先端渐尖或长渐尖，常有 1~2 小齿，两面被短柔毛，上面深绿色，下面灰绿色。伞房花序有 2~7 花，稀 1 花；苞片叶状而较小；花梗长 3~5cm，密被反曲的白色短柔毛；小苞片与花邻接或生于花梗顶部处，匙形或条形，长 5~15mm；萼片 5，宿存，蓝紫色或蓝白色，上萼片圆卵形，其他萼片椭圆形，长 2~2.5cm，外面被短柔毛，距圆筒状钻形或钻形，长 1.7~2.5cm，基部粗约 3mm，末端向下弯曲；花瓣无毛；退化雄蕊黑褐色，瓣片 2 浅裂，腹面有黄色髯毛，花丝疏被短毛；心皮 3，子房密被贴伏的短柔毛。蓇葖果长约 1.4cm；种子四面体形，长约 1.5mm，有鳞状横翅。花期 7~8 月，果期 9 月。

中生植物。常生于海拔 3230~4700m 的山地草坡、圆柏林下及云杉林缘草甸。

阿拉善地区分布于贺兰山。我国分布于内蒙古、青海、甘肃、宁夏、西藏等地。印度、不丹也有分布。

翠雀 *Delphinium grandiflorum* L. 　　别名：大花飞燕草、鸽子花、摇咀咀花

多年生草本，株高 20~65cm。直根，暗褐色。茎直立，单一或分枝，全株被反曲的短柔毛。基生叶和茎下部叶具长柄，柄长达 10cm，中上部叶柄较短，最上部叶近无柄；叶片轮廓圆肾形，长 2~6cm，宽 4~8cm，掌状 3 全裂，裂片再细裂，小裂片条形，宽 0.5~2cm。总状花序有 3~15 花，花梗上部具 2 枚条形或钻形小苞片，长 3~4cm；萼片 5，蓝色、紫蓝色或粉紫色，椭圆形或卵形，长 1.2~1.8cm，宽 0.6~1cm，上萼片向后伸长成中空的距，距长 1.7~2.3cm，钻形，末端稍向下弯曲，外面密被白色短毛；花瓣 2，瓣片小，白色，基部有距，伸入萼距中；退化雄蕊 2，瓣片蓝色，宽倒卵形，里面中部有一小撮黄色髯毛及鸡冠状突起，基部有爪，爪具短突起；雄蕊无毛；心皮 3，子房密被贴伏的短柔毛。蓇葖果 3，长 1.5~2cm，宽 3~5mm，密被短毛，具宿存花柱；种子多数，四面体形，具膜质翅。花期 7~8 月，果期 8~9 月。

旱中生植物。常生于海拔 500~2800m 森林草原、山地草原及典型草原带的草甸草原，也是山地草甸草原的常见杂类草。

阿拉善地区分布于贺兰山。我国分布于东北、华北、西北、西南等地。蒙古、俄罗斯也有分布。

软毛翠雀花 *Delphinium mollipilum* W. T. Wang

多年生草本，株高15~45cm。茎直立，疏被开展或向下斜展的白色长柔毛，等距生叶，上部花序分枝。基生叶具长柄，3全裂，全裂片又3浅裂或具齿，裂片宽，花期枯萎；茎生叶具长柄，柄长1.5~12cm，被开展的白色长柔毛；叶片轮廓五角形，长1.5~3.5cm，宽3~6cm，三全裂，全裂片一至三回细裂，小裂片条形，宽1~3mm，上面被短伏毛或近无毛，下面被开展的长柔毛。伞房花序有1~3花；基部苞片叶状，上3片全裂或不裂，条形；花序轴和花梗被反曲的白色短柔毛和开展的白色柔毛或黄色腺毛；花梗长1.5~8cm；小苞片着生于花梗中上部，条形，长4~6mm，宽约0.5mm；萼片紫蓝色或蓝色，矩圆状倒卵形，长1~1.5cm，外面疏被短柔毛，距钻形，长1.7~2cm，基部粗约2mm，直伸或稍向上弯；花瓣无毛，顶端凹；退化雄蕊蓝色，瓣片圆倒卵形，顶端微2裂，腹面有黄色髯毛，爪比瓣片短，基部有短附属物，雄蕊无毛；心皮3，子房疏被短柔毛。蓇葖果长约2.5cm，疏被短柔毛。花期7~8月，果期9月。

中生植物。常生于海拔2100~2400m的沟谷草丛或山坡草地。

阿拉善地区分布于贺兰山。我国特有种，分布于内蒙古和甘肃等地。

小檗属 *Berberis* L.

西伯利亚小檗 *Berberis sibirica* Pall. 别名：刺叶小檗

灌木，株高 50~80cm。老枝暗灰色，表面具纵条裂；幼枝红色或红褐色，被微毛，具条棱；叶刺 3~7 分叉，长 3~10mm。叶近革质，叶片倒卵形、倒披针形或倒卵状矩圆形，长 1~2cm，宽 5~8mm，先端钝圆，基部渐狭成柄，边缘具刺状疏牙齿，两面均为黄绿色，网脉明显。花单生，稀为 2 朵，淡黄色；花梗长 7~10mm；外轮萼片椭圆状卵形，内轮萼片倒卵形；花瓣倒卵形，与萼片近等长，顶端微缺。浆果倒卵形，鲜红色，长 7~9mm，直径 5~7mm，内含种子 (5)6~8 粒。花期 5~6 月，果期 9 月。

旱中生植物。常生于海拔 1450~3000m 的森林区及高山带的碎石坡地和陡峭山坡上，也可进入草原带及荒漠区的山地。

阿拉善地区分布于贺兰山、龙首山。我国分布于东北、华北、西北等地。蒙古、俄罗斯也有分布。

黄芦木 *Berberis amurensis* Rupr. 别名：大叶小檗

灌木，株高 1~3m。幼枝灰黄色，具浅槽；老枝灰色，圆柱形，表面具纵条棱；叶刺 3 分叉，稀单一，长 1~2cm。叶纸质，叶片常 5~7 枚簇生于刺腋，长椭圆形至倒卵状矩圆形，或卵形至椭圆形，长 3~8cm，宽 2~4cm，先端锐尖或钝圆，基部渐狭，下延成柄，边缘密生不规则的刺毛状细锯齿，上面深绿色，下面浅绿色，有时被白粉，网脉明显隆起。总状花序下垂，长 4~10cm，有花 10~25 朵；花淡黄色；花梗长 5~10mm；小苞片 2，三角形，长 1~1.5mm；萼片 6，外轮萼片卵形，长 2.5~3.5mm，内轮萼片倒卵形，长约 6mm；花瓣 6，长卵形，较花萼稍短，先端微缺，近基部具 1 对矩圆形腺体；雄蕊 6，较花瓣稍短；子房宽卵形，柱头头状扁平，内含胚珠 2 枚。浆果椭圆形，鲜红色，常被白粉，长约 10mm，直径约 6mm，内含种子 2 粒。花期 5~6 月，果期 8~9 月。

中生植物。常生于海拔 1100~2850m 的山地灌丛、疏林、林缘、沟谷、溪旁或岩石旁。

阿拉善地区分布于贺兰山、龙首山。我国分布于东北、华北及陕西、甘肃、山东等地。日本、朝鲜、俄罗斯也有分布。

置疑小檗 *Berberis dubia* C. K. Schneid.

落叶灌木，株高 1~3m。幼枝紫红色，有光泽，明显具条棱；老枝灰黑色，稍具条棱和黑色疣点；节间长 1~2cm；茎刺 1~3 分叉，长 7~20m，与枝同色。叶狭倒卵形，长 1.5~3cm，宽 0.5~1.8cm，先端渐尖，基部渐狭成短柄，上面深绿色，下面黄色，边缘具向前伸的 6~14 细齿，细弱，网脉明显，无毛，无白粉。花 5~10 朵簇生或成短总状花序，长 1~3cm；花梗长 3~6cm；小苞片披针形，先端急尖，长 1.5mm；萼片 2 轮，外轮长约 2.5mm，宽倒卵形，内轮长 4.5mm；花瓣椭圆形，长约 3.5mm，短于内轮萼片；雄蕊长约 2.5mm；胚珠 2。浆果倒卵状椭圆形，红色，长约 8mm，顶端不具宿存花柱，不被白粉。花期 5 月，果期 8~9 月。

中生植物。常生于海拔 1500~3850m 山地沟谷、山坡灌丛或林下。

阿拉善地区分布于贺兰山、龙首山。我国分布于内蒙古、甘肃、宁夏、青海等地。蒙古、俄罗斯也有分布。

细叶小檗 *Berberis poiretii* C. K. Schneid.

落叶灌木，株高1~2m。老枝灰黄色，表面密生黑色细小疣点；幼枝紫褐色，有黑色疣点；枝条展开，纤细，显具条棱；茎刺小，通常单一，有时具3~5叉，长4~9mm。叶片纸质，倒披针形至狭倒披针形，或披针状匙形，长1.5~4cm，宽5~10mm，先端锐尖，具小凸头，基部渐狭成短柄，全缘或中上部边缘有齿，上面深绿色，下面淡绿色或灰绿色，网脉明显。总状花序下垂，具8~15朵花，长3~6cm；花鲜黄色，直径约6mm；花梗长3~6mm；苞片条形，长约为花梗的一半，小苞片2，披针形，长1.2~2mm；萼片6，外萼片矩圆形或倒卵形，内萼片矩圆形或宽倒卵形；花瓣6，倒卵形，较萼片稍短，顶端具极浅缺刻，近基部具1对矩圆形的腺体；雄蕊6，较花瓣短；子房圆柱形，花柱无，柱头头状扁平，中央微凹。浆果矩圆形，鲜红色，长约9mm，直径约4mm，柱头宿存，内含种子1~2粒。花期5~6月，果期8~9月。

旱中生植物。常生于海拔600~2300m森林草原带的山地灌丛和山麓砾质地上，进入荒漠草原带的固定沙地或覆沙梁地只能稀疏生长，零星分布到草原化荒漠的剥蚀残丘及山地。

阿拉善地区分布于贺兰山。我国分布于东北、内蒙古、河北、山西等地。朝鲜、蒙古、俄罗斯也有分布。

防己科 Menispermaceae

蝙蝠葛属 *Menispermum* L.

蝙蝠葛 *Menispermum dauricum* L.

一年生藤本，长达十余米。根状茎细长，圆柱形，外皮黄棕色或黑褐色，断面黄白色，味极苦。茎圆柱形，有细纵棱纹，被稀疏短柔毛。单叶互生，叶片肾圆形至心脏形，长和宽均为3~12cm，先端尖或短渐尖，基部心形或截形，边缘有3~7浅裂，裂片三角形，上面绿色，被稀疏短柔毛，下面苍白，毛较密，有5~7条掌状脉；叶柄盾状着生，长3~10cm，无托叶。花白色或黄绿色，腋生圆锥花序；总状梗长3~6cm，花梗长5~7mm，基部具条状披针形的小苞片；萼片约6，披针形或长卵形，长2~3mm，宽1~1.5mm；花瓣约6，肾圆形或倒卵形，长2~3mm，宽2~2.5mm，肉质，边缘内卷，具明显的爪；雄花有雄蕊10~16，花药球形，4室，鲜黄色；雌花有退化雌蕊6~12，心皮3，分离，子房上位，1室。核果肾圆形，长6~8mm，宽7~9mm，熟时黑紫色，内果皮坚硬，半月形，内含1粒种子。花期6月，果期8~9月。

中生植物。常生于山地林缘、灌丛、沟谷。

阿拉善地区分布于贺兰山。我国分布于东北、华北、西北、华东等地。朝鲜、日本、蒙古、俄罗斯也有分布。

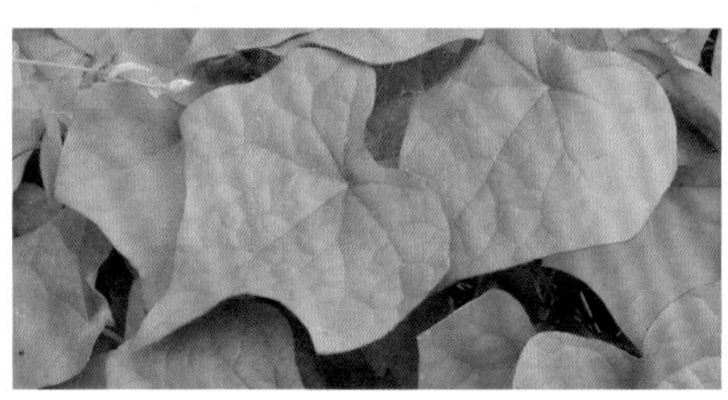

罂粟科 Papaveraceae

白屈菜属 *Chelidonium* L.

白屈菜 *Chelidonium majus* L. 别名：山黄连

多年生草本，株高 30~50cm。主根粗壮，长圆锥形，暗褐色，具多数侧根。茎直立，多分枝，具纵沟棱，被细短柔毛。叶轮廓为椭圆形或卵形，长 5~15cm，宽 4~8cm，单数羽状全裂，侧裂片 1~6 对，裂片卵形、倒卵形或披针形，先端钝形，边缘具不整齐的羽状浅裂或钝圆齿，上面绿色，无毛，下面具白粉，被短柔毛。伞形花序顶生或腋生；花梗纤细，长 5~8mm；萼片 2，椭圆形，长约 5mm，疏生柔毛，早落；花瓣 4，黄色，倒卵形，长 7~9mm，宽 6~8mm，先端圆形或微凹；雄蕊多数，长约 5mm；子房圆柱形，花柱短，柱头头状，先端 2 浅裂。蒴果条状圆柱形，长 2.5~4mm，宽约 2mm；种子卵形，无毛，种子多数，长约 1mm 或更小，暗褐色，表面有光泽和网纹。花期 6~7 月，果期 8 月。

中生植物。常生于海拔 500~2000m 的山地林缘、林下、沟谷溪边。

阿拉善地区分布于贺兰山、龙首山。我国分布于东北、华北、西北、华东、四川、河南等地。蒙古、俄罗斯、朝鲜、日本也有分布。

角茴香属 *Hypecoum* L.

角茴香 *Hypecoum erectum* L.

一年生草本，株高10~30cm，全株被白粉。基生叶呈莲座状，轮廓椭圆形或倒披针形，长2~9cm，宽5~15mm，二至三回羽状全裂，一回全裂片2~6对，二回全裂片1~4对，最终小裂片细条形或丝形，先端尖；叶柄长2~2.5cm。花葶1至多条，直立或斜升；聚伞花序，具少数或多数分枝；苞片叶状细裂；花淡黄色；萼片2，卵状披针形，边缘膜质，长约3mm，宽约1mm；花瓣4，外面2瓣较大，倒三角形，顶端有圆裂片，内面2瓣较小，倒卵状楔形，上部3裂，中裂片长矩圆形；雄蕊4，长约8mm，花丝下半有狭翅；雌蕊1，子房长圆柱形，长约8mm，柱头2深裂，长约1mm，胚珠多数。蒴果条形，长3.5~5mm，种子间有横隔，2瓣开裂，种子黑色，有明显的十字形突起。花果期5~8月。

中生植物。常生于海拔400~4500m的草原与荒漠草原地带的砾石质坡地、砂质地、盐化草甸等处，多为零星散生。

阿拉善地区均有分布。我国分布于东北、华北、西北、河南、湖北等地。蒙古、俄罗斯也有分布。

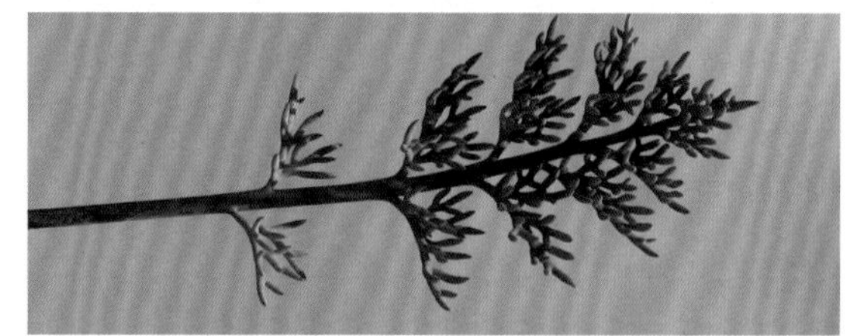

细果角茴香 *Hypecoum leptocarpum* Hook. f. & Thomson

一年生草本，株高4~60cm，略被白粉。茎丛生，长短不一，铺散而先端向上，多分枝。基生叶多数，蓝绿色，叶柄长1.5~10cm，叶片狭倒披针形，长5~20cm，二回羽状全裂，裂片4~9对，宽卵形或卵形，长0.4~2.3cm，疏离，近无柄，羽状深裂，小裂片披针形、卵形、狭椭圆形至倒卵形，长0.3~2mm，先端锐尖；茎生叶同基生叶，但较小，具短柄或近无柄。花茎多数，高5~40cm，通常二歧状分枝；苞叶轮生，卵形或倒卵形，长0.5~3cm，二回羽状全裂，向上渐变小，至最上部者为线形；花小，排列成二歧聚伞花序，花直径5~8mm，花梗细长，每花具数枚刚毛状小苞片；萼片卵形或卵状披针形，长2~3(4)mm，宽1~1.5(2)mm，绿色，边缘膜质，全缘，稀具小牙齿；花瓣淡紫色，外面2枚宽倒卵形，长0.5~1cm，宽4~7mm，先端绿色、全缘、近革质，里面2枚较小，3裂几达基部，中裂片匙状圆形，具短柄或无柄，边缘内弯，近全缘，侧裂片较长，长卵形或宽披针形，先端钝且近全缘；雄蕊4，与花瓣对生，长4~7mm，花丝丝状，黄褐色，扁平，基部扩大，花药卵形，长约1mm，黄色；子房圆柱形，长5~8mm，粗约1mm，无毛，胚珠多数，花柱短，柱头2裂，裂片外弯。蒴果直立，圆柱形，长3~4cm，两侧压扁，成熟时在关节处分离成数小节，每节具1粒种子。种子扁平，宽倒卵形。花果期6~9月。

中生植物。常生于海拔1700~4800m的山坡、草地、山谷、河滩、砾石坡、砂质地。

阿拉善地区分布于贺兰山。我国分布于内蒙古、河北、山西、陕西、甘肃、青海、新疆、四川、云南、西藏等地。蒙古、印度也有分布。

 紫堇属 *Corydalis* DC.

红花紫堇 *Corydalis livida* Maxim.

多年生草本，株高15~70cm。根粗壮，黑褐色；根茎被深褐色残叶基。茎从根茎伸出数条，直立。基生叶数枚，叶片为狭长卵形或披针形，长9~14cm，最终裂为卵形，三回羽状分裂，具长7~9cm叶柄，基部扩大成鞘；茎生叶疏离互生，较小，下部叶具短柄，上部叶无柄。总状花序顶生，花10~20朵，苞片下部者同茎上部叶，其他楔状卵形，顶端骤尖，全缘；花梗长于苞片；花紫红色，萼片鳞片状，上花瓣长2~2.3cm，无鸡冠状突起，距圆筒形，末端增粗，略弯，下花瓣呈囊状；雄蕊长0.8~0.9cm；子房线形，长0.5~0.8cm。蒴果圆柱形，长1.2~1.5cm，具4~6粒种子。花果期5~8月。

中生植物。常生于海拔2500~4000m的山坡林下或沟边。

阿拉善地区分布于贺兰山、龙首山。我国分布于内蒙古、甘肃、青海、四川等地。印度、尼泊尔、不丹也有分布。

贺兰山延胡索 *Corydalis alaschanica* (Maxim.) Peshkova

多年生草本，株高15~40cm。块茎粗壮，分枝，黄褐色。茎柔软，直立或斜倚，无毛。叶基生，具长柄，叶柄基部扩大成鞘状，二回羽状全裂，叶片轮廓三角状卵形，长和宽约为2~5cm，一回全裂片轮廓倒阔卵形，常3深裂，基部楔形，顶端钝圆，无毛。总状花序顶生，花稀疏；苞片卵形或椭圆形，全缘；花蓝紫色；花梗长5~10mm，纤细；外轮上面花瓣长约18mm，距长约12mm，圆筒形，下面花瓣近匙形，长约10mm，内轮花瓣2，顶端合生，倒卵形，长约5mm；子房条状圆柱形，无毛。蒴果扁圆柱形，长约4mm，花柱宿存。花期5~6月。

中生植物。常生于海拔1750~3400m的山沟石缝。

阿拉善地区均有分布。我国特有种，分布于内蒙古、宁夏、甘肃等地。

灰绿黄堇 *Corydalis adunca* Maxim. 别名：黄草花

多年生草本，株高20~40cm，全株被白粉，呈灰绿色。直根粗壮，直径0.5~1cm，暗褐色。茎直立，自基部多分枝，具纵条棱。叶具长叶柄，叶片轮廓披针形或卵状披针形，长3~8cm，宽1.5~3cm，二回单数羽状全裂，一回全裂片2~5对，远离，轮廓卵形，具柄，二回小裂片披针形、倒披针形或矩圆形，宽1~2mm，先端圆钝。花黄色，排列成疏散的顶生总状花序；苞片条形，长3~5mm；花梗纤细，长6~10mm；萼片三角状卵形，长约2mm；上面花瓣连距长14~16mm，先端上举，具小凸尖，距短，长3~4mm，稍内弯，下面花瓣较细，长约10mm，先端具小凸尖，内面2花瓣矩圆形，具细长爪，顶端靠合，包围雄蕊和雌蕊；子房条形，长约5mm，花柱长约4mm，上部弯曲，柱头膨大，有几个鸡冠状突起。蒴果条形，长1.5~2.5mm，宽约3mm，直立，先端具长约3mm的喙；种子扁球形，平滑，亮黑色。花果期5~8月。

旱生植物。常生于海拔1000~2400m的石质山坡、岩石露头处。

阿拉善地区分布于贺兰山、龙首山。我国分布于内蒙古、宁夏、陕西、甘肃、青海、四川、西藏、云南等地。朝鲜、俄罗斯也有分布。

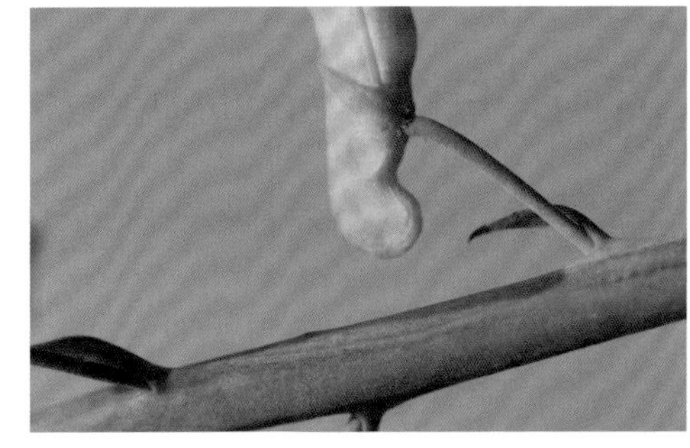

蛇果黄堇 *Corydalis ophiocarpa* Hook. f. & Thomson

多年生草本，株高可达 40cm。茎直立，分枝，具紫色棱翅。基生叶花期枯萎，茎生叶长达 20cm，下部具长柄，叶片轮廓通常狭卵形，长达 14cm，二回羽状全裂，一回裂片约 5 对，具短柄，轮廓狭卵形，二回裂片羽状浅裂至深裂。总状花序顶生或腋生，长达 20cm 多；苞片钻形，长 2~5cm；花梗长 1~4mm；萼片三角形，长渐尖，边缘具小齿；花瓣淡黄色，外面花瓣长 0.8~1.1cm，距长 3~4mm，内面花瓣上部红紫色；柱头马鞍形。蒴果条形，串珠状，波状弯曲，长 1.5~2.5mm；种子黑色，有光泽，径约 1mm。花果期 5~7 月。

中生植物。常生于海拔 1100~4000m 的山沟。

阿拉善地区均有分布。我国分布于华北、宁夏、陕西、甘肃、四川、湖北、安徽、江苏、台湾等地。印度、日本也有分布。

沙芥属 *Pugionium* Gaertn.

斧翅沙芥 *Pugionium dolabratum* Maxim.

一年生草本，株高 70~100cm，全株呈球状。茎直立，极多分枝，无毛，有光泽。叶羽状全裂，裂片细条形。花蕾矩圆形，淡红色，长约 8mm；萼片近矩圆形，长约 7mm，先端圆形，边缘膜质；花瓣浅紫色，条形，长约 15mm，宽 0.8~2mm，先端渐尖或锐尖，基部成爪，爪长 5mm，宽 0.5mm；蜜腺球状，包围短雄蕊基部。短角果黄色，具双翅、单翅或无翅，翅近镰刀形，长 2.5~3.5mm，宽 6~8mm，膜质，先端锐尖或钝，具约 5 条平行的脉纹；果体椭圆形，高 8~10mm，宽 12~16mm，表面具齿状、刺状或扁长三角形突起，长短不一。花果期 6~8 月。

旱生植物。常生于海拔 1000~1400m 荒漠或半荒漠地带的流动或半流动沙丘。

阿拉善地区均有分布。我国分布于内蒙古、宁夏、甘肃等地。蒙古也有分布。

宽翅沙芥（变种）*Pugionium dolabratum* Maxim. var. *latipterum* S. L. Yang

一年生草本，株高 60~100cm，全株无毛。茎直立，多数缠结成球形，直径 50~100cm。茎下部叶二回羽状全裂至深裂，长 7~12cm，裂片线形或线状披针形，长 5~15mm，顶端急尖；茎中部叶一回羽状全裂，长 5~12cm，裂片 5~7，窄线形，长 1~4cm，宽 1~3mm，边缘稍内卷，下部叶及中部叶在花期枯萎；茎上部叶丝状线形，长 3~5cm，宽约 1mm，全缘，稍内卷，无叶柄。总状花序顶生，有时成圆锥花序；花梗长 3~5mm；萼片长圆形或倒披针形，长 5~6mm；花瓣浅紫色，线形或线状披针形，长 12~15mm，上部内弯。短角果连翅长 3~3.5cm，宽 4~8mm，两侧的翅长 1~2cm，宽 6~10mm，两侧翅大小不等，顶端有几个不整齐圆齿或尖齿，心室宽 5~6mm，长为宽的 3~4 倍，翅长 5~15mm，宽 8~11mm，翅比心室宽，并有数个长短不等的刺。花果期 6~8 月。

旱生植物。常生于海拔 1000~2400m 草原、荒漠草原及草原化荒漠地带的半固定沙地。

阿拉善地区均有分布。我国分布于内蒙古、宁夏、甘肃、陕西等地。蒙古也有分布。

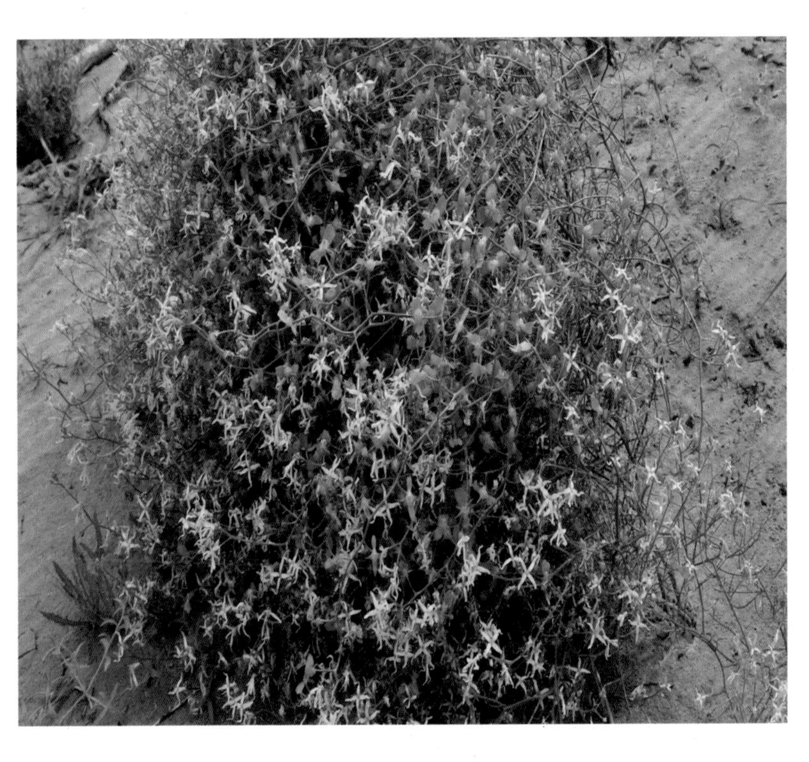

沙芥 *Pugionium cornutum* (L.) Gaertn. 别名：山萝卜

二年生草本，株高 70~150cm。根圆柱形，肉质。主茎直立，分枝极多。基生叶莲座状，肉质，具长柄，轮廓条状矩圆形，长 15~30cm，宽 3~4.5cm，羽状全裂，具 3~6 对裂片，裂片卵形、矩圆形或披针形，不规则地 2、3 裂或顶端具 1~3 齿；茎生叶羽状全裂，较小，裂片较少，裂片通常条状披针形，全缘；茎上部叶条状披针形或条形。总状花序顶生或腋生，组成圆锥花序；花梗纤细，长 3~5mm；外萼片倒披针形，长约 7mm，宽约 2mm，内萼片狭矩圆形，长约 6mm，宽约 2mm，顶端常具微齿；花瓣白色或淡玫瑰色，条形或倒披针状条形，长约 15mm，宽 1~2mm，侧蜜腺环状，黄色，包围短雄蕊的基部。短角果带翅宽 5~8cm，翅短剑状，长 2~5cm，宽 3~5mm，上举；果核扁椭圆形，宽 10~15mm，表面有刺状突起。花期 6~7 月，果期 8~9 月。

旱生植物。常生于海拔 1000~1100m 草原区的半固定与流动沙地上。

阿拉善地区均有分布。我国分布于内蒙古、宁夏、陕西等地。蒙古也有分布。

群心菜属 *Cardaria* Desv.

毛果群心菜 *Cardaria pubescens* (C. A. Mey.) Jarm. 别名：甜萝卜缨子

多年生草本，株高10~30cm，全株被短柔毛，灰绿色。茎直立或斜升，常于近基部处分枝。基生叶与茎下部叶具柄，矩圆形或披针形，长3~6cm，宽5~15mm，先端圆钝或锐尖，基部渐狭，边缘疏生细齿，两面被短柔毛；上部叶无柄，披针形、矩圆形或条状披针形，长1~7cm，宽3~14mm，先端圆钝或尖，基部箭形，半抱茎，边缘有疏细齿。几个短总状花序组成圆锥花序；萼片近直立，矩圆形，长约2mm，宽约1mm，具膜质边缘，背面被短柔毛，内萼片顶部稍兜状；花瓣白色，长约3.5mm；雄蕊伸出花瓣外。短角果卵状球形，长4~5mm，膨胀，不开裂，被短柔毛，2室，每室1粒种子，顶端宿存花柱细长，长1~2mm；种子椭圆形，长1.5mm，棕褐色。花果期5~7月。

旱中生植物。常生于海拔400~1600m草原及荒漠地区的盐化低地与疏松盐土上，为盐生草甸种。

阿拉善地区均有分布。我国分布于内蒙古、陕西、甘肃、宁夏、新疆等地。蒙古、俄罗斯也有分布。

四棱荠属 *Goldbachia* DC.

四棱荠 *Goldbachia laevigata* (M. Bieb.) DC.

一年生草本，株高20~40cm，无毛。茎单一，有分枝，平滑无毛，灰绿色。基生叶近矩圆形，先端钝，基部渐狭成短叶柄，边缘具稀疏牙齿或全缘；茎生叶披针形，长2~4.5cm，宽5~12mm，先端钝或稍尖，基部箭形，稍抱茎，全缘或具疏微齿，稍肉质。总状花序顶生，由少数小花组成；萼片直立，椭圆形，长约1.6mm，具白色膜质边缘；花瓣倒披针形，长约2.8mm，白色，有时带紫纹。短角果4棱短柱状，长7~10mm，宽约2mm，表面平滑或有网纹；果喙长三角形，长1~2mm；果梗常平展，或下弯，长2~4mm；种子矩圆形，长约2mm。花果期5~7月。

旱生植物。常生于海拔400~1300m草原和荒漠草原地带的平原、沙地、丘陵、沟谷。

阿拉善地区均有分布。我国分布于内蒙古、甘肃、青海、新疆等地。亚洲北部、西部和欧洲也有分布。

蔊菜属 *Rorippa* Scop.

风花菜 *Rorippa globosa* (Turcz. ex Fisch. & C. A. Mey.) Hayek　　别名：球果蔊菜、圆果蔊菜、银条菜

二年生或多年生草本，株高10~60cm，无毛。茎直立或斜升，多分枝，有时带紫色。基生叶和茎下部叶具长柄，大头羽状深裂，长5~12cm，顶生裂片较大，卵形，侧生裂片较小，3~6对，边缘有粗钝齿；茎生叶向上渐小，羽状深裂或具齿，有短柄，其基部具耳状裂片抱茎。总状花序生枝顶，花极小，直径约2mm；花梗纤细，长1~2mm；萼片直立，淡黄绿色，矩圆形，长1.5~2mm，宽0.5~0.7mm；花瓣黄色，倒卵形，与萼片近等长。短角果稍弯曲，圆柱状长椭圆形，长4~6mm，宽约2mm；果梗长4~6mm；种子近卵形，长约0.5mm。花果期6~8月。

湿中生植物。常生于海拔30~2500m的水边、沟谷。

阿拉善地区均有分布。我国分布于东北、华北、西北、西南、华东等地。北温带地区均有分布。

菥蓂属 *Thlaspi* L.

菥蓂 *Thlaspi arvense* L. 别名：遏蓝菜

一年生草本，株高15~40cm，全株无毛。茎直立，不分枝或稍分枝，无毛。基生叶早枯萎，倒卵状矩圆形，有柄；茎生叶倒披针形或矩圆状披针形，长3~6cm，宽5~16mm，先端圆钝，基部箭形，抱茎，边缘具疏齿或近全缘，两面无毛。总状花序顶生或腋生，有时组成圆锥花序；花小，白色；花梗纤细，长2~5mm；萼片近椭圆形，长2~2.3mm，宽1.2~1.5mm，具膜质边缘；花瓣长约3mm，宽约1mm，花瓣矩圆形，下部渐狭成爪。短角果近圆形或倒宽卵形，长8~16mm，扁平，周围有宽翅，顶端深凹缺，开裂，每室有种子2~8粒；种子宽卵形，长约1.5mm，稍扁平，棕褐色，表面有果粒状环纹。花果期5~7月。

中生植物。常生于海拔100~5000m的山地草甸、沟边、村庄附近。

阿拉善地区分布于贺兰山。我国各省份均有分布。亚洲其他地区、欧洲、非洲北部也有分布。

独行菜属 *Lepidium* L.

心叶独行菜 *Lepidium cordatum* Willd. ex Steven

多年生草本，株高20~40cm。具细长根状茎，茎多分枝，无毛或稍被毛，灰蓝绿色。基生叶具柄，倒卵状矩圆形，有时羽状分裂，花期枯萎；茎生叶矩圆状披针形或狭椭圆形，长2~4cm，宽5~13mm，先端尖或钝，基部心形或箭形，半抱茎，全缘或具疏微齿，灰蓝绿色，近革质，掌状三出脉，两面被稀疏微柔毛或无毛。几个总状花序组成圆锥花序，花密集；萼片近圆形，长约1.4mm，有宽膜质边缘，背面有柔毛；花瓣白色，长约1.8mm，宽约1.2mm，瓣片近圆形，基部渐狭成宽爪；雄蕊6，长1.2~1.5mm。短角果宽卵形，长与宽都是2~2.3mm，表面稍有网纹；果梗长2~3mm，稍被毛；种子扁椭圆形，长约1mm，棕色；子叶背倚。花果期6~8月。

湿中生植物。常生于海拔1000~3900m的盐化草甸或盐化低地。

阿拉善地区均有分布。我国分布于内蒙古、宁夏、甘肃、青海等地。蒙古、俄罗斯也有分布。

宽叶独行菜 *Lepidium latifolium* L.

多年生草本，株高20~50cm。具粗长的根状茎，茎直立，上部多分枝，被柔毛或近无毛。基生叶或茎下叶具叶柄，矩圆状披针形或卵状披针形，长4~7cm，宽2~3.5cm，先端圆钝，基部渐狭，边缘有粗锯齿，两面被短柔毛；茎上部叶无柄，披针形或条状披针形，长2~5cm，宽5~20mm，先端具短尖或钝，边缘有不明显的疏齿或全缘，两面被短柔毛。总状花序顶生或腋生，成圆锥状花序；萼片开展，宽卵形，长约1.2mm，宽0.7~1mm，无毛，具白色膜质边缘；花瓣白色，近倒卵形，长2~3mm；雄蕊6，长1.5~1.7mm。短角果近圆形或宽卵形，直径2~3mm，扁平，被短柔毛稀近无毛，顶端有宿存短柱头；种子近椭圆形，长约1mm，稍扁，褐色。花期6~7月，果期8~9月。

中生植物。常生于海拔1800~4250m的村舍旁、田边、路旁、渠道边及盐化草甸等。

阿拉善地区均有分布。我国分布于东北、华北、西北、西藏等地。亚洲北部和西部也有分布。

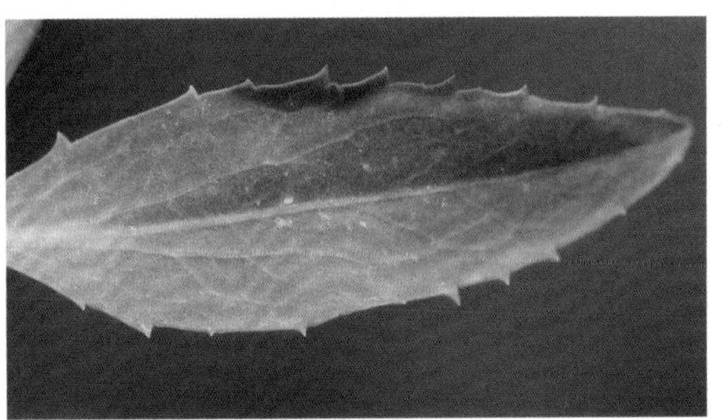

独行菜 *Lepidium apetalum* Willd. 别名：腺茎独行菜

一年生或二年生草本，株高 5~30cm。茎直立或斜升，多分枝，被微小头状毛。基生叶莲座状，平铺地面，羽状浅裂或深裂，叶片狭匙形，长 2~4cm，宽 5~10mm，叶柄长 1~2cm；茎生叶狭披针形至条形，长 1.5~3.5cm，宽 1~4mm，有疏齿或全缘。总状花序顶生，果后延伸；花小，不明显；花梗丝状，长约 1mm，被棒状毛；萼片舟状，椭圆形，长 5~7mm，无毛或被柔毛，具膜质边缘；花瓣极小，匙形，长约 0.3mm；有时退化成丝状或无花瓣；雄蕊 2（稀 4），位于子房两侧，伸出萼片外。短角果扁平，近圆形，长约 3mm，无毛，顶端微凹，具 2 室，每室含种子 1 粒；种子近椭圆形，长约 1mm，棕色，具密而细的纵条纹；子叶背倚。花果期 5~7 月。

旱中生植物。常生于海拔 400~2200m 的村边、路旁、田间撂荒地，也生于山地、沟谷，轻度耐盐碱。

阿拉善地区均有分布。我国分布于东北、华北、西北、西南等地。亚洲其他地区、欧洲也有分布。

阿拉善独行菜 *Lepidium alashanicum* S. L. Yang

一年生或二年生草本，株高 4~15cm。茎直立或外倾，多分枝，有疏生头状或棒状腺毛。基生叶条形，长 1~3.5cm，宽约 2mm，全缘，上面疏生腺毛，下面无毛，具短柄；茎生叶与基生叶相似但较短，无柄。总状花序顶生，果期延伸；萼片椭圆形，长约 1.5mm，背面疏生柔毛；无花瓣；雄蕊 6。短角果近卵形，长约 3mm，宽约 2mm，稍扁平，一面稍凸，有 1 中脉，先端有不明显的狭边；果梗长约 3mm，被棒状腺毛；种子短圆形，长约 1.5mm；子叶背倚。花果期 6~8 月。

旱中生植物。常生于低山干旱丘陵山坡。

阿拉善地区均有分布。我国特有种，分布于内蒙古、甘肃等地。

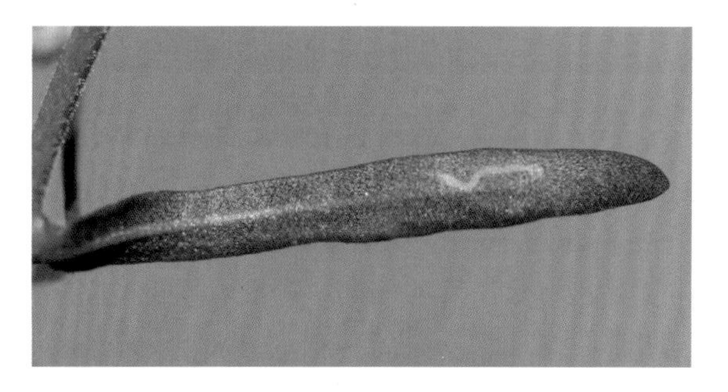

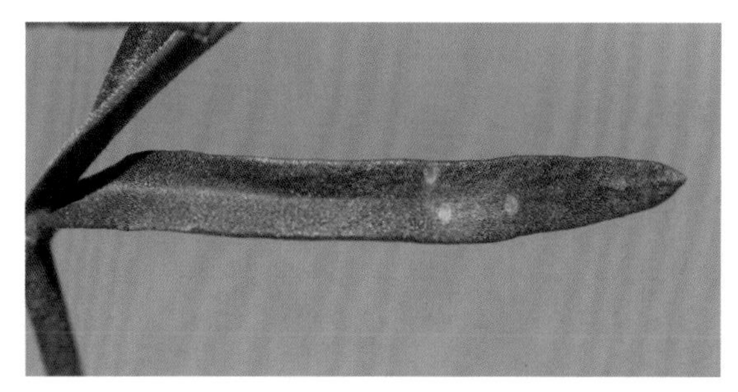

葶苈属 *Draba* L.

葶苈 *Draba nemorosa* L.

一年生草本，株高 10~30cm。茎直立，不分枝或分枝，下半部被单毛、二或三叉状分枝毛和星状毛，上半部近无毛。基生叶莲座状、矩圆状倒卵形或矩圆形，长 1~2cm，宽 4~6cm，先端稍钝，边缘具疏齿或近全缘；茎生叶较基生叶小，矩圆形或披针形，先端尖或稍钝，基部楔形，无柄，边缘具疏齿或近全缘，两面被单毛、分枝毛和星状毛。总状花序在开花时伞房状，结果时极延长；花梗丝状，长 4~6mm，直立开展；萼片近矩圆形，长约 1.5mm，背面少被长柔毛；花瓣黄色，近矩圆形，长约 2mm，顶端微凹。短角果矩圆形或椭圆形，长 6~8mm，密被短柔毛，果瓣具网状脉纹；果梗纤细，长 10~15mm，直立开展；种子细小，椭圆形，长约 0.6mm，淡棕褐色，表面有颗粒状花纹。花果期 6~8 月。

中生植物。常生于海拔 4800m 以下的山坡草甸、林缘、沟谷溪边。

阿拉善地区分布于贺兰山、龙首山。我国分布于东北、华北、西北、华东、四川等地。北温带其他地区也有分布。

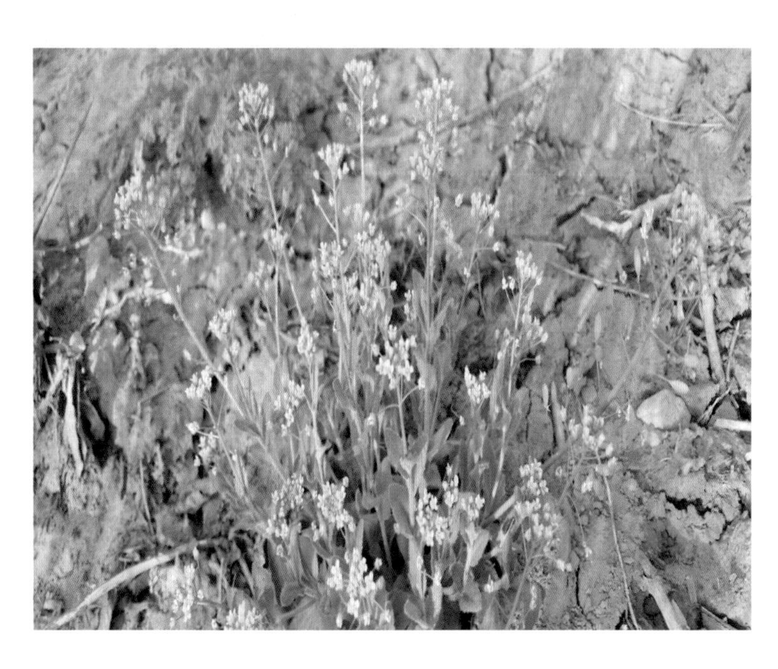

喜山葶苈 *Draba oreades* Schrenk in Fisch. & C. A. Mey.

多年生草本，株高2~10cm。根状茎具分枝多。叶基生，呈莲座状，倒披针形，长8~20mm，宽2~5mm，先端锐尖或钝圆，基部楔形，全缘，两面被单毛或叉状毛。花葶高2~8cm，被长柔毛、叉状毛或分枝毛；花黄色，直径3~4mm，6~15朵组成伞房状总状花序；萼片椭圆形或卵形，长约2mm，背面被单毛或叉状毛，边缘膜质；花瓣倒披针形，长4~5mm。短角果卵形，长5~8mm，宽3~4mm，先端锐尖，宿存花柱长约0.5mm，基部圆形稍膨胀；果梗斜升，长3~5mm；种子棕褐色，卵形或椭圆形，扁平，长约1mm。花果期6~8月。

中生植物。常生于海拔2600~4000m的高山草甸或灌丛中。

阿拉善地区分布于贺兰山、龙首山。我国分布于内蒙古、陕西、甘肃、青海、新疆、四川、云南、西藏等地。蒙古、俄罗斯也有分布。

锥果葶苈 *Draba lanceolata* Royle

二年生或多年生草本，株高15~25cm。茎单一或数条，直立或斜升，被星状毛或叉状毛。基生叶多数丛生，倒披针形，长1~2cm，宽4~6mm，先端锐尖或稍钝，基部渐狭成柄，边缘具疏齿，两面被星状毛或分枝毛；茎生叶披针形或卵形，两侧具4~6小齿或浅裂。总状花序顶生，具多数花；萼片狭卵形，长1.5~2mm，边缘膜质；花瓣白色，矩圆状倒卵形，长3~3.5mm。短角果狭披针形，长8~12mm，宽1.5~2mm，被星状毛，宿存花柱长约0.6mm；果序在果期延长成鞭状；种子椭圆形，长约0.75mm。花果期7~8月。

中生植物。常生于海拔1500~2000m的石质山坡。

阿拉善地区均有分布。我国分布于内蒙古、甘肃、青海、新疆、四川、西藏等地。亚洲北部和北美洲也有分布。

蒙古葶苈 *Draba mongolica* Turcz.

多年生草本，株高5~15cm。茎多数丛生，基部包被残叶纤维，茎斜升，单一或少分枝，密被星状毛和叉状毛。基生叶披针形或矩圆形，花期常枯萎；茎生叶矩圆状卵形，长5~12mm，宽2~5mm，先端锐尖，基部近圆形，边缘具疏齿，两面密被星状毛或分枝毛。总状花序生枝顶或腋生；花梗长1~2mm；萼片椭圆形或卵形，长1.5~2mm，边缘膜质；花瓣白色，矩圆状倒披针形或倒卵形，长3~4mm。短角果狭披针形，长6~12mm，宽1.5~2mm，直立或扭转，无毛；果梗长2~5mm，柱头小，近无柄，冠状；种子椭圆形，长约1mm，棕色，扁平。花果期6~7月。

中生植物。常生于海拔约3000m的高山山脊石缝或高山草甸。

阿拉善地区分布于贺兰山、龙首山。我国分布于黑龙江、内蒙古、河北、山西、陕西、甘肃、青海、四川、云南等地。蒙古、俄罗斯也有分布。

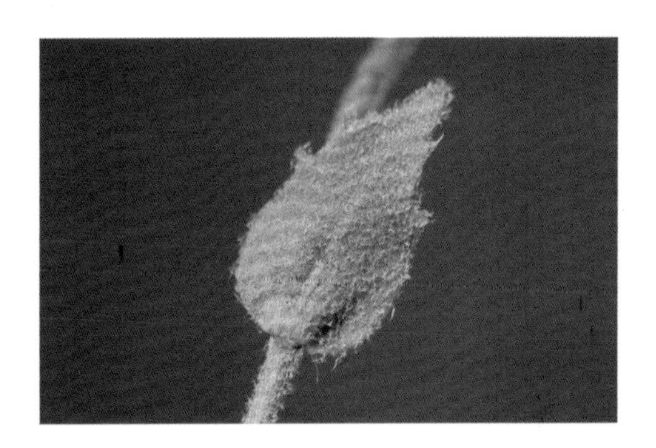

荠属 *Capsella* Medik.

荠 *Capsella bursa-pastoris* (L.) Medik. 别名：荠菜

一年生或二年生草本，株高 10~50cm。茎直立，有分枝，稍有单毛及星状毛。基生叶具长柄，大头羽裂、不整齐羽裂或不分裂，连叶柄长 5~7cm，宽 8~15mm；茎生叶无柄，披针形，长 1~4cm，宽 3~13mm，先端锐尖，基部箭形且抱茎，全缘或具疏细齿，两面被星状毛并混生单毛。总状花序生枝顶，花后伸长；萼片狭卵形，长约 1.5mm，宽约 1mm，具膜质边缘；花瓣白色，矩圆状倒卵形，长约 2mm，具短爪。短角果倒三角形，长 6~8mm，宽 4~7mm，扁平，无毛，先端微凹，有极短的宿存花柱；种子 2 行，长椭圆形，长约 1mm，宽约 0.5mm，黄棕色。花果期 6~8 月。

中生植物。常生于田边、村舍附近或路旁。

阿拉善地区分布于贺兰山、龙首山。我国各地均有分布。全世界温带地区均有分布。

庭荠属 *Alyssum* L.

北方庭荠 *Alyssum lenense* Adams 别名：线叶庭荠

多年生草本，株高 3~15cm，全株密被长星状毛，呈灰白色，有时呈银灰白色。直根长圆柱形，灰褐色。茎于基部木质化，自基部多分枝，下部茎斜倚，分枝直立，草质。叶多数，集生于分枝的顶部，条形或倒披针状条形，长 6~15mm，宽 1~2mm，先端锐尖或稍钝，向基部渐狭，全缘，两面密被长星状毛，无柄。总状花序具多数稠密的花，花序轴于结果时延长；萼片直立，近椭圆形，长约 3mm，宽约 1.4mm，具膜质边缘，背面被星状毛；花瓣黄色，倒卵状矩圆形，长约 4.5mm，宽约 2.5mm，顶端凹缺，中部两侧常具尖裂，向基部渐狭成爪；花丝基部具翅，翅长为 1mm 以下。短角果矩圆状倒卵形或近椭圆形，长 3~5mm，宽 2.5~4mm，顶端微凹，表面无毛，花柱长 1.5~2.5mm，果瓣开裂后果实呈团扇状；种子黄棕色，宽卵形，长约 2.5mm，稍扁平，种皮潮湿时具胶黏物质。花果期 5~7 月。

旱生植物。常生于草原区的丘陵坡地、石质丘顶、沙地。

阿拉善地区均有分布。我国分布于黑龙江、内蒙古等地。蒙古、俄罗斯也有分布。

灰毛庭荠 *Alyssum canescens* DC.

半灌木，株高 3~8cm，全株被星状毛，呈灰白色。茎自基部具多数分枝，近地面茎木质化，着生稠密的叶。叶条状矩圆形，长 4~12mm，宽 1.5~3mm，先端钝，基部渐狭，全缘，两面密被星状毛，灰白色，无柄。花序密集，呈半球形，果期稍延长；萼片短圆形，长 1.5~2mm，边缘膜质；花瓣白色，匙形，长 2~3mm。短角果椭圆形，长 3~5mm，密被星状毛，宿存花柱长 1~1.5mm。花果期 6~9 月。

旱生植物。常生于海拔 1000~5000m 荒漠带的石砾质山坡、干河床。

阿拉善地区分布于贺兰山、龙首山。我国分布于黑龙江、吉林、内蒙古、河北、山西、陕西、宁夏、甘肃、青海、新疆、西藏等地。蒙古、俄罗斯也有分布。

细叶庭荠 *Alyssum tenuifolium* Stephan ex Willd.

半灌木，株高 (5)10~30(40)cm，全株密被星状毛。茎直立或斜升，过地面茎木质化，常基部多分枝。叶条形，长 (5)10~15(20)mm，宽 1~1.5mm，先端锐尖或钝，基部渐狭，全缘，两面被星状毛，呈灰绿色，无柄。花序伞房状，果期极长；萼片矩圆形，长约 3mm；花瓣白色，长 3.5~4.5mm，瓣片近圆形，基部具爪。短角果椭圆形或卵形，长 3~4mm，被星状毛，宿存花柱长 1.5~2mm。花果期 6~9 月。

旱中生植物。常生于海拔 900~2400m 草原带或荒漠化草原带的砾石山坡、高原草地、河谷。

阿拉善地区分布于贺兰山、龙首山。我国特有种，分布于内蒙古。

棒果芥属 *Sterigmostemum* M. Bieb.

紫花爪花芥 *Sterigmostemum matthioloides* (Franch.) Botsch.

多年生草本，株高 15~35cm，全株密被星状毛与混生腺毛，呈灰绿色。茎直立，有分枝。基生叶呈莲座状，轮廓为条状披针形，长 8~13cm，宽为 15~20mm，羽状分裂，顶生裂片披针形，侧生裂片 4~7 对，矩圆形或卵形，先端钝，全缘，叶柄长 1~2cm；茎生叶比基生叶小，叶片长 1.5~4cm，宽 5~15mm，大头羽裂、羽状浅裂至羽状深裂，侧裂片 2~4 对，裂片矩圆形、披针形或条形，两面密被星状毛和腺毛。萼片直立，条状矩圆形，长约 9mm，背面密被星状毛和腺毛，具白色膜质边缘；花瓣淡紫色或淡红色，长度比萼片超出近一倍，瓣片开展，倒卵形，爪与萼片近等长。长角果长 1.5~3cm，密被星状毛与腺毛，宿存花柱长 1~3mm，柱头稍 2 裂；果梗短粗，平展；种子 1 行，近椭圆形。花果期 6~9 月。

旱生植物。常生于海拔 1400~2000m 的荒漠草原、干草原。

阿拉善地区分布于贺兰山、龙首山。我国特有种，分布于内蒙古、宁夏、青海、新疆等地。

 小柱芥属 *Microstigma* Trautv.

短果小柱芥 *Microstigma brachycarpum* Botsch.

一年生草本，株高 10~18cm，全株密被分枝毛和散生有柄的腺毛，呈灰绿色。茎直立，不分枝或分枝。叶稍厚，披针形或倒披针形，长 1~3cm，宽 3~9mm，先端钝或锐尖，基部渐狭成柄，全缘或具疏齿。穗状的总状花序生于枝顶，无苞片；花梗长 1~2.5mm；萼片直立，矩圆状条形，长约 8mm，宽 1~1.5mm，边缘膜质；花瓣淡黄色或白色，具长约 1cm 的爪，瓣片矩圆状条形，长 20~24mm，宽 2~3mm，边缘波状；长雄蕊分离，长约 13mm，短雄蕊长约 10mm。长角果披针状圆柱形，带花柱长 13~16mm，宽 3~3.5mm，密被具长柄的分枝毛，带光泽，下垂，有时弯曲，宿存花柱长 3~4mm。花果期 5~7 月。

旱中生植物。常生于海拔 1900m 左右的草原化荒漠带干旱山坡。

阿拉善地区分布于阿拉善右旗。我国分布于内蒙古、甘肃等地。蒙古、俄罗斯也有分布。

芸薹属 *Brassica* L.

青菜（变种）*Brassica rapa* var. *chinensis* (L.) Kitam. 别名：小油菜、小白菜

一年生或二年生草本，株高30~60cm，无毛。茎直立，上部有分枝。基生叶深绿色，有光泽，直立或近开展，倒卵形、宽匙形或矩圆状倒卵形，长15~30cm，全缘或有不明显的锯齿或波状齿，叶柄长，肥厚，浅绿色或白色；茎生叶卵形或披针形，长3~7cm，宽1~3cm，基部两侧有垂耳，抱茎，全缘。花淡黄色，长约1cm。长角果细圆柱形，长3~6cm，宽3~4mm，喙细瘦，长约1cm；种子球形，直径1~1.5mm，紫褐色。花期4~5月，果期6~7月。

湿生植物。常栽培于土壤肥沃、土质疏松的土壤上。

阿拉善地区分布于阿拉善右旗。我国南北各省均有栽培，尤以长江流域为广。北半球温带地区均有分布。

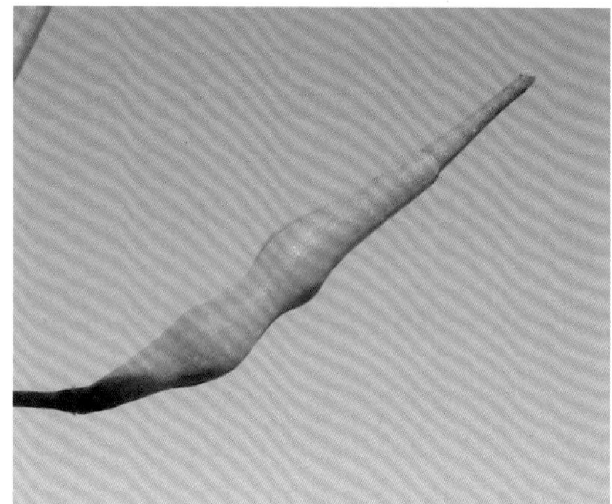

油白菜（变种）*Brassica chinensis* var. *oleifera* Makino et Nemoto

一年生或二年生草本，株高25~70cm，无毛。根粗，坚硬，常为纺锤形块根。茎直立，有分枝。基生叶倒卵形或宽倒卵形，长20~30cm，坚实，深绿色，有光泽，基部渐狭成宽柄；中脉白色，宽达1.5cm，有多条纵脉；叶柄长3~5cm，有或无窄边；下部茎生叶和基生叶相似，基部渐狭成叶柄；上部茎生叶倒卵形或椭圆形，长3~7cm，宽1~3.5cm，基部抱茎，宽展，两侧有垂耳，全缘。总状花序顶生，呈圆锥状；花浅黄色，长约1cm，授粉后长达1.5cm；花梗细，和花等长或较短；萼片长圆形，长3~4mm，直立开展，白色或黄色；花瓣长圆形，长约5mm，顶端圆钝，有脉纹，具宽爪。长角果线形，长2~6cm，宽3~4mm，坚硬，无毛，果瓣有明显中脉及网结侧脉。种子球形，直径1~1.5mm，紫褐色，有蜂窝纹。花期4月，果期5月。

湿生植物。常栽培于肥沃、疏松的土壤上，种子榨油供食用。

阿拉善地区分布于阿拉善右旗。我国南北各省均有分布，尤以长江流域为广。

菘蓝属 *Isatis* L.

菘蓝 *Isatis tinctoria* L. 别名：欧洲菘蓝

一年生或二年生草本，株高30~120cm，幼茎及叶具刺毛，带粉霜，有辣味。茎直立，上部分枝。基生叶矩圆形或倒卵形，边缘有重锯齿或缺刻，长20~40cm，宽10~15cm，大头羽裂，常有1~3小裂片，边缘具不规则的缺刻或裂齿；茎下部叶较小，具叶柄；茎上部叶最小，有短柄，披针形，近全缘。花黄色，直径7~10mm；萼片开展，淡黄绿色。长角果细圆柱形，长3~5cm，顶端有细柱形的喙，喙长6~12mm；种子近球形，直径约1mm。花期5~6月，果期7~8月。

湿生植物。常栽培于肥沃、土层深厚的中性土壤上。

阿拉善地区均有分布。我国各地均有分布。北半球温带地区均有分布。

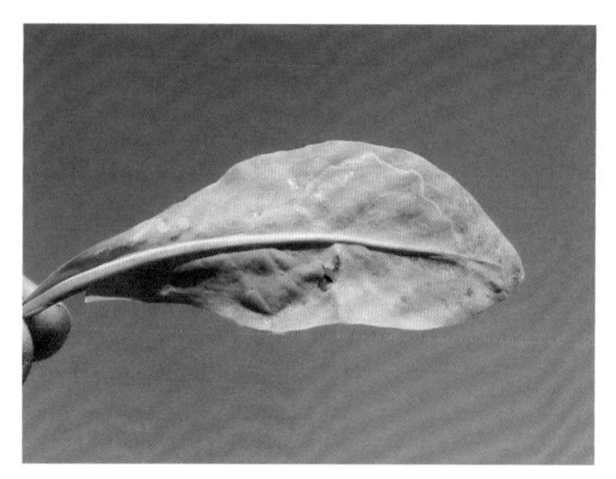

芝麻菜属 *Eruca* Mill.

芝麻菜（亚种）*Eruca vesicaria* subsp. *sativa* (Mill.) Thell.

一年生草本，株高10~40cm。茎直立，通常上部分枝，被疏硬单毛。基生叶和茎下部叶稍肉质，轮廓为矩圆形，长4~7cm，宽2~3cm，大头羽状分裂，顶生裂片近卵形，全缘、浅波状或有细齿，叶柄长2~3cm；茎上部叶较小，羽状深裂或大头羽状深裂，侧裂片1~4对，裂片披针形、倒披针形或条形，先端钝圆，有时边缘有浅裂。萼片直立，倒披针形，长约1cm；花瓣黄色或白色，带紫褐色脉纹，长约2cm，瓣片倒卵形，开展，爪细长。长角果圆柱形，长2~3cm，宽约5mm，直立，紧贴果轴，无毛，顶端有扁平剑形的长喙；果梗短粗，上举，长2~4cm；种子近球形，直径约1.5cm，淡黄褐色。花果期6~8月。

中生植物。常野生或栽培于海拔1400~3100m的路旁、荒野或田地中。

阿拉善地区有少量栽培，常混生于亚麻地中，也有少量逸生。我国华北、西北各省份都有栽培或野生。欧洲东部、亚洲北部和西部、北非也有分布。

大蒜芥属 *Sisymbrium* L.

垂果大蒜芥 *Sisymbrium heteromallum* C. A. Mey.

一年生或二年生草本，株高30~80cm。茎直立，无毛或基部稍具硬单毛，不分枝或上部分枝。基生叶和茎下部叶的叶片轮廓为矩圆形或矩圆状披针形，长5~15cm，宽2~4cm，大头羽状深裂，顶生裂片较宽大，侧生裂片2~5对，裂片披针形，矩圆形或条形，先端锐尖，全缘或具疏齿，两面无毛，叶柄长1~2.5cm；茎上部叶羽状浅裂或不裂，披针形或条形。总状花序开花时伞房状，果时延长；花梗纤细，长5~10mm，上举；萼片近直立，披针状条形，长约3mm；花瓣淡黄色，矩圆状倒披针形，长约4mm，先端圆形，具爪。长角果纤细，细长圆柱形，长5~7cm，宽约0.8mm，稍扁，无毛，稍弯曲，宿存花柱极短，柱头压扁头状；果瓣膜质，具3脉；果梗纤细，长5~15mm；种子1行，多数，矩圆状椭圆形，长约1mm，宽约0.5mm，棕色，具颗粒状纹。花果期6~9月。

中生植物。常生于海拔900~4500m森林草原及草原带的山地林缘、草甸及沟谷溪边。

阿拉善地区分布于贺兰山、龙首山。我国分布于辽宁、内蒙古、山西、陕西、甘肃、青海、新疆、四川、云南等地。蒙古、俄罗斯也有分布。

花旗杆属 *Dontostemon* Andrz. ex Ledeb.

厚叶花旗杆 *Dontostemon crassifolius* (Bunge) Maxim.

多年生草本，株高 5~10cm。直根细长圆柱形，深入地下，苍白色；根状茎短，多头，常包被枯黄残叶。茎丛生，直立或斜升，不分枝。基生叶狭条形，长 1.5~2.5mm，宽约 3mm，边缘有疏睫毛，花时枯萎；茎生叶肉质肥厚，椭圆形，长 8~10mm，宽 4~6mm，先端钝，基部渐狭成短柄，全缘，边缘下半部常有睫毛。萼片直立，狭椭圆形，长约 4mm，宽约 1.5mm，边缘膜质，外萼片基部稍囊状，内萼片顶部稍兜状，有时有 1~3 硬单毛；花瓣倒披针形，长 7mm，宽 3mm，淡紫色，顶端圆形，基部渐狭成爪；短雄蕊与萼片等长，长雄蕊长约 5mm；子房圆柱形，与长雄蕊近等长，花柱短，柱头头状。长角果弧状弯曲，长约 25mm，宽约 2mm，宿存花柱长 1.5~2mm。花期 5~6 月，果期 7~8 月。

旱生植物。常生于荒漠草原、荒漠及干河床中。

阿拉善地区分布于阿拉善左旗、阿拉善右旗。我国特有种，分布于内蒙古。

扭果花旗杆 *Dontostemon elegans* Maxim.

多年生草本，株高15~30cm。直根木质，粗壮，直径达1cm，淡黄褐色，顶部多头。茎多数，丛生，直立或斜升，圆柱形，光滑无毛，淡黄绿色，不分枝。叶肉质，灰绿色，条状倒披针形或近匙形，长15~35mm，宽3~8mm，先端钝，基部渐狭，全缘，无柄。总状花序顶生；花梗纤细，长3~5mm；萼片矩圆形，长5~6mm，先端钝，有白色膜边缘，背面顶部有卷曲长柔毛；花瓣玫瑰色，长11~13mm，瓣片近圆形，下部具长爪。长角果狭条形，长3~5cm，宽2~3cm，稍扁，扭曲；果瓣具1明显的中脉与侧网脉，无宿存花柱；种子椭圆形，长约2mm，扁平，褐色。花期5~7月，果期6~9月。

旱生植物。常生于海拔1000~1500m的沟谷边缘和底部、水渠边。

阿拉善地区分布于阿拉善右旗。我国分布于内蒙古、甘肃、新疆等地。蒙古、俄罗斯也有分布。

白毛花旗杆 *Dontostemon senilis* Maxim.

多年生草本，株高5~12cm，全株密被白色开展的长直毛。直根细长圆柱形，深入地下；根茎短，多头，包被多数枯黄残叶。茎多数丛生，直立，不分枝。叶狭条形，长1~2cm，宽1~1.5mm，先端钝，基部渐狭，全缘，两面被开展的长硬单毛，近无柄。萼片稍开展，长椭圆形至宽披针形，长约5mm，宽约1.2mm，顶部稍隆起，被长硬单毛；花瓣淡紫色，倒披针形，长约10mm，宽约4mm，边缘稍皱波状；短雄蕊长约6mm，花丝两侧具翅，花药矩圆形，长约2mm，顶端微凸，长雄蕊长约7mm；子房圆柱形，与长雄蕊近等长，花柱短，柱头头状，稍2裂。长角果极细长，长3~4cm，宽约1mm，直立或稍弧曲。花果期5~7月。

旱生植物。常生于海拔350~1500m的荒漠草原、荒漠、石质山坡或干河床。

阿拉善地区均有分布。我国分布于内蒙古、甘肃、宁夏、新疆等地。蒙古南部也有分布。

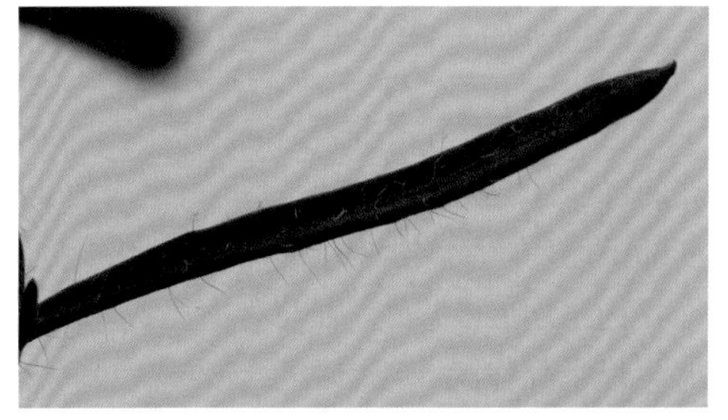

小花花旗杆 *Dontostemon micranthus* C. A. Mey.

一年生或二年生草本，株高 20~50cm，全株被直立糙毛及柔毛。茎直立，单一或上部分枝。茎生叶着生较密，条形，长 1.5~5cm，宽 0.5~3mm，顶端钝，基部渐狭，全缘，两面稍被毛，边缘与中脉常被硬单毛。总状花序结果时延长，长达 25cm；花小，直径 2~3mm；萼片近相等，稍开展，近矩圆形，长约 3mm，宽 0.8~1mm，具白色膜质边缘，背部稍被硬单毛；花瓣淡紫色或白色，条状倒披针形，长 3.5~4mm，宽约 1mm，顶端圆形，基部渐狭成爪；雄蕊长 3~3.5mm，花药矩圆形，长约 0.5mm。长角果细长圆柱形，长 2~3cm，宽约 1mm；果梗斜上开展，径直或弯曲，宿存花柱极短，柱头稍膨大；种子淡棕色，矩圆形，长约 0.8mm，表面细网状；子叶背倚。花果期 6~8 月。

中生植物。常生于海拔 900~3300m 的山地草甸、沟谷、溪边。

阿拉善地区均有分布。我国分布于东北、内蒙古、河北等地。蒙古、俄罗斯也有分布。

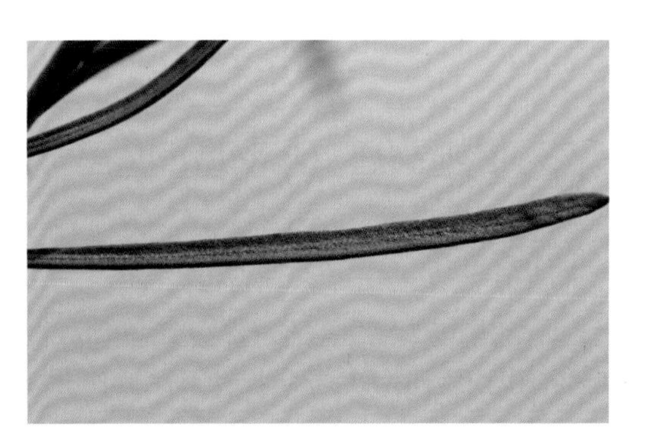

异蕊芥 *Dontostemon pinnatifidus* (Willd.) Al-Shehbaz & H. Ohba　　别名：羽裂花旗杆

一年生或二年生草本，株高10~40cm。茎直立，单一，上部多分枝，或自基部分出数茎，不分枝，直立或斜升，被腺体，小腺体无柄或具短柄，黄色或黑紫色。叶轮廓倒披针形或狭椭圆形，长1~3.5cm，宽3~10mm，顶端稍钝，基部楔形，单数羽状分裂，侧裂片1~4对，裂片条状披针形，两面被无柄或有短柄的腺体，有时疏生硬单毛。总状花序顶生或腋生，开花时伞房状，结果时延长；萼片矩圆形，长约2.5mm，宽1.2~1.5mm，外萼片基部囊状，内萼片上部兜状；花瓣白色或玫瑰色，楔状倒卵形，长4~6mm，宽约4mm，顶端微凹，基部具爪；长雄蕊两侧与腹面通常有狭翅，短雄蕊两侧具翅。长角果圆柱形，长2~3cm，被腺体，具明显中脉与细网脉，顶端有宿存短花柱，长0.5~0.8mm，柱头稍2裂；种子矩圆形，长约15mm，宽约0.8mm，棕色，稍扁平，顶部有膜质边缘。花果期6~8月。

中生植物。常生于海拔1500~3000m的向阳山坡或石缝中。

阿拉善地区分布于贺兰山、龙首山。我国分布于内蒙古、河北、山西、四川等地。蒙古、俄罗斯也有分布。

 播娘蒿属 *Descurainia* Webb & Berthel.

播娘蒿 *Descurainia sophia* (L.) Webb. ex Prantl

一年生或二年生草本，株高20~80cm，全株呈灰白色。茎直立，上部分枝，具纵棱槽，密被分枝状短柔毛。叶轮廓为矩圆形或矩圆状披针形，长3~5(7)cm，宽1~2(4)cm，二至三回羽状全裂或深裂，最终裂片条形或条状矩圆形，长2~5mm，宽1~1.5mm，先端钝，全缘，两面被分枝短柔毛；茎下部叶有叶柄，向上叶柄逐渐缩短或近于无柄。总状花序顶生，具多数花；花梗纤细，长4~7mm；萼片条状矩圆形，先端钝，长约2mm，边缘膜质，背面有分枝细柔毛；花瓣黄色，匙形，与萼片近等长；雄蕊比花瓣长。长角果狭条形，长2~3cm，宽约1mm，直立或稍弯曲，淡黄绿色，无毛，顶端无花柱；种子1行，黄棕色，矩圆形，长约1mm，宽约0.5mm，稍扁，表面有细网纹，潮湿后有胶黏物质；子叶背倚。花果期6~9月。

中生植物。常生于海拔4200m以下的山地草甸、沟谷、村旁、田边。

阿拉善地区分布于贺兰山。我国分布于东北、华北、西北、西南、华东等地。亚洲其他地区、欧洲、非洲北部、北美洲也有分布。

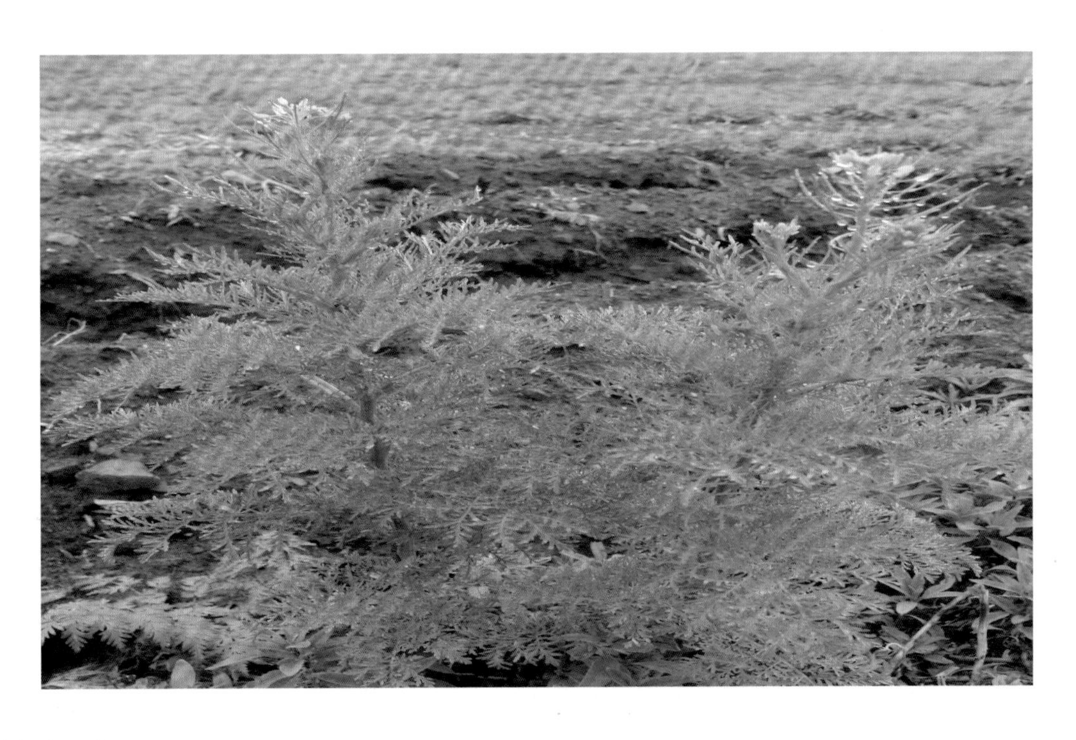

 糖芥属 *Erysimum* L.

蒙古糖芥 *Erysimum flavum* (Georgi) Bobrov

多年生草本，株高 5~30cm。直根粗壮，淡黄褐色；根状茎缩短，比根粗些，顶部常具多头，外面包被枯黄残叶。茎直立，不分枝，被丁字毛，叶狭条形或条形，长 1~3.5cm，宽 0.5~2mm，先端锐尖，基部渐狭，全缘，两面密被丁字毛，灰蓝绿色，边缘内卷或对褶。总状花序顶生；萼片狭矩圆形，长 8~9mm，基部囊状，外萼片较宽，背面被丁字毛；花瓣淡黄色或黄色，长 15~18cm，瓣片近圆形或宽倒卵形，爪细长，比萼片稍长。长角果长 3~10cm，宽 1~2mm，直立或稍弯，稍扁，宿存花柱长 1~3mm，柱头 2 裂；种子矩圆形，棕色，长 1.5~2mm。花果期 5~8 月。

旱中生植物。常生于海拔 900~4600m 的草原、草甸草原，为其伴生成分。

阿拉善地区分布于贺兰山。我国分布于东北、内蒙古等地。蒙古、俄罗斯也有分布。

小花糖芥 *Erysimum cheiranthoides* L.

一年生或二年生草本，株高30~50cm。茎直立，有时上部分枝，密被伏生丁字毛。叶狭披针形至条形，长2~5cm，宽4~8mm，先端渐尖，基生渐狭，全缘或疏生微牙齿，中脉在下面明显隆起，两面伏生3叉毛。总状花序顶生；萼片披针形或条形，长2~3cm，宽约1mm，背面伏生三叉状分枝毛；花瓣黄色或淡黄色，近匙形，长3~5mm，先端近圆形，基部渐狭成爪。长角果条形，长2~3cm，宽1~1.5mm，通常向上斜伸，果瓣伏生三或四叉状分枝毛，中央具凸起主脉1条；种子宽卵形，长约1mm，棕褐色；子叶背倚。花果期7~8月。

中生植物。常生于海拔500~2000m的山地林缘、草原、草甸、沟谷。

阿拉善地区分布于贺兰山、龙首山。我国分布于东北、华北、西北、华中、华东等地。亚洲北部、欧洲、北美洲也有分布。

肉叶荠属 *Braya* Sternb. & Hoppe

蚓果芥 *Braya humilis* (C. A. Mey.) B. L. Rob.

多年生草本，株高5~30cm，被2叉毛，并杂有3叉毛，毛的分枝弯曲，有的在叶上以3叉毛为主。茎自基部分枝，有的基部有残存叶柄。基生叶窄卵形，早枯；下部的茎生叶变化较大，叶片宽匙形至窄长卵形，长5~30mm，宽1~6mm，顶端钝圆，基部渐窄，近无柄，全缘，或具2~3对明显或不明显的钝齿；中、上部叶条形；最上部数叶常入花序而成苞片。花序呈紧密伞房状，果期伸长；萼片长圆形，长1.5~2.5mm，外轮的较内轮的窄，有的在背面顶端隆起，内轮的偶在基部略呈囊状，均有膜质边缘；花瓣倒卵形或宽楔形，白色，长2~3mm，顶端近截形或微缺，基部渐窄成爪；花柱短，柱头2浅裂，子房有毛。长角果筒状，长8~20 (30) mm，略呈念珠状，两端渐细，直或略曲，或作"之"形弯曲；果瓣被2叉毛；果梗长3~6mm；种子长圆形，长约1mm，橘红色。花果期5~9月。

旱中生植物。常生于海拔1200~2500m的向阳石质山坡、石缝中，山地沟谷。

阿拉善地区分布于贺兰山、龙首山。我国分布于内蒙古、河北、山西、陕西、宁夏、甘肃、青海等地。朝鲜、蒙古、俄罗斯、北美洲也有分布。

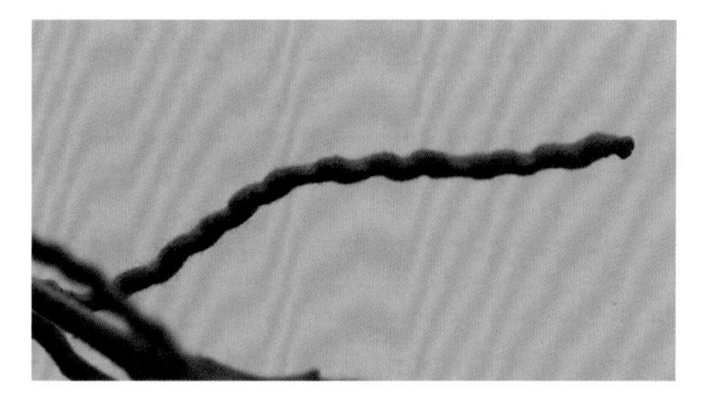

 涩芥属 *Strigosella* Boiss.

涩芥 *Strigosella africana* (L.) Botsch. 别名：离蕊芥

一年生草本，株高 15~30cm，全株被分枝毛或单毛。茎直立，多分枝，具 4 纵棱。叶矩圆形或椭圆形，长 2~6cm，宽 5~18mm，先端钝，基部楔形，边缘有波状齿，具短柄或近无柄。总状花序疏松排列，果时延长；花梗极短；无苞片；萼片狭披针形，长 4~5mm；花瓣粉红色，倒披针形，长 8~10mm。长角果狭长圆柱形，稍带 4 棱，坚硬，长 4~7cm，宽约 2mm，先端具钻状短喙，直立或稍弯曲；果梗加粗，长 1~2mm；种子矩圆形，长约 1mm，淡黄色。花果期 5~7 月。

中生植物。常生于海拔 700~3300m 的田野或麦田中，为田间杂草。

阿拉善地区分布于贺兰山、龙首山。我国分布于内蒙古、河北、山西、陕西、甘肃、青海、新疆、四川、河南等地。亚洲其他地区、欧洲、非洲也有分布。

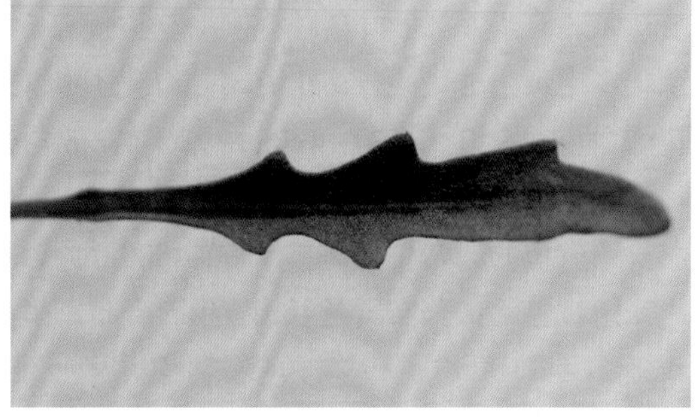

曙南芥属 *Stevenia* Adams ex Fisch.

曙南芥 *Stevenia cheiranthoides* DC.

多年生草本，株高 10~30cm，全株密被紧贴的星状毛。直根圆柱形，灰黄褐色，深入地下；根状茎木质，通常具多头。茎直立，通常自中部以下分枝，基生叶常包被褐黄色残叶。基生叶密生呈莲座状，条形，长 3~6mm，宽 1~2mm，先端钝或钝尖，全缘，向基部渐狭，无柄，两面密被星状毛；茎生叶条形或倒披针状条形，长 10~15mm，宽 1~2.5mm，先端钝，全缘，向基部渐狭，无柄，下面被较密的星状毛，上面毛较疏。总状花序，具花 20 余朵，生于枝顶；萼片近直立，椭圆形或矩圆状披针形，长 2~3mm，被细星状毛；花瓣紫色或淡红色，倒卵状楔形，宽椭圆形，长 4~6mm，顶端钝圆，基部具长爪；长雄蕊长约 3mm，短雄蕊长约 2.5mm；雌蕊狭条形。长角果狭条形或狭长椭圆形，长 10~15mm，宽约 1mm，扁平，不规则弯曲；果瓣扁平或稍凸出，无中脉，密被极细星状毛，顶生宿存花柱长约 1mm；种子棕色，椭圆形，长约 1.2mm，宽约 0.8mm。花果期 6~8 月。

旱中生植物。常生于山地石质坡地、岩石缝。

阿拉善地区分布于贺兰山、龙首山。我国分布于内蒙古。蒙古、俄罗斯也有分布。

南芥属 *Arabis* L.

硬毛南芥 *Arabis hirsuta* (L.) Scop.

二年生草本，株高 30~150cm，全株被硬单毛，杂有 2~3 叉毛。主根圆锥状，黄白色。茎直立，上部有分枝。茎下部的叶长椭圆形至倒卵形，长 3~10cm，宽 1.5~3cm，顶端渐尖，边缘有浅锯齿，基部渐狭而成叶柄，长达 1cm；茎上部的叶狭长椭圆形至披针形，较下部的叶略小，基部呈心形或箭形，抱茎，上面黄绿色至绿色。总状花序顶生或腋生，有花 10 余朵；萼片椭圆形，长 2~3mm，背面被有单毛、2~3 叉毛及星状毛，花蕾期更密；花瓣白色，匙形，长 3.5~4.5mm，宽约 3mm。长角果线形，长 4~10cm，宽 1~2mm，弧曲，下垂；种子每室 1 行，种子椭圆形，褐色，长 1.5~2mm，边缘有环状的翅。花期 6~9 月，果期 7~10 月。

中生植物。常生于海拔 1500~4000m 的山地林缘、灌丛下、沟谷、河边。

阿拉善地区分布于贺兰山。我国分布于黑龙江、吉林、辽宁、内蒙古、河北、山西、陕西、宁夏、甘肃、青海、新疆、四川、贵州、云南、西藏、河南、湖北、山东、安徽、浙江等地。亚洲北部和东部、欧洲及北美洲也有分布。

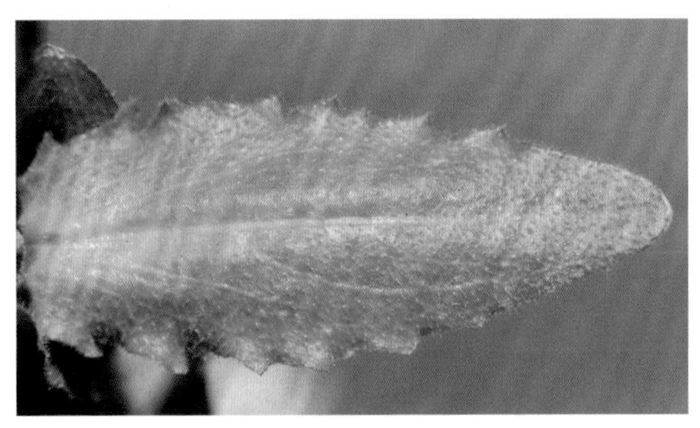

贺兰山南芥 *Arabis alaschanica* Maxim.

多年生草本，株高 5~15cm。直根圆锥状，淡黄褐色，其顶端具多头，包被多数枯萎残叶柄。叶于基部丛生，呈莲座状，肉质，倒披针形至倒卵形，长 1~2cm，宽 5~8mm，顶端钝，基部渐狭，边缘有疏细牙齿，两面无毛，仅边缘有睫毛，叶柄具狭翅。总状花序（花葶）自基部抽出，具少数花；萼片矩圆形，长约 3mm，边缘有时具睫毛，具白色膜质边缘；花瓣白色或淡紫色，近匙形，长约 6mm，宽约 1.5mm，下部具爪。长角果狭条形，长 2~4cm，宽 1~1.5mm，有时稍弯曲，扁平，无毛，顶端宿存花柱长 1~2mm；果梗劲直，较粗壮，长 3~5mm；种子 1 行，种子矩圆形，长约 2mm，宽约 1mm，棕褐色，扁平，具狭翅。花果期 6~8 月。

中生植物。常生于海拔 1900~3000m 的山地石缝、山地草甸。

阿拉善地区分布于贺兰山。我国特有种，分布于内蒙古、甘肃、宁夏、四川等地。

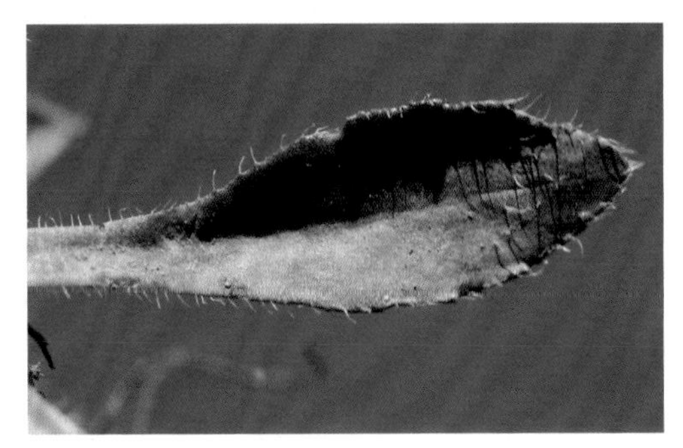

瓦松属 *Orostachys* (DC.) Fisch.

瓦松 *Orostachys fimbriata* (Turcz.) A. Berger

二年生草本，株高 10~30cm，全株粉绿色，密生紫红色斑点。第一年生莲座状叶短，叶匙状条形，先端有一个半圆形软骨质的附属物，边缘有流苏状牙齿，中央具 1 刺尖；第二年抽出花茎。茎生叶散生，无柄，条形至倒披针形，长 2~3cm，宽 3~5mm，先端具刺尖头，基部叶早枯。花序顶生，总状或圆锥状，有时下部分枝，呈塔形，花梗长可达 1cm；萼片 5，狭卵形，长 2~3mm，先端尖，绿色；花瓣 5，红色，干后常呈蓝紫色，披针形，长 5~6mm，先端具突尖头，基部稍合生；雄蕊 10，与花瓣等长或稍短，花药紫色；鳞片 5，近四方形；心皮 5。蓇葖果矩圆形，长约 5mm。花期 8~9 月，果期 10 月。

旱生植物。常生于海拔 1600m 以下的石质山坡、石质丘陵及砂质地。常在草原植被中零星生长，在一些石质丘顶可形成小群落片段。

阿拉善地区分布于贺兰山、龙首山。我国分布于东北、华北、西北、华中、华东等地。朝鲜、日本、蒙古、俄罗斯也有分布。

黄花瓦松 *Orostachys spinosa* (L.) Sweet

二年生草本，株高 10~30cm。第一年有莲座状叶丛，叶矩圆形，先端有半圆形、白色、软骨质的附属物，中央具 1 个长 2~4mm 的刺尖；第二年抽出花茎。茎生叶互生，宽条形至倒披针形，长 1~3cm，宽 2~5mm，先端渐尖，有软骨质的刺尖，基部无柄。花序顶生，狭长，穗状或总状，长 5~20cm；花梗长 1mm，或无梗；苞片披针形至矩圆形，长 4mm，有刺尖；萼片 5，卵状矩圆形，长 2~3mm，先端有刺尖，有红色斑点；花瓣 5，黄绿色，卵状披针形，长 5~7mm，先端渐尖，基部稍合生；雄蕊 10，较花瓣稍长，花药黄色；鳞片 5，近正方形，先端有微缺；心皮 5。蓇葖果椭圆状披针形，长 5~6mm。花期 8~9 月，果期 9~10 月。

旱生植物。常生于海拔 600~2900m 的山坡石缝中及林下岩石上。常为草甸草原及草原石质山坡植被中的伴生种。

阿拉善地区分布于贺兰山。我国分布于黑龙江、吉林、辽宁、内蒙古、甘肃、新疆、西藏等地。朝鲜、蒙古、俄罗斯也有分布。

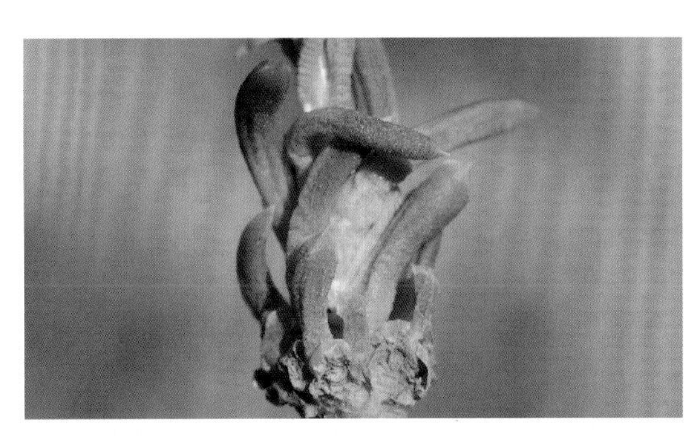

狼爪瓦松 *Orostachys cartilaginea* Boriss. 别名：辽瓦松

二年生草本，株高10~20cm，全株粉白色，密布紫红色斑点。第一年生莲座状叶，叶片矩圆状披针形，先端有1个半圆形白色的软骨质附属物，全缘或有圆齿，中央具1个长约2mm的刺尖；第二年抽出花茎。茎生叶互生，无柄，条形或披针状条形，长1.5~3.5cm，宽2~4mm，先端渐尖，有白色软骨质刺尖，基部叶早枯。圆柱状总状花序，长3~15cm；苞片条形或条状披针形，先端尖，与花等长或较长；花梗长约5mm或稍长，常在1花梗上着生数花；萼片5，披针形，长2~3mm，淡绿色；花瓣5，白色，稀具红色斑点而呈粉红色，矩圆状披针形，长约5mm，先端锐尖，基部合生；雄蕊10，与花瓣等长或稍长，花药暗红色；鳞片5，近正方形；心皮5。蓇葖果矩圆形；种子多数，细小，卵形，长约0.5mm，褐色。花期8~9月，果期10月。

旱生植物。常生于低海拔的石质山坡、石缝、高山岩石和沙子中。

阿拉善地区分布于贺兰山、龙首山。我国分布于吉林、辽宁、黑龙江、内蒙古、山东等地。朝鲜、俄罗斯也有分布。

红景天属 *Rhodiola* L.

小丛红景天 *Rhodiola dumulosa* (Franch.) S. H. Fu　　别名：凤尾七、凤凰草

多年生草本，株高5~15cm，全体无毛。主轴粗壮，多分枝，地上部分常有残存的老枝，一年生花枝簇生于主轴顶端，直立或斜生，基部常为褐色鳞片状叶所包被。叶互生，条形，长7~10mm，宽1~2mm，先端锐尖或稍钝，全缘，无柄，绿色。花序顶生，聚伞状，着生4~7花；花具短梗；萼片5，条状披针形，长4~5mm，先端具长尖头；花瓣5，白色或淡红色，披针形，长8~11mm，近直立，上部向外弯曲，先端具长突尖头，边缘褶皱；雄蕊10，2轮，均较花瓣短，花药褐色；鳞片扁长；心皮5，卵状矩圆形，长6~9mm，顶端渐尖成花柱。蓇葖果直立或上部稍开展；种子少数，狭倒卵形，褐色。花期7~8月，果期9~10月。

旱中生植物。常生于海拔1600~3900m的山地阳坡及山脊的岩石裂缝中。

阿拉善地区分布于贺兰山、龙首山。我国分布于吉林、内蒙古、河北、山西、陕西、甘肃、青海、四川、湖北等地。朝鲜、蒙古、俄罗斯也有分布。

景天属 *Sedum* L.

阔叶景天 *Sedum roborowskii* Maxim.

一年生或二年生草本，株高2.5~15cm，全体无毛。根纤维状。花茎近直立，由基部分枝。叶互生，稀疏，矩圆形，长5~12mm，宽2~5mm，先端钝，基部有钝距。花序伞房状（类似蝎尾状聚伞花序），疏生多数花；苞片叶状，较小；花为不等的5基数；花梗长达3.5mm；萼片矩圆形或卵状矩圆形，不等长，长3~5mm，先端钝，有时具乳头状突起，基部有钝距；花瓣淡黄色，卵状披针形，长3.5~4mm，先端钝，离生；雄蕊10，2轮，外轮长约2.7mm，内轮长约2mm；鳞片条形或长方形，长0.6~0.9mm，先端微缺；心皮矩圆形，长约6mm，先端突狭为长0.5~0.7mm的花柱，基部合生，含胚珠12~15。蓇葖果稍开展；种子倒卵状矩圆形，长约0.7mm，有小乳头状突起。花期8~9月，果期9月。

旱中生植物。常生于海拔2200~4500m的山坡林下阴湿处或岩石上。

阿拉善地区分布于贺兰山、龙首山。我国分布于内蒙古、甘肃、青海、西藏等地。朝鲜、蒙古、俄罗斯也有分布。

费菜属 *Phedimus* Raf.

费菜 *Phedimus aizoon* (L.) ’t Hart

多年生草本，株高 20~50cm，全株被乳头状微毛。根状茎短而粗。茎高 20~50cm，具 1~3 条茎，少数茎丛生，直立，不分枝。叶狭，互生，椭圆状披针形至倒披针形，长 2.5~8cm，宽 0.7~2cm，先端渐尖，基部楔形，边缘有不整齐的锯齿，几无柄。聚伞花序顶生，分枝平展，多花，下托以苞叶；花近无梗；萼片 5，条形，肉质，不等长，长 3~5mm，先端钝；花瓣 5，黄色，矩圆形至椭圆状披针形，长 6~10mm，有短尖；雄蕊 10，较花瓣短；鳞片 5，近正方形，长约 0.3mm；心皮 5，卵状矩圆形，基部合生，腹面有囊状突起。蓇葖果呈星芒状排列，长约 7mm，有直喙；种子椭圆形，长约 1mm。花期 6~8 月，果期 8~10 月。

中生植物。常生于海拔 1000~3100m 的山坡草地。

阿拉善地区分布于贺兰山、龙首山。我国分布于内蒙古、河北、宁夏、陕西、甘肃、青海等地。俄罗斯、蒙古、日本、朝鲜也有分布。

虎耳草属 *Saxifraga* Tourn. ex L.

爪瓣虎耳草 *Saxifraga unguiculata* Engl.

多年生草本，株高3~8cm，丛生。茎基部分枝，具不育叶丛，茎纤细，斜升，下部无毛，中部以上有腺毛。基生叶多数，密集，呈莲座状，匙状倒披针形，长4~7mm，宽1.5~2.5mm，先端圆钝，两面通常无毛；茎生叶条状倒披针形，长3~7mm，宽1~2mm，稍肉质，先端钝，基部渐狭，边缘有腺毛，两面无毛，无柄。聚伞花序，有1~3朵花；花梗细长，有腺毛；萼片5，宽卵形，长约2.5mm，先直立，后反曲，被腺毛；花瓣5，黄色，狭卵形或矩圆形，长5~7mm，基部有爪；雄蕊10，长约4mm；子房半下位，近卵形，长约3mm，花柱长0.5~1mm。花果期7~9月。

中生植物。常生于海拔2800~3400m的高山灌丛下、碎石缝、高山草甸。

阿拉善地区分布于贺兰山、龙首山。我国分布于内蒙古、河北、山西、甘肃、青海、四川、西藏等地。印度、不丹、尼泊尔也有分布。

珠芽虎耳草 *Saxifraga granulifera* Harry Sm.

多年生草本，株高10~20cm，全株被腺毛。具小球茎，白色，肉质，长2~4mm；茎直立或斜升。单叶互生，基生叶与茎下部叶有长叶柄，柄长1.5~2.5cm，叶片肾形，长5~7mm，宽8~12mm，先端圆形，基部心形，边缘有大钝齿或浅裂，齿尖常有小尖头，两面都被腺毛；茎中部叶有短柄，叶片与基生叶相似但较小；茎上部叶柄极短，叶片卵形，掌状3~5浅裂；顶生叶披针形或条形，无柄，叶腋间常有珠芽，长约1mm，有若干鳞片，鳞片近卵形，顶端有小尖头，肉质，紫色，被腺毛。花常单生于枝顶；萼片披针状卵形，长约2mm，宽约1mm，顶端钝，外面密被腺毛；花瓣白色，狭卵形或倒披针形，长6~7mm；雄蕊10，比花瓣短。蒴果宽卵形或矩圆形，长5~6mm，果皮膜质，褐色，顶部2瓣开裂，裂瓣先端具长约2mm的喙。花果期6~9月。

中生植物。常生于海拔1300~3400m的山地阴坡岩石缝间。

阿拉善地区分布于贺兰山。我国分布于东北、华北、西北、西南等地。日本、蒙古、俄罗斯、北美洲也有分布。

茶藨子科 Grossulariaceae

茶藨子属 *Ribes* L.

美丽茶藨子 *Ribes pulchellum* Turcz. 别名：碟花茶藨子

灌木，株高 1~2m。当年生小枝红褐色，密生短柔毛；老枝灰褐色，稍纵向剥裂，节上常有皮刺 1 对。叶宽卵形，长与宽各 1~2cm，有时达 3cm，掌状 3 深裂，少 5 深裂，先端尖，边缘有粗锯齿，基部近截形，两面有短柔毛，掌状三至五出脉；叶柄长 5~18cm，有短柔毛。花单性，雌雄异株；总状花序生于短枝上；总花梗、花梗和苞片有短柔毛与腺毛；花淡绿黄色或淡红色；萼筒浅碟形，萼片 5，宽卵形，长约 1.5mm；花瓣 5，鳞片状，长约 0.5mm；雄蕊 5，与萼片对生；子房下位，近球形，柱头 2 裂。浆果红色，近球形，径 5~8mm。花期 5~6 月，果期 8~9 月。

中生植物。常生于海拔 300~2800m 的石质山坡与沟谷，多为山地灌丛的伴生植物。

阿拉善地区分布于贺兰山。我国分布于东北、华北、西北等地。蒙古东部和俄罗斯也有分布。

糖茶藨子 *Ribes himalense* Royle ex Decne. 别名：埃年茶藨子

灌木，株高1~2m。当年生枝淡黄褐色或棕褐色，近无毛；二至三年生枝灰褐色，稍剥裂；芽卵形，有几片密被柔毛的鳞片。叶宽卵形，长和宽均为3~7cm，掌状3浅裂至中裂，稀5裂，裂片卵状三角形，先端锐尖，边缘有不整齐的重锯齿，基部心形，上面绿色，有腺毛，嫩叶极明显，有时混生疏柔毛，下面灰绿色，疏生柔毛或密生柔毛，沿叶脉有腺毛；掌状三至五出脉；叶柄长1~6cm，有腺毛和疏或密的柔毛。总状花序长3~6cm，总花梗密生长柔毛，有花10余朵；苞片三角状卵形，长约1mm；花梗与苞片近相等；花两性，淡紫红色，长5~6mm，径2~3mm；萼筒钟状管形，萼片5，直立，近矩圆形，长约2.5mm，顶端有睫毛；花瓣比萼裂片短一半；雄蕊长约2mm；子房下位，椭圆形，长约2mm，花柱长约2.5mm，柱头2裂。浆果红色，球形，径6~9mm。花期5~6月，果期8~9月。

中生灌木。常生于海拔1200~4000m的山地林缘及沟谷。

阿拉善地区分布于贺兰山、龙首山。我国分布于内蒙古、陕西、青海、四川、云南、西藏、湖北等地。亚洲中部、南部也有分布。

英吉里茶藨子 *Ribes palczewskii* (Jancz.) Pojark.

灌木，株高1~1.5m。老枝紫褐色，树皮剥裂，小枝暗黄色，具纵棱，多少被弯曲短柔毛。叶圆卵形，3~5裂，长3~7cm，宽3.5~8cm，基叶心形、截形或宽楔形，裂片三角形，中央裂片稍长，边缘有尖牙齿，上面绿色无毛，下面淡绿色疏生短柔毛；掌状三至五出脉；叶柄长1~5cm，被短柔毛。总状花序直立，长1~2cm，有花5~12朵；花梗长1~2mm，花序梗与花梗均被密柔毛；花淡黄色，直径5~6mm；萼片裂片5，宽倒卵形，长约2mm；花瓣匙形，长约1mm。浆果近球形，直径8~10mm，紫黑色。花期5~6月，果期8月。

中生植物。常生于海拔600~1500m的林下、河边灌木林中。

阿拉善地区分布于龙首山、桃花山。我国分布于黑龙江、内蒙古等地。蒙古、俄罗斯也有分布。

蔷薇科 Rosaceae

绣线菊属 *Spiraea* L.

耧斗菜叶绣线菊 *Spiraea aquilegiifolia* Pall.

矮小灌木，株高 0.5~1m。枝条多而细瘦，小枝圆柱形，褐色或灰褐色，幼时密被短柔毛，以后逐渐脱落，老时几无毛；冬芽小，卵形，有数枚鳞片。花枝上的叶片通常为倒卵形，长 4~8mm，宽 2~5mm，先端圆钝，基部楔形，全缘或先端 3 浅圆裂；不孕枝上的叶片通常为扇形，长 7~10mm，宽几与长相等，先端 3~5 浅圆裂，基部狭楔形，上面无毛或疏生极短柔毛，下面灰绿色，密被短柔毛，基部具不显著 3 脉；叶柄极短，长 1~2mm，有细短柔毛。伞形花序无总梗，具花 3~6 朵，基部有数枚小叶片簇生；花梗长 6~9mm，无毛；花直径 4~5mm；萼筒钟状，内面被短柔毛；萼片三角形，先端尖锐，内面微被短柔毛；花瓣近圆形，先端钝，长与宽各约 2mm，白色；雄蕊 20，几与花瓣等长；花盘明显，有 10 个深裂片，排列成圆环形；子房被短柔毛，花柱短于雄蕊。蓇葖果上半部或沿腹缝线具短柔毛，花柱顶生于背部，倾斜开展，具直立或反折萼片。花期 5~6 月，果期 7~8 月。

中生植物。常生于海拔 600~1300m 的多砾石坡地或干草地、草原带的低山丘陵阴坡，也零星见于石质山坡。

阿拉善地区均有分布。我国分布于黑龙江、内蒙古、山西、陕西、甘肃等地。蒙古、俄罗斯也有分布。

三裂绣线菊 *Spiraea trilobata* L. 别名：三裂叶绣线菊

灌木，株高 1~1.5m。枝黄褐色，暗灰色，无毛；芽卵形，有数鳞片，褐色，无毛。叶近圆形或倒卵形，长 8~20mm，宽 6~20mm，先端常 3 裂，或中部以上有钝圆锯齿，基部楔形、宽楔形成圆形，两面无毛，基部有 3~5 脉；叶柄长 1~5mm。伞房花序有总花梗，有花 (10)15~20 朵；花梗长 6~11mm，无毛；花直径 5~7mm；萼片三角形，里面被柔毛；花瓣宽倒卵形或圆形，先端微凹，长与宽近相等，各约 2.5mm；雄蕊约 20，比花瓣短；花盘约有 10 个大小不等的裂片，裂片先端微凹，排列成圆环形；子房沿腹缝线被柔毛，花柱顶生，短于雄蕊。蓇葖果沿开裂的腹缝线稍有毛，萼片直立，宿存。花期 5~7 月，果期 7~9 月。

中生灌木。常生于海拔 450~2400m 的石质山坡，为山地灌丛的建群种。

阿拉善地区分布于贺兰山。我国分布于黑龙江、辽宁、内蒙古、山西、河北、甘肃、陕西、河南、山东、安徽等地。俄罗斯也有分布。

蒙古绣线菊 *Spiraea mongolica* Kar. & Kir.

灌木，株高 1~2m。幼枝淡褐色，具棱，无毛；老枝紫褐色或暗灰色，皮条状剥落；冬芽圆锥形，先端渐尖，有 2 褐色外露鳞片，无毛。叶片长椭圆形或椭圆状倒披针形，长 5~15mm，宽 2~7mm，通常不孕枝上叶较大而花果枝上叶较小，先端圆钝，有时有小尖头，基部楔形，全缘，稀先端 2~3 裂，两面无毛；叶柄极短，长 1~2mm。伞状花序有总花梗，具花 10~17 朵；花梗长 3~10mm，无毛；花直径 6~7mm；萼片近三角形，外面无毛，里面密被短柔毛；花瓣近圆形，长与宽近相等，均为 3mm，白色；雄蕊 19~23，约与花瓣等长；花盘环状，呈 10 个大小不等深裂；子房被短柔毛，花柱短于雄蕊。蓇葖果被短柔毛，萼片宿存，直立。花期 6~7 月，果期 8~9 月。

中生植物。常生于海拔 1600~3600m 的石质干山坡或山沟。

阿拉善地区分布于贺兰山、龙首山。我国特有种，分布于内蒙古、河北、山西、甘肃、青海、陕西、四川、西藏、河南等地。

蒙古绣线菊（原变种）*Spiraea lasiocarpa* var. *lasiocarpa*

灌木，株高1~2m。幼枝黄褐色，疏被短柔毛，小枝暗红褐色，呈明显“之”字形弯曲，具显著棱角，被短柔毛，老时近无毛；冬芽小，卵形，具数个鳞片，密被短柔毛。叶片宽卵形、宽椭圆形、椭圆形至倒卵状椭圆形，长5~14mm，宽3~8mm，先端圆，基部楔形至近圆形，全缘，幼时下面被短柔毛，老时常有浅齿，两面无毛；叶柄长1~2mm，无毛。伞形总状花序生于侧枝顶端，具花8~15朵；花梗长5~8mm，与总花梗均无毛；萼筒钟形，无毛，萼片三角形，先端急尖，外面无毛，里面密被短柔毛；花瓣肾形，长约3mm，宽约3.5mm，先端微凹，白色；雄蕊约20个，长约1.5mm；花盘圆环形，被长柔毛，边缘具腺体；子房无毛，花柱较雄蕊短。蓇葖果无毛或仅腹缝线上被短柔毛，宿存萼片直立。花期5~6月，果期6~7月。

旱生植物。常生于海拔1500~1700m的山地沟谷、石质山坡、山脊，在干旱的石质阳坡进入灰榆疏林下。

阿拉善地区分布于贺兰山。我国特有种，分布于内蒙古、甘肃、宁夏、新疆等地。

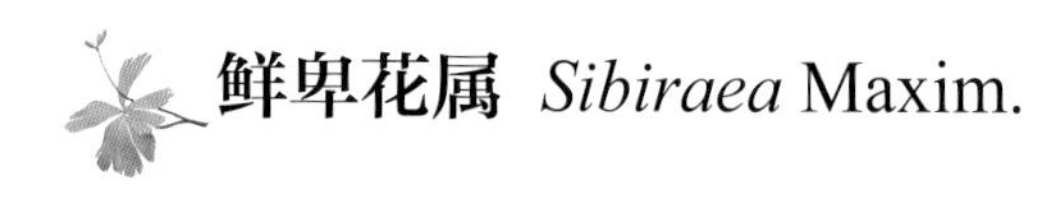

鲜卑花属 *Sibiraea* Maxim.

鲜卑花 *Sibiraea laevigata* (L.) Maxim.

灌木，株高0.6~1.5m。小枝粗壮，圆柱形，幼时紫褐色，老时黑褐色，光滑无毛；冬芽卵形，先端急尖，外被紫褐色鳞片。单叶，通常互生，在老枝上常丛生，叶狭长椭圆形、条状披针形或狭倒披针形，长3~7cm，宽5~11mm，先端急尖或渐尖，基部渐狭，边缘全缘，上下两面近无毛，中脉明显，近无柄。顶生紧密圆锥花序，长2~5cm；花梗长2~3cm，与总花梗均无毛；苞片披针形或卵状狭披针形，长2~5mm；花直径约4mm；萼筒浅钟状，里面被长柔毛，萼片三角形，全缘，内外均无毛；花瓣白色，倒卵圆形，先端圆形，基部宽楔形；雄花具雄蕊20~25，生于萼筒边缘，花丝细长，约与花瓣等长或稍长，萼筒中央具3~5退化雄蕊；花盘环状，具10裂片；雌花具雌蕊5，花柱稍偏斜，子房无毛，萼筒边缘着生有退化雄蕊，花丝极短。蓇葖果5，长3~4mm，花萼宿存，直立稀开展。花期7月，果期8~9月。

中生植物。常生于海拔2000~4000m的山坡、山谷溪边草甸或草甸灌丛中。

阿拉善地区分布于贺兰山、龙首山。我国分布于内蒙古、青海、甘肃、西藏等地。俄罗斯也有分布。

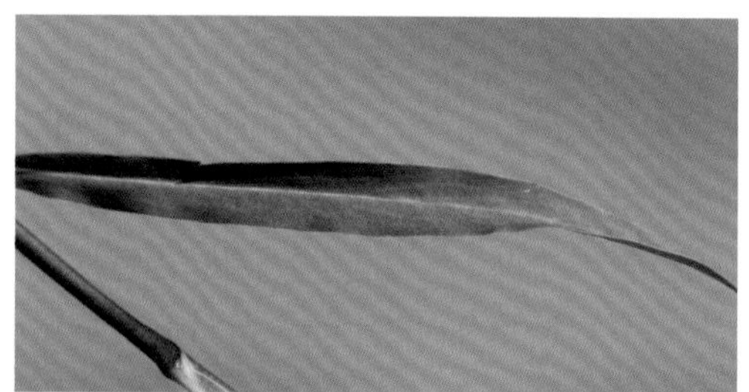

栒子属 *Cotoneaster* Medik.

水栒子 *Cotoneaster multiflorus* Bunge in Ledeb.　　别名：栒子木、多花栒子

灌木，株高达2m。枝开展，褐色或暗灰色，无毛，嫩枝紫色或紫褐色，被毛。叶片卵形、菱状卵形或椭圆形，长2~4.5cm，宽1.2~3cm，先端圆钝，有时微凹，或有短尖头，稀锐尖，基部宽楔形或圆形，上面绿色，无毛，下面淡绿色，幼时稍有绒毛，后渐脱落无毛；叶柄紫色或绿色，长3~10mm，幼时被柔毛以后脱落无毛；托叶披针形，紫褐色，被毛，早落。聚伞花序，疏松，生于叶腋，有花3~10朵；花梗长2~15mm，无毛；苞片披针形，稍被毛，早落；花直径8~10mm；萼片三角形，仅先端边缘稍被毛；花瓣近圆形，白色，开展，长宽近相等，约4mm，基部有1簇柔毛；雄蕊20，稍短于花瓣；花柱2，比雄蕊短，子房顶端有柔毛。果实近球形或宽卵形，直径8mm，鲜红色，有1小核。花期6月，果熟期9月。

中生植物。常零星生于海拔1200~3500m的山地灌丛、林缘及沟谷中。

阿拉善地区分布于贺兰山。我国分布于黑龙江、辽宁、内蒙古、河北、山西、甘肃、青海、陕西、新疆、四川、云南、西藏、河南等地。俄罗斯也有分布。

蒙古栒子 *Cotoneaster mongolicus* Pojark.

灌木，株高 1.5~2m。小枝紫褐色、棕褐色或暗红棕色，幼时有白色柔毛，老时脱落无毛。叶片卵形、椭圆形，稀长椭圆形，长 1~2.5(3)cm，宽 0.8~1.5cm，先端圆钝或锐尖，基部圆形或宽楔形，稍偏斜，上面绿色，被微毛或无毛，下面淡绿色，密被灰白色绒毛，老时稍稀疏，沿叶脉稍密；叶柄长 2~4mm，被柔毛；托叶披针形，紫褐色，被毛。聚伞花序着生于叶腋或短枝上，有花 2~5 朵；花梗长 2~8mm，密被毛；花直径 (6)8~9(10)mm；萼筒外面无毛，萼片三角形，先端被微毛；花瓣近圆形或椭圆形，白色，开展，长 3~4mm，宽 3mm；雄蕊 15~20，短于花瓣，花丝下部加宽成披针形；花柱 2，稍短于雄蕊，子房顶端被柔毛。果实倒卵形，长约 7mm，红色或紫红色，无毛，稍被蜡粉或无，有 2 小核。花期 6~7 月，果期 8~9 月。

中生植物。常散生于草原带山地与丘陵石质坡地，也可见于沙地。

阿拉善地区分布于阿拉善左旗、阿拉善右旗。我国分布于内蒙古。蒙古、俄罗斯也有分布。

准噶尔栒子 *Cotoneaster soongoricus* (Regel & Herder) Popov

灌木，株高 1~2.5m。枝灰褐色，嫩枝紫褐色，被微毛。叶片卵形或椭圆形，长 1.3~2.5cm，宽 0.8~2cm，先端圆钝或急尖，常有小尖头，基部宽楔形或圆形，上面被稀疏柔毛或无毛，叶脉常下陷，下面被绒毛；叶柄长 2~4mm，被毛；托叶披针形，棕褐色，被毛。聚伞花序，有花 3~5 朵；花梗长 2~5mm，被毛；花直径 8mm；萼筒外面被绒毛，萼片三角形，外面有绒毛，里面近无毛；花瓣近圆形，开展，白色，先端圆钝，稀微凹，基部有短爪，里面近基部有白色柔毛；雄蕊 18~20，稍短于花瓣；花柱 2，稍短于雄蕊，子房顶端密被白色柔毛。果实卵形至椭圆形，红色，被稀疏柔毛，有 1~2 小核。花期 6~7 月，果期 8~9 月。

旱中生植物。常散生于海拔 1400~2400m 山地的石质山坡。

阿拉善地区分布于贺兰山、龙首山。我国特有种，分布于内蒙古、河北、山西、宁夏、甘肃、新疆、四川、云南、西藏等地。

黑果栒子 *Cotoneaster melanocarpus* Lodd., G. Lodd. & W. Lodd.　　别名：黑果栒子木、黑果灰栒子

灌木，株高达 2m。枝紫褐色、褐色或棕褐色，嫩梗密被柔毛，逐渐脱落至无毛。叶片卵形、宽卵形或椭圆形，长 (1.2)1.8~4cm，宽 (1)1.2~2.8cm，先端锐尖，圆钝，稀微凹，基部圆形或宽楔形，全缘，上面被稀疏短柔毛，下面密被灰白色绒毛；叶柄长 2~5cm，密被柔毛；托叶披针形，紫褐色，被毛。聚伞花序，有花 (2)4~6 朵；总花梗和花梗有毛，下垂，花梗长 3~15mm；苞片条状披针形，被毛；花直径 6~7mm；萼片卵状三角形，无毛或先端边缘稍被毛；花瓣近圆形，直立，粉红色，长与宽近相等，各为 3mm；雄蕊约 20，与花瓣近等长或稍短；花柱 2~3，比雄蕊短，子房顶端被柔毛。果实近球形，直径 7~9mm，蓝黑色或黑色，被蜡粉，有 2~3 小核。花期 6~7 月，果期 8~9 月。

中生植物。常生于海拔 700~2600m 的山地和丘陵坡地，成为灌丛的优势种，也常散生于灌丛和林缘，并可进入疏林中。

阿拉善地区分布于贺兰山、龙首山。我国分布于黑龙江、吉林、内蒙古、河北、甘肃、新疆等地。蒙古、俄罗斯、亚洲西部也有分布。

全缘栒子 *Cotoneaster integerrimus* Medik.　　别名：全缘栒子木

灌木，株高达 1.5m。小枝棕褐色、褐色或灰褐色，嫩枝密被灰白色绒毛，以后逐渐脱落，老枝无毛。叶椭圆形或宽卵形，长 1.5~4cm，宽 1~3cm，先端锐尖、圆钝或微凹，基部圆形或宽楔形，全缘，上面有稀疏柔毛，下面密被灰白色绒毛；叶柄长 1~4mm，被毛；托叶披针形，被绒毛。聚伞花序，有花 2~4(5) 朵；苞片披针形，被微毛；花梗长 2~5mm，被毛；花直径约 8mm；萼片卵状三角形，内外两面无毛；花瓣直立，近圆形，长与宽近相等，各约 3mm，粉红色；雄蕊 15~20，与花瓣近等长；花柱 2，短于雄蕊，子房顶端有柔毛。果实近圆球形，稀卵形，直径约 6mm，红色，无毛，有 2~4 小核。花期 6~7 月，果期 7~9 月。

中生植物。常生于海拔 2500m 左右的山地桦木林下、灌丛及石质山坡。

阿拉善地区分布于贺兰山。我国分布于东北、华北、西北等地。亚洲北部及欧洲也有分布。

灰栒子 *Cotoneaster acutifolius* Turcz.

灌木，株高 1.5~2m。枝褐色或紫褐色，老枝灰黑色，嫩枝被长柔毛，以后脱落无毛。叶片卵形，稀椭圆形，长 1.5~5cm，宽 1.2~3.7cm，先端锐尖、渐尖，稀钝，基部宽楔形或圆形，上面绿色，被稀疏长柔毛，下面淡绿色，被长柔毛，幼时较密，逐渐脱落变稀疏；叶柄长 2~5mm，被柔毛；托叶披针形，紫色，被毛。聚伞花序，有花 2~5 朵；花梗长 2~7mm，被柔毛；花直径约 7mm；萼筒外面被柔毛，萼片近三角形，边缘有白色绒毛；花瓣直立，近圆形，白色外带红晕，长 3~4mm，宽 3~3.5mm，基部有短爪；雄蕊 18~20，花丝下部加宽成披针形，与花瓣近等长或稍短；花柱 2(3)，比雄蕊短，子房先端密被柔毛。果实倒卵形或椭圆形，暗紫红色，直径 7~9mm，被稀疏柔毛，有 2 小核。花期 6~7 月，果期 8~9 月。

中生植物。常散生于海拔 1400~3700m 的山地石质坡地及沟谷，常见于林缘及一些杂木林中，也可生于固定沙地。

阿拉善地区分布于贺兰山。我国分布于内蒙古、河北、山西、甘肃、青海、陕西、西藏、河南、湖北等地。蒙古也有分布。

苹果属 *Malus* Mill.

花叶海棠 *Malus transitoria* (Batalin) C. K. Schneid. 别名：花叶杜梨、马杜梨

灌木或小乔木，株高 1~5m。嫩枝被绒毛，老枝紫褐色或暗紫色，无毛；芽卵形，先端钝，有若干鳞片，被绒毛。叶片卵形或宽卵形，长 2~5cm，宽 2~4cm，先端锐尖，有时钝，基部圆形至宽楔形，边缘有不整齐锯齿，通常有 1~3 深裂，裂片披针状卵形或矩圆状椭圆形，3~5，上面被绒毛或近无毛，下面密或疏被绒毛；叶柄长 1~3cm，被绒毛；托叶卵状披针形，先端锐尖，被绒毛。花序近于伞形，有花 3~6 朵；花梗长 13~18mm，被绒毛；苞片条状披针形，早落；花直径 1~1.5cm；花萼密被绒毛，萼筒钟形，萼片三角状卵形，先端钝或稍尖，两面均密被绒毛；花瓣白色，近圆形，长约 8mm，先端圆形，基部有短爪；雄蕊 20~25，长短不齐，比花瓣短；花柱 3~5，无毛。梨果近球形或倒卵形，红色，直径 6~8mm，萼洼下陷，萼片脱落；果梗细长，长 1.5~2cm，疏被绒毛，果熟后近无毛。花期 6 月，果期 9 月。

旱生植物。常生于海拔 1500~3900m 的山坡、山沟丛林及黄土丘陵。

阿拉善地区分布于贺兰山。我国分布于内蒙古、宁夏、甘肃、陕西、青海、四川等地。

蔷薇属 *Rosa* L.

黄刺玫 *Rosa xanthina* Lindl.

灌木，株高 1~2m。树皮深褐色，小枝紫褐色，分枝稠密，有多数皮刺；皮刺直伸，坚硬，基部扩大，长 7~12mm，无毛。单数羽状复叶，有小叶 7~13，小叶片近圆形、椭圆形或倒卵形，长 6~15mm，宽 4~12mm，先端圆形，基部圆形或宽楔形，边缘有钝锯齿，上面绿色，无毛，下面淡绿色，沿脉有柔毛，后脱落，主脉明显隆起；小叶柄与叶柄有稀疏小皮刺；托叶小，下部和叶柄合生，先端有披针形裂片，边缘有腺毛。花单生，黄色，直径 3~5cm；萼片矩圆状披针形，先端渐尖，全缘，花后反折；花瓣多数，宽倒卵形，先端微凹。蔷薇果紫褐色，近球形，直径约 1cm，先端有宿存反折的萼片。花期 5~6 月，果期 7~8 月。

中生植物。常栽培于肥沃、土质疏松的土壤上。

阿拉善地区分布于贺兰山。我国分布于黑龙江、吉林、辽宁、内蒙古、河北、山西、陕西、甘肃、山东等地。

单瓣黄刺玫（变型）*Rosa xanthina* Lindl. f. *normalis* Rehd. et Wils.

别名：马茹茹、马茹子、野生黄刺玫

灌木，株高1~2m。树皮深褐色，小枝紫褐色，分枝稠密，有多数皮刺；皮刺直伸，坚硬，基部扩大，长7~12mm，无毛。单数羽状复叶，有小叶7~13，小叶片近圆形、椭圆形或倒卵形，长6~15mm，宽4~12mm，先端圆形，基部圆形或宽楔形，边缘有钝锯齿，上面绿色，无毛，下面淡绿色，沿脉有柔毛，后脱落，主脉明显隆起；小叶柄与叶柄有稀疏小皮刺；托叶小，下部和叶柄合生，先端有披针形裂片，边缘有腺毛。花单生，黄色，直径3~5cm；萼片矩圆状披针形，先端渐尖，全缘，花后反折；花瓣5，宽倒卵形，先端微凹。蔷薇果红黄色，近球形，直径约1cm，先端有宿存反折的萼片。花期5~6月，果期7~8月。

中生植物。常生于落叶阔叶林区及草原带的山地，是山地灌丛的建群种，也可散见于石质山坡。

阿拉善地区分布于贺兰山。我国分布于内蒙古、河北、山西、陕西、甘肃、青海、山东等地。

美蔷薇 *Rosa bella* Rehd. et Wils.

灌木，株高1~3m。小枝常带紫色，平滑无毛，着生稀疏直伸的皮刺。单数羽状复叶，有小叶7~9，稀5，复叶长5~10cm，小叶片椭圆形或卵形，长1~3.5cm，宽0.8~2.5cm，先端稍锐尖或稍钝，基部近圆形，边缘有圆齿状锯齿，齿尖有短小尖头，上面绿色，疏被短柔毛，下面淡绿色，被短柔毛或沿主脉被短柔毛；叶柄与小叶柄被短柔毛和疏生小皮刺。花单生或2~3朵簇生，直径4~5cm，花梗、萼筒与萼片密被腺毛；萼片披针形，长约2cm，先端长尾尖，并稍宽大呈叶状，全缘；花瓣粉红色或紫红色，宽倒卵形，长与宽约2cm，先端微凹，芳香。蔷薇果椭圆形或矩圆形，长约2cm，鲜红色，先端收缩成颈部，并有直立的宿存萼片，密被腺状刚毛。花期6~7月，果期8~9月。

中生植物。常生于海拔1700m以下的山地林缘、沟谷及黄土丘陵的沟头、沟谷陡崖上，为建群种，可形成以美蔷薇为主的灌丛。

阿拉善地区分布于贺兰山。我国分布于吉林、内蒙古、河北、山西、河南等地。日本、朝鲜半岛也有分布。

山刺玫 *Rosa davurica* Pall.

灌木，株高1~2m。多分枝，枝通常暗紫色，无毛，在叶柄基部有向下弯曲的成对皮刺。单数羽状复叶，小叶5~7(9)，小叶片矩圆形或长椭圆形，长1~2.5cm，宽0.7~1.5cm，先端锐尖或稍钝，基部近圆形，边缘有细锐锯齿，近基部全缘，上面绿色，近无毛，下面灰绿色，被短柔毛和粒状腺点；叶柄和叶轴被短柔毛、腺点和小皮刺；托叶大部分和叶柄合生，被短柔毛和腺点。花常单生，有时数朵簇生，直径3~4cm；萼片披针状条形，长1.5~2.5mm，先端长尾尖并稍宽，被短柔毛及腺毛；花瓣紫红色，宽倒卵形，先端微凹。蔷薇果近球形或卵形，直径1~1.5cm，红色，平滑无毛，顶端有直立宿存的萼片。花期6~7月，果期8~9月。

中生植物。常见于海拔400~2500m落叶阔叶林地带或草原带的山地，常生于林下、林缘及石质山坡，亦见于河岸沙地，为山地灌丛的建群种或优势种，多呈团块状分布。

阿拉善地区分布于贺兰山、龙首山。我国分布于东北、华北、西北等地。朝鲜、蒙古、俄罗斯也有分布。

大叶蔷薇 *Rosa macrophylla* Lindl.

灌木，株高约 1m，多分枝。枝红褐色，常密生皮刺；皮刺直，水平方向直伸，长 1.5~3(7)mm。单数羽状复叶，通常有 5~7 小叶，小叶片椭圆形、矩圆形或卵状椭圆形，长 2~5cm，宽 1~3cm，先端锐尖，基部近圆形或稍偏斜，边缘有锯齿，稀重锯齿，近基部常全缘，上面暗绿色，常无毛，下面淡绿色，多少有柔毛或近无毛，稀有腺点；小叶柄极短，叶轴细长，无毛或有柔毛，常有腺毛或稀疏小皮刺；托叶条形，大部与叶柄合生，边缘有腺毛。花单生叶腋，直径约 4mm；花梗细长；萼片披针形，先端长尾尖，并稍宽大呈叶状，外面常有腺毛和柔毛，里面密被绒毛；花瓣宽倒卵形，玫瑰红色。蔷薇果椭圆形、长椭圆形或梨形，长 1.5~2cm，红色，有明显颈部，光滑无毛。花期 6~7 月，果期 8~9 月。

中生植物。常见于海拔 2650~3750m 的针叶林地带及草原区较高的山地，常生于林下、林缘和山地灌丛中。

阿拉善地区分布于贺兰山。我国分布于东北、华北、西北等地。日本、朝鲜、蒙古、俄罗斯、北欧、北美洲也有分布。

毛叶弯刺蔷薇（变种）*Rosa beggeriana* var. *lioui* (T. T. Yu & H. T. Tsai) T. T. Yu & T. C. Ku

灌木，株高 1~2.5m。小枝圆柱形，稍弯曲，淡紫褐色，无毛，有成对的、扁形的、基部膨大的、淡黄色的镰刀状皮刺，有时有直而细的皮刺。单数羽状复叶，小叶 5~9，连叶柄长 4~7cm；小叶片椭圆形或椭圆状倒卵形，长 1~2.5cm，宽 0.5~1.2cm，先端锐尖，基部宽楔形，边缘有单锯齿，上面淡绿色，无毛，下面灰绿色，被短柔毛；叶柄和叶轴被短柔毛，有时有腺毛和稀疏的针刺；托叶大部分贴生于叶柄。花 1 至数朵排列成伞房状花序，直径 2~3cm；花梗长 1~2cm，密被短柔毛并常有腺毛；萼片披针形，先端长尾尖，外面被腺毛，两面密被短柔毛；花瓣白色，少粉红色，宽倒卵形。蔷薇果近球形，直径 6~10mm，红色，无毛，成熟时萼片脱落。花期 6~7 月，果期 8~9 月。

中生植物。常生于海拔 500~2200m 的山坡、山谷。

阿拉善地区分布于龙首山、马鬃山、合黎山。我国分布于内蒙古、甘肃、新疆等地。蒙古、俄罗斯、中亚也有分布。

绵刺属 *Potaninia* Maxim.

绵刺 *Potaninia mongolica* Maxim.　　别名：蒙古包大宁

小灌木，株高20~40cm，多分枝；树皮棕褐色，纵向剥裂。小枝苍白色，密生宿存的老叶柄与长柔毛。叶多簇生于短枝上或互生，革质，羽状三出复叶，顶生小叶3全裂，有短柄，裂片条状披针形或条状倒披针形，长2.5~3.5mm，宽约0.8mm，先端锐尖，全缘，两面有长柔毛；侧生小叶全缘，小叶片与顶生小叶裂片同形，但无柄；叶柄宿存，长约5mm，有长柔毛，顶端有关节；托叶膜质与叶柄合生。花小，径约4mm，单生于短枝上；花梗纤细，长3~4mm；萼筒漏斗状，副萼片3，矩圆状披针形，萼片3，卵形或三角状卵形，长约2mm；花瓣3，卵形，白色或淡粉红色，长约2.5mm，宽约1.5mm；雄蕊3，花丝短，花药宽卵形；子房长椭圆形，被长柔毛，花柱侧生，长约2mm，柱头头状。瘦果，外有宿存萼筒。花期6~9月，果期8~10月。

强旱生植物。常生于戈壁和覆沙碎石质平原，亦见于山前冲积扇。不但极端耐旱，而且极耐盐碱，是阿拉善砂砾质荒漠的特有重要建群种，常形成大面积的荒漠群落。

阿拉善地区均有分布。我国分布于内蒙古。蒙古南部荒漠地区也有分布。

地榆属 *Sanguisorba* L.

高山地榆 *Sanguisorba alpina* Bunge in Ledeb.

多年生草本，株高 30~80cm，全株无毛或几无毛。根粗壮，圆柱形。茎常分枝。单数羽状复叶，基生叶和茎下部叶有小叶 9~15(19)，连叶柄长 10~25cm，小叶片椭圆形或长椭圆形，稀卵形，长 1.5~7cm，宽 1~4cm，先端圆钝或几圆形，基部截形至微心形，边缘有缺刻状尖锐锯齿，两面绿色无毛，小叶柄短，托叶膜质，黄褐色；茎上部叶比基生叶小，小叶数向上逐渐减少，近无柄，托叶草质，绿色，卵形或弯弓呈半圆形。穗状花序顶生，粗大，下垂，圆柱形或椭圆形，长 1~5cm，宽 6~12mm；花由基部向上逐渐开放，每花有苞片 2，卵状披针形或匙状披针形，密被柔毛；萼片白色或微带淡红色，卵形；雄蕊比萼片长 2~3 倍，花丝从下部开始微扩大至中部，到顶端渐狭，显著比花药窄；子房近卵形，花柱细长，柱头膨大，具乳头状突起或呈流苏状。瘦果宽卵形，具纵脊棱。花期 7~8 月，果期 8~9 月。

中生植物。常生于海拔 1200~2700m 的山坡、沟谷水边、沼地及林缘。

阿拉善地区分布于贺兰山。我国分布于内蒙古、宁夏、甘肃、新疆等地。朝鲜、蒙古、俄罗斯也有分布。

悬钩子属 *Rubus* L.

北悬钩子 *Rubus arcticus* L.

多年生草本，株高 10~30cm。根状茎细长，黑褐色，分枝。茎斜升，近四棱形，常单生，被短柔毛。羽状三出复叶，小叶片菱形至菱状倒卵形，长 2~4cm，宽 1~3cm，先端锐尖或圆钝，基部楔形，侧生小叶基部偏斜，边缘有不规则的重锯齿，有时浅裂，上面绿色，近无毛，下面淡绿，被短柔毛；叶柄长 2~5cm，有疏柔毛；托叶离生，卵形或椭圆形，长 5~8mm，先端钝或锐尖，全缘，被柔毛。花单生，顶生，有 1~2 朵腋生，直径 1~1.5cm；花梗长 2~3cm；花萼陀螺状，外面有柔毛；萼片 5，披针形；花瓣宽倒卵形，白色或淡粉红色，长 7~10mm。聚合果暗红色，宿存萼片反折。花果期 7~9 月。

中生植物。常生于海拔 700~1200m 的白桦林下、灌丛下、草甸。

阿拉善地区分布于贺兰山。我国主要分布于东北、华北、西北等地。朝鲜、蒙古、俄罗斯、北欧也有分布。

库页悬钩子 *Rubus sachalinensis* Lévl.

灌木，株高40~100cm。茎直立，被卷曲柔毛和皮刺。羽状三出复叶，互生，长5~15cm，顶生小叶较两侧小叶大，小叶片卵形、宽卵形或披针状卵形，长3~10cm，宽1.5~6cm，先端渐尖，基部圆形或近心形，边缘有锯齿，稀重锯齿，齿尖有尖刺，上面绿色，被短柔毛或近无毛，下面被白色毡毛，沿脉常有小刺；顶生小叶具长柄，叶柄长2~8cm，被卷曲柔毛与稀疏直刺，有时混生腺毛；侧生小叶无柄或柄极短；托叶锥形，长3~5mm，被卷曲柔毛。伞房状花序，顶生或腋生，有花数朵；花梗纤细，长1~3cm，被卷曲柔毛、腺毛和刺；花直径约2cm；花萼外面密被卷曲柔毛、腺毛和刺，萼筒碟状，萼片长三角形，长约5mm，顶端具长芒，里面被绵毛；花瓣白色，倒披针形，长约8mm；雄蕊多数；雌蕊多数，彼此分离，着生在中央球状花托上，花柱近顶生。聚合果有多数红色小核果。花期6~7月，果期8~9月。

中生植物。常生于海拔1000~2500m的山地林下、林缘灌丛、林间草甸和山沟。

阿拉善地区分布于贺兰山。我国分布于黑龙江、吉林、内蒙古、河北、甘肃、青海、新疆等地。日本、朝鲜、欧洲也有分布。

蕨麻属 *Argentina* Hill

蕨麻 *Argentina anserina* (L.) Rydb.　　别名：河篦梳、蕨麻委陵菜

多年生草本。根木质，圆柱形，黑褐色；根状茎粗短，皮被棕褐色托叶。茎匍匐，纤细，有时长达80cm，节上生不定根、叶与花，节间长5~15cm。基生叶多数，为不整齐的单数羽状复叶，长5~15cm，小叶间夹有极小的小叶片，有大的小叶11~25，小叶无柄，矩圆形、椭圆形或倒卵形，长1~8cm，宽5~10mm，基部宽楔形，边缘有缺刻状锐锯齿，上面无毛或被稀疏柔毛，极少被绢毛状毡毛，下面密被绢毛状毡毛或较稀疏；极小的小叶片披针形或卵形，长仅1~4mm；托叶膜质，黄棕色，矩圆形，先端钝圆，下半部与叶柄合生。花单生于匍匐茎上的叶腋间，直径1.5~2cm；花梗纤细，长达10cm，被长柔毛；花萼被绢状长柔毛，副萼片矩圆形，长5~6mm，先端2~3裂或不分裂，萼片卵形，与副萼片等长或较短，先端锐尖；花瓣黄色，宽倒卵形或近圆形，先端圆形，长约8mm；花柱侧生，棍棒状，长约2mm；花托内部被柔毛。瘦果近肾形，稍扁，褐色，表面微有皱纹。花果期5~9月。

中生植物。多为河滩及低湿地草甸的优势植物，常见于海拔500~4100m的苔草草甸、矮杂类草草甸、盐化草甸、沼泽化草甸等群落中，在灌溉农田上也可成为农田杂草。

阿拉善地区均有分布。我国分布于黑龙江、吉林、辽宁、内蒙古、河北、山西、陕西、甘肃、宁夏、青海、新疆、四川、云南、西藏等地。欧洲、亚洲其他地区及北美大陆也有分布。

金露梅属 *Dasiphora* Raf.

金露梅 *Dasiphora fruticosa* (L.) Rydb.　　别名：金老梅、金蜡梅

灌木，株高50~130cm，多分枝；树皮灰褐色，片状剥落。小枝淡红褐色或浅灰褐色，幼枝被绢状长柔毛。单数羽状复叶，小叶5，少3，通常矩圆形，少矩圆状倒卵形或倒披针形，长8~20mm，宽4~8mm，先端微凸，基部楔形，全缘，边缘反卷，上面被密或疏的绢毛，下面沿中脉被绢毛或近无毛；叶柄长约1cm，被柔毛；托叶膜质，卵状披针形，先端渐尖，基部和叶枕合生。花单生叶腋或数朵成伞状花序，直径1.5~2.5cm；花梗与花萼均被绢毛；副萼片条状披针形，几与萼片等长，萼片披针状卵形，先端渐尖，果期萼片增大；花瓣黄色，宽倒卵形至圆形，比萼片长1倍；子房近卵形，长约1mm，密被绢毛，花柱侧生，长约2mm；花托扁球形，密生绢状柔毛。瘦果近卵形，密被绢毛，褐棕色，长1.5mm。花期6~8月，果期8~10月。

中生植物。为山地河谷沼泽灌丛的建群种或伴生种，也常散生于海拔1000~4000m落叶松林及云杉林下的灌木层中。

阿拉善地区分布于贺兰山、龙首山。我国分布于东北、华北、西北、西南地区。欧洲及北美洲也有分布。

小叶金露梅 *Dasiphora parvifolia* (Fisch. ex Lehm.) Juz.

灌木，株高20~80cm，多分枝；树皮灰褐色，条状剥裂。小枝棕褐色，被绢状柔毛。单数羽状复叶，长5~15(20)mm，小叶5~7，近革质，下部2对常密集似掌状或轮状排列，小叶片条状披针形或条形，长5~10mm，宽1~3mm，先端渐尖，基部楔形，全缘，边缘强烈反卷，两面密被绢毛，银灰绿色，顶生3小叶基部常下延与叶轴汇合；托叶膜质，淡棕色，披针形，长约5mm，先端尖或钝，基部与叶枕合生并抱茎。花单生叶腋或数朵成伞房状花序，直径10~15mm，花萼与花梗均被绢毛；副萼片条状披针形，长约5mm，先端渐尖，萼片近卵形，比副萼片稍短或等长，先端渐尖；花瓣黄色，宽倒卵形，长与宽各约1mm；子房近卵形，被绢毛，花柱侧生，棍棒状，向下渐细，长约2mm，柱头头状。瘦果近卵形，被绢毛，褐棕色。花期6~8月，果期8~10月。

中生植物。多生于海拔900~5000m草原带的山地与丘陵砾石质坡地，也见于荒漠区的山地。

阿拉善地区分布于贺兰山、龙首山。我国分布于黑龙江、内蒙古、甘肃、青海、四川、西藏等地。蒙古、俄罗斯也有分布。

银露梅 *Dasiphora glabra* (G. Lodd.) Soják　　别名：银老梅、白花棍儿茶

灌木，株高30~100cm，多分枝；树皮纵向条状剥裂。小枝棕褐色，被疏柔毛或无毛。单数羽状复叶，长8~20mm，小叶3~5，上面一对小叶基部常下延与叶轴汇合，小叶近革质，椭圆形、矩圆形或倒披针形，长5~10mm，宽0.8~5mm，先端圆钝，具短尖头，基部楔形或近圆形，全缘，边缘向下反卷，上面绿色，被疏柔毛，下面淡绿色，中脉明显隆起，侧脉不明显，无毛或疏生柔毛；托叶膜质，淡黄棕色，披针形，长约4mm，先端渐尖，基部与叶枕合生，抱茎。花常单生叶腋或数朵成伞房花序状，直径约2cm；花梗纤细，长1~2cm，疏生柔毛；萼筒钟状，外疏生柔毛，副萼片条状披针形，长约8mm，先端渐尖，萼片卵形，长约4mm，先端渐尖，外面疏生长柔毛，里面密被短柔毛；花瓣白色，宽倒卵形，全缘，长7~8mm；花柱侧生，无毛，柱头头状，子房密被长柔毛。花期6~8月，果期8~10月。

中生植物。常生于海拔1400~4000m的山地灌丛中。

阿拉善地区分布于贺兰山。我国分布于内蒙古、河北、山西、陕西、甘肃、青海、四川、云南、湖北、安徽等地。朝鲜、俄罗斯也有分布。

白毛银露梅 *Dasiphora mandshurica* (Maxim.) Juz.　　别名：华西银蜡梅

灌木，株高30~100cm，多分枝；树皮纵向条状剥裂。小枝棕褐色，被疏柔毛或无毛。单数羽状复叶，长8~20mm，小叶3~5，上面一对小叶基部常下延与叶轴汇合，小叶近革质，椭圆形、矩圆形或倒披针形，长5~10mm，宽3~5mm，先端圆钝，具短尖头，基部楔形或近圆形，全缘，边缘向下反卷，上面疏生绢毛，下面密生绢毛或毡毛，中脉明显隆起，侧脉不明显，无毛或疏生柔毛；托叶膜质，淡黄棕色，披针形，长约4mm，先端渐尖，基部与叶枕合生，抱茎。花常单生叶腋或数朵成伞房花序状，直径约2cm；花梗纤细，长1~2cm，疏生柔毛；萼筒钟状，外疏生柔毛，副萼片条状披针形，长约8mm，先端渐尖，萼片卵形，长约4mm，先端渐尖，外面疏生长柔毛，里面密被短柔毛；花瓣白色，宽倒卵形，全缘，长7~8mm；花柱侧生，无毛，柱头头状，子房密被长柔毛。花果期8~9月。

中生植物。常生于海拔1200~3400m的山地灌丛或高山灌丛。

阿拉善地区分布于贺兰山。我国分布于内蒙古、陕西、甘肃、青海、四川、云南、湖北等地。朝鲜也有分布。

 委陵菜属 *Potentilla* L.

星毛委陵菜 *Potentilla acaulis* L. 别名：无茎委陵菜

多年生草本，株高 2~10cm，全株被白色星状毡毛，呈灰绿色。根状茎木质化，横走，棕褐色，被伏毛，节部常可生出新植株。茎自基部分枝，纤细，斜倚。掌状三出复叶，叶柄纤细，长 5~15mm，小叶近无柄，倒卵形，长 6~12mm，宽 3~5mm，先端圆形，基部楔形，边缘中部以上有钝齿，中部以下全缘，两面均密被星状毛与毡毛，灰绿色；托叶草质，与叶柄合生，顶端 2~3 条裂，基部抱茎。聚伞花序，有花 2~5 朵，稀单花，花直径 1~1.5cm；花萼外面被星状毛与毡毛，副萼片条形，先端钝，长约 3.5mm，萼片卵状披针形，先端渐尖，长约 4mm；花瓣黄色，宽倒卵形，长约 6mm，先端圆形或微凹；花托密被长柔毛；子房椭圆形，无毛，花柱近顶生。瘦果近椭圆形。花期 5~6 月，果期 7~8 月。

旱生植物。常生于海拔 3000~5800m 典型草原带的沙质草原、砾石质草原及放牧退化草原。

阿拉善地区均有分布。我国分布于华北、西北等地。蒙古、俄罗斯也有分布。

雪白委陵菜 *Potentilla nivea* L.

多年生草本，株高 5~20cm。茎基部包被褐色老叶残余，茎斜升或直立，不分枝，带淡红紫色，被蛛丝状毛。掌状三出复叶，基生叶的叶柄长 2~7cm，被蛛丝状毛，小叶近无柄，椭圆形或卵形，长 10~25(30)mm，宽 8~13(15)mm，先端圆形，基部宽楔形或歪楔形，边缘有圆钝锯齿，上面绿色，疏生伏柔毛，下面被雪白色毡毛，托叶膜质，披针形，先端渐尖或尾尖，下面被毡毛或长柔毛；茎生叶与基生叶相似，但较小，叶柄较短，托叶草质，卵状披针形或披针形，先端渐尖，下面被毡毛。聚伞花序生于茎顶，花直径约 12mm；花梗长 1~2cm；花萼被绢毛及短柔毛，副萼片条状披针形，长 3mm，萼片卵形或三角状卵形，长约 3.5mm；花瓣黄色，倒心形，长约 5mm；子房近椭圆形，无毛，花柱顶生，向基部渐粗；花托被柔毛。花期 7~8 月，果期 8~9 月。

旱中生植物。常生于海拔 2500~3200m 的山地草甸、灌丛或林缘。

阿拉善地区分布于贺兰山、龙首山。我国分布于吉林、内蒙古、河北、山西、宁夏、新疆等地。欧洲、日本、朝鲜也有分布。

二裂委陵菜 *Potentilla bifurca* L.

别名：叉叶委陵菜

多年生草本或亚灌木，株高 5~20cm，全株被稀疏或稠密的伏柔毛。根状茎木质化，棕褐色，多分枝，纵横地下。茎直立或斜升，自基部分枝。单数羽状复叶，有小叶 4~7 对，最上部 1~2 对，顶生 3 小叶常基部下延与叶柄汇合，连叶柄长 3~8cm，小叶片无柄，椭圆形或倒卵椭圆形，长 0.5~1.5cm，宽 4~8mm，先端钝或锐尖，部分小叶先端 2 裂，顶生小叶常 3 裂，基部楔形，全缘，两面有疏或密的伏柔毛；托叶膜质或草质，披针形或条形，先端渐尖，基部与叶柄合生。聚伞花序生于茎顶部，花直径 7~10mm；花梗纤细，长 1~3cm；花萼被柔毛，副萼片椭圆形，萼片卵圆形；花瓣宽卵形或近圆形；子房近椭圆形，无毛，花柱侧生，棍棒状，向两端渐细，柱头膨大，头状；花托有密柔毛。瘦果近椭圆形，褐色。花果期 5~8 月。

旱生植物。常生于海拔 800~3600m 荒漠草原带的小型凹地、草原化草甸、轻度盐化草甸，山地灌丛、林缘、农田、路边等生境中也常有零星生长，是干草原及草甸草原的常见伴生种。

阿拉善地区分布于贺兰山、龙首山、桃花山。我国分布于黑龙江、华北、西北、四川等地。蒙古、朝鲜、俄罗斯也有分布。

长叶二裂委陵菜（变种）*Potentilla bifurca* var. *major* Ledeb.　　别名：高二裂委陵菜、小叉叶委陵菜

多年生草本或亚灌木，植株较高大，全株被稀疏或稠密的伏柔毛。根状茎木质化，棕褐色，多分枝，纵横地下。茎直立或斜升，自基部分枝。单数羽状复叶，有小叶4~7对，最上部1~2对，顶生8小叶常基部下延与叶柄汇合，连叶柄长3~8cm，小叶片无柄，椭圆形或条形，长0.5~1.5cm，宽4~8mm，先端钝或锐尖，部分小叶先端2裂，顶生小叶常3裂，基部楔形，全缘，两面有疏或密的伏柔毛；托叶膜质或草质，披针形或条形，先端渐尖，基部与叶柄合生。聚伞花序生于茎顶部；花梗纤细，茎下部伏生柔毛或脱落几无毛，长1~3cm；花较大，直径12~15mm；花萼被柔毛，副萼片椭圆形，萼片卵圆形；花瓣宽卵形或近圆形；子房近椭圆形，无毛，花柱侧生，棍棒状，向两端渐细，柱头膨大，头状；花托有密柔毛。瘦果近椭圆形，褐色。花果期5~9月。

旱中生植物。常生于海拔400~3200m的耕地道旁、河滩沙地、山坡草地。

阿拉善地区分布于龙首山、桃花山。我国分布于东北、华北、西北等地。欧洲与亚洲其他地区也有分布。

朝天委陵菜 *Potentilla supina* L.　　别名：铺地委陵菜

一年生或二年生草本，株高 10~35cm。茎斜倚、平卧或近直立，从基部分枝，茎、叶柄和花梗都被稀疏长柔毛。单数羽状复叶，基生叶和茎下部叶有长柄，连叶柄长达 10cm，小叶 5~9，无柄，矩圆形、椭圆形或倒卵形，长 5~15mm，宽 3~8mm，先端圆钝，基部楔形，边缘具羽状浅裂片或圆齿，两面均绿色，被疏柔毛，顶端 3 小叶片基部常下延与叶柄汇合；托叶膜质，披针形，先端渐尖；上部茎生叶与下部叶相似，但叶柄较短且小叶较少；托叶草质，卵形或披针形，先端渐尖，基部与叶柄合生，全缘或有牙齿，被疏柔毛。花单生于茎顶部的叶腋内，常排列成总状；花梗纤细，长 5~10mm；花直径 5~6mm；花萼疏被柔毛，副萼片披针形，先端锐尖，长约 4mm，萼片披针状卵形，先端渐尖，比副萼片稍长或等长；花瓣黄色，倒卵形，先端微凹，比萼片稍短或近等长；花柱近顶生；花托有柔毛。瘦果褐色，扁卵形，表面有皱纹，径约 0.6mm。花果期 5~9 月。

轻度耐盐的旱中生植物。常生于海拔 100~2000m 草原区及荒漠区的低湿地上，为草甸及盐化草甸的伴生植物，也常见于农田及路旁。

阿拉善地区分布于贺兰山、桃花山。我国分布于长江以北的广大地区。欧洲、亚洲其他地区及北美洲也有分布。

腺毛委陵菜 *Potentilla longifolia* D. F. K. Schltdl.

多年生草本，株高 (15)20~40(60)cm。直根木质化，粗壮，黑褐色；根状茎木质化，多头，皮被棕褐色老叶柄与残余托叶。茎自基部丛生，直立或斜升，茎、叶柄、总花梗和花梗被长柔毛、短柔毛和短腺毛。单数羽状复叶，基生叶和茎下部叶长 10~25cm，有小叶 11~17，顶生小叶最大，侧生小叶向下逐渐变小，小叶片无柄，狭长椭圆形、椭圆形或倒披针形，长 1~4cm，宽 5~15cm，先端钝，基部楔形，有时下延，边缘有缺刻状锯齿，上面绿色，被短柔毛、稀疏长柔毛或脱落无毛，下面淡绿色，密被短柔毛和腺毛，沿脉疏生长柔毛，托叶膜质，条形，与叶柄合生；茎上部叶的叶柄较短，小叶数较少，托叶草质，卵状披针形，先端尾尖，下半部与叶柄合生。伞房状聚伞花序紧密，花梗长 5~10mm，花直径 15~20mm；花萼密被短柔毛和腺毛，花后增大，副萼片披针形，长 6~7mm，先端渐尖，萼片卵形，比副萼片短；花瓣黄色，宽倒卵形，长约 8mm，先端微凹；子房卵形，无毛，花柱顶生；花托被柔毛。瘦果褐色，卵形，长约 1mm，表面有皱纹。花期 7~8 月，果期 8~9 月。

中旱生植物。为海拔 300~3200m 的草原和草甸草原常见伴生种。

阿拉善地区分布于贺兰山、龙首山。我国分布于东北、华北、西北等地。朝鲜、蒙古、俄罗斯也有分布。

华西委陵菜 *Potentilla potaninii* Th. Wolf

多年生草本，株高 10~30cm。根黑褐色，木质坚硬。茎丛生，直立或斜升，被曲柔毛，基部皮被棕褐色残留的叶柄与托叶。单数羽状复叶，基生叶有长叶柄，有小叶 2~3 对，小叶片倒卵形或倒卵状椭圆形，长 5~20mm，宽 3~10mm，先端圆钝稀锐尖，基部楔形或歪楔形，边缘有矩圆状锯齿，上面绿色，疏生长柔毛，下面灰白色，密被毡毛，沿脉有长柔毛；茎生叶较小，有短柄，常有 3 小叶，托叶叶状、卵状披针形。聚伞花序顶生，有花数朵；花梗长 1~2cm，被绒毛；花黄色，直径 10~13mm；萼片卵状披针形，先端渐尖，副萼片长椭圆形，与萼片近等长，花萼外面被绒毛及长柔毛；花瓣宽倒卵形，先端截形或微凹，明显比萼片长。瘦果扁卵球形或肾形。花果期 6~8 月。

旱中生植物。常生于海拔 1700~3000m 的山坡林缘、山坡草地。

阿拉善地区分布于龙首山、贺兰山。我国分布于内蒙古、甘肃、青海、四川、云南、西藏等地。不丹也有分布。

绢毛委陵菜 *Potentilla sericea* L.

多年生草本，株高 5~20cm。根木质化，圆柱形；根状茎粗短，多头，皮被褐色残余托叶。茎纤细，自基部弧曲斜升或斜倚，长 5~25cm，茎、总花梗与叶柄都有短柔毛和开展的长柔毛。单数羽状复叶，基生叶有小叶 7~13，连叶柄长 4~8cm，小叶片矩圆形，长 5~15mm，宽约 5mm，边缘羽状深裂，裂片矩圆状条形，呈篦齿状排列，上面密生短柔毛与长柔毛，下面密被白色毡毛，毡毛上覆盖一层绢毛，边缘向下反卷；托叶棕色，膜质，与叶柄合生，合生部分长约 2mm，先端分离部分披针状条形，长约 3mm，先端渐尖，被绢毛；茎生叶少数，与基生叶同形，但小叶较少，叶柄较短，托叶草质，下半部与叶柄合生，上半部分离，分离部分披针形，长约 6mm。伞房状聚伞花序；花梗纤细，长 5~8mm；花直径 7~10mm；花萼被绢状长柔毛，副萼片条状披针形，长约 2.5mm，先端稍钝，萼片披针状卵形，长约 3mm，先端锐尖；花瓣黄色，宽倒卵形，长约 4mm，先端微凹；花柱近顶生；花托被长柔毛。瘦果椭圆状卵形，褐色，表面有皱纹。花果期 6~8 月。

旱生植物。多为海拔 600~4100m 的典型草原群落的伴生植物，也稀见于荒漠草原中。

阿拉善地区分布于贺兰山、龙首山。我国分布于黑龙江、吉林、内蒙古、甘肃、青海、新疆、西藏等地。蒙古、俄罗斯、北美洲也有分布。

多裂委陵菜 *Potentilla multifida* L.　　别名：细叶委陵菜

多年生草本，株高 20~80cm。直根圆柱形，木质化；根状茎短，多头，皮被棕褐色老叶柄与托叶残余。茎斜升、斜倚或近直立，茎、总花梗与花梗都被长柔毛和短柔毛。单数羽状复叶，基生叶和茎下部叶具长柄，柄有伏生短柔毛，连叶柄长 5~15cm，通常有小叶 7，小叶间隔 5~10mm，小叶羽状深裂几达中脉，狭长椭圆形或椭圆形，长 1~4cm，宽 5~15mm，裂片条形或条状披针形，先端锐尖，边缘向下反卷，上面伏生短柔毛，下面被白色毡毛，沿主脉被绢毛，托叶膜质，棕色，与叶柄合生部分长达 2cm，先端分离部分条形，长 5~8mm，先端渐尖，被柔毛或脱落；茎生叶与基生叶同形，但叶柄较短，小叶较少，托叶草质，下半部与叶柄合生，上半部分离，披针形，长 5~8mm，先端渐尖。伞房状聚伞花序生于茎顶端；花梗长 5~20mm；花直径 10~12mm；花萼密被长柔毛与短柔毛，副萼片条状披针形，长 2~3mm（开花时），先端稍钝，萼片三角状卵形，长约 4mm（开花时），先端渐尖，花萼各部果期增大；花瓣黄色，宽倒卵形，长约 6mm；花柱近顶生，基部明显增粗。瘦果椭圆形，褐色，稍具皱纹。花果期 7~9 月。

中生植物。常生于海拔 1200~4300m 的山坡草地、林缘。

阿拉善地区分布于桃花山、龙首山、贺兰山。我国分布于东北、华北、西北、西藏等地。欧亚北部及北美洲也有分布。

大萼委陵菜 *Potentilla conferta* Bunge in Ledeb.　　别名：白毛委陵菜、大头委陵菜

多年生草本，株高10~45cm。直根圆柱形，木质化，粗壮；根茎短，木质，皮被褐色残叶柄与托叶。茎直立，斜升或斜倚，茎、叶柄、总花梗密被开展的白色长柔毛和短柔毛。单数羽状复叶，基生叶和茎下部叶有长柄，连叶柄长5~15(20)cm，有小叶9~13，小叶长椭圆形或椭圆形，长1~5cm，宽7~18mm，羽状中裂或深裂，裂片三角状矩圆形、三角状披针形或带状长圆形，上面绿色，被短柔毛或近无毛，下面被灰白色毡毛，沿脉被绢状长柔毛，茎上部叶与下部叶同形，但小叶较少，叶柄较短；基生叶托叶膜质，外面被柔毛，有时脱落，茎生叶托叶草质，边缘常有牙齿状分裂，顶端渐尖。伞房状聚伞花序紧密；花梗长5~10mm，密生短柔毛和稀疏长柔毛；花直径12~15mm；花萼两面都密生短柔毛和疏生长柔毛，副萼片条状披针形，萼片卵状披针形，与副萼片等长，果期增大，并直立；花瓣长3~5mm，果期增大，长约6mm；花瓣倒卵形，先端微凹；花柱近顶生。瘦果卵状肾形，长约1mm，表面有皱纹。花期6~7月，果期7~8月。

旱生植物。常生于海拔3500m以下的典型草原及草甸草原，为常见的草原伴生植物。

阿拉善地区分布于贺兰山、龙首山。我国分布于黑龙江、内蒙古、河北、山西、甘肃、新疆、四川、云南、西藏等地。蒙古、俄罗斯也有分布。

多茎委陵菜 *Potentilla multicaulis* Bunge

多年生草本，株高约 20cm。根木质化，圆柱形。茎多数，丛生，斜倚或斜升，长 10~25cm，常带暗紫红色，密被短柔毛和长柔毛，基部皮被残余的棕褐色叶柄和托叶。单数羽状复叶，基生叶多数，丛生，有小叶 7~15，连叶柄长 7~15cm，小叶无柄，矩圆形，长 1~3cm，宽 5~10mm，基部楔形，边缘羽状深裂，每边有裂片 3~7，呈篦齿状排列，裂片矩圆状条形，先端锐尖或钝，边缘不反卷，稀稍反卷，上面绿色，被短柔毛，下面密被白色毡毛，沿脉有稀疏长柔毛，叶柄常带暗紫红色，密被短柔毛和长柔毛，托叶膜质，大部分和叶柄合生，被长柔毛；茎生叶与基生叶同形，但小叶较少，叶柄较短，托叶草质，下半部与叶柄合生，分离部分卵形或披针形，先端渐尖。伞房状聚伞花序具少数花，疏松；花梗纤细，长约 1cm，被短柔毛；花直径约 1cm；花萼密被短柔毛，副萼片披针形或条状披针形，长约 2.5mm，萼片三角状卵形，长约 3.5mm，先端尖；花瓣黄色，宽倒卵形，长 4~5mm，先端微凹；花柱近顶生。瘦果椭圆状肾形，长约 1.2mm，表面有皱纹。花果期 6~8 月。

中旱生植物。常生于海拔 200~3800m 的农田边、向阳砾石山坡、滩地，草甸草原及干草原的伴生植物。

阿拉善地区分布于贺兰山、龙首山。我国分布于辽宁、内蒙古、河北、山西、陕西、甘肃、宁夏、青海、新疆、四川、河南等地。蒙古也有分布。

西山委陵菜 *Potentilla sischanensis* Bunge ex Lehm.

多年生草本，株高 7~20cm，全株除叶上面和花瓣外几乎全都覆盖一层厚或薄的白色毡毛。根圆柱状，粗壮，黑褐色；根状茎木质化，多头，皮被多数残留的老叶柄。茎丛生，直立或斜升。单数羽状复叶，多基生，基生叶有长柄，连叶柄长 6~15(20)cm，有小叶 7~13，小叶无柄，近革质，羽状深裂，顶生 3 小叶较大，有裂片 5~13，两侧者较小，有裂片 3~5，稀不裂，裂片矩圆形、披针形或三角状卵形，长 2~15mm，宽 1~4mm，先端稍钝，全缘，边缘向下反卷，上面绿色，疏生长柔毛或疏卷曲柔毛，下面白色，密被毡毛，托叶膜质，与叶柄基部合生，密被绢毛；茎生叶不发达，无柄，2~3 片，有小叶 1~8。聚伞花序，有少数花，排列稀疏；花直径约 1cm；花萼被毡毛，副萼片披针形，长 3~4mm，先端稍钝，萼片卵状披针形，比副萼片稍长，先端稍钝；花瓣黄色，宽倒卵形，长约 5mm，先端微凹；子房肾形，无毛，花柱近顶生；花托半球形，密生长柔毛。瘦果肾状卵形，多皱纹。花果期 5~8 月。

旱中生植物。常生于海拔 200~3600m 的山地阳坡、石质丘陵的灌丛、草原。

阿拉善地区分布于贺兰山。我国分布于内蒙古、河北、山西、陕西、宁夏、甘肃、青海等地。蒙古也有分布。

掌叶多裂委陵菜（变种） *Potentilla multifida* var. *ornithopoda* (Tausch) Th. Wolf

多年生草本，株高20~40cm。直根圆柱形，木质化；根状茎短，多头，皮被棕褐色老叶柄与托叶残余。茎斜升、斜倚或近直立，茎、总花梗与花梗都被长柔毛和短柔毛。单数羽状复叶，基生叶和茎下部叶具长柄，柄有伏生短柔毛，连叶柄长5~15cm，有小叶5，小叶排列紧密，似掌状复叶，小叶间隔5~10mm，小叶羽状深裂几达中脉，狭长椭圆形或椭圆形，长1~4cm，宽5~15mm，裂片条形或条状披针形，先端锐尖，边缘向下反卷，上面伏生短柔毛，下面被白色毡毛，沿主脉被绢毛，托叶膜质，棕色，与叶柄合生部分长达2mm，先端分离部分条形，长5~8mm，先端渐尖，被柔毛或脱落；茎生叶与基生叶同形，但叶柄较短，小叶较少，托叶草质，下半部与叶柄合生，上半部分离，披针形，长5~8mm，先端渐尖。伞房状聚伞花序生于茎顶端；花梗长5~20mm；花直径10~12mm；花萼密被长柔毛与短柔毛，副萼片条状披针形，长2~3mm（开花时），先端稍钝，萼片三角状卵形，长约4mm（开花时），先端渐尖，花萼各部果期增大；花瓣黄色，宽倒卵形，长约6mm；花柱近顶生，基部明显增粗。瘦果椭圆形，褐色，稍具皱纹。花果期7~9月。

旱生植物。为海拔700~4800m典型草原的常见伴生种，偶然可见于荒漠草原及草甸草原中。

阿拉善地区分布于贺兰山、龙首山。我国分布于黑龙江、内蒙古、河北、山西、陕西、甘肃、新疆、西藏等地。蒙古、俄罗斯也有分布。

丛生钉柱委陵菜（变种）*Potentilla saundersiana* var. *caespitosa* (Lehm.) Th. Wolf　别名：雪委陵菜

多年生草本，植株矮小丛生，株高10~20cm。根向下生长较细，根粗壮，圆柱形。茎直立或上升，被白色绒毛及疏柔毛。基生叶3~5掌状复叶，连叶柄长2~5cm，被白色绒毛及疏柔毛，小叶无柄，小叶宽倒卵形，边缘浅裂至深裂，长0.5~2cm，宽0.4~1cm，顶端圆钝或急尖，基部楔形，边缘有多数缺刻状锯齿，齿顶端急尖或微钝，上面绿色，伏生稀疏柔毛，下面密被白色绒毛，沿脉伏生疏柔毛，托叶膜质，褐色，外面被白色长柔毛或脱落几无毛；茎生叶1~2，小叶3~5，与基生叶小叶相似，托叶草质，绿色，卵形或卵状披针形，通常全缘，顶端渐尖或急尖，下面被白色绒毛及疏柔毛。单花顶生，稀2花；花梗长1~3cm，外被白色绒毛；花直径1~1.4cm；萼片三角卵形或三角披针形，副萼片披针形，顶端尖锐，比萼片短或几等长，外被白色绒毛及柔毛；花瓣黄色，倒卵形，顶端下凹，比萼片略长或长1倍；花柱近顶生，基部膨大不明显，柱头略扩大。瘦果光滑。花果期6~8月。

旱生植物。常生于海拔2700~5200m的高山草地及灌丛下。

阿拉善地区分布于贺兰山。我国分布于内蒙古、山西、陕西、甘肃、青海、新疆、四川、云南、西藏等地。

沼委陵菜属 *Comarum* L.

西北沼委陵菜 *Comarum salesovianum* (Steph.) Asch. et. Gr.

半灌木，株高50~150cm。幼茎、叶下面、总花梗、花梗及花萼都有粉质蜡层和柔毛。茎直立，有分枝。单数羽状复叶，连叶柄长4~9cm，小叶片7~11，矩圆状披针形或倒披针形，长15~30mm，宽4~9mm，先端锐尖，基部宽楔形，边缘有尖锐锯齿，上面绿色，下面银灰色；托叶膜质，大部与叶柄合生，先端长尾尖。聚伞花序顶生或腋生，有花2~10朵；花梗长1~2cm；苞片条状披针形，长6~15mm，先端长尾尖；花直径2.5~3cm；萼片三角状卵形，长12~15mm，先端尾尖，副萼片条状披针形，比萼片短；花瓣白色或淡红色，倒卵形，长10~15mm，先端尖锐，基部有短爪；雄蕊淡黄色，比花瓣长。瘦果多数，矩圆状卵形，长约2mm，有长柔毛，埋藏在花长柔毛内。花期7~8月，果期8~9月。

中生植物。常生于海拔2100~4000m的山坡、沟谷、河岸。

阿拉善地区分布于贺兰山。我国分布于内蒙古、甘肃、青海、新疆、西藏等地。蒙古、俄罗斯、印度也有分布。

山莓草属 *Sibbaldia* L.

伏毛山莓草 *Sibbaldia adpressa* Bunge in Ledeb.

多年生草本，株高 1.5~12cm。根木质细长，多分枝。茎矮小，丛生，被绢状糙伏毛。基生叶为羽状复叶，有小叶 2 对，上面一对小叶基部下延与叶轴汇合，有时混生有 3 小叶，连叶柄长 1.5~7cm，叶柄被绢状糙伏毛；顶生小叶片，倒披针形或倒卵长圆形，顶端截形，有 (2)3 齿，极稀全缘，基部楔形，稀阔楔形，侧生小叶全缘，披针形或长圆披针形，长 5~20mm，宽 1.5~6mm，顶端急尖，基部楔形，上面暗绿色，伏生稀疏柔毛或脱落几无毛，下面绿色，被绢状糙伏毛，托叶膜质，暗褐色，外面几无毛；茎生叶 1~2，与基生叶相似，托叶草质，绿色，披针形。聚伞花序数朵，或单花顶生；花 5 数出，直径 0.6~1cm；萼片三角卵形，顶端急尖，副萼片长椭圆形，顶端圆钝或急尖，比萼片略长或稍短，外面被绢状糙伏毛；花瓣黄色或白色，倒卵状长圆形；雄蕊 10，与萼片等长或稍短；花柱近基生。瘦果表面有显著皱纹。花果期 5~8 月。

旱生植物。常生于海拔 600~4200m 砂质土壤及砾石性土壤的干草原或山地草原群落中。

阿拉善地区分布于贺兰山、龙首山。我国分布于黑龙江、内蒙古、河北、甘肃、青海、新疆、西藏等地。蒙古、俄罗斯也有分布。

地蔷薇属 *Chamaerhodos* Bunge

地蔷薇 *Chamaerhodos erecta* (L.) Bunge in Ledeb.

一年生或二年生草本，株高(8)15~30(40)cm。根较细，长圆锥形。茎单生，稀数茎丛生，直立，上部有分枝，密生腺毛和短柔毛，有时混生长柔毛。基生叶三回三出羽状全裂，长1~2.5cm，宽1~3cm，最终小裂片狭条形，长1~3mm，宽约1mm，先端钝，全缘，两面均为绿色，疏生伏柔毛，具长柄，结果时枯萎；茎生叶与基生叶相似，但柄较短，上部者几乎无柄，托叶3至多裂，基部与叶柄合生。聚伞花序着生茎顶，多花，常形成圆锥花序；花梗纤细，长1~6mm，密被短柔毛与长柄腺毛；苞片常3条裂；花小，直径2~3mm；萼筒倒圆锥形，长约1.5mm，萼片三角状卵形或长三角形，与萼筒等长，先端渐尖；花瓣粉红色，倒卵状匙形，长2.5~3mm，先端微凹，基部有爪；雄蕊长约1mm，生于花瓣基部；雌蕊约10，离生，花柱丝状，基生，子房卵形，无毛；花盘边缘和花托被长柔毛。瘦果近卵形，长1~1.5mm，淡褐色。花果期7~9月。

旱生植物。常生于海拔2500m左右的草原带的砾石质丘陵、山坡，在草原、干旱河滩可成为优势植物，组成小面积的群落片段。

阿拉善地区分布于贺兰山。我国分布于东北、华北、西北等地。朝鲜、蒙古、俄罗斯也有分布。

砂生地蔷薇 *Chamaerhodos sabulosa* Bunge in Ledeb.

多年生草本，株高5~18cm。直根圆锥形，木质化，褐色。茎多数，丛生，纤细，斜升、斜倚或近直立，被腺毛和短柔毛，基部密被老叶柄的残余。基生叶多数，丛生，长1~3cm，二回3深裂，小裂片条状倒披针形、倒披针形或条形，长1~2mm，先端钝，全缘，两面灰绿色，密被绢状长柔毛、腺毛，有时还有短柔毛，在果期不枯萎，叶柄长8~20mm，被绢状长柔毛和腺毛；茎生叶互生，与基生叶同形，但叶柄较短，裂片较少。聚伞状花序顶生，疏松；花梗纤细，长3~8mm，被长柔毛和短腺毛；萼筒倒圆锥形，长2mm，萼片三角状卵形，长约2mm，先端尖锐，外面都有长柔毛和短腺毛；花瓣淡红色或白色，倒披针形，长约2mm，宽约0.5mm，先端圆形，基部宽楔形；雄蕊长约0.7mm；雌蕊6~10，离生，子房卵形，花柱基生；花盘边缘位于萼筒中上部，其边缘密生一圈长柔毛。瘦果狭卵形，长1~1.5mm，径0.5~0.7mm，棕黄色，无毛。花期6~7月，果期8~9月。

旱生植物。常生于荒漠草原带的砂质或砂砾质土壤上，也可侵入干草原带。

阿拉善地区均有分布。我国分布于内蒙古、新疆、西藏等地。蒙古、俄罗斯也有分布。

李属 *Prunus* L.

稠李 *Prunus padus* L. 别名：臭李子

小乔木，株高 5~8m，树皮黑褐色。小枝无毛或被带疏短柔毛；腋芽单生。单叶互生，叶片椭圆形、宽卵形或倒卵形，长 3~8cm，宽 1.5~4cm，先端锐尖或渐尖，基部宽楔形或圆形，边缘有尖锐细锯齿，上面绿色，无毛，下面淡绿色，无毛，有时被短柔毛或长柔毛；叶柄长 6~15mm，无毛或被短柔毛，上端有 2 腺体；托叶条状披针形或条形，长 6~10mm，边缘有腺齿或细锯齿，早落。总状花序疏松下垂，连总花梗长 8~12mm；花梗纤细，长 1~1.5cm，无毛；花直径 1~1.5cm；萼筒杯状，长约 3mm，外面无毛，里面有短柔毛，萼片近半圆形，长约 2mm，边缘有细齿，两面均无毛，花后反折；花瓣白色，宽倒卵形，长约 6mm；雄蕊多数，比花瓣短一半；花柱顶生，无毛，子房椭圆形，无毛。核果近球形，直径 7~9mm，黑色，无毛；果梗细长；果核宽卵形，长 5~7mm，表面有弯曲沟槽。花期 5~6 月，果期 8~9 月。

中生植物。常生于海拔 2000~2200m 的山地沟谷、山麓洪积扇及沙地，耐阴、喜潮湿，也零星见于山坡杂木林中。

阿拉善地区分布于贺兰山。我国分布于东北、华北、西北等地。日本、朝鲜、蒙古、欧洲也有分布。

山杏 *Prunus sibirica* L.　　别名：西伯利亚杏

小乔木或灌木，株高 1~2(4)m。小枝灰褐色或淡红褐色，无毛或被疏柔毛。单叶互生，叶片宽卵形或近圆形，长 3~7cm，宽 3~5cm，先端尾尖，尾部长达 2.5cm，基部圆形或近心形，边缘有细钝锯齿，两面无毛或下面脉腋间有短柔毛；叶柄长 2~3cm，有或无小腺体。花单生，近无梗，直径 1.5~2cm；萼筒钟状，萼片矩圆状椭圆形，先端钝，被短柔毛或无毛，花后反折；花瓣白色或粉红色，宽倒卵形或近圆形，先端圆形，基部有短爪；雄蕊多数，长短不一，比花瓣短；子房椭圆形，被短柔毛，花柱顶生，与雄蕊近等长，下部有时被短柔毛。核果近球形，直径约 2.5cm，两侧稍扁，黄色而带红晕，被短柔毛；果梗极短；果肉较薄而干燥，离核，成熟时开裂，核扁球形，直径约 2cm，厚约 1cm，表面平滑，腹棱增厚有纵沟，沟的边缘形成 2 条平行的锐棱，背棱翅状凸出，边缘极锐利如刀刃状。花期 5 月，果期 7~8 月。

旱生植物。多见于海拔 700~2000m 的森林草原地带及其邻近的落叶阔叶林地带边缘。在陡峻的石质向阳山坡常成为建群植物，形成山地灌丛；在森林草原地带，为灌丛草原的优势种和景观植物，也散见于草原地带的沙地。

阿拉善地区分布于贺兰山。我国分布于东北、华北、西北等地。蒙古、俄罗斯也有分布。

野杏（变种）*Prunus armeniaca* var. *ansu* Maxim.

小乔木，株高 1.5~5m，树冠开展；树皮暗灰色，纵裂。小枝暗紫红色，被短柔毛或近无毛，有光泽。单叶，互生，宽卵形至近圆形，长 3~6cm，宽 2~5cm，先端渐尖或短骤尖，基部截形，近心形，稀宽楔形，边缘有钝浅锯齿，上面有短柔毛，或近无毛，下面无毛，脉腋有柔毛；叶柄长 1~3cm，被短柔毛或近无毛，少有腺体；托叶膜质，极微小，条状披针形，边缘有腺齿，被毛，早落。花单生，近无柄；萼筒钟状，萼片矩圆状椭圆形，先端钝，被短柔毛或近无毛；花瓣粉红色，宽倒卵形；雄蕊多数，长短不一，比花瓣短；子房密被短柔毛，花柱细长，被短柔毛或近无毛。果近球形，直径约 2cm，稍扁，密被柔毛，顶端尖；果肉薄，干燥，离核；果核扁球形，平滑，直径约 1.5cm，厚约 1cm，腹棱与背棱相似，腹棱增厚有纵沟，边缘有 2 平行的锐棱，背棱增厚有锐棱。花期 5 月，果期 7~8 月。

旱生植物。多见于海拔 1000~1500m 森林草原地带及其邻近的落叶阔叶林地带边缘。在陡峻的石质向阳山坡，常成为建群植物，形成山地灌丛。

阿拉善地区分布于贺兰山。我国分布于东北、华北、西北等地。蒙古、俄罗斯也有分布。

榆叶梅 *Prunus triloba* Lindl.

灌木或小乔木，株高2~5m。枝紫褐色或褐色，幼时无毛或微有细毛。叶片宽椭圆形或倒卵形，长3~6cm，宽1.5~3cm，先端渐尖，常3裂，基部宽楔形，边缘具粗重锯齿，上面被疏柔毛或近无毛，下面被短柔毛；叶柄长5~8mm，被短柔毛。花1~2朵，腋生，直径2~3cm，先于叶开放，花梗短或几无梗；萼筒钟状，无毛或微被毛，萼片卵形或卵状三角形，具细锯齿；花瓣粉红色，宽倒卵形或近圆形；雄蕊约30，短于花瓣；心皮1，稀2，密被短柔毛。核果近球形，直径1~1.5cm，红色，具沟，有毛，果肉薄，成熟时开裂；核具厚硬壳，表面有皱纹。花期5月，果期6~7月。

旱中生植物。常生于海拔600~2500m的坡地或沟旁乔、灌木林下或林缘。

阿拉善地区分布于贺兰山。我国分布于黑龙江、内蒙古、河北、山西、山东、浙江、江苏等地。俄罗斯、亚洲中部也有分布。

蒙古扁桃 *Prunus mongolica* Maxim.

灌木，株高 1~1.5m；树皮暗红紫色或灰褐色，常有光泽。多分枝，枝条呈近直角方向开展，小枝顶端成长枝刺；嫩枝常带红色，被短柔毛。单叶，小形，多簇生于短枝上或互生于长枝上，叶片近革质，倒卵形、椭圆形或近圆形，长 5~15mm，宽 4~9mm，先端圆钝，有时有小尖头，基部近楔形，边缘有浅钝锯齿，两面光滑无毛，下面中脉明显隆起；叶柄长 1~5mm，无毛；托叶条状披针形，长 1~1.5cm，无毛，早落。花单生于短枝上；花梗极短；萼筒宽钟状，长约 3mm，无毛，萼片矩圆形，与萼筒近等长，先端有小尖头，无毛；花瓣淡红色，倒卵形，长约 6mm；雄蕊多数，长 4~5mm，长短不一；子房椭圆形，密被短毛，花柱细长，与雄蕊近等长，被短毛。核果宽卵形，稍扁，长 12~15mm，直径约 10mm，顶端尖，被毡毛；果肉薄，干燥，离核；果核扁宽卵形，长 8~12mm，有浅沟；种子（核仁）扁宽卵形，长 5~8mm，淡褐棕色。花期 5 月，果期 8 月。

旱生植物。常生于海拔 1000~2400m 荒漠区和荒漠草原区的低山丘陵坡麓、石质坡地及河床。

阿拉善地区均有分布。我国分布于内蒙古、宁夏、甘肃等地。蒙古也有分布。

长梗扁桃 *Prunus pedunculata* (Pall.) Maxim.

灌木，株高 1~1.5m；树皮灰褐色，稍纵向剥裂。多分枝，枝开展，嫩枝浅褐色，常被短柔毛；在短枝上常 3 个芽并生，中间是叶芽，两侧是花芽。单叶互生或簇生于短枝上，叶片倒卵形、椭圆形、近圆形或倒披针形，长 1~3cm，宽 0.7~2mm，先端锐尖或圆钝，基部宽楔形，边缘有锯齿，上面绿色，被短柔毛，下面淡绿色，被短柔毛；叶柄长 2~4mm，被短柔毛；托叶条裂，边缘有腺体，基部与叶柄合生，被短柔毛。花单生于短枝上；直径 1~1.5cm；花梗长 2~4mm，被短柔毛；萼筒宽钟状，长约 3mm，外面近无毛，里面被长柔毛，萼片三角状卵形，比萼筒稍短，先端钝，边缘有疏齿，近无毛，花后反折；花瓣粉红色，圆形，长约 8mm，先端圆形，基部有短爪；雄蕊多数，长约 6mm；子房密被长柔毛，花柱细长，与雄蕊近等长。核果近球形，稍扁，直径 10~13mm，成熟时暗紫红色，顶端有小尖头，被毡毛；果肉薄、干燥、离核；核宽卵形，稍扁，直径 7~10mm，平滑或稍有皱纹；核仁（种子）近宽卵形，稍扁，棕黄色，直径 4~6mm。花期 5 月，果期 7~8 月。

旱生植物。常生于干草原及荒漠草原地带，多见于丘陵地向阳石质斜坡及坡麓。

阿拉善地区分布于贺兰山。我国分布于内蒙古、宁夏等地。蒙古、俄罗斯也有分布。

毛樱桃 *Prunus tomentosa* Thunb. 别名：山樱桃、山豆子

灌木，株高 1.5~3m；树皮片状剥裂。嫩枝密被短柔毛；腋芽常 3 个并生，中间是叶芽，两侧是花芽。单叶互生或簇生于短枝上，叶片倒卵形至椭圆形，长 3~5cm，宽 1.5~2.5cm，先端锐尖或渐尖，基部宽楔形，边缘有不整齐锯齿，上面有皱纹，被短柔毛，下面被毡毛；叶柄长 2~4mm，被短柔毛；托叶条状披针形，长 2~4mm，条状分裂，边缘有腺锯齿。花单生或 2 朵并生，直径 1.5~2cm，与叶同时开放；花梗甚短，被短柔毛；花萼被短柔毛，萼筒钟状管形，长 4~5mm，萼片卵状三角形，长 2~3mm，边缘有细锯齿；花瓣白色或粉红色，宽倒卵形，长 6~8mm，先端圆形或微凹，基部有爪；雄蕊长 6~7mm；子房密被短柔毛。核果近球形，直径约 1cm，红色，稀白色；核近球形，稍扁，长约 7mm，直径约 5mm，顶端有小尖头，表面平滑。花期 5 月，果期 7~8 月。

中生植物。常生于海拔 100~3200m 的山地灌丛间。

阿拉善地区分布于贺兰山。我国分布于东北、华北、内蒙古、陕西、甘肃、江苏等地。朝鲜、日本也有分布。

苦参属 *Sophora* L.

苦豆子 *Sophora alopecuroides* L.

多年生草本，株高30~80cm。根粗壮。茎直立，常由中部多分枝；枝条密生灰色平伏绢毛。单数羽状复叶，具小叶11~25，小叶矩圆状披针形、矩圆状卵形、矩圆形或卵形，长1.5~3cm，宽5~10mm，两面密生平伏绢毛。总状花序顶生；花萼钟形或筒状钟形，密生平伏绢毛，萼齿三角形；花冠黄色，旗瓣矩圆形或倒卵形。荚果串珠状，密生短细而平伏的绢毛，有种子3至多颗；种子宽卵形，黄色或淡褐色。花期5~6月，果期6~8月。

旱生植物。在暖温草原带和荒漠区的盐化覆沙地上，可成为优势植物或建群植物。多生于盐碱土的覆沙地、河滩覆沙地以及平坦沙地，固定、半固定沙地。

阿拉善地区均有分布。我国分布于内蒙古、河北、山西、陕西、甘肃、宁夏、新疆、西藏、河南等地。蒙古、俄罗斯、伊朗也有分布。

沙冬青属 *Ammopiptanthus* Cheng f.

沙冬青 *Ammopiptanthus mongolicus* (Maxim. ex Kom.) S. H. Cheng　　别名：蒙古黄花木

常绿灌木，株高1.5~2m；树皮黄色。多分枝。枝粗壮，灰黄色或黄绿色，幼枝密被灰白色平伏绢毛。叶为掌状三出复叶，少有单叶；小叶菱状椭圆形或卵形，长2~3.8cm，宽6~20mm，先端锐尖或钝、微凹，基部楔形或宽楔形，全缘，两面密被银灰色毡毛；托叶小，三角形或三角状披针形，与叶柄连合而抱茎；叶柄长5~10mm，密被银白色绢毛。总状花序顶生，具花8~10朵；苞片卵形，长5~6mm，有白色绢毛；花梗长约1cm，近无毛；花萼钟状，稍革质，长约7mm，密被短柔毛，萼齿宽三角形，边缘有睫毛；花冠黄色，长约2cm，旗瓣宽倒卵形，边缘反折，顶端微凹，基部渐狭成短爪，翼瓣及龙骨瓣比旗瓣短，翼瓣近卵形，上部一侧稍内弯，爪长约为瓣片的1/2，耳短，圆形，龙骨瓣矩圆形，爪长约为瓣片的1/2，耳短而圆；子房披针形，有柄，无毛。荚果扁平，矩圆形，长5~8cm，宽1.6~2cm，无毛，顶端有短尖，含种子2~5颗；种子球状肾形，直径约7mm。花期4~5月，果期5~6月。

强旱生植物。常生于砂质及砂砾质荒漠，为亚洲中部旱生植物区系中古老的第三纪孑遗种。

阿拉善地区分布于阿拉善左旗、阿拉善右旗。我国分布于内蒙古、宁夏、甘肃等地。蒙古也有分布。

 野决明属 *Thermopsis* R. Br.

披针叶野决明 *Thermopsis lanceolata* R. Br.

多年生草本，株高 10~30cm。主根深长。茎直立，有分枝，被平伏或稍开展的白色柔毛。掌状三出复叶，具小叶 3，小叶矩圆状椭圆形或倒披针形，长 30~50mm，宽 5~15mm，先端通常反卷，基部渐狭，上面无毛，下面疏被平伏长柔毛；叶柄长 4~8mm；托叶 2，长圆状倒卵形至披针形，先端锐尖，基部稍连合，背面被平伏长柔毛。总状花序长 5~10cm，顶生，花与花序轴每节 3~7 朵轮生；苞片卵形或线状卵形；花梗长 2~5mm；花萼钟状，长 16~18mm，萼齿披针形，长 5~10mm，被柔毛；花冠黄色，旗瓣近圆形，长 26~28mm，先端凹入，基部渐狭成爪，翼瓣与龙骨瓣比旗瓣短，有耳和爪；子房被毛。荚果条形，扁平，长 5~6cm，宽 (6)9~10(15)mm，疏被平伏的短柔毛，沿缝线有长柔毛。花期 5~7 月，果期 6~10 月。

中旱生植物。常为草甸草原和草原带的草原化草甸、盐化草甸伴生植物，也见于海拔 2000~4700m 荒漠草原和荒漠区的河岸盐化草甸、沙地或石质山坡。

阿拉善地区均有分布。我国分布于东北、华北、西北等地。蒙古、俄罗斯也有分布。

苜蓿属 *Medicago* L.

花苜蓿 *Medicago ruthenica* (L.) Trautv.

多年生草本，株高 20~60cm。根茎粗壮。茎斜升，近平卧或直立，多分枝，茎、枝常四棱形，疏生短毛。叶为羽状三出复叶；小叶矩圆状披针形、矩圆状楔形或条状楔形，茎下部或中下部的小叶常为倒卵状楔形或倒卵形，长 5~15(25)mm，宽 2~4(7)mm，先端钝或微凹，有小尖头，基部楔形，边缘常在中上部有锯齿，有时中下部亦具锯齿，上面近无毛，下面疏生伏毛，叶脉明显；托叶披针状锥形、披针形或半箭头形，顶端渐尖，全缘或基部具牙齿或裂片，有毛。总状花序，腋生，稀疏，具花 3(4)~10(12) 朵，总花梗超出于叶，疏生短毛；苞片极小，锥形；花黄色，带深紫色，长 5~6mm；花梗长 2~3mm，有毛；花萼钟状，长 2~2.5(3)mm，密被伏毛，萼齿披针形，比萼筒短或近等长；旗瓣矩圆状倒卵形，顶端微凹，翼瓣短于旗瓣，近矩圆形，顶端钝而稍宽，基部具爪和耳，龙骨瓣短于翼瓣；子房条形，有柄。荚果扁平，矩圆形或椭圆形，长 8~12(18)mm，宽 3.5~5mm，网纹明显，先端有短喙，含种子 2~4 颗；种子矩圆状椭圆形，长 2~2.5mm，淡黄色。花期 7~8 月，果期 8~9 月。

中旱生植物。多为草原带的典型草原或草甸草原常见伴生种，有时可为次优势种，在草原也可见到。

阿拉善地区均有分布。我国分布于东北、西北等地。朝鲜、蒙古、俄罗斯也有分布。

紫苜蓿（原变种）*Medicago sativa* var. *sativa*

多年生草本，株高 30~100cm。根系发达，主根粗而长，入土深度达 2m 余。茎直立或有时斜升，多分枝，无毛或疏生柔毛。羽状三出复叶，顶生小叶较大；托叶狭披针形或锥形，长 5~10mm，长渐尖，全缘或稍有齿，下部与叶柄合生；小柄矩圆状倒卵形、倒卵形或倒披针形，长 (5)7~30mm，宽 3.5~13mm，先端钝或圆，具小刺尖，基部楔形，叶缘上部有锯齿，中下部全缘，上面无毛或近无毛，下面疏生柔毛。短总状花序腋生，具花 5~20 余朵，通常较密集，总花梗超出于叶，有毛；花紫色或蓝紫色；花梗短，有毛；苞片小，条状锥形；花萼筒状钟形，长 5~6 mm，有毛，萼齿锥形或狭披针形，渐尖，比萼筒长或与萼筒等长；旗瓣倒卵形，长 5.5~8.5mm，先端微凹，基部渐狭，翼瓣比旗瓣短，基部具较长的耳及爪，龙骨瓣比翼瓣稍短；子房条形，有毛或近无毛，花柱稍向内弯，柱头头状。荚果螺旋形，通常卷曲 1~2.5 圈，密生伏毛，含种子 1~10 颗；种子小，肾形，黄褐色。花期 5~7 月，果期 6~8 月。

旱中生植物。常生于田边、路旁、旷野、草原、河岸及沟谷等地。

阿拉善地区均有分布。我国分布于华北、东北、西北等地。欧洲、亚洲其他地区也有分布。

天蓝苜蓿 *Medicago lupulina* L.

一年生或二年生草本，株高10~30cm。茎斜倚或斜升，细弱，被长柔毛或腺毛，稀近无毛。羽状三出复叶，叶柄有毛；托叶卵状披针形或狭披针形，先端渐尖，基部边缘常有齿，下部与叶柄合生，有毛；小叶宽倒卵形、倒卵形至菱形，长7~14mm，宽4~14mm，先端钝圆或微凹，基部宽楔形，边缘上部具锯齿，下部全缘，上面疏生白色长柔毛，下面密被长柔毛。花8~15朵密集成头状花序，生于总花梗顶端，总花梗长2~3cm，超出叶，有毛；花小，黄色；花梗短，有毛；苞片极小，条状锥形；花萼钟状，密被柔毛，萼齿条状披针形或条状锥状，比萼筒长1~2倍；旗瓣近圆形，顶端微凹，基部渐狭，翼瓣显著比旗瓣短，具向内弯的长爪及短耳，龙骨瓣与翼瓣近等长或比翼瓣稍长；子房长椭圆形，内侧有毛，花柱向内弯曲，柱头头状。荚果肾形，长2~3mm，成熟时黑色，表面具纵纹，疏生腺毛，有时混生细柔毛，含种子1颗；种子小，黄褐色。花期7~8月，果期8~9月。

中生植物。常生于微碱性草甸、沙质草原、田边、路旁等处，草原带的草甸常见伴生种。

阿拉善地区分布于额济纳旗、阿拉善左旗。我国分布于东北、华北、西北、华南等地。朝鲜、日本、蒙古、俄罗斯、印度、西亚和欧洲也有分布。

野苜蓿 *Medicago falcata* L.

多年生草本，株高 20~120cm。根粗壮，木质化。茎斜升或平卧，长 30~60(100)cm，多分枝，被短柔毛。叶为羽状三出复叶；托叶卵状披针形或披针形，长 3~6mm，长渐尖，下部与叶柄合生；小叶倒披针形、条状倒披针形、稀倒卵形或矩圆状卵形，长 (5)9~13(20)mm，宽 2.5~5(7)mm，先端钝圆或微凹，具小刺尖，基部楔形，边缘上部有锯齿，下部全缘，上面近无毛，下面被长柔毛。总状花序密集成头状，腋生，通常具花 5~20 朵，总花梗长，超出叶；花黄色，长 6~9mm；花梗长约 2mm，有毛；苞片条状锥形，长约 1.5mm；花萼钟状，密被柔毛，萼齿狭三角形，长渐尖，比萼筒稍长或与萼筒近等长；旗瓣倒卵形，翼瓣比旗瓣短，耳较长，龙骨瓣与翼瓣近等长，具短耳及长爪；子房宽条形，稍弯曲或近直立，有毛或近无毛，花柱向内弯曲，柱头头状。荚果稍扁，镰刀形，稀近于直，长 7~12mm，被伏毛，含种子 2~3(4) 颗。花期 7~8 月，果期 8~9 月。

旱中生植物。在森林草原及草原带的草原化草甸群落中可形成伴生种或优势种，草甸化羊草草原的亚优势种。喜生于砂质壤土，多见于河滩、沟谷等低湿地生境中。

阿拉善地区均有分布。我国分布于东北、华北、西北等地。俄罗斯也有分布。

草木樨属 *Melilotus* (L.) Mill.

草木樨 *Melilotus officinalis* (L.) Pall.

一年生或二年生草本，株高 60~90cm，有时可达 1m 以上。茎直立，粗壮。多分枝，光滑无毛。叶为羽状三出复叶；托叶条状披针形，基部不齿裂，稀有时靠近下部叶的托叶基部具 1 或 2 齿裂；小叶倒卵形，矩圆形或倒披针形，长 15~27(30)mm，宽 (3)4~7(12)mm，先端钝，基部楔形或近圆形，边缘有不整齐的疏锯齿。总状花序细长，腋生，有多数花；花黄色，长 3.5~4.5mm；花萼钟状，长约 2mm，萼齿 5，三角状披针形，近等长，稍短于萼筒；旗瓣椭圆形，先端圆或微凹，基部楔形，翼瓣比旗瓣短，与龙骨瓣略等长；子房卵状矩圆形，无柄，花柱细长。荚果小，近球形或卵形，长约 3.5mm，成熟时近黑色，表面具网纹，内含种子 1 颗；种子近圆形或椭圆形，稍扁。花期 6~8 月，果期 7~10 月。

旱中生植物。在森林草原和草原带的草甸或轻度盐化草甸中为常见伴生种，并可进入荒漠草原的河滩低湿地及轻度盐化草甸。多生于海拔 3700m 以下的河滩、沟谷、湖盆洼地等低湿地生境中。

阿拉善地区均有分布。我国分布于东北、华北、西北等地。朝鲜、日本、蒙古、俄罗斯也有分布。

白花草木樨 *Melilotus albus* Medik.

一年生或二年生草本，株高达 1m 以上，全草有香气。茎直立，圆柱形，中空。叶为羽状三出复叶；托叶锥形或条状披针形，小叶椭圆形、矩圆形、卵状矩圆形或倒卵状矩圆形等，长 15~30mm，宽 6~11mm，先端钝或圆，基部楔形，边缘具疏锯齿。总状花序腋生，花小，多数，稍密生；花萼钟状，萼齿三角形；花冠白色，长 4~4.5mm，旗瓣椭圆形，顶端微凹或近圆形，翼瓣比旗瓣短，比龙骨瓣稍长或近等长；子房无柄。荚果小，椭圆形或近矩圆形，长约 3.5mm，初时绿色，后变黄褐色至黑褐色，表面具网纹，内含种子 1~2 颗；种子肾形，褐黄色。花果期 7~8 月。

中生植物。常生于田边、路旁荒地及湿润的沙地。

阿拉善地区均有分布。原产于亚洲西部。我国栽培于东北、西北、内蒙古等地。世界各国均有栽培。

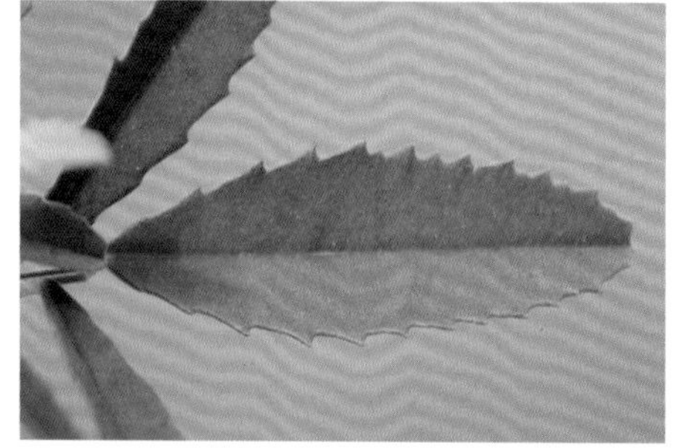

百脉根属 *Lotus* L.

细叶百脉根 *Lotus tenuis* Waldst. et Kit. ex Willd.

多年生草本，株高 10~30cm。茎多斜升，枝细弱，无毛或疏被柔毛，具纵条棱。单数羽状复叶，具小叶 5，其中 3 小叶生于叶柄顶端，其余的 2 小叶生于叶柄基部；小叶卵形、披针形或倒卵形，长 5~15mm，宽 3~6mm，先端锐尖或钝，基部楔形或近圆形，两面无毛或疏生柔毛。花 1~2(3) 朵，生于长 2~5cm 的总花梗上；花淡黄色，干后红色，长 5~11cm；花萼钟状，长 5~6cm，无毛或被短柔毛，萼齿条状披针形；旗瓣近圆形，长 7~10mm，基部渐狭成爪，翼瓣与龙骨瓣近等长，倒卵形，基部有爪及耳，龙骨瓣弯曲，顶端尖呈喙状，基部有爪；子房无毛。荚果圆筒形，长 1.5~3cm，宽 2~3mm，干后棕褐色，顶端有小尖，具网纹。花期 6~7 月，果期 7~8 月。

中旱生植物。常散生于荒漠草原的水边或草原群落中。

阿拉善地区均有分布。我国分布于华北、西北、西南等地。欧洲、中亚也有分布。

苦马豆属 *Sphaerophysa* DC.

苦马豆 *Sphaerophysa salsula* (Pall.) DC. 别名：羊尿泡

多年生草本，株高 20~60cm。茎直立，具开展的分枝，全株被灰白色短伏毛。单数羽状复叶，小叶 13~21；托叶披针形，长约 3mm，先端锐尖或渐尖，有毛；小叶倒卵状椭圆形或椭圆形，长 5~15mm，宽 3~7mm，先端圆钝或微凹，有时具 1 刺尖，基部宽楔形或近圆形，两面均被平伏短柔毛，有时上面毛较少或近无毛；小叶柄极短。总状花序腋生，比叶长，总花梗有毛；花梗长 3~4mm；苞片披针形，长约 1mm；花萼杯状，长 4~5mm，有白色短柔毛，萼齿三角形；花冠红色，长 12~13mm，旗瓣圆形，开展，两侧向外翻卷，顶端微凹，基部有短爪，翼瓣比旗瓣稍短，矩圆形，顶端圆，基部有爪及耳，龙骨瓣与翼瓣近等长；子房条状矩圆形，有柄，被柔毛，花柱稍弯，内侧具纵列须毛。荚果宽卵形或矩圆形，膜质，膀胱状，长 1.5~3cm，直径 1.5~2cm，有柄；种子肾形，褐色。花期 6~7 月，果期 7~8 月。

旱生植物。常生于海拔 960~3180m 的草原带盐碱性荒地、河岸低湿地、沙地，也可进入荒漠带。

阿拉善地区均有分布。我国分布于东北、华北、西北等地。蒙古、俄罗斯也有分布。

铃铛刺属 *Halimodendron* Fisch. ex DC.

铃铛刺 *Halimodendron halodendron* (Pall.) Voss　　别名：盐豆木

灌木，株高 1~3m。老枝灰褐色。双数羽状复叶，具小叶 2~6；托叶针刺状；叶轴硬化成刺，长 1.5~5cm，宿存；小叶倒披针形，长 1~2cm，宽 3~7mm，先端钝圆或微凹，具小尖头，基部楔形，两面无毛；小叶柄甚短。总状花序生 2~5 花，总花梗长 1.5~3cm，密被绢质长柔毛；花梗细，长 5~7mm；花长 1~1.6cm；小苞片钻状，长约 1mm；花萼长 5~6mm，密被长柔毛，基部偏斜，萼齿三角形；花冠淡紫色，旗瓣宽卵形或近圆形，长约 15mm，宽略相同，先端微凹，基部具短爪，翼瓣矩圆形，与旗瓣近等长，爪长为瓣片的 1/4，耳与爪近等长，龙骨瓣长约 13mm，爪长约为瓣片的 1/2；子房无毛，具柄。荚果矩圆状倒卵形，革质，膨胀，长 1.5~2.5cm，宽 8~12mm；果柄长为萼筒的 2 倍，沿背缝线和腹缝线凹入；种子多数，肾形。花期 5~7 月，果期 6~8 月。

旱生植物。常生于荒漠盐化沙地或河流沿岸。

阿拉善地区分布于阿拉善左旗、阿拉善右旗。我国分布于内蒙古、甘肃、新疆等地。蒙古、俄罗斯及中亚也有分布。

锦鸡儿属 *Caragana* Fabr.

矮脚锦鸡儿 *Caragana brachypoda* Pojark.

矮灌木，株高约20cm，树皮黄褐色有光泽。枝条短而密集并多针刺，小枝近四棱形，褐色或黄褐色，具白色隆起的纵条纹。长枝上的托叶宿存并硬化成针刺状，长2~4mm，长枝上的叶轴宿存并硬化成针刺状，长4~12mm，稍弯曲，短枝上的叶无叶柄；小叶4，假掌状排列，倒披针形，长3~6.5mm，宽1~1.5mm，先端锐尖，有刺尖，基部渐狭，淡绿色，两面有短柔毛，上面毛较密，边缘有柔毛。花单生；花梗粗短，长2~3mm，近中部具关节，有毛；花萼筒状，基部偏斜稍呈浅囊状，长9~11mm，宽约4mm，红紫色或带红褐色，被粉霜，疏生短毛，萼齿卵状三角形或三角形，长约2mm，有刺尖，边缘有短柔毛；花冠黄色，常带红紫色，长20~25mm，旗瓣倒卵形，中部黄绿色，顶端微凹，基部渐狭成爪，翼瓣与旗瓣等长，顶端斜截形，有与瓣片近等长的爪及短耳，龙骨瓣与翼瓣等长，具长爪与短耳；子房无毛，荚果近纺锤形，长约27mm，宽5mm，基部狭长，顶端渐尖。花期4~5月，果期6月。

强旱生植物。常为荒漠草原及荒漠植被的伴生植物，并常与绵刺一起形成灌木荒漠群落。常生于海拔900~2000m的覆沙坡地及砂砾质荒漠中。

阿拉善地区均有分布。我国分布于甘肃、内蒙古、宁夏等地。蒙古也有分布。

白皮锦鸡儿 *Caragana leucophloea* Pojark.

灌木，株高1~1.5m，树皮淡黄色或金黄色，有光泽。小枝具纵条棱，嫩枝被短柔毛，常带紫红色。托叶在长枝上的硬化成针刺，长2~5mm，宿存，在短枝上的脱落；叶轴在长枝上的硬化成针刺，长5~8mm，宿存，短枝上的叶无叶轴；小叶4，假掌状排列，狭倒披针形或条形，长4~12mm，宽1~3mm，先端锐尖，有短刺尖，无毛或被伏生短毛。花梗单生，长3~10mm，近中部具关节；花萼钟状，长5~6mm，宽3~5mm，萼齿三角形，锐尖或渐尖；花冠黄色，长13~21mm，旗瓣宽倒卵形，先端微凹，爪宽短，翼瓣条状短圆形，长与旗瓣近相等，瓣柄长为瓣片的1/3，耳长2~3mm，龙骨瓣稍短于旗瓣，爪长为瓣片的1/3，耳短小；子房无毛。荚果圆筒形，长2.5~3.5mm，宽2~4mm。花期5~6月，果期7~8月。

旱生植物。常生于海拔1600~3600m的干河床和薄层覆沙地。

阿拉善地区均有分布。我国分布于内蒙古、甘肃、新疆等地。蒙古、俄罗斯、中亚也有分布。

狭叶锦鸡儿 *Caragana stenophylla* Pojark.

矮灌木，株高15~70cm，树皮灰绿色、灰黄、黄褐色或深褐色，有光泽。小枝纤细，褐色、黄褐色或灰黄色，具条纹，幼时疏生柔毛；长枝上的托叶宿存并硬化成针刺状，长3mm；叶轴在长枝上者亦宿存而硬化成针刺状，长达7mm，直伸或稍弯曲，短枝上的叶无叶轴；小叶4，假掌状排列，条状倒披针形，长4~12mm，宽1~2mm，先端锐尖或钝，有刺尖，基部渐狭，绿色，或多或少纵向折叠，两面无毛或近无毛。花单生；花梗较叶长，长5~10mm，有毛，中下部有关节；花萼钟形或钟状筒形，基部稍偏斜，长5~6.5mm，无毛或疏生柔毛，萼齿三角形，有针尖，长为萼筒的1/4，边缘级短柔毛；花冠黄色，长14~17(20)mm，旗瓣圆形或宽倒卵形，有短爪，长为瓣片的1/5，翼瓣上端较宽呈斜截形，瓣柄长约为瓣片的1/2，爪为耳长的2~2.5倍，龙骨瓣比翼瓣稍短，具较长的爪，与瓣片等长，或为瓣片的1/2以下，耳短而钝；子房无毛。荚果圆筒形，长20~30mm，宽2.5~3mm，两端渐尖。花期5~9月，果期6~10月。

旱生植物。可在典型草原、荒漠草原、山地草原及草原化荒漠等植被中成为稳定的伴生种。喜生于海拔600~2500m的砂砾质土壤、覆沙地及砾石质坡地。

阿拉善地区均有分布。我国分布于内蒙古、山西、陕西、宁夏、甘肃等地。蒙古、俄罗斯也有分布。

甘蒙锦鸡儿 *Caragana opulens* Kom.

灌木，株高40~60cm，树皮灰褐色，有光泽。小枝细长，带灰白色，有条棱，长枝上的托叶宿存并硬化成针刺状，长2~3mm，短枝上的托叶脱落；叶轴短，长3~4.5mm，在长枝上的硬化成针刺状，直伸或稍弯；小叶4，假掌状排列，倒卵状披针形，长3~10mm，宽1~4mm，先端圆形，有刺尖，基部渐狭，绿色，上面无毛或近无毛，下面疏生短柔毛。花单生；花梗长约15mm，无毛，中部以上有关节；花萼筒状钟形，基部显著偏斜呈囊状突起，长8~10mm，宽约6mm，无毛，萼齿三角形，长约1mm，具针尖，边缘有短柔毛；花冠黄色，略带红色，旗瓣长20~25mm，宽倒卵形，顶端微凹，基部渐狭成爪，翼瓣长椭圆形，顶端圆，基部具爪及距状尖耳，龙骨瓣顶端钝，基部具爪及齿状耳；子房筒状，无毛。荚果圆筒形，无毛，带紫褐色，长2.5~4cm，宽3~4mm，顶端尖。花期5~6月，果期6~7月。

中旱生植物。常散生于海拔1600~3600m的山地、丘陵及山地的沟谷或混生于山地灌丛中。

阿拉善地区分布于贺兰山、龙首山、桃花山。我国特有种，分布于内蒙古、陕西、宁夏、甘肃、山西、青海、西藏等地。

鬼箭锦鸡儿 *Caragana jubata* (Pall.) Poir.

灌木，株高约1m，树皮灰绿色、深灰色或黑色。茎直立或横卧，基部多分枝。托叶纸质，与叶柄基部连合，宿存，但不硬化成针刺；叶轴全部宿存，并硬化成针刺，细瘦，易折断，幼时密被长柔毛，长5~7cm，深灰色；小叶8~12，羽状排列，长椭圆形或条状长椭圆形，长5~15mm，宽2~5mm，先端钝或尖，具短刺尖，基部圆形，两面密被长柔毛或有时被疏柔毛。花单生，花梗短，基部具关节；苞片条形；花萼钟状筒形，长14~17mm，密被长柔毛，萼齿披针形，长3~7mm；花冠黄白色或淡红色，长27~32mm，旗瓣宽倒卵形，向基部渐狭成爪，翼瓣矩圆形，上端稍宽或等宽，耳与爪近等长或稍短，龙骨瓣先端斜截而稍凹，爪与瓣片近等长，耳短三角形；子房密被长柔毛。荚果圆筒形，长约2mm，宽约5mm，先端渐尖，密被长柔毛。花期6~7月，果期8~9月。

旱生植物。在海拔2400~3000m的高山、亚高山灌丛中为多度较高的伴生种，有时可为优势种，森林顶部或高山草甸中也常出现。

阿拉善地区分布于贺兰山、龙首山。我国分布于内蒙古、河北、山西、陕西、甘肃、青海、四川等地。蒙古、俄罗斯、尼泊尔、印度、不丹也有分布。

毛刺锦鸡儿 *Caragana tibetica* Kom.　　别名：康青锦鸡儿、藏锦鸡儿

灌木，株高 15~30cm，树皮灰黄色，多裂纹。枝条短而密，灰褐色，密被长柔毛。托叶卵形或近圆形，先端渐尖，膜质，褐色，密被长柔毛；叶轴全部宿存并硬化成针刺状，长 2~3cm，带灰白色，无毛，幼嫩叶轴长约 2cm，灰绿色，密被长柔毛；小叶 6~8，羽状排列，自叶轴呈锐角度展开，条形，常卷折成管状，质较硬，长 6~15mm，宽 0.5~1mm，先端尖，有刺尖，密生绢状长柔毛，灰白色。花单生，长约 25~30mm，几无梗；花萼筒状，基部稍偏斜，长 10~15mm，宽约 5mm，密生长柔毛，萼齿卵状披针形，渐尖，长约 3mm；花冠黄色，旗瓣倒卵形，顶端微凹，基部有爪，爪长为瓣片的 1/2，翼瓣爪约与瓣片等长或较瓣片稍长，耳短而狭，或钝圆，龙骨瓣的爪较瓣片为长，耳短，稍呈齿状；子房密生柔毛。荚果短，椭圆形，外面密被长柔毛，里面密生毡毛。花期 5~7 月，果期 7~8 月。

旱生植物。常为海拔 1000~1400m 的草原化荒漠的建群种，构成垫状锦鸡儿荒漠群系，极少生于其他群落中。

阿拉善地区分布于阿拉善左旗。我国分布于内蒙古、宁夏、甘肃、青海、四川、西藏等地。蒙古、俄罗斯、中亚也有分布。

荒漠锦鸡儿 *Caragana roborovskyi* Kom.　　别名：洛氏锦鸡儿

灌木，株高30~50cm，树皮黄褐色，略有光泽，稍呈不规则的条状剥裂。小枝黄褐色或灰褐色，具灰色条棱，嫩枝密被白色长柔毛。托叶狭三角形，长约5mm，中肋隆起，边缘膜质，先端具刺尖，密被长柔毛；叶轴全部宿存并硬化成针刺状，长15~20mm，密被长柔毛；小叶6~10，羽状排列，宽倒卵形、倒卵形或倒披针形，长5~7mm，宽2~5mm，先端圆形，有细尖，基部楔形，两面密被绢状长柔毛，下面叶脉明显。花单生，长约30mm；花梗极短，长3~5mm，密被长柔毛，在基部有关节；花萼筒状，长约10mm，宽约7mm，密被长柔毛，萼齿狭三角形，长约3mm，渐尖而具刺尖；花冠黄色，全部被短柔毛，旗瓣倒宽卵形，顶端圆，稍具凸尖，基部有短爪，翼瓣长椭圆形，爪长约为瓣片的1/2，耳条形，与爪等长，龙骨瓣顶端锐尖，向内方弯曲，爪较瓣片稍短或近等长，耳较短；子房密被柔毛。荚果圆筒形，长25~30mm，宽约4mm，有毛，顶端渐尖。花期5~6月，果期6~7月。

强旱生植物。常生于海拔1300~2400m的干燥剥蚀山坡、山间谷地及干河床，并可沿干河床构成小面积条带状的荒漠群落。

阿拉善地区均有分布。我国分布于内蒙古、宁夏、甘肃、青海等地。蒙古也有分布。

柠条锦鸡儿 *Caragana korshinskii* Kom.

灌木，株高1.5~3m，树干基部直径3~4cm，树皮金黄色，有光泽。枝条细长，小枝灰黄色，具条棱，密被绢状柔毛。长枝上的托叶宿存并硬化成针刺状，长5~7mm，有毛；叶轴长3~5cm，密被绢状柔毛，脱落；小叶12~16，羽状排列，倒披针形或矩圆状倒披针形，长7~13mm，宽3~6mm，先端钝或尖锐，有刺尖，基部宽楔形，两面密生绢毛。花单生，长约25mm；花梗长12~25mm，密被短柔毛，中部以上有关节；花萼钟状或筒状钟形，长7~10mm，宽5~6mm，密被短柔毛，萼齿三角形或狭三角形，长约2mm；花冠黄色，旗瓣宽卵形，顶端圆，基部有短爪，翼瓣爪长为瓣片的1/2，耳短，牙齿状，龙骨瓣矩圆形，爪长约与瓣片近等，耳极短，瓣片基部呈截形；子房密生短柔毛。荚果披针形或矩圆状披针形，略扁，革质，长20~35mm，宽6~7mm，深红褐色，顶端短渐尖，近无毛。花期5~6月，果期6~7月。

旱生植物。常散生于海拔900~2400m荒漠、荒漠草原地带的流动沙丘及半固定沙地。

阿拉善地区均有分布。我国分布于内蒙古、宁夏、甘肃等地。蒙古也有分布。

 旱雀豆属 *Chesniella* Boriss.

甘肃旱雀豆 *Chesniella ferganensis* (Korsh.) Boriss.

多年生草本，被灰白色长柔毛，呈灰绿色。根直伸，木质化。茎丛生于短缩的木质化根茎上，平卧或斜升，长 (2)10~15cm。单数羽状复叶，具小叶 9；托叶披针形或卵形，先端锐尖或钝；小叶柄极短，小叶倒卵形或倒三角形，长 3~10mm，宽 2~5mm，先端平截，极少圆形，具刺尖，基部楔形，两面被柔毛。花单生于叶腋，红色，长 10~13mm；花梗长 8~18mm，上部具苞，很小；萼筒宽钟状，长 2~3mm，齿三角形，先端长渐尖，齿长为筒长的 1.5~2 倍；旗瓣近圆形，长 10~13mm，爪甚短，先端微凹，背部被丁字毛和鳞粉，翼瓣矩圆形，与旗瓣近等长，爪长约 1mm，具短钝耳，龙骨瓣稍短于旗瓣，爪长不到 1mm，具短钝耳。荚果矩圆形，长 13~15mm，宽 4~5mm，开裂，扁平，密被短柔毛，先端尖；种子肾形，长约 2.5mm，宽约 2mm，有蜂窝状孔。花期 6~7 月，果期 7~8 月。

旱生植物。常生于海拔 1800m 左右的荒漠区石质山坡、戈壁。

阿拉善地区均有分布。我国特有种，分布于内蒙古、甘肃等地。

雀儿豆属 *Chesneya* Lindl. ex Endl.

大花雀儿豆 *Chesneya macrantha* S. H. Cheng ex H. C. Fu　　别名：红花雀儿豆、红花海绵豆

灌木，株高 10~15cm。多分枝，当年枝短缩。单数羽状复叶，具小叶 7~11；托叶三角状披针形，革质，密被平伏短柔毛与白色绢毛，先端渐尖，与叶基部连合；叶轴长 3~5cm，宿存并硬化成针刺状；小叶椭圆形、菱状椭圆形或倒卵形，长 3~7mm，宽 2~4mm，先端钝或锐尖，基部宽楔形或近圆形，上面被浅黑色腺点，两面被平伏的白色绢毛。花较大，长 2.5~3cm，紫红色；花梗长 9~11mm；小苞片条状披针形，褐色，对生，有白色缘毛；花萼管状钟形，长 1.2~1.5cm，二唇形，锈褐色，密被柔毛，萼齿条状披针形，长 5~7mm，有白色缘毛，里面密被白色长柔毛；旗瓣倒卵形，长 22~24mm，顶端微凹，基部渐狭，背面密被短柔毛，翼瓣长约 18mm，顶端稍宽、钝，龙骨瓣长 18~20mm，顶端钝，基部均有长爪；子房有毛。荚果矩圆状椭圆形，长 12~13mm，宽 4~5mm，革质，顶端具短缘，密被长柔毛。花期 6~7 月，果期 8~9 月。

旱生植物。常散生于荒漠区或荒漠草原的山地石缝中、剥蚀残丘或沙地上。

阿拉善地区均有分布。我国分布于内蒙古、新疆等地。蒙古也有分布。

米口袋属 *Gueldenstaedtia* Fisch.

少花米口袋 *Gueldenstaedtia verna* f. verna

多年生草本，株高 5~15cm，全株有长柔毛。主根圆柱状，较细长。分茎短，在根茎上丛生，短茎上有宿存的托叶。叶为单数羽状复叶，具小叶 7~19；托叶三角形，基部与叶柄合生，外面被长柔毛；小叶片矩圆形至条形，或春季小叶常为近卵形（通常夏季的小叶变窄，呈条状矩圆形或条形），长 2~35mm，宽 1~6mm，先端急尖或钝尖，具小尖头，全缘，两面被白色柔毛，花期毛较密，果期毛少或有时近无毛。总花梗数个自叶丛间抽出，顶端各具 2~3(4) 朵花，排列成伞形；花梗极短或无梗；苞片及小苞片披针形；花粉紫色；萼筒钟形，长 4~5mm，密被长柔毛，上 2 萼齿最大；旗瓣近圆形，长 6~8mm，先端微凹，基部渐狭成爪，翼瓣比旗瓣短，长约 7mm，龙骨瓣长约 4.5mm。荚果圆筒形，长 14~18mm，被白色长柔毛。花期 5 月，果期 5~7 月。

旱生植物。常为海拔 1300m 以下草原带的沙质草原伴生种，少量向东进入森林草原带，向西进入荒漠草原带。

阿拉善地区均有分布。我国分布于东北、华北、华东、内蒙古、陕西、甘肃等地。俄罗斯东部和朝鲜北部也有分布。

甘草属 *Glycyrrhiza* L.

甘草 *Glycyrrhiza uralensis* Fisch. ex DC.

多年生草本，株高 30~70cm，全株被短毛或腺体。主根圆柱形，粗而长，有甜味。单数羽状复叶，具小叶 7~17；小叶卵形、倒卵形、近圆形或椭圆形，长 1~3.5cm，宽 1~2.5cm。总状花序腋生，花密集；花淡蓝紫色或紫红色，长 14~16mm；花萼筒状，长 6~7mm；旗瓣椭圆形或近矩圆形。荚果条状矩圆形、镰刀形或弯曲成环状，长 2~4cm，密被短毛及褐色刺状腺体。花期 6~7 月，果期 7~9 月。

中旱生植物。常生于海拔 400~2700m 的碱化沙地，沙质草原，具沙土的田边、路旁、低地边缘及河岸轻度碱化的草甸。生态幅度较广，在荒漠草原、草原、森林草原及落叶阔叶林地带均有生长。在草原沙土上有时可成为优势种，形成片状分布的甘草群落。

阿拉善地区均有分布。我国分布于东北、华北、西北等地。蒙古、俄罗斯、巴基斯坦、阿富汗也有分布。

黄芪属 *Astragalus* L.

草珠黄芪 *Astragalus capillipes* Fisch. ex Bunge 别名：毛细柄黄芪

多年生草本，株高 30~60cm。茎斜升或近直立，无毛。单数羽状复叶，具小叶 5~7；托叶三角形，基部彼此稍连合；小叶椭圆形、矩圆形、卵形或倒卵形，长 5~20mm，宽 3~10mm，通常顶生小叶稍大，先端近截形、近圆形或微凹，基部圆形或宽楔形，全缘，上面无毛，下面有白色平伏短柔毛，具柄短。总状花序腋生，比叶长；花小，白色或淡红色，稍多数，疏散；苞片小，三角形，比花梗短；花萼斜钟状，被短毛，萼齿短，三角形，约为萼齿的 1/4(1/5) 长；旗瓣倒卵形，长 5.5~7mm，顶端微凹，基部具短爪，翼瓣矩圆形，与旗瓣近等长，顶端为不均等的 2 裂，基部有圆耳和细长爪，龙骨瓣较短，亦具耳及爪；子房无毛。荚果近球形或卵状球形，长 4~6mm，无毛，具隆起的脉纹，顶端有歪曲的宿存花柱，2 室。花期 7~9 月，果期 8~9 月。

旱中生植物。常为海拔 300~2000m 草原带山地草原、山地草甸中多度不高的伴生种，在河滩沙地上也有零星分布。

阿拉善地区均有分布。我国分布于东北、华北、黄土高原、内蒙古等地。俄罗斯也有分布。

草木樨状黄芪 *Astragalus melilotoides* Pall.

多年生草本，株高 30~100cm。根深长，较粗壮。茎多数由基部丛生，直立或稍斜升，多分枝，有条棱，疏生短柔毛或近无毛。单数羽状复叶，具小叶 3~7；托叶三角形至披针形，基部彼此连合；叶柄有短柔毛；小叶有短柄，矩圆形或条状矩圆形，长 5~15mm，宽 1.5~3mm，先端钝，截形或微凹，基部楔形，全缘，两面疏生白色短柔毛。总状花序腋生，显著比叶长；花小，长约 5mm，粉红色或白色，多数，疏生；苞片甚小，锥形，比花梗短；花萼钟状，疏生短柔毛，萼齿三角形，显著比萼筒短；旗瓣近圆形或宽椭圆形，基部具短爪，顶端微凹，翼瓣比旗瓣稍短，顶端呈不均等的 2 裂，基部具耳和爪，龙骨瓣比翼瓣短；子房无毛，无柄。荚果近圆形或椭圆形，长 2.5~3.5mm，顶端微凹，具短喙，表面有横纹，无毛，背部具稍深的沟，2 室。花期 7~8 月，果期 8~9 月。

旱中生植物。常为海拔 200~2600m 典型草原及森林草原最常见的伴生植物，在局部可成为次优势种。

阿拉善地区分布于贺兰山。我国分布于东北、华北、西北等地。蒙古、俄罗斯也有分布。

阿拉善黄芪 *Astragalus alaschanus* Bunge ex Maxim.

多年生草本，株高 5~15cm。茎细弱，斜升，密被白色平伏的短柔毛。单数羽状复叶，长 2~4cm，具小叶 11~17；托叶卵状三角形，长 2~3mm，有毛，先端渐尖，基部与叶柄稍连合；小叶倒卵状矩圆形、倒卵形或椭圆形，长 2~5mm，宽 1~2mm，先端钝或稍尖，基部宽楔形或圆形，两面被白色平伏的短柔毛。总状花序腋生或顶生，具花 10~14 朵，排列紧密呈头状；总花梗比叶长或与之近等长，密被白色平伏的短柔毛，上端混生黑色短柔毛；苞片卵状披针形，长约 1.5mm，膜质，先端尖，有毛；花长 5~6mm，蓝紫色；花萼钟状，长约 3mm，被白色和黑色的平伏短柔毛，萼齿不等长，长 0.5~0.7mm，上萼齿 2，较长，狭三角，下萼齿 3，较短，三角形；旗瓣宽倒卵形，长约 5mm，顶端凹，翼瓣与旗瓣近等长，矩圆形，顶端全缘，基部具短爪和耳，龙骨瓣与翼瓣近等长；子房有毛。荚果近球形，稍被毛。花期 6~7 月。

旱生植物。常生于海拔 2000m 左右的荒漠区山沟滩地。

阿拉善地区分布于贺兰山。我国特有种，分布于内蒙古、宁夏等地。

乌拉特黄芪 *Astragalus hoantchy* Franch. 别名：粗壮黄芪

多年生草本，株高可达1m。茎直立，多分枝，具条棱，无毛或疏生白色和黑色的长柔毛。单数羽状复叶，长20~25cm，叶柄疏生白色长柔毛，具小叶9~25；托叶卵状三角形，膜质，长7~10mm，与叶柄分离，先端尖，有毛；小叶宽卵形、近圆形或倒卵形，长5~20mm，宽4~15mm，先端圆形、微凹或截形，有小凸尖，基部宽楔形或圆形，全缘，两面中脉上疏生白色或黑色长柔毛或无毛，小叶柄长1~2mm。总状花序腋生，疏具12~15朵花；总花梗长10~25cm；花紫红色或紫色，长25~30mm；花梗长5~8mm，疏生长柔毛；苞片披针形，膜质，先端渐尖，较花梗长，有毛；花萼钟状筒形，近膜质，长9~12(17)mm，于结果时基部一侧膨大成囊状，外面疏生黑色或白色长柔毛，上萼齿2，较短，近三角形，长约5mm，下萼齿3，较长，披针形，长约6mm；旗瓣宽卵形，长25~28mm，顶端微凹，基部渐狭成爪，翼瓣矩圆形，爪长等于瓣长的1/2，翼瓣和龙骨瓣均较旗瓣稍短；子房无毛，有子房柄，柱头具簇状毛。荚果下垂，两侧扁平，有长柄，矩圆形，顶端渐狭，有网纹，长5~6cm（包括长15~20mm的柄），宽约1cm；种子矩圆状肾形，长5~6mm，黑褐色，有光泽，在一侧中上部有1近三角状缺口。花期6月，果期7月。

旱中生植物。常散生于海拔1500~2250m的草原区和荒漠区石质山坡或沟谷中，以及山地灌丛中。

阿拉善地区分布于贺兰山、龙首山。我国特有种，分布于内蒙古、宁夏、甘肃、青海等地。

了墩黄芪 *Astragalus pavlovii* B. Fedtsch. & Basil.

一年生草本，株高10~25cm，全株各部位被平伏的短毛。主根明显，细长，黄褐色。由基部丛生多数茎，较细，直立或稍斜升，少分枝。单数羽状复叶，长2~3cm，具小叶5~7；托叶三角状卵形，长1~2mm，先端锐尖，基部与叶柄连合；小叶矩圆状倒卵形或矩圆状倒披针形，稀近椭圆形，长(5)10~12mm，宽2~6mm，先端圆形、截形或微凹，基部楔形，上面无毛或近无毛，下面被平伏的白色短毛。短总状花序腋生，总花梗较叶长，花序长1~2.5cm，具花(5)15~25朵，紧密，紫色；苞片卵状披针形，长约1mm，膜质；萼筒钟状，长约2mm，有毛，萼齿短，三角状卵形；旗瓣长8~9mm，瓣片倒卵形，先端微凹，基部渐狭，翼瓣长约8mm，瓣片矩圆形，先端微凹，爪长为瓣片之半，具耳，龙骨瓣短于翼瓣，顶端稍钝，爪稍短于瓣片；子房无毛。荚果矩圆形，长7~15mm，直或稍弯，背面有窄沟，两端稍尖，被网纹，无毛，近2室。花期5~7月，果期6~8月。

旱生植物。常散生于海拔1500~1800m的荒漠区干河床、浅洼地及砂砾质地。

阿拉善地区均有分布。我国分布于宁夏、甘肃、内蒙古西部、新疆等地。蒙古也有分布。

长毛荚黄芪 *Astragalus monophyllus* Bunge ex Maxim.

多年生草本，株高3~5cm，被白色平伏长丁字毛。主根较粗，木质化。茎极短或无地上茎。叶基生，三出复叶，具小叶1或3；托叶膜质，与叶柄连合达1/2，上部狭三角形，密被白色丁字毛；叶柄1~4cm；小叶宽卵形、宽椭圆形或近圆形，长7~22mm，宽7~15mm，先端锐尖，基部近圆形，上面疏被平伏的丁字毛，下面毛较密，深绿色，稍厚硬。总状花序短于叶，密被毛，具花1~2朵，淡黄色；苞片膜质，卵状披针形，长5~6mm，先端渐尖，被毛；萼筒钟状管形，长8~10mm，萼齿披针形或条形，长4~6mm，被白色平伏丁字毛；旗瓣倒披针形，长15~18mm，顶端圆形，基部渐狭，翼瓣较旗瓣短，长14~16mm，顶端钝或稍尖，具长爪及圆耳，龙骨瓣又较翼瓣短，长12~14mm，具爪及耳；子房密被毛。荚果矩圆形、矩圆状椭圆形或矩圆状卵形，长2~3cm，宽6~8mm，稍膨胀，喙长5~6mm，密被白色绵毛。花期5月，果期6~7月。

荒漠的旱生植物。常为海拔1000~4000m荒漠草原和荒漠地带的伴生种。

阿拉善地区均有分布。我国分布于内蒙古、山西、甘肃、新疆等地。蒙古也有分布。

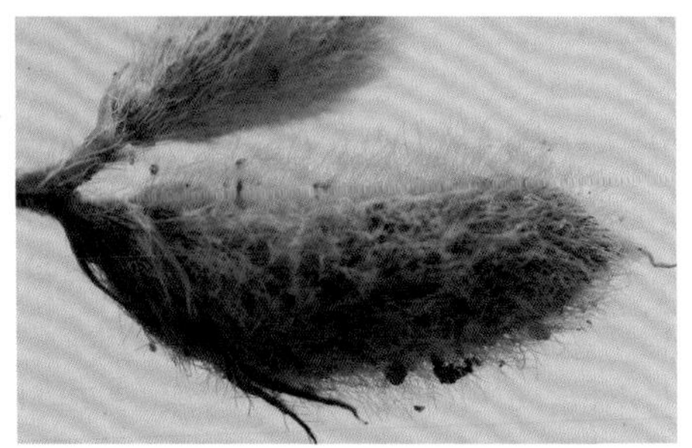

玉门黄芪 *Astragalus yumenensis* S. B. Ho

多年生草本，株高 15~30cm。根粗壮，木质，黄褐色，皮部纵裂，颈部多分枝。茎短缩，被平伏灰色丁字毛。单数羽状复叶，长 5~7cm，具小叶 5~7；托叶三角形，基部与叶柄连合；叶柄长于叶轴；小叶条形或条状披针形，长 10~25mm，宽 1~2mm，先端渐尖，基部楔形，两面被平伏的丁字毛。总花梗较叶长 1~3 倍，较叶柄粗壮，密被白色平伏的丁字毛；总状花序长 3~8cm，花红紫色；苞片披针形，近膜质，长约 2mm；萼筒管状，长 8~12mm，被白色和黑色的平伏丁字毛，萼齿钻状，长约 2mm；旗瓣长倒卵形，长 17~20mm，先端微凹，基部渐狭成爪，翼瓣长 14~16mm，瓣片条状矩圆形，先端微凹，爪细长，龙骨瓣长 10~14mm，瓣片较爪稍短；子房无柄，被平伏的黑色或白色丁字毛。荚果稍歪曲，长 10~15mm，粗约 2mm，被白色和少量黑色的丁字毛。花期 5~6 月，果期 7~8 月。

旱生植物。常生长于海拔 2000m 左右荒漠区的砾石质坡地。

阿拉善地区均有分布。我国特有种，分布于内蒙古西部、甘肃等地。

哈密黄芪 *Astragalus hamiensis* S. B. Ho

多年生草本，株高 20~50cm。主根粗长。茎丛生，直立或斜升，多分枝，疏被灰白色平伏的丁字毛，呈灰绿色。单数羽状复叶，具小叶 (3)7~9，叶长 3~7cm；托叶三角形，基部与叶柄连合，被平伏的丁字毛；叶柄长 1~2cm；小叶椭圆形、卵形、披针状椭圆形或披针状卵形，长 10~30mm，宽 5~15mm，先端锐尖，很少稍钝，基部宽楔形或稍圆，两面疏被平伏的丁字毛。总花梗长于叶，被平伏的丁字毛；总状花序有花 4~15 朵，较密集，黄色，先端稍带淡红色；苞片披针形，较花梗长；花萼钟状筒形，长 6~10mm，被平伏的丁字毛，萼齿钻状，长 2~3mm；旗瓣长 13~15mm，瓣片狭倒卵形，先端微凹，基部渐狭，翼瓣短于旗瓣，瓣片狭矩圆形，先端左上侧微缺，基部具耳，瓣片与爪近等长，龙骨瓣较翼瓣稍短，瓣片近椭圆形，爪长于瓣片；子房无柄，被白色平伏的毛。荚果圆柱状，长 3~4.5cm，粗 2~3mm，直或稍弯，先端具短喙，被白色平伏的丁字毛，2 室；种子多数，肾形。花期 5~6 月，果期 8~9 月。

旱生植物。常生长于荒漠区的盐渍低地。

阿拉善地区分布于额济纳旗。我国特有种，分布于内蒙古西部、新疆、甘肃等地。

莲山黄芪 *Astragalus leansanicus* Ulbr. 别名：历安山黄芪

多年生草本，株高 15~40cm。茎丛生，多分枝，有角棱，疏被白色丁字毛，单数羽状复叶，具小叶 9~17；托叶卵状披针形至披针形，长约 1mm；叶柄长 0.5~1cm，小叶椭圆形，矩圆形或卵状披针形，长 5~10mm，宽 1~3mm，先端钝或锐尖，基部钝圆或楔形，两面被白色平伏的丁字毛。总状花序腋生，具花 6~10 朵，总花梗长于叶，疏被白色丁字毛；苞片卵形，长约 1mm，膜质，被白色毛；花萼管状，长 6~9mm，萼齿条形，长 1~2.5mm，被黑色或白色毛，花冠红色或蓝紫色，旗瓣匙形，长 12~17mm，先端微凹，具短爪或不明显，翼瓣较旗瓣短，瓣片矩圆形，稍长于爪，龙骨瓣较翼瓣短，瓣片先端稍尖，稍短于爪；子房疏被丁字毛，柄长 0.5mm。荚果棍棒状，长 2~3cm，粗 2~3mm，直或稍弯，先端渐尖，背部具沟槽，腹部龙骨状，疏被短丁字毛；种子肾形，橄榄色。花期 5~6 月，果期 6~9 月。

旱中生植物。常生于海拔 1000~2200m 的砾石滩地或河床。

阿拉善地区均有分布。我国特有种，分布于内蒙古、山西、宁夏、陕西、甘肃、新疆等地。

兰州黄芪 *Astragalus lanzhouensis* Podlech & L. R. Xu

多年生草本，株高约 15cm。主枝短缩，暗褐色，枝细弱，密被平伏的丁字毛，呈灰绿色。单数羽状复叶，具小叶 11~15(21)；托叶分离，卵状披针形，长 1.5~2mm，被平伏的丁字毛，黑色；叶长 2~5cm，叶柄短于叶轴，被平伏白色丁字毛；小叶长椭圆形或近披针形，长 4~7mm，宽 1~1.5mm，先端渐尖或锐尖，基部宽楔形，两面密被平伏的丁字毛。总花梗长于叶 1.5~2 倍，很少近相等，被平伏白色丁字毛；短总状花序近伞房状，长 2~2.5cm，有 4~10 朵花，淡紫色；苞片披针形，长约 4mm，较花梗长约 1 倍，疏被白色和黑色丁字毛；萼筒管状，长 6~8mm，密被平伏的白色和黑色丁字毛，齿丝状，长 3~4mm；旗瓣长 20~24mm，瓣片矩圆状倒卵形，顶端稍凹，中下部渐狭，爪短而高，翼瓣长 17~22mm，瓣片矩圆形，顶端凹入或近全缘，龙骨瓣长 16~20mm，瓣片倒卵形，爪长于瓣片或与之近等长。荚果条形，长约 1.5mm，直或稍弯，革质，密被平伏的白色和黑色丁字毛，不完全 2 室。花期 5~6 月。

旱生植物。常生于海拔 1600~2600m 的砾石质山坡。

阿拉善地区分布于贺兰山。我国特有种，分布于甘肃、内蒙古等地。

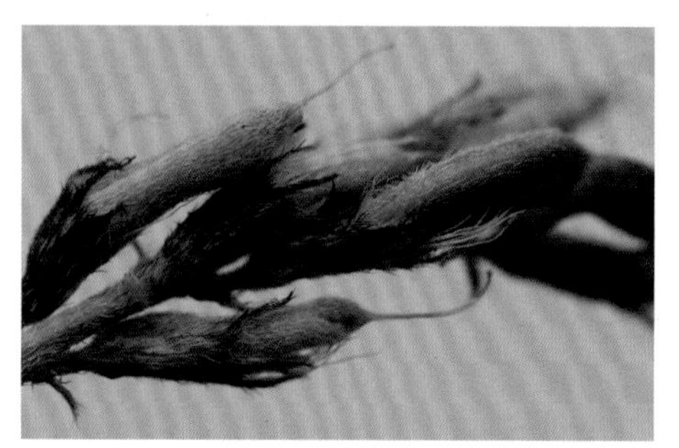

斜茎黄芪 *Astragalus laxmannii* Jacq.

多年生草本，株高 20~60cm。根较粗壮，暗褐色。茎数个至多数丛生，斜升，稍有毛或近无毛。单数羽状复叶，具小叶 7~23；托叶三角形，渐尖，基部彼此稍连合或有时分离，长 3~5mm；小叶卵状椭圆形、椭圆形或矩圆形，长 10~25(30)mm，宽 2~8mm，先端钝或圆，有时稍尖，基部圆形或近圆形，全缘，上面无毛或近无毛，下面有白色丁字毛。总状花序于茎上部腋生，总花梗比叶长或近相等，花序圆柱形，少为近头状，花多数，密集，有时稍稀疏，蓝紫色、近蓝色或红紫色，稀近白色，长 11~15mm；花梗极短；苞片狭披针形至三角形，先端尖，通常较萼筒显著短；花萼筒状钟形，长 5~6mm，被黑褐色或白色丁字毛或两者混生，萼齿披针状条形或锥形，长约为萼筒的 1/3~1/2，或比萼筒稍短；旗瓣倒卵状匙形，长约 15mm，顶端深凹，基部渐狭，翼瓣比旗瓣短，比龙骨瓣长；子房有白色丁字毛，基部有极短的柄。荚果矩圆形，长 7~15mm，具 3 棱，稍侧扁，背部凹入成沟，顶端具下弯的短喙，基部有极短的果梗，表面被黑色、褐色或白色的丁字毛，或彼此混生，由于背缝线凹入将荚果分隔为 2 室。花期 7~8(9) 月，果期 8~10 月。

中旱生植物。常生于海拔 2000~2500m 的森林草原及草原带，是草甸草原的重要伴生种或亚优势种。

阿拉善地区均有分布。我国分布于东北、华北、西北、西南等地。俄罗斯、朝鲜、日本、蒙古也有分布。

变异黄芪 *Astragalus variabilis* Bunge ex Maxim.

多年生草本，株高10~30cm，全株各部有丁字毛，呈现灰绿色。主根伸长，黄褐色，木质化。由基部丛生多数茎，较细，直立或稍斜升，具分枝，密被白色丁字毛。单数羽状复叶，具小叶11~15；托叶小，三角形或卵状三角形，与叶柄分离；小叶矩圆形、倒卵状矩圆形或条状矩圆形，长3~10mm，宽1~3mm，先端钝，圆形或微凹，基部宽楔形或圆形，全缘，上面绿色，疏生白色平伏的丁字毛，下面灰绿色，毛较密。总花梗较叶短，有毛；短总状花序腋生，具花多数，紧密；花小，长8~11mm，淡蓝紫色或淡红紫色；花梗短，长约1mm，有毛；苞片卵形或卵状披针形，长约1mm，近边缘疏生黑毛；花萼钟状筒形，长5~6mm，萼齿条状锥形，长1~2mm，均被黑色和白色丁字毛；旗瓣倒卵状矩圆形，长约10mm，顶端深凹，基部渐狭，翼瓣与旗瓣等长，龙骨瓣较短，两者有爪及耳；子房有毛。荚果矩圆形，稍弯，两侧扁，长10~13mm，宽约3mm，先端锐尖，有短喙，表面密被白色平伏的丁字毛，2室。花期5~6月，果期6~8月。

旱生植物。常散生于海拔1800~2900m荒漠区的干河床、浅洼地、浅沟底部，很少进入草原带。

阿拉善地区均有分布。我国分布于内蒙古、宁夏、甘肃等地。蒙古南部也有分布。

糙叶黄芪 *Astragalus scaberrimus* Bunge　　别名：春黄芪

多年生草本，株高 8~15cm。地下具短缩而分枝的、木质化的茎或具横走的木质化根状茎，无地上茎或有极短的地上茎，或有稍长的平卧的地上茎，密集于地表，呈莲座状，全株密被白色丁字毛，呈灰白色或灰绿色。单数羽状复叶，长 5~10cm，具小叶 7~15；托叶与叶柄连合达 1/3~1/2，长 4~7mm，离生部分为狭三角形至披针形，渐尖；小叶椭圆形、近矩圆形，有时为披针形，长 5~15mm，宽 2~7mm，先端锐尖或钝，常有小凸尖，基部宽楔形或近圆形，全缘，两面密被白色平伏的丁字毛。总状花序由基部腋生，总花梗长 1~3.5cm，具花 3~5 朵；花白色或淡黄色，长 15~20mm；苞片披针形，比花梗长；花萼筒状，长 6~9mm，外面密被丁字毛，萼齿条状披针形，长为萼筒的 1/3~1/2；旗瓣椭圆形，顶端微凹，中部以下渐狭，具短爪，翼瓣和龙骨瓣较短，翼瓣顶端微缺；子房有短毛。荚果矩圆形，稍弯，长 10~15mm，宽 2~4mm，喙不明显，背缝线凹入成浅沟，果皮革质，密被白色丁字毛，内具假隔膜，2 室。花期 5~8 月，果期 7~9 月。

旱生植物。常生于海拔 400~1500m 的山坡、草地和沙地，也见于草甸草原、山地林缘，为草原带中常见的伴生植物。

阿拉善地区均有分布。我国分布于东北、华北、西北等地。蒙古、俄罗斯也有分布。

乳白黄芪 *Astragalus galactites* Pall.　　别名：白花黄芪

多年生草本，株高 5~10cm。具短缩而分枝的地下茎，地上部分无茎或具极短的茎。单数羽状复叶，具小叶 9~21；托叶下部与叶柄合生，离生部分卵状三角形，膜质，密被长毛；小叶矩圆形、椭圆形、披针形至条状披针形，长 5~10(15)mm，宽 1.5~3mm，先端钝或锐尖，有小凸尖，基部圆形或楔形，全缘，上面无毛，下面密被白色平伏的丁字毛。花序近无梗，通常每叶腋具花 2 朵，密集于叶丛基部如根生状，花白色或稍带黄色；苞片披针形至条状披针形，长 5~9mm，被白色长柔毛；花萼筒状钟形，长 8~13mm，萼齿披针状条形或近锥形，为萼筒的 1/2 长至近等长，密被开展的白色长柔毛；旗瓣菱状矩圆形，长 20~30mm，顶端微凹，中部稍缢缩，中下部渐狭成爪，两侧呈耳状，翼瓣长 18~26mm，龙骨瓣长 17~20mm，翼瓣及龙骨瓣均具细长爪；子房有毛，花柱细长。荚果小，卵形，长 4~5mm，先端具喙，通常包于萼内，幼果密被白毛，以后毛较少，1 室；通常含种子 2 颗。花期 5~6 月，果期 6~8 月。

旱生植物。常生于海拔 1000~3500m 的草原区，也进入荒漠草原群落中，春季在草原群落中可形成明显的开花季。喜砾石质和砂砾质土壤，尤其在放牧退化的草场上大量繁生。

阿拉善地区均有分布。我国分布于东北、华北、西北等地。蒙古、俄罗斯也有分布。

新巴黄芪 *Astragalus grubovii* Sanchir

多年生草本，株高 5~20cm。根粗壮，直伸，黄褐色或褐色，木质。无地上茎或有多数短缩存于地表或埋入表土层的地下茎，叶与花密集于地表呈丛生状，全株灰绿色，密被开展的丁字毛。单数羽状复叶，长 4~20cm，具小叶 9~29；托叶披针形，长 7~15mm，膜质，长渐尖，基部与叶柄连合，外面密被长柔毛；小叶椭圆形或倒卵形，长 (3)5~10(15)mm，宽 (2)3~8mm，先端圆钝或锐尖，基部楔形或近圆形，两面密被开展的丁字毛。花序近无梗，通常每叶腋具 5~8 朵花，密集于叶丛的基部，淡黄色；苞片披针形，长 3~6mm，膜质，先端渐尖，外面被开展的白毛；花萼筒形，长 10~15mm，密被半开展的白色长柔毛，萼齿条形，长 2~5mm；旗瓣矩圆状倒卵形，长 17~24mm，宽 6~9mm，先端圆形或微凹，中部稍缢缩，基部具短爪，翼瓣长 16~20mm，瓣片条状矩圆形，顶端全缘或微凹，基部具长爪及耳，龙骨瓣长 14~17mm，瓣片矩圆状倒卵形，先端钝，爪较瓣片长约 2 倍；子房密被白色长柔毛。荚果无柄，矩圆状卵形，长 10~15mm，稍膨胀，喙长 (2)3~6mm，密被白色长柔毛，2 室。花期 5~6 月，果期 6~7 月。

旱生植物。常生于草原带至荒漠区的砾质或砂质地、干河谷、山麓或湖盆边缘。

阿拉善地区均有分布。我国分布于内蒙古、宁夏、陕西、甘肃、新疆等地。蒙古也有分布。

宁夏黄芪 *Astragalus ningxiaensis* Podlech & L. R. Xu

多年生草本，株高10~20cm。根粗壮，直伸，褐色。具多数短缩的地上茎，形成密丛，全株密被开展的丁字毛，茎及叶柄基部被毛极密，呈毡毛状。单数羽状复叶，具小叶11~25；托叶披针形或卵状披针形，长5~10mm，基部与叶柄连合，外面密被白色长毛；小叶宽椭圆形、宽倒卵形或近圆形，长5~15mm，宽3~7mm，先端圆形或钝，基部圆形或宽楔形，全缘，两面密被开展的丁字毛。短总状花序，腋生，总花梗长2~4cm，密被白色长毛，具花10余朵，多数花序密集于叶丛的基部，类似根生；花梗极短或近无梗；花紫红色，长18~22mm；苞片条状披针形或条形，渐尖，长10~15mm，被开展的长毛；花萼筒状，长15~18mm，密被开展的白色长毛，萼齿条形，长5~9mm；旗瓣矩圆形或匙形，长20~22mm，先端圆形或微凹，中部稍缢缩，基部渐狭成爪，翼瓣比旗瓣稍短，比龙骨瓣稍长；子房狭矩圆形，有长毛，花柱细长。荚果近无柄，卵形或矩圆状卵形，稍膨胀，顶端渐尖，基部圆形，密被白色长硬毛，长10~15mm（连喙），喙长3~5mm，2室；种子肾形或椭圆形，长约2mm，橘黄色。花期5~6月，果期7月。

旱生植物。常生于荒漠或荒漠草原带的平坦沙地、半固定沙地。

阿拉善地区均有分布。我国特有种，分布于内蒙古、宁夏、甘肃等地。

盐生黄芪 *Astragalus lang-ranii* (S. B. Ho) Podlech

多年生草本，株高约10cm。茎短缩，被半开展丁字毛。单数羽状复叶，长8~10cm，小叶多达23枚；托叶三角状卵形，基部与叶柄连合，叶柄长于或近等长于叶轴；小叶披针形或矩圆状椭圆形，长3~6mm，宽1.5~2mm，先端钝或锐尖，基部圆形或宽楔形，两面密被或疏被平伏的丁字毛。总花梗甚短，被半开展的白色丁字毛；总状花序短，具少数花；花粉红色或白色；苞片条形，长5~10mm，先端长渐尖，绿色，疏被开展白色长毛；萼筒管状，长7~9mm，密被平伏或半开展的丁字毛，萼齿丝状条形，长3~4mm；旗瓣倒卵状矩圆形，长16~20mm，宽4~4.5mm，先端微凹，下部渐狭成宽爪，翼瓣长14~15mm，瓣片矩圆形，较爪稍短，龙骨瓣长10~12mm，爪长于瓣片；子房具短柄，有毛。花期5~6月，果期8~9月。

旱生植物。常生于海拔1000~1500m的荒漠地带的砂质地。

阿拉善地区均有分布。我国分布于宁夏、内蒙古等地。蒙古也有分布。

浅黄芪 *Astragalus dilutus* Bunge

多年生草本，株高 3~10cm，无地上茎，叶基生，呈密丛状，全株密被白色丁字毛，呈灰绿色。根较粗壮，多分枝，暗褐色或黄褐色，根茎部有残存的枯叶柄。单数羽状复叶，具小叶 9~13(15)；托叶卵状三角形至卵状披针形，长 3~4cm，先端渐尖，与叶柄离生，下部彼此连合，密被稍粗硬的白色丁字毛；小叶椭圆形或倒卵形，长 5~12mm，宽 3~5mm，先端钝或稍尖，基部宽楔形，全缘，两面密被白色丁字毛。总花梗比叶短或近等长，密被白毛，花 5~10 朵集生于总花梗顶端构成近头状的短总状花序，花淡紫色或淡黄色，长 17~22cm；苞片长卵状披针形，长 3~3.5mm，有毛；花萼初为筒状，长 9~10mm，至结果时则为矩圆状卵形，长 10~15mm，被黑色和白色丁字毛，萼齿条状锥形，长 3~4mm；旗瓣矩圆状卵形，顶端圆形或微凹，基部渐狭成爪，翼瓣较旗瓣短，龙骨瓣又较翼瓣短，两者均具爪和耳。荚果卵形或披针状矩圆形，长 8~9mm，宽 3~3.5mm，密被白色长硬毛，包藏于萼内。花期 6~7 月，果期 7~8 月。

旱生植物。常生于海拔 700m 左右的荒漠草原或荒漠区的砾质山坡。

阿拉善地区均有分布。我国分布于内蒙古、新疆、宁夏、甘肃等地。蒙古、哈萨克斯坦、俄罗斯也有分布。

胀萼黄芪 *Astragalus ellipsoideus* Ledeb.

多年生草本，株高10~30cm。根粗壮，褐色或黄褐色。近无茎。单数羽状复叶，具小叶9~17；托叶卵形，长5~8mm，基部与叶柄连合，密被白色丁字毛；叶柄与叶轴等长或为其1.5倍；小叶椭圆形或倒卵形，长5~15mm，宽3~5mm，先端锐尖或钝，基部宽楔形，两面密被平伏的白色丁字毛。总花梗与叶近等长或稍长，被平伏的白色丁字毛，短总状花序卵形、近球形或圆筒形，长3~6cm，花密集，黄色；苞片条状披针形，长2~3mm，被白色毛，有时被黑色缘毛；花萼筒形，长约10mm，结果时膨胀，长12~16mm，萼齿条状锥形，长4~5mm，被白色与黑色长柔毛；旗瓣长20~27mm，瓣片矩圆状倒披针形，先端微凹或圆，中部渐窄，爪长为瓣片的1/3~1/2，翼瓣比旗瓣稍短，瓣片条状矩圆形，为爪长的2/3，龙骨瓣长15~18mm，爪长于瓣片。荚果卵状矩圆形，长12~15mm，宽约4mm，短渐尖，包于萼筒内，革质，2室，密被开展白色丁字毛。花期5月，果期6月。

旱生植物。常生于海拔1400~1700m荒漠草原或荒漠区的砾质山坡或山前砂砾质地。

阿拉善地区均有分布。我国分布于内蒙古、宁夏、甘肃、青海、新疆等地。俄罗斯、哈萨克斯坦也有分布。

棘豆属 *Oxytropis* DC.

猫头刺 *Oxytropis aciphylla* Ledeb.

半灌木，株高10~15cm。根粗壮，深入土中。茎多分枝，开展，全体呈球状株丛。叶轴宿存，木质化，呈硬刺状，长2~5cm，下部粗壮，向顶端渐细瘦而尖锐，老时淡黄色或黄褐色，嫩时灰绿色，密生平伏柔毛；托叶膜质，下部与叶柄连合，先端平截或尖，后撕裂，表面无毛，边缘有白色长毛；双数羽状复叶，有小叶4~6，小叶对生，条形，长5~15mm，宽1~2mm，先端渐尖，有刺尖，基部楔形，两面密生银灰色平伏柔毛，边缘常内卷。总状花序腋生，具花1~2朵；总花梗短，长约3~5mm，密被平伏柔毛；苞片膜质，小，披针状毡形；花萼筒状，长8~10mm，宽约3mm，花后稍膨胀，密生长柔毛，萼齿锥状，长约3mm；花冠蓝紫色、红紫色及白色；旗瓣倒卵形，长14~24mm，顶端钝，基部渐狭成爪，翼瓣短于旗瓣，龙骨瓣较翼瓣稍短，顶端喙长1~1.5mm；子房圆柱形，花柱顶端弯曲，无毛。荚果矩圆形，硬革质，长1~1.5mm，宽4~5mm，密被白色长柔毛，背缝线深陷，隔膜发达。花期5~6月，果期6~7月。

旱生植物。常生于海拔1000~3250m的荒漠草原，为小针茅草原群落中常见伴生种，有时可成为次优势种。

阿拉善地区均有分布。我国分布于内蒙古、宁夏、陕西、甘肃、青海等地。蒙古、俄罗斯也有分布。

胶黄芪状棘豆 *Oxytropis tragacanthoides* Fisch. ex DC.

半灌木，株高5~20cm。根粗壮，暗褐色。老枝粗壮，丛生，密被针刺状宿存的叶轴，红褐色，形成半球状株丛；一年枝短缩，长0.5~1.5cm。单数羽状复叶，长1.5~7cm，具小叶7~13；托叶膜质，疏被白毛，具明显脉，下部与叶柄连合，上部离生，先端三角状，有缘毛；叶柄稍短于叶轴，叶轴粗壮，初时密被白色平伏的柔毛，叶落后变成无毛的刺状；小叶卵形至矩圆形，长5~15mm，宽1.5~5mm，先端钝，两面密被白色绢毛。总状花序具花2~5朵，紫红色，总花梗短于叶，长1~1.5cm，密被绢毛；苞片条状披针形，长3~4mm，被白色和黑色长柔毛；花萼管状，长约11mm，宽约4mm，密被白色和黑色长柔毛，萼齿条状钻形，长约3mm；旗瓣倒卵形，长20~25mm，先端稍圆，爪长与瓣片相等，翼瓣长20~23mm，上部较宽，先端斜截形，具锐尖耳，爪较瓣片稍长，龙骨瓣长约18mm，爪长于瓣片，喙长约1mm。荚果球状卵形，长17~25mm，宽10~12mm，近无果柄，喙长2~3mm，膨胀成膀胱状，密被白色和黑色长柔毛。花期5~6月，果期7~8月。

旱中生植物。常生于海拔2040~4100m的荒漠区山地草原、石质和砾质阳坡。

阿拉善地区分布于龙首山、桃花山。我国分布于内蒙古、甘肃、新疆等地。蒙古、俄罗斯也有分布。

内蒙古棘豆 *Oxytropis neimonggolica* C. W. Chang & Y. Z. Zhao

多年生草本，株高3~7cm。主根粗壮，向下直伸，黄褐色。茎缩短。叶具1小叶；总叶柄长2~5cm，密被贴伏白色绢状柔毛，先端膨大，宿存；托叶卵形，膜质，与总叶柄基部贴生较高，长约4mm，上部分离，先端尖，被白色长柔毛；小叶近革质，椭圆形或椭圆状披针形，长10~30mm，宽3~7mm，先端锐尖或近锐尖，基部楔形，全缘或边缘加厚，上面被贴伏白色疏柔毛或无毛，绿色，下面密被白色长柔毛，灰绿色，易脱落。花葶较叶短，长10~20mm，密被白色长柔毛，通常具1~2花；花梗密被白色长柔毛，长约3mm；苞片条形，长约3mm，密被白色长柔毛；花萼筒状，长10~14mm，宽约4mm，密被平伏的白色长柔毛，并混生黑色短毛，萼齿三角状钻形，长约2mm；花冠淡黄色，旗瓣匙形或近匙形，长约20mm，常反折，先端近圆形，微凹或2浅裂，基部渐狭成爪，翼瓣长约16mm，矩圆形，爪长约9mm，具短耳，龙骨瓣长约14mm，上部蓝紫色，先端具长约0.5mm外弯的宽三角形短喙；子房被毛。荚果卵球形，长15~20mm，宽约10mm，膨胀，先端尖且具喙，密被白色长柔毛，近不完全2室；种子圆肾形，长约1.5mm，褐色。花期5月，果期6月。

旱生植物。常生于海拔2100m以上的荒漠草原带丘陵坡地及荒漠区砾质山坡。

阿拉善地区分布于贺兰山。我国特有种，分布于内蒙古、宁夏等地。

贺兰山棘豆 *Oxytropis holanshanensis* H. C. Fu

多年生草本，株高5~10cm。主根粗壮，木质化，向下直伸，深褐色。茎短缩，多分枝，形成密丛，枝周围具多数褐色枯叶柄。单数羽状复叶，长5~10cm，具小叶7~19；叶轴密被长伏毛；托叶膜质，卵形，先端尖，密被长伏毛，与叶柄基部连合，宿存；小叶卵形或椭圆状卵形，长2~3mm，宽约1mm，先端锐尖，基部近圆形，两面密被长伏毛，呈灰白色，常反折。花黄色，常10~15朵排列成密集的短总状花序，总花梗纤细，长2~8cm，密被长伏毛；苞片条状披针形，长约1mm，先端尖，两面被长伏毛；花梗极短，长0.5mm；花萼钟状，长2.5~3mm，外面密被白色和黑色长伏毛，萼齿条形，长约1mm；旗瓣倒卵形，长约7mm，宽约4.5mm，先端倒形，微凹，基部渐狭成爪，翼瓣比旗瓣短，长约5mm，顶端微缺，爪长约2mm，耳长约1mm，龙骨瓣稍比翼瓣长，长约6mm，喙长约1mm；子房有毛，花柱弯曲，具子房柄。荚果不详。花期7~8月。

旱生植物。常生于海拔2030~2400m的山坡或山麓。

阿拉善地区分布于贺兰山。我国特有种，分布于内蒙古、宁夏等地。

黄毛棘豆 *Oxytropis ochrantha* Turcz.

多年生草本，株高 10~30cm。无地上茎。羽状复叶，长 8~25cm，叶轴有沟，密生土黄色长柔毛；托叶膜质，中下部与叶柄连合，分离部分披针形，表面密生土黄色长柔毛；小叶 8~9 对，对生或 4 枚轮生，卵形、披针形、条形或矩圆形，长 6~25mm，宽 3~10mm，先端锐尖或渐尖，基部圆形，两面密生或疏生白色或土黄色长柔毛。花多数，排列成密集的圆柱状的总状花序；总花梗几与叶等长，密生土黄色长柔毛；苞片披针状条形，与花近等长，先端渐尖，有密毛；花萼筒状，近膜质，长约 10mm，萼齿披针状锥形，与筒部近等长，密生土黄色长柔毛；花冠白色或黄色，旗瓣椭圆形，长 18~22mm，顶端圆形，基部渐狭成爪，翼瓣与龙骨瓣较雄蕊短，龙骨瓣顶端具喙，喙长约 1.5mm；子房密生土黄色长柔毛。荚果卵形，膨胀，长 12~15mm，宽约 6mm，1 室，密生土黄色长柔毛。花期 6~7 月，果期 7~8 月。

旱中生植物。常散生于海拔 1500~2700m 草原带的干山坡与干河谷沙地上，也见于芨芨草草滩。

阿拉善地区分布于贺兰山、龙首山、桃花山。我国分布于华北、西北等地。蒙古也有分布。

砂珍棘豆 *Oxytropis racemosa* Turcz.

多年生草本，株高5~15cm。根圆柱形，伸长，黄褐色。茎短缩或几乎无地上茎。叶丛生，多数；托叶卵形，先端尖，密被长柔毛，大部与叶柄连合；叶为具轮生小叶的复叶，叶轴细弱，密生长柔毛，每叶约有6~12轮，每轮有4~6小叶，均密被长柔毛，小叶条形、披针形或条状矩圆形，长3~10mm，宽1~2mm，先端锐尖，基部楔形，边缘常内卷。总花梗比叶长或与叶近等长；总状花序近头状，生于总花梗顶端；花较小，长8~10mm，粉红色或带紫色；苞片条形，比花梗稍短；萼筒钟状，长3~4mm，宽2~3mm，密被长柔毛，萼齿条形，与萼筒近等长或为萼筒长的1/3，密被长柔毛；旗瓣倒卵形，顶端圆或微凹，基部渐狭成短爪，翼瓣比旗瓣稍短，龙骨瓣比翼瓣稍短或近等长，顶端具长约1mm的喙；子房被短柔毛，花柱顶端稍弯曲。荚果宽卵形，膨胀，长约1cm，顶端具短喙，表面密被短柔毛，腹缝线向内凹形成1条狭窄的假隔膜，为不完全的2室。花期5~7月，果期(6)7~8(9)月。

旱生植物。常生于海拔200~2300m的沙丘、河岸沙地及沙质坡地，在草原带和森林草原带的沙生植被中为偶见种。

阿拉善地区均有分布。我国分布于东北、华北、陕西、宁夏等地。蒙古、朝鲜也有分布。

多叶棘豆 *Oxytropis myriophylla* (Pall.) DC.

多年生草本，株高20~30cm，全株被白色或黄色长柔毛。根褐色，粗壮，伸长。茎缩短，丛生。轮生羽状复叶长10~30 cm；托叶膜质，卵状披针形，基部与叶柄贴生，先端分离，密被黄色长柔毛；叶柄与叶轴密被长柔毛；小叶25~32轮，每轮4~8片或有时对生，线形、长圆形或披针形，长3~15mm，宽1~3mm，先端渐尖，基部圆形，两面密被长柔毛。多花组成紧密或较疏松的总状花序，总花梗与叶近等长或长于叶，疏被长柔毛；苞片披针形，长8~15 mm，被长柔毛；花长20~25 mm；花梗极短或近无梗；花萼筒状，长约11mm，被长柔毛，萼齿披针形，长约4mm，两面被长柔毛；花冠淡红紫色，旗瓣长椭圆形，长约18.5mm，宽约6.5mm，先端圆形或微凹，基部下延成瓣柄，翼瓣长15mm，先端急尖，耳长2mm，瓣柄长8mm，龙骨瓣长约12mm，喙长约2mm，耳长约15.2mm；子房线形，被毛，花柱无毛，无柄。荚果披针状椭圆形，膨胀，长约15mm，宽约5mm，先端喙长5~7mm，密被长柔毛，隔膜稍宽，不完全2室。花期5~6月，果期7~8月。

荒漠草原旱生植物。偶见于海拔1200~1700m的荒漠草原至荒漠的固定沙丘或沙质坡地。

阿拉善地区均有分布。我国分布于黑龙江、吉林、辽宁、内蒙古、河北、山西、陕西及宁夏等地。俄罗斯、蒙古也有分布。

二色棘豆 *Oxytropis bicolor* Bunge

多年生草本，株高5~10cm，全株各部位有开展的白色绢状长柔毛。茎极短，似无茎状。托叶卵状披针形，先端渐尖，与叶柄基部连生，密被长柔毛；叶轴密被长柔毛；叶为具轮生小叶的复叶，叶长2.5~10cm，每叶有8~14轮，每轮有小叶4，少有2片对生，小叶片条形或条状披针形，长5~6mm，宽1.5~3.5mm，先端锐尖，基部圆形，全缘，边缘常反卷，两面密被绢状长柔毛。总花梗比叶长或与叶近相等，被白色长柔毛；花冠紫红色，于总花梗顶端疏或密地排列成短总状花序；苞片披针形，长约3mm，先端锐尖，有毛；萼筒状，长约9mm，宽2.5~3mm，密生长柔毛，萼齿条状披针形，长2~3mm；旗瓣菱状卵形，干后有黄绿色斑，长15~18mm，顶端微凹，基部渐狭成爪，翼瓣较旗瓣稍短，具耳和爪，龙骨瓣顶端有长约1mm的喙；子房有短柄，密被长柔毛。荚果矩圆形，长约17mm，宽约5mm，腹背稍扁，顶端有长喙，密被白色长柔毛，假2室。花期5~6月，果期7~8月。

旱中生植物。常生于海拔400~2700m的干山坡、沙地、撂荒地，为典型草原和沙质草原的伴生种，也进入荒漠草原带。

阿拉善地区分布于贺兰山。我国分布于华北、西北等地。蒙古也有分布。

大花棘豆 *Oxytropis grandiflora* (Pall.) DC.

多年生草本，株高 20~35cm。通常无地上茎，叶基生或近基生，呈丛生状，全株被白色平伏柔毛。单数羽状复叶，长 5~25cm；托叶宽卵形，先端尖，稍贴生于叶柄，密生白色长柔毛；小叶 15~25，矩圆状披针形，有时为矩圆状倒卵形，长 10~25(30)mm，宽 5~7mm，先端渐尖，基部圆形，全缘，两面被白色绢状柔毛。总状花序比叶长，花大，密集于总花梗顶端呈穗状或头状；苞片矩圆状卵形或披针形，渐尖，长 7~13mm，被毛；花萼筒状，长 10~14mm，带紫色，被毛，萼齿三角状披针形，长 2~3mm；花冠红紫色或蓝紫色，长 20~30mm，旗瓣宽卵形，顶端圆，基部有长爪，翼瓣比旗瓣短，比龙骨瓣长，具细长的爪及稍弯的耳，龙骨瓣顶端有稍弯曲的短喙，喙长 2~3mm，基部具长爪；子房有密毛。荚果矩圆状卵形或矩圆形，革质，长 20~30mm，宽 4~8mm，被白色平伏柔毛，有时混生有黑色毛，顶端渐狭，具细长的喙，腹缝隙深凹，具宽的假隔膜，成假 2 室；种子多数。花期 6~7 月，果期 7~8 月。

旱中生植物。常生于海拔 800~1700m，在森林草原带含丰富杂类草的草甸草原群落中是较常见的伴生种，也见于山地杂类草草甸群落。

阿拉善地区分布于贺兰山。我国主要分布于东北、华北。蒙古、俄罗斯也有分布。

宽苞棘豆 *Oxytropis latibracteata* Jurtzev

多年生草本，株高 5~15cm。主根粗壮，黄褐色。茎缩短或近无茎，少分枝，枝周围具多数褐色枯叶柄，形成密丛。单数羽状复叶，长 4~11cm，叶轴及叶柄密被平伏或开展的绢毛，具小叶 (7)13~(15)23；托叶膜质，卵形或三角状披针形，先端渐尖，密被长柔毛，与叶柄基部连合；小叶卵形至披针形，长 5~12mm，宽 3~5mm，先端渐尖，基部圆形，两面密被平伏的白色或黄褐色绢毛。总状花序近头形，长 2~3mm，具花 5~9 朵，总花梗较细弱，较叶长或与之近等长，密被短柔毛或混生长柔毛，上端混杂有黑色短毛；苞片宽椭圆形，两端尖，较萼短，稀近等长，密被绢毛；花萼筒状，长 9~12mm，宽 4~5mm，密被绢毛，并混生黑色短毛，萼齿披针形，长 2.5~3.5mm；花冠蓝紫色、紫红色或天蓝色，旗瓣长 20~25mm，瓣片倒卵状矩圆形或矩圆形，先端微凹，中部以下渐狭，翼瓣长 18~20mm，瓣片矩圆状倒卵形，先端钝，爪与瓣片近等长，龙骨瓣长约 17mm，爪较瓣片长 1.5~2 倍，喙长约 2mm。荚果卵状矩圆形，长 1.5~2mm，宽约 6mm，膨胀，先端具短喙，密被黑色和白色短柔毛。花果期 7~8 月。

旱生植物。常生于海拔 1700~4200m 荒漠带的高山草甸或山地树林下。

阿拉善地区分布于龙首山、桃花山。我国分布于内蒙古、甘肃、青海、四川等地。蒙古也有分布。

米尔克棘豆 *Oxytropis merkensis* Bunge

多年生草本，株高 15~30cm。主根较粗壮，淡褐色。无茎或茎短缩，有少数分枝，枝周围密被多数枯枝叶柄及托叶，形成密丛，全体密被灰色短柔毛，呈灰绿色。单数羽状复叶，长 5~15cm，具小叶 11~25；托叶下部与叶柄连合，分离部分狭三角形或披针状钻形，密被平伏白色柔毛；叶柄短于叶轴；小叶披针形、卵状披针形、卵形或椭圆形，长 5~10mm，宽 2~4mm，先端尖，基部圆形或宽楔形，两面密被平伏的柔毛。总花梗纤细，长于叶 2~4 倍，被平伏的短柔毛，总状花序具多花，疏散，盛花期和果期伸长至 10~12mm；苞片披针形，长 1~2mm；花萼钟状，长 4~5mm，被白色和黑色短柔毛，萼齿丝状条形，长约 2mm；花冠紫色或白色，旗瓣长 7~10mm，瓣片宽倒卵形，先端微凹，翼瓣与旗瓣等长或稍短，龙骨瓣等长于或长于翼瓣，有暗紫色斑，喙长 1.5~2mm。荚果卵状矩圆形，长 5~12mm，宽 4~5mm，下垂，顶端具短喙，密被平伏的短柔毛；果梗短于花萼。花期 6~7 月，果期 7~8 月。

旱生植物。常生于海拔 1800~4000m 荒漠区的山地阳坡。

阿拉善地区分布于龙首山、桃花山。我国分布于内蒙古、新疆等地。俄罗斯、中亚也有分布。

黄花棘豆 *Oxytropis ochrocephala* Bunge

多年生草本，株高10~20cm。根粗壮，圆柱状，褐色。茎基部有分枝，密被黄色或白色长柔毛。单数羽状复叶，长10~12cm；叶轴具纵沟棱，密被长柔毛，脱落，具小叶17~29；托叶卵形，先端尖，密被长柔毛，基部与叶柄连合；小叶卵状披针形，长10~18mm，宽4~6mm，先端锐尖或钝，基部圆形，两面密被长柔毛。总状花序腋生，圆筒状或卵圆形，花多数，密集，总花梗长10~15cm，较叶长，密被长柔毛；苞片披针形，长约6mm；花萼钟状，长7~10mm，密被黑色短柔毛和白色长柔毛，萼齿条状披针形，长约4mm；花冠黄色，旗瓣长约14mm，瓣片扇形，先端圆形，中部以下渐狭成爪，翼瓣矩圆形，先端圆形，较旗瓣稍短，爪较瓣片稍长，龙骨瓣较翼瓣短，喙长约1mm；子房有毛，具短柄。荚果矩圆状卵形，长12~15mm，膨胀，喙长约3mm，密被黑色短柔毛。花期6~7月，果期8月。

旱中生植物。常生于海拔1900~5200m荒漠区的砾质山坡。

阿拉善地区分布于龙首山。我国分布于内蒙古、甘肃、青海、四川、西藏等地。蒙古、中亚也有分布。

小花棘豆 *Oxytropis glabra* (Lam.) DC. 别名：醉马草

多年生草本，株高20~30cm。茎伸长，匍匐，上部斜升，多分枝，疏被柔毛。单数羽状复叶，长5~10cm，具小叶(5)11~19；托叶披针形、披针状卵形、卵形至三角形，长5~10cm，革质，疏被柔毛，分离或基部与叶柄连合；小叶披针形、卵状披针形、矩圆状披针形至椭圆形，长(5)10~20(30)mm，宽3~7(10)mm，先端锐尖、渐尖或钝，基部圆形，上面疏被平伏的柔毛或近无毛，下面被疏或较密的平伏柔毛。总状花序腋生，花排列稀疏，总花梗较叶长，疏被柔毛；苞片条状披针形，长约2mm，先端尖，被柔毛；花梗长约1mm；花小，长6~8mm，淡蓝紫色；花萼钟状，长4~5mm，被平伏的白色柔毛，萼齿披针状钻形，长1.5~2mm；旗瓣宽倒卵形，长5~8mm，先端近截形，微凹或具细尖，翼瓣长稍短于旗瓣，龙骨瓣稍短于翼瓣，喙长0.3~0.5mm。荚果长椭圆形，长10~17mm，宽3~5mm，下垂，膨胀，背部圆，腹缝线稍凹，喙长1~1.5mm，密被平伏的短柔毛。花期6~7月，果期7~8月。

中生植物。常生于海拔1440~3400m草原带、荒漠草原至荒漠区的低湿地上，在许多湖盆边缘和沙丘间的盐湿低地上为优势种，也伴生于芨芨草草甸群落。

阿拉善地区均有分布。我国分布于内蒙古、山西、甘肃、青海、新疆、西藏等地。蒙古、俄罗斯、中亚也有分布。

羊柴属 *Corethrodendron* Fisch. & Basiner

红花羊柴 *Corethrodendron multijugum* (Maxim.) B. H. Choi & H. Ohashi

半灌木，株高可达 1m。茎下部木质化，具纵沟纹，一年生枝密被短柔毛。单数羽状复叶，具小叶 21~41；托叶卵状披针形，长 2~4mm，下部连合，上部分离，外面有毛；叶轴有沟槽；叶柄甚短，密被短柔毛；小叶卵形、椭圆形或倒卵形，长 5~12mm，宽 3~6mm，先端钝或微凹，基部近圆形，上面无毛，密布小斑点，下面密被平伏短柔毛。总状花序腋生，连总梗长 10~35cm，长于叶，具花 9~25 朵，稀疏；苞片早落；花梗长 2~3mm，有毛；花萼钟状，长 5~6mm，萼齿短于萼筒，外面被平伏的短柔毛；花冠红紫色，有黄色斑点，旗瓣倒卵形，长 16~19mm，顶端微凹，爪短，翼瓣狭，长 6~9mm，耳与爪近等长，龙骨瓣较旗瓣稍短或近等长，爪为瓣片的 1/2。荚果扁平，有 2~3 节，荚节斜圆形，长宽均约为 4mm，表面有横肋纹和柔毛，中部常有 1~3 极小叶刺或边缘有刺毛。花期 6~7 月，果期 8~9 月。

中生植物。常生于海拔 500~3800m 的荒漠区河岸或砂砾质地。

阿拉善地区均有分布。我国分布于内蒙古、宁夏、陕西、甘肃、青海、新疆、四川、西藏等地。蒙古、俄罗斯也有分布。

细枝羊柴 *Corethrodendron scoparium* (Fisch. & C. A. Mey.) Fisch. & Basiner　　别名：花棒

半灌木，株高达2m。茎和下部枝紫红色或黄褐色，皮剥落，多分枝，嫩枝绿色或黄绿色，具纵沟，被平伏的短柔毛或近无毛。单数羽状复叶，下部的叶具小叶7~11，上部的叶具少数小叶，最上部的叶轴上完全无小叶；托叶卵状披针形，较小，中部以上彼此连合，外面被平伏柔毛，早落；叶轴长10~15cm；小叶矩圆状椭圆形或条形，长1.5~3cm，宽4~6mm，先端渐尖或锐尖，基部楔形，上面密被红褐色腺点和平伏短柔毛，下面密被平伏的柔毛，灰绿色。总状花序腋生，总花梗比叶长，花少数，排列疏散；花梗长2~3mm；苞片小，三角状卵形，密被柔毛；花紫红色，长15~20mm；花萼钟状筒形，长6~8mm，齿长为筒长的1/2~2/3，披针状钻形或三角形；旗瓣宽倒卵形，长18~20mm，先端稍凹入，爪长为瓣片的1/5~1/4，翼瓣长10~12mm，爪长为瓣片的1/3，耳长为爪长的1/2，龙骨瓣长17~18mm，爪稍短于瓣片；子房有毛。荚果有荚节2~4，荚节近球形，膨胀，密被白色毡状柔毛。花期6~8月，果期8~9月。

旱生植物。常生于海拔600~1100m，为荒漠和半荒漠地区植被的优势植物或伴生植物，在固定及流动沙丘均有生长。

阿拉善地区均有分布。我国分布于内蒙古、宁夏、甘肃、青海、新疆等地。蒙古、俄罗斯、中亚也有分布。

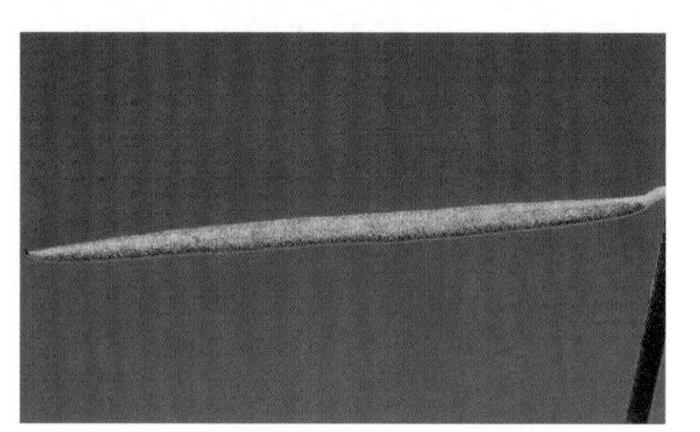

木羊柴 *Corethrodendron lignosum* (Trautv.) L. R. Xu & B. H. Choi

半灌木，株高60~120cm；树皮灰黄色或灰褐色，常呈纤维状剥落。根粗壮，深长，少分枝，红褐色。茎直立，多分枝；小枝黄绿色或带紫褐色，嫩枝灰绿色，密被平伏的短柔毛，具纵沟。单数羽状三叶，小叶通常较狭，具小叶9~21；托叶卵形或卵状披针形，长4~6mm，膜质，褐色，外面有平伏柔毛，中部以下彼此连合，早落；叶轴长3~10cm，有毛；小叶具短柄，柄长2~3mm；小叶多互生，矩圆形、椭圆形或条状矩圆形，长10~20(25)mm，宽8~10mm，先端圆形或钝尖，有小凸尖，基部近圆形或宽楔形，全缘，上面密布红褐色腺点并疏生平伏短柔毛，下面被稍密的短伏毛。总状花序腋生，具4~10朵花，疏散；花梗短，长2~8mm，有毛；苞片小，三角状卵形，膜质，褐色，有毛；花紫红色，长15~20(25)mm，花萼筒状钟形或钟形，长4~5mm，被短柔毛，萼齿三角形，近等长，渐尖，长约为萼筒的1/2，边缘有长柔毛；旗瓣宽倒卵形，顶端微凹，基部渐狭，翼瓣小，长约为旗瓣的1/3，具较长的耳，龙骨瓣稍短于旗瓣；子房无毛，条形，密被短柔毛，花柱长而屈曲。荚果通常具2~3荚节，有时仅1节发育，荚节矩圆状椭圆形，无毛，两面稍凸，具网状脉纹，长5~7mm，宽3~4mm，幼果密被柔毛，以后毛渐稀少。花期7~8(9)月，果期9~10月。

旱生植物。常生长于荒漠区山丘间干河床及河床沿岸覆沙地上，为灌木荒漠群落的伴生种。

阿拉善地区分布于巴丹吉林沙漠。我国分布于东北、西北、内蒙古等地。蒙古也有分布。

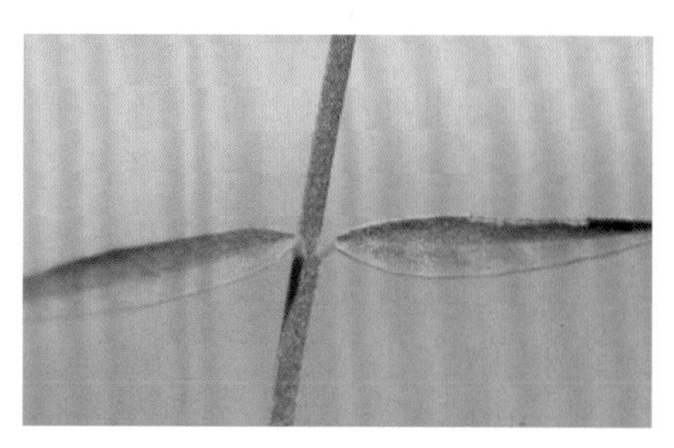

塔落木羊柴（变种）*Corethrodendron lignosum* var. *laeve* (Maxim.) L. R. Xu & B. H. Choi

半灌木，株高1~2m；树皮灰黄色或灰褐色，常呈纤维状剥落。茎直立，多分枝，开展，小枝黄绿色或灰绿色，疏被平伏的短柔毛，具纵条棱。单数羽状复叶，具小叶7~23，上部的叶具少数小叶，中下部的叶具多数小叶；托叶卵形，长约2mm，膜质，褐色，外面被平伏短柔毛，早落；叶轴长达22cm，被平伏的短柔毛，具纵沟，最上部叶轴有的呈针刺状；小叶具短柄；枝上部小叶疏离，条形或条状矩圆形，长10~30mm，宽0.5~2mm，先端尖或钝，具小凸尖，基部楔形，上面密布红褐色腺点，并疏被平伏短柔毛，下面被稍密的短伏毛；枝中部及下部小叶矩圆形、长椭圆形或宽椭圆形，长10~35mm，宽3~15mm，先端锐尖或钝。总状花序腋生，不分枝或有时分枝，具花10~30朵，结果时延伸长可达30mm（连同总花梗）；花梗短，长3~5mm，有毛；苞片甚小，三角状卵形，褐色，有毛；花紫红色，长15~20mm；花萼钟形，长4~5mm，被短柔毛，上萼齿2，三角形，较短，下萼齿3，较长，锐尖；旗瓣宽倒卵形，顶端微凹，基部渐狭，翼瓣小，长约为旗瓣的1/3，具较长的耳，龙骨瓣约与旗瓣等长；子房无毛。荚果通常具1~2荚节，荚节矩圆状椭圆形，长约5mm，宽约4mm，两面扁平，具隆起的网状脉纹，无毛。花期6~10月，果期9~10月。

旱生植物。常生于草原区至荒漠草原的半固定、流动沙丘或黄土丘陵浅覆沙地。

阿拉善地区均有分布。我国分布于内蒙古、宁夏、陕西北部等地。蒙古也有分布。

岩黄芪属 *Hedysarum* L.

贺兰山岩黄芪 *Hedysarum petrovii* Yakovlev　　别名：六盘山岩黄芪

多年生草本，株高4~20cm。根粗壮，木质化，暗褐色。茎多数，短缩，长1~3cm，全体密被开展与平伏的白色柔毛。单数羽状复叶，长4~12cm，具小叶7~15；托叶卵状披针形，膜质，长3~5mm，中部以上与叶柄连合，密被白色贴伏柔毛；小叶椭圆形或矩圆状卵形，长3~15mm，宽3~7mm，先端钝，基部圆形，上面近无毛或疏被长柔毛，并密被腺点，下面密被平伏的长柔毛。总状花序腋生，叶较长，有花10~20朵，密集，总花梗密被开展和平伏的柔毛；花梗短，长约1mm；苞片条状披针形，长2~3mm，淡褐色，被长柔毛；花萼钟状，长8~12mm，密被白色柔毛，萼齿条状钻形，长为萼筒的3倍以上；花红色或红紫色；旗瓣倒卵形，长12~18mm，顶端微凹，基部渐狭成短爪，翼瓣矩圆形，长5~7mm，长不足旗瓣1/2，龙骨瓣与旗瓣近等长或稍短；子房被毛。荚果有(1)2~4荚节，荚节圆形，扁平，稍凸起，表面有稀疏网纹，密被白色柔毛和硬刺。花期6~7月，果期7月。

旱中生植物。常生于海拔1100~1600m荒漠区的山沟。

阿拉善地区分布于贺兰山、龙首山。我国特有种，分布于内蒙古、宁夏、甘肃等地。

多序岩黄芪 *Hedysarum polybotrys* Hand.-Mazz.

多年生草本，株高可达1m。根粗长，圆柱形，少分枝，主根长约20~50cm，直径0.5~2cm，外皮棕黄色、棕红色或暗褐色。茎直立，坚硬，稍分枝，有毛或无毛。单数羽状复叶，长5~15cm，具小叶7~25；托叶三角状披针形或卵状披针形，基部彼此合生成鞘状，膜质，褐色，无毛或近无毛；小叶卵状矩圆形或椭圆形，长10~30mm，宽5~15mm，先端近平截、微凹，圆形或钝，基部圆形或宽楔形，上面绿色，无毛，下面淡绿色，中脉上有长柔毛，小叶柄甚短。总状花序腋生，较叶长，果期长可达25cm，有花20~25朵；花梗纤细，长2~3mm，被长柔毛；苞片锥形，长1~1.5mm，膜质，褐色；小苞片极小；花淡黄色，长14~16mm；花萼斜钟状，长约3mm，被短柔毛，萼齿三角状钻形，最下面的1枚萼齿较其余的萼齿长1倍，边缘有长柔毛；旗瓣矩圆状倒卵形，顶端微凹，翼瓣矩圆形，与旗瓣等长，耳条形，与爪等长，龙骨瓣较旗瓣及翼瓣长，顶端斜截形，基部有爪及短耳；子房被毛。荚果有3~5荚节，荚节斜倒卵形或近圆形，边缘有狭翅，扁平，表面有稀疏网纹，疏被平伏的短柔毛。花期7~8月，果期8~9月。

旱生植物。常生于海拔1200~3200m的山坡、山沟或林缘，散生于草原带的山地，也可沿山地进入荒漠地区。

阿拉善地区分布于贺兰山。我国分布于内蒙古、河北、宁夏等地。蒙古、俄罗斯也有分布。

短翼岩黄芪 *Hedysarum brachypterum* Bunge

多年生草本，株高15~30cm。茎斜升，疏或密生长柔毛，具纵沟。单数羽状复叶，小叶11~25；托叶三角形，膜质，褐色，外面有长柔毛；小叶椭圆形、矩圆形或条状矩圆形，长4~10mm，宽2~4mm，先端钝，基部圆形或近宽楔形，全缘，常纵向折叠，上面密布暗绿色腺点，近无毛，下面密生灰白色平伏长柔毛。总状花序腋生，长3~8cm，具花10~20朵；花梗短，长约2mm，有毛；苞片披针形，长2~3mm，膜质，褐色；小苞片条形，长为萼筒一半；花红紫色，长13~14mm；花萼钟状，长6~7mm，内外有毛，萼齿披针状锥形，下2萼齿长4~5mm，较萼筒稍长，上和中萼齿长约3mm，约与萼筒等长；旗瓣倒卵形，顶端微凹，无爪，翼瓣矩圆形，长为旗瓣的1/2，有短爪，龙骨瓣长为翼瓣的2~3倍，有爪；子房有柔毛，具短柄。荚果有1~3荚节，顶端有短尖，荚节宽卵形或椭圆形，有白色柔毛和针刺。花期7月，果期7~8月。

植物。常生于海拔600~800m干草原和荒漠草原地带的石质山坡丘陵地和砾石平原。

阿拉善地区分布于贺兰山、阿拉善左旗。我国分布于内蒙古、河北等地。蒙古也有分布。

华北岩黄芪 *Hedysarum gmelinii* Ledeb.

多年生草本，株高 20~70cm。根粗壮，深长，暗褐色。茎直立或斜升，伸长或短缩，具纵沟，被疏或密的白色柔毛。单数羽状复叶，小叶 9~23；托叶卵形或卵状披针形，长 8~12mm，先端锐尖，膜质，褐色，有柔毛；叶轴有柔毛；小叶椭圆形、矩圆形或卵状矩圆形，长 7~30mm，宽 3~12mm，先端圆形或钝尖，基部圆形或近宽楔形，上面密被褐色腺点，无毛或近无毛，下面密被平伏或开展的长柔毛。总状花序腋生，紧缩或伸长，长 4~8cm；总花梗长可达 25cm，显著比叶长；花多数，15~40 朵；花梗短；苞片披针形，长约 4mm；小苞片条形，约与萼筒等长，膜质，褐色；花红紫色，有时为淡黄色，长 15~20mm，斜立或直立；花萼钟状，长 7~8mm，有白色伏柔毛，萼齿条状披针形，较萼筒长 1.5~3 倍，下萼齿较上萼齿和中萼齿稍长；旗瓣倒卵形，顶端微凹，无爪，翼瓣长为旗瓣的 2/3，爪较耳长 1 倍，龙骨瓣与旗瓣近等长，有爪及短耳，爪较耳长 5~6 倍；子房有白色柔毛，有短柄。荚果有荚节 3~6，荚节宽椭圆形或宽卵形，有网状肋纹、针刺和白色柔毛。花期 6~8(9) 月，果期 7~9 月。

旱生植物。常散生于海拔 800~1800m 的典型草原和森林草原砾石质土壤上，局部数量较多，但不占优势。

阿拉善地区分布于贺兰山、阿拉善左旗。我国分布于内蒙古、河北、甘肃、新疆等地。蒙古、俄罗斯也有分布。

胡枝子属 *Lespedeza* Michx.

兴安胡枝子 *Lespedeza davurica* (Laxmann) Schindl.

多年生草本，株高 20~50cm。茎单一或数个簇生，通常稍斜升，老枝黄褐色或赤褐色，有短柔毛，嫩枝绿褐色，有细棱并有白色短柔毛。羽状三出复叶，互生；托叶 2，刺芒状，长 2~6mm；叶轴长 5~15mm，有毛；小叶披针状矩圆形，长 1.5~3cm，宽 5~10mm，先端圆钝，有短刺尖，基部圆形，全缘，上面绿色，无毛或有平伏柔毛，下面淡绿色，伏生柔毛。总状花序腋生，较叶短或与叶等长；总花梗有毛；小苞片披针状条形，长 2~5mm，先端长渐尖，有毛；萼筒杯状，萼片披针状钻形，先端刺芒状，几与花冠等长；花冠黄白色，长约 1mm，旗瓣椭圆形，中央常稍带紫色，下部有短爪，翼瓣矩圆形，先端钝，较短，龙骨瓣长于翼瓣，均有长爪；子房条形，有毛。荚果小，包于宿存内，倒卵形或长倒卵形，长 3~4mm，宽 2~3mm，顶端有宿存花柱，两面凸出，伏生白色柔毛。花期 7~8 月，果期 8~10 月。

旱中生植物。较喜温暖，常生于森林草原和草原带的干山坡、丘陵坡地、沙地及草原群落，为草原群落的次优势成分或伴生成分。

阿拉善地区均有分布。我国分布于东北、华北、西北、西南、华中等地。朝鲜、日本、俄罗斯也有分布。

骆驼刺属 *Alhagi* Gagnebin

骆驼刺 *Alhagi sparsifolia* Shap.

半灌木，株高 40~60cm。茎直立，多分枝，无毛，绿色，外倾；针刺长 (1)2.5~3.5cm，硬直，开展，果期木质化。叶宽卵形、矩圆形或宽倒卵形，长 1.5~3cm，宽 8~15mm，先端钝，基部宽楔形或近圆形，脉不明显，无毛，果期不脱落；叶柄长 1~2mm。每针刺有花 3~6，苞片钻形，小或缺；萼筒钟状，无毛，齿锐尖；花冠红色，长 9~10mm，旗瓣宽倒卵形，长 8~9mm，宽 5~6mm，爪长约 2mm，翼瓣矩圆形，与旗瓣近等长，稍弯，龙骨瓣长 9~10mm，爪长约 3mm；子房无毛。荚果念珠状，直或稍弯，长 1.2~2.5cm，宽约 2.5mm；种子 1~6，肾形，长约 3mm。花期 6~7 月，果期 8~9 月。

旱生植物。常生于草甸草原带的丘陵坡地、沙地，也见于栎林边缘的干山坡。在山地草甸草原群落中为次优势种或伴生种。

阿拉善地区分布于额济纳旗、阿拉善右旗。我国分布于东北、华北、西北等地。朝鲜、日本、俄罗斯也有分布。

野豌豆属 *Vicia* L.

救荒野豌豆 *Vicia sativa* L. 别名：巢菜、箭舌豌豆、普通苕子

一年生草本，株高 20~80cm。茎斜升或借卷须攀缘，单一或分枝，有棱，被短柔毛或近无毛。叶为双数羽状复叶，具小叶 8~16，叶轴末端具分枝的卷须；托叶半边箭头形，通常具 1~3 个披针状的齿裂；小叶椭圆形至矩圆形，或倒卵形至倒卵状矩圆形，长 10~25mm，宽 5~12mm，先端截形或微凹，具刺尖，基部楔形，全缘，两面疏生短柔毛。花 1~2 朵腋生，花梗极短；花紫色或红色，长 20~23(26)mm；花萼筒状，被短柔毛，萼齿披针状锥形至披针状条形，比萼筒稍短或近等长；旗瓣长倒卵形，顶端圆形或微凹，中部微缢缩，中部以下渐狭，翼瓣短于旗瓣，显著长于龙骨瓣；子房被微柔毛，花柱很短，下弯，顶端背部有淡黄色髯毛。荚果条形，稍压扁，长 4~6cm，宽 5~8mm，含种子 4~8 颗；种子球形，棕色。花期 6~7 月，果期 7~9 月。

中生植物。常生于平原及海拔 1600m 以下的山脚草地、路旁、灌木林下及麦田中。

阿拉善地区分布于阿拉善右旗、龙首山。我国南北各省份均有栽培。欧洲南部、亚洲西部也有分布。

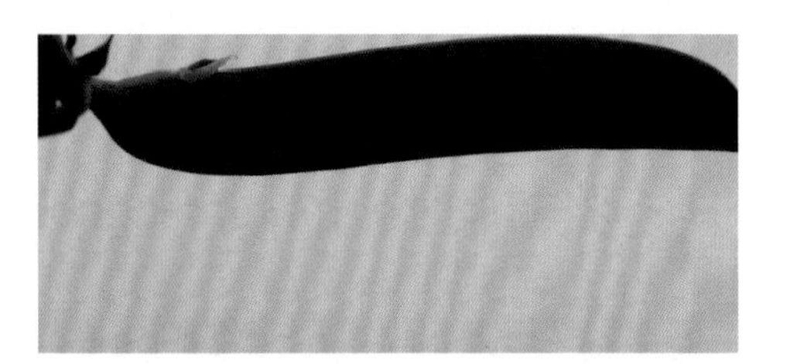

兵豆属 *Lens* Mill.

兵豆 *Lens culinaris* Medik. 别名：扁豆、小扁豆

一年生草本，株高 10~25cm。多分枝，枝细，疏生长柔毛，具纵沟棱。双数羽状复叶，具小叶 8~14，顶端小叶变为卷须或呈刺毛状；托叶披针形，长 2.5~7mm，先端渐 2 尖，有毛；小叶对生或近对生，倒卵状披针形或倒卵形、倒卵状矩圆形，长 5~15mm，宽 2~5mm，先端圆形、截形或微凹，基部楔形，两面疏生长柔毛。总状花序腋生，比叶短，具花 1~2 朵；总花梗疏生长柔毛；苞片条形，长 1~3mm；花白色或淡紫色，长 4~6.5mm；花萼浅杯状，有长柔毛，萼齿条状披针形，渐尖，长约 5mm，较萼筒长 2~3 倍，较花瓣稍长；旗瓣倒卵形，基部渐狭，翼瓣及龙骨瓣均具爪和耳；子房无毛，具短柄，花柱顶端里有 1 纵列髯毛。荚果矩圆形，呈牛耳刀状，膨胀，无毛，成熟后呈黄色，具网状脉纹，长 10~14mm，宽 5~7mm，有种子 1~2 颗；种子近圆形、扁，两面凸起，褐色，直径 3~4mm。花期 6~7 月，果期 8~9 月。

旱中生植物。常生于海拔 800~3600m 以砂质壤土为主、排水良好的旱薄地、坡岗地、果树行间。

阿拉善地区分布于阿拉善右旗、桃花山。我国栽培于内蒙古、河北、陕西、甘肃、四川、云南、西藏、河南等地。世界各地均有分布。

酢浆草科 Oxalidaceae

酢浆草属 *Oxalis* L.

红花酢浆草 *Oxalis corymbosa* DC.

多年生草本，株高可达 35cm，全株被短柔毛。根茎细长。茎柔弱，常匍匐或斜生，多分枝。掌状三出复叶，小叶倒心形，长 4~9mm，宽 7~15mm，近无柄，先端 2 浅裂，基部宽楔形，上面无毛，边缘及下面疏生伏毛；叶柄长 2.5~6.5cm，基部具关节；托叶矩圆形或卵圆形，长约 0.5mm，贴生叶柄基部。花 1 或 2~5 朵形成腋生的伞形花序，花序梗与叶柄近等长，具 2 片披针形膜质的小苞片；花梗长 4~10mm；萼片披针形或矩圆状披针形，长 3~4mm，被柔毛，果期宿存；花瓣倒心形，长 1.5~2cm，为萼长的 2~4 倍，淡紫色至紫红色，基部颜色较深；子房短圆柱形，被短柔毛。蒴果近圆柱状，略具 5 棱，长 0.7~1.5cm，被柔毛，具多数种子；种子矩圆状卵形，扁平，先端尖，成熟时红棕色或褐色，表面具横条棱。花果期 6~9 月。

中生植物。耐阴湿，常生于海拔 3400m 以下的林下、山坡、河岸、耕地或荒地上。

阿拉善地区分布于阿拉善左旗。我国分布于全国各省份。朝鲜、日本、俄罗斯、欧洲、北美洲、亚洲热带地区也有分布。

牻牛儿苗属 *Erodium* L'Hér. ex Aiton

牻牛儿苗 *Erodium stephanianum* Willd. 别名：太阳花

一年生或二年生草本，株高10~60cm。根直立，圆柱状。茎平铺地面或稍斜升，多分枝，具开展的长柔毛或有时近无毛。叶对生，二回羽状深裂，轮廓长卵形或矩圆状三角形，长6~7cm，宽3~5cm，一回羽片4~7对，基部下延至中脉，小羽片条形，全缘或具1~3粗齿，两面具疏柔毛；叶柄长4~7cm，具开展长柔毛或近无毛；托叶条状披针形，渐尖，边缘膜质，被短柔毛。伞形花序腋生，花序轴长5~15cm，通常有2~5花；花梗长2~3cm；萼片矩圆形或近椭圆形，长5~8mm，具多数脉及长硬毛，先端具长芒；花瓣淡紫色或紫蓝色，倒卵形，长约7mm，基部具白毛；子房被灰色长硬毛。蒴果长4~5cm，顶端有长喙，成熟时5个果瓣与中轴分离，喙部呈螺旋状卷曲。花果期8~9月。

旱中生植物。广布种，常生于海拔400~4000m的山坡、干草甸子、河岸、沙质草原、沙丘、田间、路旁。

阿拉善地区均有分布。我国分布于东北、华北、西北和长江流域等地。朝鲜、蒙古、俄罗斯、印度也有分布。

西藏牻牛儿苗 *Erodium tibetanum* Edgew.

一年生或二年生草本，无茎，株高2~5cm，植株基部表皮被多数淡黄白色的残叶柄及托叶。基生叶多数呈莲座状丛生；叶片一至二回羽状分裂，轮廓卵形、宽卵形或披针状卵形，长1~1.5cm，宽7~14mm，顶端钝或圆形，基部近心形、宽楔形或近截形，一回侧裂片通常2对，顶生裂片常3深裂，小裂片倒卵形或矩圆形，两面被毡毛，呈灰蓝绿色；叶柄比叶片长1~3倍，长2~4cm，被毡毛；托叶卵形或披针状卵形，基部与叶柄合生，膜质，被毡毛。花葶高2~5cm，其顶部具花2~4朵；花梗长5~7mm；苞片8~10，宽卵形或披针形，长1.5~2.2mm，宽0.8~1.8mm，花序轴、花梗与苞片均被疏或密的毡毛；萼片披针状卵形或矩圆形，长约4mm，宽约2mm，先端稍钝或圆形，无短尖头，背面被毡毛；花瓣倒卵形，长5~6mm，白色，早落；雄蕊长约2mm，花丝下部扩大，基部稍合生；子房密被长硬毛。蒴果长17~20mm，分果瓣狭倒披针形，长约5mm，宽约1mm，基部具锐尖头，被硬毛；喙长12~14mm，被微硬毛并混生长硬毛。花果期6~8月。

强旱生植物。常生于海拔3200~4300m的荒漠草原及荒漠，常见于砾石质戈壁、石质沙丘及干河床等地。

阿拉善地区均有分布。我国分布于内蒙古、宁夏、甘肃、新疆、西藏等地。俄罗斯、蒙古也有分布。

老鹳草属 *Geranium* L.

鼠掌老鹳草 *Geranium sibiricum* L.

多年生草本，株高20~100cm。根垂直，分枝或不分枝，圆锥状圆柱形。茎细长，伏卧或上部斜向上，多分枝，被倒生毛。叶对生，肾状五角形，基部宽心形，长3~6cm，宽4~8cm，掌状5深裂，裂片倒卵形或狭倒卵形，上部羽状分裂或具齿状深缺刻；上部叶3深裂；叶片两面有疏伏毛，沿脉毛较密；下部基生叶具长柄，上部叶具短柄，柄皆具倒生柔毛或伏毛。花通常单生叶腋，花梗被倒生柔毛，近中部具2枚披针形苞片，果期向侧方弯曲；萼片卵状椭圆形或矩圆状披针形，具3脉，沿脉有疏柔毛，长4~5mm，顶端具芒，边缘膜质；花瓣淡红色或近于白色，长近于萼片，基部微有毛；花丝基部扩大部分具缘毛；花柱合生部分极短，花柱分枝长约1mm。蒴果长1.5~2cm，具短柔毛；种子具细网状隆起。花期6~8月，果期8~9月。

中生植物。常生于海拔1500~2400m的居民点附近及河滩湿地、沟谷、林缘、山坡草地。

阿拉善地区分布于阿拉善左旗、阿拉善右旗。我国分布于东北、华北、西北、西藏、四川、湖北等地。朝鲜、日本、欧洲也有分布。

尼泊尔老鹳草 *Geranium nepalense* Sweet　　别名：少花老鹳草

多年生草本，株高30~50cm。根状茎直立，具多数斜生的细长根。茎多为细弱，伏卧地上，上部斜向上，或者斜生，近四方形，有明显的节，常有倒生疏柔毛，中部以上多分枝。叶对生，肾状五角形，长2~4cm，宽3~5cm，掌状3~5深裂，基部宽心形或近截形，裂片长1.5~3cm，宽卵形、长椭圆形或倒卵形，边缘有不整齐锯齿状缺刻或浅裂，小裂片先端钝圆，顶端具短凸尖，两面具疏柔毛，初时上面有紫黑色的斑点；叶柄细，下部茎生叶的柄长过于叶片，上部叶柄较短，均有倒生疏柔毛；托叶披针形或条状披针形。聚伞花序腋生，花序轴长2~9cm，有2花，有时具1或3花，具倒生柔毛；花梗细，长1~3cm，具倒生较密的柔毛，果期向上或向侧弯曲；萼片披针形或矩圆状披针形，长3~5mm，先端具短芒，边缘白色而膜质，具3~5脉，背面疏生白长毛；花瓣倒卵形，紫红色或淡红紫色，略长于萼片；花丝基部扩大部分有短柔毛，边缘膜质而具缘毛；花柱合生部分极短，花柱分枝部分长约2mm，具疏生短柔毛。蒴果长1.4~1.8cm，有较密的短柔毛；种子棕色，长约2mm，具密生微细突起。花期6~7月，果期8~9月。

中生植物。常生于海拔100~3600m潮湿的山坡、路旁、田野、荒坡、杂草丛中。

阿拉善地区分布于阿拉善右旗、龙首山。我国分布于西北、西南、华中、华东等地。尼泊尔、印度、斯里兰卡、日本也有分布。

亚麻科　Linaceae

亚麻属 *Linum* L.

野亚麻 *Linum stelleroides* Planch.

一年生或二年生草本，株高40~70cm。茎直立，圆柱形，光滑，基部稍木质，上部多分枝。叶互生，密集，条形或条状披针形，长1~4cm，宽1~2.5mm，先端尖，基部渐狭，全缘，两面无毛，具1~3条脉，无柄。聚伞花序，分枝多；花梗细长，长0.5~1.5cm；花径约1cm；萼片5，卵形或卵状披针形，长约3mm，具3条脉，先端急尖，边缘稍膜质，具黑色腺点；花瓣5，倒卵形，长约7mm，淡紫色、紫蓝色或蓝色；雄蕊与花柱等长；柱头倒卵形。蒴果球形或扁球形，径约4mm；种子扁平，褐色。花果期6~8月。

中生植物。常生于海拔600~2800m的干燥山坡、路旁。

阿拉善地区均有分布。我国分布于东北、华北、西北、华东等地。俄罗斯、朝鲜、日本也有分布。

亚麻 *Linum usitatissimum* L.　　别名：胡麻

一年生草本，株高 30~100cm。茎直立，无毛，仅上部分枝。叶互生，无柄，条形或条状披针形至披针形，长 1.8~4cm，宽 2~5mm，先端锐尖，基部狭，全缘，具 3 条脉。聚伞花序，疏松，花生于茎顶端或上部叶腋，花径 1.5~2cm；花梗长 1.5~2cm；萼片 5，卵形或卵状披针形，长 5~7mm，先端突尖，具 3 条脉，边缘膜质，无腺点；花瓣 5，倒卵形，长 1~1.5cm，蓝色或蓝紫色，稀白色或红紫色，早落；雄蕊 5，退化雄蕊 5，三角形，有时不明显，只留下 5 个齿状痕迹；柱头条形。蒴果球形，径 6~8mm，顶端 5 瓣裂；种子通常 10，矩圆形，扁平，长 3.5~4mm，棕褐色。花期 6~8 月，果期 7~10 月。

中生植物。常栽培于土层深厚、土质疏松、排水良好的微酸性或中性土壤上。

阿拉善地区均有分布。我国各地均有分布。世界各地均有分布。

宿根亚麻 *Linum perenne* L.

多年生草本，株高 20~70cm。主根垂直，粗壮，木质化。茎从基部丛生，直立或稍斜升，分枝，通常有或无不育枝。叶互生，条形或条状披针形，长 1~2.3cm，宽 1~3mm，基部狭窄，先端尖，具 1 脉，平或边缘稍卷，无毛；下部叶幼时较小，鳞片状；不育枝上的叶较密，条形，长 7~12mm，宽 0.5~1mm。聚伞花序，花通常多数，暗蓝色或蓝紫色，径约 2mm；花梗细长，稍弯曲，偏向一侧，长 1~2.5cm；萼片卵形，长 3~5mm，宽 2~3mm，下部有 5 条凸出脉，边缘膜质，先端尖；花瓣倒卵形，长约 1cm，基部楔形；雄蕊与花柱异长，稀等长。蒴果近球形，径 6~7mm，草黄色，开裂；种子矩圆形，长约 4mm，宽约 2mm，栗色。花期 6~8 月，果期 8~9 月。

旱生植物。常生于海拔 4100m 以下的草原地带，多见于砂砾质地、山坡，为草原伴生植物。

阿拉善地区分布于贺兰山、龙首山。我国分布于东北、华北、西北等地。蒙古、俄罗斯也有分布。

白刺科 Nitrariaceae

白刺属 *Nitraria* L.

白刺 *Nitraria tangutorum* Bobrov　　别名：唐古特白刺

灌木，株高 1~2m。多分枝，开展或平卧，小枝灰白色，先端常刺状。叶通常 2~3 个簇生，宽倒披针形或长椭圆状匙形，长 1.8~2.5mm，宽 3~6mm，先端常圆钝，很少锐尖，全缘。花序顶生，花较稠密，黄白色，具短梗。核果卵形或椭圆形，熟时深红色，果汁玫瑰色，长 0.8~1.2cm，直径 6~9mm；果核卵形，上部渐尖，长 5~6mm，宽 3~4mm。花期 5~6 月，果期 7~8 月。

旱生植物。常生于海拔 1900~3500m，为荒漠草原到荒漠地带沙地上的重要建群植物之一，常见于古河床阶地、内陆湖盆边缘、盐化低洼地的芨芨草滩外围等处，常形成中至大型的沙堆。

阿拉善地区均有分布。我国分布于内蒙古、西藏和西北各省份。欧洲东部、亚洲中部和西部也有分布。

小果白刺 *Nitraria sibirica* Pall. 别名：西伯利亚白刺

灌木，株高 0.5~1m。多分枝，弯曲或直立，有时横卧，被沙埋压形成小沙丘，枝上生不定根，小枝灰白色，尖端刺状。叶在嫩枝上多为 4~6 个簇生，倒卵状匙形，长 0.6~1.5cm，宽 2~5mm，全缘，顶端圆钝，具小凸尖，基部窄楔形，无毛或嫩时被柔毛；无柄。花小，黄绿色，排成顶生蝎尾状花序；萼片 5，绿色，三角形；花瓣 5，白色，矩圆形；雄蕊 10~15；子房 3 室。核果近球形或椭圆形，两端钝圆，长 6~8mm，熟时暗红色，果汁暗蓝紫色；果核卵形，先端尖，长 4~5mm。花期 5~6 月，果期 7~8 月。

旱生植物。常生于海拔 3700m 以下的轻度盐渍化低地、湖盆边缘、干河床边，可成为优势种并形成群落。在荒漠草原及荒漠地带、株丛下常形成小沙堆。

阿拉善地区均有分布。我国分布于东北、华北、西北等地。蒙古、俄罗斯也有分布。

泡泡刺 *Nitraria sphaerocarpa* Maxim. 别名：球果白刺、膜果白刺

灌木，株高 30~60cm。茎弧形弯曲，不孕枝先端刺状，老枝黄褐色，嫩枝乳白色。叶 2~3 簇生，宽条形或倒披针状条形，长 0.5~2.5cm，宽 2~4mm，先端稍锐或钝。花序有短柔毛，花 5 数，黄灰色；萼绿色，被柔毛。浆果在未成熟时为披针形，顶端渐尖，密被黄褐色柔毛，成熟时果皮膨胀成球形，膜质，果径约 1cm，果核狭窄，纺锤形，长 8~9mm，顶端渐尖。花期 5~6 月，果期 6~7 月。

强旱生植物。常生长于阿拉善砂砾质戈壁上，是荒漠群落最主要的建群种之一，亦生长在石质残丘的坡地和干河床边缘，但在干旱季节时呈半休眠状态。

阿拉善地区均有分布。我国分布于内蒙古、西北等地。蒙古也有分布。

骆驼蓬属 *Peganum* L.

骆驼蓬 *Peganum harmala* L. 别名：臭古朵

多年生草本，株高 30~80cm。茎直立或开展，无毛，由基部多分枝。叶互生，卵形，全裂为 3~5 条形或条状披针形，长 1~3.5cm，宽 1.5~3mm。花单生，与叶对生；萼片稍长于花瓣，裂片条形，长 1.5~2cm，有时仅顶端分裂；花瓣黄白色，倒卵状矩圆形，长 1.5~2cm，宽 6~9mm；雄蕊短于花瓣，花丝近基部增宽；子房 3 室，花柱 3。蒴果近球形；种子三棱形，黑褐色，被小疣状突起。花期 5~6 月，果期 7~9 月。

旱生植物。常生于荒漠地带干旱草地、绿洲边缘轻盐渍化荒地、土质低山坡。

阿拉善地区均有分布。我国分布于内蒙古、宁夏、甘肃、新疆等地。蒙古、俄罗斯、伊朗、北非也有分布。

多裂骆驼蓬 *Peganum multisectum* (Maxim.) Bobrov

多年生草本，嫩时被毛。茎平卧，长30~80cm。叶2~3回深裂，基部裂片与叶轴近垂直，裂片长6~12cm，宽1~1.5mm。萼片3~5深裂；花瓣淡黄色，倒卵状矩圆形，长10~15mm，宽5~6mm；雄蕊15，短于花瓣，基部宽展。蒴果近球形，顶部稍平扁；种子多数，略呈三角形，长2~3mm，稍弯，黑褐色，表面有小瘤状突起。花期5~7月，果期6~9月。

旱生植物。为荒漠或草原化荒漠地带的杂草，常生于海拔1700~3900m饮水点附近、畜群休息地、路旁及过度放牧地。

阿拉善地区均有分布。我国分布于内蒙古、西北等地。蒙古、俄罗斯也有分布。

骆驼蒿 *Peganum nigellastrum* Bunge　　别名：匐根骆驼蓬

多年生草本，株高 10~25cm，全株密生短硬毛。茎有棱，多分枝。叶二回或三回羽状全裂，裂片长约 1cm。萼片稍长于花瓣，5~7 裂，裂片条形；花瓣淡黄色，倒披针形，长 1~1.5cm；雄蕊 15，花丝基部增宽；子房 3 室。蒴果近球形，黄褐色；种子纺锤形，黑褐色，有小疣状突起。花期 5~7 月，果期 7~9 月。

旱生植物。常生于居民点附近、旧舍地、水井边、路旁、白刺堆间、芨芨草丛中。

阿拉善地区均有分布。我国分布于内蒙古、西北等地。蒙古、俄罗斯也有分布。

蒺藜科　Zygophyllaceae

霸王属 *Sarcozygium* Bunge

霸王 *Sarcozygium xanthoxylon* Bunge　　别名：喀什霸王

灌木，株高 70~150cm。枝开展，弯曲，皮淡灰色，木材黄色，小枝先端刺状。叶在老枝上簇生，在嫩枝上对生；具明显的叶柄，叶柄长 0.8~2.5cm；小叶 2 枚，椭圆状条形或长匙形，长 0.8~2.5(4.5)cm，宽 3~5mm，顶端圆，基部渐狭。萼片 4，倒卵形，绿色，边缘膜质，长 4~7mm；花瓣 4，黄白色，倒卵形或近圆形，顶端圆，基部渐狭成爪，长 7~11mm；雄蕊 8，长于花瓣，褐色，鳞片倒披针形，顶端浅裂，长为花丝长度的 2/5。蒴果通常具 3 宽翅，偶见有 4 翅或 5 翅者，宽椭圆形或近圆形，不开裂，长 1.8~3.5cm，宽 1.7~3.2cm，通常具 3 室，每室 1 种子；种子肾形，黑褐色。花期 5~6 月，果期 6~7 月。

强旱生植物。常生于海拔 1600~2600m 的荒漠、草原化荒漠及荒漠化草原地带。在戈壁覆沙地上，有时成为建群种形成群落，亦散生于石质残丘坡地、固定与半固定沙地、干河床边、砂砾质丘间平地。

阿拉善地区均有分布。我国分布于内蒙古、西北等地。蒙古也有分布。

驼蹄瓣属 *Zygophyllum* L.

石生驼蹄瓣 *Zygophyllum rosovii* Bunge

多年生草本，株高15~20cm。茎多分枝，通常开展，具沟棱，无毛。小叶1对，近圆形或矩圆形，偏斜，顶端圆，长1.5~2.5cm，宽0.7~1.2cm，先端钝，蓝绿色；叶柄长2~7mm，顶端有时具白色膜质的披针形突起；托叶离生，卵形，长2~3mm，白色膜片状，顶端有细锯齿。花通常1~2腋生，直立；萼片5，椭圆形，边缘膜质，长5~7mm，宽3~5mm；花瓣5，与萼片近等长，倒卵形，上部圆钝带白色，下部橙黄色，基部楔形；雄蕊10，长于花瓣，橙黄色，鳞片矩圆状长椭圆形，上部有锯齿或全缘，长度可超过花丝的1/2。蒴果弯垂，具5棱，圆柱形，基部钝，上端渐尖，常弯曲如镰刀状，长1~2.5cm，宽约4mm。花期5~7月，果期6~8月。

强旱生植物。常生于海拔400~1000m荒漠和草原化荒漠地带的砾石山坡、峭壁、碎石地及沙地上。

阿拉善地区均有分布。我国分布于东北、华北、西北、西藏等地。蒙古、俄罗斯也有分布。

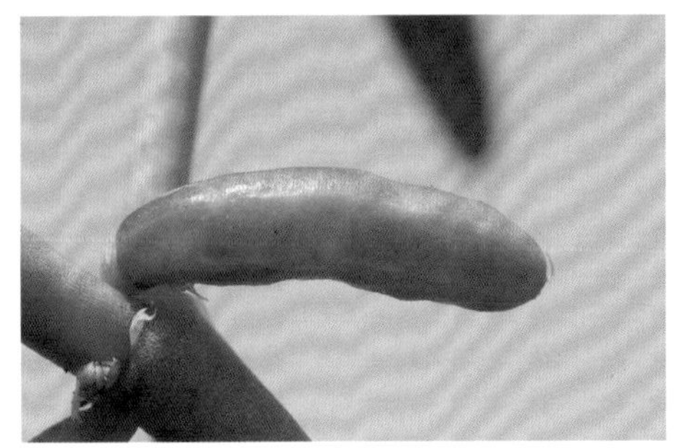

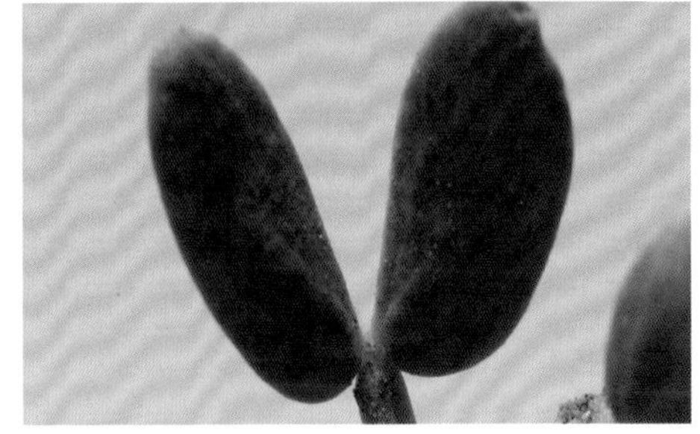

粗茎驼蹄瓣 *Zygophyllum loczyi* Kanitz

一年生或二年生草本，株高5~25cm。茎由基部多分枝，开展或直立。茎上部小叶常为1对，下部为2~3对，小叶椭圆形或歪倒卵形，长0.6~2.6cm，宽0.4~1.5cm，先端圆钝；叶柄常短于小叶，具翼；托叶离生，三角状，茎基部的托叶有时结合为半圆形，膜质或革质。花常2朵或1朵生于叶腋；萼片椭圆形，长3~4mm，绿色，有白色膜质边缘；花瓣橘红色，边缘白色，短于萼片或近等长；雄蕊短于花瓣。蒴果圆柱形，长1.6~2.7cm，宽5~6mm，先端锐尖或钝，果皮膜质。花期5~7月，果期6~7月。

强旱生植物。常生于海拔1700~2800m的低山、洪积平原、砾质戈壁、盐化沙地。

阿拉善地区分布于额济纳旗、阿拉善右旗。我国特有种，分布于内蒙古、甘肃、新疆、青海等地。

宽叶石生驼蹄瓣（变种）*Zygophyllum rosovii* var. *latifolium* (Schrenk) Popov

多年生草本，株高15~20cm。根木质，粗达3cm。茎由基部多分枝，通常开展，无毛，具条棱。托叶全部离生，卵形，长2~3mm，白色膜质；叶柄长2~7mm；小叶1对，近圆形或矩圆形，长15~25mm，宽5~8mm，绿色，先端钝。花1~2腋生；花梗长5~6mm；萼片椭圆形或倒卵状矩圆形，长5~8mm，宽2~3mm，边缘膜质；花瓣5，倒卵形，与萼片近等长，先端圆形，白色，下部橘红色，基部渐狭成爪；雄蕊长于花瓣，橙黄色，鳞片矩圆形，上部有齿或全缘。蒴果较大，条状披针形，长3~5cm，宽5~7mm，先端渐尖，稍弯或镰刀状弯曲，下垂；种子灰蓝色，矩圆状卵形。花期4~6月，果期6~7月。

旱生植物。常生于砾石低山坡、洪积砾石堆、石质峭壁。

阿拉善地区均有分布。我国分布于内蒙古、甘肃河西、新疆等地。中亚、蒙古也有分布。

驼蹄瓣 *Zygophyllum fabago* L.

多年生草本，株高30~80cm。茎基部有时木质，枝条开展或铺散。小叶1对，倒卵形，有时为矩圆状倒卵形，长1.5~3.3cm，宽0.6~2.0cm，先端圆形；叶柄显著短于小叶；上部的托叶离生，下部的托叶自相结合，卵形或椭圆形，草质。花常2朵腋生；萼片绿色，卵形或椭圆形，长6~8mm，宽3~4cm，先端钝，边缘为白色膜质；花瓣倒卵形，长6~8mm，下部橘红色；雄蕊长于花瓣，长1.1~1.2cm，鳞片矩圆形。蒴果矩圆形或圆柱形，长2~3cm，宽3~5cm，先端有约5mm长的白色宿存花柱。花期5~6月，果期6~9月。

旱生植物。常生于冲积平原、绿洲、河谷、湿润沙地和荒地。

阿拉善地区均有分布。我国分布于内蒙古、甘肃、青海、新疆等地。俄罗斯、叙利亚、伊朗、伊拉克和非洲北部也有分布。

大花驼蹄瓣 *Zygophyllum potaninii* Maxim.

多年生草本，株高 10~25cm。茎直立，由基部分枝，开展，无毛。小叶 1~2 对，斜倒卵形或圆形，长 1~2.5cm，宽 0.7~2cm，绿色，有橙黄色边缘；叶柄有狭翼；托叶合生，卵形，长约 3mm，宽约 5mm，草质，边缘膜质，有细锯齿。花 2~3 朵生于叶腋，下垂；萼片倒卵形，带黄色，花瓣状，长 4~7mm，宽 4~5mm；花瓣匙状倒卵形，上部白色，下部橙黄色，顶端常具短渐尖，边缘浅波状，比萼片短；雄蕊长于花瓣，鳞片条状矩圆形，上部边缘具流苏状锯齿。蒴果弯垂，宽矩圆状球形或近球形，长 1.5~2.5cm，宽 1.5~1.8cm，具 5 宽翅，翅宽约 6mm。花期 5~6 月，果期 6~8 月。

强旱生植物。常生于砾质荒漠石质残丘、碎石坡地。

阿拉善地区均有分布。我国分布于内蒙古、西北等地。蒙古、俄罗斯也有分布。

蝎虎驼蹄瓣 *Zygophyllum mucronatum* Maxim.　　别名：蝎虎草、蝎虎霸王

多年生草本，株高 10~30cm。茎由基部多分枝，开展，具沟棱，有稀疏粗糙的小刺。小叶 2~3 对，条形或条状矩圆形，顶端具刺尖，基部钝，有粗糙的小刺，长 0.5~1.5cm，宽约 2mm，绿色；叶轴有翼，扁平，有时与小叶等宽。花 1~2 朵腋生，直立；萼片 5，矩圆形或窄倒卵形，绿色，边缘膜质，长 5~8mm，宽 3~4mm；雄蕊长于花瓣，花药矩圆形，黄色，花丝绿色，鳞片白膜质，倒卵形至圆形，长可达花丝长度的 1/2。蒴果弯垂，具 5 棱，圆柱形，基部钝，顶端渐尖，上部常弯曲。花果期 5~8 月。

强旱生植物。常生于海拔 800~3000m 的荒漠和草原化荒漠地带的干河床、石质山坡和沙地上。

阿拉善地区均有分布。我国特有种，分布于内蒙古、西北等地。

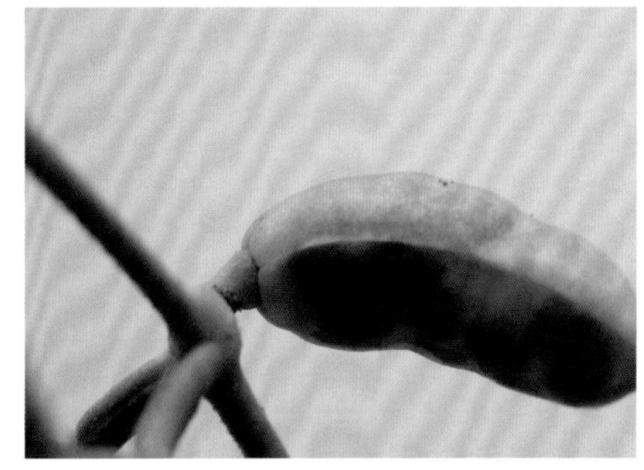

戈壁驼蹄瓣 *Zygophyllum gobicum* Maxim.

多年生草本，有时全株灰绿色。茎有时带橘红色，由基部多分枝，铺散，枝长 10~20cm。托叶常离生，卵形；叶柄短于小叶，长 2~7mm；小叶 1 对，斜倒卵形，长 5~20mm，宽 3~8mm，由茎基向枝端渐小。花梗长 2~3mm；2 花并生于叶腋；萼片绿色或橘红色，椭圆形或矩圆形，长 4~6mm；花瓣 5，淡绿色或橘红色，椭圆形，与萼片近等长；雄蕊长于花瓣，长 6~8mm。浆果下垂，椭圆形，长 8~14mm，宽 6~7mm，两端钝，不开裂。花期 6 月，果期 8 月。

强旱生植物。常生于砾石戈壁。

阿拉善地区分布于额济纳旗。我国分布于内蒙古、甘肃、青海等地。蒙古也有分布。

翼果驼蹄瓣 *Zygophyllum pterocarpum* Bunge

多年生草本，株高10~20cm。茎多数，开展，具沟棱，无毛。小叶2~3对，条状矩圆形或倒披针形，长0.5~1.5cm，宽1.5~3mm，顶端稍尖或圆，灰绿色；叶柄长4~6mm，扁平，边缘具翼；托叶长1~2mm，绿色，边缘白膜质，卵形或披针形。花1~2朵腋生，直立，花梗长5~7mm，果期伸长；萼片5，椭圆形，长5~7mm，宽3~4mm；花瓣5，矩圆状倒卵形，稍长于萼片，上部圆钝带白色，下部橙黄色，基部狭窄成长爪；雄蕊10，长于花瓣，橙黄色，鳞片矩圆状披针形，长约为花丝长的1/3，上半部深裂成流苏状。蒴果弯垂，矩圆状卵形或卵形，两端圆，多渐尖，长10~20mm，宽6~10mm，具5翅，翅宽2~3mm，膜质。花期6~7月，果期7~9月。

强旱生植物。常生于荒漠和草原化荒漠地带的石质残丘坡地、砾石质戈壁、干河床边等处。

阿拉善地区均有分布。我国分布于内蒙古、西北等地。蒙古、俄罗斯也有分布。

蒺藜属 *Tribulus* L.

蒺藜 *Tribulus terrestris* L.

一年生草本。茎由基部分枝，平铺地面，深绿色到淡褐色，长可达1m左右，全株被绢状柔毛。双数羽状复叶，长1.5~5cm；小叶5~7对，对生，矩圆形，长6~15mm，宽2~5mm，顶端锐尖或钝，基部稍偏斜，近圆形，上面深绿色，较平滑，下面色略淡，被毛较密。萼片卵状披针形，宿存；花瓣倒卵形，长约7mm；雄蕊10；子房卵形，有浅槽，凸起面密被长毛，花柱单一，短而膨大，柱头5，下延。果由5个分果瓣组成，每分果瓣具长短棘刺各1对，背面有短硬毛及瘤状突起。花果期5~9月。

中生植物。常生于海拔3300m以下的荒地、山坡、路旁、田间、居民点附近，在荒漠区亦见于石质残丘坡地、白刺堆间、沙地及干河床边。

阿拉善地区均有分布。我国各地均有分布。全球温带地区均有分布。

四合木属 *Tetraena* Maxim.

四合木 *Tetraena mongolica* Maxim.

落叶小灌木，株高可达 90cm。老枝红褐色，稍有光泽或有短柔毛；小枝灰黄色或黄褐色，密被白色稍开展的不规则的丁字毛，节结明显。双数羽状复叶，对生或簇生于短枝上，小叶 2 枚，肉质，倒披针形，长 3~8cm，宽 1~3mm，顶端圆钝，具凸尖，基部楔形，全缘，黄绿色，两面密被不规则的丁字毛，无柄；托叶膜质。花 1~2 朵着生于短枝上；萼片 4，卵形或椭圆形，长约 3mm，宽约 2.5mm，被不规则的丁字毛，宿存；花瓣 4，白色具爪，瓣片椭圆形或近圆形，长约 2mm，宽约 1.5mm，爪长约 1.5mm；雄蕊 8，排成 2 轮，外轮 4 个较短，内轮 4 个较长，花丝近基部有白色薄膜状附属物，具花盘；子房上位，4 深裂，被毛，4 室，花柱单一，丝状，着生于子房近基部。果常下垂，具 4 个不开裂的分果瓣，分果瓣长 6~8mm，宽 3~4mm；种子矩圆状卵形，表面密被褐色颗粒。花期 5~6 月，果期 7~8 月。

强旱生植物。在草原化荒漠地区常成为建群种，形成有小针茅混生的四合木荒漠群落。

阿拉善地区分布于阿拉善左旗。我国分布于内蒙古、宁夏等地。俄罗斯、乌克兰也有分布。

拟芸香属 *Haplophyllum* A. Juss.

北芸香 *Haplophyllum dauricum* (L.) G. Don

多年生草本，株高 6~25cm，全株有特殊香气。根棕褐色。茎基部埋于土中的部分略粗大，木质，淡黄色，无毛；茎丛生，直立，上部较细，绿色，具不明显细毛。单叶互生，全缘，无柄，条状披针形至狭矩圆形，长 0.5~1.5cm，宽 1~2mm，灰绿色，全缘，茎下部叶较小，倒卵形，叶两面具腺点，中脉不显。花聚生于茎顶，黄色，直径约 1cm，花的各部分具腺点；萼片 5，绿色，近圆形或宽卵形，长约 1mm；花瓣 5，黄色，椭圆形，边缘薄膜质，长约 7mm，宽 1.5~4mm；雄蕊 10，离生，花丝下半部增宽，边缘密被白色长睫毛，花药长椭圆形，药隔先端的腺点黄色；子房 3 室，少为 2~4 室，黄棕色，基部着生在圆形花盘上，花柱长约 3mm，柱头稍膨大。蒴果，成熟时黄绿色，3 瓣裂，每室有种子 2 粒；种子肾形，黄褐色，表面有皱纹。花期 6~7 月，果期 8~9 月。

旱生植物。常生于低海拔的草原和森林草原地区，亦见于荒漠草原区的山地，为草原群落的伴生种。

阿拉善地区分布于阿拉善右旗雅布赖山。我国分布于东北、华北、西北等地。蒙古、俄罗斯也有分布。

针枝芸香 *Haplophyllum tragacanthoides* Diels

小半灌木，株高 2~8cm。茎基的地下部分粗大，分枝，木质，黑褐色；地上部分粗短，丛生多数宿存的针刺状的不分枝的老枝，老枝淡褐色或淡棕黄色；当年生枝淡灰绿色，密被短柔毛，直立，不分枝。叶矩圆状披针形、狭椭圆状或矩圆状倒披针形，长 3~6mm，宽 1~2mm，先端锐尖或钝，基部渐狭，边缘具细钝锯齿，两面灰绿色，厚纸质，具腺点，无柄。花单生于枝顶；花萼 5 深裂，裂片卵形或宽卵形，长约 1mm，边缘被短睫毛；花瓣狭矩圆形，长 7~9mm，宽 3~4mm，具腺点；雄蕊长约 6mm；子房扁球形，4~5 室。成熟蒴果顶部开裂，直径约 4mm；种子肾形，表面有皱纹，长约 2mm。花期 6 月，果期 7~8 月。

强旱生植物。常生于海拔 1500m 左右的干旱区石质山坡。

阿拉善地区分布于阿拉善左旗、贺兰山。我国分布于内蒙古、宁夏、甘肃等地。蒙古也有分布。

苦木科 Simaroubaceae

臭椿属 *Ailanthus* Desf.

臭椿 *Ailanthus altissima* (Mill.) Swingle

乔木，树高达 30m，胸径可达 1m；树皮平滑，具灰色条纹。小枝赤褐色，粗壮。单数羽状复叶，小叶 13~25(41)，有短柄，卵状披针形或披针形，长 7~12cm，宽 2~4.5cm，先端长渐尖，基部截形或圆形，常不对称；叶缘波纹状，近基部有 2~4 先端具腺体的粗齿，常挥发恶臭味，上面绿色，下面淡绿色，具白粉或柔毛。花小，白色带绿，雌雄同株或异株，花序直立，长 10~25cm。翅果扁平，长椭圆形，长 3~5cm，宽 0.8~1.2cm，初黄绿色，有时稍带红色，成熟时褐黄色或红褐色。花期 6~7 月，果熟期 9~10 月。

中生植物。常生于海拔 100~2000m 的山麓、村庄附近。

阿拉善地区分布于阿拉善左旗、贺兰山。我国分布于全国各省份。朝鲜、日本也有分布。

远志属 *Polygala* L.

远志 *Polygala tenuifolia* Willd.　　别名：小草

多年生草本，株高 8~30cm。根肥厚，圆柱形，直径 2~8mm，长达 10cm，外皮浅黄色或棕色。茎多数，较细，直立或斜升。叶近无柄，条形至条状披针形，长 1~3cm，宽 0.5~2mm，先端渐尖，基部渐窄，两面近无毛或稍被短曲柔毛。总状花序顶生或腋生，长 2~10cm；基部有苞片 3，披针形，易脱落；花梗长 4~6mm；萼片 5，外侧 3 片小，绿色，披针形，长约 3mm，宽 0.5~1mm，内侧两片大，呈花瓣状，倒卵形，长约 6cm，宽 2~3mm，背面近中脉有宽绿条纹，具长约 1mm 的爪；花瓣 3，紫色，两侧花瓣长倒卵形，长约 3.5mm，宽约 1.5mm，中央龙骨状花瓣长 5~6mm，背面顶端具流苏状缨，其缨长约 2mm；子房扁圆形或倒卵形，2 室，花柱扁，长约 3mm，上部明显弯曲，柱头 2 裂。蒴果扁圆形，先端微凹，边缘有狭翅，表面无毛；种子 2，椭圆形，长约 1.3mm，棕黑色，被白色绒毛。花期 7~8 月，果期 8~9 月。

旱生植物。常生于海拔 200~2300m 的石质草原及山坡、草地、灌丛下，嗜砾石。

阿拉善地区分布于贺兰山、龙首山、桃花山。我国分布于东北、华北、西北等地。俄罗斯、蒙古、朝鲜也有分布。

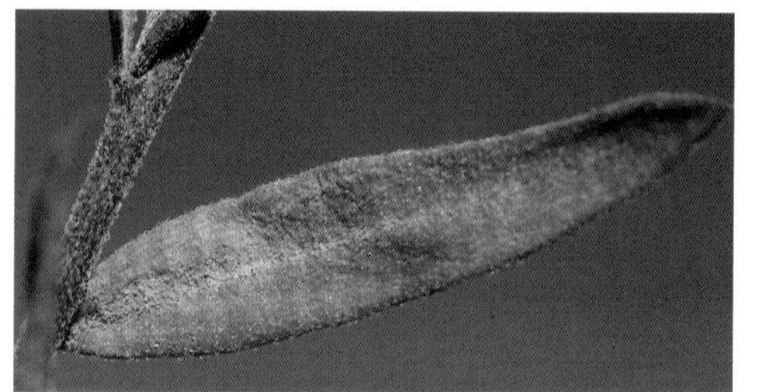

西伯利亚远志 *Polygala sibirica* L.

多年生草本，株高 10~30cm，全株被短柔毛。根粗壮，圆柱形，直径 1~6mm。茎丛生，被短曲的柔毛，基部稍木质。叶无柄或有短柄，茎下部的叶较小，卵圆形，上部的叶较大，狭卵状披针形，长 0.6~3cm，宽 0.5~1mm，先端有短尖头，基部楔形，两面被短曲柔毛。总状花序腋生或顶生，长 2~9cm，花淡蓝色，侧生一侧；花梗长 3~6mm，基部有 3 个绿色的小苞，易脱落；萼片 5，宿存，披针形，背部中脉突起，绿色，被短柔毛，顶端紫红色，长约 3mm，宽约 1mm，内侧萼片 2，花瓣状，倒卵形，绿色，长 6~9mm，宽约 3mm，顶端有紫色的短凸尖，背面被短柔毛；花瓣 3，其中侧瓣 2，长倒卵形，长 5~6mm，宽约 3.5mm，基部内部被短柔毛，龙骨状瓣比侧瓣长，具长 4~5mm 的流苏状缨；子房扁倒卵形，2 室，花柱稍扁，细长。蒴果扁，倒心形，长约 5mm，宽约 6mm，顶端凹陷，周围具宽翅，边缘疏生短睫毛；种子 2，长卵形，扁平，长约 2mm，宽约 1.7mm，黄棕色，密被长绒毛，种阜明显，淡黄色，膜质。花期 6~7 月，果期 8~9 月。

旱中生植物。常生于海拔 1100~4300m 的山坡、草地、林缘、灌丛。

阿拉善地区分布于贺兰山、龙首山、桃花山。我国分布于东北、华北、西北、西南、华东、华南等地。朝鲜、日本、蒙古、印度、俄罗斯也有分布。

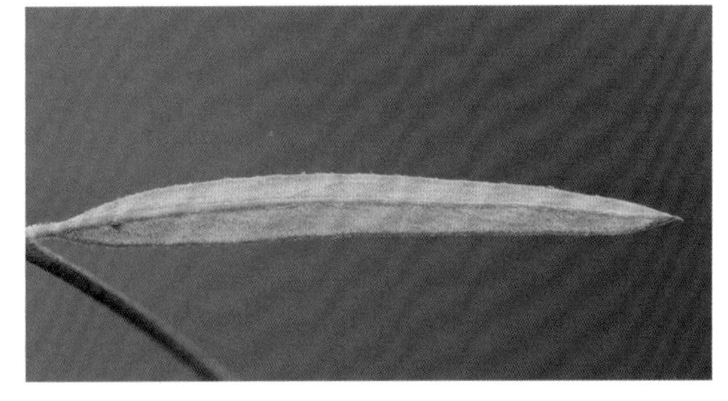
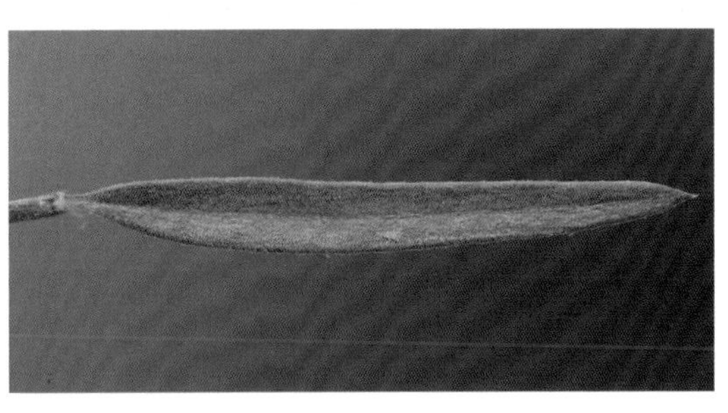

大戟科 Euphorbiaceae

蓖麻属 *Ricinus* L.

蓖麻 *Ricinus communis* L.

一年生草本，株高1~2m。茎直立，粗壮，中空，幼嫩部分被白粉。托叶早落，落后在茎上留下环形痕迹；叶盾状圆形，径15~40cm，掌状半裂，裂片5~11，矩圆状卵形或矩圆状披针形，先端渐尖，边缘具不整齐的锯齿，齿端具腺，两面无毛，主脉掌状，侧脉羽状；叶柄长10~15cm，被白粉。圆锥花序顶生或与叶对生，长10~20cm；雄花萼裂片3~5，膜质，卵状三角形；雄蕊多数，花丝多分枝，花药2室；雌花萼裂片3~5，卵状披针形；子房卵形，3室，外面密被软刺，花柱3，先端2裂，深红色，被细而密的突起。蒴果近球形，径1.5~2cm，具3纵槽，有刺或无，成熟时下垂，3瓣裂；种子矩圆形，长约1cm，外种皮坚硬，有光泽，具黄褐色或黑褐色斑纹，有明显的种阜。花期7~8月，果期9~10月。

中生植物。常生于海拔20~2300m的村旁疏林、河流两岸冲积地。

阿拉善地区均有分布。我国南北各省份均有栽培。全世界热带地区至温带地区均有分布。

地构叶属 *Speranskia* Baill.

地构叶 *Speranskia tuberculata* (Bunge) Baill.　　别名：珍珠透骨草、瘤果地构叶

多年生草本，株高20~50cm。根粗壮，木质。茎直立，多由基部分枝，密被短柔毛。叶互生，披针形或卵状披针形，长1.5~4cm，宽4~15mm，先端渐尖或稍钝，基部钝圆，边缘疏生不整齐的牙齿，上面幼时被柔毛，后脱落，下面被较密短柔毛；叶无柄或近无柄。花单性，雌雄同株，总状花序顶生，长10~20cm，花小型，径1~2mm，淡绿色，常2~4花簇生；苞片披针形；雄花萼片5，卵状披针形，镊合状排列，外面及边缘被毛，花瓣5，膜质，倒三角形，先端具睫毛，长不及花萼的一半，腺体5，小型；雄蕊10~15，花丝直立，被疏毛；雌花萼片被毛；花瓣倒卵状三角形，背部及边缘具毛，长亦不及花萼的1/2，膜质，腺体小；子房3室，被短毛及小瘤状突起，花柱3，先端2深裂。蒴果扁球状三角形，具3条沟纹，径约6mm，外被瘤状突起，果梗长4~6mm，被短柔毛；种子卵圆形，长约2.5mm。花期6月，果期7月。

旱中生植物。常生于海拔800~1900m落叶阔叶林区和森林草原区的石质山坡，也生于草原区的山地。

阿拉善地区分布于阿拉善左旗、贺兰山。我国分布于东北、华北、西北、华东等地。

大戟属 *Euphorbia* L.

乳浆大戟 *Euphorbia esula* L.　　别名：猫儿眼、烂疤眼

多年生草本，株高可达50cm。根细长，褐色。茎直立，单一或分枝，光滑无毛，具纵沟。叶条形、条状披针形或倒披针状条形，长1~4cm，宽2~4mm，先端渐尖或稍钝，基部钝圆或渐狭，边缘全缘，两面无毛；无柄；有时具不孕枝，其上的叶较密而小。总花序顶生，具3~10伞梗（有时由茎上部叶腋抽出单梗）；基部有3~7轮生苞叶，苞叶条形，披针形、卵状披针形或卵状三角形，长1~3cm，宽(1)2~10mm，先端渐尖或钝，基部钝圆或微心形，少有基部两侧各具1小裂片（似叶耳）者，每伞梗顶端常具1~2次叉状分出的小伞梗，小伞梗基部具1对苞片，三角状宽卵形、肾状半圆形或半圆形，长0.5~1cm，宽0.8~1.5cm；杯状总苞片长2~3mm，外面光滑无毛，先端4裂，腺体4，与裂片相间排列，新月形，两端有短角，黄褐色或深褐色；子房卵圆形，3室，花柱3，先端2浅裂。蒴果扁圆球形，具3沟，无毛，无瘤状突起；种子卵形，长约2mm。花期5~7月，果期7~8月。

中生植物。生态幅较宽，多零散分布于草原、山坡、干燥沙地和路旁。

阿拉善地区分布于阿拉善左旗、贺兰山。我国各省份均有分布。蒙古、俄罗斯、朝鲜、日本及北美洲也有分布。

沙生大戟 *Euphorbia kozlovii* Prokh.

多年生草本，株高15~21cm。根纤细，长7~12cm，直径3~5mm，不分枝或末端少分枝。茎直立，自基部多分枝，直径3~5mm，全株光滑无毛。叶互生，椭圆形至卵状椭圆形，长2~4cm，宽3~5mm，先端钝尖，基部楔形或近圆状楔形，全缘，脉于叶背凸出，侧脉3~5条，发自主脉基部；无叶柄或近无柄；总苞叶2枚，卵状长三角形，长3~5cm，宽8~16mm，先端渐狭，基部耳状，无柄；伞幅2枚，长1~3cm；苞叶2枚，与总苞叶同形，但较小。花序单生于二歧聚伞分枝的顶端，基部具柄，柄长3~5mm；总苞阔钟状，高约3mm，直径4~6mm，光滑无毛，边缘5裂，裂片三角状卵形，内侧具柔毛，腺体4，卵形或半圆形；雄花多枚；苞片丝状；雌花1枚，子房柄长3~5mm；子房光滑无毛，花柱3，分离，柱头2深裂，向外反卷。蒴果球状或卵球状，长4~5mm，直径3.5~4.0mm；果柄长近5mm，被短柔毛；成熟时分裂为3个分果爿；种子卵状，长约4mm，直径2.5~3.0mm，密被不明显的皱脊，种阜大而明显，淡黄白色，盾状，具极细的短柄。花果期5~8月。

旱生植物。常生于海拔800~1300m的荒漠沙地。

阿拉善地区分布于阿拉善左旗、阿拉善右旗。我国分布于内蒙古、山西、陕西、甘肃、宁夏、青海等地。蒙古也有分布。

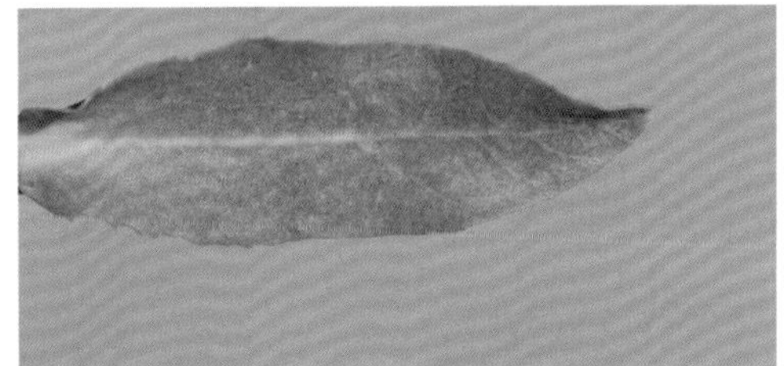

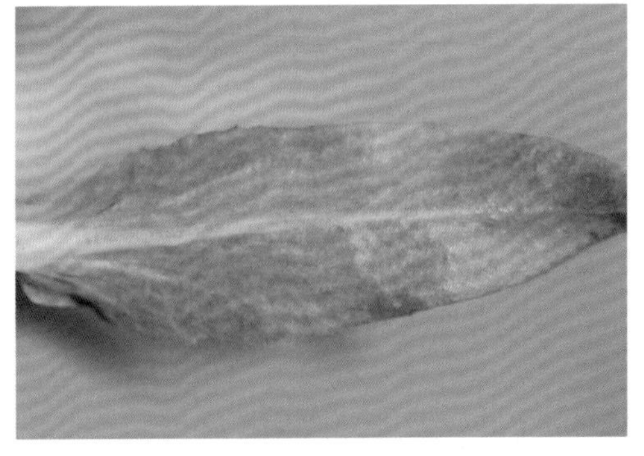

红腺大戟 *Euphorbia ordosinensis* Z. Y. Chu et W. Wang

矮小多年生草本，株高5~10cm。根圆柱形，长约5cm，直径2~3cm，黄褐色。茎直立，单一，无毛。单叶互生，无柄，线形或线状披针形，长0.5~2.5cm，宽2~4mm，顶端渐尖，边缘全缘，无毛，仅一脉。杯状聚伞花序，顶生，具短柄；苞叶3~4枚，近轮生，与下部叶同形，略长；伞梗3~4个，长约2cm；小苞叶2个，对生，三角状卵形，长和宽4~8mm，顶端尖或略钝，基部近平截，具1主脉，无侧脉，光滑无毛；总苞钟状，长约1.5mm，直径约2mm，顶端4(5)裂，外面光滑，内具疏柔毛，腺体4，肾形或近圆形，顶端弯缺下凹，弯缺处具蚀状齿，红棕色。雄花少数3~6枚，无苞片，花药丁字型着生，高出总苞；雌花1枚，子房长球形，长约2mm，直径约1.2mm，光滑，具柄，柄长约3mm，花柱3，2/3分离，柱头二叉裂，裂片稍高。花果期4~10月。

旱生植物。常生于海拔1500~2000m的荒漠区石质低丘陵和浅山石质山坡、石缝中。

阿拉善地区分布于贺兰山。我国特有种，分布于内蒙古、宁夏等地。

地锦草 *Euphorbia humifusa* Willd.

别名：田代氏大戟、铺地锦

一年生草本。茎多分枝，纤细，平卧，长10~30cm，被柔毛或近光滑。单叶对生，矩圆形或倒卵状矩圆形，长0.5~1.5cm，宽3~8mm，先端钝圆，基部偏斜，一侧半圆形，一侧楔形，边缘具细齿，两面无毛或疏生毛，绿色，秋后常带紫红色；托叶小，锥形，羽状细裂；无柄或近无柄。杯状聚伞花序单生于叶腋；总苞倒圆锥形，长约1mm，边缘4浅裂，裂片三角形，腺体4，横矩圆形；子房3室，具3纵沟，花柱3，先端2裂。蒴果三棱状圆球形，径约2mm，无毛，光滑；种子卵形，长约1mm，略具三棱，褐色，外被白色蜡粉。花期6~7月，果期8~9月。

中生植物。常生于海拔3800m以下的田野、路旁、河滩及固定沙地。

阿拉善地区均有分布。我国各地均有分布。朝鲜、日本、蒙古、俄罗斯也有分布。

叶下珠科 Phyllanthaceae

白饭树属 *Flueggea* Willd.

一叶萩 *Flueggea suffruticosa* (Pall.) Baill.

灌木，株高 1~2m。上部分枝细密，当年枝黄绿色，老枝灰褐色或紫褐色，光滑无毛。叶椭圆形或矩圆形，稀近圆形，长 1.5~3(5)cm，宽 1~2cm，先端钝或短尖，基部楔形，边缘全缘或具细齿，两面光滑无毛；托叶卵状披针形，长约 1mm(萌生枝上的较大)，宿存；叶柄长 3~5mm。花单性，雌雄异株；雄花常由几花至 10 余花簇生叶腋，径约 1.5mm，萼片 5，矩圆形，光滑无毛，雄蕊 5，超出花萼或与萼近等长，退化子房长约 1mm，先端 2~3 裂，腺体 5，花梗长 2~3mm；雌花单一或数花簇生叶腋，子房圆球形，花柱很短，柱头 3 裂，向上逐渐扩大成扁平的倒三角形，先端具凹缺。蒴果扁圆形，径约 5mm，淡黄褐色，表面有细网纹，具 3 条浅沟；果梗长 0.5~1cm；种子紫褐色，长约 2mm，稍具光泽。花期 6~7 月，果期 8~9 月。

中生植物。常生于海拔 800~2500m 的落叶阔叶林区及草原区的山地。

阿拉善地区分布于阿拉善左旗、贺兰山。我国分布于东北、华北、华南、陕西、四川、河南等地。蒙古、俄罗斯、朝鲜、日本也有分布。

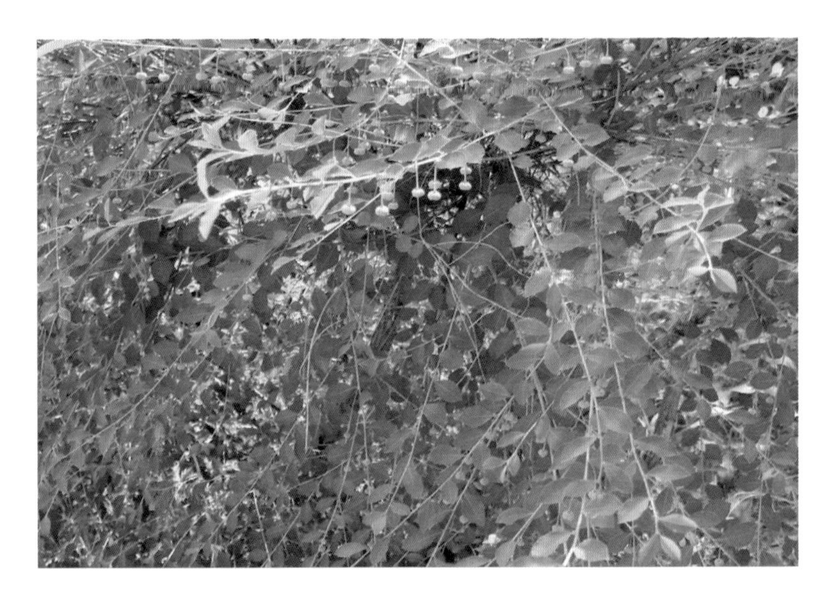

卫矛属 *Euonymus* L.

矮卫矛 *Euonymus nanus* M. Bieb.

小灌木，株高可达 1m。枝柔弱，先端稍下垂，绿色，光滑，常具棱。叶互生、对生或 3~4 叶轮生，条形或条状披针形，长 1~4cm，宽 2~5mm，先端锐尖或具 1 刺尖头，边缘全缘或稀疏生小齿，常向下反卷；无柄。聚伞花序生于叶腋，由 1~3 花组成；总花梗长 1~2cm，花梗长 0.5~1cm，均纤细，其上有条形的苞片及小苞片；花径约 5mm，紫褐色，四基数。蒴果熟时紫红色，径约 1cm，4 瓣开裂；每室有 1 到数粒种子，棕褐色，基部为橘红色假种皮所包围。花期 6 月，果期 8 月。

中生植物较喜温暖。常生于高海拔山地及落叶阔叶林边缘。

阿拉善地区分布于贺兰山。我国分布于内蒙古、陕西、甘肃、宁夏、山西等地。俄罗斯也有分布。

槭属 *Acer* L.

细裂槭（变种）*Acer pilosum* var. *stenolobum* (Rehder) W. P. Fang

落叶小乔木，树高约 5m。当年生枝淡紫绿色，多年生枝淡褐色。叶近革质，较大，长 7~8cm，宽 10~12cm，裂片长圆状披针形，宽 7~10(15)mm，先端渐尖，全缘或具粗锯齿，上面绿色，无毛，下面淡绿色，除脉腋具丛毛外，其他处无毛，主脉 3 条，在下面尤显；叶柄细，长 3~6cm，淡紫色，无毛。伞房花序无毛，生于小枝顶端；花淡绿色，杂性，雄花与两性花同株；萼片 5，卵形，边缘或近先端有纤毛；花瓣 5，矩圆形或线状矩圆形，与萼片近等长或略短；雄蕊 5，生于花盘内侧的裂缝间，雄花中的花丝较萼片约长 2 倍，两性花中的花丝则与萼片近等长，花药卵圆形；两性花的子房有疏柔毛，花柱 2 裂，柱头反卷。翅果幼时淡绿色，较大，长 2.5~2.8cm，熟后淡黄色，小坚果凸起，近于卵圆形或球形，径约 6mm，翅近于矩圆形，长 2~2.5cm，两果开展角度为钝角或近于直角。花果期 5~9 月。

中生植物。喜生于海拔 1000~1500m 较阴湿的沟谷及山坡灌丛中。

阿拉善地区分布于阿拉善左旗、贺兰山。我国分布于内蒙古、陕西、宁夏、甘肃等地。蒙古、俄罗斯也有分布。

 文冠果属 *Xanthoceras* Bunge

文冠果 *Xanthoceras sorbifolium* Bunge

灌木或小乔木，树高可达 8m，胸径可达 90cm；树皮灰褐色。小枝粗壮，褐紫色，光滑或有短柔毛。单数羽状复叶，互生，小叶 9~19，无柄，窄椭圆形至披针形，长 2~6cm，宽 1~1.5cm，边缘具锐锯齿。总状花序，长 15~25cm；萼片 5；花瓣 5，白色，内侧基部有由黄变紫红的斑纹；花盘 5 裂，裂片背面有 1 角状橙色的附属体，长为雄蕊之半；雄蕊 8，长为花瓣之半；子房矩圆形，具短而粗的花柱，柱头 3 裂。蒴果 3~4 室，每室具种子 1~8 粒；种子球形，黑褐色，径宽 1~1.5cm，种脐白色，种仁乳白色。花期 4~5 月，果期 7~8 月。

中生植物。常生于海拔 50~2260m 的山坡。

阿拉善地区分布于阿拉善左旗、贺兰山。我国特有种，分布于吉林、辽宁、内蒙古、河北、山西、陕西、甘肃、河南、山东、江苏北部等地。

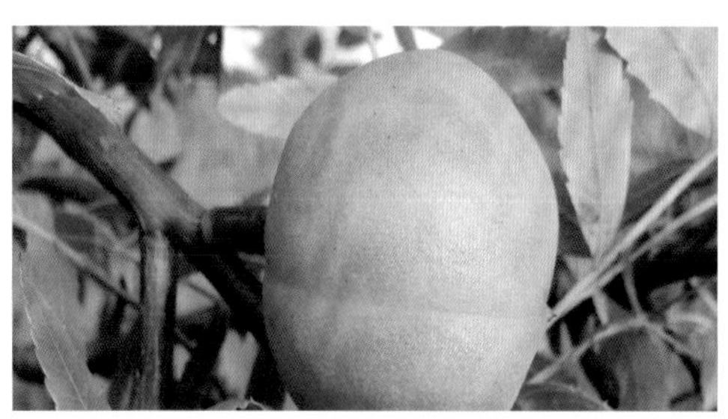

枣属 *Ziziphus* Mill.

酸枣（变种）*Zizyphus jujuba* var. *spinosa* (Bunge) Hu ex H. F. Chow

灌木，株高达 4m。小枝弯曲呈“之”字形，紫褐色，具柔毛，有细长的刺，刺有两种：一种是狭长刺，有时可达 3cm，另一种刺呈弯钩状。单叶互生，长椭圆状卵形至卵状披针形，长 1~4(5)cm，先端钝或微尖，基部偏斜，有三出脉，边缘有钝锯齿，齿端具腺点，上面暗绿色，无毛，下面浅绿色，沿脉有柔毛；叶柄长 0.1~0.5cm，具柔毛。花黄绿色，2~3 朵簇生于叶腋；花梗短；花萼 5 裂；花瓣 5；雄蕊 5，与花瓣对生，比花瓣稍长；具明显花盘。核果暗红色，后变黑色，卵形至长圆形，长 0.7~1.5cm，具短梗，核顶端钝。花期 5~6 月，果期 9~10 月。

旱中生植物。耐干旱，喜生于海拔 1000m 以下的向阳干燥平原、丘陵及山谷等地，常形成灌木丛。

阿拉善地区分布于阿拉善左旗、贺兰山。我国分布于东北、华北、西北等地。欧洲、亚洲其他地区，美洲也有分布。

鼠李属 *Rhamnus* L.

小叶鼠李 *Rhamnus parvifolia* Bunge　　别名：黑格令

灌木，株高达 2m；树皮灰色，片状剥落。多分枝，小枝细，对生，有时互生，当年生枝灰褐色，有疏毛或无毛；老枝黑褐色或淡黄褐色，末端为针刺。单叶密集丛生于短枝或在长枝上近对生，叶厚，菱状卵形或倒卵形、椭圆形，长 1~3(4)cm，宽 0.8~1.5(2.5)cm，先端尖或钝圆，基部楔形，边缘具细钝锯齿，齿端具黑色腺点，上面暗绿色，散生短柔毛或有时无毛，下面淡绿色，光滑，仅在脉腋具簇生柔毛的腺窝，侧脉 2~3 对，呈平行的弧状弯曲；叶柄长 0.5~1.0(1.5)cm，上面有槽，稍有毛或无毛。花单性，雌雄异株，黄绿色，排成聚伞花序，1~3 朵集生于叶腋；花梗细，长约 0.5cm；萼片 4，直立，无毛或具散生短柔毛；花瓣 4；雄蕊 4，与萼片互生。核果球形，成熟时黑色，具 2 核，每核各具 1 种子；种子侧扁，光滑，栗褐色，背面有种沟，种沟开口占种子全长的 4/5。花期 5 月，果期 7~9 月。

旱中生植物。常生于海拔 400~2300m 的向阳石质干山坡、沙丘间地或灌木丛，抗干旱，耐寒。

阿拉善地区分布于贺兰山、龙首山。我国分布于辽宁、内蒙古、河北、山西、甘肃、山东等地。朝鲜、俄罗斯、蒙古也有分布。

柳叶鼠李 *Rhamnus erythroxylum* Pall.　　别名：黑格兰、红木鼠李

灌木，株高达 2m，多分枝，具刺。当年生枝红褐色，初有稀柔毛，枝先端为针刺状；二年生枝为灰褐色，光滑。单叶在长枝上互生或近对生，在短枝上簇生，条状披针形，长 2~9cm，宽 0.3~1.2cm，先端渐尖，少为钝圆，基部楔形，边缘稍内卷，具疏细锯齿，齿端具黑色腺点，上面绿色，有毛，下面淡绿色，具细柔毛，中脉显著隆起，侧脉 4~5(6) 对，不明显；叶柄长 0.5~1.6cm，具柔毛。花单性，黄绿色，10~20 朵束生于短枝上；萼片 5；花瓣 5；雄蕊 5。核果球形，熟时黑褐色，径 4~6mm，果梗长 0.4~0.8(1.0)cm，内具 2 核，有时为 3 核；种子倒卵形，背面有沟，种沟开口占种子全长的 5/6。花期 5 月，果期 6~7 月。

旱中生植物。常生于海拔 1000~2100m 的山坡、沙丘及灌木丛中。

阿拉善地区分布于阿拉善左旗、贺兰山。我国分布于内蒙古、河北、山西、陕西、甘肃等地。俄罗斯、蒙古也有分布。

黑桦树 *Rhamnus maximovicziana* J. Vass.

灌木，株高达 2m。一年生枝细长，灰紫色，具柔毛；二年生枝粗壮，紫褐色，光滑，枝端具针刺。叶在长枝上对生或近对生，在短枝上丛生，椭圆形、倒卵形或宽卵形，长 1.5~2.5cm，宽 (0.4)0.7~1.3cm，先端钝或短尖，基部宽楔形或少数近圆形，边缘具疏细圆齿，幼时有毛，后变光滑，上面绿色，有柔毛，沿脉尤密，下面淡绿色，侧脉隆起，具柔毛，侧脉 2~3 对；叶柄 0.6~1.2(1.5)cm，具柔毛。花单性，雌雄异株，黄绿色，2~3 朵簇生于短枝；花萼外被细柔毛，萼筒钟形，长约 2mm，萼片 4，直立，长卵状披针形，长约 3mm，先端渐尖；雄蕊 4，花丝长约 1.1mm，花药长约 1.5mm；无花瓣。核果扁球形，具 2 种子；种子倒卵形，长约 4mm，褐色，种沟开口占全种子长的 1/2，开口的顶部倒心形。花期 5~6 月，果期 6~9 月。

旱中生植物。常生于海拔 1000~2100m 的砂质山坡、林缘或灌木丛中，耐旱、耐寒。

阿拉善地区分布于阿拉善左旗、贺兰山。我国分布于内蒙古、河北、宁夏、甘肃等地。蒙古也有分布。

葡萄科 Vitaceae

蛇葡萄属 *Ampelopsis* Michx.

掌裂草葡萄（变种）*Ampelopsis aconitifolia* var. *palmiloba* (Carr.) Rehd.

木质藤本。小枝圆柱形，有纵棱纹，被疏柔毛。卷须 2~3 叉分枝，相隔 2 节间断与叶对生。叶为掌状 5 小叶，小叶大多不分裂，边缘锯齿通常较深而粗，或混生有浅裂叶者，光滑无毛或叶下面微被柔毛，长 4~9cm，宽 1.5~6cm，顶端渐尖，基部楔形，中央小叶深裂，外侧小叶有时浅裂或不裂，上面绿色无毛或疏生短柔毛，下面浅绿色，无毛或脉上被疏柔毛；小叶有侧脉 3~6 对，网脉不明显；叶柄长 1.5~2.5cm，无毛或被疏柔毛，小叶几无柄；托叶膜质，褐色，卵状披针形，长约 2.3mm，宽 1~2mm，顶端钝，无毛或被疏柔毛。花序为疏散的伞房状复二歧聚伞花序，通常与叶对生或假顶生；花序梗长 1.5~4cm，无毛或被疏柔毛，花梗长 1.5~2.5mm，几无毛；花蕾卵圆形，高 2~3mm，顶端圆形；花萼碟形，波状浅裂或几全缘，无毛；花瓣 5，卵圆形，长 1.7~2.7mm，无毛；雄蕊 5，花药卵圆形，长宽近相等；花盘发达，边缘呈波状；子房下部与花盘合生，花柱钻形，柱头扩大不明显。果实近球形，直径 0.6~0.8cm，有种子 2~3 颗；种子倒卵圆形，顶端圆形，基部有短喙，种脐在种子背面中部近圆形，种脊向上渐狭呈带状，腹部中棱脊微凸出，两侧洼穴呈沟状，从基部向上斜展达种子上部 1/3。花期 5~8 月，果期 7~9 月。

中生植物。常生于海拔 250~2200m 的落叶阔叶林区，常零星见于石质山地。

阿拉善地区分布于阿拉善左旗、贺兰山。我国分布于东北、华北、西北等地。蒙古、俄罗斯也有分布。

锦葵科 Malvaceae

木槿属 *Hibiscus* L.

野西瓜苗 *Hibiscus trionum* L. 别名：香铃草

一年生草本，株高 20~60cm。茎直立，或下部分枝铺散，具白色星状粗毛。叶近圆形或宽卵形，长 3~6(8)cm，宽 2~6(10)cm，掌状 3 全裂，中裂片最长，长卵形，先端钝，基部楔形，边缘具不规则的羽状缺刻，侧裂片歪卵形，基部一边有一枚较大的小裂片，有时裂达基部，上面近无毛，下面被星状毛；叶柄长 2~5cm，被星状毛；托叶狭披针形，长 5~9mm，边缘具硬毛。花单生于叶腋，花柄长 1~5cm，密生星状毛及叉状毛；花萼卵形，膜质，基部合生，先端 5 裂，淡绿色，有紫色脉纹，沿脉纹密生 2~3 叉状硬毛，裂片三角，长 7~8mm，宽 5~6mm，副萼片通常 11~13，条形，长约 1mm，宽不到 1mm，边缘具长硬毛；花瓣 5，淡黄色，基部紫红色，倒卵形，长 1~2.5cm，宽 0.5~1cm；雄蕊柱紫色，无毛；子房 5 室，胚珠多数，花柱顶端 5 裂。蒴果圆球形，被长硬毛，花萼宿存；种子黑色，肾形，表面具粗糙的小突起。花期 6~9 月，果期 7~10 月。

中生植物。常生于田野、路旁、村边、山谷等处。

阿拉善地区均有分布。我国各地均有分布。世界各地均有分布。

锦葵属 *Malva* L.

锦葵 *Malva cathayensis* M. G. Gilbert, Y. Tang & Dorr 别名：荆葵、钱葵

一年生草本，株高80~100cm。茎直立，较粗壮，上部分枝，疏被单毛，下部无毛。叶近圆形或近肾形，长5~7cm，宽7~9cm，通常5浅裂，裂片三角形，顶端圆钝，边缘具圆钝重锯齿，基部近心形，上面近无毛，下面被稀疏单毛及星状毛；叶柄长5~13cm，被单毛及星状毛；托叶披针形，边缘具单毛。花多数，簇生于叶腋；花梗长短不等，长1~3cm，被单毛及星状毛；花萼5裂，裂片宽三角形，长2~4mm，宽4~5mm；小苞片(副萼片)3，卵形，大小不相等，长3~5mm，宽2~3mm，均被单毛及星状毛；花直径3.5~4cm，花瓣紫红色，具暗紫色脉纹，倒三角形，先端凹缺，基部具狭窄的瓣爪，爪的两边具髯毛；雄蕊柱具倒生毛，基部与瓣爪相连；雌蕊由10~14个心皮组成，分成10~14室，每室1胚珠。果瓣背部具蜂窝状凸起网纹，侧面具辐射状皱纹，有稀疏的毛；种子肾形，棕黑色，长2mm。花期5~10月。

中生植物。常见的栽培植物，适宜栽培于砂质土壤上。

阿拉善地区均有分布。我国南北各省都有栽培，少有逸生。印度也有分布。

野葵 *Malva verticillata* L. 别名：菟葵

一年生草本，株高40~100cm。茎直立或斜升，下部近无毛，上部具星状毛。叶近圆形或肾形，长3~8cm，宽3~11cm，掌状5浅裂，裂片三角形，先端圆钝，基部心形，边缘具钝齿或锯齿，下部叶裂片有时不明显，上面通常无毛，幼时稍被毛，下面疏生星状毛；叶柄长5~17cm，下部及中部叶柄较长，被星状毛；托叶披针形，长5~8mm，宽2~3mm，疏被毛。花多数，近无梗，簇生于叶腋，少具短梗，长不超过1cm；花萼5裂，裂片卵状三角形，长宽相等，均约为3mm，背面密被星状毛，边缘密生单毛，小苞片(副萼片)3，条状披针形，长3~5mm，宽不足1mm，边缘有毛；花直径约1cm，花瓣淡紫色或淡红色，倒卵形，长约7mm，宽约4mm，顶端微凹；雄蕊柱上部具倒生毛；雌蕊由10~12心皮组成，10~12室，每室1胚珠。果瓣背面稍具横皱纹，侧面具辐射状皱纹，花萼宿存；种子肾形，褐色。花期7~9月，果期8~10月。

中生植物。常生于田间、路旁、村边、山坡。

阿拉善地区分布于阿拉善左旗。我国分布于东北、华北、西北等地。日本、朝鲜、蒙古、北美洲、欧洲也有分布。

棉属 *Gossypium* L.

陆地棉 *Gossypium hirsutum* L. 别名：大陆棉

一年生草本，株高 0.6~1.5m。小枝疏被长毛。叶阔卵形，直径 5~12cm，长宽近相等或较宽，基部心形或心状截头形，常 3 浅裂，很少为 5 裂，中裂片常深裂达叶片之半，裂片宽三角状卵形，先端突渐尖，基部宽，上面近无毛，沿脉被粗毛，下面疏被长柔毛；叶柄长 3~14cm，疏被柔毛；托叶卵状镰形，长 5~8mm，早落。花单生于叶腋，花梗通常较叶柄略短；小苞片 3，分离，基部心形，具腺体 1 个，边缘具 7~9 齿，连齿长达 4cm，宽约 2.5cm，被长硬毛和纤毛；花萼杯状，裂片 5，三角形，具缘毛；花白色或淡黄色，后变淡红色或紫色，长 2.5~3cm；雄蕊柱长约 1.2cm。蒴果卵圆形，长 3.5~5cm，具喙，3~4 室；种子分离，卵圆形，具白色长棉毛和灰白色不易剥离的短棉毛。花期夏秋季。

旱中生植物。常种植于砂壤土、壤土和轻黏土等传热透气性较好的土壤上。

阿拉善地区均有分布。我国各地均有分布。美洲也有分布。

瓣鳞花科 Frankeniaceae

瓣鳞花属 *Frankenia* L.

瓣鳞花 *Frankenia pulverulenta* L.

一年生草本，株高 8~20cm。茎常铺散，多分枝，被贴生白色微柔毛。叶轮生，通常 4 枚，窄倒卵形或倒卵状矩圆形，长 2~7mm，宽 1~2.5mm，先端钝或微凹，基部楔形，上面无毛，下面被微柔毛，全缘，边缘下卷；叶柄长 1~1.5mm，基部连合抱茎。花小，通常单生于叶腋或上部分枝分叉处；萼筒长 2.5~8mm，裂片 5，长约 1mm；花瓣 5，粉红色，矩圆状披针形或矩圆状卵形，先端具细齿，中部以下渐窄成爪，爪长约 2mm，鳞片状附属物呈舌状；雄蕊 6，花丝基部稍合生；子房 1 室，胚珠多数，侧膜胎座。蒴果短圆状卵形，长约 2mm，3 瓣裂；种子棕色，矩圆状椭圆形，长约 0.5mm，表面有稀疏突起。花期 7~8 月，果期 9 月。

旱中生植物。常生于海拔 1200~1450m 的盐碱下湿地、河床。

阿拉善地区分布于额济纳旗、阿拉善左旗。我国分布于内蒙古、新疆、甘肃等地。蒙古、亚洲西南部、欧洲、非洲也有分布。

柽柳科 Tamaricaceae

红砂属 *Reaumuria* L.

红砂 *Reaumuria soongarica* (Pall.) Maxim. 别名：枇杷柴

小灌木，株高 10~30cm。多分枝，老枝灰黄色，幼枝色稍淡。叶肉质，圆柱形，上部稍粗，常 3~5 叶簇生，长 1~5mm，宽约 1mm，先端钝，浅灰绿色。花单生叶腋或在小枝上集为稀疏的穗状花序状，无柄；苞片 3，披针形，长 0.5~0.7mm，比花萼短 1/3~1/2；花萼钟形，中下部合生，上部 5 齿裂，裂片三角形，锐尖，边缘膜质；花瓣 5，开张，粉红色或淡白色，矩圆形，长 3~4mm，宽约 2.5mm，内侧具 2 倒披针形附属物，薄片状；雄蕊 6~8，少有更多者，离生，花丝基部变宽，与花瓣近等长；子房长椭圆形，花柱 3。蒴果长椭圆形，长约 5mm，径约 2mm，光滑，3 瓣开裂；种子 3~4，矩圆形，长 3~4mm，全体被淡褐色毛。花期 7~8 月，果期 8~9 月。

超旱生植物。常生于海拔 500~3200m 的荒漠及荒漠草原地带。

阿拉善地区均有分布。我国分布于内蒙古、西北地区。蒙古、俄罗斯也有分布。

黄花红砂 *Reaumuria trigyna* Maxim. 别名：黄花枇杷柴、长叶红砂

小灌木，株高10~30cm；树皮片状剥裂。多分枝，老枝灰白色或灰黄色，当年枝由老枝顶部发出，较细，淡绿色。叶肉质，圆柱形，长5~10(15)mm，微弯曲，常2~5个簇生。花单生叶腋，径5~7mm；花梗纤细，长8~10mm；苞片约10片，宽卵形，覆瓦状排列在花萼的基部；萼片5，离生，与苞片同形；花瓣5，黄白色，矩圆形，长约5mm，下半部有2鳞片；雄蕊15；子房卵圆形，花柱常3，少4~5。蒴果矩圆形，长达1cm，光滑，3瓣开裂。花期7~8月，果期8~9月。

旱生植物。常生于石质低山、山前洪积或冲积平原。

阿拉善地区分布于阿拉善左旗、贺兰山。我国分布于内蒙古、甘肃等地。蒙古也有分布。

柽柳属 *Tamarix* L.

多枝柽柳 *Tamarix ramosissima* Ledeb. 别名：红柳

灌木或小乔木，株高通常2~3m。多分枝，去年生枝紫红色或红棕色。叶披针形或三角状卵形，长0.5~2mm，几乎贴于茎上。总状花序生当年枝上，长2~5cm，宽3~5mm，组成顶生的大型圆锥花序；苞片卵状披针形或披针形，长1~2mm；花梗短于或长于花萼；萼片5，卵形，渐尖或微钝，边缘膜质，长约1mm；花瓣5，倒卵圆形，长1~1.5mm，粉红色或紫红色，直立，花后宿存；花盘5裂，每裂先端有深或浅的凹缺；雄蕊5，着生于花盘裂片间，超出或等长于花冠，花药钝或在顶端有钝的突起；花柱3。蒴果长圆锥形，长3~5mm，熟时3裂；种子多数，顶生簇生毛。花期5~8月，果期6~9月。

耐盐潜水旱生植物。常生于盐渍低地、古河道及湖盆边缘。

阿拉善地区均有分布。我国分布于东北、华北、西北等地。阿富汗、土耳其、伊朗、蒙古、欧洲也有分布。

甘蒙柽柳 *Tamarix austromongolica* Nakai

灌木或小乔木，株高2~5m。老枝深紫色或紫红色，枝质硬，常直立或斜升。叶披针形或披针状卵形，长1~1.8mm，幼嫩枝叶常为粉绿色，先端锐尖，明显开张。花由春季到秋季均可开放，春季的总状花序侧生去年枝上，夏、秋季总状花序生于当年枝上，常组成顶生圆锥花序，总状花序长2~6cm，径3~5mm，具短的花序柄或近无柄；苞片狭披针形或钻形，稍长于花梗；花小，径约2mm；萼片5，卵形，渐尖；花瓣5，粉红色，矩圆形或倒卵状矩圆形，长约1.2mm，开张，宿存；雄蕊5，长于花瓣；花柱3；花盘5裂，裂片顶端微凹。蒴果圆锥形，长约5mm，熟时8裂。花期5~9月。

旱生植物。常生于河流沿岸。

阿拉善地区均有分布。我国特有种，分布于内蒙古、甘肃、宁夏等地。

细穗柽柳 *Tamarix leptostachya* Bunge

灌木，株高 1~3m。老枝浅灰或灰棕色。叶卵形或卵状披针形，长 1~2mm，先端渐尖。总状花序细长，长 5~15cm，径 3~4mm，着生于当年生枝上，常组成顶生圆锥花序；花较稀疏；苞片披针形，长 1~1.5mm，与花梗近等长或长于花梗的 2 倍；花五基数；萼片卵形，渐尖或微钝，短于花梗；花瓣淡紫红色或粉红色，倒卵形或倒卵状矩圆形，长约 1.5mm，开张，花后脱落；花盘 5 裂，裂片顶端微凹；雄蕊 5，长于花瓣的 1.5~2 倍，花丝着生于花盘裂片的顶端（亦有着生在花盘裂片之间者）；子房狭圆锥形，花柱 3，短于子房的 3~4 倍。蒴果长 5~7mm。花期 5 月下旬至 6 月上旬，果期 7 月。

旱生植物。常生于轻度盐渍化的渠畔、道旁等地。

阿拉善地区均有分布。我国分布于内蒙古、甘肃、新疆等地。俄罗斯、阿富汗、巴基斯坦、蒙古也有分布。

刚毛柽柳 *Tamarix hispida* willd. 别名：毛红柳

灌木或小乔木。枝棕褐色或淡褐色，密生短直毛或柔毛。叶卵形或卵状披针形，长 0.5~2mm。总状花序夏秋生于当年枝顶，集成顶生大型紧缩圆锥花序；花 5 基数；萼片卵圆形，边缘膜质半透明，具细牙齿；花瓣紫红色或鲜红色，倒卵形，长约 2mm；雄蕊 5，伸出花冠之外；子房长瓶状，花柱 3。蒴果狭长。花期 7~9 月。

旱生植物。常生于海拔 700~1500m 荒漠区域河漫滩冲积、淤积平原和湖盆边缘的潮湿和松陷盐土上，盐碱化草甸和沙丘间，亦集成数米高的风植沙堆，在次生盐渍化的灌溉田地上有时也有生长。

阿拉善地区均有分布。我国分布于内蒙古、新疆、青海、甘肃、宁夏等地。俄罗斯、伊朗、阿富汗、蒙古也有分布。

水柏枝属 *Myricaria* Desv.

宽苞水柏枝 *Myricaria bracteata* Royle 别名：水柽柳

灌木，株高 1~2m。老枝棕色，幼稚枝黄绿色。叶小，窄条形，长 1~4mm。总状花序由多花密集而成，顶生，少有侧生，长 5~20cm，径约 1.5cm；苞片宽卵形或长卵形，长 5~8mm，几等于或长于花瓣，先端有尾状长尖，边缘膜质，具圆齿；萼片 5，披针形或矩圆形，长约 5mm，边缘膜质；花瓣 5，矩圆状椭圆形，长 5~7mm，粉红色；雄蕊 8~10，花丝中下部连合；子房圆锥形，无花柱。蒴果狭圆锥形，长约 1cm；种子具有柄的簇生毛。花期 6~7 月，果期 7~8 月。

湿中生植物。常生于海拔 1100~3100m 的山沟及河漫滩。

阿拉善地区均有分布。我国分布于华北、西北、西藏等地。蒙古、俄罗斯、伊朗、巴基斯坦、印度也有分布。

宽叶水柏枝 *Myricaria platyphylla* Maxim. 别名：喇嘛杆

灌木，株高可达2m。直立，具多数分枝，老枝紫褐色或棕色，幼枝浅黄绿色。叶疏生，卵形、心形或宽披针形，较大，长5~12mm，基部最宽可达10mm，先端渐尖，全缘，常由叶腋生出小枝，小枝上叶较小。总状花序顶生或腋生，长3~6cm；苞片宽卵形，长5~8mm，先端长渐尖，淡绿色，中部有宽膜质边缘；萼片5，披针形，长约4mm，边缘狭膜质；花瓣5，紫红色，倒卵形，长约6mm；雄蕊10，花丝合生至中部以上；雌蕊长于雄蕊，子房圆锥形，花柱不显。蒴果3瓣裂；种子具有柄的白色簇毛。花期4~6月，果期7~8月。

湿中生植物。常生于海拔1300m左右的丘间低地及河漫滩。

阿拉善地区均有分布。我国分布于内蒙古、陕西、宁夏等地。中亚、印度也有分布。

半日花科 Cistaceae

半日花属 *Helianthemum* Mill.

半日花 *Helianthemum songaricum* Schrenk ex Fisch. & C. A. Mey.

矮小灌木，株高 5~12cm。多分枝，稍呈垫状，老枝褐色或灰褐色；小枝对生或近对生，幼时被紧贴的短柔毛，后渐光滑，先端常尖锐成刺状。单叶对生，革质，披针形或狭卵形，长 5~10mm，宽 1~3mm，先端钝或微尖，边缘常反卷，两面被白色棉毛；具短柄或近无柄；托叶钻形，长约 0.8mm。花单生枝顶，径 1~1.2mm；花梗长 0.5~1cm，被白色长柔毛；萼片 5，背面密被白色短柔毛，不等大，外面的 2 个条形，长约 2mm，内面的 3 个卵形，长 5~7mm，背部有 3 条纵肋；花瓣 5，黄色，倒卵形，长约 7mm；雄蕊多数，长为花瓣的 1/2，花药黄色；子房密生柔毛，长约 1.5mm，花柱丝形，长约 5mm。蒴果卵形，长约 5mm，被短柔毛；种子卵形，长约 3mm。花期 5~7 月。

超旱生植物。常生于海拔 1000~1400m 草原化荒漠区的石质和砾石质山坡，为古老的残遗种。

阿拉善地区分布于阿拉善左旗、贺兰山。我国分布于内蒙古、新疆、甘肃等地。俄罗斯、中亚也有分布。

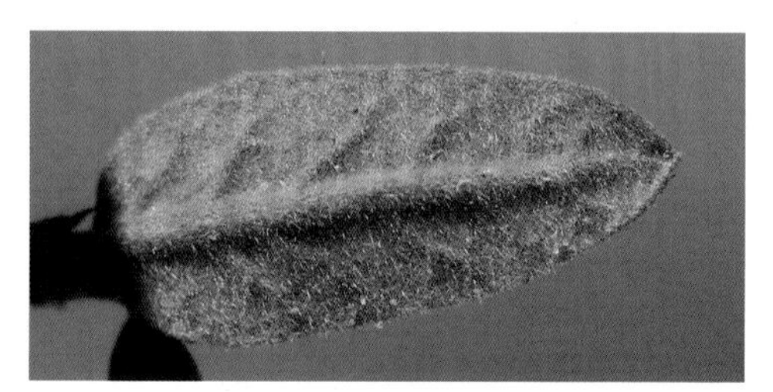

堇菜科 Violaceae

堇菜属 *Viola* L.

双花堇菜 *Viola biflora* L. 别名：短距黄堇

多年生草本，株高 10~20cm。根茎细，斜生或匍匐，稀直立，具结节，生细的根。地上茎纤弱，直立或上升，不分枝，无毛。托叶卵形、宽卵形或卵状披针形，长 3~6mm，先端锐尖或稍尖，全缘，不与叶柄合生；叶柄细，长 1~10cm，无毛；叶片肾形，少近圆形，长 1~3cm，宽 1~4.5cm，先端圆形，稀稍有凸尖或钝，基部心形或深心形，边缘具钝齿，两面散生细毛，或仅一面及脉上有毛，或无毛。花 1~2 朵，生于茎上部叶腋；花梗细，长 1~6cm；苞片披针形，甚小，长约 1mm，生于花梗上部，果期常脱落；萼片条状披针形或披针形，先端锐尖或稍钝，无毛或有时中下部边缘稍有纤毛，基部附属器不显著；花瓣淡黄色或黄色，矩圆状倒卵形，具紫色脉纹，侧瓣无须毛，下瓣连距长约 1cm，距短小，长 2.5~3mm；子房无毛，花柱直立，基部较细，上半部深裂。蒴果矩圆状卵形，长 4~7mm，无毛。花果期 5~9 月。

中生植物。常生于海拔 2500~4000m 的山地疏林下及湿草地。

阿拉善地区分布于阿拉善左旗、贺兰山。我国分布于东北、华北、西北等地。朝鲜、日本、欧洲、北美洲也有分布。

库页堇菜 *Viola sacchalinensis* H. Boissieu

多年生草本，株高15~20cm。有地上茎，根茎具结节，被暗褐色的鳞片，根多数，较细。茎下部托叶披针形，边缘流苏状，褐色，上部托叶为卵状披针形、长卵形或宽卵形，边缘具不整齐的细尖牙齿，通常绿色；基生叶柄长4~11cm，茎生叶柄长0.5~4cm，叶片卵形、卵圆形或宽卵形，长与宽为1.5~3cm，果期长2.5~5.7cm，宽2.2~4.7cm，基部心形，先端钝圆或稍渐尖，边缘具钝锯齿，上面无毛或有疏毛，下面无毛。花梗生于茎叶的叶腋，超出于叶；苞片生于花梗上部；萼片披针形，先端锐尖，无毛，基部附属物发达，末端齿裂；花淡紫色，侧瓣通常有较密的须毛，下瓣连距长1.7cm，距长3~4mm，直或稍向上弯曲；子房无毛，花柱基部微向前弯曲，向上渐粗，柱头呈钩状，柱头上面有乳头状毛。蒴果椭圆形，无毛。花果期5月中旬至8月。

中生植物。常生于海拔500~1900m的针叶林、针叶混交林或阔叶林内及林缘。

阿拉善地区分布于贺兰山、龙首山、桃花山。我国分布于东北、西北、内蒙古等地。朝鲜、日本、俄罗斯东部也有分布。

裂叶堇菜 *Viola dissecta* Ledeb.

多年生草本，株高 5~15(30)cm。无地上茎，根茎短，根数条，白色。托叶披针形，约 2/3 与叶柄合生，边缘疏具细齿；花期叶柄近无翅，长 3~5cm，通常无毛，果期叶柄长达 25cm，具窄翅，无毛；叶片的轮廓略呈圆形或肾状圆形，掌状 3~5 全裂或深裂并再裂，或近羽状深裂，裂片条形，两面通常无毛，下面脉凸出明显。花梗通常比叶长，无毛，果期通常不超出叶；苞片条形，长 4~10mm，生于花梗中部以上；花淡紫堇色，具紫色脉纹；萼片卵形或披针形，先端渐尖，具 3(7) 脉，边缘膜质，通常于下部具短毛，基部附属器小，全缘或具 1~2 缺口；侧瓣长 1.1~1.7cm，里面无须毛或稍有须毛，下瓣连距长 1.5~2.3cm，距稍细，长 5~7mm，直或微弯，末端钝；子房无毛，花柱基部细，柱头前端具短喙，两侧具稍宽的边缘。蒴果矩圆状卵形或椭圆形至矩圆形，长 10~15mm，无毛。花果期 5~9 月。

中生植物。常生于海拔 2200m 以下的山坡、林缘草甸、林下及河滩地。

阿拉善地区分布于贺兰山、龙首山、桃花山。我国分布于东北、华北、西北等地。朝鲜、蒙古、俄罗斯、中亚也有分布。

紫花地丁 *Viola philippica* Cav.　　别名：光瓣堇菜、野堇菜、辽堇菜

多年生草本，花期株高 3~10cm，果期株高可达 15cm。无地上茎，根茎较短，垂直，主根较粗，白色至黄褐色，直伸。托叶膜质，通常 1/2~2/3 与叶柄合生，上端分离部分条状披针形或披针形，有睫毛；叶柄具窄翅，上部翅较宽，被短柔毛或无毛，长 1.5~5cm，果期可达 10cm；叶片矩圆形、卵状矩圆形、矩圆状披针形或卵状披针形，长 1~3cm，宽 0.5~1cm，先端钝，基部截形、钝圆或楔形，边缘具浅圆齿，两面散生或密生短柔毛，或仅脉上有毛或无毛，果期叶大，先端钝或稍尖，基部常呈微心形。花梗超出叶或略等于叶，被短柔毛或近无毛；苞片生于花梗中部附近；萼片卵状披针形，先端稍尖，边缘具膜质狭边，基部附属器短，末端圆形、截形或不整齐，无毛，少有短毛；花瓣紫堇色或紫色，倒卵形或矩圆状倒卵形，侧瓣无须毛或稍有须毛，下瓣连距长 15~18mm，距细，长 4~7mm，末端微向上弯或直；子房无毛，花柱棍棒状，基部稍膝曲，向上部渐粗，柱头顶面略平，两侧及后方有薄边，前方具短喙。蒴果椭圆形，长 6~8mm，无毛。花果期 5~9 月。

中生植物。常生于庭园、田野、荒地、路旁、灌丛及林缘等处。

阿拉善地区分布于贺兰山。我国分布于东北、华北、西北、西南、华南等地。朝鲜、日本、俄罗斯也有分布。

早开堇菜 *Viola prionantha* Bunge　　别名：尖瓣堇菜

多年生草本，无地上茎，叶通常多数，花期高4~10cm，果期可达15cm。根茎粗或稍粗，根细长或稍粗，黄白色，通常向下伸展，有时近横生。托叶淡绿色至苍白色，1/2~2/3与叶柄合生，上端分离部分呈卵状披针形或披针形，边缘疏具细齿；叶柄有翅，长1~5cm，果期可达13cm，被柔毛；叶片矩圆状卵形或卵形，长1~3cm，宽0.7~1.5cm，先端钝或稍尖，基部钝圆状截形，稀宽楔形，极稀近心形，边缘具钝锯齿，两面被柔毛或仅脉上有毛，或近于无毛，果期叶大，卵状三角形或长三角形，长达6~8cm，宽达2~4cm，先端尖或稍钝，基部截形或微心形，无毛或稍有毛。花梗1至多数，花期超出于叶，果期常比叶短；苞片生于花梗的中部附近；萼片披针形或卵状披针形，先端锐尖或渐尖，具膜质窄边，基部附属器长1~2mm，边缘具不整齐的牙齿或全缘，有纤毛或无毛，花瓣紫堇色或淡紫色，上瓣倒卵形，侧瓣矩圆状倒卵形，里面有须毛或近于无毛，下瓣中下部为白色瓣具紫色脉纹，瓣片连距长13~20mm，距长4~9mm，末端较粗，微向上弯；子房无毛，花柱棍棒状，基部微膝曲，向上端渐粗，顶端略平，两侧有薄边，前方具短喙。蒴果椭圆形至矩圆形，长6~10mm，无毛。花果期5~9月。

中生植物。常生于山坡、草地、荒地、路旁、沟边、庭园、林缘等处。

阿拉善地区分布于贺兰山、龙首山、桃花山。我国分布于东北、华北、西北、湖北等地。朝鲜、俄罗斯也有分布。

草瑞香属 *Diarthron* Turcz.

草瑞香 *Diarthron linifolium* Turcz.

一年生草本，株高 20~35cm，全株光滑无毛。茎直立，细瘦，具多数分枝，基部带紫色。叶长 1~2cm，宽 1~3mm，先端钝或稍尖，基部渐狭，全缘，边缘向下反卷，并有极稀疏毛，有短柄或近无柄。总状花序顶生；花梗极短；花萼筒长 4~5mm，下半部膨大部分浅绿色，上半部收缩部分绿色，裂片紫红色，矩圆状披针形，长 0.5~1mm；雄蕊 4，1 轮，着生于花萼筒中部以上，花丝极短，花药矩圆形；子房扁，长卵形，1 室，黄色，无毛，花柱细，上部弯曲，长约 1mm，柱头稍膨大。小坚果长梨形，长约 2mm，黑色，为残存的花萼筒下部所包藏。花期 5~7 月，果期 6~8 月。

中生植物。常生于海拔 500~1400m 的山坡草地、林缘或灌丛间。

阿拉善地区分布于贺兰山。我国分布于东北、华北、西北等地。朝鲜、蒙古、俄罗斯也有分布。

狼毒属 *Stellera* L.

狼毒 *Stellera chamaejasme* L.　　别名：断肠草

多年生草本，株高 20~50cm。根粗大，木质，外包棕褐色。茎丛生，直立，不分枝，光滑无毛。叶较密生，椭圆状披针形，长 1~3cm，宽 2~8mm，先端渐尖，基部钝圆或楔形，两面无毛。顶生头状花序；花萼筒细瘦，长 8~12mm，宽约 2mm，下部常为紫色，具明显纵纹，顶端 5 裂，裂片近卵圆形，长 2~3mm，具紫红色网纹；雄蕊 10，2 轮，着生于花萼喉部与萼筒中部，花丝极短；子房椭圆形，1 室，上部密被淡黄色细毛，花柱极短，近头状；子房基部一侧有长约 1mm 矩圆形蜜腺。小坚果卵形，长约 4mm，棕色，上半部被细毛，果皮膜质，为花萼筒基部所包藏。花期 4~6 月，果期 7~9 月。

旱生植物。常生于海拔 2600~4200m 的草原区，为草原群落的伴生种。在过度放牧影响下，数量常常增多，成为景观植物。

阿拉善地区分布于贺兰山。我国分布于东北、华北、西北、西南等地。朝鲜、蒙古、俄罗斯也有分布。

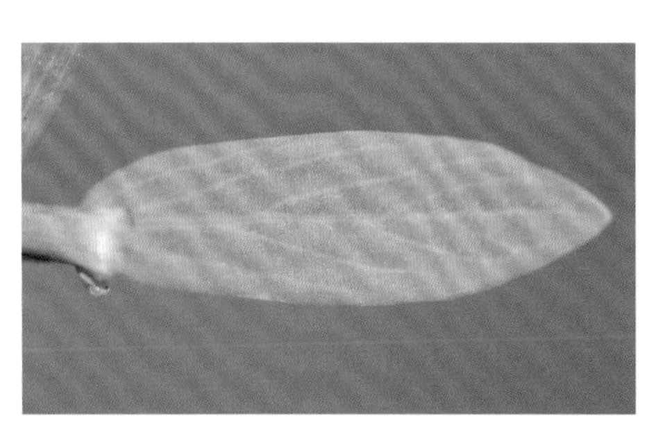

胡颓子科 Elaeagnaceae

沙棘属 *Hippophae* L.

中国沙棘（亚种）*Hippophae rhamnoides* subsp. *sinensis* Rousi　　别名：醋柳、酸刺柳

灌木或乔木，株高约1m。枝灰色，通常具粗壮棘刺；幼枝具褐绿色鳞片。叶通常近对生，条形至条状披针形，长2~6cm，宽0.4~1.2cm，两端钝尖，上面被银白色鳞片，后渐脱落呈绿色，下面密被淡白色鳞片，中脉明显隆起；叶柄极短。花先于叶开放，淡黄色，花小；花萼2裂；雄花序轴常脱落，雄蕊4；雌花比雄花后开放，具短梗；花萼筒囊状，顶端2小裂。果实橙黄或橘红色，包于肉质花萼筒中，近球形，直径5~10mm；种子卵形，种皮坚硬，黑褐色，有光泽。花期5月，果期9~10月。

旱中生植物。常生于海拔800~3600m的暖湿带落叶阔叶林区或森林草原区。喜阳光，不耐阴。对土壤要求不严，耐干旱、瘠薄及盐碱土壤。有根瘤菌，有肥地之效。为优良水土保持及改良土壤树种。

阿拉善地区分布于贺兰山。我国特有种，分布于内蒙古、河北、山西、陕西、甘肃、青海、四川等地。

胡颓子属 *Elaeagnus* L.

沙枣 *Elaeagnus angustifolia* L.　　别名：桂香柳、金铃花、七里香

灌木或小乔木，株高达15m。幼枝被灰白色鳞片及星状毛；老枝栗褐色，具有刺。叶矩圆状披针形至条状披针形，长1.5~8cm，宽0.5~3cm，顶端钝尖或钝形，基部楔形，全缘，上面幼时具银白色圆形鳞片，成熟后部分脱落，带绿色，下面灰白色，密被白色鳞片，有光泽，侧脉不甚明显；叶柄长0.5~1cm。花银白色，通常1~3朵，生于小枝下部叶腋；花萼筒钟形，内部黄色，外边银白色，有香味，两端通常4裂；两性花的花柱基部被花盘所包围。果实矩圆状椭圆形，或近圆形，直径约1cm，初密被银白色鳞片，后渐脱落，熟时橙黄色、黄色或枣红色。花期5~6月，果期9月。

旱生植物。为荒漠河岸林的建群种之一。在栽培条件下，沙枣最喜通气良好的砂质土壤。

阿拉善地区分布于额济纳旗。我国分布于华北、西北、辽宁南部等地。俄罗斯、地中海沿岸、亚洲西部也有分布。

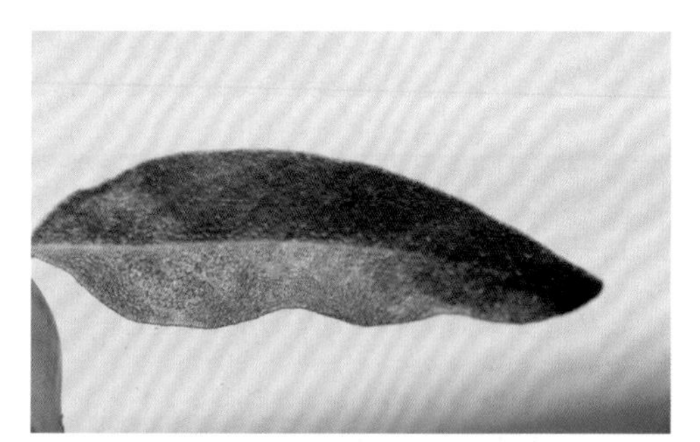

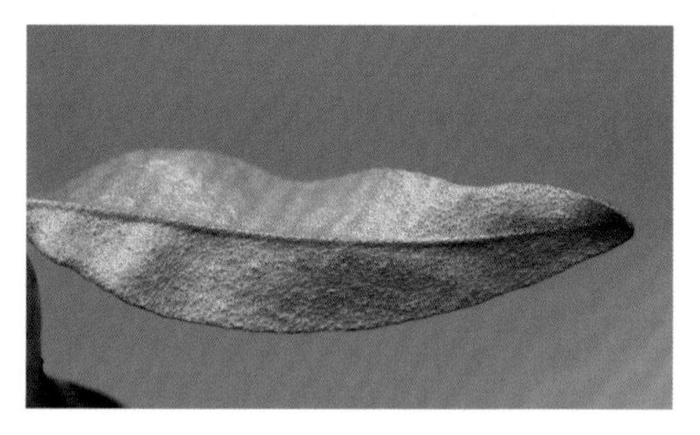

千屈菜科　Lythraceae

千屈菜属 *Lythrum* L.

千屈菜 *Lythrum salicaria* L.

多年生草本，株高40~100cm。茎直立，多分枝，四棱形，被白色柔毛或仅嫩枝被毛。叶对生，少互生，长椭圆形或矩圆状披针形，长3~5cm，宽0.7~1.3cm，先端钝或锐尖，基部近圆形或心形，略抱茎，上面近无毛，下面有细柔毛，边缘有极细毛，无柄。顶生总状花序，长3~18cm；花两性，数朵簇生于叶状苞腋内；具短梗；苞片卵状披针形至卵形，长约5mm，宽约2.5mm，顶端长渐尖，两面及边缘密被短柔毛；小苞片狭条形，被柔毛；花萼筒紫色，长4~6mm，有纵棱12条，沿脉被细柔毛，顶端有齿裂，萼齿三角状卵形，齿裂间有被柔毛的长尾状附属物；花瓣6，狭倒卵形，紫红色，生于萼筒上部，长6~8mm，宽约4mm；雄蕊12，6长，6短，相间排列，在不同植株中雄蕊有长、中、短三型；与此对应，花柱也有短、中、长三型，子房上位，长卵形，2室，胚珠多数，花柱长约7mm，柱头头状；花盘杯状，黄色。蒴果椭圆形，包于萼筒内。花期8月，果期9月。

湿生植物。常生于河边、低湿地、沼泽。

阿拉善地区均有分布。我国分布于内蒙古、河北、山西、陕西、四川、河南等地。阿富汗、伊朗、蒙古、朝鲜、日本、欧洲、非洲北部也有分布。

柳叶菜科　Onagraceae

柳兰属 *Chamerion* (Raf.) Raf. ex Holub

柳兰 *Chamerion angustifolium* (L.) Holub

多年生草本，株高约 1m。具粗根茎，茎直立。叶互生，披针形，上面绿色，下面灰绿色，全缘或具稀疏腺齿；无柄或具极短的柄。总状花序顶生，花序轴幼嫩时密被短柔毛，老时渐稀或无；苞片狭条形；花梗被短柔毛；花萼紫红色；花瓣倒卵形，紫红色，顶端钝圆，基部具短爪；雄蕊 8，花丝 4 枚较长，基部加宽；花柱具短柔毛，子房下位，密被毛，柱头 4 裂。蒴果圆柱状，具长柄，皆被密毛；种子顶端具一簇白色种缨。花期 7~8 月，果期 8~9 月。

中生植物。常生于海拔 500~3100m 的林区，亦见于森林草原及草原带的山地，生于山地、林缘、森林采伐迹地，有时在路旁或新翻动的土壤上形成占优势的小群落。

阿拉善地区分布于贺兰山。我国分布于东北、华北、西北、西南等地。蒙古、朝鲜、日本、欧洲、北美洲也有分布。

柳叶菜属 *Epilobium* L.

沼生柳叶菜 *Epilobium palustre* L.

多年生草本，株高20~50cm。茎直立，基部具匍匐枝或地下有匍匐枝，上部被曲柔毛，下部通常稀少或无。茎下部叶对生，上部互生，披针形或长椭圆形，长2~6cm，宽3~10(15)mm，先端渐尖，基部楔形或宽楔形，上面有弯曲短毛，下面仅沿中脉密生弯曲短毛，全缘，边缘反卷；无柄。花单生于茎上部叶腋，粉红色；花萼裂片披针形，长约3mm，外被短柔毛；花瓣倒卵形，长约5mm，顶端2裂；花药椭圆形，长约0.5mm；子房密被白色弯曲短毛，柱头头状。蒴果长3~6cm，被弯曲短毛；果梗长1~2cm，被稀疏弯曲的短毛；种子倒披针形，暗棕色，长约1.2mm，种缨淡棕色或乳白色。花期7~8月，果期8~9月。

湿生植物。常生于海拔200~2500m的山沟溪边、河岸边或沼泽草甸中。

阿拉善地区分布于贺兰山。我国分布于东北、华北、西北等地。欧洲、亚洲其他地区、北美洲也有分布。

细籽柳叶菜 *Epilobium minutiflorum* Hausskn.

多年生草本，株高25~90cm。茎直立，多分枝，下部无毛，上部被稀疏弯曲短毛。叶披针形或矩圆状披针形，长3~6cm，宽7~12mm，先端渐尖，基部楔形或宽楔形，边缘具不规则的锯齿，两面无毛，上部叶近无柄，下部叶具极短的柄，长约2mm，有时被稀疏的短毛。花单生于上部叶腋，粉红色；花萼长3mm，被白色毛，裂片披针形，长约2mm；花瓣倒卵形，长约4mm，顶端2裂；花药椭圆形，长约0.5mm；子房密被白色短毛，柱头短棍棒状。蒴果长4~6cm，被稀疏白色弯曲短毛；果柄长5~14mm，被白色弯曲短毛；种子棕褐色，倒圆锥形，顶端圆，有短喙，基部渐狭，长约1mm。花果期7~8月。

湿生植物。常生于海拔500~1800m的山谷溪边或山沟湿地。

阿拉善地区均有分布。我国分布于吉林、辽宁、内蒙古、山西、宁夏、陕西、新疆、西藏、山东等地。土耳其、伊朗、阿富汗、印度也有分布。

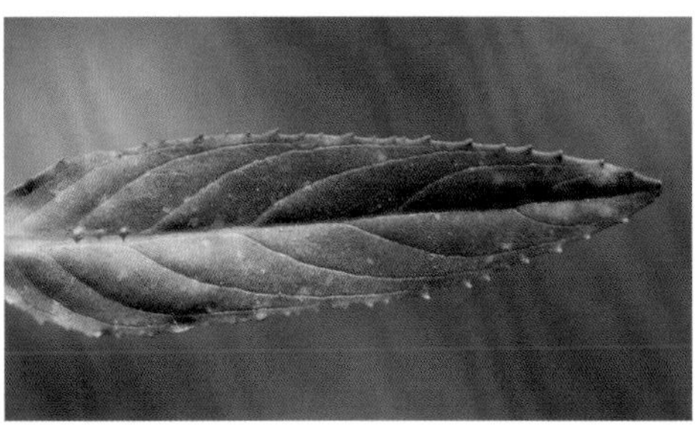

小二仙草科 Haloragaceae

 狐尾藻属 *Myriophyllum* L.

狐尾藻 *Myriophyllum verticillatum* L.　　别名：狐尾藻

多年生草本。根状茎生于泥中。茎光滑，多分枝，圆柱形，长 50~100cm，随水之深浅不同而异。叶通常 4~5 片轮生，长 2~3cm，羽状全裂，裂片丝状，长 0.6~1.5cm；无叶柄。穗状花序生于茎顶，花单性或杂性，雌雄同株，花序上部为雄花，下部为雌花，中部有时有两性花；基部有一对小苞片，一对大苞片，苞片卵形，长 1~3mm，全缘或呈羽状齿裂；花萼裂片卵状三角形，极小，花瓣匙形，长 1.5~2mm，早落，雌花萼裂片有时不明显；通常无花瓣，有时有较小的花瓣；雄蕊 8，花药椭圆形，长约 1.5mm，淡黄色，花丝短，丝状；子房下位，4 室，柱头 4 裂，羽毛状，向外反卷。果实球形，长约 2mm，具 4 条浅槽，表面有突起。花果期 7~8 月。

水生植物。常生于池塘、河边浅水中。

阿拉善地区均有分布。我国分布于全国各省。世界各地均有分布。

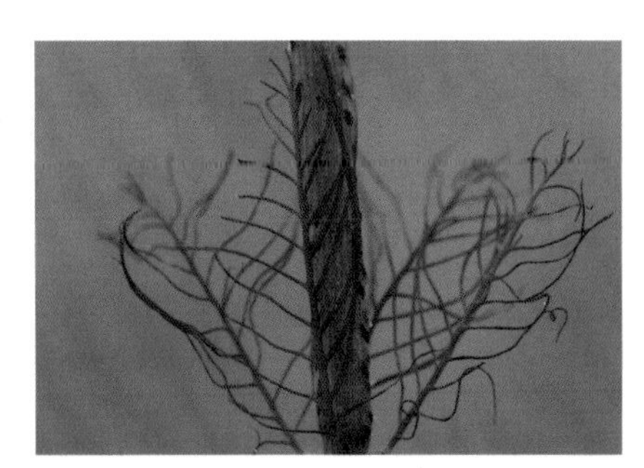

杉叶藻科 Hippuridaceae

杉叶藻属 *Hippuris* L.

杉叶藻 *Hippuris vulgaris* L.

多年生草本，生于水中，全株光滑无毛。根茎匍匐，生于泥中。茎圆柱形，直立，不分枝，高20~60cm，有节。叶轮生，每轮6~12片，条形，长1.5~6cm，宽3~5mm，全缘，无叶柄，茎下部叶较短小。花小，两性，稀单性，无梗，单生于叶腋；花萼与子房大部分合生；无花瓣；雄蕊1，生于子房上，略偏一侧；花药椭圆形，长约1mm；子房下位，椭圆形，长不到1mm，花柱丝状，稍长于花丝。核果矩圆形，长1.5~2mm，直径约1mm，平滑，无毛，棕褐色。花期6月，果期7月。

湿生植物。常生于海拔40~5000m的池塘浅水中或河岸边湿草地。

阿拉善地区均有分布。我国分布于东北、华北、西北等地。欧洲、亚洲其他地区、大洋洲也有分布。

锁阳科 Cynomoriaceae

锁阳属 *Cynomorium* L.

锁阳 *Cynomorium songaricum* Rupr.

多年生肉质寄生草本，株高15~100cm，无叶绿素。茎圆柱状，直径6~60mm，埋于沙中茎具细小须根，鳞片状叶卵状三角形，在中部或基部较密集，呈螺旋状排列，向上渐稀疏。肉穗状花序生于茎顶，棒状，矩圆形或狭椭圆形，着生非常密集的小花，花序中散生鳞片状叶；雄花、雌花和两性花相伴杂生，有香气；雄花花被片通常4，下部白色，上部紫红色，蜜腺近倒圆锥形，鲜黄色，雄蕊1；雌花花被片5~6；两性花少见，花被片狭披针形，雄蕊1，着生于下位子房上方。小坚果近球形或椭圆形，顶端有宿存浅黄色花柱，果皮白色；种子近球形。花期5~7月，果期6~7月。

旱生植物。多寄生在白刺属植物的根上。常生于荒漠草原、草原化荒漠与荒漠地带。

阿拉善地区均有分布。我国分布于西北、内蒙古等地。蒙古、俄罗斯也有分布。

伞形科 Apiaceae

迷果芹属 *Sphallerocarpus* Besser ex DC.

迷果芹 *Sphallerocarpus gracilis* (Bess.) K.-Pol. 别名：小叶山红萝卜

一年生或二年生草本，株高 30~120cm。直根。茎直立，被长柔毛。茎下部叶具长柄，叶鞘三角形，抱茎，茎中、上部叶的叶柄部分或全部成叶鞘，叶柄和叶鞘常被长柔毛；叶片三至四回羽状分裂。复伞形花序顶生或侧生；伞幅不等长，通常无总苞片；小伞形花序边缘具辐射瓣；花梗不等长；小总苞通常 5，边缘具睫毛；花两性或雄性；萼齿很小；花瓣白色，倒心形。果实矩圆状椭圆形，黑色，两侧压扁；分生果横切面圆状五角形，果棱隆起，狭窄，内有 1 条维管束，棱槽宽阔，每棱槽中具油管 2~4 条，合生面具 4~6 条；胚乳腹面具深凹槽。花期 7~8 月，果期 8~9 月。

中生植物。常生于海拔 580~2800m 的田边村旁、撂荒地及山地林缘草甸，有时成为撂荒地植被的建群种。

阿拉善地区分布于贺兰山。我国分布于东北、华北、西北等地。朝鲜、蒙古、俄罗斯也有分布。

柴胡属 *Bupleurum* L.

黑柴胡 *Bupleurum smithii* H. Wolff

多年生草本，株高25~60cm，常丛生。根黑褐色。茎直立或斜升，有显著的纵棱。基生叶丛生，矩圆状倒披针形，长10~20cm，宽1~2cm，先端钝或急尖，有小凸尖，基部渐狭成叶柄，叶基带紫红色，扩大抱茎，叶脉7~9，叶缘白色，膜质；中部的茎生叶狭矩圆形或倒披针形，先端渐尖，基部抱茎，叶脉11~15；上部的叶卵形，长1.5~7.5cm，基部扩大，先端长渐尖，叶脉21~31。复伞形花序；总苞片1~2或无；小总苞片6~9，卵形至卵圆形，先端有小短尖头，长6~10mm，宽3~5mm，5~7脉，黄绿色；小伞形花序直径1~2cm；花梗长1.5~2.5mm；花瓣黄色；花柱干时紫褐色。双悬果棕色，卵形，长3.4~4mm，每棱槽有油管3条，合生面3~4条。花果期7~9月。

中生植物。常生于海拔1400~3400m的山坡草地、山谷、山顶阴处。

阿拉善地区分布于贺兰山。我国分布于内蒙古、河北、山西、陕西、青海、甘肃、河南等地。

兴安柴胡 *Bupleurum sibiricum* Vest ex Roem. & Schult.

多年生草本，株高15~60cm。根长圆锥形，黑褐色，有支根，根茎圆柱形，黑褐色，上部包被枯叶鞘与叶柄残留物，先端分出数茎。茎直立，略呈“之”字形弯曲，具纵细棱，上部少分枝。基生叶具长柄，叶鞘与叶柄下部常带紫色，叶片条状倒披针形，长3~10cm，宽5~12mm，先端钝或尖，具小尖头，基部渐狭，具平行叶脉5~7条，叶脉在叶下面凸起；茎生叶与基生叶相似，但无叶柄且较小。复伞形花序顶生和腋生，直径3~4.5mm；伞幅6~12，长5~15mm，不等长；总苞片1~3(5)与上叶相似但较小；小伞形花序直径5~12mm，具花10~20朵；花梗长1~3mm，不等长；小总苞片5~8，黄绿色，椭圆形、卵状披针形或狭倒卵形，长4~7mm，宽1.5~3mm，先端渐尖，具(3)5~7脉，显著超出并包围伞形花序；萼齿不明显；花瓣黄色。果椭圆形，长约3mm，宽约2mm，淡棕褐色。花期7~8月，果期9月。

中旱生植物。主要生于海拔300~800m的森林草原及山地草原，亦见于山地灌丛及林缘草甸。

阿拉善地区分布于贺兰山。我国分布于黑龙江、辽宁、内蒙古等地。蒙古、俄罗斯也有分布。

短茎柴胡 *Bupleurum pusillum* Krylov

多年生草本，株高 2~10cm。茎丛生，分枝曲折。基生叶簇生，条形或狭倒披针形，长 2~5cm，宽 1~4mm，3~5 脉，先端锐尖，边缘干燥时常内卷；茎生叶披针形或狭卵形，长 2~6cm，宽 3~6mm，7~9 脉，先端锐尖，无柄，抱茎。复伞形花序顶生和侧生，直径 1~2.5cm；伞幅 3~6；花序梗长 1~3cm；总苞片 1~4，卵状披针形，长 4~9mm，宽 1~2.5mm；小总苞片 5，绿色，卵形，长 4.5~5mm，宽 1.2~2mm，略长于小伞形花序，先端急尖，有硬尖叉，3 脉；小伞形花序花 10~15，花梗长约 1mm；花黄色，花柱基深黄色。果卵圆状圆形，长 3.5~4mm，宽 1.8~2.5mm，每棱槽油管 3 条，合生面 4 条。花期 6~7 月，果期 8~9 月。

旱生植物。常生于海拔 2300~3500m 的干旱山坡草地、砾石坡地。

阿拉善地区分布于贺兰山。我国分布于内蒙古、青海、宁夏、新疆等地。蒙古、俄罗斯也有分布。

红柴胡 *Bupleurum scorzonerifolium* Willd. 别名：香柴胡、狭叶柴胡、软柴胡

多年生草本，株高 (10)20~60cm。主根长圆锥形，常红褐色；根茎圆柱形，具横皱纹，不分枝，上部包被毛刷状叶鞘残留纤维。茎通常单一，直立，稍呈“之”字状弯曲，具纵细棱。基生叶与茎下部叶具长柄，叶片条形或披针状条形，长 5~10cm，宽 3~5mm，先端长渐尖，基部渐狭，具脉 5~7 条，叶脉在下面凸起；茎中部和上部叶与基生叶相似，但无柄。复伞形花序顶生和腋生，直径 2~3cm；伞幅 6~15，长 7~22mm，纤细；总苞片常不存在或 1~5，大小极不相等，披针形、条形或鳞片状；小伞形花序直径 3~5mm，具花 8~12 朵；花梗长 0.6~2.5mm，不等长；小总苞片通常 5，披针形，长 2~3mm，先端渐尖，常 3 脉；花瓣黄色。果近椭圆形，长 2.5~3mm，果棱钝，每棱槽中常具油管 3 条，合生面常具 4 条。花期 7~8 月，果期 8~9 月。

旱生植物。常生于海拔 160~2250m 的草原、丘陵坡地、固定沙丘，为草原群落的优势杂类草，亦为草甸草原、山地灌丛、沙地植被的常见伴生种。

阿拉善地区分布于贺兰山、龙首山、桃花山。我国分布于东北、华北、西北、华东等地。蒙古、朝鲜、日本、俄罗斯也有分布。

葛缕子属 *Carum* L.

葛缕子 *Carum carvi* L.

二年生或多年生草本，全株无毛，高 25~70cm。主根圆锥形、纺锤形或圆柱形，肉质，褐黄色，直径 6~12mm。茎直立，具纵细棱，上部分枝。基生叶和茎下部叶具长柄，基部具长三角形和宽膜质的叶鞘，叶片二至三回羽状全裂，轮廓条状矩圆形，长 5~8cm，宽 1.5~3.5cm，一回羽片 5~7 对，远离，轮廓卵形或卵状披针形，无柄，二回羽片 1~3 对，轮廓卵形至披针形，羽状全裂至深裂，最终裂片条形或披针形，长 1~3cm，宽 0.5~1mm；中部和上部茎生叶逐渐变小和简化，叶柄全成叶鞘，叶鞘具白色或粉红色的宽膜质边缘。复伞形花序直径 3~6cm；伞幅 4~10，不等长，具纵细棱，长 1~4cm；通常无总苞片；小伞形花序直径 5~10mm，具花 10 余朵；花梗不等长，长 1~3(5)mm；通常无小总苞片；萼齿短小，先端钝；花瓣白色或粉红色，倒卵形。果椭圆形，长约 3mm，宽约 1.5mm。花期 6~8 月，果期 8~9 月。

中生植物。常生于海拔 2000m 以上的林缘草甸、盐化草甸及田边路旁。

阿拉善地区均有分布。我国分布于东北、华北、西北、四川、西藏等地。朝鲜、蒙古、伊朗、欧洲、北非、北美洲也有分布。

田葛缕子 *Carum buriaticum* Turcz.

二年生草本，株高25~80cm，全株无毛。主根圆柱形或圆锥形，直径6~12mm，肉质。茎直立，常自下部多分枝，具纵细棱，节间实心，基部包被老叶残留物。基生叶与茎下部叶具长柄，具长三角状叶鞘，叶片二至三回羽状全裂，轮廓矩圆状卵形，长5~12cm，宽3~6cm；一回羽片5~7对，远离，轮廓近卵形，无柄，二回羽片1~4对，无柄，轮廓卵形至披针形，羽状全裂，最终裂片狭条形，长2~10mm，宽0.3~0.5mm；上部和中部茎生叶逐渐变小与简化，叶柄全成条形叶鞘，叶鞘具白色狭膜质边缘。复伞形花序直径3~8cm；伞幅8~12，长8~13mm；总苞片1~5，披针形或条状披针形，先端渐尖，边缘膜质；小伞形花序直径5~10mm，具花10~20朵；花梗长1~3mm；小总苞片8~12，披针形或条状披针形，比花梗短，先端锐尖，具窄白色膜质边缘；萼齿短小，钝；花瓣白色。果椭圆形，长3~3.5mm，宽约1.5mm，棱槽棕色，果棱棕黄色，心皮柄2裂达基部。花期7~8月，果期9月。

旱中生植物。生于田边路旁、撂荒地、山地沟谷，有时成为撂荒地建群种。

阿拉善地区各地均有分布。我国分布于东北、华北、西北、四川、西藏等地。蒙古、俄罗斯也有分布。

水芹属 *Oenanthe* L.

水芹 *Oenanthe javanica* (Blume) DC.

多年生草本，株高 30~70cm，全株无毛。根状茎匍匐，中空，有多数须根，节部有横隔。茎直立，圆柱形，有纵条纹，少分枝。基生叶与下部叶有长柄，基部有叶鞘，上部叶柄渐短，一部分或全部成叶鞘；叶片为一至二回羽状全裂，轮廓三角形或三角状卵形，最终裂片卵形、菱状披针形或披针形，长 1.5~5cm，宽 1~2cm，先端渐尖，基部宽楔形，边缘有疏齿状锯齿。复伞形花序顶生或腋生，总花梗长 2~6cm；无总苞片；伞幅 6~10，不等长；小总苞片 5~10，条形；小伞形花序有多花；花梗长 2~4mm；萼齿条状披针形；花瓣白色，倒卵形，长约 1mm，先端有反折小舌片；花柱基圆锥形。双悬果矩圆形或椭圆形，长 2.5~3mm，果棱圆钝隆起，果皮厚，木栓质，各棱槽下有 1 条油管，合生面内有 2 条。花期 6~7 月，果期 8~9 月。

湿生植物。常生于池沼边、水沟旁。

阿拉善地区分布于贺兰山。我国分布于黑龙江、吉林、辽宁、内蒙古等地。日本、朝鲜、俄罗斯、印度、东南亚、大洋洲也有分布。

蛇床属 *Cnidium* Cusson

碱蛇床 *Cnidium salinum* Turcz.

二年生或多年生草本，株高 20~50cm。主根圆锥形，直径 4~7mm，褐色，具支根。茎直立或下部稍膝曲，上部稍分枝，具细纵棱，无毛，节部膨大，基部常带红紫色。叶少数，基生叶和茎下部叶具长柄与叶鞘，叶片二至三回羽状全裂，轮廓为卵形或三角状卵形，一回羽片 3~4 对，具柄，轮廓近卵形，二回羽片 2~3 对，无柄，轮廓披针状卵形，最终裂片条形，长 3~20mm，宽 1~2mm，顶端锐尖，边缘稍卷折，两面蓝绿色，光滑无毛，下面中脉隆起；茎中、上部叶较小与简化，叶柄全部成叶鞘，叶片简化成一或二回羽状全裂。复伞形花序，直径花时 3~5.5cm，果时 6~8cm；伞幅 8~15，长 1.5~3cm，具纵棱，内侧被微短硬毛；总苞片通常不存在，稀具 1~2，条状锥形，与伞幅近等长；小伞形花序直径约 1cm，具花 15~20 朵；花梗长 1.5~3mm，具纵棱，内侧被微短硬毛；小总苞片 3~6，条状锥形，比花梗长；萼齿不明显，花瓣白色，宽倒卵形，长约 1mm，先端具小舌片，内卷呈凹缺状；花柱基短圆锥形，花柱于花后延长，比花柱基长得多。双悬果近椭圆形或卵形，长 2.5~3mm，宽约 1.5mm。花期 8 月，果期 9 月。

中生植物。常生于河边碱性湿草甸。

阿拉善地区分布于贺兰山、龙首山、桃花山。我国分布于黑龙江、内蒙古、宁夏、甘肃、青海等地。蒙古、俄罗斯也有分布。

芫荽属 *Coriandrum* L.

芫荽 *Coriandrum sativum* L. 别名：香荽、香菜、胡荽

一年生或二年生草本，株高20~60cm，全株无毛，具强烈香气。茎直立，多分枝，具细纵棱。基生叶和茎下部叶具长柄，叶鞘抱茎，边缘膜质，叶片一至二回羽状全裂，裂片2~3对，远离，具短柄或无柄，卵形或矩圆状卵形，长1~2cm，边缘羽状深裂或具缺刻状牙齿；茎中部与上部叶的叶柄成叶鞘，叶鞘矩圆形，具宽膜质边缘，抱茎，叶片二至三回羽状全裂，轮廓三角形或三角状卵形，最终裂片狭条形，长2~15mm，宽0.5~1.5mm，先端稍尖，具小突尖头，两面平滑无毛。复伞形花序直径1.5~3cm；伞幅4~8，长6~14mm，具纵棱；通常无总苞片；小伞形花序直径5~10mm，具花10余朵；花梗长1~3mm；小总苞片通常5，条形或披针状条形，有时大小不等形；萼片三角形或狭长三角形，长0.3~0.7mm，常大小不等，宿存；小伞形花序中央花的花瓣等形，倒卵形，长1~1.3mm，花序外缘花的花瓣不等大，其外侧1片增大，长3~4mm，2深裂，其两侧2片斜倒卵形，2浅裂，裂片大小不等，内侧2片较小。双悬果球形，黄色，直径约3mm。花期7~8月，果期8~9月。

中生植物。常种植于土质疏松、富含有机质的土壤上。

阿拉善地区均有分布。全国各地均有分布。欧洲也有分布。

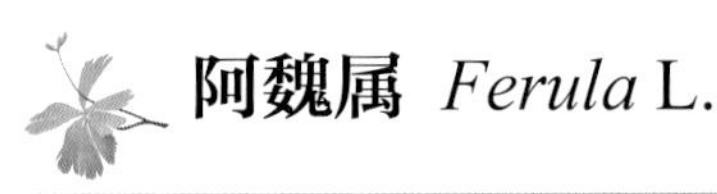

阿魏属 *Ferula* L.

硬阿魏 *Ferula bungeana* Kitagawa　　别名：沙椒、花条、沙茴香

多年生草本，株高30~50cm，植株被密集的短柔毛，蓝绿色。直根，根茎被枯叶纤维。茎直立，分枝，节间实心。基生叶多数，莲座状丛生，具长叶柄与叶鞘，鞘条形，黄色，叶片质厚，坚硬，三至四回羽状全裂；茎中部叶较小且简化，顶生叶有时只剩叶鞘。复伞形花序多数，常呈层轮状排列，伞幅5~15；总苞片1~4，有时不存在；小苞片3~5；萼片卵形；花瓣黄色。果矩圆形，背腹压扁，每棱槽中具油管1条，合生面具2条。花期6~7月，果期7~8月。

旱生植物。常生于海拔700~2400m的典型草原和荒漠草原地带的沙地。

阿拉善地区均有分布。我国分布于东北、华北、西北等地。蒙古也有分布。

前胡属 *Peucedanum* L.

华北前胡 *Peucedanum harry-smithii* Fedde ex H. Wolff

多年生草本，株高40~100cm。根圆锥形，黑褐色，具支根，根颈粗壮，上存留多数枯鞘纤维。茎圆柱形，径0.5~1cm，上部分枝，具细条纹凸起形成的浅沟，被白色绒毛。基生叶花期枯萎，叶片广三角状卵形，二至三回羽状全裂，一回羽片有柄，末回裂片为卵形至卵状披针形，基部截形至楔形，具1~3钝齿或锐齿，上面主脉凸起，疏生短毛，下面脉显著凸起，密生短硬毛；茎生叶向上逐渐简化，叶鞘较宽，裂片更加狭窄。复伞形花序顶侧生，通常分支较多，花序直径4~8cm，果期达10cm；通常无总苞片；伞幅10~20，不等长，内侧被微短硬毛；伞形花序有花10~20，花柄粗壮，不等长，有短毛；小总苞片6~10，披针形，先端长渐尖，边缘宽膜质，比花梗短，萼齿狭三角形，花瓣倒卵形，白色，外侧有白色稍长毛。果实卵状椭圆形，密被短硬毛，背棱线形凸起，侧棱成翅，每棱槽具油管3~4条，合生面6~8条。花期8~9月，果期9~10月。

中生植物。常生于海拔600~2600m的山沟溪边、山坡林缘。

阿拉善地区分布于贺兰山、龙首山、桃花山。我国特有种，分布于内蒙古、河北、山西、陕西、甘肃、河南、山东等地。

山茱萸科　Cornaceae

山茱萸属 *Cornus* L.

沙梾 *Cornus bretschneideri* L. Henry　　别名：毛山茱萸

落叶灌木，株高可达 2m。小枝紫红色或暗紫色，被短柔毛。叶对生，椭圆形或卵形，长 3~7cm，宽 2.5~5cm，先端长渐尖或短尖，基部楔形或圆形，上面暗绿色，贴生弯曲短柔毛，各脉下陷，脉上有毛，弧形侧脉 5~7 对，下面灰白色，贴生密短毛，主、侧脉凸起，脉上被短柔毛；叶柄长 0.6~1.5cm，被柔毛。顶生圆锥状聚伞花序；花轴和花梗疏生柔毛；萼筒球形，密被柔毛；花瓣 4，白色，长约 3mm，宽约 2mm；雄蕊 4，花丝长 3.5~4mm，比花瓣长约 1/3；具花盘；子房位于花盘下方，花柱长约 2mm，柱头头状，比花柱顶部宽。核果，球形，蓝黑色，径 5~6mm，核球状卵形，具条纹，稍具棱角。花期 5~6 月，果期 9 月。

中生植物。常生于海拔 1500~2300m 阴坡湿润的杂木林中或灌丛中。

阿拉善地区分布于贺兰山。我国分布于东北、内蒙古、河北、山西、陕西、甘肃等地。

鹿蹄草属 *Pyrola* L.

圆叶鹿蹄草 *Pyrola rotundifolia* L.

多年生草本，株高 20~30cm。根茎细长，横生，斜升，有分枝。叶 4~7，基生，革质，稍有光泽，圆形或圆卵形，长 (2)3~6cm，宽 (1.5)2.5~5.5cm，先端圆钝，基部圆形至圆截形，有时稍心形，边缘有不明显的疏圆齿或近全缘，上面绿色，下面色稍淡；叶柄长约为叶片的 2 倍或近等长；花葶有 1~2 枚褐色鳞片状叶，长椭圆状卵形，长 8~10(12)mm，宽 3~5mm，先端急尖，基部稍抱花葶。总状花序长 6~13(16)cm，有 (6)8~15(18) 花，花倾斜，稍下垂，花冠广开，直径 1.5~2cm，白色；花梗长 4.5~5mm，腋间有膜质苞片，披针形，长 4.6~5mm，宽 1.8~2.1mm，与花梗近等长或稍长；萼片狭披针形，长 3.5~5.5mm，长为宽的 3~3.5 倍，约为花瓣之半，先端渐尖或长渐尖，边缘全缘；花瓣倒圆卵形，长 6~10mm，宽 4~6mm，先端圆钝；雄蕊 10，花丝无毛，花药具小角，黄色；花柱长 7.5~10mm，倾斜，上部向上弯曲，伸出花冠，顶端有明显的环状突起，柱头 5 浅圆裂。蒴果扁球形，高 (4)4.5~5mm，直径 (6)7~8mm。花期 6~7 月，果期 8~9 月。

中生植物。常生于海拔 2500~2800m 的云杉林下潮湿苔藓层或石缝中。

阿拉善地区分布于贺兰山。我国分布于东北、华北、新疆等地。北欧、中亚、北美洲、朝鲜、日本、俄罗斯西伯利亚也有分布。

单侧花属 *Orthilia* Raf.

钝叶单侧花 *Orthilia obtusata* (Turcz.) H. Hara　　别名：团叶单侧花

多年生常绿草本，株高可达 20cm。根状茎细长而分枝。叶在茎下部有 1~2 轮，每轮 3~4 枚，宽卵形或近圆形，长 1.5~3.5cm，宽 1~2cm，先端钝或圆形，基部宽楔形或近圆形，边缘具圆齿，上面暗绿色，下面灰绿色，无毛。花葶细长，具细的乳头状突起，有 1~3 个鳞状苞片，卵状披针形，长约 3mm；总状花序花较少，长 3~5cm，偏向一侧；小苞片短小，宽披针形，长约 2mm，花梗比花短；萼裂片宽三角形或扁圆形，长约 0.8mm，边缘具小齿；花冠淡绿白色，半张开，直径约 5mm，近钟形；花瓣矩圆形，长约 3.5mm，宽约 2.2mm，边缘具小齿；雄蕊 10，略长于花冠，花药矩圆形，具细小疣，成熟时顶端 2 孔裂，花丝丝状，其部略加宽；子房基部具花盘，10 浅齿裂，花柱直立，超出花冠，柱头盘状，5 浅裂。蒴果扁球形，直径约 5mm。花期 7 月，果期 8 月。

中生阴性植物。常生于海拔 2750~3400m 的落叶松林下。

阿拉善地区分布于贺兰山。我国分布于黑龙江、内蒙古、山西、甘肃、青海、新疆、四川、西藏等地。蒙古、俄罗斯、欧洲北部 、北美洲也有分布。

独丽花属 *Moneses* Salisb. ex Gray

独丽花 *Moneses uniflora* (L.) A. Gray　　别名：独立花

多年生常绿小草本，株高约 8cm。根状茎细长横走。叶于茎基部对生，卵圆形或近圆形，长 8~15mm，宽 6~13mm，基部楔状渐狭，先端圆钝，边缘具细锯齿，叶柄与叶片近等长或短。花葶细长，上部具细的乳头状突起；花单一，着生于花葶顶部，外倾；只具 1 苞片，卵状披针形，长约 3mm，内卷且常抱花梗，边缘有微睫毛；花梗果期伸长且下弯，长达 1.5mm，有细的乳头状突起；花萼裂 1 片，卵状椭圆形，长约 2.5mm，先端圆钝，边缘具微睫毛；花冠白色，直径约 18mm，花瓣平展，卵圆形，长约 8mm，宽约 6mm，边缘具微小齿牙；雄蕊花丝细长，基部略宽，花药直立，顶端有 2 个管状顶孔；花柱直立，5 裂，裂片矩圆形，先端尖或钝。蒴果下垂，近圆球形，直径约 5mm，花柱宿存。花期 7 月，果期 8 月。

中生植物。常生于海拔 900~3800m 的林内潮湿地。

阿拉善地区分布于贺兰山。我国分布于黑龙江、吉林、内蒙古、山西、甘肃、新疆、四川北部、云南西北部及台湾等地。朝鲜、日本、欧洲、北美洲也有分布。

北极果属 *Arctous* (A. Gray) Nied.

红北极果 *Arctous ruber* (Rehd. et Wils.) Nakai　　别名：天栌、当年枯

小落叶灌木，茎匍匐于地面，地上部分高不超过 10cm。枝黄褐色或紫褐色，茎深褐色，有残留的叶柄和枯叶。叶簇生枝顶，倒披针形或狭倒卵状披针形，长 2~4cm，宽 0.8~1.5cm，先端钝圆或微尖，基部楔形，边缘有细密钝齿，中下部有稀疏缘毛，上面深绿色，下面苍白色，均无毛，网脉较明显；叶柄长 5~8mm。花 2~3 朵组成短总状花序或单一腋生；苞片披针形，有睫毛；花萼小，5 裂；花冠坛状，淡黄绿色，长 4~5mm，先端 5 浅裂；雄蕊 10，花丝具柔毛，花药背部有 2 小突起；子房上位，花柱短于花冠，长于雄蕊。浆果鲜红色，球形，径 6~10mm。花期 7 月，果期 8 月。

中生植物。常生于海拔 2900~3800m 的高山冻原、高山灌丛中。

阿拉善地区分布于贺兰山、龙首山。我国分布于吉林、内蒙古、甘肃、四川等地。朝鲜也有分布。

越橘属 *Vaccinium* L.

越橘 *Vaccinium vitis-idaea* L.　　别名：红豆、牙疙瘩

常绿矮小灌木。地下茎匍匐，地上小枝细，长约 10cm，灰褐色，被短柔毛。叶互生，革质，椭圆形或倒卵形，长 1~2cm，宽 8~10mm，先端钝圆或微凹，基部宽楔形，边缘有细毛，中上部有微波状锯齿或近全缘，稍反卷，上面深绿色，有光泽，下面淡绿色，具散生腺点；有短的叶柄。花 2~8 朵组成短总状花序，生于去年枝顶，花轴及花梗上密被细毛；小苞片 2 个，脱落；花萼短钟状，先端 4 裂；花冠钟状，白色或淡粉红色，径约 5mm，4 裂；雄蕊 8，内藏，花丝有毛；子房下位，花柱超出花冠之外。浆果球形，径 5~7mm，红色。花期 6~7 月，果熟期 8 月。

中生植物。常生于海拔 900~3200m 的寒温针叶林带，落叶松林、白桦林下，也见于亚高山带。

阿拉善地区分布于贺兰山。我国分布于东北、西北、内蒙古等地。俄罗斯、蒙古、北欧、北美洲也有分布。

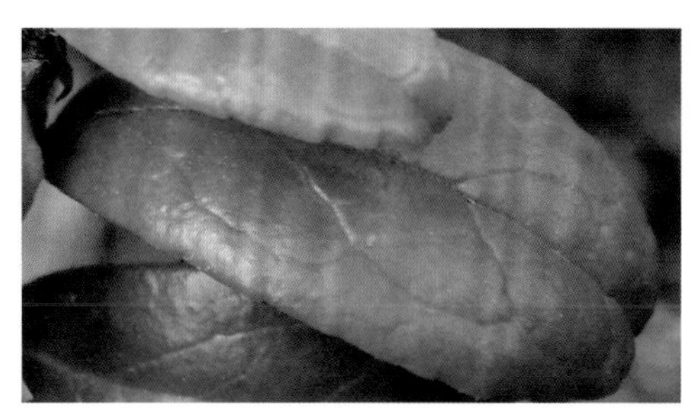

报春花科 Primulaceae

报春花属 *Primula* L.

粉报春 *Primula farinosa* L. 别名：红花粉叶报春

多年生草本。叶丛生，倒卵状矩圆形、近匙形或矩圆状披针形，基部渐狭，近全缘或具稀疏钝齿，叶下面有或无白色或淡黄色粉状物。伞形花序，有花3~10余朵；苞片狭披针形，基部膨大呈浅囊状；花萼绿色，钟形，里面常有粉状物，边缘有短腺毛；花冠高脚碟状，淡紫红色，喉部黄色，花冠裂片先端深2裂；雄蕊5；子房卵圆形，花柱二型（有长柱短柱之分）。蒴果圆柱形，长于花萼。花期5~6月，果期7~8月。

中生植物。常生于低湿地草甸、沼泽化草甸、亚高山草甸及沟谷灌丛中，也可进入稀疏落叶松林下。

阿拉善地区分布于贺兰山。我国分布于东北、内蒙古、甘肃、新疆、西藏等地。朝鲜、日本、蒙古、俄罗斯也有分布。

天山报春 *Primula nutans* Georgi

多年生草本，全株不被粉状物。具多数须根。叶质薄，具明显叶柄，叶片圆形、圆状卵形至椭圆形，长0.5~2.3cm，宽0.4~1.2cm，先端钝圆，基部圆形或宽楔形，全缘或微有浅齿，两面无毛；叶柄细弱，长0.6~2.8cm，无毛。花葶高10~23cm，纤细，径约1.5mm，无毛，花后伸长；伞形花序1轮，具2~6朵花；苞片少数，边缘交叠，矩圆状倒卵形，长5~8mm，先端渐尖，边缘密生短腺毛，外面有时有黑色小腺点，基部有耳状附属物，紧贴花葶；花梗不等长，长1~2.2cm；花萼筒状钟形，长6~9mm，裂片短，矩圆状卵形，顶端钝尖，边缘密生短腺毛，外面常有黑色小腺点；花冠淡紫红色，高脚碟状，径12~15mm，花冠筒细长，长10~11mm，径1~2mm，喉部具小舌状突起，花冠裂片倒心形，长约4mm，顶端深2裂；子房椭圆形，长约2mm，径约1mm。蒴果圆柱形，稍长于花萼。花期5~7月，果期7~8月。

中生植物。常生于海拔590~3800m的河谷草甸、碱化草甸、山地草甸。

阿拉善地区分布于贺兰山。我国分布于东北、内蒙古、甘肃、青海、新疆、四川等地。蒙古、北美洲、欧洲也有分布。

樱草 *Primula sieboldii* E. Morren

多年生草本。根状茎短，偏斜生长，被膜质残存叶柄，自根状茎生出多数细根。基生叶3~8片，叶卵形、卵状矩圆形至矩圆形，长4~10cm，宽1.2~6cm，先端钝圆，基部心形至圆形，两面被贴伏的多细胞长柔毛，边缘具不整齐的圆缺刻及小齿；叶柄与叶片近等长或为其2~3(4)倍，纤细，具狭翅及密生浅棕色多细胞长柔毛。花葶高15~23(34)cm，疏被柔毛；伞形花序1轮，有花2~9朵；苞片条状披针形，先端尖，常短于花梗；花梗长0.5~1.5cm，果期长达2~2.5cm，无毛或被短腺毛；花萼长6~8mm，钟状，果期开展为漏斗状，近中裂，裂片三角状披针形，先端锐尖，外面及边缘均被短腺毛；花冠紫红色至淡红色，稀白色，高脚碟状，冠檐开展，直径14~18(22)mm，裂片倒心形，长5~6mm。顶端深2裂，花冠筒长8~11mm，几为花萼的一倍，喉部有环状突起或无突起；雄蕊5，花药基着；短柱花花柱长约2.3mm，长柱花花柱长约7mm，子房球形，径约1mm。蒴果圆筒形至椭圆形，长8~10mm，径4~5mm，长于花萼；种子多数，棕色，细小，不整齐多面体，长约0.8mm，种皮具无数蜂窝状凹眼而呈网纹。花期5~6月，果期7月。

湿中生植物。常生于山地林下、草甸、草甸化沼泽。

阿拉善地区分布于贺兰山。我国分布于黑龙江、吉林、辽宁、内蒙古等地。日本、朝鲜、俄罗斯也有分布。

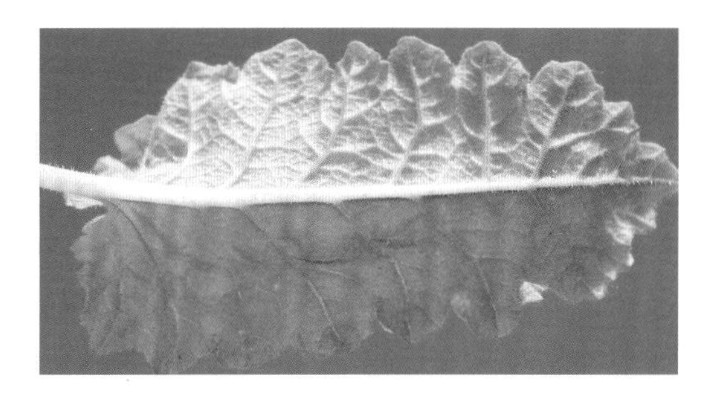

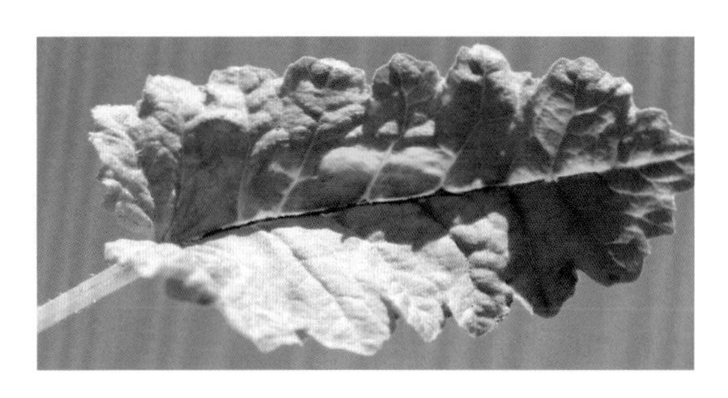

点地梅属 *Androsace* L.

北点地梅 *Androsace septentrionalis* L.

一年生草本。直根系，主根细长，支根较少。叶倒披针形、条状倒披针形至狭菱形，长 (0.4)1~2(4)cm，宽 (1.5)3~6(8)mm，先端渐尖，基部渐狭，无柄或下延成宽翅状柄，通常中部以上叶缘具稀疏锯齿或近全缘，上面及边缘被短毛及 2~4 分叉毛，下面近无毛。花葶 1 至多数，直立，高 7~25(30)cm，黄绿色，下部略呈紫红色，花葶与花梗都被 2~4 分叉毛和短腺毛；伞形花序具多数花；苞片细小，条状披针形，长 2~3mm；花梗细，不等长，长 1.5~6.7cm，中间花梗直立，外围的微向内弧曲；花萼钟形，果期稍增大，长 3~3.5mm，外面无毛，中脉隆起，5 浅裂，裂片狭三角形，质厚，长约 1mm，先端急尖；花冠白色，坛状，径 3~3.5mm，花冠筒短于花萼，长约 1.5mm，喉部紧缩，有 5 突起与花冠裂片对生，裂片倒卵状矩圆形，长约 1.2mm，宽约 0.6mm，先端近全缘；子房倒圆锥形，花柱长 0.3mm，柱头头状。蒴果倒卵状球形，顶端 5 瓣裂；种子多数，多面体形，长约 0.6mm，宽约 0.4mm，棕褐色，种皮粗糙，具蜂窝状凹眼。花期 6 月，果期 7 月。

旱中生植物。散生于草甸草原、砾石质草原、山地草甸、林缘及沟谷中。

阿拉善地区分布于贺兰山、龙首山、桃花山。我国分布于内蒙古、河北、甘肃、新疆等地。蒙古、中亚、欧洲及北美洲也有分布。

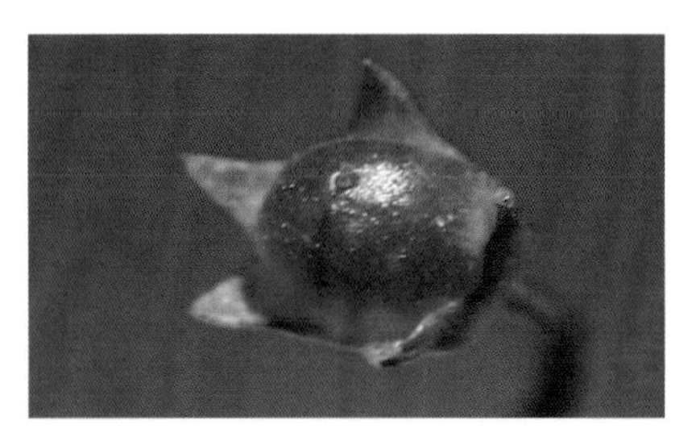

大苞点地梅 *Androsace maxima* L.

二年生草本，全株被糙伏毛。主根细长，淡褐色，稍有分枝。叶倒披针形、矩圆状披针形或椭圆形，长(0.5)5~15(20)mm，宽1~3(6)mm，先端急尖，基部渐狭下延成宽柄状，叶质较厚。花葶3至多数，直立或斜升，高1.5~7.5cm，常带红褐色，花葶、苞片、花梗和花萼都被糙伏毛并混生短腺毛；伞形花序有花2至10余朵；苞片大，椭圆形或倒卵状矩圆形，长(3)5~6mm，宽12.5mm；花梗长5~12mm，超过苞片1~3倍；花萼漏斗状，长3~4mm，裂达中部以下，裂片三角状披针形或矩圆状披针形，长2~2.5mm，宽约1mm，先端锐尖，花后花萼略增大成杯状，萼筒光滑带白色，近壳质，径3~4mm；花冠白色或淡粉红色，径3~4mm，花冠筒长约为花萼的2/3，喉部有环状突起，裂片矩圆形，长1.2~1.8mm，先端钝圆；子房球形，径约1mm，花柱长约0.3mm，柱头头状。蒴果球形，径3~4mm，光滑，外被宿存膜质花冠，5瓣裂；种子小，多面体形，背面较宽，长约1.2mm，宽约0.8mm，10余粒，黑褐色，种皮具蜂窝状凹眼。花期5月，果期5~6月。

旱中生植物。散生于海拔520~4020m的山地砾石质坡地、固定沙地、丘间低地及撂荒地。

阿拉善地区分布于龙首山、桃花山。我国分布于内蒙古、山西、陕西、宁夏、甘肃、新疆等地。北美洲、欧洲、中亚也有分布。

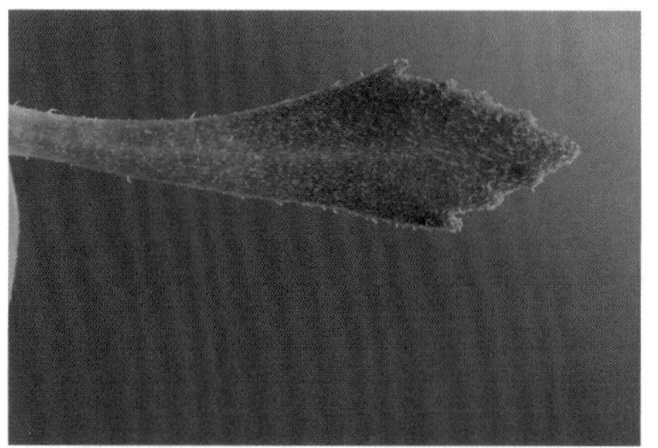

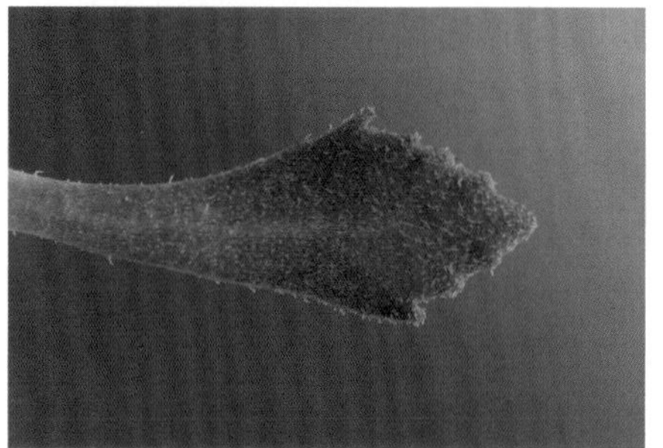

西藏点地梅 *Androsace mariae* Kanitz

多年生草本，株高4~20cm。主根暗褐色，具多数纤细支根。匍匐茎纵横蔓延，暗褐色，莲座丛常集生成疏丛或密丛，基部有宿存老叶，新枝红褐色，长1~3cm，顶端束生新叶。叶灰蓝绿色，矩圆形、匙形或倒披针形，长1~2(3)cm，宽2~4(5)mm，先端急尖或渐尖，有软骨质锐尖头，基部渐狭或下延成柄状，两面无毛，边缘软骨质，具明显缘毛。花葶1~2枚，直立，高2~8(12)cm，被柔毛和短腺毛；伞形花序有花(2)4~10朵；苞片披针形至条形，长4~5mm，被柔毛，边缘软骨质，有缘毛，花梗直立或略弯曲，长(2)5~8mm，果期可延伸至1.2mm；花萼钟状，长约3mm，外面密被柔毛和短腺毛，5中裂，裂片三角形，先端尖；花冠淡紫红色，径8~10mm，喉部黄色，有绛红色环状突起，边缘微缺，花冠裂片宽倒卵形，长约4mm，宽约3.5mm，边缘微波状；子房倒圆锥形，长约1mm，径约1.1mm，花柱长约1mm，柱头稍膨大。蒴果倒卵形，顶端5~7裂，稍超出花萼；种子数枚，小，褐色，近矩圆形，背腹压扁，种皮有蜂窝状凹眼。花期5~6月，果期6~7月。

旱中生植物。常生于海拔1600~2900m的山地草甸及亚高山草甸，适应于砂砾质土壤。

阿拉善地区分布于贺兰山、龙首山、桃花山。我国特有种，分布于内蒙古、山西、甘肃、青海、四川、西藏等地。

长叶点地梅 *Androsace longifolia* Turcz.

多年生草本，株高 1.5~2.5(5.5)cm，叶、苞片及萼裂片边缘都具软骨质与缘毛。主根暗褐色，支根橘黄色，具径直向上并被有棕褐色鳞片的根状茎。莲座丛常数个丛生，基部紧包有多层暗褐色老叶。叶灰蓝绿色，外层叶较短，近披针形，扁平，长约 1cm，宽约 2.5mm，先端尖，内层叶较长，条形或条状披针形，长 2~2.5(5.3)cm，宽 1~2mm，上部质厚常呈舟形不能平展。花葶 1 枚，极短，长仅 (0.2)0.4~1cm，藏于叶丛中；苞片条形，长约 0.8mm；伞形花序有花 5~8 朵；花梗显著短于叶片，长 0.5~1cm，密被柔毛及稀疏短腺毛；花萼钟状，长 4~5mm，近中裂，裂片三角状披针形，先端锐尖，被疏短柔毛及腺毛；花冠白色或带粉红色，径 5~7mm，花冠筒长约 2.5mm，宽约 1.7mm，喉部紫红色，裂片倒卵状椭圆形，长约 2.2mm, 宽约 1.5mm，先端近全缘；子房倒锥形，长宽约 1mm，花柱长约 1mm，柱头稍膨大。蒴果倒卵圆形，长于宿存花萼，长约 2.5mm，径约 1.7mm，棕色，顶端 5 瓣裂，裂片反折；种子 5~10，长 1.5~2mm，宽 1.3~1.5mm，近椭圆形，压扁，腹面有棱，种皮具蜂窝状凹眼。花期 5 月，果期 6~8 月。

旱生植物。常生于砾石质草原、砾石质坡地及石质丘陵岗顶。

阿拉善地区分布于贺兰山。我国分布于黑龙江、内蒙古、宁夏、山西等地。蒙古也有分布。

阿拉善点地梅 *Androsace alaschanica* Maxim.

多年生草本。主根粗壮，木质，直径可达 6cm；地上部分作多次叉状分枝，形成高 2.5~4cm 的垫状密丛；枝为鳞覆的枯叶丛覆盖，呈棒状，直径达 6mm。当年生叶丛位于枝端，叠生于老叶丛上，直径 5~7mm；叶灰绿色，革质，线状披针形或近钻形，长 5~7 (10) mm，宽 0.75~2mm，先端渐尖，具软骨质边缘和尖头，基部稍增宽，近膜质，两面无毛，背面中肋隆起，边缘光滑或微具毛。花葶单一，极短或长达 5mm，藏于叶丛中，被长柔毛，顶生 1(2) 花；苞片通常 2 枚，线形或线状披针形，长约 3mm；花萼陀螺状或倒圆锥状，长 3~3.5mm，稍具 5 棱，近于无毛或沿棱脊两侧微被毛，分裂约达中部，裂片三角形，先端锐尖，具缘毛；花冠白色，直径 6~7mm，筒部与花萼近等长，喉部收缩，稍隆起，裂片倒卵形，先端截形或微呈波状。蒴果近球形，稍短于宿存花萼。花期 5~6 月。

旱生植物。常生于海拔 1500~2200m 的山地草原、山地石质坡地及干旱沙地上。

阿拉善地区分布于贺兰山、龙首山、桃花山。我国特有种，分布于内蒙古、青海、甘肃、宁夏等地。

海乳草属 *Glaux* L.

海乳草 *Glaux maritima* L. 别名：西尚

多年生草本，株高 3~25cm。茎直立或下部匍匐，节间短，通常有分枝。叶近于无柄，交互对生或有时互生，间距极短，仅 1mm，或有时稍疏离，相距可达 1cm，近茎基部的 3~4 对鳞片状，膜质，上部叶肉质，线形、线状长圆形或近匙形，长 4~15cm，宽 1.5~3.5(5)cm，先端钝或稍锐尖，基部楔形，全缘。花单生于茎中上部叶腋；花梗长可达 1.5cm，有时极短，不明显；花萼钟形，白色或粉红色，花冠状，长约 4cm，分裂达中部，裂片倒卵状长圆形，宽 1.5~2cm，先端圆形；雄蕊 5，稍短于花萼；子房卵珠形，上半部密被小腺点，花柱与雄蕊等长或稍短。蒴果卵状球形，长 2.5~3mm，先端稍尖，略呈喙状。花期 6 月，果期 7~8 月。

中生植物。常生于低湿地矮草草甸、轻度盐化草甸，可成为草甸优势种之一。

阿拉善地区均有分布。我国分布于东北、华北、西北及长江流域一带。广布于北半球温带。

白花丹科　Plumbaginaceae

补血草属　*Limonium* Mill.

黄花补血草 *Limonium aureum* (L.) Hill.　　别名：黄花矶松、金匙叶草、黄花苍蝇架

多年生草本，株高4~35cm，全株除萼外无毛。茎基往往被有残存的叶柄和红褐色芽鳞。叶基生（偶尔花序轴下部1~2节上也有叶），常早凋，通常长圆状匙形至倒披针形，长1.5~3(5)cm，宽2~5(15)mm，先端圆或钝。有时急尖，下部渐狭成平扁的柄。花序圆锥状，花序轴2至多数，绿色，密被疣状突起（有时仅上部嫩枝具疣），由下部作数回叉状分枝，往往呈“之”字形曲折，下部的多数分枝成为不育枝，末级的不育枝短而常略弯；穗状花序位于上部分枝顶端，由3~5(7)个小穗组成，小穗含2~3花；外苞长2.5~3.5mm，宽卵形，先端钝或急尖，第一内苞长5.5~6mm；萼长5.5~6.5(7.5)mm，漏斗状，萼筒径约1mm，基部偏斜，全部沿脉和脉间密被长毛，萼檐金黄色（干后有时变橙黄色），裂片正三角形，脉伸出裂片先端成一芒尖或短尖，沿脉常疏被微柔毛，间生裂片常不明显；花冠橙黄色。花期6~8月，果期7~8月。

耐盐旱生植物。散生于荒漠草原带和草原带的盐化低地上，常见于芨芨草草甸群落、芨芨草加白刺群落。

阿拉善地区均有分布。我国分布于华北、西北及四川等地。蒙古、俄罗斯也有分布。

细枝补血草 *Limonium tenellum* (Turcz.) Kuntze　　别名：纤叶匙叶草

多年生草本，株高 5~30cm，全株除萼和第一内苞外无毛。根粗壮，皮黑褐色，易开裂脱落，露出内层红褐色至黄褐色发状纤维。茎基木质，肥大而具多头，被有多数白色膜质芽鳞和残存的叶柄基部。叶基生，匙形、长圆状匙形至线状披针形，小，长 5~15mm，宽 1~3.5mm，先端圆、钝或急尖，基部渐狭成扁柄。花序伞房状；花序轴常多数，细弱，由下部作数回叉状分枝而呈“之”字形曲折，其中多数分枝不具花（不育枝）；穗状花序位于部分小枝的顶端，由 (1)2~4 个小穗组成；小穗含 2~3(4) 花；外苞长 1.5~93cm，宽卵形，先端通常圆或钝，第一内苞长 6~7mm，初时密被白色长毛，后来渐脱落而无毛；花萼长 8~9mm，漏斗状，萼筒径 1~1.3mm，全部沿脉密被长毛，萼檐淡紫色，干后逐渐变白，裂片先端钝或急尖，脉伸至裂片顶缘，沿脉被毛，常有间生小裂片；花冠淡紫红色。花期 5~7 月，果期 7~8(9) 月。

旱生植物。常生于荒漠草原带及荒漠带的干燥石质山坡、石质丘陵坡地及丘顶。

阿拉善地区分布于阿拉善左旗。我国分布于内蒙古、宁夏等地。蒙古也有分布。

二色补血草 *Limonium bicolor* (Bunge) Kuntze　　别名：蝇子架、苍蝇花、苍蝇架

多年生草本，株高 20~50cm，全株除萼外无毛。叶基生，偶见花序轴下部 1~3 节上有叶，花期叶常存在，匙形至长圆状匙形，长 3~15cm，宽 0.5~3cm，先端通常圆或钝，基部渐狭成平扁的柄。花序圆锥状；花序轴单生，或 2~5 枚各由不同的叶丛中生出，通常有 3~4 棱角，有时具沟槽，偶见主轴圆柱状，往往自中部以上作数回分枝，末级小枝二棱形；不育枝少（花序受伤害时下部可生多数不育枝），通常简单，位于分枝下部或单生于分叉处；穗状花序有柄至无柄，排列在花序分枝的上部至顶端，由 3~5(9) 个小穗组成；小穗含 2~3(5) 花（含 4~5 花时则被第一内苞包裹的 1~2 花常不开放）；外苞长 2.5~3.5mm，长圆状宽卵形（草质部呈卵形或长圆形），第一内苞长 6~6.5mm；萼长 6~7mm，漏斗状，萼筒径约 1mm，全部或下半部沿脉密被长毛，萼檐初时淡紫红或粉红色，后来变白，宽为花萼全长的一半（3~3.5mm），开张幅径与萼的长度相等，裂片宽短而先端通常圆，偶可有一易落的软尖，间生裂片明显，脉不达于裂片顶缘（向上变为无色），沿脉被微柔毛或变无毛；花冠黄色。花期 5~7 月，果期 6~8 月。

旱生植物。散生于草原、草甸草原及山地，能适应于砂质土、砂砾质土及轻度盐化土壤，也偶见于旱化的草甸群落中。

阿拉善地区分布于阿拉善左旗。我国分布于东北、华北、西北、江苏北部。蒙古、俄罗斯也有分布。

 鸡娃草属 *Plumbagella* Spach

鸡娃草 *Plumbagella micrantha* (Ledeb.)Spach　　别名：鹅斯格末日、小蓝雪花

一年生草本，株高10~30cm。茎直立，多分枝，具纵棱，沿棱有小皮刺。叶披针形、倒卵状披针形、卵状披针形或狭披针形，长2~5cm，宽5~12mm，先端锐尖至渐尖，基部有耳抱茎而沿棱下延，边缘有细小皮刺，茎下部叶的基部无耳而渐狭下延呈叶柄状。花序长6~15mm，含4~10小穗；穗轴密被褐色多细胞腺毛；小穗含2~3花；苞片1，叶状，宽卵形，长3~5mm；小苞片2，膜质，矩圆状披针形，长2~3mm；花小，具短梗；花萼长约4mm，筒部有5棱角，先端有5裂片，裂片狭长三角形，长约2mm，边缘有具柄的腺，结果时萼增大而变坚硬；花冠淡蓝紫色，狭钟状，长约5mm，先端5裂，裂片卵状三角形，长约1mm；雄蕊5，长为花冠筒的1/2，花丝贴生于花冠筒；子房卵形，花柱1条，柱头5，伸长，指状，内侧有钉状腺质突起。蒴果褐色，尖卵形，有5条纵纹；种子尖卵形，黄色，有5条纵棱。花期7~8月，果期8~9月。

中生植物。常生于海拔2000~2800m山谷的河沟。

阿拉善地区分布于贺兰山。我国分布于内蒙古、甘肃、青海、新疆、四川、西藏等地。蒙古、俄罗斯也有分布。

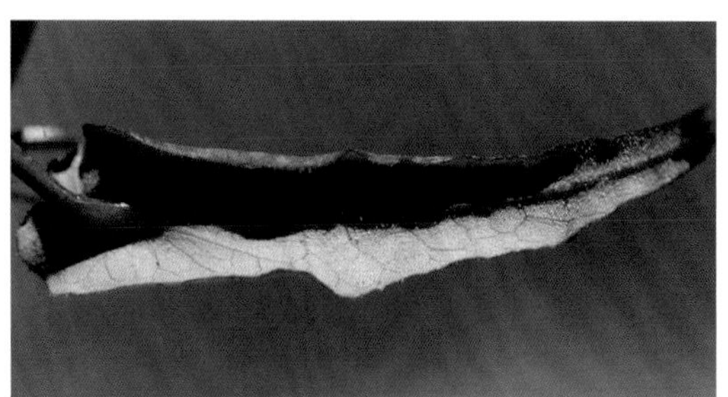
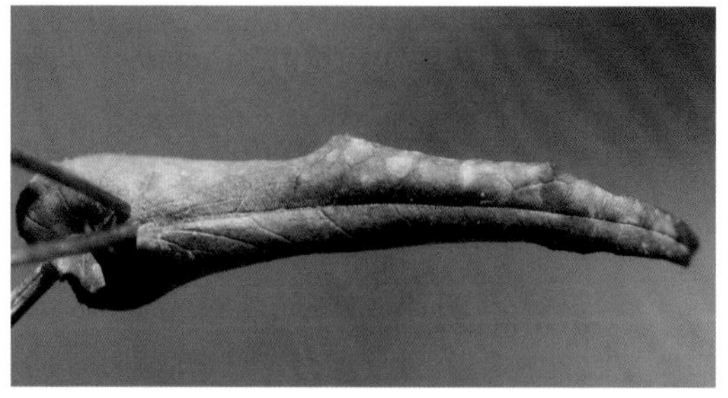

丁香属 *Syringa* L.

紫丁香 *Syringa oblata* Lindl.

灌木或小乔木，株高可达4m。枝粗壮，光滑无毛，二年生枝黄褐色或灰褐色，有散生皮孔。单叶对生，宽卵形或肾形，宽常超过长，宽5~10cm，先端渐尖，基部心形或截形，边缘全缘，两面无毛；叶柄长1~2cm。圆锥花序出自枝条先端的侧芽，长6~12cm；花萼钟状，长1~2mm，先端有4小齿，无毛；花冠紫红色，高脚碟状，花冠筒长1~1.5cm，径约1.5mm，先端裂片4，开展，矩圆形，长约0.5cm；雄蕊2，着生于花冠筒的中部或中上部。蒴果矩圆形，稍扁，先端尖，2瓣开裂，长1~1.5cm，具宿存花萼。花期4~5月，果期6~10月。

中生植物。常生于海拔300~2400m的山坡丛林、山沟溪边、山谷路旁及滩地水边。

阿拉善地区分布于贺兰山。我国分布于东北、华北及甘肃、陕西、四川、山东等地。朝鲜也有分布。

羽叶丁香 *Syringa pinnatifolia* Hemsl. 别名：贺兰山丁香

落叶灌木，株高可达3m；树皮薄纸质片状剥裂，内皮紫褐色。老枝黑褐色。单数羽状复叶，长3~6cm，小叶5~7，矩圆形或矩圆状卵形，稀倒卵形或狭卵形，长0.8~2cm，宽0.5~1cm，先端通常钝圆，或有1小刺尖，稀渐尖，基部多偏斜，一侧下延，全缘，两面光滑无毛；近无柄。花序侧生，出自去年枝的叶腋，长2~4cm，光滑无毛。蒴果披针状矩圆形，先端尖，长1~1.5cm。花期5~6月，果期8~9月。

喜暖中生植物。常生于海拔2600~3000m的山地杂木林及灌丛中。

阿拉善地区分布于贺兰山。我国特有种，分布于内蒙古、陕西、宁夏、甘肃、青海、四川等地。

龙胆科 Gentianaceae

百金花属 *Centaurium* Hill

百金花（变种） *Centaurium pulchellum* var. *altaicum* (Griseb.) Kitag. et Hara

别名：东北埃蕾、麦氏埃蕾

一年生草本，株高6~25cm。根纤细，淡褐黄色。茎纤细，直立，分枝，具4条纵棱，光滑无毛。叶椭圆形至披针形，长8~15mm，宽3~6mm，先端锐尖，基部宽楔形，全缘，三出脉，两面平滑无毛；无叶柄。花序为疏散的二歧聚伞花序；花长10~15mm，具细短梗；梗长2~5mm；花萼管状，萼管长约4mm，直径1~1.5mm，具5裂片，裂片狭条形，长3~4mm，先端渐尖；花冠近高脚碟状，管部长约8mm，白色，顶端具5裂片，裂片白色或淡红色，矩圆形，长约4mm。蒴果狭矩圆形，长6~8mm；种子近球形，直径0.2~0.3mm，棕褐色，表面具皱纹。花果期7~8月。

湿中生植物。常生于海拔50~2000m的低湿草甸、水边。

阿拉善地区分布于阿拉善左旗。我国分布于东北、华北、西北、华东等地。欧洲、中亚也有分布。

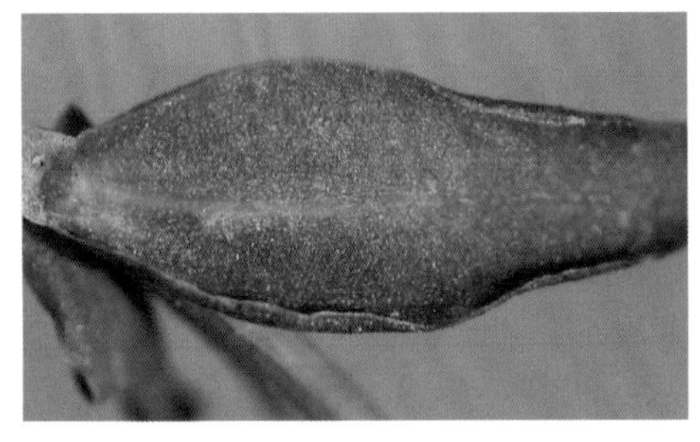

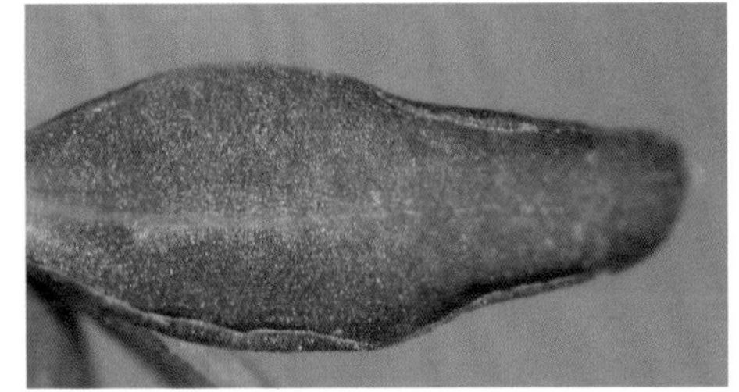

龙胆属 *Gentiana* (Tourn.) L.

鳞叶龙胆 *Gentiana squarrosa* Ledeb. 别名：白花小龙胆、鳞片龙胆、石龙胆、小龙胆

一年生草本，株高2~7cm。茎纤细，近四棱形，通常多分枝，密被短腺毛。叶边缘软骨质，稍粗糙或被短腺毛，先端反卷，具芒刺；基生叶较大，卵圆形或倒卵状椭圆形，长5~8mm，宽3~6mm；茎生叶较小，倒卵形至倒披针形，长2~4mm，宽1~1.5mm，对生叶基部合生成筒，抱茎。花单顶生；花萼管状钟形，长约5mm，具5裂片，裂片卵形，长约1.5mm，先端反折，具芒刺，边缘软骨质，粗糙；花冠管状钟形，长7~9mm，蓝色，裂片5，卵形，长约2mm，宽约1.5mm，先端锐尖，褶三角形，长约1mm，宽约1.5mm，顶端2裂或不裂。蒴果倒卵形或短圆状倒卵形，长约5mm，淡黄褐色，2瓣开裂；果柄在果期延长，通常伸出宿存花冠外；种子多数，扁椭圆形，长约0.5mm，宽约0.3mm，棕褐色，表面具细网纹。花果期6~8月。

中生植物。常散生于海拔110~4200m的山地草甸、旱化草甸及草甸草原。

阿拉善地区均有分布。我国分布于东北、华北、西北、华中、华东等地。蒙古、俄罗斯、中亚也有分布。

假水生龙胆 *Gentiana pseudoaquatica* Kusn.

一年生草本，株高2~4(6)cm。茎纤细，近四棱形，分枝或不分枝，被微短腺毛。叶边缘软骨质，稍粗糙，先端稍反卷，具芒刺，下面中脉软骨质；基生叶较大，卵形或近圆形，长5~12mm，宽4~7mm；茎生叶较小，近卵形，长3~7mm，宽2~5mm，对生叶基部合生成筒，抱茎；无叶柄。花单生于枝顶；花萼具5条软骨质突起，管状钟形，长5~8mm，具5裂片，裂片直立，披针形，长2~3mm，边缘软骨质，稍粗糙；花冠管状钟形，长7~10mm，裂片5，蓝色，卵圆形，长约2mm，先端锐尖，褶近三角形，蓝色，长约1mm。蒴果倒卵形或椭圆状倒卵形，长约5mm，顶端具狭翅，淡黄褐色，具长柄，外露；种子多数，椭圆形，长约0.4mm，表面细网状。花果期6~9月。

中生植物。常生于海拔1100~4650m的山地灌丛、草甸、沟谷。

阿拉善地区均有分布。我国分布于东北、华北、西北等地。印度、朝鲜、蒙古、俄罗斯也有分布。

达乌里秦艽 *Gentiana dahurica* Fischer

多年生草本，株高10~30cm。直根圆柱形，深入地下，有时稍分枝，黄褐色。茎斜升，基部被纤维状的残叶基包围。基生叶较大，条状披针形，长达20cm，宽达2cm，先端锐尖，全缘，平滑无毛，五出脉，主脉在下面明显凸起；茎生叶较小，2~3对，条状披针形或条形，长3~7cm，宽4~8mm，三出脉。聚伞花序顶生或腋生；花萼管状钟形，管部膜质，有时1侧纵裂，具5裂片，裂片狭条形，不等长；花冠管状钟形，长3.5~4.5cm，具5裂片，裂片展开，卵圆形，先端尖，蓝色，褶三角形，对称，比裂片短一半。蒴果条状倒披针形，长2.5~3cm，宽约3mm，稍扁，具极短的柄，包藏在宿存花冠内；种子多数，狭椭圆形，长1~1.3mm，宽约0.4mm，淡棕褐色，表面细网状。花果期7~9月。

旱中生植物。常生于海拔870~4500m的草原、草甸草原、山地草甸、灌丛，为草甸草原的常见伴生种。

阿拉善地区均有分布。我国分布于东北、内蒙古、河北、山西、陕西、宁夏、甘肃、青海、四川等地。蒙古、俄罗斯东部地区也有分布。

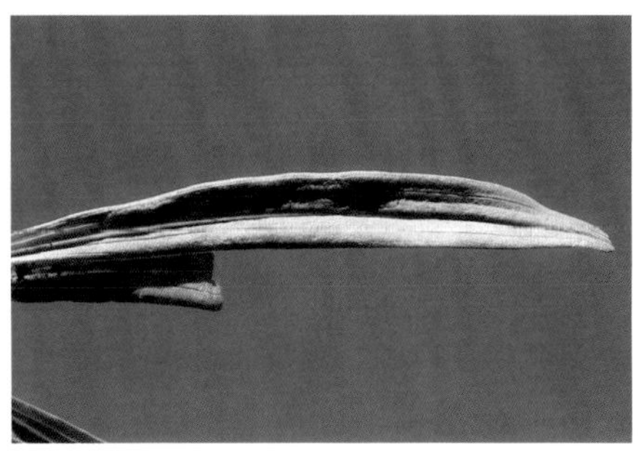

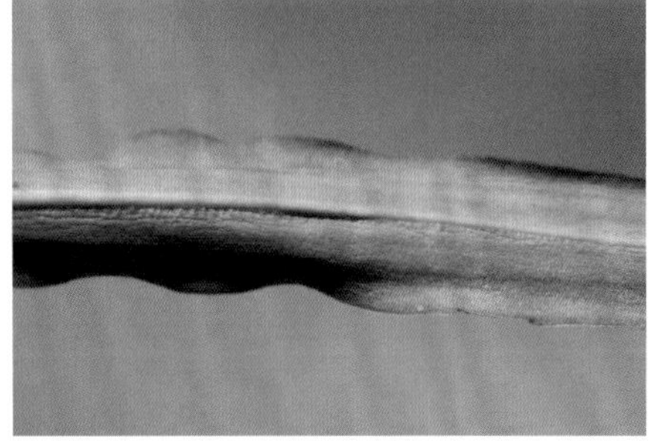

秦艽 *Gentiana macrophylla* Pall. 别名：左秦艽、大叶秦艽、大叶龙胆

多年生草本，株高30~60cm。根粗壮，稍呈圆锥形，黄棕色。茎单一斜升或直立，圆柱形，基部被纤维状残叶基包围。基生叶较大，狭披针形至狭倒披针形，少椭圆形，长15~30cm，宽1~5cm，先端钝尖，全缘，平滑无毛，五至七出脉，主脉在下面明显突起；茎生叶较小，3~5对，披针形，长5~10cm，宽1~2cm，三至五出脉。聚伞花序由数朵至多数花簇生枝顶呈头状或腋生作轮状；花萼膜质，1侧裂开，长3~9mm，具大小不等的萼齿3~5；花冠管状钟形，长16~27mm，具5裂片，裂片直立，蓝色或蓝紫色，卵圆形，褶常三角形，比裂片短一半。蒴果长椭圆形，长15~20mm，近无柄，包藏在宿存花冠内；种子矩圆形，长1~1.3mm，宽约0.5mm，棕色，具光泽，表面细网状。花果期7~10月。

中生植物。常生于海拔400~2400m的山地草甸、林缘、灌丛与沟谷。

阿拉善地区均有分布。我国分布于东北、华北、西北、四川等地。蒙古、俄罗斯也有分布。

扁蕾属 *Gentianopsis* Ma

扁蕾 *Gentianopsis barbata* (Froel.) Ma

一年生直立草本，株高20~50cm。根细长圆锥形，稍分枝。茎具4纵棱，光滑无毛，有分枝，节部膨大。叶对生，条形，长2~6cm，宽2~4mm，先端渐尖，基部2对生叶几相连，全缘，下部1条主脉明显凸起，基生叶匙形或条状倒披针形，长1~2cm，宽2~5mm，早枯落。单花生于分枝的顶端，直立；花梗长5~12cm；花萼管状钟形，具4棱，萼筒长12~20mm，内对萼裂片披针形，先端尾尖，与萼筒近等长，外对萼裂片条状披针形，比内对裂片长；花冠管状钟形，全长3~5cm，裂片矩圆形，蓝色或蓝紫色，两旁边缘剪割状，无褶；蜜腺4，着生于花冠管近基部，近球形而下垂。蒴果狭矩圆形，长2~3cm，具柄，2瓣裂开；种子椭圆形，长约1mm，棕褐色，密被小瘤状突起。花果期7~9月。

中生植物。常生于海拔700~4400m的山坡林缘、灌丛、低湿草甸、沟谷及河滩砾石层中。

阿拉善地区分布于贺兰山、龙首山、桃花山。我国分布于东北、华北、西北等地。蒙古、中亚、欧洲也有分布。

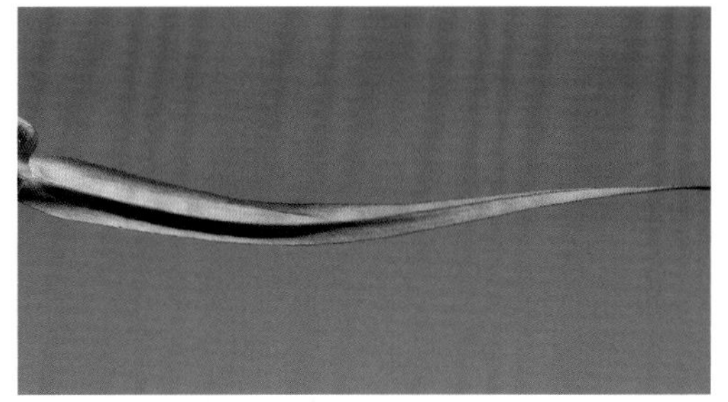
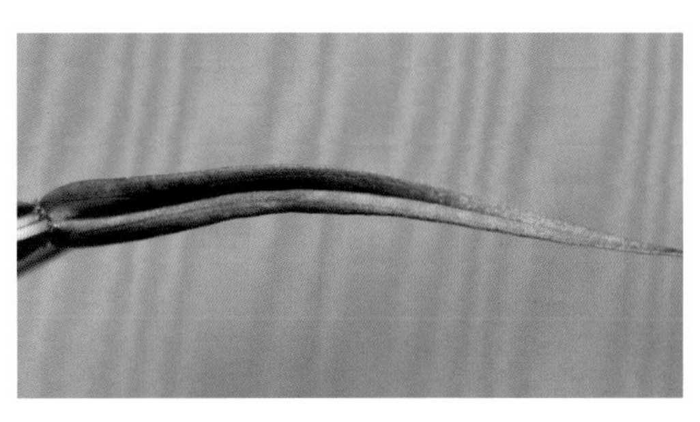

假龙胆属 *Gentianella* Moench

尖叶假龙胆 *Gentianella acuta* (Michx.) Hultén　　别名：苦龙胆

一年生草本，株高10~30cm，全株无毛。茎直立，四棱形，多分枝。叶对生，披针形，长1~3cm，宽3~7mm，先端钝尖，全缘，基部近圆形，稍抱茎，三至五出脉，无叶柄，基部叶倒披针形或匙形，较小，花时常早枯落。聚伞花序顶生或腋生；花蓝色或蓝紫色；花梗长2~8mm；花4或5基数；花萼管长1.5~2mm，裂片条形或条状披针形，长3.5~5mm，先端渐尖；花冠全长10~12mm，管状钟形，管长6~8mm，裂片矩圆形，长约3.5mm，宽约1.5mm，喉部鳞片的流苏长1.5~2.5mm；子房条状矩圆形，无柄，无花柱，柱头2裂。蒴果长矩圆形，长约1cm，无柄，稍外露；种子多数，近球形，直径约0.5mm，表面细网状，淡棕褐色。花果期7~9月。

中生植物。常生于海拔1500m以下的山地林下、灌丛及低湿草甸。

阿拉善地区分布于贺兰山。我国分布于内蒙古、山西、宁夏、新疆等地。蒙古、俄罗斯、北美洲也有分布。

喉毛花属 *Comastoma* (Wettst.) Toyokuni

镰萼喉毛花 *Comastoma falcatum* (Turcz. ex Kar. & Kir.) Toyok. 别名：镰萼假龙胆、镰萼龙胆

一年生草本，株高 (3)5~12cm，无毛。茎斜升，少直立，近四棱形，沿棱具翅，纤细，自基部多分枝。基生叶莲座状，矩圆状倒披针形，长 1~2cm，宽 3~6mm，先端圆形，基部渐狭成短柄，全缘；茎生叶通常 1 对，少 2 对，矩圆形或倒披针形，先端钝，基部稍合生而抱茎，具 1~3 脉。单花生枝顶，花梗细长而稍弯曲，长 1.5~8cm，近四棱形；花萼宽钟状，深绿色，萼片 5，不等形，披针形至卵形，长 10~12mm，宽 3~6mm，先端锐尖，基部内弯，稍呈镰形；花冠管状钟形，淡蓝色或淡紫色，长 14~20mm，在喉管直径 5~7mm，裂片矩圆形，长 5~6mm，在花冠喉部具 10 个流苏状鳞片，鳞片（带流苏）长 3~4mm。蒴果狭矩圆形，无柄，稍外露；种子椭圆形，近平滑。花果期 7~9 月。

中生植物。常生于海拔 2100~5300m 的亚高山或高山草甸。

阿拉善地区均有分布。我国分布于内蒙古、河北、山西、宁夏、甘肃、青海、新疆等地。蒙古、中亚、俄罗斯也有分布。

皱边喉毛花 *Comastoma polycladum* (Diels & Gilg) T. N. Ho 别名：林氏龙胆

一年生草本，株高 (5)10~30cm，无毛。茎纤细，近四棱形，沿棱稍粗糙，自下部分枝，枝细长而斜升。叶对生，条状披针形至条状倒披针形，长 6~12mm，宽 1~2mm，先端锐尖或钝，基部楔形，边缘（干时）卷折与皱缩，具 1 脉；无柄。单花顶生；花梗细长与柔弱，梗长 4~8cm；萼片 5，披针状条形或条形，先端骤尖，不等形，通常 2 长，3 短，长萼片长 8~10mm，短萼片长 5~7mm，有时边缘皱缩成黑色；花冠管状钟形，长 10~14mm，蓝色，具 5 裂片，裂片矩圆状卵形，先端钝尖，长 5~7mm，花冠管长 5~7mm；雄蕊 5，不等长，内藏，着生在花冠管中部；在花冠喉部具 10 个流苏状鳞片，鳞片（带流苏）长 2.5~3mm。花果期 8 月。

中生植物。常生于海拔 100~4500m 的山坡。

阿拉善地区分布于贺兰山、龙首山、桃花山。我国分布于内蒙古、青海等地。

柔弱喉毛花 *Comastoma tenellum* (Rottb.) Toyok. 别名：柔弱喉草花

一年生草本，株高 5~10cm。主根纤细。茎从基部多分枝，分枝纤细，斜升。基生叶少，匙状矩圆形，长 5~8mm，宽 2~3cm，先端圆形或全缘，基部楔形；茎生叶无柄，矩圆形或卵状矩圆形，长 4~10mm，宽 2~4mm，先端急尖，全缘，基部狭缩。花 5(4) 数，单生枝顶；花梗长达 8cm；花萼深裂，裂片不整齐，2 大 3 小或 2 大 2 小，大者卵形，长 6~7mm，宽 2.5~3mm，先端急尖或稍钝，全缘，小者狭披针形，短而窄，先端急尖；花冠淡蓝色，筒形，长 7~11mm，宽约 3mm，浅裂，裂片 5(4)，矩圆形，长 2~3mm，先端稍钝，呈覆瓦状排列，喉部具一圈白色副冠，流苏 10(8)，长约 1.5mm；雄蕊 5，着生于冠筒中下部；子房狭卵形，长约 7mm，先端渐狭，无明显的花柱，柱头 2 裂，长 0.5~0.7mm，裂片长圆形。蒴果略长于花冠，先端 2 裂，球形，表面光滑，边缘有乳突。花果期 6~8 月。

耐寒中生植物。常生于海拔 2600m 左右的山坡亚高山、高山灌丛、草甸。

阿拉善地区分布于贺兰山、龙首山、桃花山。我国分布于内蒙古、甘肃、青海、西藏等地。欧洲、亚洲其他地区及北美洲也有分布。

獐牙菜属 *Swertia* L.

岐伞獐牙菜 *Swertia dichotoma* L. 别名：腺鳞草、岐伞当药

一年生草本，株高5~20cm，全株无毛。茎纤弱，斜升，四棱形，沿棱具狭翅，自基部多分枝，上部二歧式分枝。基部叶匙形，长8~15mm，宽5~8mm，先端圆钝，全缘，基部渐狭成叶柄，具5脉；茎部叶卵形或卵状披针形，长5~20mm，宽4~10mm，无柄或具短柄。聚伞花序（通常具3花）或单花，顶生或腋生；花梗细长，花后伸长而弯垂；花萼裂片宽卵形或卵形，长约3mm，宽约2mm，先端渐尖，具7脉；花冠白色或淡绿色，管部长约1mm，裂片卵形或卵圆形，长5~7mm，宽3~4mm，先端圆钝，花后增大，宿存，腺洼圆形，黄色；花药蓝绿色。蒴果卵圆形，长约5mm，淡黄褐色，含种子10余颗；种子宽卵形或近球形，径约1mm，淡黄色，近平滑。花果期7~9月。

中生植物。常生于海拔1050~3100m的河谷草甸。

阿拉善地区分布于贺兰山。我国分布于华北、西北、湖北、四川等地。蒙古、俄罗斯、中亚也有分布。

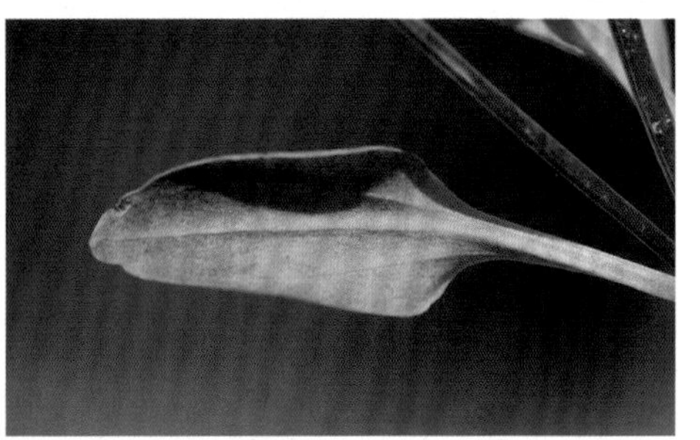

花锚属 *Halenia* Borkh.

椭圆叶花锚 *Halenia elliptica* D. Don 别名：卵萼花锚

一年生草本，株高15~30cm。茎直立，近四棱形，沿棱具狭翅，分枝，节间比叶长数倍。叶对生，椭圆形或卵形，长1~3cm，宽5~12mm，先端锐尖或钝，全缘，基部常心形，具5脉，无柄，基生叶花时早枯落。聚伞花序顶生或腋生；花梗纤细，长4~10mm，果期延长达3cm；花萼4裂，裂片椭圆形或卵形，长2~3mm，先端锐尖，具3脉；花冠蓝色或蓝紫色，长4~5mm，钟状，4裂达2/3处，裂片椭圆形，先端尖，基部具平展的长距，较花冠长。蒴果卵形，长8~10mm，淡棕褐色；种子矩圆形，长1.5~2mm，棕色，近平滑或细网状。花果期7~9月。

中生植物。常生于海拔700~4100m的山地阔叶林下及灌丛中。

阿拉善地区分布于贺兰山、龙首山、桃花山。我国分布于内蒙古、山西、陕西、甘肃、青海、新疆、四川、贵州、云南、西藏、湖北、湖南等地。中亚也有分布。

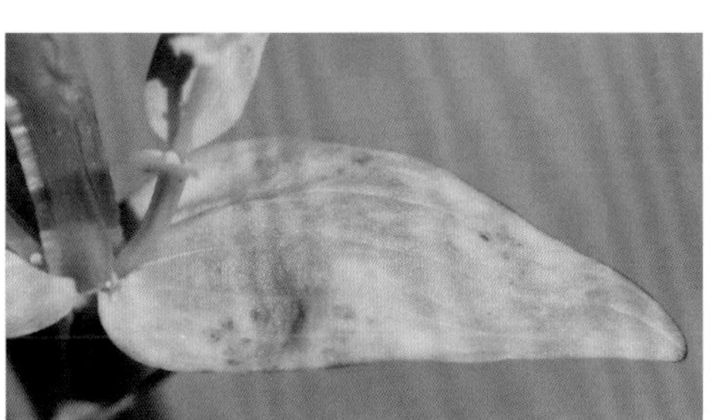

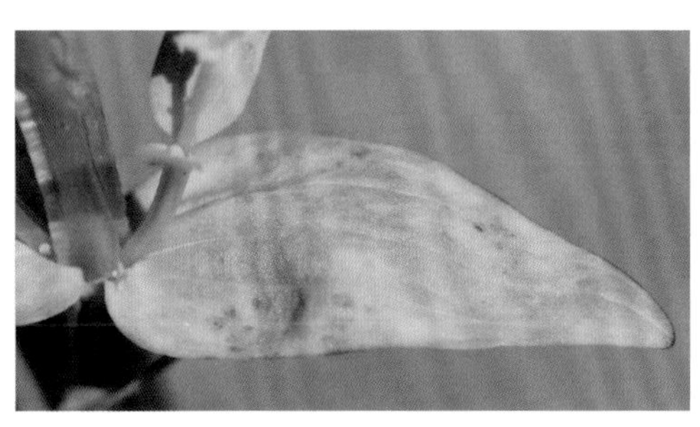

夹竹桃科 Apocynaceae

罗布麻属 *Apocynum* L.

罗布麻 *Apocynum venetum* L. 别名：泽漆麻、茶叶花、野麻

半灌木或草本，株高1~3m，具乳汁。枝条对生或互生，紫红色或淡红色。单叶对生，分枝处常为互生，椭圆状披针形至矩圆状卵形，基部圆形，边缘具细齿，柄间具腺体，脱落。聚伞花序常顶生；花萼5深裂，边缘膜质，两面被柔毛；花冠管状钟形，紫红色或粉红色，具紫红色脉纹；雄蕊与副花冠裂片互生；花柱短，柱头2裂；花盘肉质环状。蓇葖果2，平行或叉生，筷状圆筒形，长8~15cm。花期6~7月，果期8月。

中生植物。常生于沙漠边缘、河漫滩、湖泊周围、盐碱地、沟谷及河岸沙地等。

阿拉善地区均有分布。我国分布于辽宁、内蒙古、河北、山西、陕西、甘肃、青海、新疆、河南、山东、江苏等地。广布于欧洲及亚洲温带地区。

白麻 *Apocynum pictum* Schrenk

半灌木，株高 0.5~1m，具乳汁。根状茎粗壮。枝、叶常互生，叶条状披针形或条形，灰绿色，基部楔形，全缘上面近无毛，下面和边缘被糙硬毛；叶柄基部及腋间具腺体，老时脱落。圆锥状聚伞花序顶生；花萼 5 裂，密被糙硬毛；花冠粉红色，具紫色脉纹，5 裂；雄蕊与副花冠裂片互生，花丝短，花药基部具耳；花盘 5 浅裂；柱头 2 裂，基部盘状，子房密被微毛。蓇葖果 2，倒垂，圆筒状，长约 20cm。花期 6~7 月，果期 8~9 月。

中生植物。常生于盐碱荒地、河漫滩、沟谷及沙漠边缘等。

阿拉善地区均有分布。我国分布于内蒙古、甘肃、青海、新疆等地。中亚也有分布。

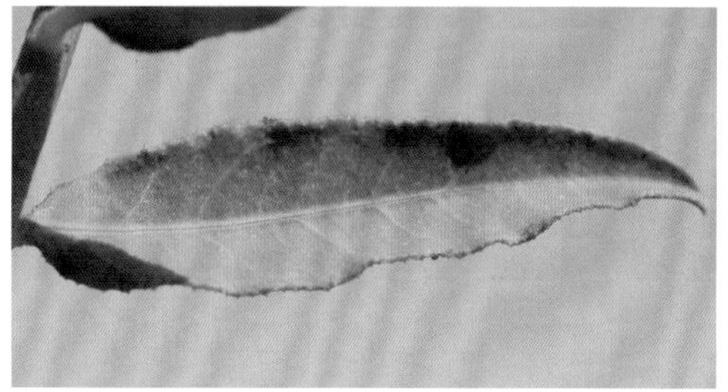

杠柳属 *Periploca* L.

杠柳 *Periploca sepium* Bunge　　别名：北五加、山五加皮、五加皮

蔓性灌木，长达 1m 左右；树皮灰褐色，除花外全株无毛。主根圆柱形，外皮灰棕色，片状剥裂。小枝对生，黄褐色。叶革质，披针形或矩圆状披针形，长 5~8cm，宽 1~2.5cm，先端长渐尖，基部楔形或宽楔形，全缘，上面深绿色，下面淡绿色，叶脉在下面微凸起；叶柄长 2~5mm。二歧聚伞花序腋生或顶生，着花数朵，总花梗与花梗纤细；花萼裂片卵圆形，长约 3mm，先端圆钝，边缘膜质，里面基部具 5~10 小腺体；花冠辐状，紫红色，5 裂，裂片矩圆形，长约 7mm，宽约 3mm，中央加厚部分呈纺锤形，反折，里面被长柔毛，外面无毛；副花冠环状，10 裂，其中 5 裂延伸呈丝状，顶端弯钩状，被柔毛；雄蕊着生在副花冠里面，花药粘连包围柱头。蓇葖果 2，常弯曲而顶端相连，近圆柱形，长 8~11mm，直径 4~5mm，具纵纹，稍具光泽；种子狭矩圆形，长约 7mm，顶端具种缨。花期 6~7 月，果期 8~9 月。

中生植物。常生于黄土丘陵、固定或半固定沙丘及其他沙地。一般均零星散生，不形成群落。

阿拉善地区分布于阿拉善左旗、贺兰山。我国分布于辽宁、内蒙古、河北、山西、陕西、甘肃、河南、山东、四川、贵州等地。俄罗斯也有分布。

鹅绒藤属 *Cynanchum* L.

华北白前 *Cynanchum mongolicum* (Maxim.) Hemsl.　　别名：牛心朴子

多年生草本，株高30~50cm。根丛须状，黄色。茎自基部密丛生，直立，不分枝或上部稍分枝，圆柱形，具纵细棱，基部常带红紫色。叶带革质，无毛，对生，狭尖椭圆形，长3~5(7)cm，宽4~14mm，先端锐尖或渐尖，全缘，基部楔形，主脉在下面明显隆起，侧脉不明显；具短柄。伞状聚伞花序腋生，着花10余朵；总花梗长4~8mm；花萼5深裂，裂片近卵形，长约1mm，先端锐尖，两面无毛；花冠黑紫色或红紫色，辐状，5深裂，裂片卵形，长2~3mm，宽1.5~1.8mm，先端钝或渐尖；副花冠黑紫色，肉质，5深裂，裂片椭圆形，背部龙骨状突起，与合蕊柱等长；花粉块每药室1个，椭圆形，长约0.2mm，下垂。蓇葖果单生，纺锤状，长5~6.5cm，直径约1cm，向先端喙状渐尖；种子椭圆形或矩圆形，7~9mm，扁平，棕褐色，种缨白色，绢状，长1~2cm。花期6~7月，果期8~9月。

旱生植物。常生于荒漠草原带及荒漠带的半固定沙丘、沙质平原、干河床，在某些沙地植物群落可聚生成丛。

阿拉善地区分布于阿拉善左旗、阿拉善右旗。我国特有种，分布于内蒙古、宁夏、甘肃、青海、陕西、山西等地。

戟叶鹅绒藤（亚种）*Cynanchum acutum* subsp. *sibiricum* (Willd.) Rech. f.

草质藤本。根木质，灰黄色。茎缠绕，下部多分枝，疏被短柔毛，节部较密，具纵细棱。叶对生，纸质，矩圆状戟形或三角状戟形，长1~4cm，宽8~25mm，先端渐尖或锐尖，基部心状戟形，两耳近圆形，上面灰绿色，下面浅灰绿色，掌状5~6脉在下面隆起，两面被短柔毛；叶柄长1~2cm，被短柔毛。聚伞花序伞状或伞房状，腋生，着花数朵至10余朵，总花梗、花梗、苞片、花萼均被短柔毛；总花梗长1~2cm，花梗纤细，长短不一；苞片条状披针形，长1~2mm；花萼裂片卵形，长约1.5mm，宽约1mm，先端渐尖；花冠淡红色，裂片矩圆形或狭卵形，长约4mm，宽约2mm，先端钝；副花冠杯状，具纵皱褶，顶部5浅裂，每裂片3裂，中央小裂片锐尖或尾尖，比合蕊柱长。蓇葖果披针形或条形，长6.5~8.5cm，直径约1cm，表面被柔毛；种子矩圆状卵形，长约6mm，宽约2mm，种缨白色，绢状，长约2cm。花期6~7月，果期8~10月。

中生植物。常生于海拔900~1400m荒漠地带的绿洲芦苇草甸、干湖盆、沙丘、低湿沙地。

阿拉善地区均有分布。我国分布于内蒙古、河北、宁夏、甘肃、新疆、西藏等地。蒙古、俄罗斯也有分布。

地梢瓜 *Cynanchum thesioides* (Freyn) K. Schum. in Engler & Prantl　别名：细叶白前、女青、地梢花

多年生草本，株高15~30cm。根细长，褐色，具横行绳状的支根。茎自基部多分枝，直立，圆柱形，具纵细棱，密被短硬毛。叶对生，条形，长2~5cm，宽2~5mm，先端渐尖，全缘，基部楔形，上面绿色，下面淡绿色，中脉明显隆起，两面被短硬毛，边缘常向下反折；近无柄。伞状聚伞花序腋生，着花3~7朵，总花梗长2~3(5)mm，花梗长短不一；花萼5深裂，裂片披针形，长约2mm，外面被短硬毛，先端锐尖；花冠白色，辐状，5深裂，裂片矩圆状披针形，长3~3.5mm，外面有时被短硬毛；副花冠杯状，5深裂，裂片三角形，长约1.2mm，与合蕊柱近等长；花粉块每药室1个，矩圆形，下垂。蓇葖果单生，纺锤形，长4~6cm，直径1.5~2cm，先端渐尖，表面具纵细纹；种子近矩圆形，扁平，长6~8mm，宽4~5mm，棕色，顶端种缨白色，绢状，长1~2cm。花期6~7月，果期7~8月。

旱生植物。常生于干草原、丘陵坡地、沙丘、撂荒地、田埂。

阿拉善地区均有分布。我国分布于东北、华北、西北、江苏等地。朝鲜、蒙古、俄罗斯、中亚也有分布。

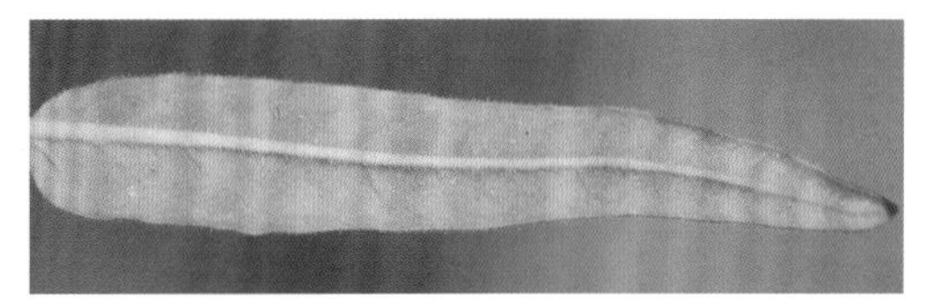
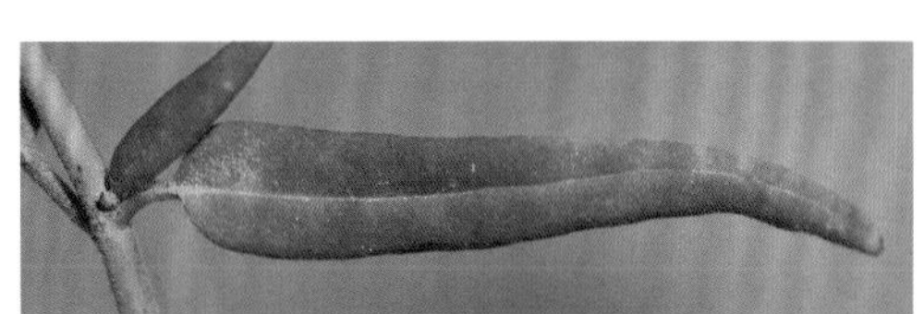

鹅绒藤 *Cynanchum chinense* R. Br. 别名：祖子花

多年生草本。根圆柱形，长约 20cm，直径 5~8mm，灰黄色。茎缠绕，多分枝，稍具纵棱，被短柔毛。叶对生，薄纸质，宽三角状心形，长 3~7cm，宽 3~6cm，先端渐尖，全缘，基部心形，上面绿色，下面灰绿色，两面均被短柔毛；叶柄长 2~5cm，被短柔毛。伞状二歧聚伞花序腋生，着花约 20 朵，总花梗长 3~5cm；花萼 5 深裂。裂片披针形，长约 1.5mm，先端锐尖，外面被短柔毛；花冠辐状，白色，裂片条状披针形，长 4~5mm，宽约 1.5mm，先端钝；副花冠杯状，膜质，外轮顶端 5 浅裂，裂片三角形，裂片间具 5 条稍弯曲的丝状体，内轮具 5 条较短的丝状体，外轮丝状体与花冠近等长；花粉块每药室 1 个，椭圆形，长约 0.2mm，下垂；柱头近五角形，稍凸起，顶端 2 裂。蓇葖果通常 1 个发育，少双生，圆柱形，长 8~12cm，直径 5~7mm，平滑无毛；种子矩圆形，压扁，长约 5mm，宽约 2mm，黄棕色，顶端种缨长约 3cm，白色绢状。花期 6~7 月，果期 8~9 月。

中生植物。常生于沙地、河滩地、田埂。

阿拉善地区均有分布。我国分布于辽宁、内蒙古、河北、山西、陕西、宁夏、甘肃、河南、江苏、浙江等地。蒙古、朝鲜也有分布。

白首乌 *Cynanchum bungei* Decne. in A. DC.　　别名：地葫芦、泰山何首乌、何首乌

多年生草本。块根粗壮。茎缠绕，叶对生，戟形或矩圆状戟形，长 3~8cm，两面被粗硬毛。聚伞花序腋生，着花 10~20 余朵；花萼裂片卵形或披针形；花冠白色或淡绿色，裂片披针形，长约 5mm，向下反折；副花冠淡黄色，肉质，5 深裂，裂片披针形，内面中央有舌状片。蓇葖果单生或双生，狭披针形，向端部渐尖，长 8~10cm，直径约 1cm；种子倒卵形，顶端种缨白色，绢状，长约 4mm。花期 6~7 月，果期 8~9 月。

中生植物。常生于海拔 1500m 以下的山地灌丛、林缘草甸、沟谷，也见于田间及撂荒地。

阿拉善地区均有分布。我国分布于辽宁、内蒙古、河北、山西、甘肃、河南、山东等地。韩国也有分布。

旋花科　Convolvulaceae

番薯属 *Ipomoea* L.

牵牛 *Ipomoea nil* (L.) Roth　　别名：牵牛花、喇叭花

一年生草本。茎上被倒向的短柔毛及杂有倒向或开展的长硬毛。叶宽卵形或近圆形，深或浅的 3 裂，偶 5 裂，长 4~15cm，宽 4.5~14cm，基部圆，心形，中裂片长圆形或卵圆形，渐尖或骤尖，侧裂片较短，三角形，裂口锐或圆，叶面或疏或密被微硬的柔毛；叶柄长 2~15cm，毛被同茎。花腋生，单一或通常 2 朵着生于花序梗顶；花序梗长短不一，长 1.5~18.5cm，通常短于叶柄，有时较长，毛被同茎；苞片线形或叶状，被开展的微硬毛；花梗长 2~7cm；小苞片线形；萼片近等长，长 2~2.5cm，披针状线形，内面 2 片稍狭，外面被开展的刚毛，基部更密，有时也杂有短柔毛；花冠漏斗状，长 5~8(10)cm，蓝紫色或紫红色，花冠管色淡；雄蕊及花柱内藏，雄蕊不等长，花丝基部被柔毛；子房无毛，柱头头状。蒴果近球形，直径 0.8~1.3cm，3 瓣裂；种子卵状三棱形，长约 6mm，黑褐色或米黄色，被褐色短绒毛。

中生植物。常生于或栽培于海拔 100~1600m 的山坡、灌丛、干燥河谷、路边、园边、宅旁、山地路边。

阿拉善地区分布于阿拉善左旗。我国除西北和东北的一些省份外，大部分地区都有分布。广布于全世界热带及亚热带地区。

打碗花属 *Calystegia* R. Br.

打碗花 *Calystegia hederacea* Wall. in Roxb.　　别名：兔耳草、盘肠参、蒲地参

一年生草本，全体无毛，具细长白色的根茎。茎具细棱，通常由基部分枝。叶片三角状卵形、戟形或箭形，侧面裂片尖锐，近三角形，或 2~3 裂，中裂片矩圆形或矩圆状披针形，长 2~4.5(5)cm，基部（最宽处）宽 (1.7)3.5~4.8cm，先端渐尖，基部微心形，全缘，两面通常无毛。花单生叶腋，花梗长于叶柄，有细棱；苞片宽卵形，长 7~11(16)cm；花冠漏斗状，淡粉红色或淡紫色，直径 2~3cm；雄蕊花丝基部扩大，有细鳞毛；子房无毛，柱头 2 裂，裂片矩圆形，扁平。蒴果卵圆形，微尖，光滑无毛。花期 7~9 月，果期 8~10 月。

中生植物。常生于耕地、撂荒地和路旁，在溪边或潮湿生境中生长最好。可聚生成丛。

阿拉善地区分布于阿拉善左旗、阿拉善右旗。我国各地均有分布。东非、亚洲南部和东南部也有分布。

藤长苗 *Calystegia pellita* (Ledeb.) G. Don　　别名：兔耳苗、毛打碗花、狗儿秧

多年生草本。茎缠绕，圆柱形，少分枝，密被柔毛。叶互生，矩圆形或矩圆状条形，长3~3.5cm，宽0.5~2.2cm，两面被柔毛，或通常背面沿中脉密被长柔毛，全缘，顶端锐尖，有小尖头，基部平截或微呈戟形；叶柄短，长0.5cm左右，被毛。花单生于叶腋；花梗远长于叶，密被柔毛；苞片卵圆形，长1.2~2cm，外面密被褐黄色短柔毛，有时被毛较少；萼片矩圆状卵形，几无毛；花冠粉红色，光滑，长4~5cm，5浅裂；雄蕊长为花冠的1/2，花丝基部扩大，被小鳞毛；子房无毛，2室，柱头2裂，裂片长圆形，扁平。蒴果球形。

中生植物。常生于海拔380~1700m的耕地或撂荒地、路边及山地草甸。

阿拉善地区均有分布。我国分布于黑龙江、辽宁、内蒙古、河北、山西、陕西、甘肃、新疆、四川、河南、湖北、山东、安徽、江苏等地。俄罗斯、蒙古、朝鲜、日本也有分布。

旋花属 *Convolvulus* L.

田旋花 *Convolvulus arvensis* L.　　别名：白花藤、扶秧苗、箭叶旋花

多年生草本，常形成缠结的密丛。茎有条纹及棱角，无毛或上部被疏柔毛。叶形变化很大，三角状卵形至卵状矩圆形，或为狭披针形，长2.8~7.5cm，宽0.4~3cm，先端微圆，具小尖头，基部戟形、心形或箭镞形；叶柄长0.5~2cm。花序腋生，有1~3花；花梗细弱；苞片2，细小，条形，长2~5mm，生于花下3~10mm处；萼片有毛，长3~6mm，稍不等，外萼片稍短，矩圆状椭圆形，钝，具短缘毛，内萼片椭圆形或近于圆形，钝或微凹，或多少具小短尖头，边缘膜质；花冠宽漏斗状，直径18~30mm，白色或粉红色，或白色具粉红或红色的瓣中带，或粉红色具红色或白色的瓣中带；雄蕊花丝基部扩大，具小鳞毛；子房有毛。蒴果卵状球形或圆锥形，无毛。花期6~8月，果期7~9月。

中生植物。常生于田间、撂荒地、村舍与路旁，并可见于轻度盐化的草甸中。

阿拉善地区均有分布。我国各地均有分布。为世界广布种。

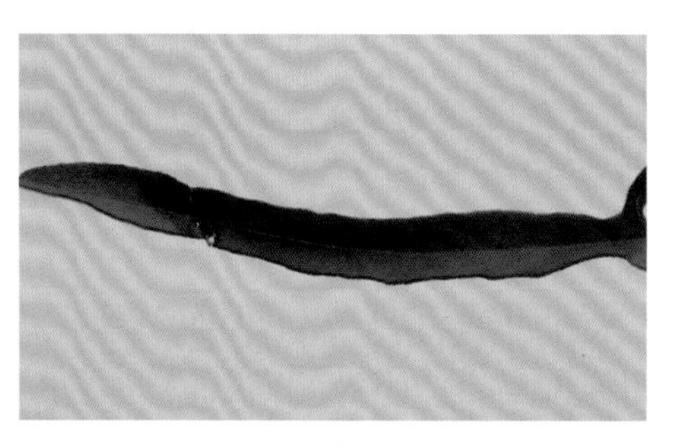

银灰旋花 *Convolvulus ammannii* Desr. in Lam.

多年生草本，全株密生银灰色绢毛。茎少数或多数，平卧或上升，高 2~11.5cm。叶互生，条形或狭披针形，长 6~22(60)mm，宽 1~2.5(6)mm，先端锐尖，基部狭；无柄。花小，单生枝端，具细花梗；萼片 5，长 3~6mm，不等大，外萼片矩圆形或矩圆状椭圆形，内萼片较宽，卵圆形，顶端具尾尖，密被贴生银色毛；花冠小，直径 8~20mm，白色、淡玫瑰色或白色带紫红色条纹，外被毛；雄蕊 5，基部稍扩大；子房无毛或上半部被毛，2 室，柱头 2，条形。蒴果球形，2 裂；种子卵圆形，淡褐红色，光滑。花期 7~9 月，果期 9~10 月。

旱生植物。是海拔 1800~3400m 荒漠草原和典型草原群落的常见伴生植物。在荒漠草原中是植被放牧退化演替的指示种，戈壁针茅草原的畜群点、饮水点附近因强烈放牧践踏，常形成银灰旋花占优势的次生群落。

阿拉善地区分布于贺兰山、龙首山、桃花山。我国分布于东北、华北、西北、西南等地。蒙古、俄罗斯、中亚也有分布。

刺旋花 *Convolvulus tragacanthoides* Turcz.

半灌木，株高5~15cm，全株被银灰色绢毛。茎密集分枝，铺散呈垫状，小枝坚硬，具刺，节间短。叶互生，狭倒披针状条形，长0.6~2.2cm，宽0.5~1.6mm，先端圆形，基部渐狭；无柄。花单生，或2~3朵集生于枝端；花梗短；萼片卵圆形，外萼片稍区别于内萼片，长5~7mm，顶端具小尖突，外被棕黄色毛；花冠漏斗状，长1.2~2.2mm，粉红色，瓣中带密生毛，顶端5浅裂；雄蕊5，不等长，长为花冠的1/2，基部扩大，无毛；子房有毛，2室，柱头2裂，裂片狭长。蒴果近球形，有毛；种子卵圆形，无毛。花期7~9月，果期8~10月。

旱生植物。常见于半荒漠地带，常在干沟、干河床及砾石质丘陵坡地上形成小片的荒漠群落，或散生于山坡石隙间。也见于半日花荒漠群落中，并可成为优势种。

阿拉善地区分布于阿拉善左旗。我国分布于内蒙古、陕西北部、宁夏、甘肃、新疆及四川西北部等地。蒙古、中亚也有分布。

鹰爪柴 *Convolvulus gortschakovii* Schrenk in Fisch. & C. A. Mey. 别名：鹰爪、铁猫刺

半灌木，株高10~20(30)cm。具多少呈直角开展而密集的分枝，小枝具单一、短而坚硬的刺，全株密被贴生银色绢毛。叶倒披针形、披针形或条状披针形，长0.5~2.2cm，宽0.5~4mm，先端锐尖或钝，基部渐狭。花单生于短的侧枝上，侧枝末端常具两个对生的小刺；花梗短，长1~2mm；萼片被散生柔毛，长5~9mm，2枚外萼片呈宽卵形，显著宽于3个内萼片；花冠玫瑰色，长1.3~2cm；雄蕊稍不等长，短于花冠；雌蕊稍长过雄蕊，子房被长毛；花盘环状。蒴果宽椭圆形。花期7~8月，果期8~9月。

强旱生植物。常分布于半荒漠地带，可成为荒漠建群植物，多在砾石性基质上组成小片荒漠群落，也是半日花荒漠群落的优势种。

阿拉善地区均有分布。我国分布于内蒙古、宁夏、甘肃、新疆等地。蒙古、俄罗斯、中亚也有分布。

菟丝子属 *Cuscuta* L.

菟丝子 *Cuscuta chinensis* Lam. 别名：无娘藤、豆阎王、黄丝

一年生草本。茎细，缠绕，黄色。无叶。花多数，近于无总花序梗，形成簇生状；苞片 2，与小苞片均呈鳞片状；花萼杯状，中部以下连合，长约 2mm，先端 5 裂，裂片卵圆形或矩圆形；花冠白色，壶状或钟状，长为花萼的 2 倍，先端 5 裂，裂片向外反曲，宿存；雄蕊花丝短，鳞片近矩圆形，边缘流苏状；子房近球形，花柱 2，直立，柱头头状，宿存。蒴果近球形，稍扁，成熟时被宿存花冠全部包住，长约 3mm，盖裂；种子 2~4，淡褐色，表面粗糙。花期 7~8 月，果期 8~10 月。

中生植物。常生于海拔 200~3000m 的田边、山坡阳面、路边灌丛或海边沙丘。寄生于草本植物上，多寄生在豆科植物上，故有“豆寄生”之名。对胡麻、马铃薯等农作物也有危害。

阿拉善地区均有分布。我国各地均有分布。伊朗、阿富汗向东至朝鲜、日本，南至斯里兰卡、马达加斯加、澳大利亚也有分布。

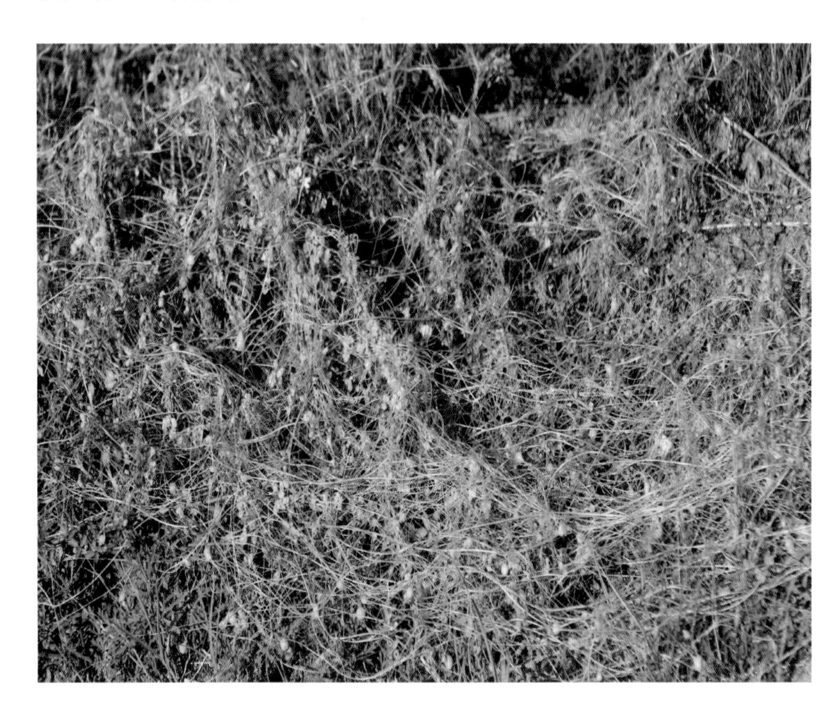

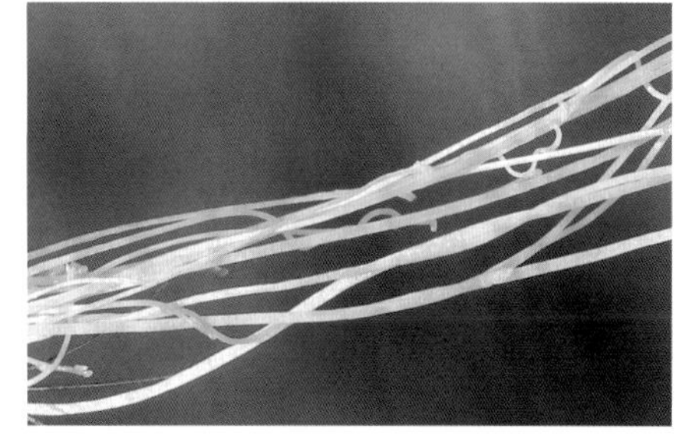

欧洲菟丝子 *Cuscuta europaea* L. 别名：大菟丝子、苜蓿菟丝子

一年生寄生草本。茎纤细，直径不超过1mm，淡黄色或淡红色，缠绕，无叶。花序球状或头状，花梗无或几乎无；苞片矩圆形，顶端尖；花萼杯状，长约2mm，4~5裂，裂片卵状矩圆形，先端尖；花冠淡红色，壶形，裂片矩圆状披针形或三角状卵形，通常向外反折，宿存；雄蕊的花丝与花药近等长，着生于花冠中部，鳞片倒卵圆形，顶端2裂或不分裂，边缘细齿状或流苏状；花柱2，分叉，柱头条形棒状。蒴果球形，成熟时稍扁，径约3mm；种子淡褐色，表面粗糙。花期7~8月，果期8~9月。

中生植物。常生于海拔840~3100m的路边草丛、河边、山地。常寄生于多种草本植物上，尤以豆科、菊科、藜科为甚。

阿拉善地区分布于贺兰山。我国分布于东北、华北、西北、四川、云南、西藏等地。尼泊尔、印度、日本、欧洲、非洲北部也有分布。

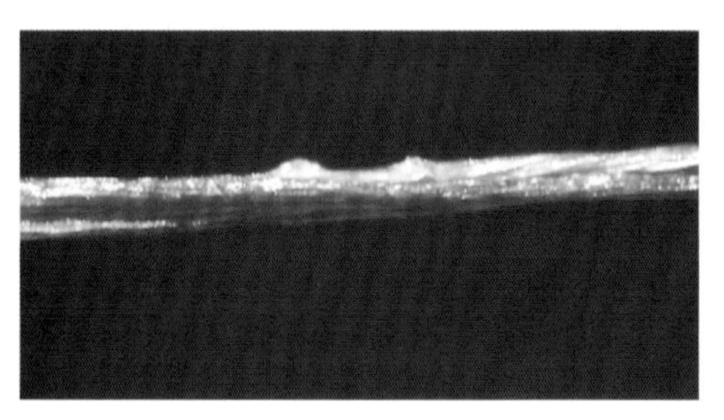

紫草科 Boraginaceae

紫丹属 *Tournefortia* L.

砂引草 *Tournefortia sibirica* L. 别名：西伯利亚紫丹、紫丹草

多年生草本，株高8~25cm。具细长的根状茎；茎密被长柔毛，常自基部分枝。叶披针形或条状倒披针形，长0.6~2.0cm，宽1~2.5mm，先端尖，基部渐狭，两面被密伏生的长柔毛；无柄或几无柄。伞房状聚伞花序顶生，长达4cm，花密集；仅花序基部具1条形苞片，被密柔毛；花萼长约5mm，5深裂，裂片披针形，长约2.2mm，宽0.8mm，密被白柔毛；花冠白色，漏斗状，花冠筒长约7mm，5裂，裂片卵圆形，长约4mm，宽约4.5mm，外被密柔毛，喉部无附属物；雄蕊5，内藏，着生于花冠筒近中部或以下，花药箭形，基部2裂，长约2.2mm，宽约1mm，花丝短；子房不裂，4室，每室具1胚珠，柱头长约0.8mm，浅2裂，其下具膨大环状物，花柱较粗，长约1mm。果矩圆状球形，长约0.7mm，宽约0.5mm，先端平截，具纵棱，被密短柔毛。花期5~6月，果期7月。

中旱生植物。常生于海拔1930m以下的沙地、沙漠边缘、盐生草甸、干河沟边。

阿拉善地区均有分布。我国分布于内蒙古、河北、山西、甘肃、陕西、河南、山东等地。俄罗斯也有分布。

细叶砂引草（变种）*Tournefortia sibirica* var. *angustior* (A. DC.) G. L. Chu & M. G. Gilbert

别名：蒙古紫丹草、紫丹草、细叶西伯利亚紫丹

多年生草本，株高 10~30cm，有细长的根状茎。茎单一或数条丛生，直立或斜升，通常分枝，密生糙伏毛或白色长柔毛。叶狭细呈线形或线状披针形，长 1~5cm，宽 6~10mm，先端渐尖或钝，基部楔形或圆形，密生糙伏毛或长柔毛，中脉明显，上面凹陷，下面凸起，侧脉不明显；无柄或近无柄。花序顶生，直径 1.5~4cm；萼片披针形，长 3~4mm，密生向上的糙伏毛；花冠黄白色，钟状，长 1~1.3cm，裂片卵形或长圆形，外弯，花冠筒较裂片长，外面密生向上的糙伏毛；花药长圆形，长 2.5~3mm，先端具短尖，花丝极短，长约 0.5mm，着生于花冠筒中部；子房无毛，略现 4 裂，长 0.7~0.9mm，花柱细，长约 0.5mm，柱头浅 2 裂，长 0.7~0.8mm，下部环状膨大。核果椭圆形或卵球形，长 7~9mm，直径 5~8mm，粗糙，密生伏毛，先端凹陷，核具纵肋，成熟时分裂为 2 个各含 2 粒种子的分核。花期 5 月，果期 7 月。

旱中生植物。常生于海拔 450~1900m 的沙地、沙漠边缘、盐生草地、河沟边。

阿拉善地区均有分布。我国分布于内蒙古、河北、山西、甘肃、陕西、河南、山东等地。俄罗斯也有分布。

紫筒草属 *Stenosolenium* Turcz.

紫筒草 *Stenosolenium saxatile* (Pall.) Turcz.

多年生草本，株高10~25cm。根细长，有紫红色物质。茎多分枝，直立或斜升，被密粗硬毛并混生短柔毛，较开展。基生叶和下部叶倒披针状条形，近上部叶为披针状条形，长1.5~3.0cm，宽2~4mm，两面密生糙毛及混生短柔毛。顶生总状花序，逐渐延长，长3~12cm，密生糙毛；苞片叶状；花具短梗；花萼5深裂，裂片窄卵状披针形，长约6mm；花冠紫色、青紫色或白色，筒细，长6~9mm，基部有具毛的环，裂片5，圆钝，比花冠筒短得多；子房4裂，花柱顶部二裂，柱头2，头状。小坚果4，三角状卵形，长约2mm，着生面在基部，具短柄。花期5~6月，果期6~8月。

旱生植物。常生于干草原、沙地、低山丘陵的石质坡地和路旁。

阿拉善地区分布于阿拉善左旗、阿拉善右旗。我国分布于辽宁、内蒙古、河北、山西、陕西、甘肃、山东等地。俄罗斯也有分布。

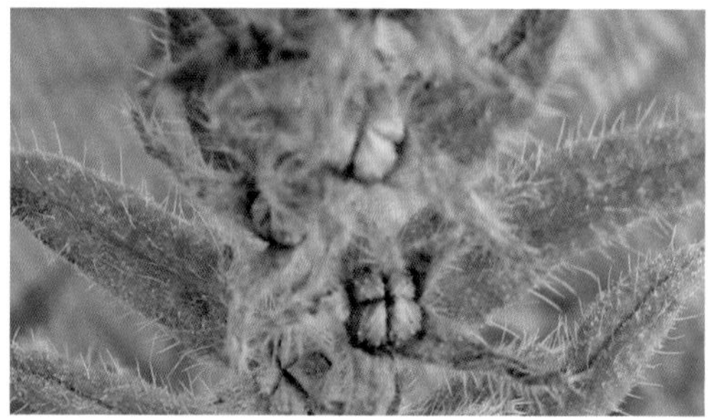

软紫草属 *Arnebia* Forssk.

黄花软紫草 *Arnebia guttata* Bunge　　别名：内蒙古紫草、假紫草

多年生草本，株高10~25cm。茎从基部分枝，被开展的刚毛混生短柔毛。茎下部叶窄倒披针形或长匙形，长1.5~2.0cm，宽3~l0mm，先端钝或尖，基部渐狭，上部叶条状披针形，长1.5~3.0cm，宽3~8mm，先端尖，基部渐狭下延，两面均被硬毛混生短柔毛。花序长2~5cm，密集；总花梗、苞片与花萼都被密硬毛；苞片条状披针形，长约1cm，宽约1.5mm；花萼5裂，裂片裂至基部，细条状披针形，长约8mm，宽约1mm；花冠黄色，被短密柔毛，筒细，长约1cm；花柱异长，在长柱花雄蕊生于花冠筒中部或以上，在短柱花则生于花冠筒喉部，花柱稍超过喉部或较低，顶部2裂，柱头头状。小坚果4，卵形，长约2.5mm，有小瘤状突起，着生面于果基部。花期6~7月，果期8~9月。

旱生植物。常生于荒漠化小针茅草原及猪毛菜类荒漠中，喜生砂砾质及砾石质土壤。

阿拉善地区均有分布。我国分布于内蒙古、甘肃、新疆等地。俄罗斯、中亚、蒙古也有分布。

疏花软紫草 *Arnebia szechenyi* Kanitz

多年生草本，株高 8~15cm。根含紫色物质。茎多分枝，密被开展的刚毛，混生少数糙毛。上部叶为矩圆形，下部叶较窄，长 1~2cm，宽 4~8mm，先端尖或钝，基部宽楔形或楔形，两面被密刚毛及短硬毛；几无柄。花序长约 2.5cm，花疏生；总花梗、苞片和花萼被密硬毛与短硬毛；苞片窄椭圆形；花萼长约 1cm，5 裂近基部，裂片条形；花冠黄色，喉部具紫红色斑纹，长约 1.7cm，筒长约 1cm，外被短柔毛，裂片 5，矩圆形，带紫色斑纹，钝，外被短柔毛；雄蕊 5，在短柱花内着生于花冠筒喉部，在长柱花内着生于花冠筒中部或以上；花柱稍超过花冠筒中部以上，柱头稍扁。小坚果 1，卵形，长约 2.5mm，有小瘤状突起。花期 6~9 月，果期 8~9 月。

砾石生旱生植物。常生于海拔 1890~2300m 的石质山坡及山沟坡地。

阿拉善地区均有分布。我国特有种，分布于内蒙古、甘肃等地。

灰毛软紫草 *Arnebia fimbriata* Maxim.

多年生草本，株高约 15cm，全株被密灰白色长刚毛。直根粗壮，直径达 1cm，暗褐色。茎多条自基部生出，上部稍分枝。叶矩圆状披针形或窄披针形，长 0.7~1.5cm，宽 2~5mm，两面被密灰白色长硬毛。花 2~5 朵疏生一侧，被长硬毛；苞片条形；花萼长 8~10mm，裂片 5，窄条形；花冠蓝紫色、红色或粉色，外被短柔毛，5 裂，钝圆，裂片边缘具不规则小齿，花冠筒长约 15mm；雄蕊 5，花药矩圆形，花丝极短，在短柱花着生于花冠筒喉部，在长柱花生于花冠筒中部或以上；花柱稍超过花冠筒中部，或稍伸出花冠筒的喉部之外，柱头头状，2 裂。小坚果 4，卵状三角形，长约 2.2mm，有不规则的小瘤状突起。花果期 6~9 月。

旱生植物。散生于荒漠带及荒漠草原带的沙地、砾石质坡地及干河谷中。

阿拉善地区均有分布。我国分布于内蒙古、宁夏、甘肃等地。蒙古也有分布。

牛舌草属 *Anchusa* L.

狼紫草 *Anchusa ovata* Lehmann　　别名：羞羞花、野旱烟

一年生草本，株高 13~45cm。茎常自基部分枝，被开展的疏刚毛。基生叶匙形、倒卵形或倒披针形，长 3.5~6cm，宽 0.5~2cm，先端钝圆或尖，基部渐狭下延，边缘具微波状小齿，两面被疏硬毛，具长柄，被刚毛；茎上部叶卵状矩圆形、卵状披针形或狭椭圆形，先端尖或钝圆，基部偏斜，稍半抱茎，边缘具不规则波状牙齿，两面被疏刚毛。花序顶生，长达 26cm；具苞片，苞片卵状披针形或狭卵形，长 2.0~5.5cm，宽 4~10mm，两面被疏刚毛；花萼 5 深裂，裂片狭披针形，长约 6mm，果期伸长至 1.5cm，被疏刚毛；花冠蓝紫色稀白色，5 裂，裂片宽圆形，长约 1mm, 宽约 1.8mm，先端钝圆 , 开展 , 筒长约 6mm，中部以下弯曲，喉部有 5 附属物；花柱长约 2mm；柱头头状。小坚果 4，长卵形，长约 4mm，宽约 2mm，具网状皱纹，密被小瘤状突起，着生面位于腹面近中部，纵椭圆形突起，周围具褐色边缘。花期 5~6 月 , 果期 6~8 月。

中生植物。常生于海拔 450~1500m 的山地砾石质坡地及沟谷，也生于田间、村旁，为农田杂草。

阿拉善地区均有分布。我国分布于华北、西北等地。亚洲西部、欧洲也有分布。

 琉璃草属 *Cynoglossum* L.

大果琉璃草 *Cynoglossum divaricatum* Stephan ex Lehm.

二年生或多年生草本，株高30~65cm。根垂直，单一或稍分枝。茎密被贴伏的短硬毛，上部多分枝。基生叶和下部叶矩圆状披针形或披针形，长4~9cm，宽1~3cm，先端尖，基部渐狭下延成长柄，两面密被贴伏的短硬毛，具长柄；上部叶披针形，长5~8cm，宽7~10mm，先端渐尖，基部渐狭，两面密被贴伏的短硬毛，无柄。花序长达15cm，有稀疏的花；具苞片，狭披针形或条形，长2~4cm，宽5~7mm，密被伏毛；花梗长5~8mm，果期伸长，可达2.5cm；花萼长约4mm,5裂，裂片卵形，长约2mm，宽约1.5mm，两面密被贴伏的短硬毛，果期向外反折；花冠蓝色、红紫色，5裂，裂片近方形，长约1mm，宽约1.2mm，先端平截，具细脉纹，具5个梯形附属物，位于喉部以下；花药椭圆形，长约0.5mm，花丝短，内藏；子房4裂，花柱圆锥状，果期宿存，常超出于果，柱头头状。小坚果4，扁卵形，长约5mm，宽约4mm，密生锚状刺，着生面位于腹面上部。花期6~7月，果期9月。

旱中生植物。常生于海拔525~2500m的沙地、干河谷的砂砾质冲积物上以及田边、路边及村旁，为常见的农田杂草。

阿拉善地区分布于阿拉善左旗、贺兰山。我国分布于东北、华北、内蒙古、陕西、甘肃、新疆等地。俄罗斯、蒙古也有分布。

玻璃苣属 *Borago* L.

玻璃苣 *Borago officinalis* L. 别名：琉璃苣

一年生草本，株高60~120cm，稍具黄瓜香味，全株被粗毛。叶大，粗糙，长圆形。花序松散，下垂；花梗通常淡红色；花星状，花冠鲜蓝色、粉红色，有时白色或玫瑰色；雄蕊鲜黄色，5枚，在花中心排成圆锥形、有叶的聚伞花序，具长柄。小坚果，平滑或有乳头状突起。花期5~10月，果期7~11月。

旱生植物。常生于路旁和沟渠边。

阿拉善地区均有分布。我国分布于内蒙古、甘肃、新疆等地。欧洲、北美洲也有分布。

鹤虱属 *Lappula* Moench

沙生鹤虱 *Lappula deserticola* C. J. Wang

一年生草本，株高3~7cm，全株密被开展的白色细刚毛。基生叶簇生呈莲座状，匙形，长1~1.3cm（包括叶柄）；茎生叶条形，长1~1.5cm。花序生于小枝顶端；花萼5深裂，长约1.5cm，果期增大；花冠淡蓝色，钟形，长约2.5cm，5裂，喉部具5附属物。小坚果三角状卵形，长2.5~3mm，边缘有单行锚状刺，每侧4~5，下方的一对较长，长1.5~2mm，上方者逐渐短缩。花果期5月中旬至6月上旬。

旱生植物。常生于荒漠地带的砂砾质戈壁或沙地上。

阿拉善地区均有分布。我国特有种，分布于甘肃河西走廊、内蒙古西部等地。

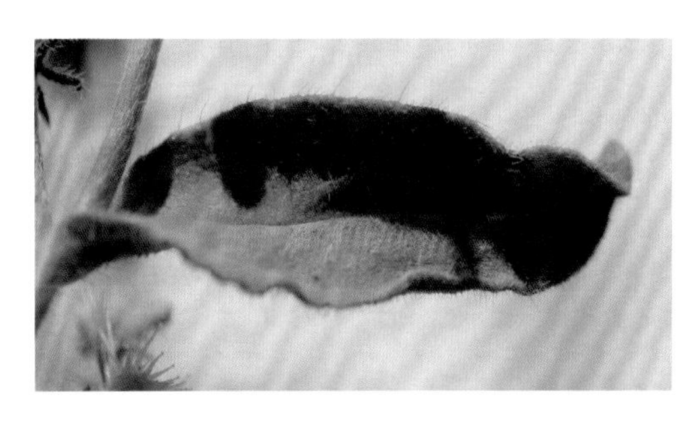

蒙古鹤虱 *Lappula intermedia* (Ledeb.) Popov in Schischk.　　别名：中间鹤虱、东北鹤虱、卵盘鹤虱

一年生草本，株高 10~30(40)cm。茎常单生，直立，中部以上分枝，全株（茎、叶、苞片、花梗、花萼）均密被白色细刚毛。茎下部叶条状倒披针形，长 2~4cm，宽 3~4mm，先端圆钝，基部渐狭，具柄；茎上部叶狭披针形或条形，向上渐缩小，长 1.5~3cm，宽 1~5mm，先端渐尖，尖头稍弯，基部渐狭；无柄。花序顶生，花期长 2~4cm，果期伸长达 10cm；苞片狭披针形，在果期伸长；花具短梗，果期伸长达 3mm；花萼 5 裂至基部，裂片条状披针形，果期长约 3mm，宽约 0.7mm，开展，先端尖；花冠蓝色，漏斗状，长约 3mm，5 裂，裂片近方形，长宽均约 1mm，喉部具 5 附属物；花药矩圆形，长约 0.5mm，宽约 0.3mm；子房 4 裂，花柱长约 0.5mm，柱头头状。小坚果 4，三角状卵形，长 2~2.5mm，基部宽 1~2mm，背面中部具小瘤状突起，两侧具颗粒状突起，边缘弯向背面，具 1 行锚状刺，每侧 10~12 个，长短不等，基部 3~4 对较长，长 1~1.5mm，彼此分离，腹面具龙骨状突起，两侧具皱纹及小瘤状突起。花果期 5~8 月。

中旱生植物。常生于山麓砾石质坡地，河岸及湖边沙地，也常生于村旁路边。

阿拉善地区均有分布。我国分布于东北、西北、华北等地。蒙古、俄罗斯也有分布。

劲直鹤虱 *Lappula stricta* (Ledeb.) Gürke in Engler & Prantl　　别名：小粘染子

一年生草本，株高 25~40cm，全株（茎、叶、苞片、花梗、花萼）密被灰白色刚毛。茎常多分枝，斜升，开展或贴伏。基生叶狭倒披针形，长 3~5.5cm，宽 4~7mm，先端钝或锐尖，基部渐狭下延成柄；茎生叶披针状条形，长 2~4cm，宽 1~3mm，先端尖，基部渐狭，无柄。由多数花序组成圆锥花序，花序长达 18cm；苞片披针形，花具短梗，果期伸长达 4mm，稍开展；花萼 5 深裂，裂至基部，裂片披针状条形或披针形，长约 2.5mm，宽约 0.5mm，先端尖；花冠蓝色；5 裂，裂片近圆形，长约 1.5mm，宽约 1.2mm，筒长约 2mm，喉部具 5 附属物，花药短圆形，长约 0.5mm，宽约 0.3mm，子房 4 裂，花柱长约 0.7mm，柱头扁球形。小坚果 4，球状卵形或卵形，长约 3mm，宽约 1.1mm，果背面狭披针形，具小瘤状突起，具光泽，无毛，略具棱缘，内卷，自其内生单行锚状刺，长 1.5~2.1mm，基部分离，彼此平行，每侧有 4~7 个，基部 3~4 对刺，刺长约 2mm，腹面两侧具小瘤状突起，基部圆形，具皱棱，无毛，着生面在最下面，圆形，具硬边缘，有短果瓣柄。花果期 5~6 月。

旱中生植物。常生于海拔 800~3200m 的山地草甸及沟谷。

阿拉善地区均有分布。我国分布于内蒙古、西北等地。中亚、欧洲也有分布。

蓝刺鹤虱 *Lappula consanguinea* (Fisch. & C. A. Mey.) Gürke in Engler & Prantl

一年生或二年生草本，株高约 60cm，全株（茎、叶、苞片、花梗、花萼）均密被开展和贴伏的刚毛。茎直立，通常上部分枝，斜升。基生叶条状披针形，长达 8cm，宽约 8mm，先端钝，基部渐狭，上面脉下陷，下面脉隆起，较开展，具长柄；茎生叶披针形或条状披针形，长达 9cm，宽 7~9mm，向上逐渐缩小，先端尖，基部渐狭，无柄。花序果期伸长达 18cm；苞片披针形；花梗很短，果期伸长约 2mm；花萼 5 裂，裂至基部，裂片条状披针形，在花期长约 2mm，宽约 0.5mm，在果期稍扩大，长约 3mm，宽约 0.7mm；花冠蓝色，稍带白色，漏斗状，5 裂，裂片矩圆形，长约 0.9mm，宽约 0.6mm，筒长约 1.5mm，喉部具 5 突起的附属物；花药矩圆形，长约 0.4mm，宽约 0.2mm；子房 4 裂，花柱长约 0.6mm，柱头扁球形。小坚果 4，卵形，长约 2mm，基部宽约 1mm，背面稍平，具小瘤状突起，腹面具龙骨状突起，两侧具小瘤状突起；果棱缘具 2 行锚状刺，内行刺长 0.5~1mm，每侧 8~10 个，外行刺极短。花果期 6~8 月。

中旱生植物。常生于海拔 600~2200m 的山地灌丛、草原及田野，也是常见杂草。

阿拉善地区均有分布。我国分布于内蒙古、甘肃、青海、新疆、四川等地。欧洲、蒙古也有分布。

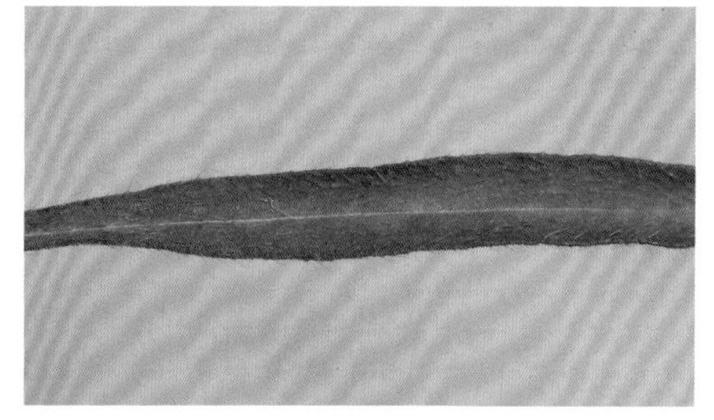

异刺鹤虱 *Lappula heteracantha* (Ledeb.) Gürke in Engler & Prantl

一年生或二年生草本，株高 20~40(50)cm，全株（茎、叶、苞片、花梗、花萼）均被刚毛。茎 1 至数条，单生或多分枝，分枝长，中上部分叉。基生叶常莲座状，条状倒披针形或倒披针形，长 2~3cm，宽 3~5mm，先端锐尖或钝，基部渐狭，具柄，柄长 2~4cm；茎生叶条形或狭倒披针形，长 2.5~3.5(5)cm，宽 2~4(6)mm，向上逐渐缩小，先端弯尖，基部渐狭，无柄。花序稀疏，果期伸长达 12cm；苞片条状披针形，果期伸长；花具短梗，果期长达 3mm；花萼 5 深裂，裂至基部，裂片条状披针形，花期长约 2.5mm，果期长约 3.5mm，宽约 0.6mm，开展，先端尖；花冠淡蓝色，有时稍带白色或淡黄色斑，漏斗状，长约 3~4mm，5 裂，裂片近圆形，长约 1.1mm，宽约 1mm，喉部具 5 个矩圆形附属物；花药三棱状矩圆形，长约 0.4mm，宽约 0.2mm；子房 4 裂，花柱长约 0.3mm，柱头扁球状。小坚果 4，长卵形，长约 3mm，基部宽约 1mm，背面较狭，中部具龙骨状突起，且带小瘤状突起，两侧为小瘤状突起，边缘弯向背面，具 2 行锚状刺，内行刺每侧 6~7 个，刺长 2mm，基宽约 0.5mm，相互分离，外行刺极短，腹面具龙骨状突起，两侧上部光滑，下部具皱棱及瘤状突起。花果期 5~8 月。

旱中生植物。生于山地及沟谷与田野，也见于村旁路边，为常见的农田杂草。

阿拉善地区均有分布。我国分布于内蒙古、山西等地。欧洲中部、亚洲中部也有分布。

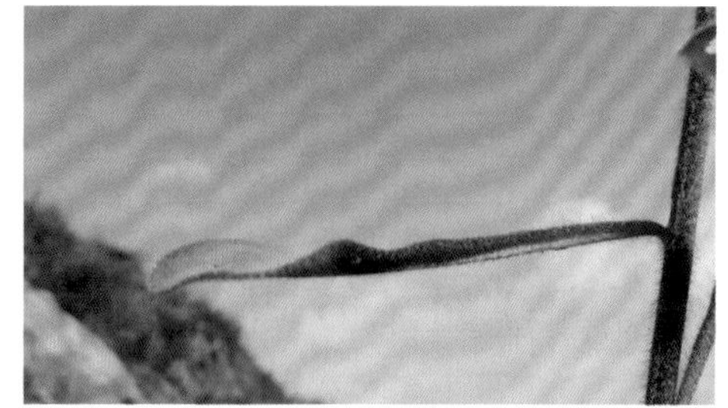

鹤虱 *Lappula myosotis* Moench

一年生或二年生草本，株高30~60cm。茎直立，中部以上多分枝，密被白色短糙毛。基生叶长圆状匙形，全缘，先端钝，基部渐狭成长柄，长达7cm（包括叶柄），宽3~9mm，两面密被白色基盘的长糙毛；茎生叶较短而狭，披针形或线形，扁平或沿中肋纵折，先端尖，基部渐狭，无叶柄。花序在花期短，果期伸长，长10~17cm；苞片线形，较果实稍长；花梗果期伸长，长约3mm，直立而被毛；花萼5深裂，几达基部，裂片线形，急尖，有毛，花期长2~3mm，果期增大呈狭披针形，长约5mm，星状开展或反折；花冠淡蓝色，漏斗状至钟状，长约4mm，檐部直径3~4mm，裂片长圆状卵形，喉部附属物梯形。小坚果卵状，长3~4mm，背面狭卵形或长圆状披针形，通常有颗粒状疣突，稀平滑或沿中线龙骨状突起上有小棘突，边缘有2行近等长的锚状刺，内行刺长1.5~2mm，基部不连合，外行刺较内行刺稍短或近等长，通常直立，小坚果腹面通常具棘状突起或有小疣状突起，花柱伸出小坚果但不超过小坚果上方之刺。花果期6~9月。

旱中生植物。常生于河谷草甸、山地草甸及路旁等处。

阿拉善地区均有分布。我国分布于华北、西北等地。欧洲中部和东部、阿富汗、巴基斯坦、俄罗斯、北美洲也有分布。

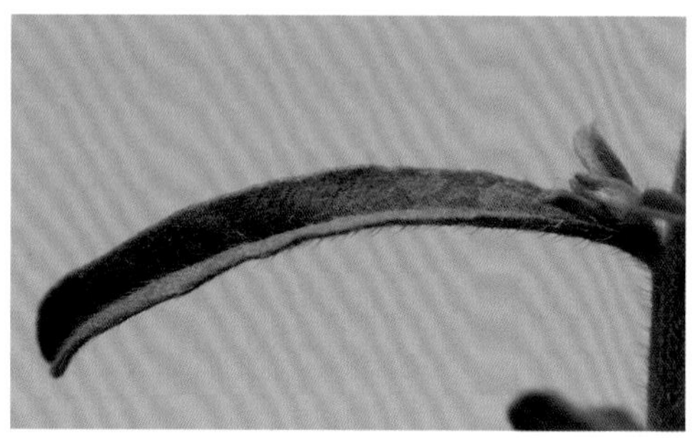

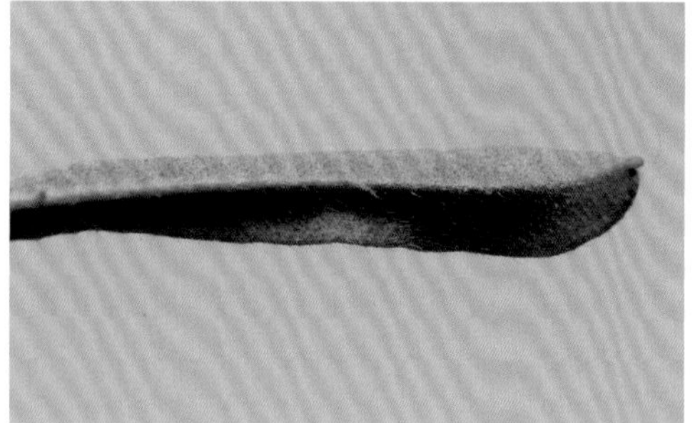

齿缘草属 *Eritrichium* Schrad.

少花齿缘草 *Eritrichium pauciflorum* (Ledeb.) DC.

多年生草本，株高10~18(25)cm，全株密被绢状细刚毛，呈灰白色。茎数条丛生。基生叶狭匙形或狭匙状倒披针形；茎生叶狭倒披针形至条形，长1~1.5(2)cm。花序顶生；花萼长约3mm，裂片5；花冠蓝色，辐状，筒长约2mm，远较裂片短，裂片5，喉部具5个附属物，半月形或矮梯形。小坚果陀螺形，长约2mm，具瘤状突起和毛，棱缘有三角形小齿，齿端无锚状刺，少有小短齿或长锚状刺。花果期7~8月。

中旱生植物。常生于海拔1400~2000m的山地草原、羊茅草原、砾石质草原、山地砾石质坡地，也可进入亚高山带。

阿拉善地区分布于贺兰山、龙首山、桃花山。我国分布于内蒙古、河北、山西、宁夏、甘肃等地。俄罗斯、蒙古也有分布。

假鹤虱属 *Hackelia* Opiz

反折假鹤虱 *Hackelia deflexa* (Wahlenb.) Opiz

一年生草本，株高 20~60cm，叶两面、苞片、花梗与花萼均密被细刚毛。茎密被弯曲长柔毛，常自中部以上分枝。基生叶匙形或倒卵状披针形，长 1.5~3.0cm，宽 0.5~1.0cm，先端钝圆，基部渐狭成长柄，柄长约 1.6cm，两面及柄均被细刚毛；茎上部叶条状披针形、狭倒披针形或狭披针形，长 2.5~6.0cm，宽 0.5~1.0cm，先端渐尖，基部渐狭，无柄。花序顶生，长 10~22cm，花偏一侧，仅基部有几个苞片；苞片披针形；花梗长约 5cm；花萼 5 裂，裂片卵状披针形，长约 1.1cm，宽约 0.7cm，果期向外反折；花冠蓝色，钟状辐形，裂片 5，近圆形，径约 1cm，筒部长约 2cm，喉部具 5 个突起的附属物；子房 4 裂，花柱短，柱头扁球形。小坚果 4，卵形，长约 2cm（除缘齿外），宽约 1.2cm，边缘的锚状刺长约 0.9cm，基部分生，背面微凸，腹面龙骨状突起，两面均具小瘤状突起及微硬毛，着生面卵形，位腹面中部以下。花果期 6~8 月。

中旱生植物。常生于海拔 1400~2000m 的林缘、沙丘阴坡及沙地。

阿拉善地区分布于贺兰山、龙首山、桃花山。我国分布于东北、西北、内蒙古等地。广布于北半球温带。

斑种草属 *Bothriospermum* Bunge

狭苞斑种草 *Bothriospermum kusnezowii* Bunge ex DC.

一年生草本，株高13~35cm，全株（茎、叶、苞片、花萼等）均密被刚毛。茎斜升，自基部分枝，茎数条。叶倒披针形、稀匙形或条形，长3~8cm，宽4~8mm，先端钝或微尖，基部渐狭下延成长柄。花序长5~15cm，果期延长达45cm；叶状苞片，条形或披针状条形，长1.5~3.5cm，宽3~7mm，先端尖，无柄；花梗长1~3.5cm；花萼裂片长约4mm，狭披针形，果期内弯；花冠蓝色，花冠筒短，喉部具5附属物，裂片5，钝，开展；雌蕊基较平。小坚果肾形，长约2.2mm，着生面在果最下部，密被小瘤状突起，腹面有纵椭圆形凹陷。花期5月，果期8月。

旱中生植物。常生于海拔830~2500m的山地草甸、河谷、草甸及路边。

阿拉善地区均有分布。我国分布于内蒙古、河北、山西、陕西、甘肃、青海等地。蒙古、朝鲜、俄罗斯也有分布。

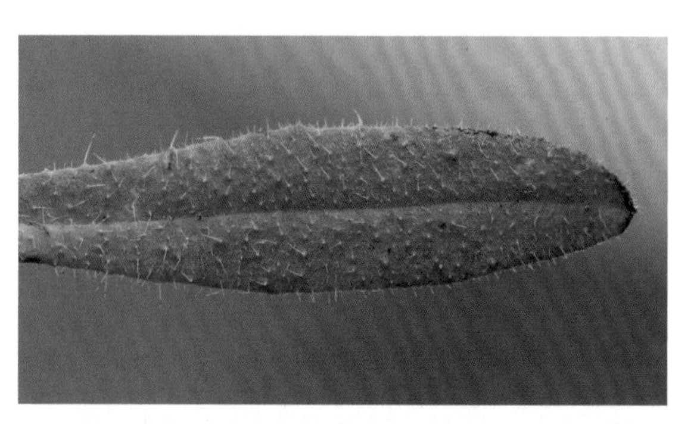

附地菜属 *Trigonotis* Steven

附地菜 *Trigonotis peduncularis* (Trevis.) Benth. ex Baker & S. Moore

一年生草本，株高8~18cm。茎1至数条，从基部分枝，直立或斜升，被伏短硬毛。基生叶倒卵状椭圆形、椭圆形或匙形，长0.5~3.5cm，宽3~8mm，先端圆钝，基部渐狭下延成长柄，两面被伏细硬毛或细刚毛；茎下部叶与基生叶相似；茎上部叶椭圆状披针形，长0.5~1.2cm，宽3~6mm，先端渐尖，基部楔形，两面被伏细硬毛，无柄。花序长达16cm；仅在基部有2~4苞片，被伏细硬毛；花具细梗，长1~5cm，被短伏毛；花萼裂片椭圆状披针形，长1.1~1.5mm，被短伏毛，先端尖；花冠蓝色，裂片钝，开展，喉部黄色，具5附属物。小坚果四面体形，长约0.8mm，被有疏短毛或有时无毛，具细短柄，棱尖锐。花期5月，果期8月。

旱中生植物。常生于山地林缘、草甸及沙地。

阿拉善地区分布于贺兰山。我国分布于东北、内蒙古、新疆、云南、西藏、福建、江西、广西北部等地。欧洲、日本、中亚也有分布。

唇形科 Lamiaceae

牡荆属 *Vitex* L.

荆条（变种） *Vitex negundo* var. *heterophylla* (Franch.) Rehd.

灌木，株高 1~2m。幼枝四方形，老枝圆筒形，幼时有微柔毛。掌状复叶，具小叶 5，有时 3，矩圆状卵形至披针形，长 3~7cm，宽 0.7~2.5cm，先端渐尖，基部楔形，边缘有缺刻状锯齿，浅裂以至羽状深裂，上面绿色光滑，下面有灰色绒毛；叶柄长 1.5~5cm。顶生圆锥花序，长 8~12cm，花小，蓝紫色；具短梗；花冠二唇形，长 8~10mm；花萼钟状，长约 2mm，先端具 5 齿，外被柔毛；雄蕊 4，二强，伸出花冠；子房上位，4 室，柱头顶端 2 裂。核果，径 3~4mm，包于宿存花萼内。花期 7~8 月，果熟期 9 月。

中生植物。为华北山地中生灌丛的建群种或优势种，多生于海拔 200~1800m 的山地阳坡及林缘。

阿拉善地区分布于贺兰山。我国分布于辽宁、内蒙古、河北、山西、陕西、甘肃、四川、河南、山东、安徽等地。日本也有分布。

莸属 *Caryopteris* Bunge

蒙古莸 *Caryopteris mongholica* Bunge　　别名：白沙蒿、山狼毒、兰花茶

小灌木，株高15~40cm。老枝灰褐色，有纵裂纹，幼枝常为紫褐色，初时密被灰白色柔毛。单叶对生，披针形，全缘，两面被较密的短柔毛；具短柄。聚伞花序；花萼钟状，先端5裂，外被短柔毛，果熟时可增至1cm长，宿存；花冠蓝紫色，筒状，外被短柔毛，先端5裂，其中1裂片较大，顶端撕裂，其余裂片先端钝圆或微尖；雄蕊4，二强；花柱细长，柱头2裂。果实球形，有4个小坚果，小坚果矩圆状三角形。花期7~8月，果期8~9月。

旱生植物。常生于海拔1100~1250m草原带的石质山坡、沙地、干河床及沟谷等地。

阿拉善地区均有分布。我国分布于内蒙古、山西、陕西、甘肃等地。蒙古也有分布。

黄芩属 *Scutellaria* L.

黄芩 *Scutellaria baicalensis* Georgi

多年生草本，株高20~35cm。茎直多分枝，被稀疏短柔毛，叶披针形或条状披针形，全缘，无毛或疏被短柔毛，密被凹腺点。总状花序顶生，常偏一侧；花梗与花序轴被短柔毛；果时花萼长达6mm；花冠紫色、紫红色或蓝色，外面具腺质短柔毛，冠筒基部膝曲，上唇盔状，先端微裂，里面被短柔毛，下唇3裂，中裂片近圆形，两侧裂片向上唇靠拢；雄蕊稍伸出花冠。小坚果卵圆形，具瘤，腹部近基部具果脐。花期7~8月，果期8~9月。

中旱生植物。常生于海拔2000m以下的草甸草原及山地草原，在草原中可成为优势植物之一。

阿拉善地区分布于贺兰山。我国分布于黑龙江、吉林、辽宁、内蒙古、河北、山西、陕西、甘肃、四川、河南、山东等地。俄罗斯、蒙古、朝鲜、日本也有分布。

甘肃黄芩 *Scutellaria rehderiana* Diels

多年生草本，株高12~30cm。主根木质，圆柱形，直径达2cm。茎弧曲上升，被下向的疏或密的短柔毛，有时混生腺毛。叶片草质，卵形、卵状披针形或披针形，长1~3cm，宽3~11mm，先端圆或钝，基部宽楔形至圆形，全缘，或中部以下每侧有2~5个不规则的浅齿而中部以上常全缘，两面被短毛或被短柔毛，两面几无腺粒或具黄色腺粒；叶柄长1~4mm。花序总状，顶生，长3~10cm；小苞片条形，长约1mm；花梗长约2mm，与花序轴被腺毛；花萼开花时长约2.5mm，盾片高约1mm，被腺毛；花冠粉红、淡紫至紫蓝色，长2.2~2.9cm，外面被腺毛；冠筒近基部膝曲，上唇盔状，先端微缺，里面在基部被腺毛，下唇中裂片近圆形；花丝中部以下被疏柔毛；子房4裂，表面瘤状突起；花盘肥厚，平顶。花期6~8月。

旱中生植物。常生于海拔1300~3150m的山地阳坡。

阿拉善地区分布于阿拉善左旗、贺兰山。我国特有种，分布于内蒙古、山西、陕西、甘肃等地。

黏毛黄芩 *Scutellaria viscidula* Bunge　　别名：下巴子、黄花黄芩、腺毛黄芩

多年生草本，株高7~20cm。主根粗壮，直径5~15mm。茎直立或斜升，多分枝，密被短柔毛混生具腺短柔毛。叶条状披针形、披针形或条形，长8~25mm，宽2~7mm，先端稍尖或钝，基部楔形或近圆形，全缘，上面被极疏贴生的短柔毛，下面密被短柔毛，两面均具多数黄色腺点；叶柄极短。花序顶生，总状；花梗长约1mm，与花序轴被腺毛；苞片同叶形，向上变小，卵形至椭圆形，长3~5mm，被腺毛；花萼在开花时长3~4mm，盾片高约1mm，果时长达5mm，盾片高达3mm，被腺毛；花冠黄色，长1.8~2.4cm，外面被腺毛，里面被长柔毛，冠筒基部明显膝曲，上唇盔状，先端微缺，下唇中裂片宽大，近圆形，两侧裂片靠拢上唇，卵圆形；雄蕊伸出花冠，后对内藏，花丝扁平，中部以下具短柔毛或无；花盘肥厚。小坚果卵圆形，褐色，长约8mm，宽约4mm，腹部近基部具果脐。花期6~8月，果期8~9月。

中旱生植物。常生于海拔700~1400m的干旱草原，也见于荒漠草原带的沙地上，在农田、撂荒地及路旁可聚生成丛。

阿拉善地区分布于阿拉善左旗、贺兰山。我国分布于内蒙古、河北、山西、山东等地。

并头黄芩 *Scutellaria scordifolia* Fisch. ex Schrank

多年生草本，株高10~30cm。根茎细长，淡黄白色。茎直立或斜升，四棱形，沿棱疏被微柔毛或近几无毛，单生或分枝。叶三角状披针形、条状披针形或披针形，长1.7~3.3cm，宽3~11mm，先端钝或稀微尖，基部圆形、浅心形、心形至截形，边缘具疏锯齿或全缘，上面被短柔毛或无毛，下面沿脉被微柔毛，具多数凹腺点；具短叶柄或几无柄。花单生于茎上部叶腋内，偏向一侧；花梗长3~4mm；近基部有1对长约1mm的针状小苞片；花萼疏被短柔毛，果后花萼长达4~5mm，盾片高约2mm；花冠蓝色或蓝紫色，长1.8~2.4cm，外面被短柔毛，冠筒基部浅囊状膝曲，上唇盔状，内凹，下唇3裂；子房裂片等大，黄色；花柱细长，先端锐尖，微裂。小坚果近圆形或椭圆形，长0.9~1mm，宽约0.6mm，褐色，具瘤状突起，腹部中间具果脐，隆起。花期6~8月，果期8~9月。

中生植物。常生于海拔2100m以下的河滩草甸、山地草甸、山地林缘、林下以及路旁、村舍附近，其生境较为广泛。

阿拉善地区分布于阿拉善左旗、贺兰山。我国分布于东北、华北、青海等地。俄罗斯西伯利亚、蒙古、日本也有分布。

夏至草属 *Lagopsis* (Bunge ex Benth.) Bunge

夏至草 *Lagopsis supina* (Steph. ex Willd.) Ikonn.-Gal. ex Knorr.　　别名：灯笼棵、夏枯草、白花夏枯

多年生草本，株高 15~30cm。茎密被微柔毛，分枝。叶轮廓为半圆形、圆形或倒卵形，3 浅裂或 3 深裂，裂片有疏圆齿，两面密被微柔毛；叶柄明显，长 1~2cm，密被微柔毛。轮伞花序具疏花，直径约 1cm；小苞片长约 3mm，弯曲，刺状，密被微柔毛；花萼管状钟形，连齿长 4~5mm，外面密被微柔毛，里面中部以上具微柔毛，具 5 脉，齿近整齐，三角形，先端具浅黄色刺尖；花冠白色，稍伸出于萼筒，长约 6mm，外面密被长柔毛，上唇尤密，里面与花丝基部扩大处被微柔毛，冠筒基部靠上处内缢，上唇矩圆形，全绿，下唇中裂片圆形，侧裂片椭圆形；雄蕊着生于管筒内缢处，不伸出，后对较短，花药卵圆形；花柱先端 2 浅裂，与雄蕊等长。小坚果长卵状三棱形，长约 1.5mm，褐色，有鳞秕。花期 3~4 月，果期 5~6 月。

旱中生植物。多生于海拔 2600m 以下的田野、撂荒地及路旁，为农田杂草，常在撂荒地上形成小群聚。

阿拉善地区分布于阿拉善左旗、贺兰山。我国分布于东北、华北、西北、四川、云南、贵州、湖北、安徽、江苏、浙江等地。俄罗斯、蒙古、朝鲜也有分布。

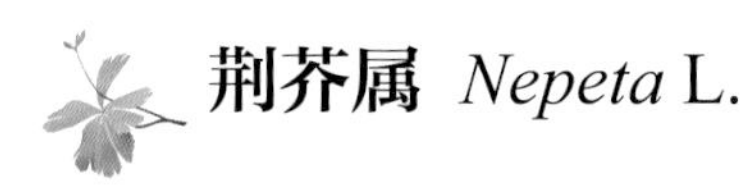

荆芥属 *Nepeta* L.

多裂叶荆芥 *Nepeta multifida* L.

多年生草本，株高30~40cm。主根粗壮，暗褐色。茎坚硬，被白色长柔毛，侧枝通常极短，有时上部的侧枝发育，并有花序。叶轮廓为卵形，羽状深裂或全裂，有时浅裂至全缘，长2.1~2.8cm，宽1.6~2.1cm，先端锐尖，基部楔形至心形，裂片条状披针形，全缘或具疏齿，上面疏被微柔毛，下面沿叶脉及边缘被短硬毛，具腺点；叶柄长约11.5cm，向上渐变短以至无柄。花序为由多数轮伞花序组成的顶生穗状花序，下部一轮远离；苞叶深裂或全缘，向上渐变小，呈紫色，被微柔毛，小苞片卵状披针形，呈紫色，比花短；花萼紫色，长约5mm，宽约2mm，外面被短柔毛，萼齿为三角形，长约1mm，里面被微柔毛；花冠蓝紫色，长6~7mm，冠筒外面被短柔毛，冠檐外面被长柔毛，下唇中裂片大，肾形；雄蕊前对较上唇短，后对略超出上唇，花药褐色；花柱伸出花冠，顶端等2裂，暗褐色。小坚果扁，倒卵状矩圆形，腹面略具棱，长约1.2mm，宽约0.6mm，褐色，平滑。花期7~9月，果期在9月以后。

中旱生植物。常生于海拔1300~2000m的草甸草原和典型草原的常见伴生种，也见于林缘及灌丛中。

阿拉善地区分布于阿拉善左旗、贺兰山。我国分布于内蒙古、河北、山西、陕西、甘肃等地。俄罗斯、蒙古也有分布。

小裂叶荆芥 *Nepeta annua* Pall.

一年生草本，株高可达26cm。茎多数，带紫红色，被白色柔毛。叶片卵形或宽卵形，一至二回羽状深裂，两面被白色疏短柔毛和少数黄色树脂腺点。多数轮伞花序组成顶生穗状花序，苞片小，条状钻形；花萼外面被白色疏柔毛及黄色树脂腺点，里面被疏短柔毛，萼齿5，三角状披针形；花冠淡紫色至白色，外面被具节长柔毛，里面无毛，冠筒向喉部渐宽，冠檐二唇形，上唇先端浅2圆裂，下唇3裂，中裂片较大，先端微凹，边缘具浅齿，侧裂片较小；雄蕊内藏。小坚果倒长卵状三棱形。花期6~8月，果期8月中旬后。

中旱生植物。常生于海拔1700m左右的丘陵坡地。

阿拉善地区分布于阿拉善左旗、贺兰山。我国分布于内蒙古、新疆等地。俄罗斯、蒙古也有分布。

大花荆芥 *Nepeta sibirica* L.

多年生草本，株高 20~70cm。茎多数，直立或斜升，被微柔毛，老时脱落。叶披针形、矩圆状披针形或三角状披针形，长 1.5~8cm，宽 1~2cm，先端锐尖或渐尖，基部截形或浅心形，边缘具锯齿，上面疏被微柔毛，下面密被黄色腺点和微柔毛；叶柄长 5~18mm，下部叶柄较长，向上变短。轮伞花序疏松排列于茎顶部，长 4~13cm；下部者具明显的总花梗，上部者渐短；苞叶向上变小，披针形；苞片钻形，长约 1cm，被微柔毛；花梗长约 1cm，被微柔毛；花萼长 9~10mm，外面被短腺毛及黄色腺点，喉部极斜，上唇 3 裂，裂至本身长度的 1/2，裂片三角形，先端渐尖，下唇 2 裂至基部，披针形，先端渐尖；花冠蓝色或淡紫色，长 2.3~3cm，外面被短柔毛与腺点，冠筒直立，冠檐二唇形，上唇 2 裂，裂片椭圆形，下唇 3 裂，中裂片肾形，先端具弯缺，侧裂片矩圆形；雄蕊后对略长于上唇。小坚果倒卵形，腹部略具棱，长约 2.3mm，宽约 1.5mm，光滑，褐色。花期 8~9 月。

中生植物。常生于海拔 1750~2650m 的山地林缘，沟谷草甸中。

阿拉善地区分布于阿拉善左旗、贺兰山。我国分布于内蒙古、宁夏、甘肃中部及青海等地。俄罗斯、中亚、蒙古也有分布。

青兰属 *Dracocephalum* L.

香青兰 *Dracocephalum moldavica* L.

多年生草本，株高 40~50cm。数茎自根茎生出，直立，钝四棱形，被倒向短柔毛。叶条形或披针状条形，长 2.5~4cm，先端尖，基部渐狭，全缘，边缘向下略反卷，两面疏被短柔毛或变无毛，具腺点；无叶柄或几无柄。轮伞花序生于茎上部 3~5 节，多少密集；苞片卵状椭圆形，全缘，长 5~6cm，先端锐尖，密被睫毛；花萼长 10~12mm，外面密被短毛，里面疏被短毛，2 裂至 2/5 处，上唇 3 裂至本身 2/3 或 3/4 处，中齿卵状椭圆形，较侧齿宽，侧齿宽披针形，下唇 2 裂至本身基部，齿披针形，齿先端均锐尖，被睫毛，常带紫色；花冠蓝紫色，长 1.7~2.4cm，外面被短柔毛；花药被短柔毛。小坚果黑褐色，长约 2.5mm，宽约 1.5mm，略呈三棱形。花期 7 月。

中生植物。常生于海拔 220~2700m 的针叶林区的山地草甸、林缘灌丛及石质山坡。

阿拉善地区分布于贺兰山、龙首山、桃花山。我国分布于黑龙江、内蒙古、新疆等地。瑞典、俄罗斯、中亚、蒙古也有分布。

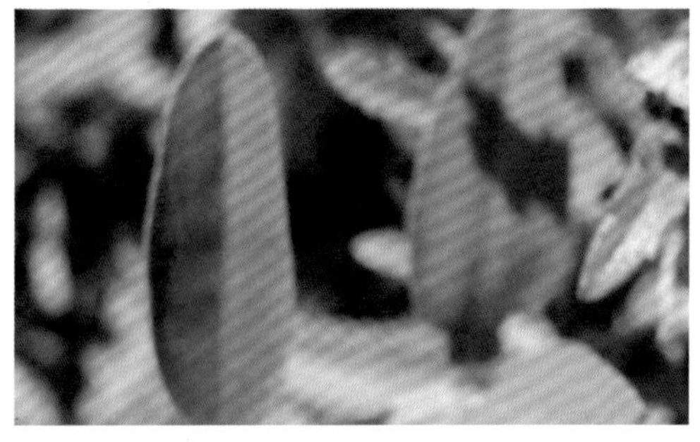

白花枝子花 *Dracocephalum heterophyllum* Benth.　　别名：马尔赞居西、祖帕尔

多年生草本，株高 10~25cm。根粗壮。茎多数，倾卧或有时平铺地面，四棱形，密被倒向柔毛。茎下部叶宽卵形至长卵形，长 1.5~3.5cm，宽 0.7~2cm，先端钝或圆形，基部心形或截平，边缘具浅圆齿，上面疏被微柔毛，下面密被短柔毛，叶柄长 2~4cm；茎中部叶具等长或较短于叶片的叶柄，叶片与茎下部叶同形，边缘具浅圆齿或尖锯齿；茎上部叶变小，叶柄变短，锯齿齿尖常具刺。轮伞花序生于茎上部叶腋，长 3~6cm；苞片倒卵形或倒披针形，长 10~12mm，被短柔毛，边缘具小齿，齿尖具 2~4mm 的长刺，刺的边缘具短睫毛；花具短梗；花萼明显呈二唇形，长 13~15mm，外面疏被短柔毛，边缘具短睫毛，2 裂几至中部，上唇 3 裂至本身长度的 1/3 或 1/4 处，齿几等大，三角状卵形，先端具长约 1mm 的短刺，下唇 2 裂至本身长度的 2/3 处，齿披针形，先端具刺；花冠淡黄色或白色，长 2~2.5cm，外面密被短柔毛，二唇近等长；雄蕊无毛。花期 7~8 月，果期 8~9 月。

中旱生植物。常生于海拔 1100~5000m 的石质山坡及草原地带的石质丘陵坡地上，常为砾石质草原群落的伴生成分。

阿拉善地区分布于贺兰山、龙首山、桃花山。我国分布于内蒙古、山西、宁夏、甘肃、青海、西藏、新疆、四川等地。蒙古、中亚也有分布。

微硬毛建草 *Dracocephalum rigidulum* Hand. -Mazz.

多年生草本，株高15~25cm。根茎多头分枝，木质化，丛生，密被枯茎及残余褐色三角形叶柄于基部。茎直立或斜升，四棱形，被极短而稀疏的毛。叶三角状卵形或卵圆形，长8~18mm，宽5~15mm，先端钝至近锐尖，基部平截或浅心形，边缘具尖或圆齿，两面近无毛或被稀疏而短的糙毛，沿脉及边缘较密；基生叶具长柄，基部鞘抱茎，茎生叶具短柄。轮伞花序1~2轮，密集成顶生近球形的穗状花序；苞片叶状，宽卵形，近无柄，长5~10mm；小苞片钻形，先端具芒刺；花萼长10~13mm，被极微细硬毛及腺体，5齿近等长，约为冠筒的1/3，狭三角状披针形，渐尖，先端具芒刺；花冠长20~25mm，蓝紫色，冠筒狭而在萼以上渐扩大并密被白柔毛，冠檐被白柔毛，上唇微弯，2浅裂，下唇3浅裂，中裂片大，反折，宽倒卵形，侧裂片半圆形；花丝下部具疏长毛，花药叉开，无毛；花柱2浅裂。小坚果长约3mm，深褐色。花期7月，果期8月。

中生植物。常生于荒漠区的山地阴坡、沟谷及低湿地。

阿拉善地区分布于贺兰山、龙首山、桃花山。内蒙古特有种。

毛建草 *Dracocephalum rupestre* Hance　　别名：毛尖、毛尖茶

多年生草本，株高15~30cm。根茎直，粗约10mm，生出多数茎。茎不分枝，斜升，四棱形，疏被倒向的短柔毛，带紫色。茎生叶多数，叶片三角状卵形，先端钝，基部深心形或浅心形，长15~55mm，宽10~50mm，边缘具圆齿，上面略被微柔毛，下面被短柔毛，叶柄长3~8 cm，疏被伸展白色长柔毛；茎生叶与基生叶同形，但较小且叶柄较短。轮伞花序密集，常呈头状，稀呈穗状；花具短梗；苞片倒卵形，长7~10mm，每侧具2~3齿，齿尖具2~5mm长的刺；小苞片倒披针形，齿具刺，被疏短柔毛及睫毛；花萼长约15mm，常带紫色，被短柔毛及睫毛，2裂至2/5处，上唇3裂至本身基部，中齿倒卵状椭圆形，先端渐尖，下唇2裂稍超过本身基部，齿狭披针形；花冠紫蓝色，长3.5~4cm，最宽处直径达10mm，外面被短柔毛，里面略被疏短柔毛，下唇中裂片较小；花丝疏被柔毛，顶端具尖的突起。花期7~9月。

中生植物。常生于海拔650~3100m的森林区、森林草原带及草原带山地的草甸、疏林或山地草原中。

阿拉善地区分布于贺兰山、龙首山、桃花山。我国分布于辽宁、内蒙古、河北、山西、青海等地。

沙地青兰 *Dracocephalum psammophilum* C. Y. Wu & W. T. Wang

小半灌木，株高可达20cm；树皮灰褐色，不整齐剥裂。根粗壮，径10~15mm。小枝近圆柱形或呈不明显的四棱形，略带紫色，密被倒向白色短毛。叶片椭圆形、卵状椭圆形或矩圆形，先端钝或圆，基部宽楔形或圆形，长5~10mm，宽2~4mm，全缘或每侧边缘具1~3小牙齿或锯齿，齿端具刺或无，两面密被短毛及腺点，近花序处的叶变小，苞片状；叶柄极短，长约0.5mm。轮伞花序生于茎顶，多少密集，长1~4cm；花具短梗，长1.5~2mm，密被倒向白色短毛；苞片长椭圆形，长3~8mm，边缘每侧有1~3具长刺（刺长1~5mm）的小齿，密被微毛及腺点，边缘具短睫毛；花萼钟状管形，长10~12mm，外面密被微毛及腺点，里面疏被微毛，2裂至1/3处，上唇3裂至本身的2/3~3/4处，齿长2.5~3.5mm，长三角形，先端锐尖，中齿较侧齿稍宽，下唇2裂至本身基部或稍过之，齿长3~4mm，披针状三角形，先端渐尖，筒长约8mm，干时紫色；花冠淡紫色，长15~20mm，外面密被短柔毛，冠筒里面中下部具2行白色短柔毛，冠檐二唇形，上唇长3~3.5mm，宽椭圆形，先端2浅裂，下唇长5~5.5mm，中裂片宽约7mm，中间2浅裂，侧裂片最小；雄蕊稍伸出，花丝被疏毛，花药深紫色。花期8月，果期9月。

旱生植物。常生于海拔800~1500m的干旱石质山坡。

阿拉善地区分布于贺兰山。我国分布于内蒙古、宁夏等地。蒙古也有分布。

糙苏属 *Phlomoides* Moench

串铃草 *Phlomoides mongolica* (Turcz.) Kamelin & A. L. Budantzev

多年生草本，株高(15) 30~60cm。茎单生或少分枝，被具节刚毛及星状柔毛。叶卵状三角形或三角状披针形，边缘有粗圆齿，上面被星状毛及单毛或稀近无毛，下面密被星状毛或稀单毛，轮伞花序，腋生（偶有单生，顶生），多花密集；苞片条状钻形，先端刺尖状，被具节缘毛；花萼筒状，外面被具节刚毛及尘状微柔毛，萼齿5；花冠紫色（偶有白色），冠筒外面在中下部无毛，二唇形，上唇盔状，下唇3圆裂；雄蕊4，内藏。小坚果顶端密被柔毛。花期6~8月，果期8~9月。

旱中生植物。常生于海拔770~2200m的草原地带的草甸、草甸化草原、山地沟谷、撂荒地及路边，也见于荒漠区的山地。

阿拉善地区分布于贺兰山。我国分布于内蒙古、河北、山西、陕西北部及甘肃东部等地。

尖齿糙苏 *Phlomoides dentosa* (Franch.) Kamelin & Makhm.

多年生草本，株高20~40cm。根粗壮。茎直立，多分枝，茎下部疏被具节刚毛，花序下部的茎及上部分枝被星状毛。叶三角形或三角状卵形，长4~10cm，宽2.5~6cm，先端圆或钝，基部心形或近截形，边缘具不整齐的圆齿，上面被单毛和星状毛或近无毛，下面近无毛或仅脉上被极疏的星状柔毛；基生叶具长柄，柄长4~7cm，茎生叶具短柄，苞叶近无柄。轮伞花序，具多数花；苞片针刺状，略坚硬，长8~12mm，密被星状柔毛及星状毛；花萼筒状钟形，长7~10mm，外面密被星状毛，脉上被星状毛，萼齿5，相等，齿长约1mm，顶端具长3~5mm的钻状刺尖；花冠粉红色，长约1.6cm，冠筒外面近喉部被短柔毛，里面有间断的毛环，二唇形，上唇盔状，外面密被星状柔毛及长柔毛，边缘具不整齐的小齿，下唇3圆裂，中裂片宽倒卵形，较大，侧裂片卵形，较小，外面密被星状短柔毛及具节长柔毛；雄蕊4，常因上唇外反而露出，花丝被毛，后对基部在毛环上具反折的距状附属器；花柱先端具不等的2裂。小坚果顶端无毛。花期6~8月，果期8~9月。

中生植物。常生于海拔2500m以下的山地草甸，沟谷草甸中，也见于草甸化草原。

阿拉善地区分布于贺兰山、龙首山、桃花山。我国分布于内蒙古、河北、甘肃及青海等地。

糙苏 *Phlomoides umbrosa* (Turcz.) Kamelin & Makhm.

多年生草本，高60~110cm。根粗壮，须根呈圆锥状或纺锤状肉质增粗。茎多分枝，疏被短硬毛或星状柔毛。叶近圆形、卵形至卵状长圆形，长5~12cm，宽2.5~12cm，先端锐尖，基部浅心形或圆形，边缘锯齿状，两面疏被伏毛或星状柔毛；叶具柄，长2~10cm，向上渐短；苞叶长卵形，超出花序。轮伞花序，具花4~8朵，腋生；苞片条状钻形，较坚硬，长8~12mm，疏被具节缘毛及星状微柔毛；花萼筒状，长8~10mm，外面近无毛或被极疏的柔毛及具节刚毛，小刺尖短，长约1mm；花冠通常粉红色，长约1.7cm，冠筒外面除上方被短柔毛外，余部无毛，里面近基部具间断毛环，上唇外面被柔毛，边缘具不整齐小齿，里面被髯毛，下唇具3圆齿，中裂片近圆形，较大，侧裂片较小；雄蕊4，内藏，花丝无毛，无附属器。小坚果无毛。花期6~8月，果期8~9月。

中生植物。常生于海拔200~3200m的阔叶林下及山地草甸。

阿拉善地区分布于贺兰山、龙首山、桃花山。我国分布于辽宁、内蒙古、河北、山西、陕西、甘肃、四川、贵州、湖北、山东、广东等地。

 益母草属 *Leonurus* L.

益母草 *Leonurus japonicus* Houtt. 别名：野麻、益母蒿、坤草

一年生或二年生草本，株高30~80cm。茎直立，钝四棱形，微具槽，有倒向糙伏毛，棱上尤密，基部近于无毛，分枝。叶形变化较大，茎下部叶轮廓为卵形，基部宽楔形，掌状3裂，裂片矩圆状卵形，长2.6~6cm，宽5~12mm，叶柄长2~3cm；中部叶轮廓为菱形，基部狭楔形，掌状3半裂或3深裂，裂片矩圆状披针形；花序上部的苞叶呈条形或条状披针形，长2~7cm，宽2~8mm，全缘或具稀少缺刻。轮伞花序腋生，多花密集，轮廓为圆球形，径约2cm，多数远离而组成长穗状花序；小苞片刺状，比萼筒短；无花梗；花萼管状钟形，长4~8mm，外面贴生微柔毛，里面在离基部1/3处以上被微柔毛，齿5，前2齿靠合，较长，后3齿等长，较短；花冠粉红至淡紫红色，长7~10cm，伸出于萼筒部分的外面被柔毛，冠檐二唇形，上唇直伸，下唇与上唇等长，3裂；雄蕊4，前对较长，花丝丝状；花柱丝状，无毛。小坚果矩圆状三棱形，长约2.5mm。花期6~9月，果期9~10月。

中生植物。常生于海拔3400m以下的田野、沙地、灌丛、疏林、草甸草原及山地草甸等多种生境。

阿拉善地区分布于贺兰山。我国均有分布。朝鲜、日本、俄罗斯东部、热带亚洲、非洲、美洲也有分布。

细叶益母草 *Leonurus sibiricus* L. 别名：四美草、风葫芦草、龙串彩

一年生或二年生草本，株高30~75cm。茎钝四棱形，有短而贴生的糙伏毛，分枝或不分枝。叶形从下到上变化较大，下部叶早落，中部叶轮廓为卵形，长2.5~9cm，宽3~4cm；叶柄长1.5~2cm，掌状3全裂，在裂片上再羽状分裂（多3裂），小裂片条形，宽1~3mm；最上部的苞叶近于菱形，3全裂成细裂片，呈条形，宽1~2mm。轮伞花序腋生，多花，轮廓圆球形，径2~4cm，向顶逐渐密集组成长穗状；小苞片刺状，向下反折；无花梗；花萼管状钟形，长6~10mm，外面在中部被疏柔毛，里面无毛，齿5，前2齿长，稍开张，后3齿短；花冠粉红色，长1.8~2cm，冠檐二唇形，上唇矩圆形，直伸，全缘，外面密被长柔毛，里面无毛，下唇比上唇短，外面密被长柔毛，里面无毛，3裂；雄蕊4，前对较长，花丝丝状；花柱丝状，先端2浅裂。小坚果矩圆状三棱形，长约2.5mm，褐色。花期7~9月，果期9月。

旱中生植物。散生于海拔1500m以下的石质丘陵、沙质草原、杂木林、灌丛、山地草甸等生境中，也见于农田及村旁、路边。

阿拉善地区分布于贺兰山。我国分布于内蒙古、河北、山西、陕西等地。俄罗斯、蒙古也有分布。

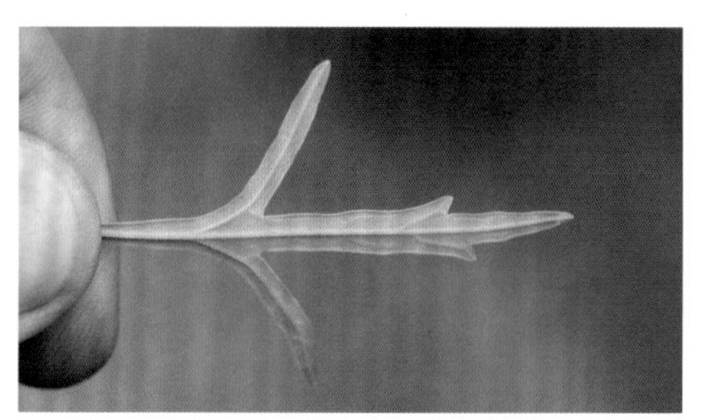

脓疮草属 *Panzerina* Soják

绒毛脓疮草（原变种）*Panzerina lanata* var. *lanata*

多年生草本，株高15~35cm。茎多分枝，从基部发出，密被白色短绒毛。叶片轮廓宽卵形，长2~4cm，宽3~5(8)mm，茎生叶掌状(5)3深裂，裂片分裂常达基部，狭楔形，宽2~4(6)mm，小裂片卵形至披针形，上面均密被贴生短毛，下面密被绒毛，呈灰白色；叶具柄，细长，被绒毛；苞叶较小，3深裂。轮伞花序，具多数花，组成密集的穗状花序；小苞片钻形，先端具刺尖，被绒毛；花萼管状钟形，长12~15mm，外面密被绒毛，里面无毛，萼齿5，长2~3mm，前2齿稍长，宽三角形，先端具短刺尖；花冠淡黄色或白色，长(25)33~40mm，外面被丝状长柔毛，里面无毛，二唇形，上唇盔状，矩圆形，基部收缩，下唇3裂，中裂片较大，倒心形，侧裂片卵形；雄蕊4，前对稍长，花丝丝状，略被微柔毛，花药黄色，卵圆形，2室，室平行；花柱略短于雄蕊，先端为相等2浅裂；花盘平顶。小坚果卵圆状三棱形，具疣点，顶端圆，长约3mm。花期6~7月，果期7~8月。

旱生植物。常生于海拔900~2700m荒漠草原带的沙地、砂砾质平原或丘陵坡地，也见于荒漠区的山麓、沟谷及干河床。

阿拉善地区分布于阿拉善左旗。我国分布于内蒙古、陕西、宁夏等地。蒙古、俄罗斯也有分布。

兔唇花属 *Lagochilus* Bunge

冬青叶兔唇花 *Lagochilus ilicifolius* Bunge

多年生草本，株高 7~13cm。根木质。茎分枝，直立或斜升，基部木质化，密被短柔毛，混生疏长柔毛。叶楔状菱形，革质，灰绿色，长 10~15mm，宽 5~10mm，先端具 5~8 齿裂，齿端具短芒状刺尖，基部楔形，两面无毛；无柄。轮伞花序具 2~4 花，着生在茎上部叶腋内；花基部两侧具 2 苞片，苞片针状，长 8~10mm，无毛；花萼管状钟形，长 13~15mm，宽约 5mm，革质，无毛，具 5 裂片，大小不相等。裂片矩圆状披针形，长 5~6mm，端有刺尖；花冠淡黄色，外面密被短柔毛，里面无毛，长 2.5~2.8cm，上唇直立，2 裂，边缘具长柔毛，下唇 3 裂，中裂片大，侧裂片小；雄蕊着生于冠筒，前对长，花丝扁平；花柱近方柱形。小坚果狭三角形，长约 5mm，顶端截平。花期 6~8 月，果期 9~10 月。

旱生植物。常生于海拔 830~2000m 的荒漠草原地带，尤其喜生于砾石性土壤和砂砾质土壤上。

阿拉善地区分布于阿拉善左旗、贺兰山。我国分布于内蒙古、宁夏、陕西、甘肃等地。俄罗斯、蒙古也有分布。

百里香属 *Thymus* L.

百里香 *Thymus mongolicus* (Ronniger) Ronniger

半灌木。茎多数，匍匐或上升；不育枝从茎的末端或基部生出，匍匐或上升，被短柔毛；花枝高(1.5)2~10cm，在花序下密被向下弯曲或稍平展的疏柔毛，下部毛变短而疏，具2~4对叶，基部有脱落的先出叶。叶为卵圆形，长4~10mm，宽2~4.5mm，先端钝或稍锐尖，基部楔形或渐狭，全缘或稀有1~2对小锯齿，两面无毛，侧脉2~3对，在下面微凸起，腺点多少有些明显；叶柄明显，靠下部的叶柄长约为叶片1/2，在上部则较短；苞叶与叶同形，边缘在下部1/3具缘毛。花序头状，多花或少花；花具短梗；花萼管状钟形或狭钟形，长4~4.5mm，下部被疏柔毛，上部近无毛，下唇较上唇长或与上唇近相等，上唇齿短，齿不超过上唇全长1/3，三角形，具缘毛或无毛；花冠紫红、紫、淡紫或粉红色，长6.5~8mm，被疏短柔毛，冠筒伸长，长4~5mm，向上稍增大。小坚果近圆形或卵圆形，压扁状，光滑。花期7~8月。

旱生或中旱生植物。常生于海拔1100~3600m的典型草原带、森林草原带的砂砾质平原、石质丘陵及山地田坡，也见于荒漠区的山地砾石质坡地。

阿拉善地区分布于阿拉善左旗、贺兰山。我国分布于内蒙古、河北、山西、陕西、甘肃、青海等地。俄罗斯、蒙古也有分布。

薄荷属 *Mentha* L.

薄荷 *Mentha canadensis* L. 别名：野薄荷、南薄荷、土薄荷

多年生草本，株高30~60cm。茎直立，四棱形，被柔毛。叶矩圆状披针形、椭圆形、椭圆状披针形或卵状披针形，边缘具锯齿或浅锯齿；叶柄长2~15mm，被微柔毛。轮伞花序腋生，总花梗极短；花萼管状钟形，萼齿5，狭三角状钻形；花冠淡紫色或淡红紫色，外面被微柔毛，里面在喉部以下被微柔毛，冠檐4裂，上裂片先端2裂，较大，其余3裂片近等大；雄蕊4，前对较长，伸出花冠之外或与花冠近等长。小坚果卵球形，黄褐色。花期7~8月，果期9月。

湿中生植物。常生于海拔3500m以下的水旁低湿地，如湖滨草甸、河滩沼泽草甸。

阿拉善地区分布于阿拉善左旗、贺兰山、巴丹吉林沙漠。我国各地均有分布。日本、俄罗斯东部也有分布。

香薷属 *Elsholtzia* Willd.

密花香薷 *Elsholtzia densa* Benth.　　别名：咳嗽草、野紫苏、臭香茹

一年生草本，株高 20~80cm。侧根密集。茎直立，自基部多分枝，被短柔毛。叶条状披针形或披针形，长 1~4cm，宽 5~15mm，先端渐尖，基部宽楔形或楔形，边缘具锯齿，两面被短柔毛；叶具柄，长 3~13mm。轮伞花序，具多数花，并密集成穗状花序，圆柱形，长 2~6cm，宽 0.5~0.7cm，密被紫色串珠状长柔毛；苞片倒卵形，顶端钝，边缘被串珠状疏柔毛；花萼宽钟状，长约 1.5mm，外面及边缘密被紫色串珠状长柔毛，萼齿 5，近三角形，前 2 齿较短，果时花萼膨大，近球形，长约 4mm，宽达 3mm；花冠淡紫色，长约 2.5mm，二唇形；上唇先端微缺，下唇 3 裂，中裂片较侧裂片短，外面及边缘密被紫色串珠状长柔毛，里面有毛环；雄蕊 4，前对较长，微露出，花药近圆形；花柱微伸出。小坚果卵球形，长约 2mm，暗褐色，被极细微柔毛。花果期 7~10 月。

中生植物。常生于海拔 1800~4100m 的山地林缘、草甸、沟谷及撂荒地，也生于沙地。

阿拉善地区分布于阿拉善左旗、贺兰山。我国分布于辽宁、内蒙古、河北、山西、陕西、甘肃、青海、四川等地。阿富汗、巴基斯坦、尼泊尔、印度、俄罗斯也有分布。

香薷 *Elsholtzia ciliata* (Thunb.) Hyl. 别名：小叶苏子、小荆芥、山苏子

多年生草本，株高30~50cm。侧根密集。茎通常自中部以上分枝，被疏柔毛。叶卵形或椭圆状披针形，长3~9cm，宽1~2.5cm，先端渐尖，基部楔形，边缘具钝锯齿，上面被疏柔毛，下面沿脉被疏柔毛，密被腺点；叶具柄，长5~35mm。轮伞花序，具多数花，并组成偏向一侧的穗状花序，长2~7cm；苞片卵圆形，长宽约4mm，先端具芒状突尖，具缘毛，上面近无毛，但被腺点，下面无毛；花萼钟状，长约1.5mm，外面被柔毛，里面无毛，萼齿5，三角形，前2齿较长，先端具针状尖头，具缘毛；花冠淡紫色，长约4mm，外面被柔毛及腺点，里面无毛，二唇形，上唇直立，先端微缺，下唇开展，3裂，中裂片半圆形，侧裂片较短；雄蕊4，前对较后对长1倍，外伸，花丝无毛，花药黑紫色；子房全4裂，花柱内藏，先端2裂，近等长。小坚果矩圆形，长约1mm，棕黄色，光滑。花果期7~10月。

中生植物。常生于海拔3400m以下的山地阔叶林林下、林缘、灌丛及山地草甸，也见于较湿润的田野及路边。

阿拉善地区分布于阿拉善左旗、贺兰山。我国分布于除青海、新疆以外各地。印度、中南半岛、日本、朝鲜、蒙古、俄罗斯也有分布。

茄　科　Solanaceae

枸杞属 *Lycium* L.

黑果枸杞 *Lycium ruthenicum* Murray 别名：苏枸杞、黑枸杞

多棘刺灌木，株高20~60cm。多分枝，分枝斜升或横卧于地面，白色或灰白色，常呈“之”字形曲折，有不规则的纵条纹，小枝顶端渐尖成棘刺状，节间短，每节有短棘刺，长0.3~2.5cm。叶2~6枚簇生于短枝上（幼枝上则为单叶互生），肥厚肉质，条形、条状披针形或条状倒披针形，长0.5~3cm，宽2~7mm，先端钝圆，基部渐狭，两侧有时稍向下卷，中脉不明显；近无柄。花1~2朵生于短枝上；花梗细，长0.5~1cm；花萼狭钟状，不规则2~4浅裂，裂片膜质，边缘有稀疏缘毛；花冠漏斗状，浅紫色，长约1.2cm，筒部向檐部稍扩大，先端5浅裂，裂片矩圆状卵形，长为筒部的1/3~1/2，无缘毛；雄蕊稍伸出花冠，着生于花冠筒中部，花丝离基部稍上处有疏绒毛，花冠内壁与之等高处亦有稀疏绒毛；花柱与雄蕊近等长。浆果紫黑色，球形，有时顶端稍凹陷。花果期5~10月。

中生植物。常生于海拔400~3000m的盐化低地、沙地或路旁、村舍。

阿拉善地区均有分布。我国分布于内蒙古、陕西、宁夏、甘肃、青海、新疆和西藏等地。中亚、欧洲也有分布。

截萼枸杞 *Lycium truncatum* Y. C. Wang

少棘刺灌木，株高 1~1.5m。分枝圆柱状，灰白色或灰黄色。单叶互生，或在短枝上数枚簇生，条状披针形、披针形、椭圆状披针形或倒披针形，长 1.2~4cm，宽 1.5~6mm，先端锐尖，基部狭楔形且下延成叶柄，全缘，中脉稍明显。花 1~3(4) 朵生于短枝上同叶簇生；花梗纤细，于接近花萼处渐增粗，长 1~2cm；花萼钟状，长 3~4mm，2~3 裂，裂片膜质，花后有时断裂而使宿萼呈截头状；花冠漏斗状，筒部长 8~10mm，檐部裂片卵形，长约为筒部的 1/2，无缘毛；雄蕊插生于花冠筒中部，伸出花冠，花丝基部稍上处被稀疏绒毛；花柱稍伸出花冠。浆果矩圆形或卵状矩圆形，顶端有小尖头。花期 5~7 月，果期 7~9 月。

旱中生植物。常生于海拔 800~1500m 的山地、丘陵坡地、路旁及田边。

阿拉善地区均有分布。我国分布于内蒙古、山西、陕西北部、甘肃等地。蒙古也有分布。

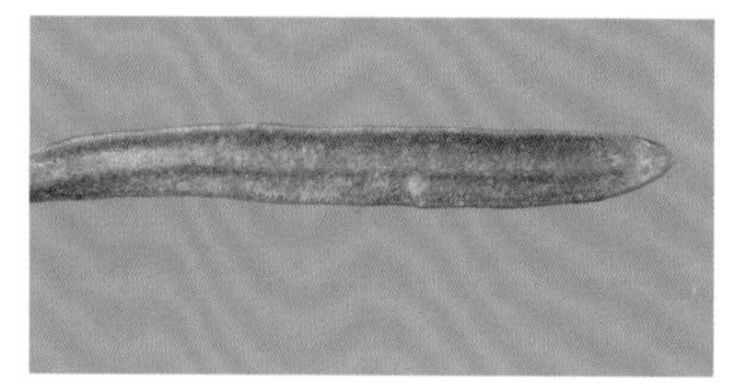

枸杞 *Lycium chinense* Mill. 别名：菱叶枸杞

灌木，株高达 1m 余。多分枝，枝细长柔弱，常弯曲下垂，具棘刺，淡灰色，有纵条纹。单叶互生或于枝下部数叶簇生，卵状狭菱形至卵状披针形、卵形、长椭圆形，长 1.5~3.5(6)cm，宽 5~10(22)mm，先端锐尖，基部楔形，全缘，两面均无毛；叶柄长 3~10mm。花常 1~2(5) 朵簇生于叶腋；花梗细，长 5~16mm；花萼钟状，长 3~4mm，先端 3~5 裂，裂片多少有缘毛；花冠漏斗状，紫色，先端 5 裂，裂片向外平展，与管部几等长或稍长，边缘具密的缘毛，基部耳显著；雄蕊花丝长短不一，稍短于花冠，基部密生一圈白色绒毛。浆果卵形或矩圆形，深红色或橘红色。花期 7~8 月，果期 8~10 月。

中生植物。常生于路旁、村舍、田埂及山地丘陵的灌丛中。

阿拉善地区分布于阿拉善左旗、贺兰山。我国广布于全国各地。亚洲东部及欧洲也有分布。

宁夏枸杞 *Lycium barbarum* L.

灌木，株高可达 2.5~3m。分枝较密，披散或略斜升，有生叶和花的长刺及不生叶的短而细的棘刺，具纵棱纹，灰白色或灰黄色。单叶互生或数片簇生于短枝上，长椭圆状披针形、卵状矩圆形或披针形，长 1.8~6(8)cm，宽 4~7mm，先端短渐尖或锐尖，基部楔形并下延成叶柄，全缘。花腋生，常 1~2(6) 朵簇生于短枝上；花梗细，长 4~15mm；花萼杯状，长 3.5~5mm，先端通常 2 中裂，有时其中 1 裂片再微 2 齿裂；花冠漏斗状，花冠筒明显长于裂片，中部以下稍窄狭，长 1~1.5cm，粉红色或淡紫红色，具暗紫色条纹，先端 5 裂，裂片无缘毛；花丝基部稍上处及花冠筒内壁密生一圈绒毛。浆果宽椭圆形，长 10~20mm，径 5~10mm，红色。花期 6~8 月，果期 7~10 月。

中生植物。常生于河岸、山地、灌溉农田的地埂或水渠旁。内蒙古西部地区已广为栽培，品质优良。

阿拉善地区均有分布。我国分布于内蒙古、河北、山西、陕西、宁夏、甘肃、新疆、青海等地。中亚、欧洲也有分布。

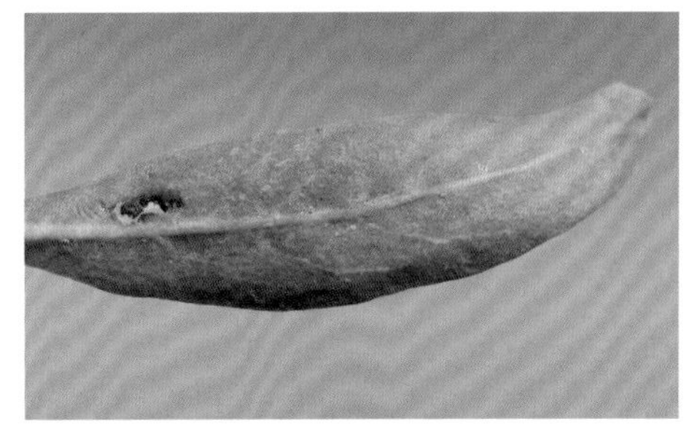

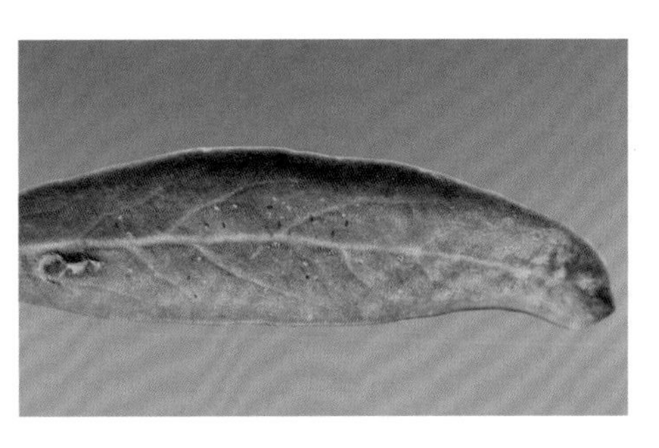

新疆枸杞 *Lycium dasystemum* Pojark.

灌木，株高达 1.5m。枝条坚硬，稍弯曲，灰白色或灰黄色，嫩枝细长，老枝有坚硬的棘刺，棘刺长 0.6~6cm，裸露或生叶和花。叶形状多变，倒披针形、椭圆状倒披针形或宽披针形，顶端急尖或钝，基部楔形，下延到极短的叶柄上，长 1.5~4cm，宽 5~15mm。花多 2~3 朵同叶簇生于短枝上或在长枝上单生于叶腋；花梗长 1~1.8cm，向顶端渐渐增粗；花萼长约 4mm，常 2~3 中裂；花冠漏斗状，长 9~1.2cm，筒部长约为檐部裂片长的 2 倍，裂片卵形，边缘有稀疏的缘毛；花丝基部稍上处同花冠筒内壁同一水平上都生有极稀疏绒毛，由于花冠裂片外展而花药稍露出花冠；花柱亦稍伸出花冠。浆果卵圆状或矩圆状，长 7mm 左右，红色；种子可达 2 余个，肾脏形，长 1.5~2mm。花果期 6~9 月。

中生植物。常生于海拔 1200~2700m 的低山地丘陵。

阿拉善地区分布于额济纳旗马鬃山。我国分布于内蒙古、新疆、甘肃和青海等地。中亚也有分布。

天仙子属 *Hyoscyamus* L.

天仙子 *Hyoscyamus niger* L. 别名：牙痛草、牙痛子

一年生或二年生草本，株高 30~80cm，具纺锤状粗壮肉质根，全株密生黏性腺毛及柔毛，有臭气。叶在茎基部丛生呈莲座状；茎生叶互生，长卵形或三角状卵形，长 3~14cm，宽 1~7cm，先端渐尖，基部宽楔形，无柄而半抱茎，或为楔形向下狭细呈长柄状，边缘羽状深裂或浅裂，或为疏牙齿，裂片呈三角状。花在茎中部单生于叶腋，在茎顶聚集成蝎尾式总状花序，偏于一侧；花萼筒状钟形，密被细腺毛及长柔毛，长约 1.5cm，先端 5 浅裂，裂片大小不等，先端锐尖具小芒尖，果时增大成壶状，基部圆形与果贴近；花冠钟状，土黄色，有紫色网纹，先端 5 浅裂；子房近球形。蒴果卵球状，直径 1.2cm 左右，中部稍上处盖裂，藏于宿萼内；种子小，扁平，淡黄棕色，具小疣状突起。花期 6~8 月，果期 8~10 月。

中生植物。常生于海拔 700~3600m 的村舍、路边及田野。

阿拉善地区均有分布。我国分布于华北、西北、西南等地。印度、蒙古、俄罗斯、中亚也有分布。

茄属 *Solanum* L.

龙葵 *Solanum nigrum* L. 别名：天茄子

一年生草本，株高 0.2~1m。茎直立，多分枝。叶卵形，长 2.5~7(10)cm，宽 1.5~5cm，有不规则的波状粗齿或全缘，两面光滑或有疏短柔毛；叶柄长 1~4 cm。花序短蝎尾状，腋外生，下垂，有花 4~10 朵；总花梗长 1~2.5cm; 花梗长约 5mm; 花萼杯状，直径 1.5~2mm; 花冠白色，辐状，裂片卵状三角形，长约 3mm; 子房卵形，花柱中部以下有白色绒毛。浆果球形，直径约 8mm，熟时黑色; 种子近卵形，压扁状。花期 7~9 月，果期 8~10 月。

中生植物。常生于海拔 600~3000m 的路旁、村边、水沟边。

阿拉善地区均有分布。我国各地均有分布。广布于世界温带和热带地区。

青杞 *Solanum septemlobum* Bunge

多年生草本，株高 20~50cm。茎有棱，直立，多分枝，被白色弯曲的短柔至近无毛。叶卵形，长 2.5~7.5cm，宽 1.5~5.5cm，通常不整齐羽状 7 深裂，裂片宽条形或披针形，先端尖，两面均疏被短柔毛，叶脉及边缘毛较密；叶柄长 1~2cm，有短柔毛。二歧聚伞花序顶生或腋生，总花梗长 1~2cm；花梗纤细，长 5~10mm；花萼小，杯状，直径约 2mm，外面有疏柔毛，裂片三角形；花冠蓝紫色，直径约 1mm，裂片矩圆形；子房卵形。浆果近球状，直径约 8mm，熟时红色；种子扁圆形。花期 7~8 月，果期 8~9 月。

中生植物。常生于海拔 300~2500m 的路旁、林下及水边。

阿拉善地区均有分布。我国分布于东北、华北、西北、河南、四川、山东、安徽、江苏等地。蒙古、俄罗斯也有分布。

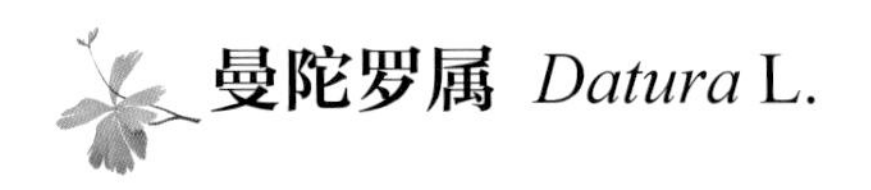

曼陀罗属 *Datura* L.

曼陀罗 *Datura stramonium* L.

草本或半灌木，株高 0.5~1.5m，全体近于平滑或在幼嫩部分被短柔毛。茎粗壮，圆柱状，淡绿色或带紫色，下部木质化。叶广卵形，顶端渐尖，基部不对称楔形，边缘有不规则波状浅裂，裂片顶端急尖，有时亦有波状牙齿，侧脉每边 3~5 条，直达裂片顶端，长 8~17cm，宽 4~12cm；叶柄长 3~5cm。花单生于枝叉间或叶腋，直立；有短梗；花萼筒状，长 4~5cm，筒部有 5 棱角，两棱间稍向内陷，基部稍膨大，顶端紧围花冠筒，5 浅裂，裂片三角形，花后自近基部断裂，宿存部分随果实增大并向外反折；花冠漏斗状，下半部带绿色，上部白色或淡紫色，檐部 5 浅裂，裂片有短尖头，长 6~10cm，檐部直径 3~5cm；雄蕊不伸出花冠，花丝长约 3cm，花药长约 4mm；子房密生柔针毛，花柱长约 6cm。蒴果直立，卵状，长 3~4.5cm，直径 2~4cm，表面生有坚硬针刺或有时无刺而近平滑，成熟后淡黄色，规则 4 瓣裂；种子卵圆形，稍扁，长约 4 mm，黑色。花期 6~10 月，果期 7~11 月。

中生植物。常生于海拔 600~1600m 的路旁、住宅旁以及撂荒地上。

阿拉善地区均有分布。我国各地均有分布。广布于全世界温带至热带地区。

玄参科 Scrophulariaceae

醉鱼草属 *Buddleja* L.

互叶醉鱼草 *Buddleja alternifolia* Maxim. 别名：白芨、白芨梢、白箕梢

小灌木，株高可达 3m。多分枝，枝幼时灰绿色，被较密的星状毛，后渐脱落，老枝灰黄色。单叶互生，披针形或条状披针形，长 3~6cm，宽 4~6mm，先端渐尖或钝，基部楔形，全缘，上面暗绿色，具稀疏的星状毛，下面密被灰白色柔毛及星状毛；具短柄或近无柄。花多出自去年生枝上，数花簇生或形成圆锥状花序；花萼筒状，外面密被灰白色柔毛，长约 4mm，先端 4 齿裂；花冠紫堇色，筒部长约 6mm，径约 1mm，外面疏被星状毛或近于光滑，先端 4 裂，裂片卵形或宽椭圆形，长约 2mm；雄蕊 4，无花丝，着生于花冠筒中部；子房上位，光滑。蒴果矩圆状卵形，长约 4mm，深褐色，熟时 2 瓣开裂；种子多数，有短翅。花期 5~7 月，果期 7~10 月。

旱中生植物。常生于海拔 1500~4000m 的干旱山坡。

阿拉善地区分布于贺兰山。我国特有种，分布于内蒙古、陕西、甘肃、宁夏、山东等地。

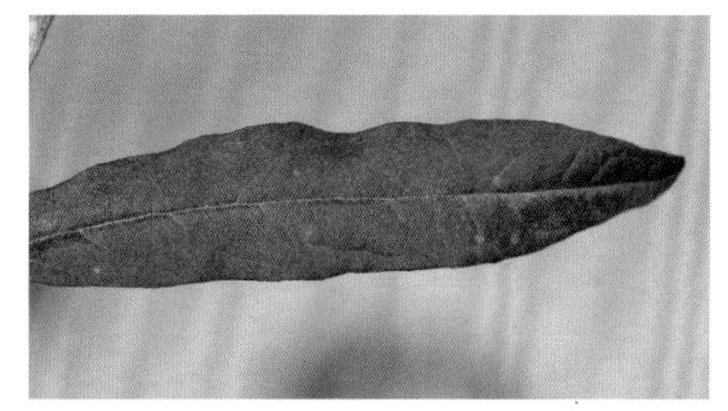
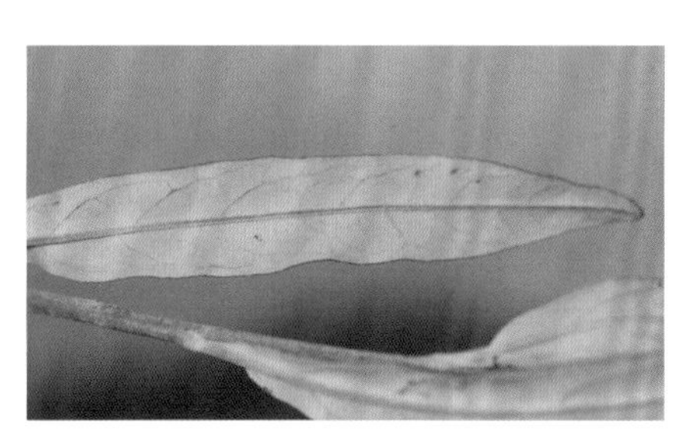

玄参属 *Scrophularia* L.

砾玄参 *Scrophularia incisa* Weinm.

多年生草本，株高 20~70cm，全体被短腺毛。根常粗壮，木质，栓皮常剥裂，紫褐色。茎直立或斜升，多条丛生，基部木质化，带褐紫色，有棱。叶对生，长椭圆形或椭圆形；叶柄短。聚伞圆锥花序顶生，狭长，小聚伞花序有花 1~7 朵；花萼 5 深裂，花冠筒球状筒形，长约为花冠之半，上唇 2 裂，裂片顶端圆形，边缘波状，比上唇长，下唇 3 裂，裂片宽，带绿色，顶端平截；雄蕊约与花冠等长。蒴果球形。花期 6~7 月，果期 7 月。

旱生植物。常生于海拔 650~3900m 荒漠草原及典型草原带的砂砾石质地及山地岩石处。

阿拉善地区均有分布。我国分布于内蒙古、宁夏、甘肃、青海等地。蒙古、俄罗斯、中亚也有分布。

贺兰山玄参 *Scrophularia alaschanica* Batalin

多年生草本，株高20~60cm，全体被极短的腺毛。根不膨大，细长，灰褐色。茎直立，四棱形，中空。叶对生，叶片质薄，椭圆状卵形或卵形，长2~7cm，宽1~4cm，先端钝尖或锐尖，基部楔形或截形，边缘具不规则的重锯齿或粗齿，上面绿色，下面灰绿色，叶脉隆起；叶柄长0.5~1.5cm，向上渐短，略有微翅。聚伞花序顶生，近头状或2~5节对生，花序短，果期伸长；花梗短，长约0.5cm；苞片条状披针形，长3~10mm；花萼5深裂，长3~4mm，裂片宽矩圆形，先端近圆形，膜质边缘不明显；花冠黄色，长约1mm，上唇明显长于下唇，上唇2裂，裂片近圆形，下唇中裂片小，卵状三角形，侧裂片大，宽圆形，边缘波状；雄蕊内藏，退化雄蕊短匙形。蒴果卵形，长约7mm，顶端具尖喙，近无毛；种子多数，卵形，黑褐色，表面粗糙，有小突起。花期6~7月，果期7月。

中生植物。常生于海拔2200~2500m荒漠带及荒漠草原带的山地沟谷溪水边。

阿拉善地区均有分布。我国特有种，主要分布于内蒙古、宁夏。

通泉草科 Mazaceae

野胡麻属 *Dodartia* L.

野胡麻 *Dodartia orientalis* L.

多年生草本，株高15~50mm，无毛或幼嫩时疏被柔毛。根粗壮，伸长，长约20cm，带肉质，须根少。茎单一或束生，近基部被棕黄色鳞片，茎从基部至顶端多回分枝，枝伸直，细瘦，具棱角，扫帚状。叶疏生，茎下部的对生或近对生，上部的常互生，宽条形，长1~4cm，全缘或有疏齿。总状花序顶生，伸长，花常3~7朵，稀疏；花梗短，长0.5~1mm；花萼近革质，长约4mm，萼齿宽三角形，近相等；花冠紫色或深紫红色，长1.5~2.5cm，花冠筒长筒状，上唇短而伸直，卵形，端2浅裂，下唇褶襞密被多细胞腺毛，侧裂片近圆形，中裂片凸出，舌状；雄蕊花药紫色，肾形；子房卵圆形，长约1.5mm，花柱伸直，无毛。蒴果圆球形，直径约5mm，褐色或暗棕褐色，具短尖头；种子卵形，长0.5~0.7mm，黑色。花期5~7月，果期8~9月。

旱生植物。常生于海拔800~1400m荒漠化草原及草原化荒漠地带的石质山坡、沙地、盐渍地及田野。

阿拉善地区均有分布。我国分布于新疆、内蒙古、甘肃、四川等地。蒙古、中亚、俄罗斯、伊朗也有分布。

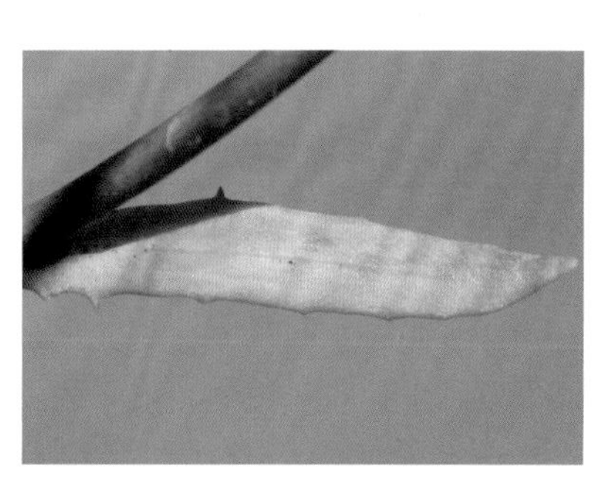

紫葳科 Bignoniaceae

角蒿属 *Incarvillea* Juss.

角蒿 *Incarvillea sinensis* Lam.

一年生草本，株高 30~80cm。茎直立，具黄色细条纹，被微毛。叶互生，二至三回羽状深裂或至全裂，羽片 4~7 对。花红色或紫红色；花梗短，密被短毛；苞片 1 和小苞片 2，密被短毛，丝状；花萼钟状，5 裂，裂片条状锥形，被毛；花冠筒状漏斗形，先端 5 裂，裂片矩圆形；雄蕊 4，着生于花冠中部以下；雌蕊着生于扁平的花盘上。蒴果长角状弯曲，内含多数种子；种子褐色，具翅，白色膜质。花期 6~8 月，果期 7~9 月。

中生杂草。常生于海拔 500~2500m 草原区的山地、沙地、河滩、河谷，也散生于田野、撂荒地及路边、宅旁。

阿拉善地区均有分布。我国分布于东北、内蒙古、河北、山西、陕西、甘肃、青海、四川、河南、山东等地。

柳穿鱼属 *Linaria* Mill.

柳穿鱼 *Linaria vulgaris* subsp. *sinensis* (Debeaux) D. Y. Hong

多年生草本，株高15~50cm。主根细长，黄白色。茎直立，单一或有分枝，无毛。叶多互生，部分轮生，少全部轮生，条形至披针状条形，长2~5cm，宽1~5mm，先端渐尖或锐尖，基部楔形，全缘，无毛，具1条脉，极少3脉。总状花序顶生，花多数；花梗长约3mm；花序轴、花梗、花萼无毛或有少量短腺毛；苞片披针形，长约5mm；花萼裂片5，披针形，少卵状披针形，长约4mm，宽约1.5mm；花冠黄色，除距外长10~15mm，距长7~10mm，距向外方略上弯呈弧曲状，末端细尖，上唇直立，2裂，下唇先端平展，3裂，在喉部向上隆起，檐部呈假面状，喉部密被毛。蒴果卵球形，直径约5mm；种子黑色，圆盘状，具膜质翅，直径约2mm，中央具瘤状突起。花期7~8月，果期8~9月。

旱中生植物。常生于海拔2500~3800m的山地草甸、沙地及路边。

阿拉善地区均有分布。我国分布于东北、内蒙古、陕西、甘肃东北部、河南、山东、江苏北部等地。欧亚大陆温带的其他地区也有分布。

腹水草属 *Veronicastrum* Heist. ex Fabr.

草本威灵仙 *Veronicastrum sibiricum* (L.) Pennell　　别名：轮叶婆婆纳

多年生草本，株高1m左右，全株疏被柔毛或近无毛。根状茎横走。茎直立，单一，不分枝，圆柱形。叶(3)4~6(9)枚轮生，叶片矩圆状披针形至披针形或倒披针形，长5~15cm，宽1.5~3.5cm，先端渐尖，基部楔形，边缘具锐锯齿；无柄。花序顶生，呈长圆锥状；花梗短，长约1mm；苞片条状披针形，与萼近等长；花萼5深裂，裂片不等长，披针形或钻状披针形，长2~5mm；花冠红紫色，筒状，长5~7mm，筒部长占花冠长的2/3~3/4，上部4裂，裂片卵状披针形，宽度稍不等，长1.5~2mm，花冠外面无毛，内面被柔毛；雄蕊与花柱明显伸出花冠之外。蒴果卵形，长约3.5mm，花柱宿存；种子矩圆形，棕褐色，长约0.7 mm，宽约0.4mm。花期6~7月，果期8月。

中生植物。常生于海拔2500m以下的山地阔叶林林下、林缘、草甸及灌丛中。

阿拉善地区均有分布。我国分布于东北、华北、内蒙古、甘肃、陕西、山东等地。朝鲜、日本、俄罗斯也有分布。

 婆婆纳属 *Veronica* L.

婆婆纳 *Veronica polita* Fries

一年生草本，株高 10~25cm。茎铺散，多分枝，多少被长柔毛。叶对生，心形至卵形，长 5~10mm，宽 6~7mm，先端钝圆，基部浅心形或截形，边缘具钝齿，两面被白色长柔毛；叶柄长 3~6mm。总状花序长；苞片互生，叶状，有时下部对生；花梗比苞片略短，果期伸长，常下垂；花萼 4 深裂，往往两侧不裂到底，裂片卵形，顶端急尖，果期稍增大，三出脉，微被短硬毛；花冠淡紫色、蓝色或粉色，直径 4~5mm，裂片圆形至卵形；雄蕊比花冠短。蒴果强烈侧扁，近于肾形，密被腺毛，略短于花萼，宽 4~5mm，顶端凹口深，约成 90° 角。裂片顶端圆，脉不明显，宿存花柱与凹口平齐或略超过之；种子背面具横纹，长约 1.5mm。花果期 5~8 月。

中生植物。常生于海拔 2200m 以下的庭院草丛中。

阿拉善地区均有分布。我国分布于华北、西北、西南、华中、华东等地。欧亚大陆北部也有分布。

光果婆婆纳 *Veronica rockii* H. L. Li

多年生草本，株高20~60cm。根状茎粗短，具多数须根。茎直立，单一，不分枝，被长柔毛。叶对生，无柄；叶片披针形，长2~6.5cm，宽0.6~1.6cm，先端锐尖，基部圆形，边缘有浅锯齿，两面被长柔毛。花序总状，2~4枝侧生于茎顶叶腋，花序较长而花疏离；花梗长2~3mm，除花冠外花序各部均被长柔毛；苞片宽条形，通常比花梗长；花萼5深裂，裂片宽条形或卵状椭圆形，端圆钝，长约4mm，后方1枚远较其他4枚小得多或缺失；花冠紫色，长约4.5mm，略长于萼，4裂，筒部长约为花冠长之2/3，后方3枚裂片倒卵圆形，前方1枚椭圆形，较小；雄蕊较花冠短，花丝大部与花冠筒贴生；子房无毛或疏被柔毛，花柱短，长约1mm。蒴果长卵形，长约6mm，宽约3mm，顶端渐狭而钝；种子卵圆形，长宽约0.5mm，黄褐色，半透明状。花期7月，果期8月。

中生植物。常生于海拔2000~3600m的林缘灌丛及沟谷草甸。

阿拉善地区均有分布。我国分布于华北、西北、华中、四川、云南北部等地。

长果水苦荬 *Veronica anagalloides* Guss.

一年生或多年生草本，株高30~50cm。根状茎斜走，节上有须根。茎直立或基部倾斜，单一或有分枝，下部光滑或近无毛，中部以上被腺毛。叶对生，无柄，基部半抱茎，条状披针形，长2~5cm，宽3~8mm，全缘或略有浅锯齿，两面无毛。总状花序腋生，多花，除花冠外被相当密的腺毛；花梗伸直，与花序轴成锐角，果期梗长4~8mm，纤细；苞片狭披针形，约为果梗长的1/3或1/2；花萼4深裂，长约2mm，裂片椭圆形，先端急尖，果期直立，紧贴蒴果；花冠浅蓝色或淡紫色，长约3mm，4深裂，筒部极短，裂片宽卵形；雄蕊与花冠近等长；子房无毛，花柱长约1.5mm。蒴果宽椭圆形，顶端微凹，长宽约2.5mm，比花萼长或近等长；种子卵圆形，黄褐色，长宽约0.5mm，半透明状。花果期7~9月。

湿生植物。常生于海拔300~2900m的溪水边。

阿拉善地区均有分布。我国分布于黑龙江、内蒙古、山西、陕西、甘肃、青海、新疆等地。欧洲及亚洲北部也有分布。

水苦荬 *Veronica undulata* Wall. ex Jack in Roxb. 别名：芒种草、水莴苣、水菠菜

一年生或多年生草本，株高10~30cm，通常在茎、花序轴、花梗、花萼和蒴果上被大头针状腺毛。根状茎斜走，节上生须根。茎直立或基部倾斜，单一。叶对生，无柄，狭椭圆形或条状披针形，长2~4cm，宽3~7mm，先端钝尖或渐尖，基部半抱茎，边缘具疏而小的锯齿，两面无毛。总状花序腋生，比叶长，宽1~1.5cm，多花；花梗在果期挺直，横叉开，与花序轴几成直角，果期梗长约6mm，纤细；苞片披针形，长约3mm，约为花梗之半；花萼4深裂，长约3mm；裂片卵状披针形，锐尖；花冠浅蓝色或淡紫色，长约4mm，筒部极短，裂片宽卵形；雄蕊与花冠近等长，花药淡紫色；子房疏被腺毛或近无毛，花柱长1~1.5mm。蒴果近圆球形，顶端微凹，长宽约2.5mm，与花萼近等长或稍短；种子卵圆形，半透明状。花果期7~9月。

湿生植物。常生于海拔2800m以下的溪水边或沼泽地。

阿拉善地区均有分布。我国分布于长江以北及西南各省份。亚洲温带其他地区及欧洲也有分布。

北水苦荬 *Veronica anagallis-aquatica* L. 别名：仙桃草

多年生草本，株高10~80cm，全体常无毛，稀在花序轴、花梗、花萼、蒴果上有疏腺毛。根状茎斜走，节上有须根。茎直立或基部倾斜，单枝或有分枝。叶对生，无柄；上部的叶半抱茎，椭圆形或长卵形，少卵状椭圆形或披针形，长1~7cm，宽0.5~2cm，全缘或有疏而小的锯齿，两面无毛。总状花序腋生，比叶长，宽约1cm，多花；花梗弯曲斜升，与花序轴成锐角，果期梗长3~6mm，纤细；苞片狭披针形，比花梗略短；花萼4深裂，长约3cm，裂片卵状披针形，锐尖；花冠浅蓝色、淡紫色或白色，长约4cm，4深裂，筒部极短，裂片宽卵形；雄蕊与花冠近等长或略长，花药为紫色；子房无毛，花柱长约1.5cm。蒴果近圆形或卵圆形，顶端微凹，长宽约2.5cm，与花萼近相等或略短；种子卵圆形，黄褐色，长宽约0.5cm，半透明状。花果期7~9月。

湿生植物。常生于海拔4000m以下的水边或沼泽地。

阿拉善地区均有分布。我国各地均有分布。朝鲜、日本、尼泊尔、印度和巴基斯坦也有分布。

车前属 *Plantago* L.

小车前 *Plantago minuta* Pall. 别名：条叶车前

一年生草本，株高4~19cm，全株密被长柔毛。具细长黑褐色的直根。叶全部基生，平铺地面，条形、狭条形或宽条形，全缘；无叶柄，基部鞘状。穗状花序；花萼裂片宽卵形或椭圆形，被长柔毛，龙骨状突起显著；花冠裂片狭卵形，边缘有细锯齿；花丝细长；花柱与柱头疏生柔毛。蒴果卵圆形或近球形，果皮膜质，盖裂；种子2，椭圆形或矩圆形，黑棕色。花期6~8月，果期7~9月。

旱生植物。常少量生于海拔400~4300m的小针茅荒漠草原群落及其变型群落中，也见于草原化荒漠群落和草原带的山地、沟谷、丘陵坡地，为较常见的田边杂草。

阿拉善地区均有分布。我国分布于内蒙古、山西、陕西、宁夏、甘肃、青海、新疆等地。蒙古、中亚也有分布。

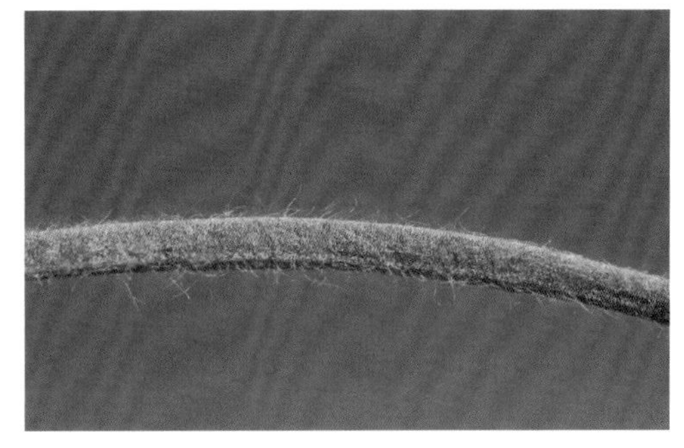
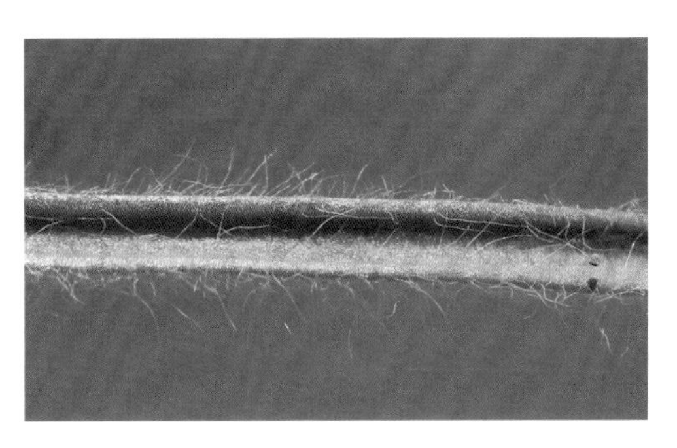

平车前 *Plantago depressa* Willd.　　别名：车前草、车串串

一年生或二年生草本，株高 4~40cm。根圆柱状，中部以下多分枝，灰褐色或黑褐色。叶基生，直立或平铺，椭圆形、矩圆形、椭圆状披针形、倒披针形或披针形，长 4~14cm，宽 1~5.5cm，先端锐尖或钝尖，基部狭楔形且下延，边缘有稀疏小齿或不规则锯齿，有时全缘，两面被短柔毛或无毛，弧形纵脉 5~7 条；叶柄长 1~11cm，基部具较长且宽的叶鞘。花葶长 1~10cm，直立或斜升，被疏短柔毛，有浅纵沟；穗状花序圆柱形，长 2~18cm；苞片三角状卵形，长 1~2mm，背部具绿色龙骨状突起，边缘膜质；萼裂片椭圆形或矩圆形，长约 2mm，先端钝尖，龙骨状突起宽，绿色，边缘宽膜质；花冠裂片卵形或三角形，先端锐尖，有时有细齿。蒴果圆锥形，褐黄色，长 2~3mm，成熟时在中下部盖裂；种子矩圆形，长 1.5~2mm，黑棕色，光滑。花果期 6~10 月。

中生植物。常生于海拔 4500m 以下的草甸、轻度盐化草甸，也见于路旁、田野、居民点附近。

阿拉善地区均有分布。全国各地均有分布。日本、蒙古、印度、俄罗斯西伯利亚、中亚也有分布。

车前 *Plantago asiatica* L.

多年生草本，株高 20~60cm。具须根。根茎短，稍粗。叶基生，椭圆形、宽椭圆形、卵状椭圆形或宽卵形，长 4~12cm，宽 3~9cm，先端钝或锐尖，基部近圆形、宽楔形或楔形，且明显下延，边缘近全缘、波状或有疏齿至弯缺，两面无毛或被疏短柔毛，有 5~7 条弧形脉；叶柄长 2~10cm，被疏短毛，基部扩大成鞘。花葶少数，直立或斜升，长 20~50cm，被疏短柔毛；穗状花序圆柱形，长 5~20cm，具多花，上部较密集；苞片宽三角形，较花萼短，背部龙骨状突起宽而呈暗绿色；花萼具短柄，裂片倒卵状椭圆形或椭圆形，长 2~2.5cm，先端钝，边缘白色膜质，背部龙骨状突起宽而呈绿色；花冠裂片披针形或长三角形，长约 1mm，先端渐尖，反卷，淡绿色。蒴果椭圆形或卵形，长 2~4mm；种子矩圆形，长 1.5~1.8mm，黑褐色。花果期 6~10 月。

中生植物。常生于海拔 3200m 以下的草甸、沟谷、耕地、田野及路边。

阿拉善地区均有分布。我国各地均有分布。日本、欧洲、印度尼西亚也有分布。

湿车前 *Plantago cornuti* Gouan 别名：柯尔车前

多年生草本。根圆柱状，黑褐色。叶基生，质较薄，椭圆形、狭卵形或倒卵形，长 5~11cm，宽 1.5~3.5mm，先端锐尖或钝尖，基部楔形或长楔形且下延，全缘或微波状缘，两面疏生短柔毛，弧形脉 5~7 条；叶柄长 3~10cm，被疏生柔毛，基部扩大成鞘。花葶 1 或少数，直立或斜升，长 25~50cm，具纵棱沟；穗状花序圆柱形，长 6~17cm；苞片近圆形或宽卵形，长 1~1.5mm，光滑或上部边缘有稀疏短缘毛，龙骨状突起较宽，暗绿色，先端钝，边缘白色膜质；萼裂片椭圆形或圆状椭圆形，长 2~2.5mm，无毛，先端钝，背部龙骨状突起宽，深绿色，边缘膜质；花冠裂片卵形或宽卵形，长 1.2~1.5mm，先端锐尖，稍反折。蒴果椭圆形或椭圆状卵形，长 3~3.5mm，浅褐色，成熟时在中下部盖裂；种子呈现椭圆形或卵状椭圆形，长 2~3mm，黑棕色或暗褐色，具多数网状小点，种脐稍凹陷。花期 7~8 月，果期 8~10 月。

湿中生植物。常生于湿地、碱性湿地、林缘、草甸。

阿拉善地区均有分布。我国分布于内蒙古等地。蒙古、俄罗斯也有分布。

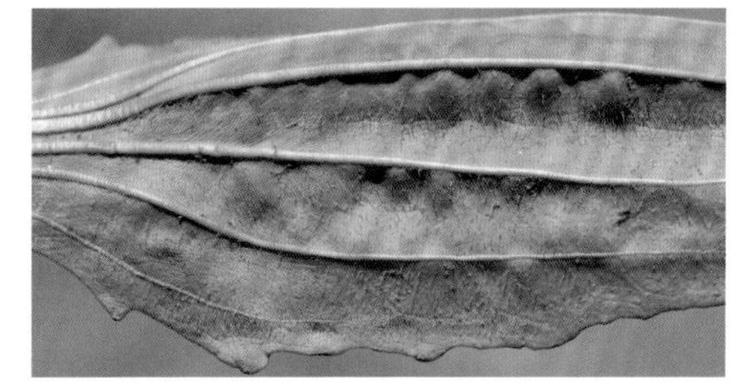

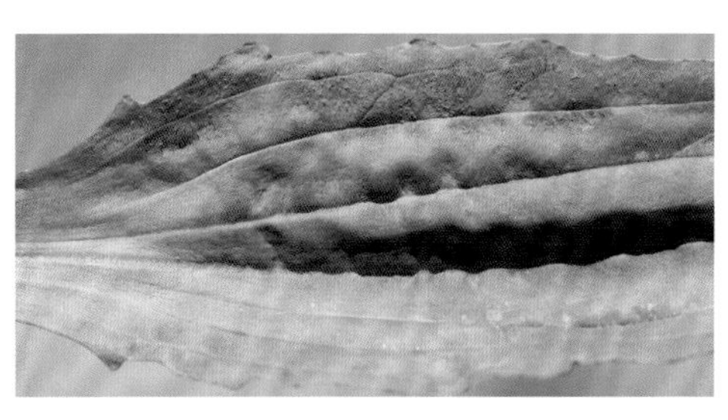

列当科 Orobanchaceae

马先蒿属 *Pedicularis* L.

藓生马先蒿 *Pedicularis muscicola* Maxim.

多年生草本，株高 25cm, 干后多少变黑。直根，少有分枝。茎丛生，常形成密丛，多弯曲斜升或斜倚，被毛。叶互生，叶片轮廓椭圆形至披针形，长达 5cm, 宽达 2cm。羽状全裂，裂片常互生或近对生，每边 4~9 枚，卵形至披针形，缘具锐重锯齿，齿有胼胝质凸尖，上面有极疏柔毛，下面近光滑；具柄，柄长达 2cm，近光滑或疏被毛。花腋生；梗长达 1.5cm，被毛至近光滑；花萼圆筒状，长达 13mm，被柔毛，萼齿 5，基部三角形，中部渐细，全缘，上部变宽呈卵形，具锯齿；花冠玫瑰色，管部细长，长 3~6cm，宽 1~1.5mm，被短毛，盔在基部即向左方扭折使其顶部向下，前端渐细为卷曲或 S 形的长喙，喙反向上方卷曲，长 10mm 或更多，下唇宽大，宽达 2cm，中裂片较小，矩圆形；花丝均无毛；花柱稍伸出喙端。蒴果卵圆形，为宿存花萼包被，长约 8mm，宽约 5cm；种子新月形或纺锤形，一面直，另一面弓曲，长约 3.5mm，宽约 1.5mm，棕褐色，表面具网状孔纹。花期 6~7 月，果期 8 月。

中生植物。常生于海拔 2000~2800m 的云杉林下苔藓层及灌丛阴湿处。

阿拉善地区均有分布。我国特有种，分布于内蒙古、山西、陕西、甘肃、青海、湖北西部等地。

三叶马先蒿 *Pedicularis ternata* Maxim.

多年生草本，株高25~50cm，干后稍变黑。根肉质，粗壮，有分枝，根颈上端常有隔年枯茎，基部宿存而形成大丛。茎常多条，直立，基部有多数鳞片脱落的疤痕及卵形至披针形的鳞片，节间以中部最长，中下部光滑，上部被细柔毛。基生叶多数，成丛，具长柄，长达5cm，无毛；叶片轮廓披针形，长达6cm，宽达1.5cm，羽状全裂或深裂，叶轴具翅，裂片多达12对，缘具锐锯齿，有时反卷，两面无毛；茎生叶通常2轮，每轮3~4枚，柄较短，叶形与基生叶相似。花序顶生，排列成极疏的1~4轮，每轮通常有花2朵；苞片下部者长于花，上部者约与花等长，基部加宽，全缘，自中部以上变狭呈条形，边缘具锯齿，被白色绵毛；花萼矩圆状筒形，密被白色绵毛，萼齿5，后方1枚狭三角形，其他4枚基部三角形，上方条形，先端锐尖；花冠深堇色至紫红色，长约18mm，在果期仍宿存，管长于萼，向前膝曲，使盔平置而指向前方，额圆钝，下缘之端略尖凸，下唇3裂，侧裂片斜卵形，中裂片卵形；花丝无毛；花柱端2小裂，不伸出。蒴果扁卵形，略伸出宿存膨大的花萼，先端具歪指的刺尖；种子卵形，长约3cm，宽约1.5mm，种皮淡黄白色，表面具整齐的蜂窝状孔纹。花期7月，果期8月。

中生植物。常生于海拔3000m左右的云杉林下、林缘及灌丛中。

阿拉善地区均有分布。我国特有种，分布于内蒙古、甘肃、青海等地。

阿拉善马先蒿 *Pedicularis alaschanica* Maxim.

多年生草本，株高可达35cm，干后稍变黑。直根，有时分枝。茎自基部多分枝，上部不分枝，斜升，中空，微有4棱，密被锈色绒毛。基生叶早枯，茎生叶下部者对生，上部者3~4枚轮生，叶片披针状矩圆形至卵状矩圆形，长1~2.5 cm，宽5~8mm，羽状全裂，裂片条形，边缘具细锯齿，齿常有白色胼胝，叶两面均近于光滑；叶柄长达1.5cm。穗状花序顶生；苞片叶状，边缘密生卷曲长柔毛；花萼管状钟形，长约1mm，有明显凸起的10脉，无网脉，沿脉被长柔毛，萼齿5，后方1枚较短，三角形，全缘，其他为三角状披针形，具胼胝质锯齿；花冠黄色，长15~20mm，筒在中上部稍向前膝屈，下唇与盔等长，3浅裂，中裂片甚小，盔稍镰状弓曲，额向前下方倾斜，端渐细成下弯的喙，喙长2~3mm；前方1对花丝端有长柔毛。蒴果卵形，长约9mm，宽约5 mm，先端凸尖；种子狭卵形，长约3mm，宽约1mm，具蜂窝状孔纹，淡黄褐色。花期7~8月，果期8~9月。

中生植物。常生于海拔2000~2400m的山地云杉林林缘及沟谷草甸。

阿拉善地区分布于阿拉善左旗、阿拉善右旗。我国特有种，分布于内蒙古、青海、甘肃、宁夏等地。

红纹马先蒿 *Pedicularis striata* Pall.

多年生草本，株高20~80cm，干后不变黑。根粗壮，多分枝。茎直立，单出或于基部抽出数枝，密被短卷毛。基生叶成丛而柄较长，至开花时多枯落；茎生叶互生，向上柄渐短，叶片轮廓披针形，长3~14cm，宽1.5~4cm，羽状全裂或深裂；叶轴有翅，裂片条形，边缘具胼胝质浅齿，上面疏被柔毛或近无毛，下面无毛。花序穗状，长6~22cm；轴密被短毛；苞片披针形，下部者多少叶状而有齿，上部者全缘而短于花，通常无毛；花萼钟状，长7~13cm，薄革质，疏被毛或近无毛，萼齿5，不等大，后方1枚较短，侧生者两两结合成端有2裂的大齿，缘具卷毛；花冠黄色，具绛红色脉纹，长25~33mm，盔镰状弯曲，端部下缘具2齿，下唇3浅裂，稍短于盔，侧裂片斜肾形，中裂片肾形，宽过于长，叠置于侧裂片之下；花丝1对被毛。蒴果卵圆形，具短凸尖，长9~13mm，宽4~6mm，约含种子16粒；种子矩圆形，长约2mm，宽约1mm，扁平，具网状孔纹，灰黑褐色。花期6~7月，果期8月。

中生植物。常生于海拔1300~2650m的山地草甸草原、林缘草甸或疏林中。

阿拉善地区均有分布。我国分布于北方各地。蒙古及俄罗斯也有分布。

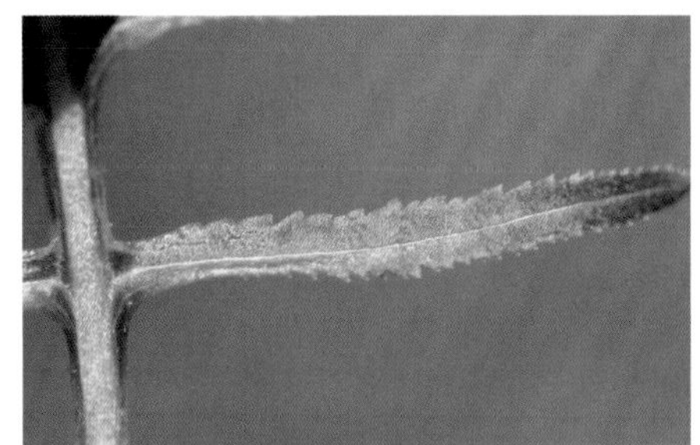

粗野马先蒿 *Pedicularis rudis* Maxim.

多年生草本，株高1m有余，一般约60cm，上部常有分枝，干时多少变黑，多毛。根茎粗壮，肉质，上部以细而鞭状的根茎连着于生在地表下而密生须根的根颈之上。茎中空，圆形。叶无基出者，茎生者发达，下部者较小而早枯，中部者最大，上部者渐小而变为苞片，叶片为披针状线形，无柄而抱茎，长3~5cm，宽0.8~2.2cm，羽状深裂到距中脉1/3处，裂片紧密，多达24对，长圆形至披针形，长达1cm，端稍指向前方，缘有重锯齿，两面均有毛，齿有胼胝。花序长穗状，长者达30cm以上，其毛被多具腺点；苞片下部者叶状，线形具浅裂，上部者渐变全缘而为卵形，仅略长于萼；萼长5~6.5mm，狭钟形，密被白色具腺之毛，齿5枚，略相等，卵形而有锯齿；花冠白色，长20~22mm，管长约12 mm，中部多少向前弓曲，使花前俯，与盔部一样都有密毛，盔部与管的上部在同一直线上，指向前上方，上部紫红色，弓曲向前而使前部成为舟形，额部黄色，端稍稍上仰而成一小凸喙，下缘有极长的须毛，背部毛较他处为密，下唇裂片3枚均为卵状椭圆形，中裂较大，都有长缘毛，长约与盔部等；花丝无毛；花柱不在喙端伸出。蒴果宽卵圆形，略侧扁，长约13mm，宽约8mm，前端有刺尖；种子多少肾脏状椭圆形，有明显的网纹，长约2.5mm。花期7~8月，果期8~9月。

中生植物。常生于海拔2350~3350m的荒草坡或灌丛中。

阿拉善地区分布于阿拉善左旗、贺兰山。我国特有种，分布于内蒙古、甘肃西部、青海、四川北部等地。

疗齿草属 *Odontites* Ludw.

疗齿草 *Odontites vulgaris* Moench

一年生草本，株高10~40cm，全株被贴伏而倒生的白色细硬毛。茎上部四棱形，常在中上部分枝。叶有时上部的互生，披针形至条状披针形，长1~3cm，宽达5mm，先端渐尖，边缘疏生锯齿；无柄。总状花序顶生，苞片叶状；花梗极短，长约1mm；花萼钟状，长4~7mm，4等裂，裂片狭三角形，长2~3mm，被细硬毛；花冠紫红色，长8~10mm，外面被白色柔毛，上唇直立，略呈盔状，先端微凹或2浅裂，下唇开展，3裂，裂片倒卵形，中裂片先端微凹，两侧裂片全缘；雄蕊与上唇略等长，花药箭形，药室下面延成短芒。蒴果矩圆形，长5~7mm，宽2~3mm，略扁，顶端微凹，扁侧面各有1条纵沟，被细硬毛；种子多数，卵形，长约1.8mm，宽约0.8mm，褐色，有数条纵的狭翅。花期7~8月，果期8~9月。

中生植物。常生于海拔2000m以下的低湿草甸及水边。

阿拉善地区均有分布。我国分布于东北西北部、华北、西北等地。欧洲、中亚、伊朗、蒙古也有分布。

大黄花属 *Cymbaria* L.

光药大黄花 *Cymbaria mongolica* Maxim. 别名：蒙古芯芭

多年生草本，株高5~8cm，全株密被短柔毛，有时毛稍长，带绿色。根茎垂直向下，顶端常多头。茎数条，丛生，常弯曲而后斜升。叶对生，或在茎上部近于互生，矩圆状披针形至条状披针形，长10~17mm，宽1~4mm。小苞片长10~15mm，全缘或有1~2小齿；萼筒长约7mm，有脉棱11条，萼齿5，条形或钻状条形，长为萼筒的2~3倍，齿间具1~2偶有3长短不等的条状小齿，有时甚小或无；花冠黄色，长25~35mm，外面被短细毛，二唇形，上唇略呈盔状，下唇3裂片近于相等，倒卵形；花丝着生于花冠管内里近基处，花丝基部被柔毛，花药外露，通常顶部无毛或偶有少量长柔毛，倒卵形，长约3mm，宽约1mm；子房卵形，花柱细长，于上唇下端弯向前方。蒴果革质，长卵圆形，长约10mm，宽约5mm；种子长卵形，扁平，长约4mm，宽约2mm，有密的小网眼。花期5~8月。

旱生植物。常生于海拔800~2000m的砂质或砂砾质荒漠草原和干草原上。

阿拉善地区均有分布。我国分布于内蒙古、河北、山西、陕西、甘肃、宁夏、青海等地。

小米草属 *Euphrasia* L.

小米草 *Euphrasia pectinata* Ten.

一年生草本，株高10~30cm。茎直立，有时中下部分枝，暗紫色、褐色或绿色，被白色柔毛。叶对生，卵形或宽卵形，长5~15mm，宽3~8mm，先端钝或尖，基部楔形，边缘具2~5对急尖或稍钝的牙齿，两面被短硬毛；无柄。穗状花序顶生；苞叶叶状；花萼筒状，4裂，裂片三角状披针形，被短硬毛；花冠二唇形，白色或淡紫色，长5~8mm，上唇直立，2浅裂，裂片顶部又微2裂，下唇开展，3裂，裂片又叉状浅裂，被白色柔毛；雄蕊花药裂口露出白色须毛，药室在下面延长成芒。蒴果扁，每侧面中央具1纵沟，长卵状矩圆形，长约5mm，宽约2mm，被柔毛，上部边沿具睫毛，顶端微凹；种子多数，狭卵形，长约1mm，宽约0.3mm，淡棕色，其上具10余条白色膜质纵向窄翅。花期7~8月，果期9月。

中生植物。常生于海拔2400~4000m的山地草甸、草甸草原以及林缘、灌丛。

阿拉善地区均有分布。我国分布于东北、华北、西北等地。欧洲至蒙古、日本也有分布。

肉苁蓉属 *Cistanche* Hoffmanns. & Link

肉苁蓉 *Cistanche deserticola* Ma　　别名：苁蓉、大芸

多年生草本，株高40~160cm。茎肉质。鳞片状叶多数，淡黄白色，下部的叶紧密，宽卵形、三角状卵形，上部的叶稀疏，披针形或狭披针形。花萼钟状，裂片近圆形；花冠管状钟形，管内弯，管内面离轴方向有2条纵向的鲜黄色突起，裂片5，开展近半圆形；花冠管淡黄白色，裂片颜色常有变异；花丝上部稍弯曲，基部被皱曲长柔毛；子房椭圆形，白色，基部有黄色蜜腺，花柱顶端内折。蒴果卵形，2瓣裂，褐色；种子多数，微小，椭圆状卵形或椭圆形，表面网状，有光泽。花期5~6月，果期6~7月。

旱生植物。根寄生植物，寄主为梭梭。常生于海拔1150m以下梭梭荒漠的沙丘中。

阿拉善地区均有分布。我国分布于内蒙古、宁夏、甘肃、新疆等地。蒙古也有分布。

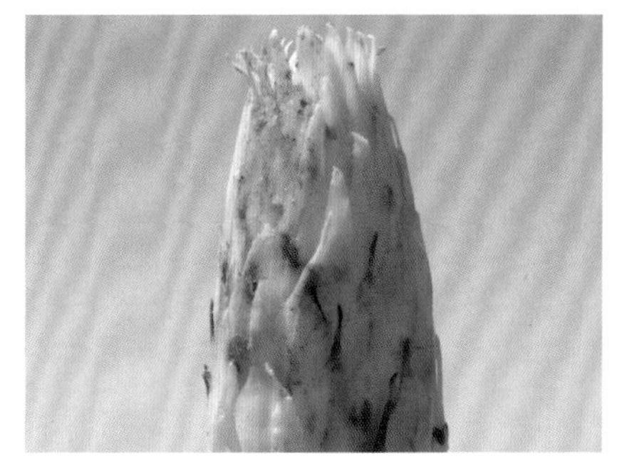
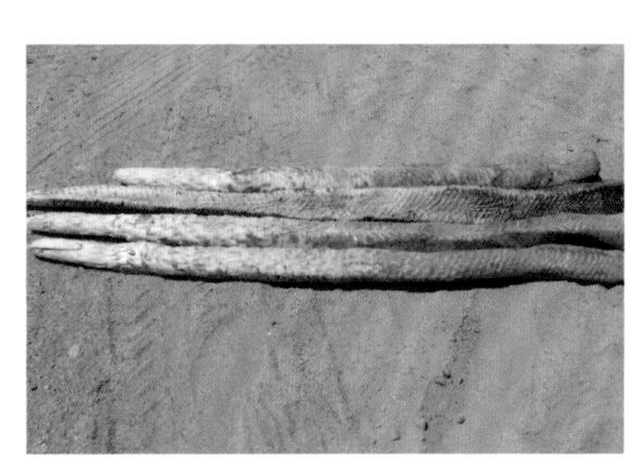

盐生肉苁蓉 *Cistanche salsa* (C. A. Mey.) G. Beck

多年生草本，株高10~45cm，有时具少数绳束状须根。茎肉质，圆柱形，黄色，不分枝，有时基部分2~3枝。穗状花序圆柱状；苞片卵形或矩圆状披针形；花萼钟状，淡黄色或白色，5浅裂，裂片卵形或近圆形，无毛或多少被绵毛；花冠管状钟形，管部白色，裂片半圆形，淡紫色，管内面离轴方向具2条凸起的黄色纵纹；花药与花丝基部具皱曲长柔毛，花药顶端具聚尖头。蒴果椭圆形，2瓣开裂；种子近球形。花期5~6月，果期6~7月。

旱生植物。常生于海拔700~2650m荒漠草原带及荒漠区的湖盆低地、盐化低地。根寄生植物，寄主有盐爪爪、细枝盐爪爪、尖叶盐爪爪、红砂、珍珠猪毛菜、小果白刺、芨芨草等。

阿拉善地区均有分布。我国分布于内蒙古、甘肃、青海、新疆等地。蒙古、伊朗、俄罗斯、中亚也有分布。

沙苁蓉 *Cistanche sinensis* Beck

多年生草本，株高15~70cm。茎圆柱形，直径15~20mm，鲜黄色，常自基部分2~4(6)枝，上部不分枝。鳞片状叶在茎下部卵形，向上渐狭窄为披针形，长5~20mm。穗状花序长5~10cm，径4~6cm；苞片矩圆状披针形至条状披针形，背面及边缘密被蛛丝状毛，常较花萼长；小苞片条形或狭矩圆形，被蛛丝状毛；花萼近钟形，长14~20cm，向轴面深裂几达基部，4深裂，裂片矩圆状披针形，多少被蛛丝状毛；花冠淡黄色，极少花冠裂片带淡红色，干后变墨蓝色，管状钟形，长22~28mm，其下部雄蕊着生处有一圈长柔毛；花药长3~4mm，被皱曲长柔毛，顶端具聚尖头。蒴果2深裂，具多数种子。花期5~6月，果期6~7月。

旱生植物。常生于海拔1000~2240m荒漠草原带及荒漠区的砂质梁地、砾石质梁地或丘陵坡地。

阿拉善地区均有分布。我国分布于内蒙古、甘肃等地。

地黄属 *Rehmannia* Libosch. ex Fisch. & C. A. Mey.

地黄 *Rehmannia glutinosa* (Gaertn.) Libosch.ex Fisch. & C. A. Mey. 别名：生地、怀庆地黄

多年生草本，株高10~30cm，全株密被白色或淡紫褐色长柔毛及腺毛。根状茎先直下然后横走，细长条状，弯曲，径达7mm。茎单一或基部分生数枝，紫红色，茎上很少有叶片。叶通常基生，呈莲座状，倒卵形至长椭圆形，总状花序顶生；苞片叶状；花萼钟状或坛状，萼齿5；花冠筒状而微弯；雄蕊着生于花冠筒的近基部；花柱细长。蒴果卵形；种子多数，卵形、卵球形或矩圆形，表面具蜂窝状膜质网眼。花期5~6月，果期7月。

旱中生植物。常生于海拔50~1100m的山地坡麓及路边。

阿拉善地区均有分布。我国分布于华北、辽宁、陕西、甘肃、宁夏、河南、湖北、山东、江苏等地。世界各地均有栽培。

列当属 *Orobanche* L.

列当 *Orobanche coerulescens* Stephan　　别名：兔子拐棍、独根草

二年生或多年生草本，株高10~35cm，全株被蛛丝状绵毛。茎不分枝，圆柱形，黄褐色，基部常膨大。叶鳞片状，卵状披针形，黄褐色。穗状花序顶生；苞片卵状披针形，先端尾尖，稍短于花，棕褐色；花萼2，深裂至基部，每裂片2浅尖裂；花冠二唇形，蓝紫色或淡紫色，稀淡黄色，长约2cm，管部稍向前弯曲，上唇宽阔，顶部微凹，下唇3裂，中裂片较大；雄蕊着生于花冠管的中部，花药无毛，花丝基部常具长柔毛。蒴果卵状椭圆形；种子黑褐色。花期6~8月，果期8~9月。

中生植物。根寄生植物，常寄生于海拔850~4000m蒿属植物的根上，习见寄主有冷蒿、黑沙蒿、南牡蒿、龙蒿等。

阿拉善地区均有分布。我国分布于东北、华北、西北、四川等地。朝鲜、日本、中亚、俄罗斯西伯利亚、欧洲也有分布。

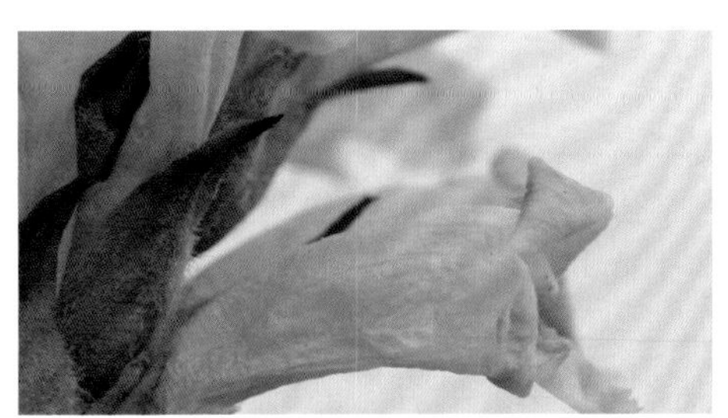

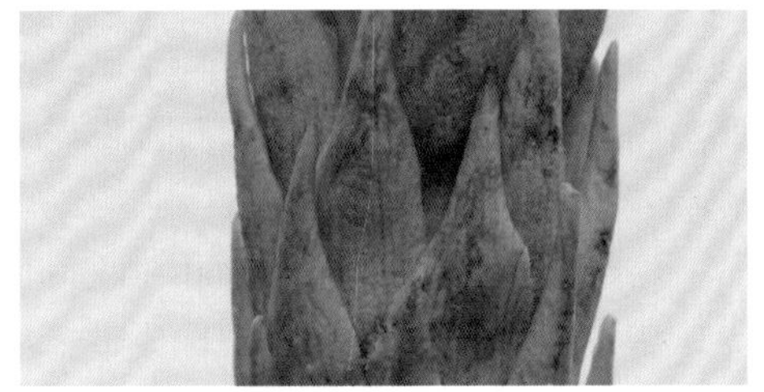

黄花列当 *Orobanche pycnostachya* Hance

二年生或多年生草本，株高 12~34cm，全株密被腺毛。茎直立，单一，不分枝，圆柱形，直径 4~12mm，具纵棱，基部常膨大，具不定根，黄褐色。叶鳞片状、卵状披针形或条状披针形，长 10~20mm，黄褐色，先端尾尖。穗状花序顶生，长 4~18cm，具多数花；苞片卵状披针形，长 14~17mm，宽 3~5mm，先端尾尖，黄褐色，密被腺毛；花萼 2 深裂达基部，每裂片再 2 中裂，小裂片条形，黄褐色，密被腺毛；花冠二唇形，黄色，长约 2cm，花冠筒中部稍弯曲，密被腺毛，上唇 2 浅裂，下唇 3 浅裂，中裂片较大；雄蕊 4，2 强，花药被柔毛，花丝基部稍被腺毛；子房矩圆形，无毛，花柱细长，被疏细腺毛。蒴果矩圆形，包藏在花被内；种子褐黑色，扁球形或扁椭圆形，长约 0.3 mm。花期 6~7 月，果期 7~8 月。

中生植物。根寄生植物，常寄生于海拔 250~2500m 蒿属植物的根上，习见寄主有冷蒿、黑沙蒿、南牡蒿、龙蒿等。

阿拉善地区均有分布。我国分布于东北、内蒙古、河北、山西、陕西、河南、山东、安徽等地。朝鲜、俄罗斯也有分布。

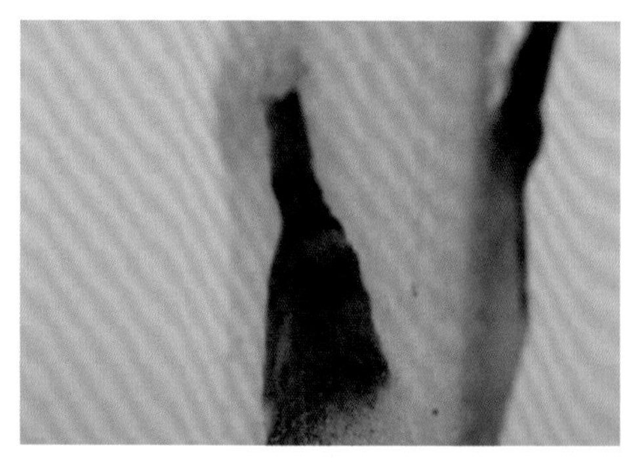

弯管列当 *Orobanche cernua* Loefl.

一年生、二年生或多年生草本，株高 15~35cm，全株被腺毛。茎直立，单一，不分枝，圆柱形，直径 5~10mm，褐黄色，基部有时具肉质根，常增粗。叶鳞片状、三角状卵形或近卵形，长 7~12mm，宽 5~7mm，褐黄色，被腺毛，毛端尖。穗状花序圆柱形，长 4~18cm，具多数花；苞片卵状披针形或卵形，长 8~15mm，褐黄色，密被腺毛，毛端渐尖；花萼钟状，向花序轴方向裂达基部，离轴方向深裂，每裂片再 2 尖裂，小裂片条形，先端尾尖，被腺毛，褐黄色；花冠唇形，长 10~18mm，花后管中部强烈向下弯曲，上唇 2 浅裂，下唇 3 浅裂，管部淡黄色（干时亮黄色），裂片常带淡紫色或淡蓝色，被稀疏的短柄腺毛；雄蕊 4，2 强，内藏，花药与花丝均无毛。蒴果矩圆状椭圆形，褐色，顶端 2 裂；种子棕黑色，扁椭圆形，长 0.2~0.3mm，有光泽，网状。花期 6~7 月，果期 7~8 月。

中生植物。常生于海拔 500~3000m 的针茅草原，也见于山地阳坡。根寄生植物，寄生在蒿属植物的根上。

阿拉善地区均有分布。我国分布于内蒙古、甘肃等地。欧洲、中亚、西亚、蒙古也有分布。

茜草科 Rubiaceae

拉拉藤属 *Galium* L.

四叶葎 *Galium bungei* Steud.　　别名：小拉马藤、散血丹、细草葎

多年生草本，株高 10~50cm。主根纤细，须根丝状，红色。茎丛生，多分枝，近直立，具 4 棱，无毛或具极稀疏的皮刺，节上被硬毛。叶 4 枚轮生，近等大或其中两枚大于另两枚，十字形交叉，卵状披针形或披针状矩圆形，长 0.6~3.4cm，宽 2~5mm，先端急尖或稍钝，基部楔形，上面具多数刺状硬毛，下面近无毛，仅中脉上具刺状硬毛，边缘具刺状硬毛；近无柄。聚伞花序顶生或腋生，花疏散；花小，淡黄绿色；花梗纤细，长 2~5mm，无毛；小苞片条形，长 2~5mm；花萼具短钩毛，檐部近平截；花冠直径约 1.5mm，裂片 4，矩圆形，长不及 1mm；雄蕊 4，着生于花冠筒的上部；花柱 2 浅裂，柱头头状。果实双球形，径 1~1.5mm，上有短钩毛。花果期 7~9 月。

中生植物。常生于海拔 50~2520m 的山沟、林下及林缘。

阿拉善地区均有分布。我国分布于南北各地，尤以长江中下游和华北地区较常见。朝鲜、日本也有分布。

北方拉拉藤 *Galium boreale* L.

多年生草本，株高15~65cm。茎直立，节部微被毛或近无毛，具4纵棱。叶4片轮生，披针形或狭披针形，长1~3(5)cm，宽3~5(7)mm，先端钝，基部宽楔形，两面无毛，边缘稍反卷，被微柔毛，基出脉3条，表面凹下，背面明显凸起；无柄。顶生聚伞圆锥花序，长可达25cm；苞片具毛；花小，白色；花梗长约2mm；萼筒密被钩状毛；花冠长约2mm，4裂，裂片椭圆状卵形、宽椭圆形或椭圆形，外被极疏的短柔毛；雄蕊4，花药椭圆形，长约0.2mm，花丝长约0.7mm，光滑；子房下位，花柱2裂至近基部，长约1mm，柱头球状。果小，扁球形，长约1mm，果爿单生或双生，密被黄白色钩状毛。花期7月，果期9月。

中生植物。常生于海拔750~3900m的山地林下、林缘、灌丛及草甸中，也有少量生于杂类草草甸草原。

阿拉善地区分布于贺兰山、龙首山、桃花山。我国分布于东北、华北、甘肃、宁夏、青海、陕西、新疆、山东等地。日本、俄罗斯、北欧、北美洲也有分布。

蓬子菜 *Galium verum* L.

多年生草本，株高25~65cm，近直立，基部稍木质。地下茎横走，暗棕色。茎具4纵棱，被短柔毛。叶6~8(10)片轮生，条形或狭条形，长1~3(4.5)cm，宽1~2mm，先端尖，基部稍狭，上面深绿色，下面灰绿色，两面均无毛，中脉1条，背面凸起，边缘反卷，无毛；无柄。聚伞圆锥花序顶生或上部叶腋生，长5~20cm；花小，黄色，具短梗，被疏短柔毛；萼筒长约1mm，无毛；花冠长约2.2mm，裂片4，卵形，长约2mm，宽约1mm；雄蕊4，长约1.3mm；花柱2裂至中部，长约1mm，柱头头状。果小，果爿双生，近球形，径约2mm，无毛。花期7月，果期8~9月。

中生植物。常生于海拔40~4000m的草甸草原、杂类草草甸、山地林缘及灌丛中，为草甸草原的优势植物之一。

阿拉善地区分布于贺兰山、龙首山、桃花山。我国分布于东北、华北、西北及长江流域各地。亚洲温带的其他地区、欧洲、北美洲也有分布。

毛果蓬子菜（变种）*Galium verum* var. *trachycarpum* DC.

多年生草本，株高 25~65cm，近直立，基部稍木质。地下茎横走，暗棕色。茎具 4 纵棱，被短柔毛。叶 6~8(10) 片轮生，条形或狭条形，长 1~3(4.5)cm，宽 1~2mm，先端尖，基部稍狭，上面深绿色，下面灰绿色，两面均无毛，中脉 1 条，背面凸起，边缘反卷，无毛；无柄。聚伞圆锥花序顶生或上部叶腋生，长 5~20cm；花小，黄色；具短梗，被疏短柔毛；萼筒长约 1mm，密被短硬毛；花冠长约 2.2mm，裂片 4，卵形，长约 2mm，宽约 1mm；雄蕊 4，长约 1.3mm；花柱 2 裂至中部，长约 1mm，柱头头状。果小，果爿双生，近球形，径约 2mm，密被短硬毛。花期 7 月，果期 8~9 月。

中生植物。常生于海拔 40~4000m 的草甸草原、杂类草草甸、山地林缘及灌丛中，常成为草甸草原的优势植物之一。

阿拉善地区分布于贺兰山、龙首山、桃花山。我国分布于东北、华北、内蒙古、甘肃、宁夏、青海、陕西、新疆、山东等地。日本、北欧、北美洲也有分布。

东北猪殃殃（变种）*Galium dahuricum* var. *lasiocarpum* (Makino) Nakai

多年生草本。须根纤细。茎细弱，攀缘，长15~40cm，具倒向皮刺。叶薄纸质，6片轮生，稀5或7，倒披针形，长6~18mm，宽2~5mm，向上渐小，先端渐尖或锐尖，基部楔形，边缘具倒向皮刺，上面具向前的糙硬毛，下面无毛或疏被糙硬毛，具1脉，背面凸起，两面均被倒向皮刺或仅背面具刺；无柄或近无柄。聚伞花序顶生或腋生，花小，淡绿色；小苞片对生，呈叶状；花梗纤细，长3~6mm，果期增长；花萼密被钩状毛；花冠长1~1.5mm，裂片卵状三角形，先端急尖；雄蕊着生于花冠筒中部；花柱2裂，柱头头状。果实双球形，长约2mm，具开展的钩状毛。花期7月，果期8~9月。

湿中生植物。常生于海拔350~1100m的山沟阴坡、岩石下阴湿处、石缝及林下。

阿拉善地区分布于贺兰山、龙首山、桃花山。我国分布于东北、内蒙古、河北、山西、陕西、四川等地。朝鲜、日本也有分布。

细毛拉拉藤 *Galium pusillosetosum* H.Hara

多年生草本，株高5~30cm。须根纤细，暗红色。茎纤细，簇生，近直立，基部常平卧，四棱形，光滑无毛或疏被散生开展的硬毛。叶纸质，4~6片轮生，倒披针形，长(3)5~10mm，宽1~2.5mm，先端急尖或具刺状尖头，基部宽楔形，表面无毛，背面仅中脉上被硬毛，边缘稍反卷，疏被硬毛，基出脉1条，表面凹下，背面凸起。聚伞花序腋生或顶生，具少花；总花梗长8~16mm，无毛；苞片小，叶状，花小，淡紫色；花梗长3~5mm，无毛；花冠直径2.5~3mm，裂片卵形，长1.2~1.5mm，先端渐尖；雄蕊4，伸出花冠外，花丝长约0.5mm；子房密被白色硬毛，花柱2，柱头头状。果实近球形，径约2mm，密被白色的钩状硬毛。花期6~7月，果期8月。

中生植物。常生于海拔2150~3900m的山坡林下、沟边、石缝及山谷干河床等处。

阿拉善地区分布于贺兰山、龙首山、桃花山。我国分布于内蒙古、陕西、青海、宁夏等地。尼泊尔、不丹也有分布。

猪殃殃 *Galium spurium* L.

一年生或二年生草本。茎长30~80cm，具4棱，沿棱具倒向钩状刺毛，多分枝。叶6~8片轮生，线状倒披针形，长1~3cm，宽2~4mm，先端具刺状尖头，基部渐狭成柄状，上面具多数硬毛，叶脉1条，边缘稍反卷，沿脉的背面及边缘具倒向刺毛；无柄。聚伞花序腋生或顶生，单生或2~3个簇生，具花数朵；总花梗粗壮，直立；花小，黄绿色，4数；花梗纤细，长3~6mm；花萼密被白色钩状刺毛；檐部近截形；花冠裂片长圆形，长约1 mm；雄蕊4，伸出花冠外。果具1或2个近球状的果爿，密被白色钩状刺毛；果梗直。花期6月，果期7~8月。

中生植物。常生于海拔350~4300m的山地石缝、阴坡、山沟湿地、山坡灌丛下或路旁。

阿拉善地区分布于贺兰山。我国分布于东北、华北、西北、华南至西南各地。欧洲、亚洲北部、北美洲也有分布。

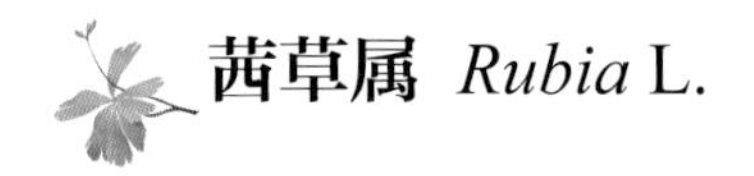

茜草属 *Rubia* L.

茜草 *Rubia cordifolia* L.

多年生攀缘草本。根紫红色或橙红色。茎粗糙，基部稍木质化，小枝四棱形，棱上具倒生小刺。叶4~6(8)片轮生，纸质，卵状披针形或卵形，长1~6cm，宽6~25mm，先端渐尖，基部心形或圆形，全缘，边缘具倒生小刺，上面粗糙或疏被短硬毛，下面疏被刺状糙毛，脉上有倒生小刺，基出脉3~5条；叶柄长0.5~5cm，沿棱具倒生小刺。聚伞花序顶生或腋生，通常组成大而疏松的圆锥花序；小苞片披针形，长1~2mm；花小，黄白色；具短梗；花萼筒近球形，无毛；花冠辐状，长约2mm，筒部极短，檐部5裂，裂片长圆状披针形，先端渐尖；雄蕊5，着生于花冠筒喉部，花丝极短，花药椭圆形；花柱2深裂，柱头头状。果实近球形，径4~5mm，橙红色，成熟时不变黑，内有1粒种子。花期7月，果期9月。

中生植物。常生于海拔300~2800m的山地杂木林下、林缘、路旁草丛、沟谷草甸及河边。

阿拉善地区分布于贺兰山、龙首山、桃花山。我国分布于东北、华北、西北、西南、华东、华南等地。亚洲热带地区、澳大利亚、蒙古、俄罗斯也有分布。

阿拉善茜草（变种）*Rubia cordifolia* var. *alaschanica* G. H. Liu.

多年生攀缘草本。根紫红色或橙红色。茎粗糙，密被短柔毛，花序梗、花梗和叶均被密短柔毛和小刺毛，基部稍木质化；小枝四棱形，棱上具倒生小刺。叶4~6(8)片轮生，纸质，卵状披针形或卵形，长1~6cm，宽6~25mm，先端渐尖，基部心形或圆形，全缘，边缘具倒生小刺，上面粗糙或疏被短硬毛，背面密被短柔毛，脉上有倒生小刺，基出脉全为3；叶柄长0.5~5cm，沿棱具倒生小刺。聚伞花序顶生或腋生，通常组成大而疏松的圆锥花序；小苞片披针形，长1~2cm；花小，黄白色；具短梗；花萼筒近球形，无毛；花冠辐状，长约2mm，筒部极短，檐部5裂，裂片长圆状披针形，先端渐尖；雄蕊5，着生于花冠筒喉部，花丝极短，花药椭圆形；花柱2深裂，柱头头状。果实近球形，径4~5mm，果成熟后为黑紫色，内有1粒种子。花期7月，果期9月。

中生植物。常生于山地林下、岩石缝。

阿拉善地区分布于阿拉善右旗、龙首山。我国特有种，分布于内蒙古。

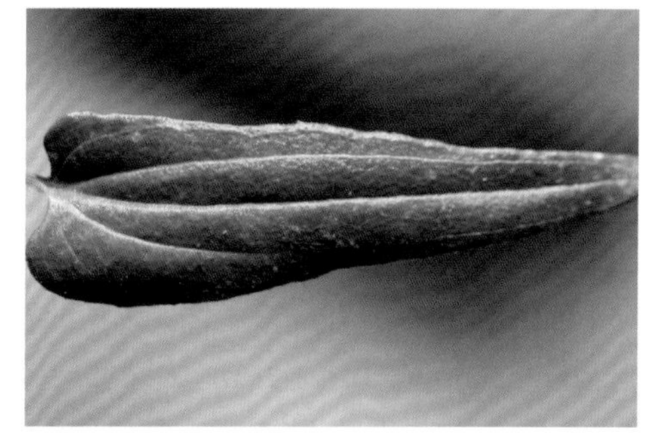

野丁香属 *Leptodermis* Wall.

内蒙野丁香 *Leptodermis ordosica* H. C. Fu & E. W. Ma

小灌木，株高 20~40cm。多分枝，开展。叶厚纸质，对生或假轮生，椭圆形、宽椭圆形至狭长椭圆形，全缘；叶柄短，密被乳头状微毛；托叶三角状卵形或卵状披针形。花近无梗，1~3 朵簇生；小苞片 2 枚；萼筒倒卵形，有睫毛；花冠长漏斗状，紫红色；雄蕊生于花冠管喉部上方，裂片 4~5；花柱有长短之分，柱头 3，丝状。蒴果椭圆形，黑褐色，有宿存，具睫毛的萼裂片，外托以宿存的小苞片；种子矩圆状倒卵形，黑褐色，外包以网状的果皮内壁。花果期 7~8 月。

旱生植物。常生于海拔 800~2400m 的山坡岩石裂缝间。

阿拉善地区分布于贺兰山。我国特有种，分布于内蒙古、宁夏。

忍冬属 *Lonicera* L.

小叶忍冬 *Lonicera microphylla* Willd. ex Schult.

灌木，株高1~1.5m。小枝淡褐色或灰褐色，细条状剥落，光滑或被微柔毛。叶倒卵形、椭圆形或矩圆形，长0.8~2.2cm，宽0.5~1.3cm，先端钝或尖，基部楔形，边缘具睫毛，上下两面均被密柔毛，有时光滑；叶柄长1~2mm，被短柔毛。苞片锥形，常比萼稍长，具柔毛，小苞片缺；总花梗单生叶腋，被疏毛，长10~15mm，下垂；相邻两花的萼筒几乎全部合生，光滑无毛，萼具不明显5齿，萼檐呈杯状；花黄白色，长11~13mm，外被疏毛或光滑，内被柔毛；花冠二唇形，上唇长约9mm，4浅裂，裂片矩圆形，边缘具毛，先端钝圆，外被疏柔毛，下唇1裂，长椭圆形，边缘具毛，裂片长6.5~7.0mm，宽3~3.5mm，花冠筒长约4mm，基部具浅囊；雄蕊5，着生于花冠筒中部，花药长椭圆形，长约3mm，花丝长约6.5mm，基部被疏柔毛，稍伸出花冠；花柱长约8.5mm，中部以下被长毛。浆果橙红色，球形，径5~6mm。花期5~6月，果期8~9月。

旱中生植物。喜生于海拔1100~4150m草原区的山地、丘陵坡地，常见于疏林下、灌丛中，也可散生于石崖上。

阿拉善地区分布于贺兰山。我国分布于内蒙古、西北等地。蒙古、中亚也有分布。

葱皮忍冬 *Lonicera ferdinandi* Franch.

灌木，株高1~4.5m。幼枝常有刚毛，基部具鳞片状残留物；老枝乳头状突起而粗糙。叶纸质或厚纸质，卵形至卵状披针形，长1.5~4cm，先端渐尖，稀钝，基部圆形或近心形。总花梗短，与叶柄几等长；花冠黄色，长1.5~2cm，唇形，冠筒比唇瓣稍长或近等长，基部一侧膨大，上唇4浅裂，下唇细长反曲；花柱上部具长柔毛。浆果红色，卵圆形，被细柔毛；种子椭圆形，扁平，密生锈色小凹孔。花期5~6月，果期9月。

中生植物。常生于暖温草原带的山地、丘陵，一般见于海拔1000~2000m的山地灌丛中。

阿拉善地区分布于贺兰山。我国分布于内蒙古、河北、山西、陕西、甘肃、河南等地。朝鲜也有分布。

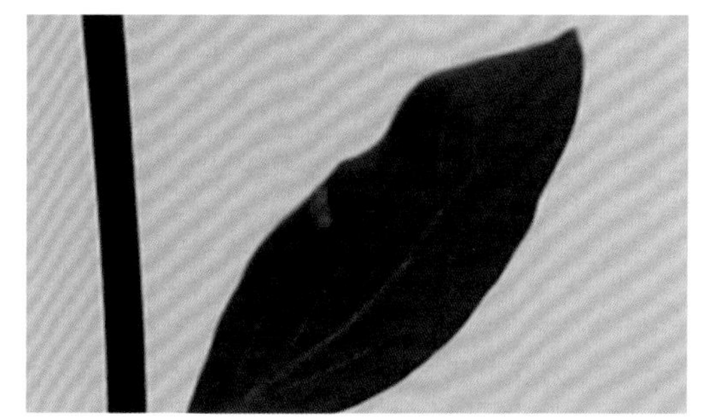

金花忍冬 *Lonicera chrysantha* Turcz. ex Ledeb.

灌木，株高1~2m。冬芽窄卵形，具数对鳞片，边缘具睫毛，背部被疏柔毛。小枝被长柔毛，后变光滑。叶菱状卵形至菱状披针形或卵状披针形，长4~7.5cm，宽1~4.5cm，先端尖或渐尖，基部圆形或宽楔形，全缘，具睫毛，上面暗绿色，疏被短柔毛，沿中肋尤密，下面淡绿色，疏被短柔毛，沿脉甚密；叶柄长3~5mm，被柔毛。苞片与子房等长或较长；小苞片卵状矩圆形至近圆形，长为子房的1/3~1/2，边缘具睫毛，背部具腺毛；总花梗长1.5~2.3cm，被柔毛；花冠黄色，长约12mm；花冠外被柔毛，花冠筒基部一侧浅囊状，上唇4浅裂，裂片卵圆形，下唇长椭圆形；雄蕊5，花丝长约10mm，中部以下与花冠筒合生，被密柔毛，花药长椭圆形，长约2mm；花柱长约11mm，被短柔毛，柱头圆球状，子房矩圆状卵圆形，具腺毛。浆果红色，径5~6mm, 种子多数。花期6月，果期9月。

中生植物。常生于海拔1200~1400m的山地阴坡杂木林下或沟谷灌丛中。

阿拉善地区分布于贺兰山。我国分布于东北、华北、西北、西南等地。亚洲北部和东部其他地区也有分布。

缬草属 *Valeriana* L.

小缬草 *Valeriana tangutica* Batalin

多年生草本，株高 8~20(30)cm，全株无毛。叶小形，基生叶丛生，叶质薄，羽状全裂，裂片全缘；顶端叶裂片大，心状卵形、卵圆形或近于圆形，长 8~18cm，宽 6 ~12cm，两侧裂片 1~2(3) 对，疏离，显著较顶生裂片小，长仅 3~4mm，近圆形，具长柄；茎生叶 2 对，疏离，对生，长 2~4cm，3~7 深裂，裂片条形，先端尖。伞房状聚伞花序，较密集成半球形；苞片及小苞片条形，全缘；花萼内卷；花冠白色，外面粉色，细筒状漏斗形，先端 5 裂，裂片倒卵圆形；雄蕊长于裂片，花药完全外露；子房狭椭圆形，无毛。果实平滑，顶端有羽毛状宿萼。花期 6 月，果期 7~8 月。

中生植物。常生于海拔 1200~3600m 的山地砾石质坡地、石崖及沟谷中，并可进入亚高山带。

阿拉善地区分布于贺兰山、龙首山、桃花山。我国特有种，分布于内蒙古、甘肃、青海等地。

五福花科 Adoxaceae

荚蒾属 *Viburnum* L.

蒙古荚蒾 *Viburnum mongolicum* (Pall.) Rehd.

灌木，株高达 2m。幼枝灰色；老枝黄灰色。叶纸质，宽卵形至椭圆形，边缘具浅波状齿牙，齿端具小凸尖，两面被星状毛；叶柄长 3~8mm。聚伞状伞形花序顶生，花轴、花梗均被星状毛；总状花梗长 5~15mm；萼筒矩圆状筒形，长约 4mm，裂片 5，三角形，长与宽均约 1mm；花冠淡黄白色，筒状钟形，无毛；雄蕊 5，雄蕊与花冠约等长。核果椭圆形，先红色后变黑色，长约 1cm，背面具 2 条沟纹，腹面具 3 条沟纹。花期 6 月，果期 9 月。

中生植物。常生于海拔 800~2400m 的山地林缘、杂木林中及灌丛中。

阿拉善地区分布于贺兰山。我国分布于东北、华北、西北等地。俄罗斯及蒙古也有分布。

葫芦科 Cucurbitaceae

赤瓟属 *Thladiantha* Bunge

赤瓟 *Thladiantha dubia* Bunge

多年生攀缘草本。块根草褐色或黄色。茎少分枝，卷须不分枝，与叶对生，有毛。叶片宽卵状心形。花单性，异株；雌雄花均单生于叶腋；花梗被长柔毛；花萼裂片披针形；花冠5深裂，裂片矩圆形；雄蕊5，离生；子房矩圆形或长椭圆形，密被长柔毛，花柱深3裂，柱头肾形；雄花具半球形退化子房；雌花具5个退化雄蕊。果实浆果状，卵状矩圆形，鲜红色，有10条不明显纵纹；种子卵形，黑色。花期7~8月，果期9月。

中生植物。常生于海拔300~1800m的村舍附近、沟谷、山地草丛中。

阿拉善地区分布于贺兰山。我国分布于东北、华北、内蒙古、宁夏、陕西、甘肃、山东、江苏、江西、广东等地。朝鲜、日本、俄罗斯东部也有分布。

沙参属 *Adenophora* Fisch.

石沙参 *Adenophora polyantha* Nakai

多年生草本，株高20~50cm。茎直立，通常数条从根状茎抽出，密被短硬毛。基生叶早落；茎生叶互生，狭披针形至狭卵状披针形。花常偏于一侧；花萼裂片5，狭三角状披针形；花冠深蓝紫色或浅蓝紫色，钟状，5浅裂，外面无毛；雄蕊5，花药黄色；花盘短圆筒状，顶部有疏毛；花柱稍伸出花冠或与之近等长。蒴果卵状椭圆形；种子黄棕色，卵状椭圆形，稍扁，有一条带狭翅的棱。花期7~8月，果期9月。

旱中生植物。常生于海拔2000m以下的石质山坡、山坡草地。

阿拉善地区分布于贺兰山。我国分布于辽宁、内蒙古、河北、甘肃、陕西、宁夏、山西、河南、山东、安徽、江苏等地。朝鲜也有分布。

宁夏沙参 *Adenophora ningxianica* Hong

多年生草本，株高13~30cm。茎自根状茎上生出数条，丛生，不分枝，无毛或被短硬毛。基生叶心形或倒卵形，早枯；茎生叶互生，常披针形，长6~25mm，宽2~5mm，两面无毛或近无毛，边缘具锯齿，无柄。花序无分枝，顶生或腋生，数朵花集成假总状花序；花梗纤细；花萼无毛，萼筒倒卵形，裂片钻形或钻状披针形，长2~4mm，宽约1mm，边缘常有1对疣状小齿，个别裂片全缘；花冠钟状，蓝色或蓝紫色，长约1.4cm，浅裂片卵状三角形；花盘短筒状，长约2mm，无毛；花柱长约1.5cm，稍长于花冠。蒴果长椭圆状，长约8mm，径约3mm；种子黄色，椭圆状，稍扁，有一条翅状棱，长约2mm。花期7~8月，果期9月。

旱中生植物。常生于海拔1600~2400m荒漠带的山地阴坡岩石缝处。

阿拉善地区分布于贺兰山。我国特有种，分布于甘肃、内蒙古、宁夏等地。

细叶沙参（亚种）*Adenophora capillaris* subsp. *paniculata* (Nannf.) D. Y. Hong & S. Ge

多年生草本，株高60~120cm。茎直立，粗壮，径达8mm，绿色或紫色，不分枝，无毛或近无毛。基生叶心形，边缘有不规则锯齿；茎生叶互生，条形或披针状条形，长5~15cm，宽0.3~1cm，全缘或极少具疏齿，两面疏生短毛或近无毛，无柄。圆锥花序顶生，长20~40cm，多分枝，无毛或近无毛；花梗纤细，长0.6~2cm，常弯曲；花萼无毛，裂片5，丝状钻形或近丝形，长3~5mm；花冠口部收缢，筒状坛形，蓝紫色、淡蓝紫色或白色，长1~1.3cm，无毛，5浅裂；雄蕊多少露出花冠，花丝基部加宽，密被柔毛；花盘圆筒状，长约3mm，无毛或被毛；花柱明显伸出花冠，长2~2.4mm。蒴果卵形至卵状矩圆形，长7~9mm，径3~5mm；种子椭圆形，棕黄色，长约1mm。花期7~9月，果期9月。

中生植物。常生于海拔1100~2800m的山地林缘、灌丛、沟谷草甸。

阿拉善地区分布于贺兰山、龙首山、桃花山。我国特有种，分布于华北、内蒙古、陕西、河南、山东等地。

长柱沙参 *Adenophora stenanthina* (Ledeb.) Kitag.

多年生草本，株高30~80cm。茎直立，有时数条丛生，密生极短糙毛。基生叶早落；茎生叶互生，多集中于中部，条形，长2~6cm，宽2~4mm，全缘，两面被极短糙毛；无柄。圆锥花序顶生，多分枝，无毛；花下垂；花萼无毛，裂片5，钻形，长1.5~2.5mm；花冠蓝紫色，筒状坛形，长1~1.3cm，直径5~8cm，无毛，5浅裂，裂片下部略收缢；雄蕊与花冠近等长；花盘长筒状，长5mm以上，无毛或具柔毛；花柱明显超出花冠约1倍，长1.5~2cm，柱头3裂。蒴果卵圆状，长7~9mm，直径3~5mm。花果期7~9月。

旱中生植物。常生于海拔4000m以下的山地草甸草原、沟谷草甸、灌丛、石质丘陵、草原及沙丘上。

阿拉善地区分布于贺兰山、龙首山、桃花山。我国分布于东北、内蒙古、河北、山西、陕西、宁夏、甘肃、青海等地。蒙古、俄罗斯也有分布。

长柱沙参（原亚种）*Adenophora stenanthina* subsp. *stenanthina*

多年生草本，株高30~80cm。茎直立，有时数条丛生，密生极短糙毛。基生叶早落；茎生叶互生，多集中于中部，叶披针形至卵形，长1.2~4cm，宽5~15mm，边缘具深刻而尖锐的皱波状齿，全缘，两面被极短糙毛；无柄。圆锥花序顶生，多分枝，无毛；花下垂；花萼无毛，裂片5，钻形，长1.5~2.5mm；花冠蓝紫色，筒状坛形，长1~1.3cm，直径5~8mm，无毛，5浅裂，裂片下部略收缢；雄蕊与花冠近等长；花盘长筒状，长5mm以上，无毛或具柔毛；花柱明显超出花冠约1倍，长1.5~2cm，柱头3裂。花果期7~9月。

旱生植物。常生于海拔2400m以下的山坡草地、沟谷、撂荒地。

阿拉善地区分布于贺兰山、龙首山、桃花山。我国分布于东北、内蒙古、河北北部、山西、陕西、宁夏等地。俄罗斯、蒙古也有分布。

林沙参（亚种）*Adenophora stenanthina* subsp. *sylvatica* D. Y. Hong

多年生草本，株高 30~80cm。茎直立，有时数条丛生，密生极短糙毛。基生叶早落；茎生叶互生，多集中于中部，叶条形至披针形，长 1.5~2.5cm．宽 2~8mm，边缘具锯齿，两面被极短糙毛，无柄。圆锥花序顶生，多分枝，无毛；花下垂；花萼无毛，裂片 5，钻形，长 1.5~2.5mm；花冠蓝紫色，筒状坛形，长 1~1.3cm，直径 5~8mm，无毛，5 浅裂，裂片下部略收缢；雄蕊与花冠近等长；花盘长筒状，长 5mm 以上，无毛或具柔毛；花柱明显超出花冠约 1 倍，长 1.5~2cm，柱头 3 裂。蒴果卵圆状。花果期 7~9 月。

旱中生植物。常生于海拔 2500~4000m 的山坡。

阿拉善地区分布于龙首山、桃花山。我国分布于内蒙古、甘肃、青海等地。

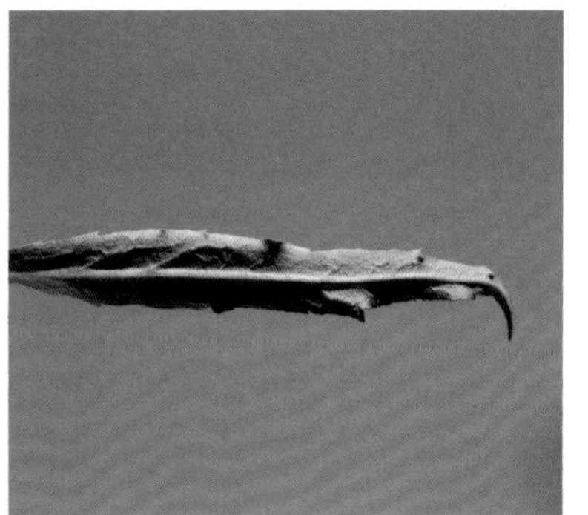

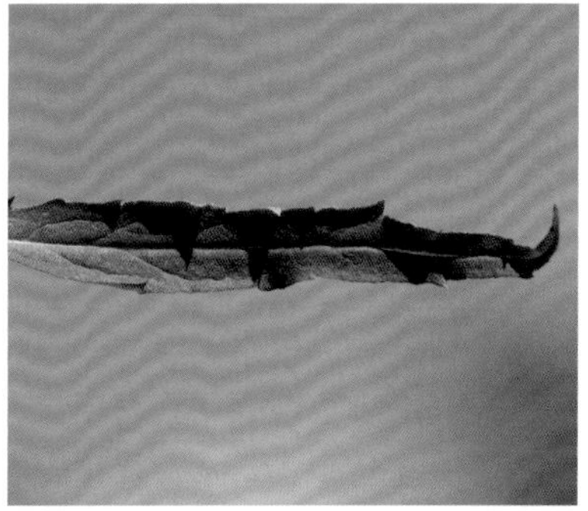

紫菀属 *Aster* L.

阿尔泰狗娃花 *Aster altaicus* Willd.　　别名：阿尔泰紫菀

多年生草本，株高 (5)20~40cm，全株被弯曲短硬毛和腺点。根多分枝，黄色或黄褐色。茎多由基部分枝，斜升，也有茎单一而不分枝或由上部分枝者，茎和枝均具纵条棱。叶疏生或密生，条形、条状矩圆形、披针形、倒披针形或近匙形，长 (0.5)2~5cm，宽 (1)2~4mm，先端钝或锐尖，基部渐狭，无叶柄，全缘，上部叶渐小。头状花序直径 (1)2~3(3.5)cm，单生于枝顶或排成伞房状；总苞片草质，边缘膜质，条形或条状披针形，先端渐尖，外层者长 3~5mm，内层者长 5~6mm；舌状花淡蓝紫色，长 (5)10~15mm，宽 1~2mm，管状花长约 6mm。瘦果矩圆状倒卵形，长 2~3mm，被绢毛；冠毛污白色或红褐色，为不等长的糙毛状，长达 4mm。花果期 7~10 月。

中旱生植物。广泛生长于海拔 4000m 以下的干草原与草甸草原带，也生于山地、丘陵坡地、砂质地、路旁及村舍附近等处。

阿拉善地区均有分布。我国分布于东北、华北、西北、湖北、四川等地。俄罗斯、中亚及蒙古也有分布。

狗娃花　*Aster hispidus* Thunb.

一年生或二年生草本，株高 30~60cm。茎直立，上部有分枝，具纵条棱，多少被弯曲的短硬毛和腺点。基生叶倒披针形，长 4~10cm，宽 1~1.5cm，先端钝，基部渐狭，边缘有疏锯齿，两面疏生短硬毛，花时即枯死；茎生叶倒披针形至条形，长 3~5cm，宽 3~6mm，先端钝尖或渐尖，基部渐狭，全缘而稍反卷，两面疏被细硬毛或无毛，边缘有伏硬毛，无叶柄；上部叶较小，条形。头状花序直径 3~5cm；总苞片 2 层，草质，内层者下部及边缘膜质，内层者菱状披针形，长 6~8mm，两者近等长，先端渐尖，背部及边缘疏生伏硬毛；舌状花 30 余朵，白色或淡红色，长 12~20mm，宽 2~4mm；管状花长 5~7mm。瘦果倒卵形，长 2.5~3mm，有细边肋，密被伏硬毛；舌状花的冠毛甚短，白色膜片状或部分红褐色，糙毛状，管状花的冠毛糙毛状，与花冠近等长，先为白色后变为红褐色。花期 7~9，果期 8~9 月。

中生植物。常生于海拔 2400m 左右的山坡草甸、河岸草甸及林下等处。

阿拉善地区分布于贺兰山。我国分布于东北、西北，也见于四川、湖北、安徽、江西、浙江、台湾等地。朝鲜、日本、蒙古、俄罗斯也有分布。

三脉紫菀 *Aster ageratoides* Turcz.　　别名：野白菊花、山白菊、鸡儿肠

多年生草本，株高 40~60cm。具根茎，茎直立。基生叶与茎下部叶卵形，基部急狭成长柄，花期枯萎；中部叶长椭圆状披针形、矩圆状披针形至狭披针形，先端渐尖，基部楔形，边缘具锯齿，两面被短硬毛和腺点，离基三出脉；茎上部叶渐小，披针形，具浅齿或全缘。头状花序直径 1.5~2cm，排列成伞房状或圆锥伞房状；总苞钟状至半球形，总苞片 3 层，有缘毛；舌状花冠紫色、淡红色或白色，管状花冠黄色。瘦果被微毛；冠毛淡红褐色或污白色。花果期 8~9 月。

中旱生植物。常生于海拔 100~3350m 的山地林缘、山地草原和丘陵。

阿拉善地区分布于贺兰山。我国普遍分布。朝鲜、日本、俄罗斯东部、印度也有分布。

紫菀木属 *Asterothamnus* Novopokr.

中亚紫菀木 *Asterothamnus centraliasiaticus* Novopokr.

多分枝半灌木，株高20~40cm。下部多分枝，老枝木质化，灰黄色，腋芽卵圆形，小，被短绵毛，小枝细长，灰绿色，被蛛丝状短绵毛，后变光滑无毛。叶近直立或稍开展，矩圆状条形或近条形，长(8)12~15mm，宽1.5~2mm，先端锐尖，基部渐狭，边缘反卷，两面密被蛛丝状绵毛，呈灰绿色，后渐脱落，上部叶渐变窄小。头状花序直径约1cm，在枝顶排列成疏伞房状，总花梗细长；总苞宽倒卵形，直径5~7mm，总苞片外层者卵形或卵状披针形，长1.5~2mm，先端锐尖，内层者矩圆形，长约5mm，先端稍尖或钝，上端通常紫红色，背部被密或疏的蛛丝状短绵毛；舌状花淡蓝紫色，7~10朵，长10~13mm，管状花11~12(16)朵，长约5mm。瘦果倒披针形，长3.5mm；冠毛白色，与管状花冠等长。花果期8~9月。

超旱生植物。常生于海拔1300~3900m荒漠地带及荒漠草原的砂质地及砾石质地，常沿干河床及流水形成群落。

阿拉善地区均有分布。我国分布于内蒙古、宁夏、甘肃、新疆和青海等地。蒙古南部也有分布。

碱菀属 *Tripolium* Nees

碱菀 *Tripolium pannonicum* (Jacquin) Dobroczajeva in Visjulina　别名：竹叶菊、金盏菜

一年生草本，株高10~60cm。茎直立。叶肉质，茎下部叶矩圆形或披针形，有柄；中部叶条形或条状披针形，无柄，全缘或具微齿；上部叶渐小，条形或条状披针形。头状花序具异形花，排列成伞房状；总苞倒卵形，苞片2~3层，肉质，外层者边缘红紫色，内层者红紫色，具3脉；花冠舌状，蓝紫色，中央两性花，花冠管状，黄色。瘦果狭矩圆形，边肋较厚，两面各有1细肋；冠毛多层，白色或浅红色。花果期8~12月。

中生植物。常生于湖边、沼泽及盐碱地。

阿拉善地区分布于阿拉善左旗、贺兰山。我国分布于东北、华北、西北、华东等地。朝鲜、日本、俄罗斯西伯利亚、中亚、伊朗、欧洲、非洲北部及北美洲也有分布。

联毛紫菀属 *Symphyotrichum* Nees

短星菊 *Symphyotrichum ciliatum* (Ledeb.) G. L. Nesom

一年生草本，株高10~50cm。茎红紫色，具纵条棱，疏被弯曲柔毛。叶稍肉质，条状披针形或条形，长1.5~5cm，宽3~5mm，先端锐尖，基部无柄，半抱茎，边缘有软骨质缘毛，粗糙，两面无毛，有时上面疏被短毛。头状花序直径1~2cm；总苞长6~7mm，总苞片3层，条状倒披针形，外层者稍短，内层者较长，先端锐尖，背部无毛，边缘有睫毛；舌状花连同花柱长约4.5mm，管部狭长，舌片矩圆形，长约1.5mm；管状花长约4mm。瘦果褐色，长2~2.2mm，宽约0.5mm，顶端截形，基部渐狭；冠毛长约6mm。花果期8~9月。

中生植物。常生于海拔500~1500m的盐碱湿地、水泡子边、砂质地、山坡石缝阴湿处。

阿拉善地区均有分布。我国分布于东北、内蒙古、河北、陕西、甘肃、新疆、山东等地。日本、中亚、俄罗斯、蒙古也有分布。

飞蓬属 *Erigeron* L.

飞蓬 *Erigeron acris* L.

二年生草本，株高10~60mm。茎直立，单一，具纵条棱，绿色或带紫色，密被伏柔毛并混生硬毛。叶绿色，两面被硬毛，基生叶与茎下部叶倒披针形，长1.5~10cm，宽3~17mm，先端钝或稍尖并具小尖头，基部渐狭成具翅的长叶柄，全缘或具少数小尖齿；中部叶及上部叶披针形或条状矩圆形，长0.4~8cm，宽2~8mm，先端尖，全缘或有齿。头状花序直径1.1~1.7cm，多数在茎顶排列成密集的伞房状或圆锥状；总苞半球形，总苞片3层，条状披针形，长5~7mm，外层者短，内层者较长，先端长渐尖，边缘膜质，背部密被硬毛；雌花二型，外层小花舌状，长5~7mm，舌片宽约0.25mm，淡红紫色，内层小花细管状，长约3.5mm，无色；两性的管状小花长约5mm。瘦果矩圆状披针形，长1.5~1.8 mm，密被短伏毛；冠毛2层，污白色或淡红褐色，外层者甚短，内层者较长，长3.5~8mm。花果期7~9月。

中生植物。常生于海拔1400~3500m的山坡和草甸。

阿拉善地区均有分布。我国分布于东北、华北、西北等地。朝鲜、蒙古、中亚、俄罗斯西伯利亚及欧洲也有分布。

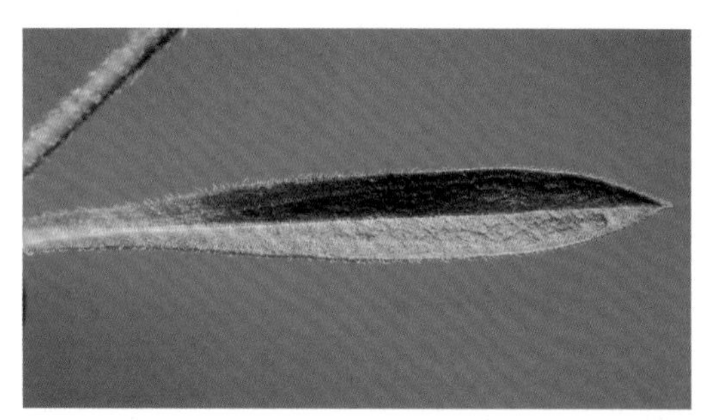

长茎飞蓬（亚种）*Erigeron acris* subsp. *politus* (Fr.) H. Lindb. 别名：紫苞飞蓬

多年生草本，株高10~50cm。茎直立，带紫色或少有绿色，疏被微毛，上部分枝。叶质较硬，全缘；基生叶与茎下部叶矩圆形或倒披针形，长1~10cm，宽1~10mm，先端锐尖或钝，基部下延成柄，全缘，两面无毛，边缘常有硬毛，花后凋萎；中部与上部叶矩圆形或披针形，长0.3~7cm，宽0.7~8mm，先端锐尖或渐尖，无柄。头状花序直径1~2cm，通常少数在茎顶排列成伞房状圆锥花序，花序梗细长；总苞半球形，总苞片3层，条状披针形，长4.5~9mm，外层者短，内层者较长，先端尖，紫色，有时绿色，背部有腺毛，有时混生硬毛；雌花二型，外层舌状小花，长6~8mm，舌片长0.3~0.5mm，先端钝，淡紫色，内层细管状小花，长2.5~4.9mm，无色，两性的管状小花长3.5~5mm，顶端裂片暗紫色，三者花冠管部上端均疏被微毛。瘦果矩圆状披针形，长1.8~2.5mm，密被短伏毛；冠毛2层，白色，外层者甚短，内层者长达7mm。花果期6~9月。

中生植物。常生于海拔1900~2600m的石质山坡、林缘、低地草甸、河岸砂质地、田边。

阿拉善地区均有分布。我国分布于北方。蒙古、中亚、俄罗斯西伯利亚、日本、欧洲、北美洲也有分布。

小蓬草 *Erigeron canadensis* L.　　别名：加拿大飞蓬、飞蓬、小飞蓬

一年生草本，株高 50~100cm。根圆锥形。茎直立，具纵条棱，淡绿色，疏被硬毛，上部多分枝。叶条状披针形或矩圆状条形，长 3~10cm，宽 1~10mm，先端渐尖，基部渐狭，全缘或具微锯齿，两面及边缘疏被硬毛；无明显叶柄。头状花序直径 3~8mm，有短梗，在茎顶密集成长形的圆锥状或伞房式圆锥状；总苞片条状披针形，长约 4mm，外层者短，内层者较长，先端渐尖，背部近无毛或疏生硬毛；舌状花直立，长约 2.5mm，舌片条形，先端不裂，淡紫色，管状花长约 2.5mm。瘦果矩圆形，长 1.25~1.5mm, 有短伏毛；冠毛污白色，长与花冠近相等。花果期 6~9 月。

中生植物。常生于海拔 3000m 以下的田野、路边、村舍附近。

阿拉善地区分布于阿拉善右旗、龙首山。我国各地均有分布。世界各地均有分布。

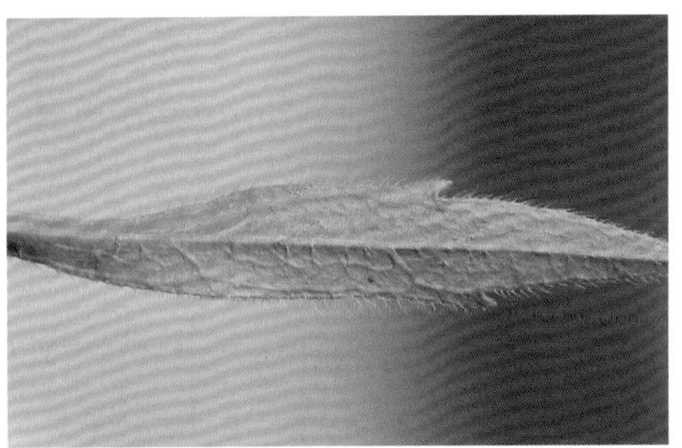

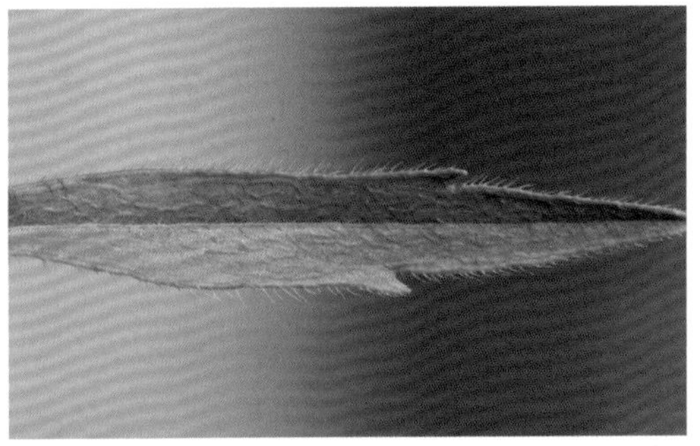

花花柴属 *Karelinia* Less.

花花柴 *Karelinia caspia* (Pall.) Less. 别名：胖姑娘娘

多年生草本，株高 50~100cm。茎直立，中空。叶肉质，卵形、矩圆状卵形、矩圆形或长椭圆形，基部有圆形或戟形小耳，抱茎，全缘或具短齿。头状花序排列成伞房式聚伞状；总苞短柱形，总苞片 5~6 层，外层者卵圆形，内层者条状披针形，背部被毡状毛，有缘毛；花序托平，有托毛；有异形小花；雌花花冠丝状，两性花花冠细管状，上端有 5 裂片。瘦果圆柱形，具 4~5 棱，深褐色；冠毛 1 或多层。花果期 7~10 月。

中生植物。常聚生于海拔 900~1300m 的盐生荒漠，成为优势植物，在梭梭荒漠、柽柳盐生灌丛、荒漠化盐生草甸等盐化低地或覆沙的盐化低地较为多见，也可散生于荒漠区的灌溉农田中。

阿拉善地区均有分布。我国分布于甘肃、青海，新疆等地。蒙古南部、中亚、伊朗、土耳其、欧洲也有分布。

火绒草属 *Leontopodium* R. Br. ex Cass.

矮火绒草 *Leontopodium nanum* (Hook. f. & Thomson ex C. B. Clarke) Hand.-Mazz.

矮小草本，株高 2~10cm。垫状丛生或有根状茎分枝，被密集或疏散的褐色鳞片状枯叶鞘，有顶生的莲座状叶丛。无花茎或花茎短，直立，细弱或粗壮，被白色绵毛。基生叶为枯叶鞘所包围；茎生叶匙形或条状匙形，长 7~25mm，宽 2~6mm，先端圆形或钝，基部渐狭成短窄的鞘部，两面被长柔毛状密绵毛；苞叶少数，与花序等长，稀较短或较长，直立，不开展成星状苞叶群。头状花序直径 6~13mm，单生或 3 个密集；总苞长 4~5.5mm，被灰白色绵毛；总苞片 4~5 层，披针形，先端尖或稍钝，周边深褐色或褐色；小花异形，但通常雌雄异株；花冠长 4~6mm，雄花花冠狭漏斗状，雌花花冠细丝状。瘦果椭圆形，长约 1mm，多少有微毛或无毛；冠毛亮白色，长 8~10mm，远较花冠和总苞片为长。花果期 5~7 月。

湿中生植物。常生于海拔 1600~5500m 的山地，多见于亚高山灌丛与草甸。

阿拉善地区分布于贺兰山、龙首山。我国分布于内蒙古、甘肃、青海、新疆、陕西、四川和西藏等地。印度、中亚也有分布。

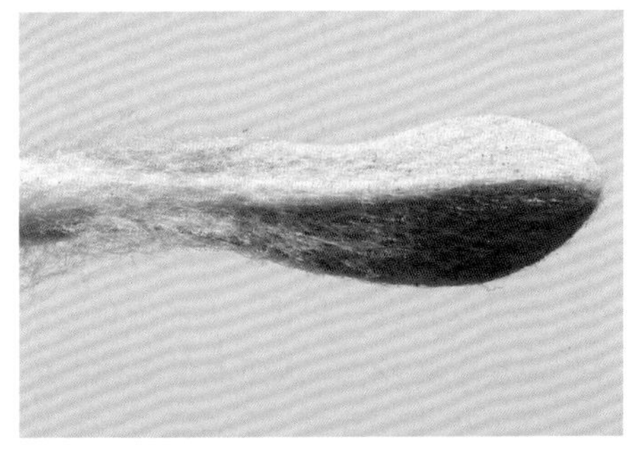
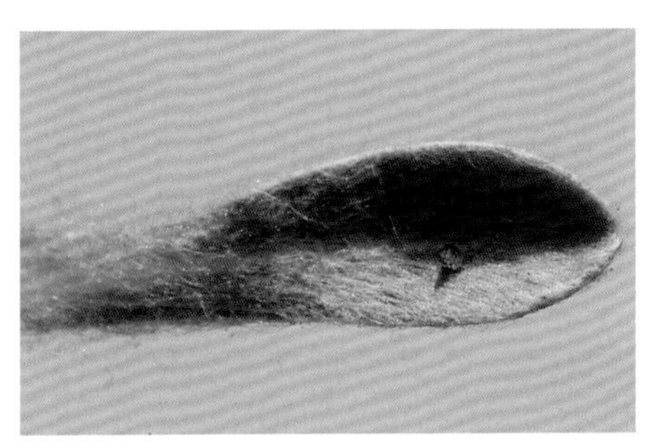

绢茸火绒草 *Leontopodium smithianum* Hand.- Mazz.

多年生草本，株高 10~30cm。根状茎短，粗壮，被灰白色或上部被白色绵毛或常黏结的绢状毛。下部叶在花期枯萎；中、上部叶条状披针形，无柄，上面被灰白色柔毛，下面有白色密绵毛或黏结的绢状毛。头状花序密集，或排成伞房状；苞片较花序长，两面被白色密绵毛；总苞半球形，密被白色密绵毛，总苞片 3~4 层，披针形；小花异形，有少数雄花，或雌雄异株；雄花花冠管状漏斗状；雌花花冠丝状。瘦果矩圆形；冠毛白色，较花冠稍长。花果期 7~10 月。

中旱生植物。常生于海拔 1500~2400m 的山地草原及山地灌丛。

阿拉善地区分布于贺兰山、龙首山。我国特有种，分布于内蒙古、河北、山西、陕西、甘肃等地。

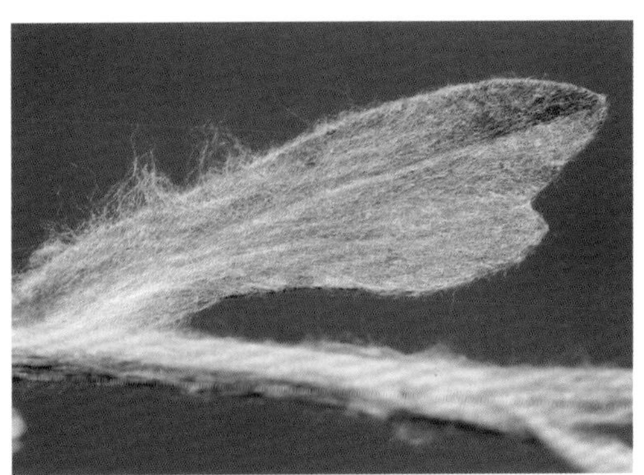
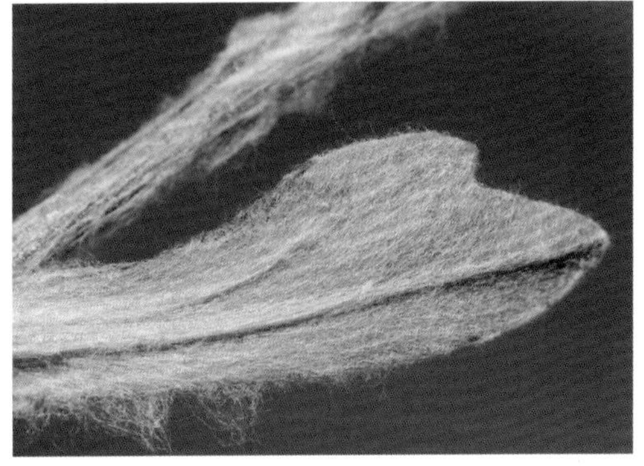

火绒草 *Leontopodium leontopodioides* (Willd.) Beauverd　　别名：大头毛香、老头艾、火绒蒿

多年生草本，株高 10~40cm。根状茎粗壮，为枯萎的短叶鞘所包裹，有多数簇生的花茎和根出条。茎直立或稍弯曲，较细，不分枝，被灰白色长柔毛或白色近绢状毛。下部叶较密，在花期枯萎宿存；中部和上部叶较疏，多直立，条形或条状披针形，长 1~3cm，宽 2~4mm，先端尖或稍尖，有小尖头，基部稍狭，无鞘，无柄，边缘有时反卷或呈波状，上面绿色，被柔毛，下面被白色或灰白色密绵毛；苞叶少数，矩圆形或条形，与花序等长或长 1.5~2 倍，两面或下面被白色或灰白色厚绵毛，雄株多少开展成苞叶群，雌株苞叶散生，不排列成苞叶群。头状花序直径 7~10mm，3~7 个密集，稀 1 个或较多，或有较长的花序梗排列成伞房状；总苞半球形，长 4~6mm，被白色绵毛，总苞片约 4 层，披针形，先端无色或浅褐色；小花雌雄异株，少同株；雄花花冠狭漏斗状，长约 3.5mm；雌花花冠丝状，长 4.5~5mm。瘦果矩圆形，长约 1mm，有乳头状突起或微毛；冠毛白色，基部稍黄色，长 1~6mm，雄花冠毛上端不粗厚，有毛状齿。花果期 7~10 月。

旱生植物。多散生于海拔 100~3200m 的典型草原、山地草原及草原砂质地。

阿拉善地区分布于贺兰山、龙首山、桃花山。我国分布于北部。朝鲜、日本、蒙古、俄罗斯也有分布。

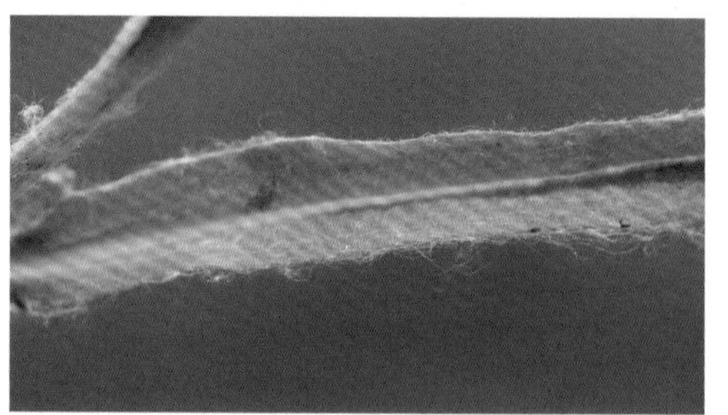

香青属 *Anaphalis* DC.

乳白香青 *Anaphalis lactea* Maxim.　　别名：大矛香艾

多年生草本，株高 10~30cm。根状茎粗壮，灌木状，上端有枯叶残片，有顶生的莲座状叶丛或花茎。茎直立，不分枝，被白色或灰白色绵毛。莲座状叶披针形或匙状矩圆形，长 6~13cm，宽 0.5~2cm，下部渐狭成具翅的基部鞘状长柄；茎下部叶常较莲座状叶稍小；中部及上部叶直立，长椭圆形、条状披针形或条形，长 2~9cm，宽 3~10mm，先端渐尖，有长尖头，基部稍狭，沿茎下延成狭翅，全部叶密被白色或灰白色绵毛，具离基三出脉或 1 脉。头状花序多数，在茎顶端排列成复伞房状；花序梗长 2~4mm；总苞钟状，长约 6mm，稀 5mm 或 7mm，宽 5~7mm；总苞片 4~5 层，外层者卵圆形，长约 3mm，浅褐色或深褐色，被蛛丝状毛，内层者卵状矩圆形，长约 6mm，乳白色，顶端圆形，最内层狭矩圆形，具长爪；花序托有穗状短毛，雌株头状花序有多层雌花，中央有 2~3 个雄花，雄株头状花序全部有雄花；花冠长 3~4mm。瘦果圆柱形，长约 1mm；冠毛较花冠稍长。花果期 8~9 月。

中生植物。常生于海拔 2000~3400m 的山坡草地、砾石地、山沟或路旁。

阿拉善地区分布于贺兰山、龙首山、桃花山。我国分布于内蒙古、甘肃南部、青海东部、四川西北部等地。

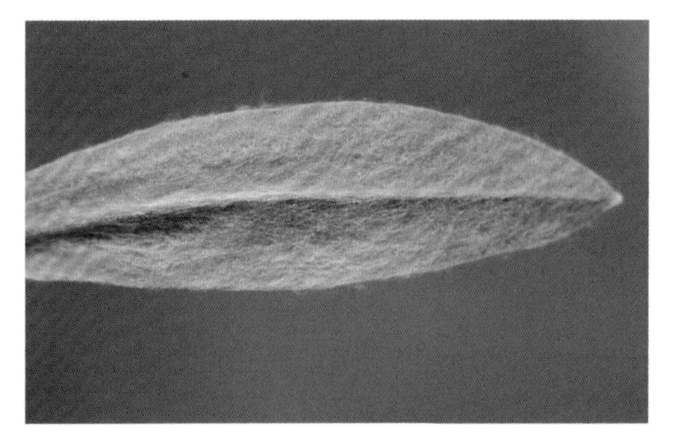

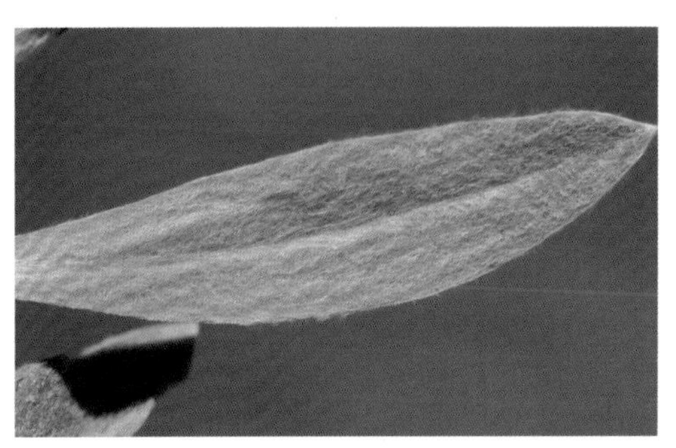

 旋覆花属 *Inula* L.

欧亚旋覆花 *Inula britannica* L. 别名：旋覆花、大花旋覆花

多年生草本，株高20~70cm。根茎短。茎直立，被长柔毛。基生叶和下部叶长椭圆形或披针形，下部渐狭成柄；中部叶长椭圆形，基部宽大，无柄，心形或有耳，半抱茎，下面密被伏柔毛和腺点。头状花序1~5，直径2.5~5cm；总苞半球形，总苞片4~5层，外层者条状披针形，被长柔毛、腺点和缘毛，内层者条形，干膜质；舌状花和管状花均为黄色。瘦果被短毛；冠毛1层，白色。花果期7~10月。

中生植物。常生于海拔550~1500m的草甸及湿润的农田、地埂和路旁。

阿拉善地区均有分布。我国分布于东北、华北、内蒙古、新疆等地。欧洲、中亚、俄罗斯西伯利亚、蒙古、朝鲜、日本也有分布。

旋覆花 *Inula japonica* Thunb.　　别名：金佛花、金佛草、六月菊

多年生草本，株高20~70cm。根状茎短，横走或斜升。茎直立，单生或2~3个簇生，具纵沟棱，被长柔毛，上部有分枝，稀不分枝。基生叶和下部叶在花期常枯萎，长椭圆形或披针形，长3~11cm，宽1~2.5cm，下部渐狭成短柄或长柄；中部叶披针形或矩圆状披针形，长5~11cm，宽1.5~3.5cm，先端锐尖或渐尖，基部多少狭窄，有半抱茎的小耳，无柄，心形，半抱茎，边缘有具小尖头的疏浅齿或近全缘，上面无毛或被疏伏毛，下面和总苞片被疏伏毛或短柔毛；上部叶渐小。头状花序4至10余个，直径3~4cm；花序梗长1~4cm；苞叶条状披针形；总苞半球形，直径1.5~2.2cm；总苞片4~5层，外层者条状披针形，长约8mm，先端长渐尖，基部稍宽，草质，被长柔毛、腺点和缘毛，内层者条形，长达1cm，除中脉外干膜质；舌状花黄色，舌片条形，长10~20mm，管状花长约5mm。瘦果长1~1.2mm，有浅沟，被短毛；冠毛1层，白色，与管状花冠等长。花果期7~10月。

中生植物。常生于海拔150~2400m的草甸及湿润的农田、地埂和路旁。

阿拉善地区均有分布。我国分布于东北、华北、内蒙古、新疆等地。欧洲、中亚、俄罗斯西伯利亚、蒙古、朝鲜、日本也有分布。

蓼子朴 *Inula salsoloides* (Turcz.) Ostenf. in Hedin　　别名：秃女子草、山猫眼、黄喇嘛

多年生草本，株高15~45cm。根状茎横走，木质化，具膜质鳞片状叶。茎直立、斜升或平卧，圆柱形，基部稍木质，有纵条棱，由基部向上多分枝，枝细，常弯曲，被糙硬毛混生长柔毛和腺点。叶披针形或矩圆状条形，长3~7mm，宽1~2.5mm，先端钝或稍尖，基部心形或有小耳，半抱茎，全缘，边缘平展或稍反卷，稍肉质，上面无毛，下面被长柔毛和腺点，有时两面均被或疏或密的长柔毛和腺点。头状花序直径1~1.5cm，单生于枝端；总苞倒卵形，长8~9mm，总苞片4~5层，外层者渐小，披针形、长卵形或矩圆状披针形，先端渐尖，内层者较长，条形或狭条形，先端锐尖或渐尖，全部干膜质，基部稍革质，黄绿色，背部无毛或被长柔毛和腺点，上部或全部有缘毛和腺点；舌状花长11~13mm，舌片浅黄色，椭圆状条形，管状花长6~8mm。瘦果长约1.5mm，具多数细沟，被腺体；冠毛白色，约与花冠等长。花果期6~9月。

旱生植物。常生于海拔500~2000m荒漠草原带及草原带的沙地与砂砾质冲积土上，也可进入荒漠带。

阿拉善地区均有分布。我国分布于辽宁西部、内蒙古、河北、山西北部、陕西、宁夏、甘肃、青海、新疆等地。蒙古和中亚也有分布。

 苍耳属 *Xanthium* L.

苍耳 *Xanthium strumarium* L.　　别名：苍耳子

一年生草本，株高20~60cm。茎直立，粗壮，下部圆柱形，上部有纵沟棱，被白色硬伏毛，不分枝或少分枝。叶三角状卵形或心形，长4~9cm，宽3~9cm，先端锐尖或钝，基部近心形或截形，与叶柄连接处呈楔形，不分裂或有3~5不明显浅裂，边缘有缺刻及不规则的粗锯齿，具3基出脉，上面绿色，下面苍绿色，两面均被硬状毛及腺点；叶柄长3~11cm。雄头状花序直径4~6mm，近无梗，总苞片矩圆状披针形，长1~1.5mm，被短柔毛，雄花花冠钟状；雌头状花序椭圆形，外层总苞片披针形，长约3mm，被短柔毛，内层总苞片宽卵形或椭圆形，成熟的具瘦果的总苞变坚硬，绿色、淡黄绿色或带红褐色，连同喙部长12~15mm，宽4~7mm，外面疏生钩状的刺，刺长1~2mm，基部微增粗或不增粗，被短柔毛，常有腺点，或全部无毛；喙坚硬，锥形，长1.5~2.5mm，上端略弯曲，不等长。瘦果长约1cm，灰黑色。花期7~8月，果期9~10月。

中生植物。常生于田野、路边，并可形成密集的小片群聚。

阿拉善地区均有分布。我国各地均有分布。朝鲜、日本、伊朗、印度、中亚、俄罗斯西伯利亚、欧洲也有分布。

秋英属 *Cosmos* Cav.

秋英 *Cosmos bipinnatus* Cav.　　别名：大波斯菊

一年生草本，株高1~2m。茎无毛或稍被柔毛。叶二回羽状深裂，裂片稀疏，条形或丝状条形。头状花序单生，直径3~6cm；花序梗长6~18cm；外层总苞片卵状披针形，长10~15cm，先端长渐尖，淡绿色，背部有深紫色条纹，内层者椭圆状卵形，膜质，与外层者等长或较长；托片平展，上端丝状，与瘦果近等长；舌状花粉红色、紫红色或白色，舌片椭圆状倒卵形，长2~3cm，宽1.2~1.8cm，顶端有3~5钝齿，管状花黄色，长6~8mm，裂片披针形。瘦果黑色，长8~12mm，无毛，先端具长喙，疏被向上的小刺毛。花果期8~10月。

中生植物。常生于海拔2700m以下的路旁、田埂、溪岸。

阿拉善地区均有分布。我国各地均有分布。美洲也有分布。

鬼针草属 *Bidens* L.

狼杷草 *Bidens tripartita* L.　　别名：鬼针

一年生草本，株高20~50cm。茎直立或斜升，圆柱状或具钝棱而稍呈四方形，无毛或疏被短硬毛，绿色或带紫色，上部有分枝或自基部分枝。叶对生，长椭圆状披针形，下部叶较小，不分裂，常于花期枯萎；中部叶长4~13cm，通常3~5深裂，侧裂片披针形至狭披针形，长3~7cm，宽8~12mm，顶生裂片较大，椭圆形或长椭圆状披针形，长5~11cm，宽1.1~3cm，两端渐尖，两者裂片均具不整齐疏锯齿，两面无毛或下面有极稀的短硬毛，有具窄翅的叶柄；上部叶较小，3深裂或不分裂，披针形。头状花序直径1~3cm，单生；花序梗较长；总苞盘状，外层总苞片5~9，狭披针形或匙状倒披针形，长1~3cm，先端钝，全缘或有粗锯齿，有缘毛，叶状，内层者长椭圆形或卵状披针形，长6~9mm，膜质，背部有褐色或黑灰色纵条纹，具透明而淡黄色的边缘；托片条状披针形，长6~9mm，约与瘦果等长，背部有褐色条纹，边缘透明；无舌状花，管状花长4~5mm，顶端4裂。瘦果扁，倒卵状楔形，长6~11mm，宽2~3mm，边缘有倒刺毛，顶端有芒刺2，少有3~4，长2~4mm，两侧有倒刺毛。花果期9~10月。

中生植物。常生于路边及低湿滩地。

阿拉善地区分布于阿拉善左旗、贺兰山。我国分布于东北、华北、西南、华中、华东、内蒙古、陕西、甘肃、新疆等地。广布于亚洲、欧洲和非洲北部，大洋洲东南部也有分布。

小花鬼针草 *Bidens parviflora* Willd.　　别名：一包针

一年生草本，株高 20~70cm。茎直立，通常暗紫色或红紫色，下部圆柱形，中上部钝四方形，具纵条纹，无毛或被稀疏皱曲长柔毛。叶对生，二至三回羽状全裂，小裂片具 1~2 个粗齿或再作第三回羽裂，最终裂片条形或条状披针形，宽 2~4mm，先端锐尖，全缘或有粗齿，边缘反卷，上面被短柔毛，下面沿叶脉疏被粗毛，上部叶互生，二回或一回羽状分裂；具细柄，柄长 2~3cm。头状花序单生茎顶和枝端，具长梗，开花时直径 1.5~2.5mm，长 7~10mm；总苞筒状，基部被短柔毛；外层总苞片 4~5，草质，条状披针形，长约 5 mm，果时伸长可达 8~15mm，先端渐尖；内层者常仅 1 枚，托片状；托片长椭圆状披针形，膜质，有狭而透明的边缘，果时长达 10~12mm；无舌状花，管状花 6~12 朵，花冠长约 4mm，4 裂。瘦果条形，稍具 4 棱，长 13~15mm，宽约 1mm，两端渐狭，黑灰色，有短刚毛，顶端有芒刺 2，长 3~3.5mm，有倒刺毛。花果期 7~9 月。

中生植物。常生于田野、路旁、沟渠边。

阿拉善地区分布于贺兰山。我国分布于东北、华北、西南、内蒙古、陕西、甘肃、河南、山东等地。朝鲜、日本、俄罗斯也有分布。

短舌菊属 *Brachanthemum* DC.

星毛短舌菊 *Brachanthemum pulvinatum* (Hand.-Mazz.) C. Shih

半灌木，株高 10~30cm；树皮灰棕色，通常呈不规则条状剥裂。茎自基部多分枝，开展，呈垫状株丛；小枝圆柱状或近四棱形，灰棕褐色，密被星状毛，后脱落。叶灰绿色，密被星状毛，羽状或近掌状 3~5 深裂，裂片狭条形或丝状条形，长 3~10mm，宽约 1mm，先端钝。头状花序单生枝端，半球形，直径 6~8mm，梗细，长 1.5~4cm；总苞片卵圆形，先端圆形，边缘宽膜质，褐色，外层者被星状毛，内层者无毛；舌状花冠黄色，舌片椭圆形，长 3~4mm，宽约 2mm，先端钝或截形，有的具 2~3 小齿，稀被腺点。瘦果圆柱状，无毛。花果期 7~9 月。

超旱生植物。常生于海拔 1200~3160m 山前砾石质坡地或戈壁覆沙地上的草原化荒漠群落中，为我国戈壁荒漠地带的特有植物。

阿拉善地区均有分布。我国特有种，分布于内蒙古、宁夏、甘肃、青海、新疆等地。

茼蒿属 *Glebionis* Cass.

蒿子杆 *Glebionis carinata* (Schousb.) Tzvelev

一年生草本，株高 30~70cm，光滑无毛或近无毛。茎直立，具纵条棱，不分枝或中上部有分枝。基生叶花期枯萎；中下部叶倒卵形或长椭圆形，长 4~8cm，二回羽状分裂，一回深裂或几全裂，侧裂片 3~8 对，叶轴有狭翅，二回为深裂或浅裂，小裂片披针形、斜三角形或条形，长 2~5mm，宽 1~4mm；上部叶渐小，羽状深裂或全裂。头状花序 3~8 生于茎枝顶端，有长花序梗，并不形成明显伞房状，或无分枝而头状花序单生茎顶；总苞宽杯状，直径 1~1.5cm，总苞片 4 层，无毛，外层总苞片狭卵形，先端尖，边缘狭膜质，中层与内层的矩圆形，先端淡黄色，宽膜质；花序托半球形；花黄色，舌状花 1 层，舌片长 13~25cm，宽 4~6mm，先端 3 齿裂；管状花极多数，长约 4mm。舌状花瘦果有 3 条宽翅肋，腹面的 1 条翅肋延伸于瘦果顶端，并超出于花冠基部，呈喙状或芒尖状；管状花瘦果两侧压扁，有 2 条凸起的肋，间肋明显。花果期 7~9 月。

中生植物。常生于海拔 500~2200m 土质疏松的微酸性砂壤土上。

阿拉善地区均有分布。我国分布于北方各地。欧洲也有分布。

菊属 *Chrysanthemum* L.

蒙菊 *Chrysanthemum mongolicum* Y. Ling

多年生草本，株高 20~30cm。有地下匍匐根状茎。茎通常簇生，自中上部分枝，有时自基部分枝，下部或中下部紫红色或全茎紫红色，被稀疏柔毛，但上部的毛稍多。中下部茎叶二回羽状或掌式羽状分裂，全形宽卵形、近菱形或椭圆形，长 1~2cm，宽 1.5~1.8cm，一回为深裂，侧裂片 1~2 对，二回为浅裂，二回裂片三角形，宽 0.5~1.5mm，中下部叶的叶柄长 1.5~2cm，两面无毛或有极稀疏的短柔毛，末回裂片顶端芒尖状；上部茎叶长椭圆形，羽状半裂，裂片 2~4 对，有时多至 8 对，全部叶有柄。头状花序直径 3~4.5cm，2~7 个在茎枝顶端排成伞房花序，极少单生；总苞碟状，直径 10~20mm；总苞片 5 层，外层或中外层大，苞叶状，叶质，长椭圆形，长 1~1.3cm，羽状浅裂或半裂，裂片顶端芒尖，中内层长椭圆形，长约 8mm，边缘白色膜质；舌状花粉红色或白色，舌片长 1.5~2cm。瘦果长约 2mm。花果期 8~9 月。

旱中生植物。常生于海拔 1500~2500m 的石质或砾石质山坡，为伴生种。

阿拉善地区分布于阿拉善左旗、贺兰山。我国分布于内蒙古。蒙古、俄罗斯也有分布。

小红菊 *Chrysanthemum chanetii* H. Lév.

多年生草本，株高15~60cm，有地下匍匐根状茎。茎直立或基部弯曲，自基部或中部分枝，但通常仅在茎顶有伞房状花序分枝，全部茎枝有稀疏的毛，茎顶及接头状花序处的毛稍多，少有几无毛的。中部茎叶肾形、半圆形、近圆形或宽卵形，长2~5cm，宽略等于长，通常3~5掌状或掌式羽状浅裂或半裂，少有深裂的，侧裂片椭圆形，宽(0.5)1~1.5cm，顶裂片较大，全部裂片边缘钝齿、尖齿或芒状尖齿；根生叶及下部茎叶与茎中部叶同形，但较小；上部茎叶椭圆形或长椭圆形，接花序下部的叶长椭圆形或宽线形，羽裂、齿裂或不裂；全部中下部茎叶基部稍心形或截形，有长3~5cm的叶柄，两面几同形，有稀疏的柔毛至无毛。头状花序直径2.5~5cm，少数（约3个）至多数（约12个）在茎枝顶端排成疏松伞房花序，少有头状花序单生茎端的；总苞碟形，直径8~15mm，总苞片4~5层，外层宽线形，长5~9mm，仅顶端膜质或膜质圆形扩大，边缘穗状撕裂，外面有稀疏的长柔毛，中内层渐短，宽倒披针形或三角状卵形至线状长椭圆形；全部苞片边缘白色或褐色膜质；舌状花白色、粉红色或紫色，舌片长1.2~2.2cm，顶端2~3齿裂。瘦果长约2mm，顶端斜截，下部收窄，4~6条脉棱。花、果期7~10月。

中生植物。常生于海拔650~3500m的山坡、林缘及沟谷等处。

阿拉善地区分布于贺兰山。我国分布于东北、华北、内蒙古、甘肃、青海等地。朝鲜、俄罗斯东部也有分布。

楔叶菊 *Chrysanthemum naktongense* Nakai

多年生草本，株高10~50cm。有地下匍匐根状茎。茎直立，自中部分枝，分枝斜升，或仅在茎顶有短花序分枝，极少不分枝的，全部茎枝有稀疏的柔毛，上部及接花序下部的毛稍多，或几无毛而光滑。中部茎叶长椭圆形、椭圆形或卵形，长1~3cm，宽1~2cm，掌式羽状或羽状3~7浅裂、半裂或深裂，叶腋常有簇生较小的叶；基生叶和下部茎叶与中部茎叶同形，但较小；上部茎叶倒卵形、倒披针形或长倒披针形，3~5裂或不裂；全部茎叶基部楔形或宽楔形，有长柄，柄基有或无叶耳，两面无毛或几无毛。头状花序直径3.5~5cm，2~9个在茎枝顶端排成疏松伞房花序，极少单生；总苞碟状，直径10~15mm；总苞片5层，外层线形或线状披针形，长4~6mm，顶端圆形膜质扩大，中内层椭圆形或长椭圆形，长4.5~6mm，边缘及顶端白色或褐色膜质，中外层外面被稀疏柔毛或几无毛；舌状花白色、粉红色或淡紫色，舌片长1~1.5mm，顶端全缘或2齿。花果期7~8月。

中生植物。常生于海拔1400~1720m的山坡、林缘或沟谷。

阿拉善地区分布于贺兰山。我国分布于东北、内蒙古、河北等地。朝鲜、日本、俄罗斯东部也有分布。

女蒿属 *Hippolytia* Poljakov

贺兰山女蒿 *Hippolytia kaschgarica* (Krasch.) Poljakov

小半灌木，株高约 30cm；树皮灰褐色。茎较粗壮，多分枝，具不规则纵裂纹，当年枝棕褐色或灰褐色，略具纵棱，密被贴伏的短柔毛，后脱落。叶矩圆状倒卵形，长 1.5~2.5cm，宽 4~10mm，羽状深裂或浅裂，顶裂片矩圆形或楔状矩圆形，先端钝或具 3 齿，侧裂片 2~3 对，矩圆形或倒卵状矩圆形，先端钝或尖，全缘或具 1~2 小牙齿，叶基部渐狭，楔形，柄长 5~10mm，上面绿色，被腺点和疏短柔毛，下面灰白色，密被贴伏的短柔毛，主脉明显而隆起；上部叶小，倒披针形或楔形，全缘或 3 浅裂。头状花序钟状，长 3.5~4.5mm，宽约 2.5mm；具梗，梗长 4~5mm，4~8 个在枝端排列成伞房状；总苞片 4 层，外层者卵形或卵圆形，先端钝，背部被短柔毛，边缘浅褐色，膜质，内层者倒卵状矩圆形，边缘宽膜质；管状花 18~24，花冠长约 2mm，外面有腺点。瘦果矩圆形，扁三棱状，长 1~1.5mm，近无毛。花果期 7~10 月。

强旱生植物。常散生于海拔 1900~2250m 的向阳石质山坡的石缝间。

阿拉善地区分布于阿拉善左旗、贺兰山。我国特有种，分布于内蒙古、宁夏、甘肃、新疆等地。

百花蒿属 *Stilpnolepis* Krasch.

百花蒿 *Stilpnolepis centiflora* (Maxim.) Krasch.

一年生草本，株高 50~80cm，有强烈的臭味。根粗壮，褐色。茎粗壮，下部直径 5~8mm，淡褐色，具纵沟棱，被丁字毛，多分枝。叶稍肉质，狭条形，长 3~10cm，宽 2~4mm，先端渐尖，具 3 脉，两面被丁字毛或近无毛，下部或基部边缘有 2~3 对稀疏的、托叶状的羽状小裂片。头状花序半球形，直径 8~20mm，梗长 1.5~3cm，下垂，单生于枝端，多数排列成疏散的复伞房状；总苞片 4~5 层，宽倒卵形，长达 7mm，宽约 5mm，内外层近等长或外层稍短于内层，先端圆形，淡黄色，具光泽，全部膜质或边缘宽膜质，疏被长柔毛；花极多数（百余枚），全部为结实的两性花；花冠高脚杯状，长约 4mm，淡黄色，有棕色或褐色腺体，顶端 5 裂，裂片长三角形，外卷；雄蕊花药顶端的附片为卵形，先端钝尖；花柱分枝长，斜展，顶端截形；花序托半球形，裸露。瘦果长棒状，长 5~6mm，肋纹不明显，密被棕褐色腺体。花果期 9~10 月。

旱生植物。常生于海拔 1100~1300m 流动沙丘的丘间低地，为亚洲中部荒漠特有种。

阿拉善地区均有分布。我国分布于内蒙古、陕西、甘肃、宁夏等地。蒙古南部也有分布。

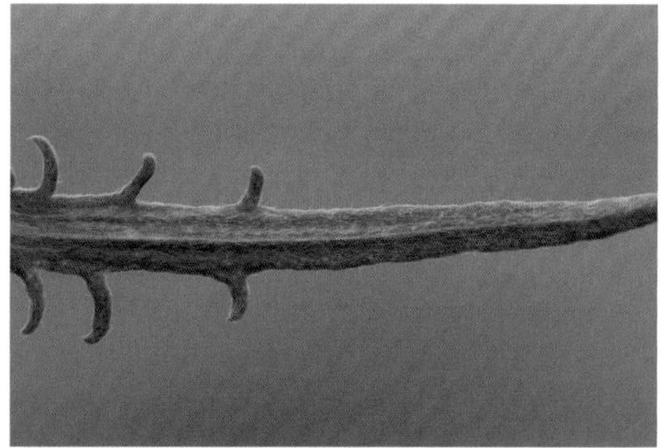

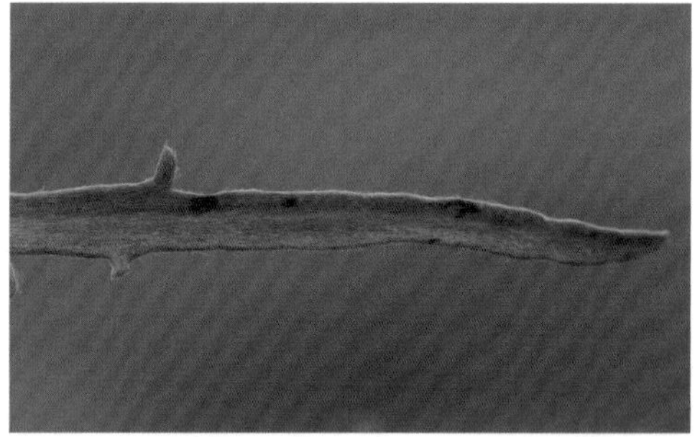

紊蒿 *Stilpnolepis intricata* (Franch.) C. Shih

一年生草本，株高 15~35cm，从基部多分枝形成球状株丛。茎具纵条纹，淡红色或黄褐色，疏被短柔毛，枝细，斜升或平卧。叶无柄，羽状全裂；茎下部叶与中部叶长 1~3cm，裂片 7，其中 4 裂片对生于叶基部而呈托叶状，3 裂片位于叶片先端，裂片条形或条状丝形，长 2~5mm；茎上部叶 3~5 裂或不分裂，叶两面疏被短柔毛。头状花序半球形或近球形，直径 5~6mm，有长梗，多数，单生于分枝顶端；总苞杯状球形，总苞片 3~4 层，内外层近等长或外层稍短于内层，卵形或宽卵形，先端尖，中肋绿色，边缘宽膜质，背部疏被柔毛；小花多数，60~100 余枚，全为两性，花冠管状钟形，长 2~3mm，淡黄色，常有腺体，顶端 5 裂，裂片三角形，外卷；雄蕊花药顶端的附片为三角状卵形，先端钝尖；花柱分枝条形，顶端近截形；花序托近圆锥形，裸露。瘦果斜倒卵形，成熟时有 15~20 条纵沟纹。花果期 9~10 月。

中旱生植物。常生于海拔 1300~1400m 的荒漠草原，也进入荒漠，为夏雨型一年生草本层片的主要成分之一。

阿拉善地区均有分布。我国分布于内蒙古、宁夏、甘肃、青海、新疆等地。蒙古也有分布。

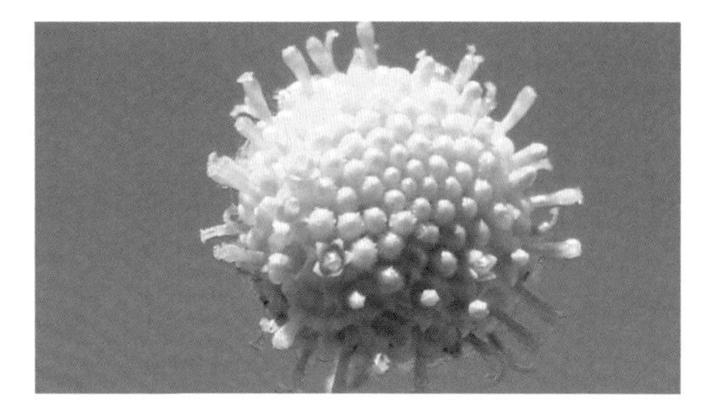

小甘菊属 *Cancrinia* Kar. & Kir.

小甘菊 *Cancrinia discoidea* (Ledeb.) Poljakov ex Tzvelev in Schischk. & Bobrov

二年生草本，株高 5~15cm。茎纤细，直立或斜升，被灰白色绵毛，由基部多分枝。叶肉质，灰白色，密被绵毛至近无毛，矩圆形或卵形，长 3~4cm，宽 1~1.5cm，一至二回羽状深裂，侧裂片 2~5 对，每个裂片又有 2~5 个浅裂或深裂片，稀全缘，小裂片卵形或宽条形，钝或短渐尖；叶柄长，基部扩大。头状花序单生于长 4~16cm 的梗上，直径 7~12mm；总苞半球形，长 2~4mm，草质，疏被绵毛，外层总苞片少数，条状披针形，先端尖，边缘窄膜质，长约 3.5mm，内层者条状矩圆形，先端钝，边缘宽膜质；花序托锥状球形；管状花花冠黄色，长 1.2~1.8mm。瘦果灰白色，长 1.8~2.2mm，无毛，具 5 条纵棱，顶端具长约 0.5mm 的膜质小冠，5 浅裂。花果期 6~8 月。

旱生植物。常生于海拔 400~2500m 的石质残丘坡地及丘前冲积覆沙地，为戈壁荒漠的偶见伴生种。

阿拉善地区均有分布。我国分布于内蒙古、甘肃、新疆和西藏等地。蒙古、俄罗斯和中亚也有分布。

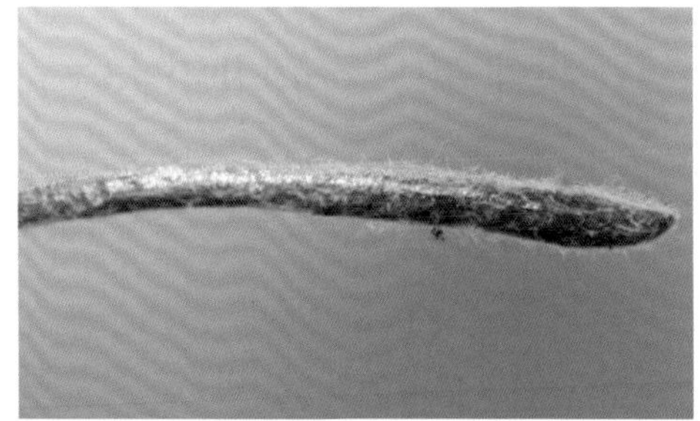

灌木小甘菊 *Cancrinia maximowiczii* C. Winkl.

小半灌木，株高 30~50cm。老枝灰黄色，木质化；小枝细长，帚状，淡褐色，具纵条棱，密被灰白色短柔毛和褐色的腺点。叶矩圆形或椭圆形，长 1.5~2.5cm，宽 5~12mm，羽状深裂，侧裂片 2~5 对，长约 1.5mm，宽 0.5~1mm，呈镰形弯曲，先端渐尖，具 1~2 个小齿或全缘，边缘常反卷，上面绿色，疏被短柔毛，下面灰白色，被毡毛，两面有褐色腺点，具短叶柄；最上部叶条形，全缘或具齿。头状花序具长梗，2~5 个在枝端排列成伞房状；总苞半球形，直径 5~10mm，总苞片 3 层，被疏柔毛和褐色腺点，外层者卵状三角形或矩圆状卵形，先端钝或尖，边缘狭膜质，褐色，内层者矩圆状倒卵形，先端钝圆，边缘宽膜质，淡褐色；管状花花冠宽筒状，长约 2mm，有棕色腺点。瘦果长约 1.5mm，具 5 条纵肋，被短柔毛和腺点，顶端有不等长由膜片组成的小冠。花果期 7~8 月。

旱生植物。常生于海拔 2100~3600m 的砾石质山坡上。

阿拉善地区分布于龙首山、桃花山。我国分布于内蒙古、甘肃、青海、新疆等地。蒙古也有分布。

亚菊属 *Ajania* Poljakov

女蒿 *Ajania trifida* (Turcz.) Muldashev

小半灌木，株高达 20cm。老枝弯曲，枝皮干裂，在上部发出短缩的营养枝及能育的花茎；花茎细长，不分枝，灰白色，有贴伏的细柔毛。叶灰绿色，匙形或楔形，包括楔形渐狭的叶柄长 1~2cm，宽 0.5~0.8cm，3 深裂或 3 浅裂，裂片长椭圆形，顶端钝或圆形，宽达 1mm，少有掌状 5 裂的，接花序下部的叶匙形或线状长椭圆形，不裂。全部叶两面被白色贴伏的细柔毛，但下面的毛稠密。头状花序 3~14 个，在茎顶排列成规则紧缩的束状伞房花序；花梗细，长 2~5(10)mm，被贴伏细柔毛；总苞狭钟状，宽 3~4mm，总苞片 5 层，外层卵形或椭圆形，长 2~2.5mm，中层长约 4mm，内层倒披针形，长 4~4.5mm，全部苞片有光泽，淡黄色，硬草质，边缘白色狭膜质；两性花花冠长约 4mm，外面有腺点。花果期 6~8 月。

强旱生植物。常生于海拔 900~1400m 的砂壤质棕钙土上，为荒漠草原的建群种及小针茅草原的优势种。

阿拉善地区分布于贺兰山。我国分布于内蒙古。蒙古也有分布。

内蒙亚菊 *Ajania alabasica* H. C. Fu in Ma

小半灌木，株高 15~30cm。根木质，粗壮，扭曲，直径 5~10mm。老枝褐色或灰褐色，木质，枝皮纵裂，由老枝上发出多数短缩的不育枝和细长的花枝，全部花枝与不育枝密被白色绢毛，后脱落无毛。下部叶与中部叶匙形或扇形，长 0.5~1.5cm，宽 2~15mm，3 深裂或 3 全裂，有时二回掌式羽状全裂，一回侧裂片 1 对，顶裂片与侧裂片全缘，或有 1 对小裂片，或仅 1 侧有 1 小裂片，裂片及小裂片条形、矩圆状条形、披针形或长卵形，宽 1~1.5mm，先端锐尖或钝，叶柄长 2~4mm；上部叶 3 裂或不分裂，全部叶灰白色，两面密被绢毛。头状花序单生于枝端；总苞钟状，长约 6mm，直径 6~7mm，总苞片 4~5 层，外层者菱状卵形，长约 2mm，中内层者宽椭圆形，长 4~5mm，中外层者外面密被或疏被绢毛，全部总苞片边缘褐色宽膜质。边缘雌花 5 个，花冠细管状，长 2.5mm，顶端 4 齿裂，两性花冠管状，长约 3mm；全部花冠黄色，外面有腺点。瘦果楔形，长约 1mm，淡褐色。花果期 7~10 月。

强旱生植物。常生于草原化荒漠地带的山地石质山坡，为伴生种。

阿拉善地区均有分布。我国分布于甘肃、内蒙古等地。

束伞亚菊 *Ajania parviflora* (Grüning) Y. Ling　　别名：小花亚菊

小半灌木状，株高7~25cm。老枝水平伸出，由不定芽发出与老枝垂直而彼此又相互平行的花茎和不育茎，或老枝短缩，发出的花茎和不育茎密集成簇；花茎不分枝，仅在枝顶有束伞状短分枝，被稀疏短微毛。中部茎叶全形卵形，长约2.5cm，宽约2cm，二回羽状分裂，一回侧裂片1~2对，二回为叉裂或3裂，在矮小的植株中，有时掌状或掌二回3出全裂；上部和中下部叶3~5羽状全裂；不育枝上的叶密集簇生，末回裂片线形，宽0.5~1mm；全部叶两面异色，上面淡绿色，被稀疏短柔毛，下面淡灰白色，被稠密的短柔毛。头状花序少数，5~10个在茎顶排成规则束状伞房花序，花序直径1.5~2.5mm；总苞圆柱状，直径2.5~3mm，总苞片4层，麦秆黄色，有光泽，外层披针形，长约1.5mm，中内层长椭圆形，长约3.5mm，全部苞片硬草质，顶端急尖，边缘白色膜质，仅外层基部有微毛，其余无毛；边缘雌花4个，花冠与两性花花冠同形，管状，长约3.5mm，顶端5深裂，裂片反折，裂片外面偶染红色。瘦果长约1.5mm。花果期8~9月。

强旱生植物。常生于海拔1400m左右的草原化荒漠至荒漠地带的低山砾石质坡地或沟谷，为伴生种。

阿拉善地区均有分布。我国特有种，分布于内蒙古、河北、山西等地。

蓍状亚菊 *Ajania achilleoides* (Turcz.) Poljakov ex Grubov

小半灌木，株高10~20cm。根木质，垂直直伸。老枝短缩，自不定芽发出多数的花枝；花枝分枝或仅上部有伞房状花序分枝，被贴伏的顺向短柔毛，向下的毛稀疏。中部茎叶卵形或楔形，长0.5~1cm，二回羽状分裂，一二回全部全裂，一回侧裂片2对，末回裂片线形或线状长椭圆形，宽约0.5mm，自中部向上或向下叶渐小；全部叶有柄，柄长2~3mm，两面同色，白色或灰白色，被稠密顺向贴伏的短柔毛。头状花序小，少数在茎枝顶端排成直径约2mm的复伞房花序或多数复伞房花序组成大型复伞房花序；总苞钟状，直径约3mm，总苞片4层，有光泽，麦秆黄色，外层长椭圆状披针形，长约2mm，中内层卵形至披针形，长约2.5mm，中外层外面被微毛，全部苞片边缘白色膜质，顶端钝或圆；边缘雌花约6个，花冠细管状，长约2mm，顶端4深裂尖齿，中央两性花花冠长约2.2mm，全部花冠外面有腺点。花果期8~9月。

强旱生植物。常生于荒漠草原地带的砂质壤土上及碎石和石质坡地，为优势种或建群种；也进入阿拉善戈壁荒漠的石质残丘坡地及沟谷，为常见伴生种。

阿拉善地区均有分布。我国分布于内蒙古、甘肃、宁夏等地。蒙古也有分布。

灌木亚菊 *Ajania fruticulosa* (Ledeb.) Poljakov

小半灌木，株高 8~40cm。老枝麦秆黄色，花枝灰白色或灰绿色，被稠密或稀疏的短柔毛，上部及花序和花梗上的毛较多或更密。中部茎叶全形圆形、扁圆形、三角状卵形、肾形或宽卵形，长 0.5~3cm，宽 1~2.5cm，规则或不规则二回掌状或掌式羽状 3~5 分裂，一二回全部全裂，一回侧裂片 1 对或不明显 2 对，通常 3 出，但变异范围为 2~5 出；中上部和中下部的叶掌状 3~4 全裂或有时掌状 5 裂，或全部茎叶 3 裂；全部叶有长或短柄，末回裂片线钻形、宽线形或倒长披针形，宽 0.5~5mm，顶端尖或圆或钝，两面同色或几同色，灰白色或淡绿色，被等量的顺向贴伏短柔毛，叶耳无柄。头状花序小，少数或多数在枝端排成伞房花序或复伞房花序；总苞钟状，直径 3~4mm；总苞片 4 层，外层卵形或披针形，长约 1mm，中内层椭圆形，长 2~3mm，全部苞片边缘白色或带浅褐色膜质，顶端圆或钝，仅外层基部或外层被短柔毛，其余无毛，麦秆黄色，有光泽；边缘雌花 5 个，花冠长约 2mm，细管状，顶端 3~5 齿。瘦果长约 1mm。花果期 6~10 月。

强旱生植物。常生于海拔 550~4400m 荒漠化草原至荒漠地带的低山及丘陵石质坡地，为常见伴生种。

阿拉善地区均有分布。我国分布于内蒙古、陕西、甘肃、青海、新疆、西藏等地。蒙古、中亚也有分布。

铺散亚菊 *Ajania khartensis* (Dunn) C. Shih

多年生草本，株高10~30cm，全体密被灰白色绢毛。由基部发出单一不分枝或分枝的花枝或不育枝，枝细，常弯曲，密被灰色绢毛。叶沿枝密集排列，扇形或半圆形，长4~6mm，宽5~7mm，二回掌状或近掌状3~5全裂，小裂片椭圆形，先端锐尖，两面密被灰白色短柔毛；叶基部渐狭成短柄，柄基常有1对短的条形假托叶。头状花序少数，在枝端排列成复伞房状；总苞钟状，直径6~10mm，总苞片4层，外层者卵形或卵状披针形，长约2mm，内层者矩圆形，长约4mm，全部总苞片边缘棕褐色膜质，背部密被绢质长柔毛；边缘雌花约7枚，花冠细管状，长约2.5mm；中央两性花40余枚，花冠管状，长2~2.5mm；全部花冠黄色。花果期8~9月。

强旱生植物。常生于海拔2500~5300m荒漠化草原、草原化荒漠地带的砾石质山坡或山麓。

阿拉善地区均有分布。我国分布于内蒙古、宁夏、甘肃、青海、四川、云南和西藏等地。俄罗斯、印度也有分布。

蒿属 *Artemisia* L.

大籽蒿 *Artemisia sieversiana* Ehrhart ex Willd. 别名：大白蒿

一年生或二年生草本，株高30~100cm。主根垂直，狭纺锤形，侧根多。茎单生，直立，具纵条棱，多分枝，茎、枝被灰白色短柔毛。基生叶在花期枯萎；茎下部与中部叶宽卵形或宽三角形，长4~10cm，宽3~8cm，二至三回羽状全裂，稀深裂，侧裂片2~3对，小裂片条形或条状披针形，长2~10mm，宽1~3mm，先端钝或渐尖，两面被短柔毛和腺点，叶柄长2~4cm，基部有小型假托叶；上部叶及苞叶羽状全裂或不分裂，而为条形或条状披针形，无柄。头状花序较大，半球形或近球形，直径4~6mm；具短梗，稀近无梗，下垂；有条形小苞叶，多数在茎上排列成开展或稍狭窄的圆锥状；总苞片3~4层，近等长，外、中层的长卵形或椭圆形，背部被灰白色短柔毛或近无毛，中肋绿色，边缘狭膜质，内层的椭圆形，膜质；边缘雌花2~3层，20~30枚，花冠狭圆锥状，中央两性花80~120枚，花冠管状；花序托半球形，密被白色托毛。瘦果矩圆形，褐色。花果期7~10月。

中生植物。散生或群居于海拔4500m以下的农田、路旁、畜群点或水分较好的撂荒地上，有时也进入人为活动较明显的草原或草甸群落中。

阿拉善地区分布于贺兰山、龙首山、桃花山。我国分布于东北、华北、西北、西南等地。朝鲜、日本、蒙古、阿富汗、巴基斯坦、印度、俄罗斯也有分布。

碱蒿 *Artemisia anethifolia* Weber ex Stechm. 别名：大莳萝蒿、糜糜蒿

一年生或二年生草本，株高10~40cm，植株有浓烈的香气。根垂直，狭纺锤形。茎单生，直立，具纵条棱，常带红褐色，多由下部分枝，开展；茎、枝初时被短柔毛，后脱落无毛。基生叶椭圆形或长卵形，长3~4.5cm，宽1.5~3cm，二至三回羽状全裂，侧裂片3~4对，小裂片狭条形，长3~8mm，宽1~2mm，先端钝尖，叶柄长2~4cm，花期渐枯萎；中部叶卵形、宽卵形或椭圆状卵形，长2.5~3cm，宽1~2cm，一至二回羽状全裂，侧裂片3~4对，裂片或小裂片狭条形，长5~12mm，宽0.5~1.5mm，叶初时被短柔毛，后渐稀疏，近无毛；上部叶与苞叶无柄，5或3全裂或不分裂，狭条形。头状花序半球形或宽卵形，直径2~3(4)mm；具短梗，下垂或倾斜；有小苞叶，多数在茎上排列成疏散而开展的圆锥状；总苞片3~4层，外、中层的椭圆形或披针形，背部疏被白色短柔毛或近无毛，有绿色中肋，边缘膜质，内层的卵形，近膜质，背部无毛；边缘雌花3~6枚，花冠狭管状，中央两性花18~28枚，花冠管状；花序托凸起，半球形，有白色托毛。瘦果椭圆形或倒卵形。花果期8~10月。

中生植物。常生于海拔800~2300m的盐渍化土壤上，为盐生植物群落的主要伴生种。

阿拉善地区均有分布。我国分布于黑龙江、内蒙古、河北、山西、陕西、宁夏、甘肃、青海、新疆等地。蒙古及俄罗斯也有分布。

矮滨蒿 *Artemisia nakaii* Pamp.

二年生草本，株高20~30cm。主根近狭纺锤形。茎单一或少数，淡褐色，具细棱，多分枝，茎、枝、叶两面初时密被蛛丝状绢质柔毛，后近无毛，微有白霜。基生叶宽卵形，长、宽8~12cm，三回羽状全裂，小裂片狭条形，长5~15mm，叶柄长4~10cm，花期凋萎；茎下部与中部叶长、宽1.5~5cm，一至二回羽状全裂，侧裂片2~3对，疏离，小裂片狭条形，长4~12mm，宽约0.5mm，先端钝头；上部叶及苞叶羽状全裂，裂片狭条形。头状花序椭圆状倒圆锥形，直径2~3(4)mm，下垂，在茎端排列成稍开展或狭窄的圆锥状；总苞片3~4层，外、中层的卵形，背部密被蛛丝状绵毛，后稍稀疏或微有毛，边缘膜质，内层的半膜质，无毛；边缘小花雌性，2~5枚，花冠狭管状，中央小花两性，8~15枚，花冠管状；花序托有托毛。瘦果倒卵状椭圆形。花果期8~10月。

中生植物。常生于低海拔地区的海边、河岸及草原地区。

阿拉善地区分布于阿拉善左旗、阿拉善右旗。我国分布于辽宁、内蒙古、河北等地。朝鲜也有分布。

莳萝蒿 *Artemisia anethoides* Mattf.

一年生或二年生草本，株高20~70 cm，植株有浓烈的香气。主根狭纺锤形，侧根多。茎单生，直立或斜升，具纵条棱，带紫红色，分枝多；茎、枝均被灰白色短柔毛。叶两面密被白色绒毛，基生叶与茎下部叶长卵形或卵形，长3~4cm，宽2~4cm，三至四回羽状全裂，小裂片狭条形或狭条状披针形，叶柄长，花期枯萎；中部叶宽卵形或卵形，长2~4cm，宽1~3cm，二至三回羽状全裂，侧裂片2~3对，小裂片丝状条形或毛发状，长2~4mm，宽0.3~0.5mm，先端钝尖，近无柄；上部叶与苞叶3全裂或不分裂，狭条形。头状花序近球形，直径1.5~2mm，具短梗，下垂，有丝状条形的小苞叶，多数在茎上排列成开展的圆锥状；总苞片3~4层，外、中层的椭圆形或披针形，背部密被蛛丝状短柔毛，具绿色中肋，边缘膜质，内层的长卵形，近膜质，无毛；边缘雌花3~6枚，花冠狭管状，中央两性花8~16枚，花冠管状；花序托凸起，有托毛。瘦果倒卵形。花果期7~10月。

中生植物。常生于海拔3300m以下的盐土或盐碱化的土壤上，在低湿地碱斑湖滨常形成群落。

阿拉善地区均有分布。我国分布于黑龙江、吉林、辽宁、内蒙古、河北、山西、陕西、宁夏、甘肃、青海、新疆、四川、河南、山东等地。俄罗斯、蒙古也有分布。

冷蒿 *Artemisia frigida* Willd.

多年生草本，株高 10~50cm。主根细长或较粗，木质化，侧根多；根状茎粗短或稍细，有多数营养枝。茎少数或多条常与营养枝形成疏松或密集的株丛，基部多少木质化，上部分枝或不分枝，茎、枝、叶及总苞片密被灰白色或淡灰黄色绢毛，后茎上毛稍脱落。茎下部叶与营养枝叶矩圆形或倒卵状矩圆形，长、宽 10~15mm，二至三回羽状全裂，侧裂片 2~4 对，小裂片条状披针形或条形，叶柄长 5~20mm；中部叶矩圆形或倒卵状矩圆形，长、宽 5~7mm，一至二回羽状全裂，侧裂片 3~4 对，小裂片披针形或条状披针形，长 2~3mm，宽 0.5~1.5mm，先端锐尖，基部的裂片半抱茎，并呈假托叶状，无柄；上部叶与苞叶羽状全裂或 3~5 全裂，裂片披针形或条状披针形。头状花序半球形、球形或卵球形，直径 (2)2.5~3(4)mm，具短梗，下垂，在茎上排列成总状或狭窄的总状花序式的圆锥状；总苞片 3~4 层，外、中层的卵形或长卵形，背部有绿色中肋，边缘膜质，内层的长卵形或椭圆形，背部近无毛，膜质；边缘雌花 8~13 枚，花冠狭管状，中央两性花 20~30 枚，花冠管状；花序托有白色托毛。瘦果矩圆形或椭圆状倒卵形。花果期 8~10 月。

旱生植物。广布于海拔 1000~4000m 的草原带和荒漠草原带，沿山地也进入森林草原和荒漠带中，多生于砂质、砂砾质或砾石质土壤上，是草原小半灌木群落的主要建群植物，也是其他草原群落的伴生植物或亚优势植物。

阿拉善地区均有分布。我国分布于东北、华北、西北各地及西藏等地。蒙古、土耳其、俄罗斯、中亚、北美洲也有分布。

紫花冷蒿（变种）*Artemisia frigida* var. *atropurpurea* Pamp.

多年生草本，植株矮小，全株被灰白色绢毛。根木质，具根状茎。茎密集丛生，木质化。茎中、下部叶矩圆形或倒卵状矩圆形，二至三回羽状全裂，小裂片条状披针形或条形，基部的裂片呈假托叶状；上部叶与苞叶羽状全裂或3~5全裂。头状花序在茎上常排列成穗状，半球形、球形或卵球形，直径2~4mm；花冠檐部紫色，下垂，排列成总状或圆锥状；总苞片3~4层；边缘雌花8~13枚，中央两性花20~30枚；花序托有托毛。瘦果矩圆形或椭圆状倒卵形。花果期8~10月。

旱生植物。广布于海拔1000~2500m的草原带和荒漠草原带，沿山地也进入森林草原和荒漠带中，多生于砂质、砂砾质或砾石质土壤上，是草原小半灌木群落的主要建群植物，也是其他草原群落的伴生植物或亚优势植物。

阿拉善地区分布于龙首山、桃花山。我国分布于内蒙古、西北等地。蒙古也有分布。

阿尔泰香叶蒿（变种）*Artemisia rutifolia* var. *altaica* (Krylov) Krasch. in Krylov

半灌木状草本，株高20~50cm，全株有浓烈香气。根木质；根状茎粗短，有多数营养枝。茎多数，成丛，外皮灰褐色或黄褐色，幼时被灰白色平贴的丝状短柔毛，老时渐脱落，自下部开始分枝，多少开展。叶具柄，长3~10mm；茎下部与中部叶近圆形，长5~10mm，宽8~15mm，二回3出全裂或二回近于掌状式的羽状全裂，侧裂片1~2对，小裂片椭圆状披针形或长椭圆状倒披针形，长6~12mm，宽1~1.5mm，先端锐尖或钝，不向外弯曲，两面密被灰白色平贴的丝状短柔毛；上部叶与苞片近掌状式的羽状全裂、3全裂或不分裂，裂片或不分裂的苞叶椭圆状披针形。头状花序半球形，直径3~4mm，具短梗，常下垂，多数或少数在枝端排列成总状或部分形成复总状；总苞片3~4层，外、中层的卵形或长卵形，背部被白色丝状短柔毛，内层的椭圆形或宽卵形，背部近无毛；边缘小花雌性，5~10枚，花冠狭管状，中央小花两性，12~15枚，花冠管状，檐部外面疏被短柔毛，疏布腺点；花序托有托毛。瘦果椭圆状倒卵形。花果期8~9月。

旱生植物。常生于海拔1300~3800m的石质山坡上。

阿拉善地区均有分布。我国分布于内蒙古、新疆等地。亚洲中部、俄罗斯、蒙古也有分布。

内蒙古旱蒿 *Artemisia xerophytica* Krasch. 别名：旱蒿、小砂蒿

半灌木，株高5~40cm。主根粗壮，木质，根状茎粗短，具多数营养枝。茎多数，丛生，木质或半木质，灰褐色或灰黄色，当年生枝灰白色，密被绢状柔毛，后稍稀疏。叶小，半肉质，具短柄或无柄；基生叶与茎下部叶二回羽状全裂，花后常凋落；中部叶卵圆形或近圆形，长10~15mm，宽3~6mm，二回羽状全裂，侧裂片2~3对，狭楔形，常再3~5全裂，基部裂片具1~2枚小裂片，小裂片匙形、倒披针形或条状倒披针形，长1~3mm，宽0.5~1.5mm，先端钝，两面密被灰黄色的绢质短绒毛；上部叶与苞叶羽状全裂或3~5全裂，裂片狭匙形或倒披针形。头状花序近球形，直径3~4mm，梗长1~5mm，下垂或倾斜，在茎枝端排列成松散的稍开展的圆锥状；总苞片3~4层，外层的狭小，狭卵形，背部被灰黄色短柔毛，中间具绿色中肋，边缘膜质，内层的半膜质，背部无毛；边缘小花雌性，4~10枚，花冠近狭圆锥状，长约2mm，外面被短柔毛，中央小花两性，10~20枚，花冠管状，先端被短柔毛，长2~2.5mm，两者均为黄色；花序托凸起，有白色托毛。瘦果倒卵状矩圆形，长约0.5mm。花果期8~9月。

强旱生植物。常为海拔1700~3500m草原化荒漠和荒漠草原常见的伴生植物。

阿拉善地区均有分布。我国分布于内蒙古、陕西、宁夏、甘肃、青海、新疆等地。蒙古也有分布。

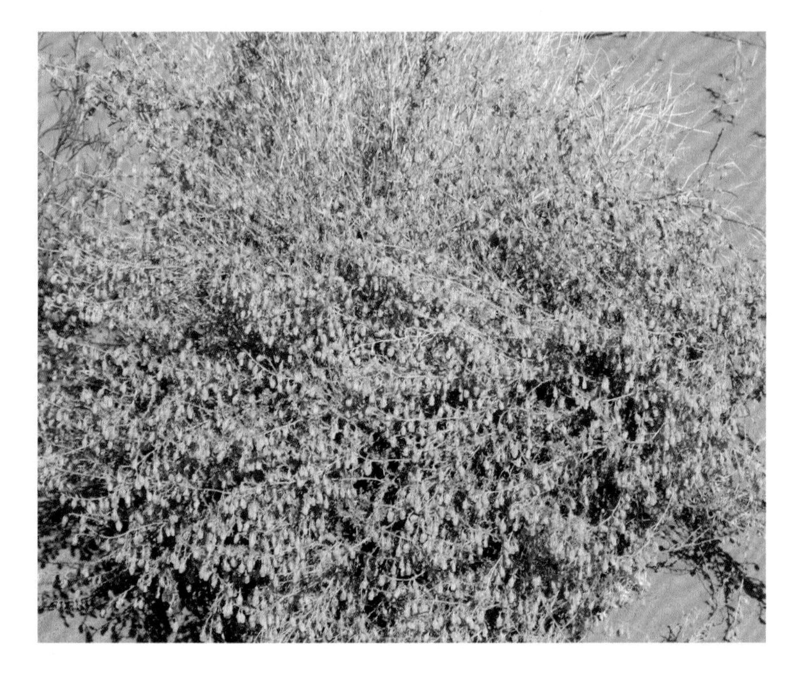

细裂叶莲蒿 *Artemisia gmelinii* Weber ex Stechm.

半灌木状草本，株高10~40cm。根及根状茎木质。茎丛生，紫红色或红褐色。茎中部、下部与营养枝叶二至三回栉齿状的羽状分裂，裂片互相接近，下面密被蛛丝状柔毛，假托叶栉齿状分裂；上部叶一至二回栉齿状羽状全裂；苞叶呈栉齿状羽状分裂或不分裂。头状花序近球形，排列成总状圆锥状，下垂；总苞片3~4层；花冠具腺点；边花10~12枚，中央花多数；花序托无毛。瘦果矩圆形。花果期8~10月。

旱生植物。常生于海拔1500~4900m的山坡、灌丛等处。

阿拉善地区分布于贺兰山、龙首山、桃花山。我国分布于内蒙古、宁夏、甘肃、青海、新疆、四川、西藏等地。蒙古、俄罗斯、中亚也有分布。

裂叶蒿 *Artemisia tanacetifolia* L.

别名：菊叶蒿

多年生草本，株高20~75cm。主根细，具根茎。茎被平贴的短柔毛。茎中部叶与下部叶椭圆状矩圆形或长卵形，二至三回栉齿状羽状分裂，第一回全裂，中部裂片与中轴成直角叉开，裂片基部均下延在叶轴与叶柄上端呈狭翅状，裂片常再次羽状深裂，两面无毛或疏被短柔毛，叶柄基部有小型假托叶；上部叶栉齿状羽状全裂。头状花序球形或半球形，直径2~3mm，下垂，排列成圆锥状；总苞片3层；两性花30~40枚；花序托无托毛。瘦果椭圆状倒卵形。花果期7~9月。

中生植物。常生于低、中海拔的森林草原和森林地带，也见于草原区和荒漠区山地，是草甸、草甸化草原及山地草原的伴生植物或亚优势植物。有时也出现在林缘和灌丛间。

阿拉善地区分布于贺兰山、龙首山、桃花山。我国分布于东北、内蒙古、河北、山西、陕西、宁夏、甘肃等地。蒙古、朝鲜、俄罗斯、中亚、北美洲也有分布。

黄花蒿 *Artemisia annua* L. 别名：臭蒿

一年生草本，株高达 1m 余，全株有浓烈的挥发性的香气。根单生，垂直。茎单生，粗壮，直立，具纵沟棱，幼嫩时绿色，后变褐色或红褐色，多分枝，茎、枝无毛或疏被短柔毛。叶纸质，绿色；茎下部叶宽卵形或三角状卵形，长 3~7cm，宽 2~6cm，三（四）回栉齿状羽状深裂，侧裂片 5~8 对，裂片长椭圆状卵形，再次分裂，小裂片具多数栉齿状深裂齿，中肋明显，中轴两侧有狭翅，稀上部有小栉齿，叶两面无毛，或下面微有短柔毛，后脱落，具腺点及小凹点，叶柄长 1~2cm，基部有假托叶；中部叶二至三回栉齿状羽状深裂，小裂片通常栉齿状三角形，具短柄；上部叶与苞叶一至二回栉齿状羽状深裂，近无柄。头状花序球形，直径 1.6~2.5mm，有短梗，下垂或倾斜，极多数在茎上排列成开展而呈金字塔形的圆锥状；总苞片 3~4 层，无毛，外层的长卵形或长椭圆形，中肋绿色，边缘膜质，中、内层的宽卵形或卵形，边缘宽膜质；边缘雌花 10~20 枚，花冠狭管状，外面有腺点，中央的两性花 10~30 枚，结实或中央少数花不结实，花冠管状；花序托凸起，半球形。瘦果椭圆状卵形，长约 0.7mm，红褐色。花果期 8~10 月。

中生植物。常生于海拔 3650m 以下的河边、沟谷或居民点附近，多散生或形成小群聚。

阿拉善地区分布于贺兰山、龙首山、桃花山。我国各地均有分布。遍及亚洲及欧洲的温带、寒温带及亚热带地区，北非及北美洲也有分布。

山蒿 *Artemisia brachyloba* Franch.　　别名：岩蒿、骆驼蒿

半灌木状草本，株高20~40cm。主根常扭曲，根茎粗壮，木质，有营养枝。茎多数，幼时被短绒毛。基生叶卵形或宽卵形，二至三回羽状全裂，花期枯萎；茎下部与中部叶宽卵形或卵形，二回羽状全裂，叶下面密被灰白色短绒毛；上部叶羽状全裂。头状花序卵球形或卵状钟形，穗状或单生，再组成圆锥状；总苞片3层，外层背部被灰白色短绒毛，边缘狭膜质，中、内层边缘宽膜质或全膜质；边缘雌花8~15枚，花冠疏布腺点，中央两性花18~25枚，花冠管状，有腺点；花序托微凸。瘦果卵圆形，黑褐色。花果期8~10月。

旱生植物。常生于低、中海拔石质山坡、岩石露头或碎石质的土壤上，是山地植被的主要建群植物之一。

阿拉善地区分布于贺兰山、龙首山、桃花山。我国分布于内蒙古、河北、山西、陕西、宁夏、甘肃等地。蒙古也有分布。

米蒿 *Artemisia dalai-lamae* Krasch.　　别名：驴驴蒿

半灌木状草本，株高10~20cm。主根木质，粗壮，侧根多数；根状茎粗短。茎多数，直立，常成丛，略呈四方形，密被灰白色短柔毛，不分枝或上部少分枝。叶多数，密集，近肉质，近无柄或无柄；茎下部与中部叶卵形或宽卵形，长8~15mm，宽6~10mm，一至二回羽状全裂或近掌状全裂，侧裂片2~3对，小裂片狭条状棒形或狭条形，长2~5mm，宽约0.5mm，先端钝或稍膨大，基部1对裂片半抱茎并呈假托叶状，叶两面疏被短柔毛；上部叶与苞叶5或3全裂。头状花序半球形或卵球形，直径3~3.5mm，具短梗或近无梗，在茎上排列成狭窄的圆锥状；总苞片3~4层，外层的长卵形或椭圆状披针形，背部疏被蛛丝状短柔毛，边缘膜质，中、内层的椭圆形，近膜质，背部无毛；边缘雌花1~3枚，花冠狭圆锥状，中央两性花8~20枚，花冠管状，有腺点；花序托凸起。瘦果倒卵形。花果期7~9月。

强旱生植物。常生于海拔1800~3200m的砾质干山坡、干草原、半荒漠草原、盐碱地、干河谷、洪积扇及河漫滩等地区，也见于河边沙地上。

阿拉善地区均有分布。我国分布于内蒙古、甘肃、青海、西藏等地。

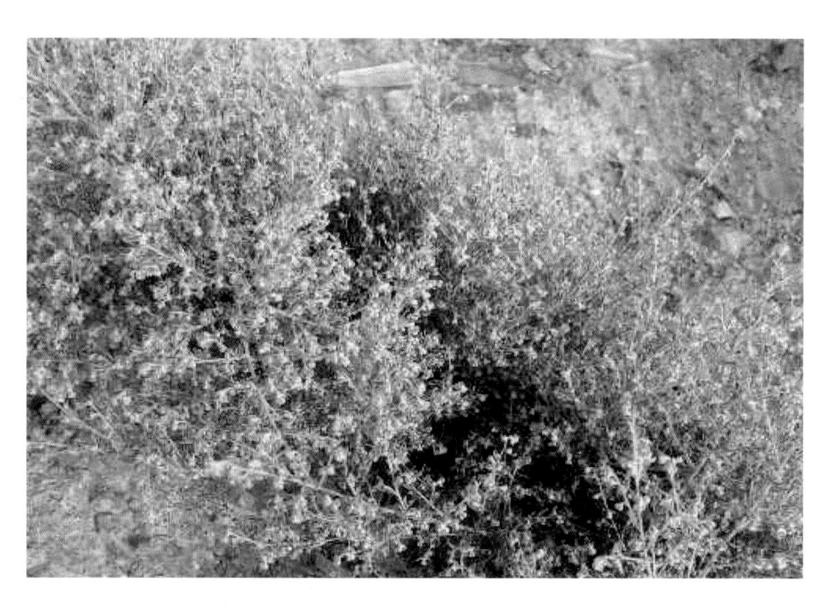

艾 *Artemisia argyi* H. Lév. & Vaniot　　别名：白蒿、艾蒿

多年生草本，株高30~100cm，植株有浓烈香气。主根粗长，侧根多；根状茎横卧，有营养枝。茎单生或少数，具纵条棱，褐色或灰黄褐色，基部稍木质化，有少数分枝，茎、枝密被灰白色蛛丝状毛。叶厚纸质，基生叶花期枯萎；茎下部叶近圆形或宽卵形，羽状深裂，侧裂片2~3对，椭圆形或倒卵状长椭圆形，每裂片有2~3个小裂齿，叶柄长5~8mm；中部叶卵形、三角状卵形或近菱形，长5~9cm，宽4~7cm，一至二回羽状深裂至半裂，侧裂片2~3对，卵形、卵状披针形或披针形，长2.5~5cm，宽1.5~2cm，不再分裂或每侧有1~2个缺齿，叶基部宽楔形渐狭成短柄，叶柄长2~5cm，基部有极小的假托叶或无，叶上面被灰白色短柔毛，密布白色腺点，下面密被灰白色或灰黄色蛛丝状绒毛；上部叶与苞叶羽状半裂、浅裂、3深裂或3浅裂，或不分裂而为披针形或条状披针形。头状花序椭圆形，直径2.5~3mm，无梗或近无梗，花后下倾，多数在茎上排列成狭窄、尖塔形的圆锥状；总苞片3~4层，外、中层的卵形或狭卵形，背部密被蛛丝状绵毛，边缘膜质，内层的质薄，背部近无毛；边缘雌花6~10枚，花冠狭管状，中央两性花8~12枚，花冠管状或高脚杯状，檐部紫色；花序托小。瘦果矩圆形或长卵形。花果期7~10月。

中生植物。常生于海拔1500m以下，在森林草原地带可以形成群落，作为杂草常侵入到耕地、路旁及村庄附近，有时也分布到林缘、林下、灌丛间。

阿拉善地区分布于贺兰山、龙首山、桃花山。我国除极干旱与高寒地区外，几乎遍及全国。蒙古、朝鲜、俄罗斯东部也有分布。

野艾蒿 *Artemisia lavandulifolia* DC. 别名：荫地蒿、野艾

多年生草本，株高60~100cm。主根稍明显；根茎横走。茎被灰白色蛛丝状短柔毛。叶上面密布白色腺点，疏被蛛状柔毛或近无毛，基生叶与茎下部叶花期枯萎；中部叶卵形长卵形，一至二回羽状全裂，有假托叶；上部叶羽状全裂或不分裂。头状花序椭圆形或矩圆形，直径2~2.5mm，排列成圆锥状；总苞片3~4层；花冠紫红色；边花4~9枚，中央两性花10~20。瘦果长卵形或倒卵形。花果期7~10月。

中生植物。常生于低、中海拔的沙质坡地、路旁等处。

阿拉善地区均有分布。我国除极干旱与高寒地区外，几乎遍及全国。蒙古、朝鲜、俄罗斯东部也有分布。

蒙古蒿 *Artemisia mongolica* (Fisch. ex Besser) Nakai

多年生草本，株高20~90cm。根细；根茎短。茎直立，幼时密被灰白色蛛丝状柔毛。下部叶花期枯萎；中部叶卵形、近圆形或椭圆状卵形，一至二回羽状分裂，第一回全裂，叶上面幼时被蛛丝状毛，下面密被灰白色蛛丝状绒毛，有假托叶；上部叶与苞叶3~5全裂。头状花序椭圆形，直径1.5~2mm，排列成圆锥状；总苞片3~4层，密被蛛丝状毛；边花5~10枚，中央两性花6~15枚，檐部紫红色。瘦果短圆状倒卵形。花果期8~10月。

中生植物。广布于森林草原和草原地带，常生于低、中海拔的沙地、河谷、撂荒地上，作为杂草常侵入到耕地、路旁，有时也侵入到草甸群落中。多散生，亦可形成小群聚。

阿拉善地区均有分布。我国分布于黑龙江、吉林、辽宁、内蒙古、河北、山西、陕西、宁夏、甘肃、青海、新疆、山东、江苏、安徽、江西、福建、台湾、河南、湖北、湖南、广东、四川、贵州等地。蒙古、朝鲜、日本、俄罗斯也有分布。

白莲蒿 *Artemisia stechmanniana* Besser

半灌木状草本，株高 50~100cm。根木质；根状茎粗壮。茎丛生，紫褐色或灰褐色，皮常剥裂或脱落。茎中、下部叶二至三回栉齿状羽状分裂，小裂片全缘具三角形栉齿，叶轴有栉齿，叶基部有假托叶；上部叶较小，一至二回栉齿状羽状分裂，苞叶栉齿状羽状分裂或不分裂，线形或线状披针形。总苞片 3~4 层；边花 10~12 枚，中央花 20~40 枚；花序托凸起。瘦果狭椭圆状卵形或狭圆锥形。花果期 8~10 月。

旱中生植物。生于中、低海拔地区的山坡、路旁、灌丛地及森林草原，比较喜暖，在大兴安岭南部山地和大青山的低山带阳坡常形成群落，为本区山地半灌木群落的主要建群植物。

阿拉善地区分布于贺兰山、龙首山、桃花山。我国除高寒地区外，几乎遍布全国。日本、朝鲜、蒙古、阿富汗、印度、巴基斯坦、尼泊尔、俄罗斯也有分布。

密毛细裂叶莲蒿（变种） *Artemisia gmelinii* var. *messerschmidiana* (Besser) Poljakov in Schischk. & Bobrov

别名：白万年蒿

半灌木状草本，株高 50~100cm。根木质；根状茎粗壮。茎丛生，紫褐色或灰褐色，皮常剥裂或脱落。叶两面密被灰白色或淡灰黄色短柔毛，茎中、下部叶二至三回栉齿状羽状分裂，小裂片全缘具三角形栉齿或全缘，叶轴有栉齿，叶基部有假托叶；上部叶较小，一至二回栉齿状羽状分裂，苞叶栉齿状羽状分裂或不分裂，下垂，呈圆锥状排列。总苞片 3~4 层；边花 10~12 枚，中央花 20~40 枚；花序托凸起。瘦果狭椭圆状卵形或狭圆锥形。花果期 8~10 月。

中生植物。常生于山坡、丘陵及路旁等处。

阿拉善地区分布于贺兰山、龙首山、桃花山。我国分布于黑龙江、吉林、辽宁、内蒙古、河北、陕西、宁夏、甘肃、青海、新疆、山东、江苏、河南等地。朝鲜、日本、蒙古、阿富汗、俄罗斯也有分布。

龙蒿 *Artemisia dracunculus* L.

别名：狭叶青蒿

灌木状草本，株高 20~100cm。根及根茎木质。茎直立，幼时疏被短柔毛。叶无柄，下部叶花期枯萎；中部叶条状披针形或条形，全缘，两面初时疏被短柔毛；上部叶与苞叶较小，条形或条状披针形。头状花序近球形，直径 2~3mm，斜展或稍下垂，排列成圆锥状；总苞片 3 层，边缘宽膜质或全为膜质；边缘雌花 6~10 枚，中央花 8~14 枚；花序托凸起。瘦果倒卵形或椭圆状倒卵形。花果期 7~10 月。

中生植物。常生于海拔 500~3800m 的山坡、林缘，生长在砂质和疏松的砂壤质土壤上，散生或形成小群聚。作为杂草，也进入撂荒地和村舍、路旁。

阿拉善地区分布于贺兰山、龙首山、桃花山。我国分布于东北、华北、西北等地。蒙古、阿富汗、印度、巴基斯坦、俄罗斯、北美洲也有分布。

白莎蒿 *Artemisia blepharolepis* Bunge

半灌木，株高达 1m 余。主根及根茎木质。老茎外皮灰白色；幼枝灰白色、淡黄色或黄褐色，有时为紫红色，短枝簇生。茎中、下部叶一至二回羽状全裂，小裂片狭条形，假托叶条形；上部叶羽状分裂或 3 全裂，苞叶不分裂，条形，稀 3 全裂。头状花序球形，直径 3~4mm，下垂，排列成大型开展的圆锥状；总苞片 3~4 层；边缘雌花 4~12 枚，中央两性花 5~20 枚，不结实；花序托半球形。瘦果卵形、长卵形或椭圆状卵形，黄褐色或暗黄绿色。花果期 7~10 月。

超旱生植物。常生于低海拔荒漠区及荒漠草原地带的流动或半固定沙丘上。可成为沙生优势植物，并可组成单优种群落。

阿拉善地区均有分布。我国分布于内蒙古、陕西、宁夏、甘肃、青海、新疆等地。蒙古南部也有分布。

准噶尔沙蒿 *Artemisia songarica* Schrenk ex Fisch. & C. A. Meyer　　别名：中亚沙蒿

半灌木，株高 25~60cm。主根粗壮，垂直；根状茎粗，具多数短的营养枝。茎多数，常形成密丛，直立或稍弯曲，斜向上，外皮灰黄色，常剥裂，分枝多而长，近平展，当年生枝纤细，淡黄色、黄褐色或稍带紫红色，茎、枝幼时疏被短柔毛，以后光滑。叶质稍厚，黄绿色，幼时被短柔毛，后变无毛；茎下部叶与中部叶有短柄或无柄，矩圆状卵形，长 2~4cm，宽约 2cm，一至二回羽状全裂，侧裂片 2~3 对，每裂片不分裂或再 3 全裂，条形，长 5~10mm，宽 1.5~2mm，先端钝，具短尖头，基部有假托叶；上部叶及苞叶小，无柄，狭条形。头状花序卵球形，无梗或有短梗，直径 1.5~2mm，偏向外侧，下垂，多数在茎上排列成开展而疏松的圆锥状；总苞片 3~4 层，外层的卵圆形，草质，绿色，边缘膜质，中、内层的卵圆形，半膜质或近膜质；边缘雌花 4~5 枚，花冠狭管状，中央两性花 6~10 枚，花冠管状；花序托半球形。瘦果卵圆形。花果期 7~10 月。

强旱生植物。仅分布在荒漠带的西部，生于低至中海拔的沙丘、沙地、覆沙戈壁和干河床。一般在阿拉善荒漠以东分布极少。

阿拉善地区均有分布。我国分布于内蒙古、新疆等地。俄罗斯也有分布。

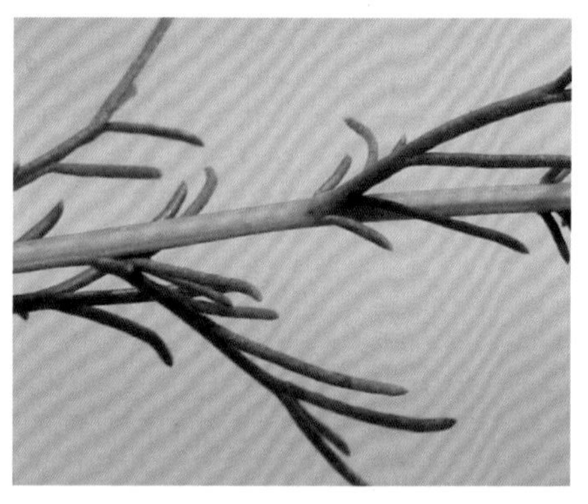

黑沙蒿 *Artemisia ordosica* Krasch.　　别名：沙蒿、油蒿、鄂尔多斯蒿

半灌木，株高 50~100cm。主根木质；具根茎。老枝黑灰色或暗灰褐色，外皮呈薄片状剥落；当年生枝褐色、黄褐色、紫红色至黑紫色。茎下部叶一至二回羽状全裂；中部叶一回羽状全裂；上部叶 3~5 全裂，丝状条形；苞叶 3 全裂或不分裂，丝状条形。头状花序卵形，排列成圆锥状，直径 1.5~2.5mm，有小苞叶；总苞片 3~4 层；边缘雌花 5~7 枚，中央花 10~14 枚；花序托半球形。瘦果倒卵形，黑色或黑绿色。花果期 7~10 月。

旱生植物。常生于暖温型的干草原和荒漠草原带，也进入草原化荒漠带。喜生长于海拔 1500m 以下的固定沙丘、沙地和覆沙土壤上，是草原区沙地半灌木群落的重要建群植物。

阿拉善地区均有分布。我国分布于内蒙古、河北、山西、陕西、宁夏、甘肃、新疆等地。

黄绿蒿 *Artemisia xanthochroa* Krasch. 别名：黄沙蒿

半灌木状草本，株高20~60cm。主根木质，明显；根状茎稍粗短，直立，具少数营养枝。茎少数，具纵条纹，下半部稍木质化，紫褐色，上部草质，淡黄褐色，分枝较短，茎、枝、叶两面初时被短柔毛，后无毛。叶质稍厚，基生叶与茎下部叶卵形，长、宽1.5~2cm，一回羽状全裂，侧裂片2~3对，叶柄长1~1.5cm；中部叶羽状全裂，侧裂片1~2对，裂片狭条形或狭条状披针形，长0.5~1cm，宽1.5~2.5mm，先端尖，有小尖头，无柄，基部有假托叶；上部叶与苞叶3~5全裂或不分裂，狭条形或狭条状披针形。头状花序卵球形，直径1.5~2mm，具短梗，基部具小苞叶，直立或下垂，多数在茎上排列成狭窄或稍开展的圆锥状；总苞片3~4层，外、中层的卵形或长卵形，背部具绿色中肋，无毛，边缘膜质，内层的卵状披针形，半膜质；边缘雌花3~6枚，花冠狭圆锥状，中央两性花3~7枚，花冠管状；花序托凸起。瘦果长卵形。花果期8~10月。

强旱生植物。常生于干草原至荒漠地带的砂质土壤上。

阿拉善地区均有分布。我国分布于内蒙古等地。蒙古也有分布。

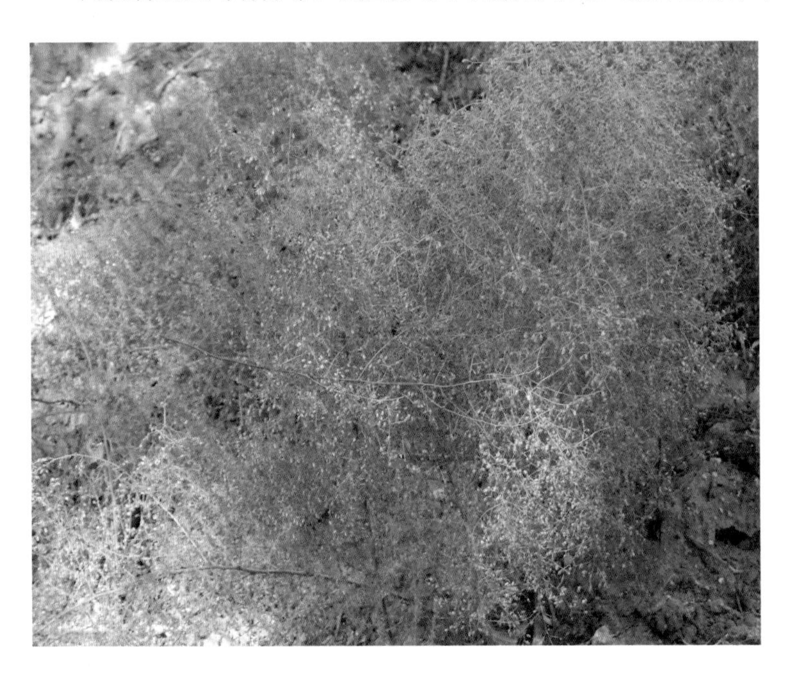

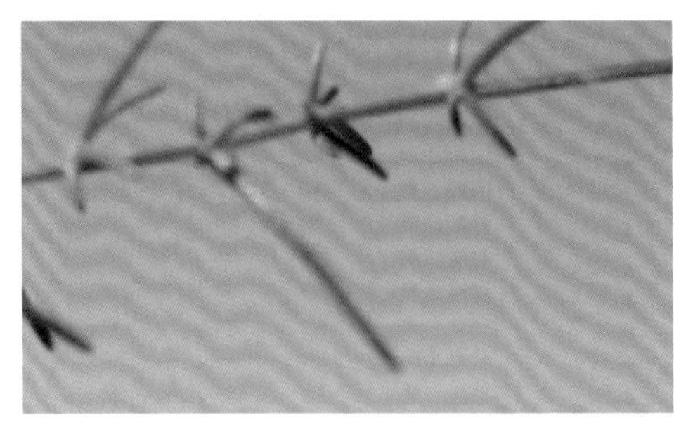

猪毛蒿 *Artemisia scoparia* Waldst. & Kit.　　别名：米蒿、黄蒿

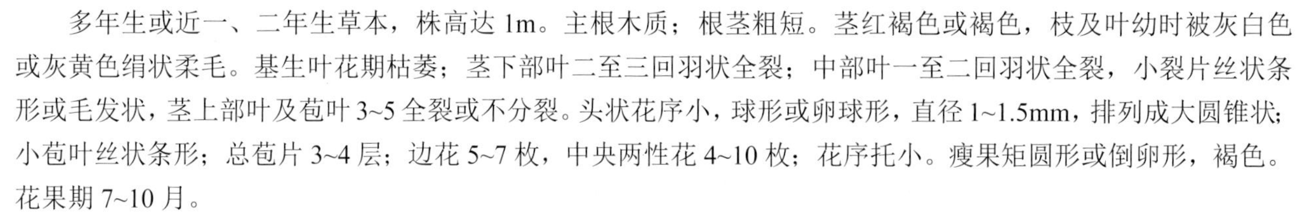

多年生或近一、二年生草本，株高达 1m。主根木质；根茎粗短。茎红褐色或褐色，枝及叶幼时被灰白色或灰黄色绢状柔毛。基生叶花期枯萎；茎下部叶二至三回羽状全裂；中部叶一至二回羽状全裂，小裂片丝状条形或毛发状，茎上部叶及苞叶 3~5 全裂或不分裂。头状花序小，球形或卵球形，直径 1~1.5mm，排列成大圆锥状；小苞叶丝状条形；总苞片 3~4 层；边花 5~7 枚，中央两性花 4~10 枚；花序托小。瘦果矩圆形或倒卵形，褐色。花果期 7~10 月。

旱中生植物。分布很广，在草原带和荒漠带均有分布。多生于海拔 4000m 以下的砂质土壤上，是夏雨型一年生层片的主要组成植物。

阿拉善地区均有分布。我国分布遍及全国。朝鲜、日本、伊朗、土耳其、阿富汗、巴基斯坦、印度、俄罗斯、中亚也有分布。

纤杆蒿 *Artemisia demissa* Krasch.

一年生或二年生草本，株高 5~25cm。主根细长。茎直立，紫红色，具纵条棱，幼时密被淡灰黄色长柔毛。基生叶与茎下部叶椭圆形或宽卵形，二回羽状全裂，两面初时被灰白色短柔毛，有假托叶；中部叶与苞叶卵形，羽状全裂，具假托叶，无柄。头状花序卵球形，直径 1.5~2mm，排列成圆锥状；总苞片 3 层；边花 10~19 枚；中央花 3~8 枚；花序托凸起。瘦果倒卵形。花果期 7~9 月。

中旱生植物。常生于海拔 2600~4800m 的荒漠地带的砂质土壤上。

阿拉善地区均有分布。我国分布于内蒙古、甘肃、青海、新疆、四川、西藏等地。中亚也有分布。

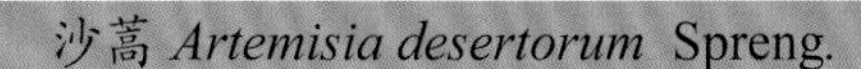

沙蒿 *Artemisia desertorum* Spreng. 别名：漠蒿

多年生草本，株高 (10)30~90cm。主根明显，侧根少数；根状茎粗短，具短的营养枝。茎单生，稀少数簇生，直立，淡褐色，有时带紫红色，具细纵棱，上部有分枝，茎、枝初时被短柔毛，后脱落无毛。叶纸质，茎下部叶与营养枝叶二型，一型叶片为矩圆状匙形或矩圆状倒楔形，先端及边缘具缺刻状锯齿或全缘，基部楔形，另一型叶片椭圆形、卵形或近圆形，长 2~5(8)cm，宽 1~5(10)cm，二回羽状全裂或深裂，侧裂片 2~3 对，椭圆形或矩圆形，每裂片常再 3~5 深裂或浅裂，小裂片条形、条状披针形或长椭圆形，叶上面无毛，下面初时被薄绒毛，后无毛，叶柄长 1~4(18)cm，基部有条形、半抱茎的假托叶；中部叶较小，长卵形或矩圆形，一至二回羽状深裂，基部宽楔形，具短柄，基部有假托叶；上部叶 3~5 深裂，基部有小型假托叶；苞叶 3 深裂或不分裂，条状披针形或条形，基部假托叶小。头状花序卵球形或近球形，直径 2~3(4)mm，具短梗或近无梗，基部有小苞叶，多数在茎上排列成狭窄的圆锥状；总苞片 3~4 层，外层的较小，卵形，中层的长卵形，外、中层总苞片背部绿色或带紫色，初时疏被薄毛，后脱落无毛，边缘膜质，内层的长卵形，半膜质，无毛；边缘雌花 4~8 枚，花冠狭圆锥状或狭管状，中央两性花 5~10 枚，花冠管状；花序托凸起。瘦果倒卵形或矩圆形。花果期 7~9 月。

旱生植物。草原上常见的伴生植物，有时也能形成局部的优势或层片。多生于海拔 4000m 以下的砂质和砂砾质的土壤上。

阿拉善地区均有分布。我国分布于东北、华北、西北等地。朝鲜、日本、印度、巴基斯坦、蒙古、俄罗斯也有分布。

臭蒿 *Artemisia hedinii* Ostenf. in Hedin　　别名：海定蒿

一年生草本，株高20~60cm，植株有臭味。根较细，垂直。茎单生，直立，多分枝，下部枝长，近平展，上部枝较短，斜向上，茎、枝密被灰白色短柔毛。叶两面密被灰白色柔毛，茎下部叶与中部叶长卵形或矩圆形，长1.5~4cm，宽3~8mm，二回栉齿状羽状分裂，第一回全裂，侧裂片5~8对，长卵形或近倒卵形，长3~5mm，宽2~3mm，边缘常反卷，第二回为栉齿状的深裂，裂片每侧有5~8个栉齿，叶柄长0.5~3cm，基部有栉齿状分裂的假托叶；上部叶与苞叶栉齿状羽状深裂或浅裂或不分裂，椭圆状披针形或披针形，边缘具若干栉齿。头状花序椭圆形或长椭圆形，直径1.5~2mm，具短梗及小苞叶，下垂，多数在茎上排列成开展的圆锥状；总苞片4~5层，外层的较小，卵形，背部绿色，疏被柔毛，边缘膜质，中、内层的长卵形，亦疏被柔毛，边缘宽膜质；边缘雌花2~3枚，花冠狭圆锥状，中央两性花3~6枚，花冠钟状管形或矩圆形；花序托凸起。瘦果椭圆形。花果期7~10月。

旱中生植物。常生于海拔2000~5000m的湖边草地、河滩、砾质坡地、田边、路旁、林缘等，可成为植物群落的优势种或主要的伴生种。在阴山以南的草原地带和荒漠草原地带，有时单独形成小群落。

阿拉善地区均有分布。我国分布于内蒙古、甘肃、青海、新疆、四川及西藏等地。印度、巴基斯坦、尼泊尔、俄罗斯也有分布。

牛尾蒿 *Artemisia dubia* Wall. ex Besser　　别名：指叶蒿、荻蒿

半灌木状草本，株高80~100cm。主根较粗长，木质化，侧根多；根状茎粗壮，有营养枝。茎多数或数个丛生，直立或斜向上，基部木质，具纵条棱，紫褐色，多分枝，开展，常呈屈曲延伸，茎、枝幼时被短柔毛，后渐脱落无毛。叶厚纸质或纸质，基生叶与茎下部叶大，卵形或矩圆形，羽状5深裂，有时裂片上具1~2个小裂片，无柄，花期枯萎；中部叶卵形，长5~11cm，宽3~6cm，羽状5深裂，裂片椭圆状披针形、矩圆状披针形或披针形，长2~6cm，宽5~10mm，先端尖，全缘，基部渐狭成短柄，常有小型假托叶，叶上面近无毛，下面密被短柔毛；上部叶与苞叶指状3深裂或不分裂，椭圆状披针形或披针形。头状花序球形或宽卵形，直径1.5~2mm，无梗或有短梗，基部有条形小苞叶，多数在茎上排列成开展、具多级分枝的大型圆锥状；总苞片3~4层，外层的短小，外、中层的卵形或长卵形，背部无毛，有绿色中肋，边缘膜质，内层的半膜质；边缘雌花6~9枚，花冠狭小，近圆锥形，中央两性花2~10枚，花冠管状；花序托凸起。瘦果小，矩圆形或倒卵形。花果期8~9月。

中生植物。常生于海拔3500m以下的山坡林缘及沟谷草地。

阿拉善地区均有分布。我国分布于西北、华北、西南等地。印度、不丹、尼泊尔也有分布。

绢蒿属 *Seriphidium* (Besser ex Less.) Fourr.

聚头绢蒿 *Seriphidium compactum* (Fisch. ex DC.) Poljakov　　别名：聚头蒿

多年生草本，株高 15~30cm。主根细；根状茎较粗短，具营养枝。茎数个或多数，直立或斜向上，与营养枝常形成小丛，上部有分枝，初时被灰白色蛛丝状绒毛，后近无毛。茎下部叶卵形，长 1~4cm，宽 1~2.5cm，二至三回羽状全裂，侧裂片 4~5 对，小裂片狭条形，长 2~3mm，宽 0.5~1mm，先端钝或稍尖，两面初时密被蛛丝状毛，后渐脱落，叶柄长 0.5~1cm；中部叶一至二回羽状全裂，具短柄；上部叶羽状全裂或 3~5 全裂，无柄；苞叶不分裂，狭条形。头状花序长卵形或卵形，直径 2~3mm，无梗或具短梗，直立，在分枝顶端密集排列成矩圆形或卵球形的短穗状或复头状，而在茎上再组成狭窄的圆锥状；总苞片 4~6 层，外层的小，卵形，背部被灰白色短柔毛，先端尖，边缘狭膜质，中、内层的椭圆形，背部毛少或近无毛，边缘宽膜质，先端钝；两性花 3~5(11) 枚，花冠管状。瘦果倒卵形。花果期 8~10 月。

旱生植物。常生于海拔 1500~3100m 荒漠地带的盐渍土上。

阿拉善地区分布于龙首山、桃花山。我国分布于内蒙古、宁夏、甘肃、青海、新疆等地。蒙古、中亚、俄罗斯也有分布。

栉叶蒿属 *Neopallasia* Poljakov

栉叶蒿 *Neopallasia pectinata* (Pall.) Poljakov 别名：篦齿蒿

一年生或二年生草本，株高15~50cm。茎直立，被白色绢毛。茎生叶无柄，一至二回栉齿状的羽状全裂，小裂片芒刺状，无毛。头状花序直径2.5~3mm，3至数枚排列成穗状，再组成圆锥状；苞叶栉齿状羽状全裂；总苞片3~4层；边花雌性，3~4枚，结实，花冠狭管状，中央花两性，9~16枚，花冠管状钟形，有4~8枚着生于花序托下部，结实，其余着生于花序托顶部，不结实；花序托圆锥形，裸露。瘦果椭圆形。花果期7~9月。

中生植物。分布极广，在草原带、荒漠草原带及草原化荒漠带均有分布，多生长于海拔1300~3400m壤质或黏壤质的土壤上，为夏雨型一年生层片的主要成分。

阿拉善地区均有分布。我国分布于东北、华北、西北、四川、云南、西藏等地。蒙古、俄罗斯、中亚也有分布。

合耳菊属 *Synotis* (C. B. Clarke) C. Jeffrey & Y. L. Chen

术叶合耳菊 *Synotis atractylidifolia* (Y. Ling) C. Jeffrey & Y. L. Chen 别名：术叶千里光

多年生草本，株高30~60cm。地下茎粗壮、木质。茎丛生或从基部分枝，光滑，具纵条棱，下部木质，上部多分枝。基生叶花期常枯萎；中部及上部叶披针形或狭披针形，长3~8cm，宽0.5~1.5cm，先端渐尖，基部渐狭，边缘具细锯齿，两面近无毛或被短柔毛，细脉明显，无柄。头状花序多数，在茎顶排列成密集的复伞房状；花序梗纤细；苞叶条形；总苞钟形，长3~4mm，宽3~4mm；总苞片8~10，披针形，光滑，边缘膜质，外层小总苞片1~3，长为总苞片之半；舌状花亮黄色，3~5个，长约10mm，舌片长椭圆形，长约5mm，管状花约10，长约8mm。瘦果圆柱形，长约2mm，具纵沟纹，光滑或被微毛；冠毛白色，长3~5mm。花果期7~9月。

中生植物。常生于海拔1500~2300m的山地沟谷、林缘灌丛。

阿拉善地区均有分布。我国特有种，分布于内蒙古、宁夏等地。

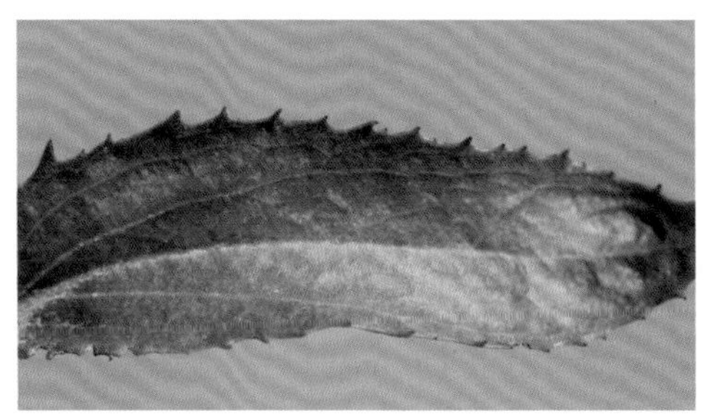

千里光属 *Senecio* L.

北千里光 *Senecio dubitabilis* C. Jeffrey & Y. L. Chen

一年生草本，株高 6~30cm。茎直立或斜升，具纵条棱，疏被白色长柔毛，多分枝。叶矩圆状披针形或矩圆形，长 2~4cm，宽 2~10mm，羽状深裂、半裂、浅裂或具疏锯齿，裂片卵形、矩圆形，两面疏生白色长柔毛；上部叶条形，具疏锯齿或全缘。头状花序多数，在茎顶和枝端排列成松散的伞房状；花序梗长 2~3.5cm；苞叶狭条形，长 1.5~5mm，在近头状花序的基部排列较密集，似总苞外层的小苞片；总苞狭钟形，长 6~7mm，宽约 3mm；总苞片约 14，条形，宽约 1mm，背部光滑，边缘膜质，无外层小苞片；管状花花冠黄色，长 6~9mm。瘦果圆柱形，长 3~3.5mm，被微短柔毛；冠毛白色，长 5~7mm。花期 5~9 月。

中生植物。常生于海拔 2000~4800m 的河边沙地、盐化草甸及林缘。

阿拉善地区分布于贺兰山、龙首山、桃花山。我国分布于华北、西北、西藏等地。蒙古、俄罗斯、巴基斯坦、印度也有分布。

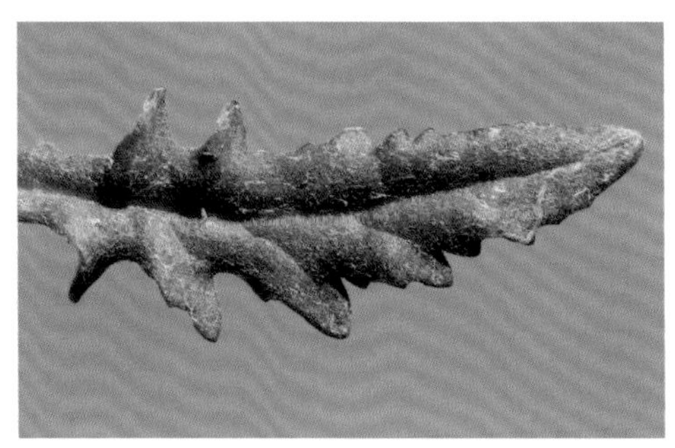

欧洲千里光 *Senecio vulgaris* L.

一年生草本，株高 15~40cm。茎直立，稍肉质，具纵沟棱，被蛛丝状毛或无毛，多分枝。基生叶与茎下部叶倒卵状匙形或矩圆状匙形，具浅齿，有柄，花期枯萎；茎中部叶倒卵状匙形、倒披针形至矩圆形，长 3~10cm，宽 1~3cm，羽状浅裂或深裂，边缘具不整齐波状小浅齿，叶先端钝或圆形，向下渐狭，基部常扩大而抱茎，两面近无毛；上部叶较小，条形，有齿或全缘。头状花序多数，在茎顶和枝端排列成伞房状，花序梗细长，被蛛丝状毛；苞叶条形或狭条形；总苞近钟状，长 6~8cm，宽 4~5cm；总苞片可达 20，披针状条形，先端渐尖，边缘膜质，外层小苞片 2~7，披针状条形，长 1.5~2cm，先端渐尖，常呈黑色；无舌状花，管状花长约 5cm，黄色。瘦果圆柱形，长 2.5~3cm，有纵沟，被微毛；冠毛白色，长约 5mm。花果期 7~8 月。

中生植物。常生于海拔 300~2300m 的山坡及路旁。

阿拉善地区分布于贺兰山、龙首山、桃花山。我国分布于北部及东部等地。亚洲北部、欧洲、北美洲、北非也有分布。

天山千里光 *Senecio thianschanicus* Regel & Schmalh.

多年生草本，株高 20~25cm。根状茎短缩，簇生多数须状根。茎单生，直立，有时由基部斜升，具纵条棱，疏被蛛丝状毛，后常无毛。基生叶及茎下部叶渐狭成长柄，叶片近倒卵形、卵形或卵状披针形，长 1~2.5cm，宽 0.5~2cm，先端钝或稍尖，边缘有浅齿或近全缘，上面被微毛或近无毛，下面常被蛛丝状毛；茎中部叶少数，长倒卵形、倒披针形或条状椭圆形，长 5~6cm，宽 1~1.5cm，先端钝或尖，基部渐狭，下延成柄，边缘有不规则浅钝齿，或呈不规则羽状浅裂；上部叶无柄，倒披针形或条形，全缘或有浅齿。头状花序数个至近 10 个在茎顶排列成伞房状，有时单生，具短或长的花序梗及狭条形苞叶；总苞钟状，长 6~8mm，直径 5~7mm；总苞片 14~18 个，条形，先端渐尖，边缘膜质，背部疏被蛛丝状毛及腺点；舌状花约 10 枚，黄色，舌片矩圆形或条形，长约 12mm，管状花长约 6mm。瘦果圆柱形，长达 3mm，无毛；冠毛污白色，长 6~8mm。花果期 7~8 月。

旱生植物。常生于海拔 2450~5000m 的山谷及石质山坡。

阿拉善地区分布于龙首山、桃花山。我国分布于内蒙古、新疆、青海、甘肃、四川、西藏东部等地。中亚也有分布。

额河千里光 *Senecio argunensis* Turcz. 别名：羽叶千里光

多年生草本，株高 30~100cm。根状茎斜生，有多数细的不定根。茎直立，单一，具纵条棱，常被蛛丝状毛，中部以上有分枝。茎下部叶花期枯萎；中部叶卵形或椭圆形，长 5~15cm，宽 2~5cm，羽状半裂、深裂，有的近二回羽裂，裂片 3~6 对，条形或狭条形，长 1~2.5cm，宽 1~5mm，先端钝或微尖，全缘或具疏齿，两面被蛛丝状毛或近光滑，叶下延成柄或无柄；上部叶较小，裂片较少。头状花序多数，在茎顶排列成复伞房状；花序梗被蛛丝状毛；小苞片条形或狭条形；总苞钟形，长 4~8mm，宽 4~10mm；总苞片约 10，披针形，边缘宽膜质，背部常被蛛丝状毛，外层小总苞片约 10，狭条形，比总苞片略短；舌状花黄色，10~12，舌片条形或狭条形，长 12~15mm；管状花长 7~9mm，子房无毛。瘦果圆柱形，长 2~2.5mm，光滑，黄棕色；冠毛白色，长 5~7mm。花果期 7~9 月。

中生植物。常生于海拔 500~3300m 的林缘及河边草甸、河边柳灌丛。

阿拉善地区分布于贺兰山。我国分布于东北、华北、西北、华东等地。日本、蒙古、俄罗斯也有分布。

橐吾属 *Ligularia* Cass.

箭叶橐吾 *Ligularia sagitta* (Maxim.) Mattf. ex Rehder & Kobuski

多年生草本，株高25~75cm。茎直立，被蛛丝状丛卷毛及短柔毛。基生叶三角状卵形，基部近心形或戟形，边缘有细齿，下面被蛛丝状毛，有羽状脉，侧脉7~8对，叶柄长3~35cm，基部有扩大而抱茎的短柄；上部叶苞叶状，条形或披针状条形。头状花序总状排列，基部有条形苞叶，被蛛丝状毛；总苞钟状或筒状，果熟时下垂；总苞片常黑紫色；舌状花5~9，先端有3齿，管状花约10个。瘦果褐色；冠毛白色。花果期7~9月。

湿中生植物。常为海拔1270~4000m的河滩杂类草草甸伴生种，亦生于河边沼泽。

阿拉善地区分布于贺兰山。我国分布于内蒙古、河北、山西、陕西、宁夏、甘肃、青海、西藏、四川等地。蒙古也有分布。

掌叶橐吾 *Ligularia przewalskii* (Maxim.) Diels

多年生草本，株高60~90cm。茎直立，具纵沟棱，无毛，或上部疏被柔毛，基部有褐色的枯叶纤维。基生叶掌状深裂，宽大于长，宽达22cm，基部近心形，裂片7，近菱形，中裂片3，侧裂片2~3，先端渐尖，边缘有不整齐缺刻与疏锯齿或有披针形至条形的小裂片，上面深绿色，下面淡绿色，两面无毛或沿叶脉及裂片边缘疏被柔毛，叶柄长20~25cm，基部扩大而抱茎；茎生叶少数，掌状深裂，有基部扩大而抱茎的短柄，有时具2~3裂或不分裂而作披针形的苞叶状。头状花序多数在茎顶排列成总状；苞叶条形；梗长2~5mm；总苞圆柱形，长7~8mm，宽2~3mm；总苞片5~7，在外的条形，在内的矩圆形，先端钝或稍尖，上部有微毛；舌状花2个，舌片匙状条形，长10~13mm，先端有3齿，管状花3~5，长约8mm。瘦果褐色，圆柱形，长4~5mm；冠毛紫褐色，长3~5mm。花果期6~10月。

中生植物。常生于海拔1100~3700m的山地林缘灌丛、草甸、沟谷及溪边。

阿拉善地区分布于贺兰山。我国分布于内蒙古、山西、陕西、宁夏、甘肃、青海、四川、江苏等地。欧洲也有分布。

蓝刺头属 *Echinops* L.

砂蓝刺头 *Echinops gmelinii* Turcz.

一年生草本，株高15~40cm。茎直立，稍具纵沟棱，白色或淡黄色，无毛或疏被腺毛或腺点，不分枝或有分枝。叶条形或条状披针形，长1~6cm，宽3~10mm，先端锐尖或渐尖，基部半抱茎，无柄，边缘有具白色硬刺的牙齿，刺长达5mm，两面均为淡黄绿色，有腺点，或被极疏的蛛丝状毛、短柔毛，或无毛无腺点，上部叶有腺毛，下部叶密被绵毛。复头状花序单生于枝端，直径1~3cm，白色或淡蓝色；头状花序长约15mm，基毛多数，污白色，不等长，糙毛状，长约9mm；外层总苞片较短，长约6mm，条状倒披针形，先端尖，中部以上边缘有睫毛，背部被短柔毛，中层者较长，长约12mm，长椭圆形，先端渐尖成芒刺状，边缘有睫毛，内层者长约11mm，长矩圆形，先端芒裂，基部深褐色，背部被蛛丝状长毛；花冠管部长约3mm，白色，有毛和腺点，花冠裂片条形，淡蓝色。瘦果倒圆锥形，长约6mm，密被贴伏的棕黄色长毛；冠毛长约1mm，下部连合。花期6月，果期8~9月。

旱生植物。为海拔580~3120m的荒漠草原地带和草原化荒漠地带常见伴生杂类草，并可沿固定沙地、沙质撂荒地深入到草原地带、森林草原地带及居民点、畜群点周围。

阿拉善地区均有分布。我国分布于东北、内蒙古、河北、山西、陕西、宁夏、甘肃、青海、新疆、河南等地。蒙古、俄罗斯也有分布。

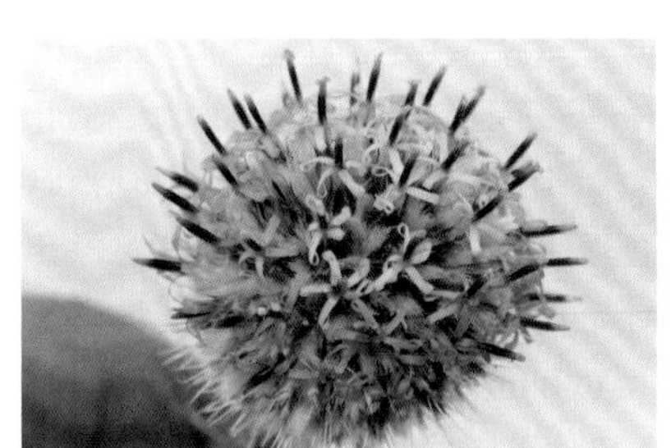

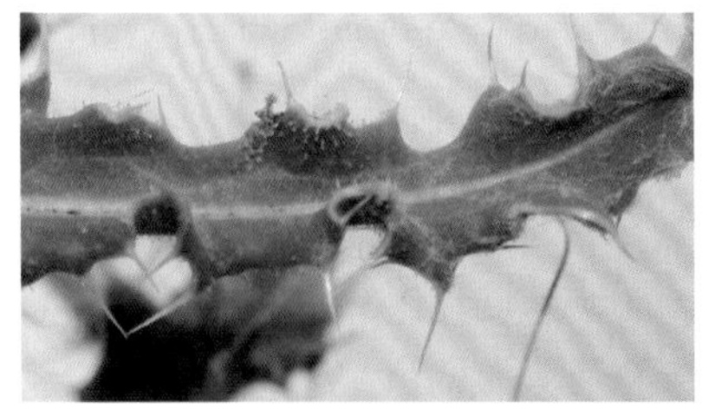

火烙草 *Echinops przewalskii* Iljin

多年生草本，株高30~40cm。根木质。茎直立，密被白色绵毛。叶革质，二回羽状深裂，一回裂片呈皱波状扭曲，具不规则缺刻状小裂片及具短刺的小齿，裂片边缘小刺黄色，粗硬，上面疏被蛛丝状毛，下面密被灰白色绵毛，上部叶变小，羽状分裂。复头状花序单生枝端，蓝色；基毛长度短于总苞1/2；全部苞片16~20个，龙骨状，外面无毛、无腺点；小花长1.6cm，白色或浅蓝色；花冠管长5mm，外面有腺点。瘦果圆柱形，密被黄褐色柔毛；冠毛黄色，鳞片状，由中部连合。花果期6~8月。

强旱生植物。为海拔500~2200m的荒漠草原地带、典型荒漠地带石质山地及砂砾质戈壁、砂质戈壁常见杂类草，也进入草原地带，甚至森林地带。

阿拉善地区分布于贺兰山。我国分布于内蒙古、山西、甘肃、山东等地。蒙古也有分布。

驴欺口 *Echinops davuricus* Fisch. ex Hornem. 别名：蓝刺头

多年生草本，株高30~70cm。根粗壮，褐色。茎直立，具纵沟棱，上部密被白色蛛丝状绵毛，下部疏被蛛丝状毛，不分枝或有分枝。茎下部与中部叶二回羽状深裂，一回裂片卵形或披针形，先端锐尖或渐尖，具刺尖头，有缺刻状小裂片，全部边缘具不规则刺齿或三角形齿刺，上面绿色，无毛或疏被蛛丝状毛，并有腺点，下面密被白色绵毛，有长柄或短柄；茎上部叶渐小，长椭圆形至卵形，羽状分裂，基部抱茎。复头状花序单生于茎顶或枝端，直径约4 cm，蓝色；头状花序长约2cm，基毛多数，白色，扁毛状，不等长，长6~8mm；外层总苞片较短，长6~8mm，条形，上部菱形扩大，淡蓝色，先端锐尖，边缘有少数睫毛，中层者较长，长达15mm，菱状披针形，自最宽处向上渐尖成芒刺状，淡蓝色，中上部边缘有睫毛，内层者长13~15mm，长椭圆形或条形，先端芒裂；花冠管部长5~6mm，白色，有腺点，花冠裂片条形，淡蓝色，长约8mm。瘦果圆柱形，长约6mm，密被黄褐色柔毛；冠毛长约1mm，中下部连合。花期6月，果期7~8月。

中旱生植物。草原地带和森林草原地带常见杂类草，常生于海拔120~2200m的含丰富杂类草的针茅草原和羊草草原群落中，也见于线叶菊草原及山地林缘草甸。

阿拉善地区分布于贺兰山。我国分布于东北、内蒙古、河北、山西、陕西、宁夏、甘肃等地。蒙古、俄罗斯也有分布。

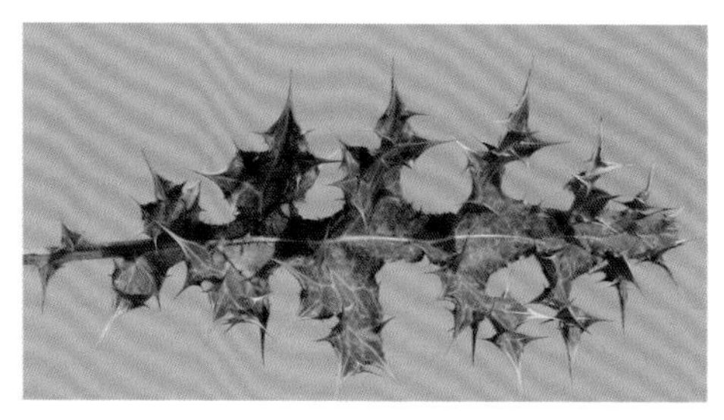

革苞菊属 *Tugarinovia* Iljin

革苞菊 *Tugarinovia mongolica* Iljin

多年生低矮草本，株有胶黏液汁。根粗壮，根颈部包被多数绵毛状叶柄残余纤维，常呈簇团状，茎基被白色厚绵毛。叶基生，莲座状，革质，羽状浅裂、深裂、全裂，裂片宽短而皱曲，具不规则的浅牙齿，齿端有硬刺，两面被蛛丝状毛或绵毛；具长柄。花葶柔弱，密被白色绵毛，头状花序单生；雌雄异株；雄头状花序较小，小花雌蕊退化，总苞片3~4层；雌头状花序较大，小花雄蕊5，分离、退化，结实，总苞片4层；小花花冠白色。瘦果密被绢质长柔毛；冠毛多层，淡褐色。花果期5~6月。

强旱生植物。亚洲中部荒漠草原地带、荒漠地带的特有种，多生于海拔1000~1200m的石质丘陵顶部或砂砾质坡地，局部可形成小群聚。

阿拉善地区分布于贺兰山。我国分布于内蒙古等地。蒙古也有分布。

苓菊属 *Jurinea* Cass.

蒙疆苓菊 *Jurinea mongolica* Maxim.

多年生草本，株高6~20cm。根粗壮，颈部被残存的枯叶柄，有极厚的白色团状绵毛。茎丛生，被蛛丝状绵毛。基生叶与下部叶羽状深裂或浅裂，两面被蛛丝状绵毛，下面密生腺点，主脉隆起而呈白黄色，具柄；中部叶及上部叶变小。总苞片黄绿色，被蛛丝状绵毛、腺体及小刺状微毛，先端长渐尖呈麦秆黄色，边缘有短刺状缘毛；花冠红紫色，有腺体。瘦果褐色；冠毛污黄色，糙毛状，长达10mm，有短羽毛。花果期6~8月。

强旱生植物。为海拔1040~1500m的荒漠草原地带、荒漠地带小针茅草原和草原化荒漠群落恒有伴生种，也见于路旁和畜群集中点。

阿拉善地区均有分布。我国分布于内蒙古、宁夏、陕西、新疆等地。蒙古也有分布。

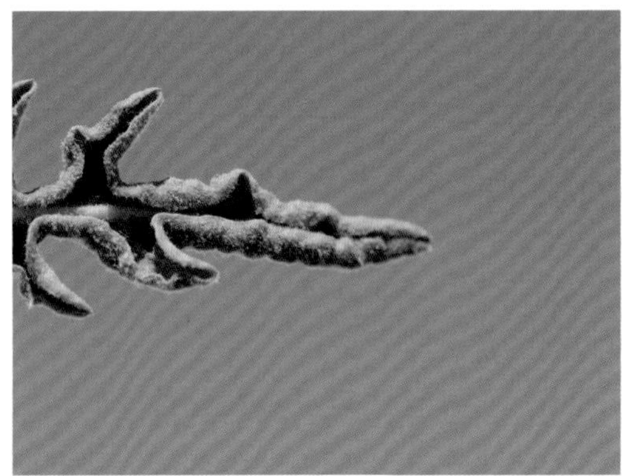

风毛菊属 *Saussurea* DC.

碱地风毛菊 *Saussurea runcinata* DC. 别名：倒羽叶风毛菊

多年生草本，株高5~50cm。根粗壮，颈部被褐色纤维状残叶鞘。茎直立。基生叶与茎下部叶椭圆形、倒披针形、披针形或条状倒披针形，大头羽状全裂或深裂，稀上部全缘，下部裂片缺刻状、具牙或全缘，两面有腺点，具长柄，基部扩大成鞘；中、上部叶较小，全缘或具疏齿，无柄。头状花序排列成伞房状；苞叶条形；总苞片4层，内层者顶端有扩大的紫红色膜质附片，背部被短柔毛和腺体；花冠紫红色，有腺点。瘦果圆柱形；冠毛2层，淡黄褐色。花果期8~9月。

中生植物。广泛分布于海拔700~1300m的盐渍低地，为盐化草甸恒有伴生种。

阿拉善地区均有分布。我国分布于东北、内蒙古、河北、山西、陕西、宁夏等地。蒙古、俄罗斯也有分布。

裂叶风毛菊 *Saussurea laciniata* Ledeb.

多年生草本，株高15~40cm。根粗壮，木质化，颈部被棕褐色纤维状残叶柄。茎直立，具纵沟棱，有带齿的狭翅，疏被多细胞皱曲柔毛，由基部或上部分枝。基生叶矩圆形，长3~10cm，二回羽状深裂，裂片矩圆状卵形或矩圆形，先端锐尖，边缘具齿或小裂片，齿端有软骨质小尖头，两面疏被多细胞皱曲柔毛和腺点，羽轴有疏齿和小裂片，叶具长柄，柄基扩大成鞘状；中部叶和上部叶向上渐变小，羽状深裂。头状花序少数在枝端排列成伞房状；有长梗；总苞筒状钟形，长约10mm，直径8~10mm；总苞片4~5层，外层者卵形，顶端有不规则的小齿，背部被皱曲柔毛，内层者条形或披针状条形，顶端有淡紫色而反折的附片，并密被皱曲长柔毛，背部毛较疏，并密布腺点；花冠紫红色，长10~12mm，狭管部长约6mm，檐部长约4mm。瘦果圆柱形，长2~3mm，深褐色；冠毛2层，污白色，内层者长9~10mm。花果期7~8月。

中旱生植物。常生于海拔1300~2200m，为荒漠草原及荒漠地带盐碱低地常见伴生种。

阿拉善地区均有分布。我国分布于内蒙古、西北等地。蒙古、中亚和俄罗斯西伯利亚也有分布。

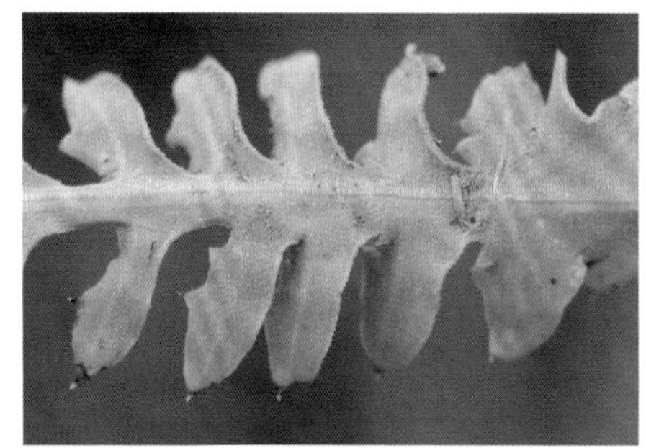
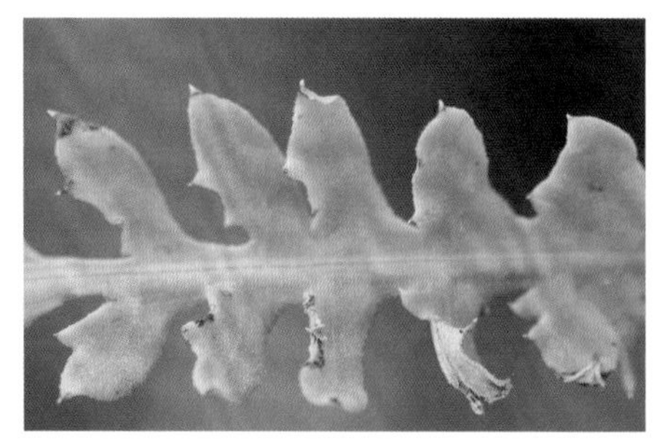

翼茎风毛菊（变种）*Saussurea japonica* var. *pteroclada* (Nakai & Kitag.) Raab-Straube

二年生草本，株高 50~150cm。根纺锤状，黑褐色。茎直立，有纵沟棱，疏被短柔毛和腺体，上部多分枝。叶基部沿茎下沿成翅，基生叶与下部叶具长柄，矩圆形或椭圆形，长 15~20cm，宽 3~5cm，羽状半裂或深裂，顶裂片披针形，侧裂片 7~8 对，矩圆形、矩圆状披针形或条状披针形至条形，先端钝或锐尖，具牙齿全缘，两面疏被短毛和腺体；茎中部叶向上渐小；上部叶条形、披针形或长椭圆形，羽状分裂或全缘，无柄。头状花序多数，在茎顶和枝端排列成密集的伞房状；总苞筒状钟形，长 8~13mm，宽 5~8mm，疏被蛛丝状毛；总苞片 6 层，外层者短小，卵形，先端钝尖，中层至内层者条形或条状披针形，先端有膜质、圆形而具小齿的附片，带紫红色；花冠紫色，长 10~12mm，狭管部长约 6mm，檐部长 4~6mm。瘦果暗褐色，圆柱形，长 4~5mm；冠毛 2 层，淡褐色，外层者短，内层者长约 8mm。花果期 8~9 月。

中生植物。广泛分布于海拔 540~1200m 的草原地带山地、草甸草原、河岸草甸，路旁及撂荒地较常见。

阿拉善地区均有分布。我国分布于东北、华北、西北、华东、华南等地。朝鲜及日本也有分布。

草地风毛菊 *Saussurea amara* (L.) DC.　　别名：驴耳风毛菊、羊耳朵

多年生草本，株高 20~50cm。根粗壮。茎直立，具纵沟棱，被短柔毛或近无毛，分枝或不分枝。基生叶与下部叶椭圆形、宽椭圆形或矩圆状椭圆形，长 10~15cm，宽 1.5~8cm，先端渐尖或锐尖，基部楔形，具长柄，全缘或有波状齿至浅裂，上面绿色，下面淡绿色，两面疏被柔毛或近无毛，密布腺点，边缘反卷；上部叶渐变小，披针形或条状披针形，全缘。头状花序多数，在茎顶和枝端排列成伞房状；总苞钟形或狭钟形，长 12~15cm，直径 8~12mm；总苞片 4 层，疏被蛛丝状毛和短柔毛，外层者披针形或卵状，先端尖，中层和内层者矩圆形或条形，顶端有近圆形膜质、粉红色而有齿的附片；花冠粉红色，长约 15mm，狭管部长约 10mm，檐部长约 5mm，有腺点。瘦果矩圆形，长约 3mm；冠毛 2 层，外层者白色，内层者长约 10mm，淡褐色。花果期 7~10 月。

中生植物。常生于海拔 510~3200m 的村旁、路边，为常见杂草。

阿拉善地区均有分布。我国分布于东北、华北、西北等地。蒙古、中亚、俄罗斯也有分布。

禾叶风毛菊 *Saussurea graminea* Dunn

多年生草本，株高10~25cm。根粗壮，扭曲，黑褐色，颈部被褐色鳞片状残叶，常由颈部生出少数或多数不孕枝和花枝，形成密丛。茎直立，具纵沟棱，密被白色绢毛。叶纸质，狭条形，长5~10cm，宽2~3cm，先端渐尖，基部渐狭成柄状，柄基稍宽呈鞘状，全缘，边缘反卷，上面疏被绢状柔毛或几无毛，下面密被白色毡毛；茎生叶少数，较短。头状花序单生于茎顶；总苞钟形，长16~20mm，宽约25mm；总苞片4~5层，被绢状长柔毛，外层者卵状披针形，顶端长渐尖，基部宽，反折，内层者条形，直立，带紫色；花冠粉紫色，长约15mm，狭管长约6mm，檐部长约9mm。瘦果圆柱形，长3~4mm；冠毛淡褐色，2层，内层者长约13mm。花果期8~9月。

中生植物。常生于海拔3000m以上高山，为高山草甸常见伴生种。

阿拉善地区分布于阿拉善左旗、贺兰山。我国分布于内蒙古、甘肃、四川、云南、西藏等地。

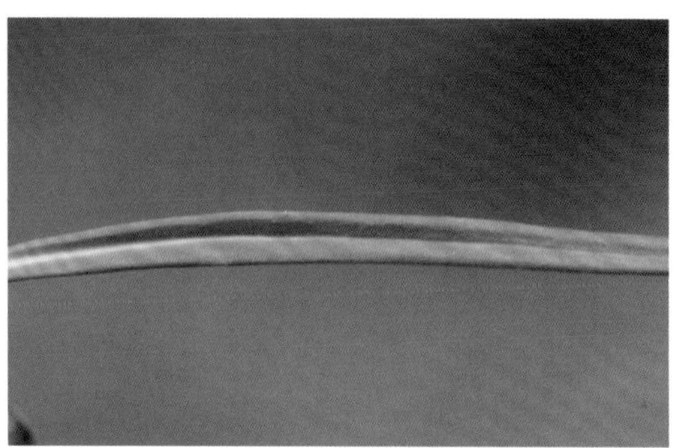

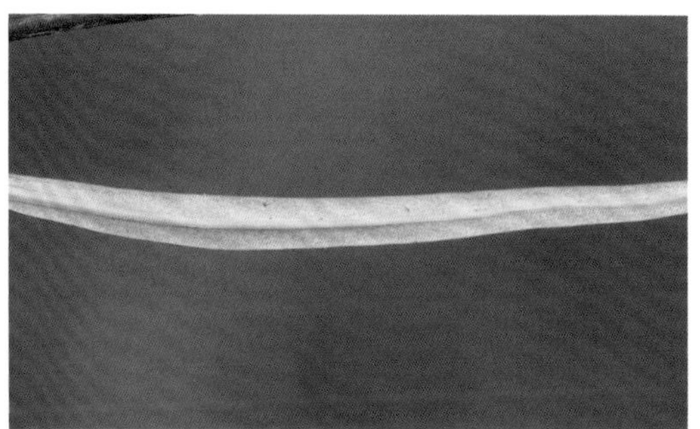

达乌里风毛菊 *Saussurea daurica* Adams　　别名：毛苞风毛菊

多年生草本，株高4~15cm，全体灰绿色。根细长，黑褐色。茎单一或2~3个，具纵沟棱，无毛或疏被短柔毛。基生叶披针形或长椭圆形，长2~10cm，宽0.5~2mm，先端渐尖，基部楔形或宽楔形，具长柄，全缘或具不规则波状牙齿或小裂片；茎生叶2~3片，无柄或具短柄，半抱茎，矩圆形，有波状小齿或全缘；全部叶近无毛或被微毛，密布腺点，边缘有糙硬毛。头状花序少数或多数，在茎顶密集排列成半球状或球状伞房状；总苞狭筒状，长10~12mm，直径(3)5~6mm；总苞片6~7层，外层者卵形，顶端稍尖，内层者矩圆形，顶端钝尖，背部近无毛，边缘被短柔毛，上部带紫红色；花冠粉红色，长约15mm，狭管部长约8mm，檐部长约7mm。瘦果圆柱形，长2~3mm，顶端有短的小冠；冠毛2层，白色，内层长11~12mm。花果期8~9月。

中生植物。为海拔1060~3120m的草原及荒漠地带芨芨草滩中常见种。沿着盐渍化低湿地，可深入到森林草原地带的盐化草甸。

阿拉善地区均有分布。我国分布于黑龙江、内蒙古、宁夏、甘肃、新疆等地。蒙古、俄罗斯也有分布。

盐地风毛菊 *Saussurea salsa* (Pall.) Spreng.

多年生草本，株高10~40cm。根粗壮，颈部有褐色残叶柄。茎单一或数个，具纵沟棱，有短柔毛或无毛，具由叶柄下延而成的窄翅，上部或中部分枝。叶质较厚，基生叶与下部叶较大，卵形或宽椭圆形，长5~20cm，宽3~5cm，大头羽状深裂或全裂，顶裂片大，箭头状，具波状浅齿，缺刻状裂片或全缘，侧裂片较小，三角形、披针形、菱形或卵形，全缘或具小齿及小裂片，上面疏被短糙毛或无毛，下面有腺点，叶柄长，基部扩大成鞘；茎生叶向上渐变小，无柄，矩圆形、披针形至条状披针形，全缘或有疏齿。头状花序多数，在茎顶端排列成伞房状或复伞房状；有短梗；总苞狭筒状，长10~12mm，直径4~5mm；总苞片5~7层，粉紫色，无毛或有疏蛛丝状毛，外层者卵形，顶端钝，内层者矩圆状条形，顶端钝或稍尖；花冠粉紫色，长约14mm，狭管部长约8mm，檐部长约6mm。瘦果圆柱形，长约3mm；冠毛2层，白色，内层者长约13mm。花果期8~9月。

中生植物。为海拔2740~2880m的草原地带及荒漠地带盐渍低地常见伴生种。

阿拉善地区均有分布。我国分布于内蒙古、新疆等地。蒙古、俄罗斯、中亚也有分布。

西北风毛菊 *Saussurea petrovii* Lipsch.

多年生草本，株高 15~25cm。根木质，外皮纵裂成纤维状。茎丛生，直立，纤细，有纵沟棱，不分枝或上部有分枝，密被柔毛，基部被多数褐色鳞片状残叶柄。叶条形，长 5~10cm，宽 2~4mm，先端长渐尖，基部渐狭，边缘疏具小牙齿，齿端具软骨质小尖头，上部叶常全缘，上面绿色，中脉明显，黄色，下面被白色毡毛。头状花序少数在茎顶排列成复伞房状；总苞筒形或筒状钟形，长 10~12mm，直径 5~8mm；总苞片 4~5 层，被蛛丝状短柔毛，边缘带紫色，外层和中层者卵形，顶端具小短尖，内层者披针状条形，顶端渐尖；花冠粉红色，长 8~12mm，狭管部长 5~6mm，檐部长 3~6mm。瘦果圆柱形，褐色，长 3~4mm，有斑点；冠毛 2 层，白色，内层者长约 7mm。花果期 8~9 月。

强旱生植物。常生于海拔 1700~2500m 的荒漠草原地带，为小针茅草原稀见伴生种。

阿拉善地区均有分布。我国分布于内蒙古、甘肃等地。蒙古、俄罗斯也有分布。

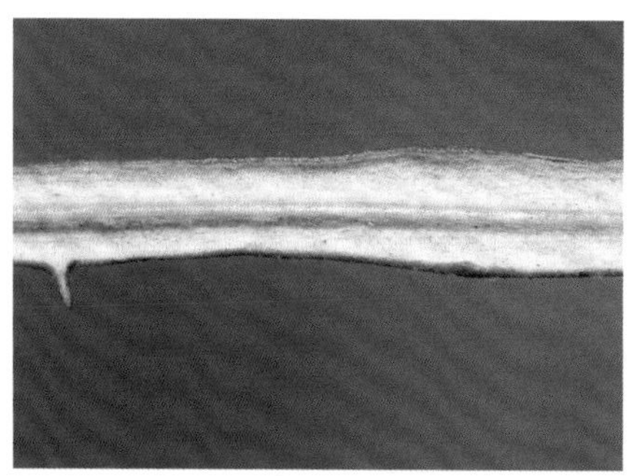
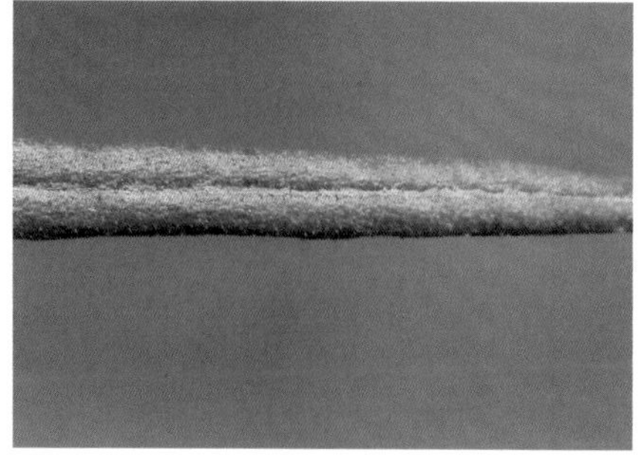

阿拉善风毛菊 *Saussurea alaschanica* Maxim.

多年生草本，株高20~30cm。根状茎短、倾斜。茎单生，较细，直立或斜升，具纵沟棱，疏被蛛丝状毛，常带紫红色。基生叶或下部叶椭圆形或卵状椭圆形，长2.5~13cm，宽1.5~5cm，先端渐尖，基部浅心形、宽楔形或近圆形，边缘有短尖齿，叶片上面绿色，下面被白色毡毛，有具翅的长柄；中部叶向上渐变小，具短柄；上部叶披针形或椭圆状披针形，无柄。头状花序1~3个，在茎顶密集排列成伞房状；梗极粗短，被蛛丝状毛；总苞钟状筒形，长12~15mm，直径10~12mm；总苞片4~5层，暗紫色，被长柔毛，外层者卵形或卵状披针形，顶端长渐尖，内层者条形，顶端长渐尖；花冠紫红色，长12~15mm，狭管部长约6mm，檐部长6~9mm。瘦果圆柱形，黑褐色，长约4mm，有纵条纹；冠毛2层，白色，内层者长约12mm。花期7~8月，果期8~9月。

中生植物。常生于海拔2500~2800m的山坡灌丛或岩石裂缝中。

阿拉善地区分布于贺兰山。我国分布于内蒙古等地。蒙古南部山区也有分布。

阿右风毛菊 *Saussurea jurineioides* H. C. Fu in Ma

多年生草本，株高10~20cm。根粗壮，暗褐色，颈部密被暗褐色鳞片状残存的枯叶柄。茎单生或少数丛生，直立，具纵条棱，密被多细胞皱曲长柔毛，不分枝。叶片轮廓椭圆形或披针形，长5~8cm，宽1.5~2cm，不规则羽状深裂或全裂，顶裂片条形或条状披针形，先端渐尖，全缘，侧裂片4~8对，平展，向下或稍向上弯，披针形或条状披针形，先端渐尖，具小尖头，全缘或疏具小齿，两面密被或疏被多细胞皱曲柔毛及腺点，下面中脉明显，黄白色；叶具短柄，长2~3cm，基部扩大，半抱茎；上部叶较小，披针形或条状披针形，疏具小牙齿，或呈不规则羽状浅裂或深裂，接近头状花序。头状花序单生于茎顶；总苞宽钟状，长约2cm，直径1.5~2cm；总苞片5层，黄绿色，先端具刺尖，反折，密被长柔毛和腺点，外层的卵状披针形，中层的披针形，内层的条状披针形；托片条状钻形；花冠粉红色，长约18mm，狭管部长约1cm，檐部长约8mm；花药尾部具绵毛。瘦果圆柱形，褐色，长3~4mm，具纵肋，疏被短柔毛及腺点；冠毛2层，白色，长达17mm。花果期7~8月。

强旱生植物。常生于海拔2400~2500m的石质山坡。

阿拉善地区分布于阿拉善右旗、龙首山。我国特有种，分布于内蒙古等地。

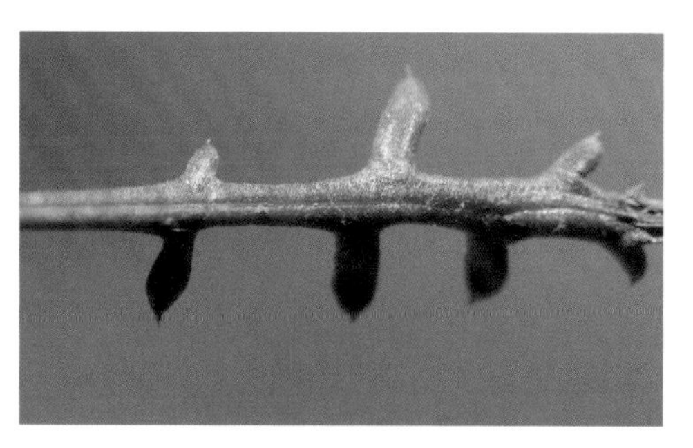

毓泉风毛菊 *Saussurea mae* H. C. Fu in Ma

多年生草本，株高4~15cm。根木质，粗壮，外皮纵裂成纤维状，自颈部发出少数或多数丛生的花枝和不孕枝。茎多数，粗壮，直立或斜升，具纵沟棱，疏被蛛丝状毛和腺点，基部密被灰褐色残存的枯叶柄。叶长3~7cm，羽状全裂，侧裂片3~5对，条形或条状披针形，长3~10mm，宽0.5~2mm，先端锐尖或稍钝，具软骨质尖，全缘或具1~3(4)小牙齿，两面疏被蛛丝状毛和腺点；上部叶逐渐变小，羽状全裂，有时不分裂。头状花序单生或2~3在茎顶排列成伞房状；总苞钟状，长10~13mm，直径8~10mm；总苞片5~6层，红紫色，被蛛丝状毛和腺点，外层的宽卵形，先端锐尖，内层的条状披针形，先端渐尖；花药尾部具绵毛；托片条状钻形；花冠粉红色，长13~16mm，狭管部长6~7mm，檐部长7~9mm。瘦果圆柱形，长约4mm，具4~5棱，暗绿色，有皱纹，密被腺点；冠毛2层，白色，内层长11~12mm。花果期7~8月。

强旱生植物。常生于海拔2400m左右的石质山坡。

阿拉善地区分布于阿拉善右旗、龙首山。我国分布于内蒙古等地。

雅布赖风毛菊 *Saussurea yabulaiensis* Y. Y. Yao

多年生草本，株高 30~35cm。根粗壮。茎多数，细长，直立或弯曲，具纵沟棱，疏被短柔毛和腺点，基部密被黄白色而最下部呈黄褐色的残存叶柄和叶轴。下部叶长 2~15cm，不整齐羽状全裂，裂片常为 2~3 对，疏离，条形或披针形，长 0.3~2cm，宽 0.5~3mm，先端渐尖，有时钝，具刺尖头，全缘，常反卷，两面无毛，疏被腺点，下面中脉稍凸起，叶柄基部扩大，半抱茎；中、上部叶逐渐变小，不分裂，丝状条形。头状花序单生于花序梗顶端，少数在茎顶排列成伞房状；总苞筒状钟形，长 10~15mm，直径 5~8mm；总苞片革质，7~8 层，黄绿色，先端锐尖或渐尖，中肋明显，背部密被或疏被腺点和微毛，边缘疏生短腺毛，外层的卵形，中层的卵状披针形，内层的披针状条形；托片丝状条形，长 2~2.5mm；花冠粉紫色，长约 13mm，狭管部长约 6mm，檐部长约 7 mm，裂片 5，等长；花药尾部有绵毛。瘦果矩圆形，具 4~5 纵棱，疏被腺点；冠毛白色，2 层，外层短，糙毛状，内层长，长约 9mm，羽毛状。花果期 8~9 月。

中生植物。常生于海拔 1300~1400m，为大兴安岭及南部山地草甸及林缘、林下常见伴生种。

阿拉善地区分布于阿拉善右旗雅布赖山。我国分布于东北、西北、内蒙古等地。朝鲜、日本、俄罗斯也有分布。

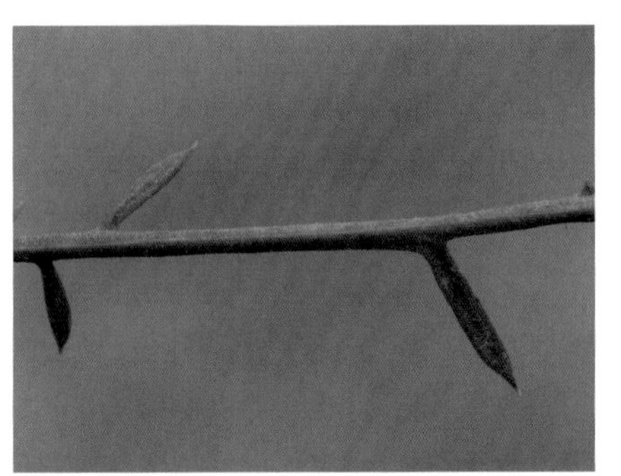

小花风毛菊 *Saussurea parviflora* (Poir.) DC.

多年生草本，株高 40~80cm。根状茎横走。茎直立，具纵沟棱，有狭翅，无毛或疏被短柔毛，单一或上部有分枝。叶质薄，基生叶在花期凋落；下部叶及中部叶长椭圆形或矩圆状椭圆形，长 8~12cm，宽 2~3cm，先端长渐尖，基部渐狭而下延成狭翅，边缘具尖的锯齿，上面绿色，下面灰绿色，无毛或被灰白色蛛丝状毛，边缘有糙硬毛；上部叶披针形或条状披针形，有细齿或近全缘，无柄。头状花序多数，在茎顶或枝端密集成伞房状；有短梗，近无毛；总苞筒状钟形，长约 8mm，直径 5~6mm；总苞片 3~4 层，顶端常黑色，无毛或有睫毛，外层者卵形或卵圆形，顶端钝，内层者矩圆形，顶端钝；花冠紫色，长 10~12mm。瘦果长约 3mm；冠毛 2 层，白色，内层者长 5~9mm。花果期 7~9 月。

中生植物。常生于海拔 1600~3500m 的山地森林草原地带，为森林地带林下、灌丛以及林缘草地中常见伴生种。

阿拉善地区分布于阿拉善左旗、贺兰山。我国分布于东北、内蒙古、河北、山西、宁夏、甘肃、青海、新疆、四川等地。蒙古、俄罗斯也有分布。

牛蒡属 *Arctium* L.

牛蒡 *Arctium lappa* L. 别名：恶实

二年生草本，株高达 1m。根肉质，呈纺锤状，直径可达 8cm，深达 60cm 以上。茎直立，粗壮。基生叶宽卵形，丛生，宽卵形或心形，全缘、波状或有小牙齿，上面绿色，疏被短毛，下面密被灰白色绵毛，叶柄粗壮，具纵沟，被疏绵毛；茎中、下部叶宽卵形，具短柄；上部叶渐变小。头状花序单生于枝端，或多数排列成伞房状；总苞球形；总苞片边缘有短刺状缘毛，先端钩刺状；花冠红紫色。瘦果椭圆形或倒卵形，灰褐色；冠毛白色。花果期 6~8 月。

中生嗜氮植物。常生于海拔 750~3500m 的村落路旁、山沟、杂草地，也常有栽培。

阿拉善地区均有分布。我国各地均有分布。广布于欧亚大陆。

黄缨菊属 *Xanthopappus* C. Winkl.

黄缨菊 *Xanthopappus subacaulis* C. Winkl. 别名：黄冠菊、九头妖

多年生草本。根茎暗褐色，颈部密被暗褐色纤维状残存叶柄。基生叶莲座状，革质，矩圆状披针形，羽状深裂至全裂，裂片顶端具黄色硬刺，上面绿色，无毛，下面密被蛛丝状毡毛，叶柄被蛛丝状毛。头状花序密集呈近球状，生于莲座状丛中；总苞片多层，革质，先端具长刺尖，边缘具锯齿状缘毛；小花两性，花冠管状，黄色，花药黑色，基部有毛状尾。瘦果倒卵形，有褐色斑点；冠毛多层，淡黄色，有微短的羽毛。花果期 7~9 月。

中生植物。常生于海拔 2400~4000m 的山坡上。

阿拉善地区均有分布。我国分布于内蒙古、甘肃、青海、四川、云南等地。

猬菊属 *Olgaea* Iljin

猬菊 *Olgaea lomonosowii* (Trautv.) Iljin

多年生草本，株高 15~30cm。根木质。茎直立，密被灰白色绵毛。叶革质，基部叶矩圆状披针形，基部渐狭成柄，羽状浅裂或深裂，裂片边缘具小刺齿，上面浓绿色，有光泽，无毛，叶脉凹陷，下面密被灰白色毡毛，叶脉隆起；茎生叶矩圆形或矩圆状倒披针形，羽状分裂或具齿缺，有小刺尖，基部沿茎下延成窄翅；翅缘有小针刺；上部叶条状披针形。头状花序单生于枝端；总苞碗形或宽钟形；总苞片多层，暗紫色，背部被蛛丝状毛，有短刺状缘毛；花冠紫红色；花药尾部结合成鞘状，包围花丝。瘦果矩圆形；冠毛污黄色。花果期 8~9 月。

中旱生植物。为典型草原地带较常见的伴生种，常生于海拔 850~2300m 的砂壤质土，也常出现在西部山地阳坡草原石质土上。

阿拉善地区分布于贺兰山、龙首山。我国分布于吉林、内蒙古、河北、山西、甘肃、宁夏等地。蒙古也有分布。

火媒草 *Olgaea leucophylla* (Turcz.) Iljin　　别名：鳍蓟

多年生草本，株高 15~70cm。根粗壮。茎粗壮，密被白色绵毛，基部被褐色枯纤维。叶长椭圆形或椭圆状披针形，具不规则的疏牙齿或为羽状浅裂，裂片、齿端及叶缘均具不等长的针刺，下面密被灰白色毡毛；茎生叶基部下延成宽翅，翅宽 1.5~2cm，翅缘有刺齿；基生叶具长柄。头状花序单生于枝端，果后直径达 10cm，或具侧生头状花序 1~2，较小；总苞钟状或卵状钟形；总苞片多层，先端具长刺尖；花冠粉红色。瘦果矩圆形，苍白色，具隆起的纵纹与褐斑；冠毛黄褐色。花果期 6~9 月。

旱生植物。常生于海拔 750~1730m 的砂质、砂壤质栗钙土，为草原带沙地及草原化荒漠地带沙漠中常见的伴生种。

阿拉善地区均有分布。我国分布于黑龙江、吉林、内蒙古、河北、山西、宁夏、陕西、甘肃、河南等地。蒙古也有分布。

蓟属 *Cirsium* Mill.

藏蓟（变种）*Cirsium arvense* var. *alpestre* Nägeli

一年生草本，株高 40~80cm。茎直立，枝灰白色，被稠密的蛛丝状绒毛或变稀毛。下部茎叶长椭圆形、倒披针形或倒披针状长椭圆形，羽状浅裂基部渐狭，短柄，全部侧裂片半圆形、宽卵形或半椭圆形，边缘硬针刺，齿缘缘毛状针刺长，顶端有长硬针刺，边缘有缘毛状针刺，长硬针刺及缘毛状针刺与侧裂片的等长，但叶缘针刺常 3~5 个成束或成组；向上的叶渐小，与下部茎叶同形并具同样的针刺和缘毛状针刺；全部叶质地较厚，两面异色，上面绿色，无毛，下面灰白色，被密厚的绒毛，或两面灰白色，被绒毛，但下面的更为稠密或密厚。头状花序排成伞房花序；总苞卵形或卵状长圆形，直径 1.5~2cm，无毛；总苞片约 7 层，覆瓦状排列，顶端急尖成长约 2.5mm 的针刺，中层椭圆形，包括顶端针刺长 7~9mm，顶端急尖成 3~4mm 的针刺，内层及最内层披针形至线形，长 1.2~1.9cm，顶端膜质渐尖；小花紫红色，檐部长约 4mm，细管部为细丝状，长约 1.4cm。瘦果楔状；冠毛污白色至浅褐色。花果期 6~9 月。

中生植物。常生于海拔 500~4300m 的山坡草地、潮湿地、湖滨地或村旁及路旁。

阿拉善地区分布于阿拉善右旗、龙首山。我国分布于内蒙古、青海、甘肃、新疆、西藏。欧洲也有分布。

莲座蓟 *Cirsium esculentum* (Sievers) C. A. Meyer

多年生草本。根状茎短，粗壮，具多数褐色须根。基生叶簇生，矩圆状倒披针形，长 7~20cm，宽 2~6cm，先端钝或尖，有刺，基部渐狭成具翅的柄，羽状深裂，裂片卵状三角形，钝头，全部边缘有钝齿与或长或短的针刺，刺长 3~5mm，两面被皱曲多细胞长柔毛，下面沿叶脉较密。头状花序数个密集于莲座状的叶丛中；无梗或有短梗，长椭圆形，长 3~5cm，宽 2~3.5cm；总苞长达 25mm，无毛，基部有 1~3 个披针形或条形苞叶；总苞片 6 层，外层者条状披针形，刺尖头，稍有睫毛，中层者矩圆状披针形，先端具长尖头，内层者长条形，长渐尖；花冠红紫色，长 25~33mm，狭管部长 15~20mm。瘦果矩圆形，长约 3mm，褐色，有毛；冠毛白色而下部带淡褐色，与花冠近等长。花果期 7~9 月。

中生植物。常生于海拔 500~3200m 的河漫滩阶地、湖滨阶地及山间谷地杂类草草甸。

阿拉善地区分布于贺兰山。我国分布于东北、内蒙古、新疆等地。俄罗斯和蒙古也有分布。

牛口刺 *Cirsium shansiense* Petrak

多年生草本，株高 30~60cm。根直伸。茎直立，不分枝或上部有分枝，具纵沟棱，被长节毛和蛛丝状绵毛。茎中部叶披针形、长椭圆形或椭圆形，长 4~10cm，宽 1~2cm，羽状浅裂、半裂或深裂，基部渐狭，具短柄或无柄，叶基或柄基部扩大抱茎，侧裂片 3~6 对，偏斜三角形，中部侧裂片较大，全部侧裂片不等大，2 齿裂，顶裂片长三角形或条形，全部裂片顶端或齿裂顶端及边缘有针刺；自中部叶向上的叶渐小；全部茎生叶上面绿色，被长或短节毛，下面灰白色，密被蛛丝状绵毛。头状花序多数在茎枝顶端排成伞房花序，少有头状花序单生；总苞卵形或卵状球形，长 15~20mm，宽 20~25mm，基部微凹；总苞片 7 层，外层者三角状披针形或卵状披针形，先端渐尖，具刺尖头，内层者较长，披针形或条形，先端膜质扩大，红色，全部总苞片外面有黑色黏腺；花冠紫红色，长约 18mm，狭管部较檐部稍短。瘦果偏斜椭圆状倒卵形，长约 4mm；冠毛长约 15mm，淡褐色。花果期 5~11 月。

中生植物。常生于海拔 1300~1400m 的山沟溪边。

阿拉善地区分布于阿拉善左旗、贺兰山。我国分布于内蒙古、山西、河北、陕西、甘肃、青海、四川、贵州、云南、河南、湖南、湖北、安徽、广西和广东等地。印度、中南半岛也有分布。

刺儿菜（变种）*Cirsium arvense* var. *integrifolium* Wimmer & Grab.　别名：小蓟

多年生草本，株高20~100cm。具长根茎。茎直立。基生叶花期枯萎；下部叶及中部叶椭圆形或长椭圆状披针形，先端钝，具刺尖，边缘有缺刻状粗锯齿或羽状浅裂，有细刺，两面被疏或密的蛛丝状毛，或下面被稠密的绵毛；上部叶渐小，全缘或有齿。头状花序于茎上部排列成松散的伞房状；花单性异株；总苞钟形；总苞片8层，暗紫色；雄株头状花序较小，雌株头状花序较大；雌花花冠紫红色。瘦果椭圆形或长卵形；冠毛白色或基部带褐色，果熟伸长。花果期7~9月。

中生植物。常生于海拔170~2650m的田间、荒地和路旁，为杂草。

阿拉善地区均有分布。我国各地均有分布。朝鲜、日本也有分布。

绒背蓟 *Cirsium vlassovianum* Fisch. ex DC.

多年生草本，株高25~90cm。有块根。茎直立，有条棱，单生，不分枝或上部伞房状花序分枝，全部茎枝被稀疏的长节毛或上部混生稀疏绒毛。全部茎叶披针形或椭圆状披针形，顶端渐尖、急尖或钝；中部叶较大，长6~20cm，宽2~3cm；上部叶较小，不分裂，边缘有长约1mm的针刺状缘毛，两面异色，上面绿色，被稀疏的长节毛，下面灰白色，被稠密的绒毛；下部叶有短或长叶柄，中部及上部叶耳状扩大或圆形扩大，半抱茎。头状花序单生茎顶或生于花序枝端，少数排成疏松伞房花序或穗状花序，而穗状花序下部的头状花序不发育或发育迟缓；总苞长卵形，直立，直径约2cm；总苞片约7层，紧密覆瓦状排列，向内层渐长，最外层长三角形，长约5mm，宽约2mm，顶端急尖成短针刺，中内层披针形，长9~12mm，宽约2mm，最内层宽线形，长约2cm，宽约1.5cm，顶端膜质长渐尖，中外层顶端针刺长不及1mm，全部苞片外面有黑色黏腺；小花紫色，花冠长约1.7cm，檐部长约1cm，不等5深裂，细管部长约7mm。瘦果褐色，稍压扁，倒披针状或偏斜倒披针状，长约4mm，宽约2mm，顶端截形或斜截形，有棕色纹；冠毛浅褐色，多层，基部连合成环，整体脱落，冠毛刚毛长羽毛状，长约1.5cm，向顶端渐细。花果期5~9月。

中生植物。常生于海拔350~1480m的山坡林中、林缘、河边或潮湿地。

阿拉善地区分布于贺兰山。我国分布于黑龙江、吉林、辽宁、内蒙古、河北、山西等地。日本、欧洲也有分布。

丝路蓟 *Cirsium arvense* (L.) Scop.

多年生草本，株高 20~50cm。根直伸。茎直立，上部有分枝，被蛛丝状毛。基生叶花期枯萎；下部叶椭圆形或椭圆状披针形，长 5~15cm，宽 1~2.5cm，羽状浅裂或半裂，基部渐狭，侧裂片偏斜三角形或偏斜半椭圆形，边缘通常有 2~3 个刺齿，齿顶及齿缘有细刺，上面绿色或浅绿色，无毛或疏被蛛丝状毛，下面浅绿色，密被或疏被蛛丝状绵毛；中部叶及上部叶渐小，长椭圆形或披针形。雌雄异株；头状花序较多数集生于茎的上部，排列成圆锥状伞房花序；总苞钟形，直径 1.5~2cm；总苞片约 5 层，外层者较短，卵形，先端有刺尖，内层者较长，长披针形至宽条形，先端膜质渐尖；小花紫红色，雌花花冠长约 17mm，狭管部长约 13mm，檐部长约 4mm，两性花花冠长约 18mm，狭管部长约 12mm，檐部长约 6mm，花冠裂片深裂几达檐部的基部。瘦果近圆柱形，淡黄色；冠毛污白色，果熟时长达 28mm。花果期 7~9 月。

中生植物。常生于海拔 700~4250m 的山沟边湿地、砂砾质坡地。

阿拉善地区均有分布。我国分布于内蒙古、新疆、甘肃、西藏等地。蒙古、阿富汗、印度、欧洲也有分布。

飞廉属 *Carduus* L.

飞廉 *Carduus nutans* L.

二年生草本，株高 70~90cm。茎直立，有纵沟棱，具绿色纵向下延的翅，翅有齿刺，疏被皱缩的长柔毛，上部有分枝。下部叶椭圆状披针形，长 5~15cm，宽 3~5cm，先端尖或钝，基部狭，羽状半裂或深裂，裂片卵形或三角形，先端钝，边缘具缺刻状牙齿，齿端叶缘有不等长的细刺，刺长 2~10mm，上面绿色，无毛或疏被皱缩柔毛，下面浅绿色，被皱缩长柔毛，沿中脉较密；中部叶与上部叶渐变小，矩圆形或披针形，羽状深裂，边缘具刺齿。头状花序常 2~3 个聚生于枝端，直径 1.5~2.5cm；总苞钟形，长 1.5~2cm；总苞片 7~8 层，外层者披针形较短，中层者条状披针形，先端长渐尖成刺状，向外反曲，内层者条形，先端近膜质，稍带紫色，三者背部均被微毛，边缘具小刺状缘毛；管状花冠紫红色，稀白色，长 15~16mm，狭管部与具裂片的檐部近等长，花冠裂片条形，长约 5mm。瘦果长椭圆形，长约 3mm，褐色，顶端平截，基部稍狭；冠毛白色或灰白色，长约 15mm。花果期 6~8 月。

中生植物。常生于海拔 540~2300m 的路旁、田边。

阿拉善地区分布于贺兰山、龙首山、桃花山。我国各地均有分布。欧洲、北美洲、伊朗、日本也有分布。

麻花头属 *Klasea* Cass.

麻花头 *Klasea centauroides* (L.) Cass. ex Kitag.

多年生草本，株高 30~60cm。根茎短，须根黑褐色。茎直立，被皱曲柔毛，基部常带紫红色，有褐色枯叶柄纤维。基生叶与茎下部叶椭圆形，羽状深裂、羽状全裂或羽状浅裂，两面无毛或仅下面脉上及边缘被疏皱曲柔毛，具叶柄；中部叶及上部叶渐变小，无柄。头状花序单生于枝端，总苞卵形或长卵形，上部稍收缩；总苞片 10~12 层，具刺尖，被蛛丝状毛；花冠淡紫色或白色。瘦果矩圆形，褐色；冠毛淡黄色。花果期 6~8 月。

中旱生植物。为海拔 1100~1590m 典型草原地带、山地森林草原地带及夏绿阔叶林地区较为常见的伴生植物，有时在砂壤质土壤上可成为亚优势种，在长期撂荒地上局部可形成临时性优势杂草。

阿拉善地区分布于贺兰山。我国分布于东北、内蒙古、河北、山西、陕西等地。蒙古、俄罗斯也有分布。

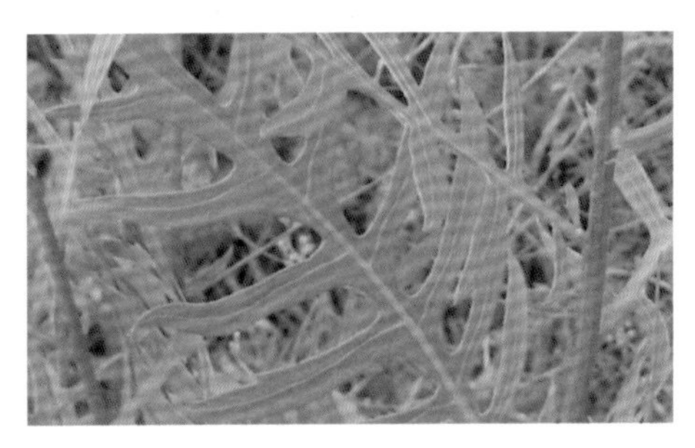

漏芦属 *Rhaponticum* Vaill.

顶羽菊 *Rhaponticum repens* (L.) Hidalgo

多年生草本，株高40~60cm。根粗壮，侧根发达，横走或斜伸。茎单一或2~3，丛生，直立，具纵沟棱，密被蛛丝状毛和腺体，由基部多分枝。叶披针形至条形，长2~10cm，宽0.2~1.5cm，先端锐尖或渐尖，全缘或疏具锯齿以至羽状深裂，两面被短硬毛或蛛丝状毛和腺点；无柄；上部叶短小。头状花序单生于枝端，总苞卵形或矩圆状卵形，长10~13mm，宽6~10mm；总苞片4~5层，外层者宽卵形，上半部透明膜质，被长柔毛，下半部绿色，质厚，内层者披针形或宽披针形，先端渐尖，密被长柔毛；花冠紫红色，长约15mm，狭管部与檐部近等长。瘦果矩圆形，长约4mm；冠毛长8~10mm。花果期6~8月。

强旱生植物。常生于海拔600~2600m的荒漠草原地带和荒漠地带，为芨芨草盐化草甸中常见伴生种，也见于灌溉的农田。

阿拉善地区均有分布。我国分布于内蒙古、山西、河北、陕西、甘肃、青海、新疆等地。蒙古、中亚、俄罗斯、伊朗也有分布。

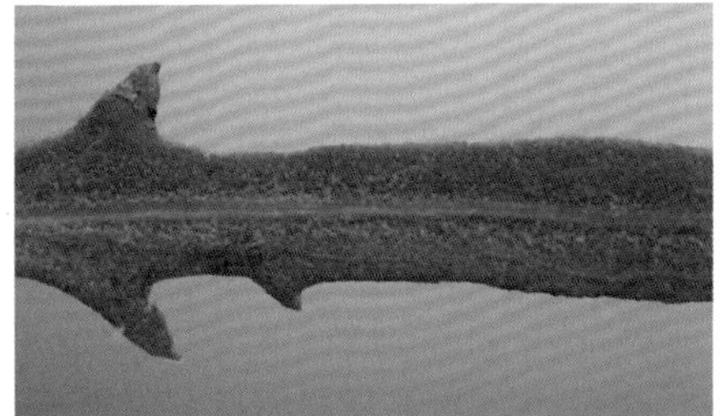

漏芦 *Rhaponticum uniflorum* (L.) DC.

多年生草本，株高20~60cm。主根粗大，圆柱形，直径1~2cm，黑褐色。茎直立，单一，具纵沟棱，被白色绵毛或短柔毛，基部密被褐色残留的枯叶柄。基生叶与下部叶叶片长椭圆形，长10~20cm，宽2~6cm，羽状深裂至全裂，裂片矩圆形、卵状披针形或条状披针形，长2~3cm，先端尖或钝，边缘具不规则牙齿，或再分出少数深裂或浅裂片，裂片及齿端具短尖头，两面被或疏或密的蛛丝状毛与粗糙的短毛，叶柄较长，密被绵毛；中部叶及上部叶较小，有短柄或无柄。头状花序直径3~6cm；总苞宽钟状，基部凹入；总苞片上部干膜质，外层与中层者卵形或宽卵形，呈掌状撕裂，内层者披针形或条形；管状花花冠淡紫红色，长2.5~3.3cm，狭管部与具裂片的檐部近等长。瘦果长5~6mm，棕褐色；冠毛淡褐色，不等长，具羽状短毛，长达2cm。花果期6~8月。

中旱生植物。常生于海拔390~2700m的山地草原、山地森林草原地带，为石质干草原、草甸草原较为常见的伴生种。

阿拉善地区分布于贺兰山。我国分布于东北、华北、西北等地。蒙古、俄罗斯、朝鲜、日本也有分布。

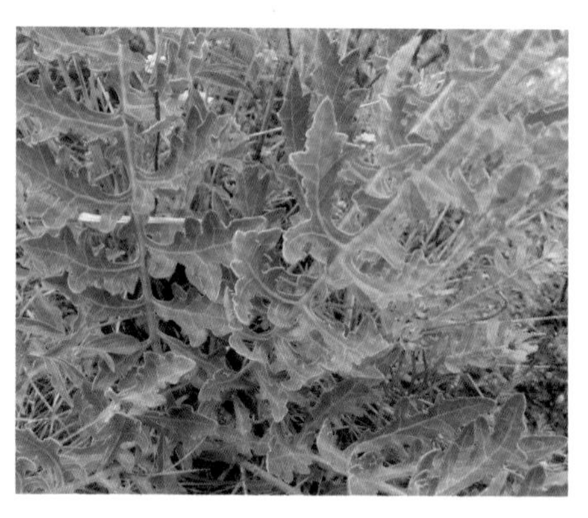

红花属 *Carthamus* L.

红花 *Carthamus tinctorius* L.　　别名：红蓝花、草红花

一年生草本，株高达1m，全株光滑无毛。茎直立，白色，具细棱，基部木质化，上部多分枝。叶长椭圆形或卵状披针形，长3.5~9cm，宽1~3cm，先端尖，基部渐狭或圆形，无柄，抱茎，边缘具不规则刺齿，两面无毛；上部叶渐变小，呈苞叶状，围绕头状花序。头状花序大，直径3~4cm，有梗，排列成伞房状；总苞近球形或宽卵形，长约2cm，宽约2.5cm，外层总苞片卵状披针形，基部以上稍收缩，绿色，上部边缘具不等长针刺，内层者卵状椭圆形，中部以下全缘，上部边缘稍有短刺，顶端长尖，最内层者条形，鳞片状，透明薄膜质；管状花橘红色，长约1.5cm，裂片条形，长5~7mm，宽约1mm，先端渐尖。瘦果椭圆形或倒卵形，长约5mm，基底稍歪斜，白色；冠毛缺。花果期7~9月。

旱中生植物。常生于排水良好、土质肥沃的砂质土壤上。

阿拉善地区分布于阿拉善右旗。我国各地均有分布。中亚、俄罗斯、日本、朝鲜也有分布。

大丁草属 *Leibnitzia* Cass.

大丁草 *Leibnitzia anandria* (L.) Turcz.

多年生草本，有春秋二型。春型植株较矮小，株高 5~15cm，花葶纤细，直立，初被白色蛛丝状绵毛，后渐脱落，具条形苞叶数个，基生叶具柄，呈莲座状，卵形或椭圆状卵形，长 1.5~5.5cm，宽 1~2.5cm，提琴状羽状分裂，顶裂片宽卵形，先端钝，基部心形，边缘具不规则圆齿，齿端有小凸尖，侧裂片小，卵形或三角状卵形，上面绿色，下面密被白色绵毛；秋型植株高达 30cm，叶倒披针状长椭圆形或椭圆状宽卵形，长 2~15cm，宽 1.5~3.5cm，裂片形状与春型相似，但顶裂片先端短渐尖，下面无毛或疏被蛛丝状毛。春型的头状花序较小，直径 6~10mm，秋型较大，直径 1.5~2.5cm；总苞钟状；外层总苞片较短，条形，内层者条状披针形，先端钝尖，边缘带紫红色，多少被蛛丝状毛或短柔毛；舌状花冠带紫红色，长 10~12mm，管状花冠长约 7mm。瘦果长 5~6mm；冠毛淡棕色，长约 10mm。春型者花期 5~6 月，秋型者为 7~9 月。

中生植物。常生于海拔 650~2580m 的山地林缘草甸及林下。

阿拉善地区分布于贺兰山。我国分布于南北各地。朝鲜、日本、蒙古、俄罗斯也有分布。

蛇鸦葱属 *Scorzonera* L.

毛梗鸦葱 *Scorzonera radiata* Fisch. 别名：狭叶鸦葱

多年生草本，株高10~30cm。根粗壮，圆柱形，深褐色，垂直或斜伸，主根发达或分出侧根，根颈部被覆黑褐色或褐色膜质鳞片状残叶。茎单一，稀2~3，直立，具纵沟棱，疏被蛛丝状短柔毛，顶部密被蛛丝状绵毛，后稍脱落。基生叶条形、条状披针形或披针形，有时倒披针形，长5~30cm，宽3~12mm，先端渐尖，基部渐狭成有翅的叶柄，柄基扩大成鞘状，边缘平展，具3~5脉，两面无毛或疏被蛛丝状毛；茎生叶1~3，条形或披针形，较基生叶短而狭，顶部叶鳞片状，无柄。头状花序单生于茎顶，大，长2.5~4cm；总苞筒状，宽1~1.5cm；总苞片5层，先端尖或稍钝，常带红褐色，边缘膜质，无毛或被蛛丝状短柔毛，外层者卵状披针形，较小，内层者条形；舌状花黄色，长25~37mm。瘦果圆柱形，黄褐色，长7~10mm，无毛；冠毛污白色，长达17mm。花果期5~7月。

中生植物。常生于海拔540~3370m的山地林下、林缘、草甸及河滩砾石地。

阿拉善地区均有分布。我国分布于黑龙江、内蒙古、新疆等地。蒙古、俄罗斯西伯利亚也有分布。

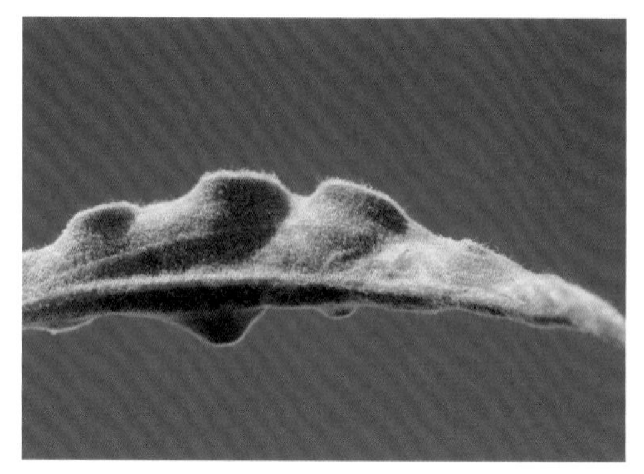

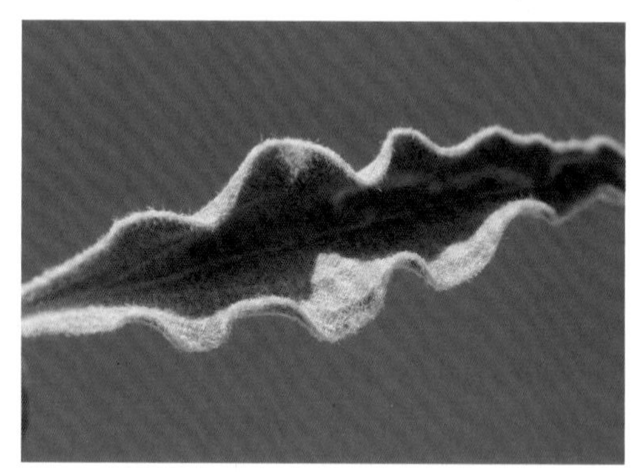

紫花拐轴鸦葱（变种）*Scorzonera divaricata* var. *sublilacina* Maxim.

半灌木状草本，株高15~45cm。具纵条棱，淡绿色，有白粉及白色腺点，无毛或近无毛，通常自基部等叉状分枝，多分枝，常形成半球形株丛。茎下部及中部叶条形或丝状条形，长0.5~2cm，宽2~3mm，先端钝或尖，有时反卷弯曲成钩状或镰状；茎上部叶短小。头状花序单生于枝顶，含5~7朵小花；总苞狭钟状，长13~15mm，宽3~5mm；总苞片3~4层，疏被白色长柔毛，外层者卵形，内层者条形；舌状花黄色，长约13mm。瘦果圆柱形，长6~8mm，淡黄褐色；冠毛基部连合成环，整体脱落，淡黄褐色，长达12~15mm。花果期6~8月。

超旱生植物。常生于石质戈壁。

阿拉善地区均有分布。我国分布于内蒙古、四川、甘肃、新疆等地。蒙古也有分布。

拐轴鸦葱（原变种）*Scorzonera divaricata* Turcz. var, *divaricata*

多年生草本，株高 15~30cm，灰绿色，有白粉。通常由根颈上部发出多数铺散的茎，自基部多分枝，形成半球形株丛，具纵条棱，近无毛或疏被皱曲柔毛，枝细，有微毛及腺点。叶条形或丝状条形，长 1~9cm，宽 1~3(5)mm，先端长渐尖，常反卷弯曲成钩状，或平展，上部叶短小。头状花序单生于枝顶，具 4~5(15) 小花；总苞圆筒状，长 10~13mm，宽约 5mm；总苞片 3~4 层，被疏或密的霉状蛛丝状毛，外层者卵形，先端尖，内层者矩圆状披针形，先端钝；舌状花黄色，干后蓝紫色，长约 15mm。瘦果圆柱形，长 6~8(10)mm，具 10 条纵肋，淡褐黄色；冠毛基部不连合成环，非整体脱落，淡黄褐色，长达 17mm。花果期 6~8 月。

旱生植物。常生于荒漠草原、草原化荒漠群落及荒漠地带的干河床沟谷、砂质及砂砾质土壤上。

阿拉善地区均有分布。我国分布于内蒙古、河北、山西、陕西等地。蒙古也有分布。

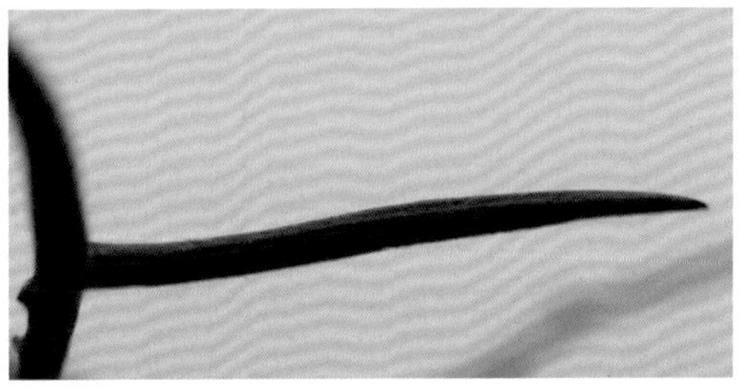

鸦葱属 *Takhtajaniantha* Nazarova

帚状鸦葱 *Takhtajaniantha pseudodivaricata* (Lipsch.) Zaika, Sukhor. & N. Kilian　别名：假叉枝鸦葱

多年生草本，株高10~40cm，灰绿色或黄绿色。根颈被鞘状或纤维状撕裂的残叶，通常由根颈发出多数直立或铺散的茎。茎自中部呈帚状分枝，细长，具纵条棱，无毛或被短柔毛，生长后期常变硬。基生叶条形，长可达17cm，基部扩大成棕褐色或麦秆黄色的鞘；茎生叶互生，但位于枝基部者有时对生，多少呈镰状弯曲，条形或狭条形，长1~9cm，宽0.5~3mm，先端渐尖，有时反卷弯曲；上部叶短小，呈鳞片状。头状花序单生于枝端，具7~12小花，多数在茎顶排列成疏松的聚伞圆锥状；总苞圆筒状，长1.5~2cm，宽3~6mm；总苞片5层，无毛或被霉状蛛丝状毛，外层者小，三角形，先端稍尖，中层者卵形，内层者矩圆状披针形，先端钝；舌状花黄色，长约20mm。瘦果圆柱形，长5~10mm，淡褐色，有时稍弯，无毛或仅在顶端被疏柔毛，肋上有棘瘤状突起物或无突起物；冠毛污白色或淡黄褐色，长15~20mm。花果期7~8月。

强旱生植物。常生于海拔1600~3000m荒漠草原至荒漠地带的石质残丘上。

阿拉善地区分布于贺兰山、龙首山、桃花山。我国分布于内蒙古、山西、陕西、宁夏、甘肃、青海、新疆等地。蒙古、中亚也有分布。

蒙古鸦葱 *Takhtajaniantha mongolica* (Maxim.) Zaika, Sukhor. & N. Kilian

多年生草本，株高6~20cm，灰绿色，无毛。根直伸，圆柱状，黄褐色，根颈部被鞘状残叶，褐色或乳黄色，里面被薄或厚的绵毛。茎少数或多数，直立或自基部斜升，不分枝或上部有分枝。叶肉质，具不明显的3~5脉；基生叶披针形或条状披针形，长5~10cm，宽2~9mm，先端渐尖或锐尖，具短尖头，基部渐狭成短柄，柄基扩大成鞘状；茎生叶互生，有时对生，向上渐变小，条状披针形或条形，无柄。头状花序单生于茎顶或枝端，具12~15小花；总苞圆筒形，长18~30mm，宽3~7mm；总苞片3~4层，无毛或被微毛及蛛丝状毛，外层者卵形，内层者长椭圆状条形；舌状花黄色，干后红色，稀白色，长18~20mm。瘦果圆柱状，长6~7mm，黄褐色，顶端被疏柔毛，无喙；冠毛淡黄色，长20~30mm。花果期4~8月。

旱中生植物。常生于海拔50~2790m的荒漠草原至荒漠地带的盐化低地、湖盆边缘与河滩地上。

阿拉善地区均有分布。我国分布于辽宁、内蒙古、河北、山西、陕西、宁夏、甘肃、青海、新疆、山东、河南等地。蒙古、中亚也有分布。

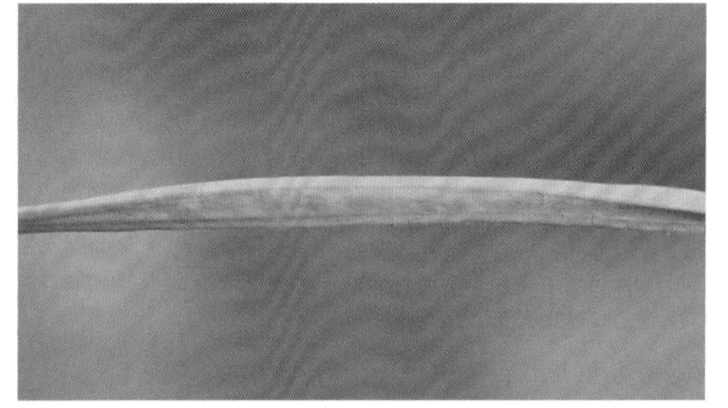

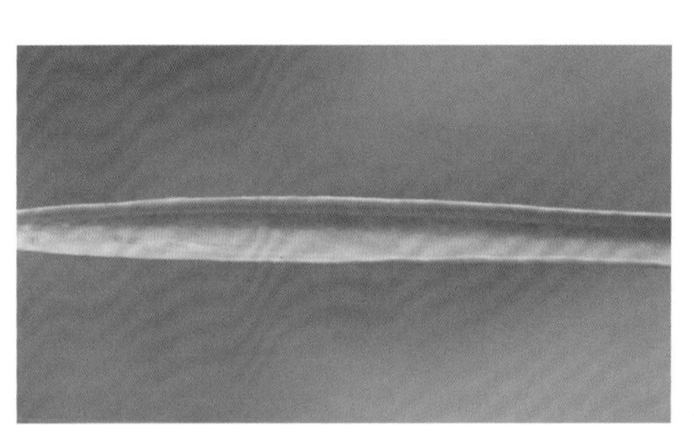

棉毛鸦葱 *Takhtajaniantha capito* (Maxim.) Zaika, Sukhor. & N. Kilian

多年生草本，株高 5~15cm。根状茎粗壮，圆锥形，木质，褐色，根颈部粗厚而被有枯叶鞘，里面有薄或厚的白色绵毛。茎少数或多数簇生，稍弯曲，斜升，具纵条棱，疏被皱曲长柔毛。叶革质，灰绿色，具 3~5 脉，边缘呈波状皱曲，常呈镰状弯卷，两面被蛛丝状短柔毛；基生叶卵形、长椭圆形或披针形，长 5~17cm，宽 1~3cm，先端尾状渐尖，基部渐狭成短柄，柄基扩大成鞘状；茎生叶 1~3，较小，卵形、披针形或条状披针形，基部无柄，半抱茎。头状花序单生于茎顶或枝端，具多花；总苞钟状或筒状，长 1.5~2cm，宽 1~1.5cm；总苞片 4~5 层，顶端锐尖，常带红紫色，边缘膜质而呈白色或淡黄色，背部密被蛛丝状短柔毛，外层者卵状三角形和卵状椭圆形，内层者披针形或条状披针形；舌状花黄色，干后红色，长 15~23mm。瘦果圆柱形，长 7~9mm，棕褐色，稍弯，上部疏被长柔毛，具纵肋，肋棱有尖的瘤状突起；冠毛白色，长 10~15mm。花果期 5~8 月。

砾石性旱生植物。常生于海拔 1100~1500m 的荒漠及荒漠草原带的砾石质丘顶与丘坡。

阿拉善地区均有分布。我国分布于内蒙古、宁夏等地。蒙古也有分布。

鸦葱 *Takhtajaniantha austriaca* (Willd.) Zaika, Sukhor. & N. Kilian

多年生草本，株高5~35cm。根粗壮，圆柱形，深褐色，根颈部被稠密而厚实的纤维状残叶，黑褐色。茎直立，具纵沟棱，无毛。基生叶灰绿色，条形、条状披针形、披针形至长椭圆状卵形，长3~30cm，宽0.3~5cm，先端长渐尖，基部渐狭成有翅的柄，柄基扩大成鞘状，边缘平展或稍呈波状皱曲，两面无毛或基部边缘有蛛丝状柔毛；茎生叶2~4，较小，条形或披针形，无柄，基部扩大而抱茎。头状花序单生于茎顶，长1.8~4.5cm；总苞宽圆柱形，宽0.5~1(1.5)cm；总苞片4~5层，无毛或顶端被微毛及缘毛，边缘膜质，外层者卵形或三角状卵形，先端钝或尖，内层者长椭圆形或披针形，先端钝；舌状花黄色，干后紫红色，长20~30mm，舌片宽3mm。瘦果圆柱形，长12~15mm，黄褐色，稍弯曲，无毛或仅在顶端被疏柔毛，具纵肋，肋棱有瘤状突起或光滑；冠毛污白色至淡褐色，长12~20mm。花果期5~7月。

中旱生植物。常散生于海拔400~2000m的草原群落及草原带的丘陵坡地或石质山坡。

阿拉善地区分布于贺兰山、龙首山、桃花山。我国分布于辽宁、内蒙古、河北、山西、陕西、宁夏、甘肃、青海、山东等地。欧洲、中亚、蒙古也有分布。

 蒲公英属 *Taraxacum* F. H. Wigg.

斑叶蒲公英 *Taraxacum variegatum* Kitag.

多年生草本。根粗壮，深褐色，圆柱状。叶倒披针形或长圆状披针形，近全缘，不分裂或具倒向羽状深裂，顶端裂片三角状戟形，先端稍尖或稍钝，每侧裂片4~5片，裂片三角形或长三角形，全缘或具小尖齿或为缺刻状齿，两面多少披蛛丝状毛或无毛，叶面有暗紫色斑点，基部渐狭成柄。花葶上端疏被蛛丝状毛，高5~15cm；头状花序直径达40(60)mm；总苞钟状，长17~23mm；外层总苞片卵形或卵状披针形，先端具轻微的短角状突起，内层总苞片线状披针形，先端增厚或具极短的小角，边缘白色膜质；舌状花黄色，边缘花舌片背面具暗绿色宽带。瘦果倒披针形或矩圆状披针形，淡褐色，长3~4.5mm，宽1.2~1.5mm，上部有刺状突起，下部有小钝瘤，顶端略突然缢缩为长0.5~0.8mm的圆锥至圆柱形喙基，喙长达10mm；冠毛白色，长5.5~8.5mm。花果期4~6月。

中生植物。常生于山地草甸或轻盐渍化草甸。

阿拉善地区均有分布。我国分布于东北、西北、内蒙古等地。朝鲜、蒙古、俄罗斯也有分布。

蒲公英 *Taraxacum mongolicum* Hand.-Mazz. 别名：婆婆丁

多年生草本，株高10~25cm。根圆柱状。叶倒卵状披针形、倒披针形或长圆状披针形，具波状齿或羽状、倒向羽状深裂或大头羽状深裂。花葶1至数个，上部红色，密被蛛丝状柔毛；头状花序直径30~40mm；总苞钟状；总苞片2~3层，上部紫红色，外层先端增厚或具角状突起，内层具小角状突起，花冠黄色，缘花舌片背面具紫红色条纹。瘦果倒卵状披针形，上部具小刺，下部具成行排列的小瘤，顶端喙基长约1mm，喙长6~10mm；冠毛白色。花期4~9月，果期5~10月。

中生植物。常生于低、中海拔的山坡草地、路边、田野、河岸砂质地。

阿拉善地区均有分布。我国分布于东北、华北、西北、西南、华中、华东等地。朝鲜、蒙古、俄罗斯也有分布。

华蒲公英 *Taraxacum sinicum* Kitag. 别名：碱地蒲公英

多年生草本，株高 8~25cm。根颈部有褐色残存叶基。叶倒卵状披针形或狭披针形，稀线状披针形，长 4~12cm，宽 6~20mm，边缘叶羽状浅裂或全缘，具波状齿，内层叶倒向羽状深裂，顶裂片较大，长三角形或戟状三角形，每侧裂片 3~7 片，狭披针形或线状披针形，全缘或具小齿，平展或倒向，两面无毛，叶柄和下面叶脉常紫色。花葶 1 至数个，高 5~20cm，长于叶，顶端被蛛丝状毛或近无毛；头状花序直径 20~25mm；总苞小，长 8~12mm，淡绿色；总苞片 3 层，先端淡紫色，无增厚，亦无角状突起，或有时有轻微增厚，外层总苞片卵状披针形，有窄或宽的白色膜质边缘，内层总苞片披针形，长于外层总苞片的 2 倍；舌状花黄色，稀白色，边缘花舌片背面有紫色条纹，舌片长约 8mm，宽 1~1.5mm。瘦果倒卵状披针形，淡褐色，长 3~4mm，上部有刺状突起，下部有稀疏的钝小瘤，顶端逐渐收缩为长约 1mm 的圆锥至圆柱形喙基，喙长 3~4.5mm；冠毛白色，长 5~6mm。花果期 6~8 月。

中生植物。为海拔 300~2900m 盐化草甸的常见伴生种。

阿拉善地区均有分布。我国分布于东北、华北、西北、西南等地。蒙古、俄罗斯也有分布。

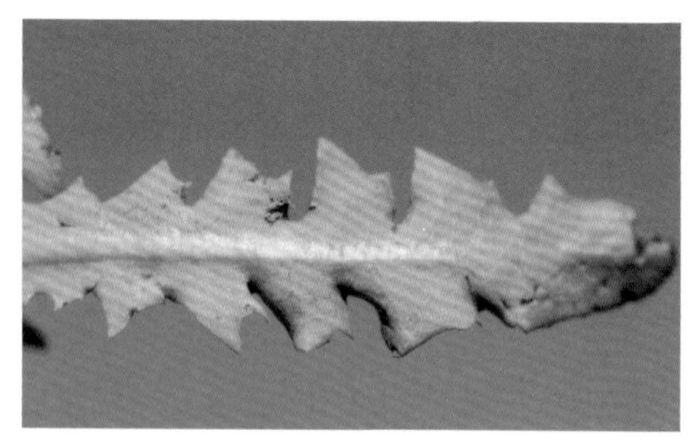

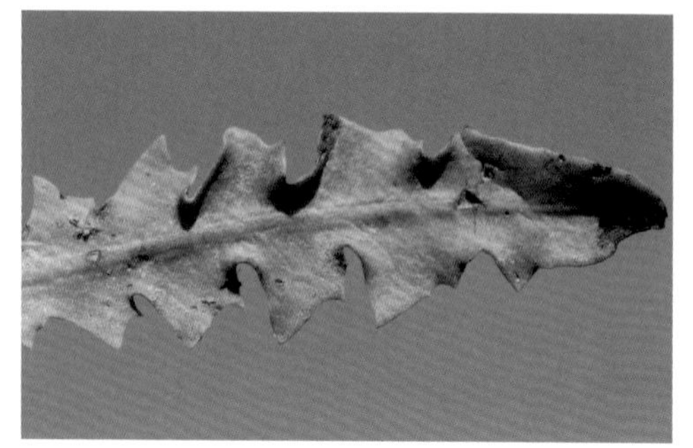

多裂蒲公英 *Taraxacum dissectum* (Ledeb.) Ledeb.

多年生草本。根颈部密被黑褐色残存叶基，叶腋有褐色细毛。叶线形，稀少披针形，长 2~5cm，宽 3~10mm，羽状全裂，顶端裂片长三角状戟形，全缘，先端钝或急尖，每侧裂片 3~7 片，裂片线形，裂片先端钝或渐尖，全缘，裂片间无齿或小裂片，两面被蛛丝状短毛，叶基有时显紫红色。花葶 1~6，长于叶，高 4~7cm，花时常整个被丰富的蛛丝状毛；头状花序直径 10~25mm；总苞钟状，长 8~11mm；总苞片绿色，先端常显紫红色，无角，外层总苞片卵圆形至卵状披针形，长 (3.5)5~6mm，宽 (1.5)3.5~4mm，伏贴，中央部分绿色，具宽膜质边缘，内层总苞片长为外层总苞片的 2 倍；舌状花黄色或亮黄色，花冠喉部的外面疏生短柔毛，舌片长 7~8mm，宽 1~1.5mm，基部筒长约 4mm，边缘花舌片背面有紫色条纹；柱头淡绿色。瘦果淡灰褐色，长 (4.0)4.4~4.6mm，中部以上具大量小刺，以下具小瘤状突起，顶端逐渐收缩为长 0.8~1.0mm 的喙基，喙长 4.5~6mm；冠毛白色，长 6~7mm。花果期 6~9 月。

中生植物。常生于海拔 3600m 左右的草原及荒漠草原地带，为盐渍化草甸、砾质地常见的伴生种。

阿拉善地区分布于贺兰山、龙首山、桃花山。我国分布于内蒙古、山西、陕西、甘肃、青海、新疆、西藏等地。俄罗斯、蒙古也有分布。

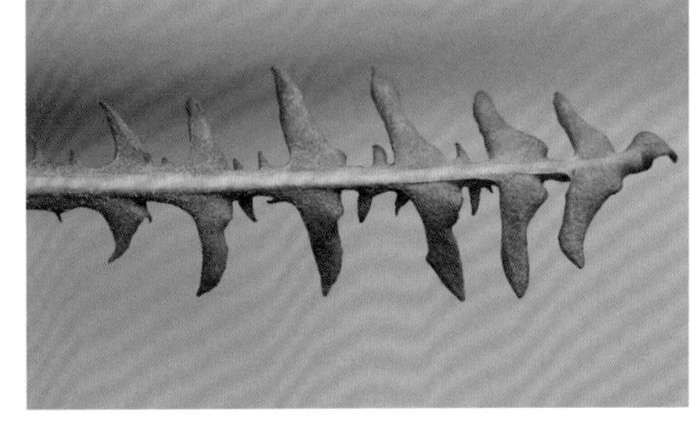

凸尖蒲公英 *Taraxacum sinomongolicum* Kitag.

多年生草本，株高 12~30cm。根颈部有黑褐色残存叶柄。叶宽倒披针形或披针状倒披针形，长 10~30cm，宽 2~4cm，羽状分裂，每侧裂片 5~8 片，裂片三角形，全缘或有疏齿，侧裂片较大，三角形，疏被蛛丝状柔毛或几无毛。花葶 1 至数个，高达 45cm，上部密被白色蛛丝状绵毛；头状花序大型，直径 40~45mm；总苞宽钟状，长 15~17mm；总苞片 3~4 层，先端有或无小角，外层总苞片宽卵形，中央有暗绿色宽带，边缘为宽白色膜质，上端粉红色，被疏睫毛，内层总苞片长圆状线形或线状披针形，长约为外层总苞片的 2 倍；舌状花黄色，边缘花舌片背面有紫红色条纹；花柱和柱头暗绿色，干时多少黑色。瘦果淡褐色，长约 4mm，宽 1~1.4mm，上部有刺状小瘤，顶端突然缢缩为圆锥至圆柱形的喙基，喙基长约 1mm，喙纤细，长 8~12mm；冠毛白色，长 7~10mm。花果期 3~6 月。

中生植物。常生于海拔 1400~2000m 的原野和路旁。

阿拉善地区均有分布。我国分布于内蒙古、河北等地。蒙古、俄罗斯也有分布。

深裂蒲公英 *Taraxacum scariosum* (Tausch) Kirschner & Štěpánek

多年生草本，株高12~25cm。根颈部有暗褐色残存叶基。叶线形或狭披针形，长4~20cm，宽3~9mm，具波状齿，羽状浅裂至羽状深裂，顶裂片较大，戟形或狭戟形，两侧的小裂片狭尖，侧裂片三角状披针形至线形，裂片间常有缺刻或小裂片，无毛或被疏柔毛。花葶数个，高10~30cm，与叶等长或长于叶，顶端光滑或被蛛丝状柔毛；头状花序直径30~35mm；总苞长10~12mm，基部卵形；外层总苞片宽卵形、卵形或卵状披针形，有明显的宽膜质边缘，先端有紫红色突起或较短的小角，内层总苞片线形或披针形，较外层总苞片长2~2.5倍，先端有紫色略钝突起或不明显的小角；舌状花黄色，稀白色，边缘花舌片背面有暗紫色条纹；柱头淡黄色或暗绿色。瘦果倒卵状披针形，麦秆黄色或褐色，长3~4mm，上部有短刺状小瘤，下部近光滑，顶端逐渐收缩为长约1mm的圆柱形喙基，喙长5~9mm；冠毛污白色，长5~7mm。花果期4~9月。

中生植物。常生于海拔900~3000m的河滩、草甸、村舍附近。

阿拉善地区均有分布。我国分布于东北、华北、西北、四川等地。俄罗斯及中亚也有分布。

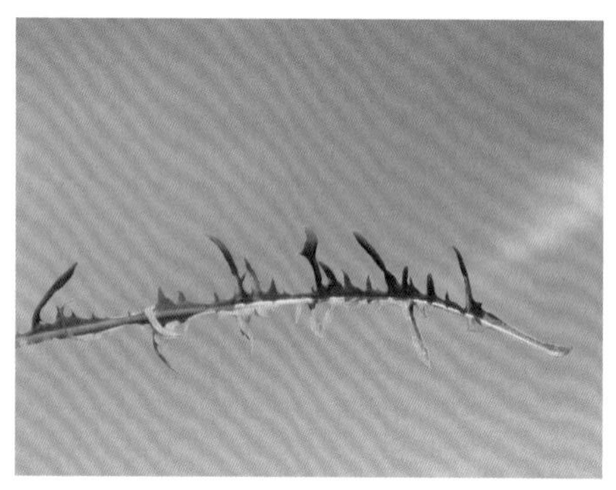

东北蒲公英 *Taraxacum ohwianum* Kitam.

多年生草本。叶倒披针形，长10~30cm，先端尖或钝，不规则羽状浅裂至深裂，顶端裂片菱状三角形或三角形，每侧裂片4~5片，稍向后，裂片三角形或长三角形，全缘或边缘疏生齿，两面疏生短柔毛或无毛。花葶多数，高10~20cm，花期超出叶或与叶近等长，微被疏柔毛，近顶端处密被白色蛛丝状毛；头状花序直径25~35mm；总苞长13~15mm；外层总苞片花期伏贴，宽卵形，长6~7mm，宽4.5~5mm，先端锐尖或稍钝，无或有不明显的增厚，暗紫色，具狭窄的白色膜质边缘，边缘疏生缘毛；内层总苞片线状披针形，长于外层总苞片2~2.5倍，先端钝，无角状突起；舌状花黄色，边缘花舌片背面有紫色条纹。瘦果长椭圆形，麦秆黄色，长3~3.5mm，上部有刺状突起，向下近平滑，顶端略突然缢缩成圆锥至圆柱形喙基，长0.5~1mm；喙纤细，长8~11mm；冠毛污白色，长约8mm。花果期4~6月。

中生植物。常生于山坡路旁、河边。

阿拉善地区均有分布。我国分布于黑龙江、吉林、辽宁、内蒙古等地。朝鲜、俄罗斯也有分布。

苦苣菜属 *Sonchus* L.

苣荬菜 *Sonchus wightianus* DC. 别名：取麻菜、甜苣、苦菜

多年生草本，株高 20~80cm。茎直立，具纵沟棱，无毛，下部常带紫红色，通常不分枝。叶灰绿色，基生叶与茎下部叶宽披针形、矩圆状披针形或长椭圆形，长 4~20cm，宽 1~3cm，先端钝或锐尖，具小尖头，基部渐狭成柄状，柄基稍扩大，半抱茎，具稀疏的波状牙齿或羽状浅裂，裂片三角形，边缘有小刺尖齿，两面无毛；中部叶与基生叶相似，但无柄，基部多少呈耳状，抱茎；最上部叶小，披针形或条状披针形。头状花序多数或少数在茎顶排列成伞房状，有时单生，直径 2~4cm；总苞钟状，长 1.5~2cm，宽 10~15mm；总苞片 3 层，先端钝，背部被短柔毛或微毛，外层者较短，长卵形，内层者较长，披针形；舌状花黄色，长约 2cm。瘦果矩圆形，长约 3mm，褐色，稍扁，两面各有 3~5 条纵肋，微粗糙；冠毛白色，长达 12mm。花果期 6~9 月。

中生性植物。常生于海拔 300~2300m 的田间、村舍附近及路边。

阿拉善地区均有分布。我国分布于内蒙古、陕西、宁夏、新疆、四川、贵州、云南、西藏、江苏、浙江、湖南、湖北、福建、台湾、广东、广西、海南等地。朝鲜、日本、蒙古、俄罗斯东部地区也有分布。

苦苣菜 *Sonchus oleraceus* L.　　别名：滇苦荬菜

一年生或二年生草本，株高30~80cm。根圆锥形或纺锤形。茎直立，中空，具纵沟棱，无毛或上部有稀疏腺毛，不分枝或上部有分枝。叶柔软，无毛，长椭圆状披针形，长10~25cm，宽3~6cm，羽状深裂、大头羽状全裂或羽状半裂，顶裂片大，宽三角形，侧裂片矩圆形或三角形，有时侧裂片与顶裂片等大，少有叶不分裂的，边缘有不规则刺状尖齿；下部叶有具翅短柄，柄基扩大抱茎，中部叶及上部叶无柄，基部扩大成戟状耳形而抱茎。头状花序数个，在茎顶排列成伞房状，直径约2cm，梗或总苞下部疏生腺毛；总苞钟状，长10~12mm，宽10~15mm，暗绿色；总苞片3层，先端尖，背部疏生腺毛并有微毛，外层者卵状披针形，内层者披针形或条状披针形；舌状花黄色，长约13mm。瘦果长椭圆状倒卵形，长2.5~3mm，压扁，褐色或红褐色，边缘具微齿，两面各有3条隆起的纵肋，肋间有细皱纹；冠毛白色，长6~7mm。花果期6~9月。

中生植物。常生于海拔170~3200m的田野、路旁、村舍附近。

阿拉善地区均有分布。我国各地均有分布。世界分布也较普遍。

 岩参属 *Cicerbita* Wallr.

川甘岩参 *Cicerbita roborowskii* (Maxim.) Beauverd　　别名：川甘毛鳞菊、青甘岩参

多年生草本，株高约80cm。茎直立，具纵条纹，无毛，通常单一，不分枝。叶矩圆状披针形，长5~15cm，宽2~4cm，大头羽状深裂或半裂，顶裂片三角形或卵形，先端渐尖或稍钝，侧裂片2~6对，斜三角形或菱形，全缘或有少数浅牙齿，裂片及齿端均具小尖头，上面深绿色，下面灰绿色，两面近无毛；有的叶倒向羽状或栉齿状全裂或深裂，顶裂片长条形，侧裂片条形或披针形，全缘或有少数浅牙齿；最上部叶不分裂，条形；下部叶具柄，柄基扩大而半抱茎；上部叶无柄，基部扩大成耳形或戟形，抱茎。头状花序具小花10~12，多数在茎顶枝端排列成疏散的圆锥状；梗细，有短毛；总苞狭卵形，长约10mm，宽约3.5mm；总苞片近3层，先端钝，背部近无毛，仅顶部有短缘毛，外层者披针形，内层者条状披针形；舌状花紫色或淡紫色。瘦果矩圆形，压扁，长约5mm，暗褐色，每面有3条较粗的纵肋，上部近顶处有微硬毛，向上收缩成喙状；冠毛白色，2层，外层短冠状，内层长毛状，白色，长约6mm，稀锯齿状。花果期7~9月。

中生植物。常生于海拔1900~4200m的沟谷草甸。

阿拉善地区分布于贺兰山。我国特有种，分布于内蒙古、青海、甘肃、四川等地。

 莴苣属 *Lactuca* L.

乳苣 *Lactuca tatarica* (L.) C. A. Meyer　　别名：苦菜、蒙山莴苣

多年生草本，株高 (10)30~70cm。具垂直或稍弯曲的长根状茎。茎直立，具纵沟棱，无毛，不分枝或有分枝。茎下部叶稍肉质，灰绿色，长椭圆形、矩圆形或披针形，长 3~14cm，宽 0.5~3cm，先端锐尖或渐尖，有小尖头，基部渐狭成具狭翅的短柄，柄基扩大而半抱茎，羽状或倒向羽状深裂或浅裂，侧裂片三角形或披针形，边缘具浅刺状小齿，上面绿色，下面灰绿色，无毛；中部叶与下部叶同形，少分裂或全缘，先端渐尖，基部具短柄或无柄而抱茎，边缘具刺状小齿；上部叶小，披针形或条状披针形，有时叶全部全缘而不分裂。头状花序多数，在茎顶排列成开展的圆锥状；梗不等长，纤细；总苞长 10~15mm，宽 3~5mm；总苞片 4 层，紫红色，先端稍钝，背部有微毛，外层者卵形，内层者条状披针形，边缘膜质；舌状花蓝紫色或淡紫色，长 15~20mm。瘦果矩圆形或长椭圆形，长约 5mm，稍压扁，灰色至黑色，无边缘或具不明显的狭窄边缘，有 5~7 条纵肋，果喙长约 1mm，灰白色；冠毛白色，长 8~12mm。花果期 6~9 月。

中生植物。常生于海拔 1200~4300m 的河滩、湖边、盐化草甸、田边、固定沙丘等处。

阿拉善地区均有分布。我国分布于东北、华北、西北各地。欧洲、印度、伊朗、蒙古、中亚也有分布。

还阳参属 *Crepis* L.

北方还阳参 *Crepis crocea* (Lam.) Babc.

多年生草本，株高5~30cm，全体灰绿色。根木质化，颈部被枯叶柄。茎直立，疏被腺毛及短柔毛。基生叶丛生，倒披针形，基部渐狭成具窄翅叶柄，边缘具波状齿，倒向锯齿至羽状半裂；茎上部叶披针形或条形，全缘或羽状分裂，无柄；最上部叶小，苞叶状。头状花序单生于枝顶，或2~4在茎顶排列成疏伞房状；总苞钟状，混生蛛丝状毛、长硬毛及腺毛；外层总苞片2层；花冠黄色。瘦果纺锤形，暗紫色或黑色，具10~12条纵肋，上部有小刺；冠毛白色。花果期6~7月。

中旱生植物。常见于海拔850~2900m典型草原和荒漠草原带的丘陵砂砾质坡地以及田边、路旁。

阿拉善地区分布于贺兰山、龙首山、桃花山。我国分布于东北、华北、内蒙古、西藏等地。蒙古、俄罗斯也有分布。

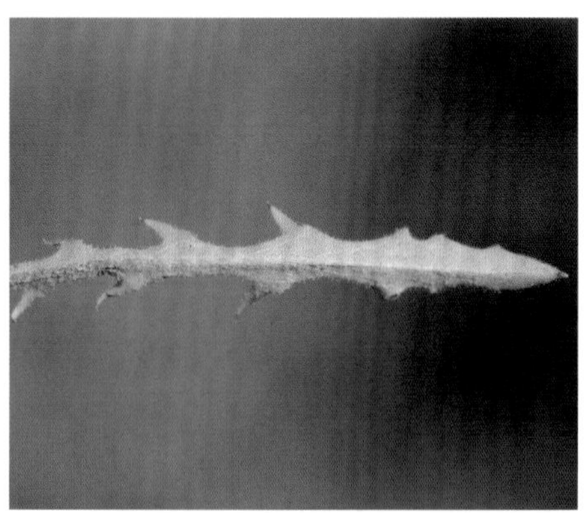

碱苣属 *Sonchella* Sennikov

碱苣 *Sonchella stenoma* (Turcz. ex DC.) Sennikov　　别名：碱黄鹌菜

多年生草本，株高10~40cm。茎单一或数个簇生，直立，不分枝。基生叶与茎下部叶条形或条状倒披针形，全缘或有微牙齿，两面无毛；中、上部叶较小，条形或狭条形，全缘，头状花序多数，排列成总状或狭圆锥状，具12~18小花；总苞圆筒状；总苞片无毛，顶端鸡冠状，背面近顶端有角状突起；舌状花舌片顶端的齿紫色。瘦果纺锤形，具11~14条不等形的纵肋，沿肋密被小刺毛，向上收缩成喙状；冠毛白色。花果期7~9月。

耐盐中生植物。常生于海拔1300m的草原沙地及盐渍地。

阿拉善地区分布于贺兰山、龙首山、桃花山。我国分布于内蒙古、甘肃等地。俄罗斯也有分布。

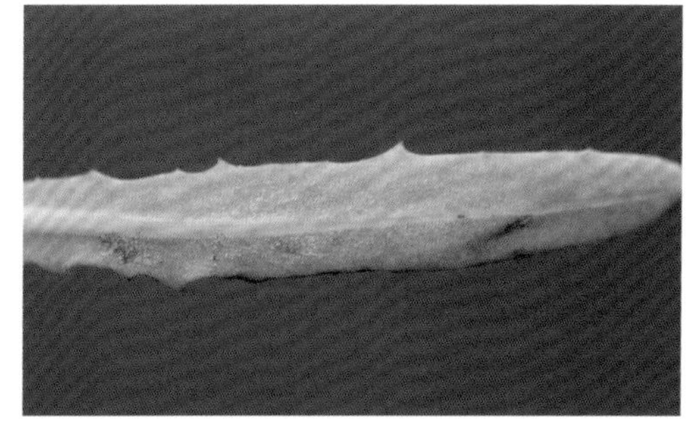
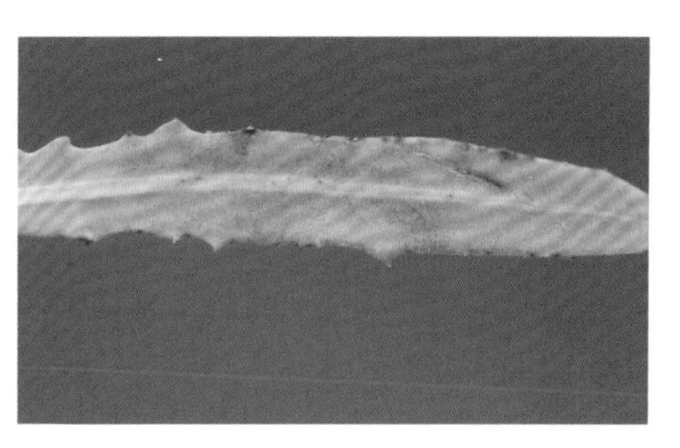

假还阳参属 *Crepidiastrum* Nakai

叉枝假还阳参 *Crepidiastrum akagii* (Kitag.) J. W. Zhang & N. Kilian 别名：细茎黄鹌菜

多年生草本，株高 (5)10~40cm。根粗壮，木质，根颈部被褐色枯叶柄。茎直立，较细，由基部强烈二叉式分枝。基生叶多数，羽状全裂，两面无毛，叶柄基部扩大；中、下部叶与基生叶相似；上部叶不分裂，全缘。头状花序排列成聚伞圆锥状，具 10~12 小花；总苞圆柱形；总苞片无毛，顶端鸡冠状，背面近顶端有角状突起。瘦果纺锤形，黑色，具 10~11 条粗细不等的纵肋，有向上的小刺毛，向上收缩成喙状；冠毛白色。花果期 7~8 月。

旱中生植物。常生于海拔 1400~4900m 的山坡或山顶的基岩石隙中。

阿拉善地区分布于贺兰山、龙首山、桃花山。我国分布于内蒙古、河北、甘肃、新疆等地。蒙古、俄罗斯、中亚也有分布。

细叶假还阳参 *Crepidiastrum tenuifolium* (Willd.) Sennikov

多年生草本，株高 10~45cm。根粗壮，木质，根颈部被枯叶柄及褐色绵毛。茎直立。基生叶羽状全裂或羽状深裂，具长柄；茎中、下部叶较小，叶柄较短；上部叶不分裂或羽状分裂，或具锯齿，无柄。头状花序排列成聚伞圆锥状，具 (5)8~15 小花；总苞圆柱形；总苞片被皱曲柔毛或无毛，顶端鸡冠状，背面近顶端有角状突起。瘦果纺锤形，黑色，具 10~12 条粗细不等的纵肋，有向上的小刺毛，向上收缩成喙状；冠毛白色，长 4~6mm。花果期 7~9 月。

旱中生植物。常生于海拔 1500~4000m 山坡或山顶的基岩石隙中。

阿拉善地区分布于贺兰山、龙首山、桃花山。我国分布于东北、内蒙古、河北、新疆、西藏等地。俄罗斯也有分布。

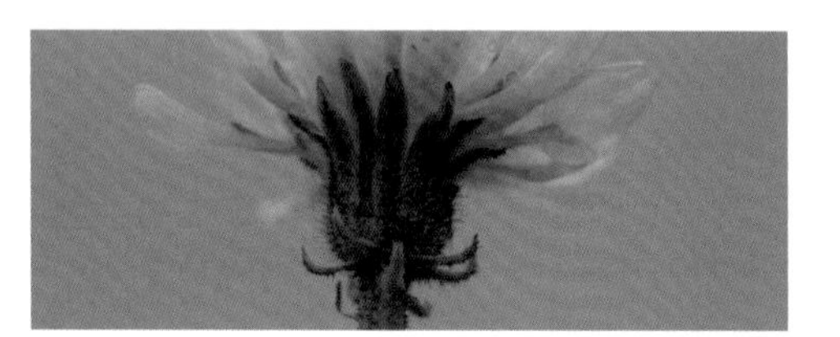

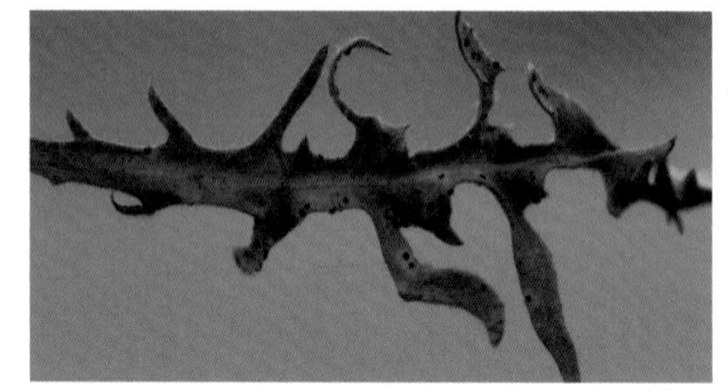

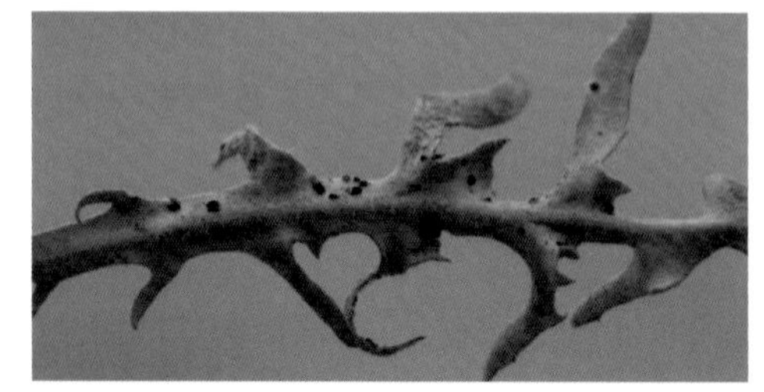

尖裂假还阳参 *Crepidiastrum sonchifolium* (Maxim.) Pak & Kawano　　别名：抱茎苦荬菜

多年生草本，株高 30~50cm，无毛。根圆锥形，伸长，褐色。茎直立，具纵条纹，上部多少分枝。基生叶多数，铺散，矩圆形，长 3.5~8cm，宽 1~2cm，先端锐尖或钝圆，基部渐狭成具窄翅的柄，边缘有锯齿或缺刻状牙齿，或为不规则的羽状深裂，上面有微毛；茎生叶较狭小，卵状矩圆形或矩圆形，长 2~6cm，宽 0.5~1.5(3)cm，先端锐尖或渐尖，基部扩大成耳形或戟形而抱茎，羽状浅裂或深裂或具不规则缺刻状牙齿。头状花序多数，排列成密集或疏散的伞房状；具细梗；总苞圆筒形，长 5~6mm，宽 2~2.5mm；总苞片无毛，先端尖，外层者 5，短小，卵形，内层者 8~9，较长，条状披针形，背部各具中肋 1 条；舌状花黄色，长 7~8mm。瘦果纺锤形，长 2~3mm，黑褐色，喙短，约为果身的 1/4，通常为黄白色；冠毛白色，长 3~4mm。花果期 6~7 月。

中生植物。常生于海拔 850~1530m 的草甸、山野、路旁、撂荒地。

阿拉善地区均有分布。我国分布于东北、华北、西北、四川、重庆、贵州、湖南、湖北、江西等地。俄罗斯、朝鲜也有分布。

苦荬菜属 *Ixeris* (Cass.) Cass.

多色苦荬（亚种）*Ixeris chinensis* subsp. *versicolor* (Fisch. ex Link) Kitam. 别名：飞天台、剪刀甲

多年生草本，株高 10~30cm，全体无毛。茎少数或多数簇生，直立或斜升，有时斜倚。基生叶很窄，丝状条形，通常全缘，稀具羽裂片，长 2~15cm，宽 (0.2)0.5~1cm，先端尖或钝，基部渐狭成柄，柄基扩大，全缘或具疏小牙齿或呈不规则羽状浅裂与深裂，两面灰绿色；茎生叶 1~3，与基生叶相似，但无柄，基部稍抱茎。头状花序多数，排列成稀疏的伞房状；梗细；总苞圆筒状或长卵形，长 7~9mm，宽 2~3mm；总苞片无毛，先端尖，外层者 6~8，短小，三角形或宽卵形，内层者 7~8，较长，条状披针形；舌状花 20~25，花冠黄色、白色或变淡紫色，长 10~12mm。瘦果狭披针形，稍扁，长 4~6mm，红棕色，喙长约 2mm；冠毛白色，长 4~5mm。花果期 6~7 月。

中旱生植物。常生于海拔 100~4000m 的山野、田间、撂荒地、路旁。

阿拉善地区均有分布。我国分布于北部、东部、南部等地。朝鲜、日本、俄罗斯也有分布。

苦荬菜 *Ixeris polycephala* Cass. ex DC. 别名：苦菜

一年生或二年生草本，株高30~80cm，无毛。茎直立，多分枝，常带紫红色。基生叶花期凋萎；下部叶与中部叶质薄，倒长卵形、宽椭圆形、矩圆形或披针形，长3~10cm，宽2~4cm，先端锐尖或钝，基部渐狭成短柄，或无柄而抱茎，边缘疏具波状浅齿，稀全缘，上面绿色，下面灰绿色，有白粉；最上部叶变小，基部宽，具圆耳而抱茎。头状花序多数，在枝端排列成伞房状；具细梗；总苞圆筒形，长6~8mm，宽2~3mm；总苞片无毛，先端尖或钝，外层者3~6，短小，卵形，内层者7~9，较长，条状披针形；舌状花黄色，10~17个，长7~9mm。瘦果纺锤形，长2.5~3mm，黑褐色，喙长0.2~0.4mm，通常与果身同色；冠毛白色，长3~4mm。花果期8~9月。

中旱生植物。常生于海拔300~2200m的山野、田间、撂荒地、路旁。

阿拉善地区均有分布。我国分布于北部、东部、南部等地。朝鲜、日本、俄罗斯也有分布。

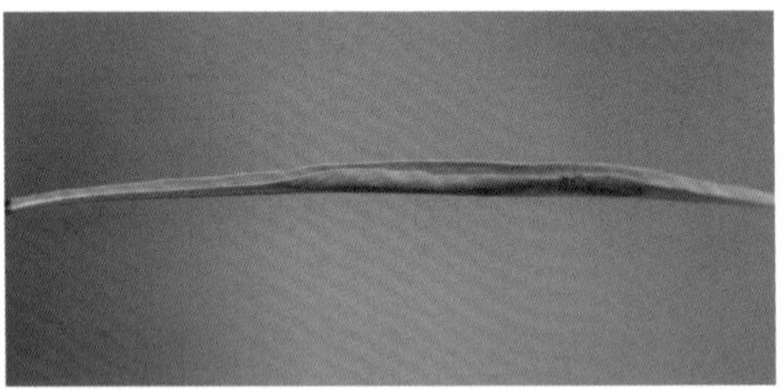

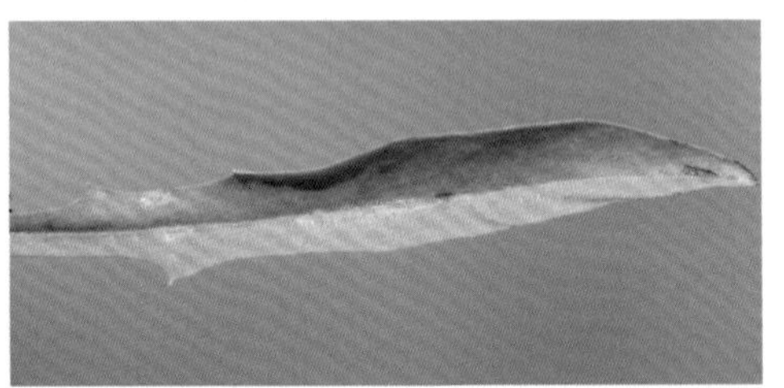

苦菜 *Ixeris chinensis* (Thunb.) Kitag. 别名：中华苦荬菜

多年生草本，株高10~30cm，全体无毛。茎少数或多数簇生，直立或斜升，有时斜倚。基生叶莲座状，条状披针形、倒披针形或条形，长2~15cm，宽(0.2)0.5~1cm，先端尖或钝，基部渐狭成柄，柄基扩大，全缘或具疏小牙齿或呈不规则羽状浅裂与深裂，两面灰绿色；茎生叶1~3，与基生叶相似，但无柄，基部稍抱茎。头状花序多数，排列成稀疏的伞房状；梗细；总苞圆筒状或长卵形，长7~9mm，宽2~3mm；总苞片无毛，先端尖，外层者6~8，短小，三角形或宽卵形，内层者7~8，较长，条状披针形；舌状花20~25，花冠黄色、白色或变淡紫色，长10~12mm。瘦果狭披针形，稍扁，长4~6mm，红棕色，喙长约2mm；冠毛白色，长4~5mm。花果期6~7月。

中旱生植物。常生于海拔100~4000m的山野、田间、荒地、路旁。

阿拉善地区均有分布。我国各地均有分布。朝鲜、日本、俄罗斯也有分布。

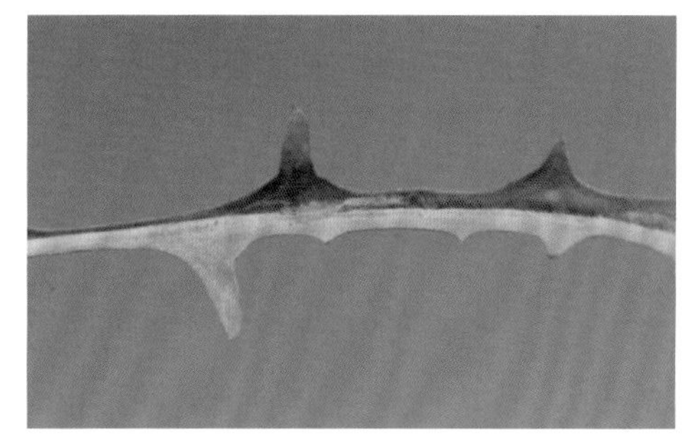

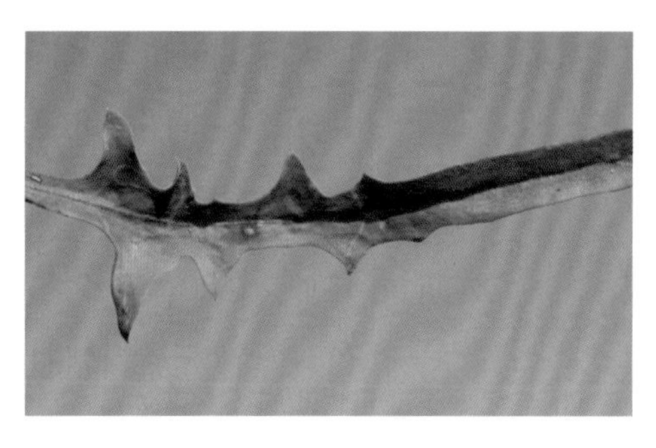

香蒲科 Typhaceae

香蒲属 *Typha* L.

小香蒲 *Typha minima* Funck ex Hoppe

多年生草本，株高 20~50cm。根状茎横走泥中，褐色。茎直立。叶条形，基部具褐色宽叶鞘，边缘膜质，花茎下部只有膜质叶鞘。穗状花序，雌雄花序不连接；雄花序圆柱形，基部常有淡褐色膜质苞片，雄花具 1 雄蕊，基部无毛，花药长矩圆形，花粉为四合体；雌花序长椭圆形，长 2~4cm，直径 1.5~2.5mm，基部具 1 褐色膜质的叶状苞片，较花序稍长，子房长椭圆形，具细长的柄，柱头条形。果实褐色，椭圆形，具长柄。花果期 5~7 月。

湿生植物。常生于河、湖边浅水或河滩、低湿地，可耐盐碱。

阿拉善地区均有分布。我国分布于东北、华北、西北等地。欧洲、亚洲北部也有分布。

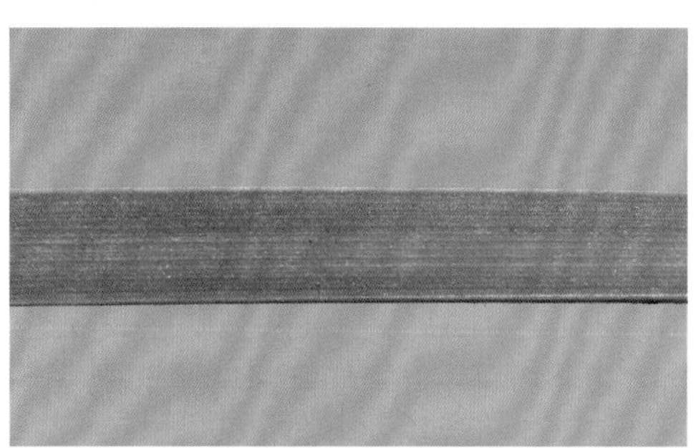

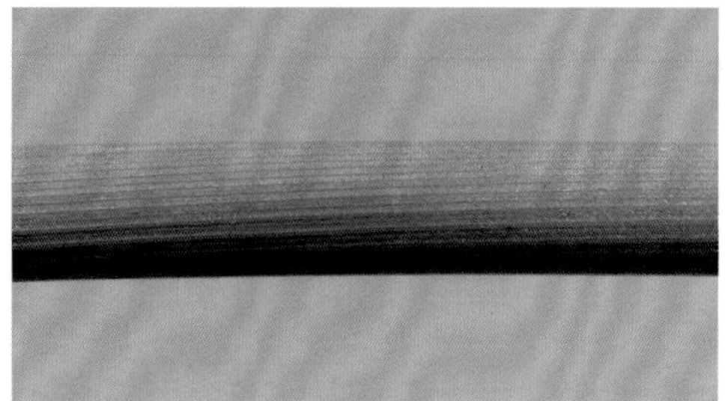

水烛 *Typha angustifolia* L.

多年生草本，株高 1.5~2m。根茎短粗，须根多数，褐色，圆柱形。茎直立，具白色的髓部。叶狭条形，宽 4~8(10)mm；下部具圆筒形叶鞘，边缘膜质，白色。穗状花序长 30~60cm，雌雄花序不连接，中间相距 (0.5)3~8(12)cm；雄花序狭圆柱形，长 20~30cm，雄花具 2~3 雄蕊，基部具毛，较雄蕊长，花粉单粒；雌花序长 10~30cm，雌花具匙形小苞片，先端淡褐色，比柱头短，子房长椭圆形，具细长的柄，基部具多数乳白色分枝的毛，稍短于柱头，与小苞片约等长，柱头条形，褐色。小坚果褐色。花果期 6~8 月。

水生植物。常生于河边、池塘、湖泊边浅水中。

阿拉善地区均有分布。我国分布于除新疆、广东、广西外的各地。欧洲、北美洲、大洋洲、亚洲北部也有分布。

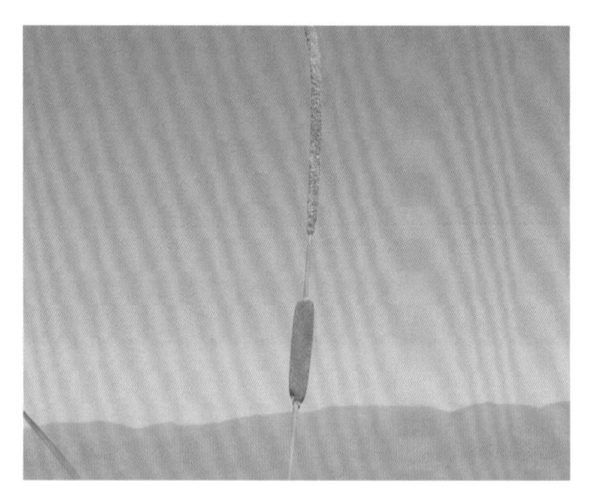

无苞香蒲 *Typha laxmannii* Lepech.　　别名：拉氏香蒲

多年生草本，株高 80~100cm。根状茎褐色，直径约 8mm，横走泥中，须根多数，纤细，圆柱形，土黄色。茎直立。叶狭条形，长 30~50cm，宽 2~4(10)mm，基部具长宽的鞘，两边稍膜质。穗状花序长约 20cm，雌雄花序通常不连接，中间相距 1~2cm；雄花序长圆柱形，长 7~10mm，雄花具 2~3 雄蕊，花药矩圆形，长约 1.5mm，花丝丝状，下部合生，花粉单粒，花序轴具毛；雌花序圆柱形，长 5~9mm，成熟后直径 14~17mm，雌花无小苞片，不育雌蕊倒卵形，先端圆形，褐色，比毛短，子房条形，花柱很细，柱头菱状披针形，棕色，向一侧弯曲，基部具乳白色的长毛，比柱头短。果实狭椭圆形，褐色，具细长的柄。花果期 7~9 月。

水生植物。常生于水沟、水塘、河岸边等浅水中。

阿拉善地区均有分布。我国分布于东北、西北、内蒙古等地。俄罗斯也有分布。

眼子菜科 Potamogetonaceae

篦齿眼子菜属 *Stuckenia* Borner

篦齿眼子菜 *Stuckenia pectinata* (L.) Börner

多年生草本。根状茎纤细，伸长，淡黄白色，在节部生出多数不定根，秋季常于顶端生出白色卵形的块茎。茎丝状，长短与粗细变化较大，长 10~80cm，稀达 2m，直径 0.5~2mm，淡黄色，多分枝，且上部分枝较多，节间长 1~4(10)cm。叶互生，淡绿色，狭条形，长 3~10cm，宽 0.3~1mm，先端渐尖，全缘，具 3 脉；鞘状托叶绿色，与叶基部合生，长 1~5cm，宽 1~2mm，顶部分离，呈叶舌状，白色膜质，长达 1cm。花序梗淡黄色，与茎等粗，长 3~10cm，基部具 2 膜质总苞，早落；穗状花序长约 3mm，疏松或间断。果实棕褐色，斜宽倒卵形，长 3~4mm，宽 2~2.5mm，背部外凸具脊，腹部直，顶端具短喙。花果期 7~9 月。

水生植物。常生于海拔 1200m 左右的浅河、池沼中。

阿拉善地区均有分布。我国南北各地均有分布。亚洲其他地区、欧洲、北美洲、非洲、大洋洲温暖地区也有分布。

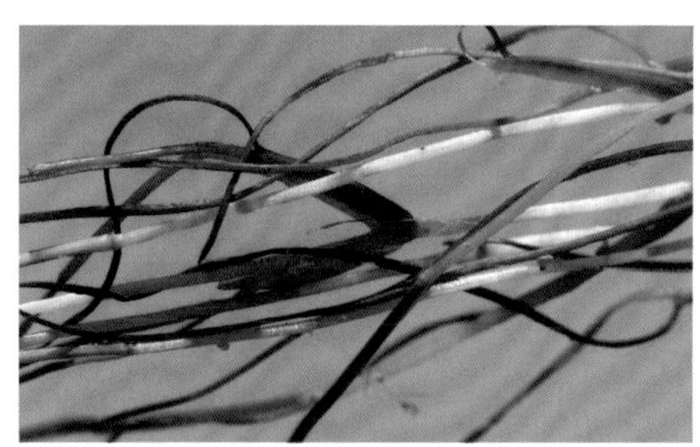

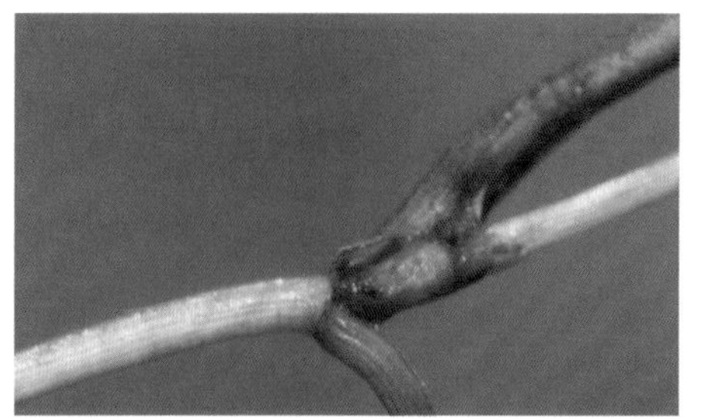

眼子菜属 *Potamogeton* L.

小眼子菜 *Potamogeton pusillus* L.

多年生草本。根状茎纤细，伸长，淡黄白色，直径1.5~2mm。茎丝状，长20~70cm，直径0.3~0.8mm，多分枝，节间长1.5~3(7)cm。叶互生，花序梗下的叶对生，狭条形，长3~7cm，宽0.8~1.5mm，先端渐尖，全缘，通常具3脉，少具1脉，中脉常在下面凸起；托叶白色膜质，披针形至条形，长达1cm，与叶片分离而早落，先端常分裂。花序梗纤细，不增粗，长1~3cm；基部具2膜质总苞，早落；穗状花序长约5mm，由2~3簇花间断排列而成。小坚果斜卵形，稍扁，长1.4~1.6mm，宽约1mm，背部具龙骨状突起，腹部外凸，顶端具短喙。花果期7~9月。

水生植物。常生于静水池沼及沟渠中。

阿拉善地区均有分布。我国各地均有分布，为世界广布种。

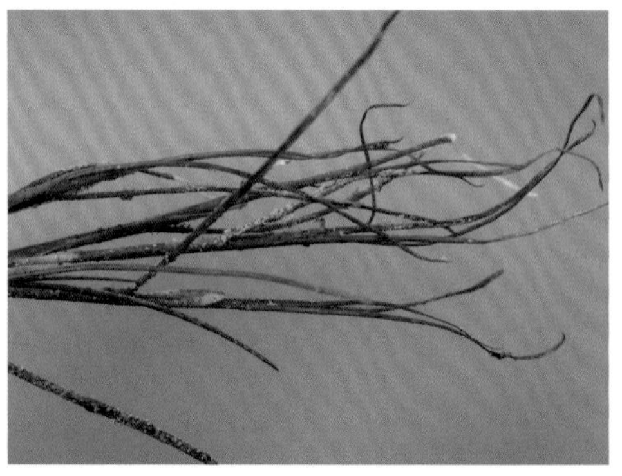

穿叶眼子菜 *Potamogeton perfoliatus* L.

多年生草本。根状茎横生土中，伸长，淡黄白色，直径约3mm，节部生出许多不定根。茎常多分枝，稍扁，长30~50(100)cm，直径2~3mm，节间长0.5~3cm。叶全部沉水，互生，花序梗基部叶对生，质较薄，宽卵形或披针状卵形，长1.5~5cm，宽1~2.5cm，先端钝或渐尖，基部心形且抱茎，全缘且有波状皱褶，中脉在下面明显凸起，每边具弧状侧脉1~2条，侧脉间常具细脉2条；无柄；托叶透明膜质，白色，宽卵形，长0.5~2cm，与叶分离，早落。花序梗圆柱形，长2.5~4cm；穗状花序密生多花，长1.5~2cm，直径约5mm。小坚果扁斜宽卵形，长约3mm，宽约2mm，腹面明显凸出，具锐尖的脊，背部具3条圆形的脊，但侧脊不明显。花期6~7月，果期8~9月。

水生植物。常生于湖泊、水沟或池沼中。

阿拉善地区均有分布。我国分布于东北、内蒙古、山西、河北、新疆、青海、甘肃、宁夏、陕西、湖南、贵州、云南、河南、山东等地。亚洲其他地区、欧洲、非洲、北美洲、大洋洲也有分布。

菹草 *Potamogeton crispus* L.　　别名：虾藻

多年生草本。根状茎匍匐，伸长，横生，近四棱形，直径1~2mm，节部向下生出多数不定根。茎扁圆柱形，稍带4棱，直径1~2mm，长30~70cm，上部多分枝。叶互生，条形，长3~8cm，宽3~10mm，先端钝或稍尖，基部圆形或宽楔形而半抱茎，边缘微齿，具波状皱褶，常具3脉，二级细脉网状；托叶膜质，与叶分离，长3~5cm，淡黄白色，早落；繁殖芽生于叶腋，球形，密生多数叶，叶宽卵形，长7~10mm，肥厚，坚硬，边缘具齿。花序梗不增粗，常和茎等粗，长2~5cm；穗状花序具少数花，长5~10mm，连续或间断。果实在基部稍合生，扁卵球形，长2~3mm，背部有具齿的龙骨状突起，顶端有镰状外弯的长喙，喙长约2mm。花期6~7月，果期8~9月。

水生植物。常生于静水池沼、沟渠中。

阿拉善地区均有分布。我国与世界各地都有分布。

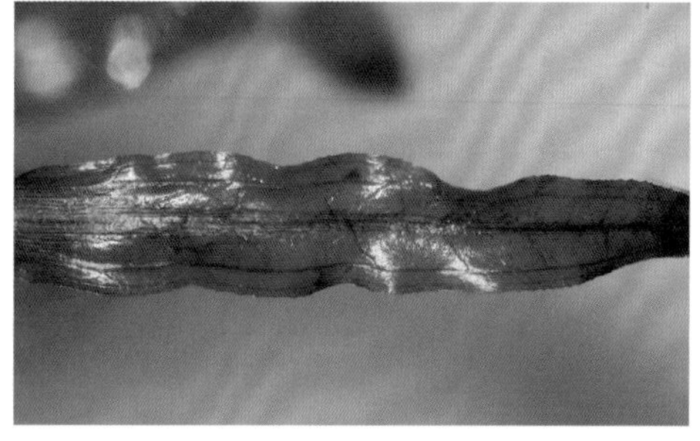

水麦冬属 *Triglochin* L.

海韭菜 *Triglochin maritima* L.

多年生草本，株高20~50cm。根状茎粗壮，斜生或横生，被棕色残叶鞘，有多数须根。叶基生，条形，横切面半圆形，长7~30cm，宽1~2mm，较花序短，稍肉质，光滑，生于花葶两侧；基部具宽叶鞘；叶舌长3~5mm。花葶直立，圆柱形，光滑，中上部着生多数花；总状花序；花梗长约1mm，果熟后可延长为2~4mm；花小，直径约2mm；花被6，两轮排列，卵形，内轮较狭，绿色；雄蕊6，心皮6；柱头毛刷状。蒴果椭圆形或卵形，长3~5mm，宽约2mm，具6棱。花期6月，果期7~8月。

耐盐湿生植物。常生于海拔5200m以下的河湖边盐渍化草甸。

阿拉善地区均有分布。我国分布于北方各地。北半球温带及寒带地区也广泛分布。

水麦冬 *Triglochin palustris* L.

多年生草本。根茎缩短，秋季增粗，有密而细的须根。叶基生，条形，一般较花葶短，长10~40cm，宽约1.5mm；基部具宽叶鞘，叶鞘边缘膜质，宿存叶鞘纤维状；叶舌膜质，叶片光滑。花葶直立，高20~60cm，圆柱形，光滑；总状花序顶生，花多数，排列疏散；花梗长2~4mm；花小，直径约2mm；花被片6，鳞片状，宽卵形，绿色；雄蕊6，花药2室，花丝很短；心皮3，柱头毛刷状。果实棒状条形，长6~10mm，宽约1.5mm。花期6月，果期7~8月。

湿生植物。常生于海拔4500m以下的河滩及林缘草甸。

阿拉善地区均有分布。我国分布于东北、华北、西北等地。北半球温带和寒带地区也广泛分布。

泽泻科 Alismataceae

泽泻属 *Alisma* L.

泽泻 *Alisma plantago-aquatica* L.

多年生草本。根状茎缩短，呈块状增粗，须根多数，黄褐色。叶基生，叶片卵形或椭圆形，长 3~16cm，宽 2~8cm，先端渐尖，基部圆形或心形，具纵脉 5~7，弧形，横脉多数，两面光滑，具长柄，质地松软，基部渐宽成鞘状。花茎高 30~100cm，中上部分枝，花序分枝轮生，每轮 3 至多数，组成圆锥状复伞形花序；花直径 3~5mm；具长梗；萼片 3，宽卵形，长 2~2.5cm，宽约 1.5mm，绿色，果期宿存；花瓣 3，倒卵圆形，长 3~4mm，薄膜质，白色，易脱落；雄蕊 6，花药淡黄色，长约 1mm；心皮多数，离生，花柱侧生，宿存。瘦果多数，倒卵形，长 2~2.5mm，宽 1.5~2mm，光滑，两侧压扁，紧密地排列于花托上。花期 6~7 月，果期 8~9 月。

水生植物。常生于沼泽。

阿拉善地区均有分布。我国分布于东北、华北、西北、华东等地。俄罗斯、蒙古、朝鲜也有分布。

草泽泻 *Alisma gramineum* Lej.

多年生草本。根状茎缩短，须根多数，黄褐色。茎直立，一般自下半部分枝。叶基生；水生叶条形，长可达 1m，宽 3~10mm，全缘，无柄；陆生叶长圆状披针形、披针形或条状披针形，长 3~10cm，宽 0.5~2cm，先端渐尖，基部楔形，具纵脉 3~5，弧形，横脉多数，两面光滑；叶柄约与叶等长。花茎高于或低于叶，花序分枝轮生，组成圆锥状复伞形花序；花直径约 3mm；萼片 3，宽卵形，长约 2mm，淡红色，宿存；花瓣 3，白色，质薄，果期脱落；雄蕊 6，花药球形，花丝分离；心皮多数，离生，花柱侧生于腹缝线，比子房短，顶端钩状弯曲，果期宿存。瘦果多数，倒卵形，长约 2mm，背部常具 1~2 条沟纹及龙骨状突起，光滑，紧密地排列于花托上。花期 6 月，果期 8 月。

水生植物。常生于沼泽。

阿拉善地区分布于阿拉善左旗。我国分布于东北、华北、西北等地。欧洲、北非、亚洲其他地区也有分布。

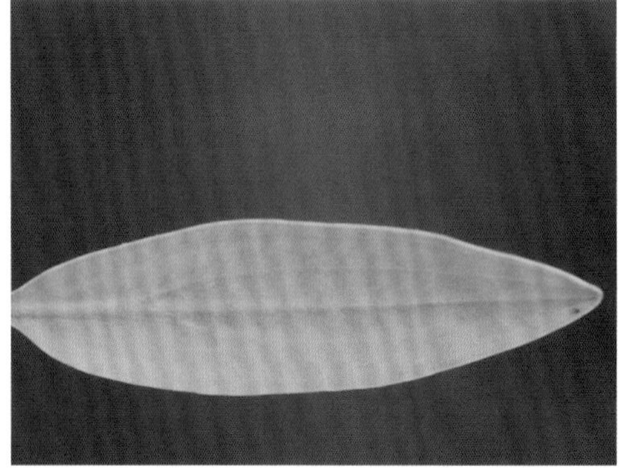

慈姑属 *Sagittaria* L.

野慈姑 *Sagittaria trifolia* L.

多年生草本。根状茎球状，须根多数，绳状。叶箭形，连同裂片长 5~20cm，基部宽 1~4cm，先端渐尖，基部具 2 裂片，两面光滑，具 3~7 条弧形脉，脉间具多数横脉；叶柄长 10~60cm；基部具宽叶鞘，叶鞘边缘膜质，2 枚裂片较叶片狭长，有的几呈条形。花茎单一或分枝，高 20~80cm，花 3 朵轮生，形成总状花序；花梗长 1~2cm；苞片卵形，长 3~7mm，宽 2~4mm，宿存；花单一，萼片 3，卵形，长 3~6mm，宽 2~3mm，宿存；花瓣 3，近圆形，明显大于萼片，白色，膜质，果期脱落；雄蕊多数，花药多数；心皮多数，聚成球形。瘦果扁平，斜倒卵形，长约 3.5mm，宽约 2.5mm，具宽翅。花期 7 月，果期 8~9 月。

水生植物。常生于浅水及水边沼泽。

阿拉善地区分布于阿拉善左旗、额济纳旗。我国分布于南北各地。广布于亚洲及欧洲。

禾本科 Gramineae

芦苇属 *Phragmites* Adans.

热河芦苇 *Phragmites jeholensis* Honda

多年生草本，株高 1~2m。秆近直立，无毛，直径 5mm 左右。叶鞘无毛，有横脉纹；叶舌短，有毛；叶片平展，条形至披针形，长 18~30cm，宽 10~12mm，坚硬，先端渐尖，两面无毛，边缘具刺尖。圆锥花序矩圆形至披针形，稠密，长 20~30cm，宽 2~4cm，近直立，分枝及小枝微粗糙，在基部有长且直上升的柔毛；小穗条形，长 8~10mm，深褐色至紫色，通常含 2~4 小花；颖具 3 脉，第一颖长约 4.5mm，披针形，渐尖，无毛，第二颖长约 6mm，条形至披针形，尖锐，无毛；第一小花通常为雄性；第一外稃长约 10mm，钻状，极尖，内稃长约 3mm；第二外稃长约 9mm，顶端极尖，基盘有长约 8mm 的柔毛，内稃长约 3mm，脊粗糙，边缘有细锯齿。花果期 7~9 月。

湿生植物。常生于潮湿地上。

阿拉善地区均有分布。我国分布于辽宁、内蒙古、河北等地。朝鲜、俄罗斯也有分布。

芦苇 *Phragmites australis* (Cav.) Trin.ex Steud.

多年生草本，株高 0.5~2.5m。秆直立，坚硬，直径 2~10mm，节下通常被白粉。叶鞘无毛或被细毛；叶舌短，类似横的线痕，密生短毛；叶片扁平，长 15~35cm，宽 1~3.5cm，光滑或边缘粗糙。圆锥花序稠密，开展，微下垂，长 8~30cm，分枝及小枝粗糙；小穗长 12~16mm，通常含 3~5 小花；两颖均具 3 脉，第一颖长 4~6mm，第二颖长 6~9mm；外稃具 3 脉，第一不孕外稃雄性，狭长披针形，长 10~14.5mm，第二外稃长 10~15mm，先端长渐尖，基盘细长，有长 6~12mm 的柔毛；内稃长约 3.5mm，脊上粗糙。花果期 7~9 月。

广幅湿生植物。常生于池塘、河边、湖泊水中，在沼泽化草甸形成芦苇荡，也往往形成单纯的繁茂地。

阿拉善地区均有分布。全国均有分布。广布全世界。

 三芒草属 *Aristida* L.

三芒草 *Aristida adscensionis* L.

一年生草本，株高 12~37cm。基部具分枝，秆直立或斜倾，常膝曲。叶鞘光滑；叶舌膜质，具长约 0.5mm 的纤毛；叶片纵卷如针状，长 3~16cm，宽 1~1.5mm，上面脉上密被微刺毛，下面粗糙或亦被微刺毛。圆锥花序通常较紧密，长 6~14cm，分枝单生，细弱；小穗灰绿色或带紫色，长 6.5~12mm (芒除外)；颖膜质，具 1 脉，脊上粗糙，第一颖长 5~8mm，第二颖长 6~10mm；外稃长 6.5~12mm，中脉被微小刺毛，芒粗糙而无毛，主芒长 11~18mm，侧芒较短，基盘长 0.4~0.7mm，被上向细毛；内稃透明膜质，微小，长 1mm 左右，为外稃所包卷。花果期 6~9 月。

旱中生植物。常生于海拔 300~1800m 的荒漠草原和荒漠地带，以及干燥山坡、丘陵坡地、浅沟、干河床和沙土上。

阿拉善地区均有分布。我国分布于东北、西北、内蒙古等地。全世界温带地区均有分布。

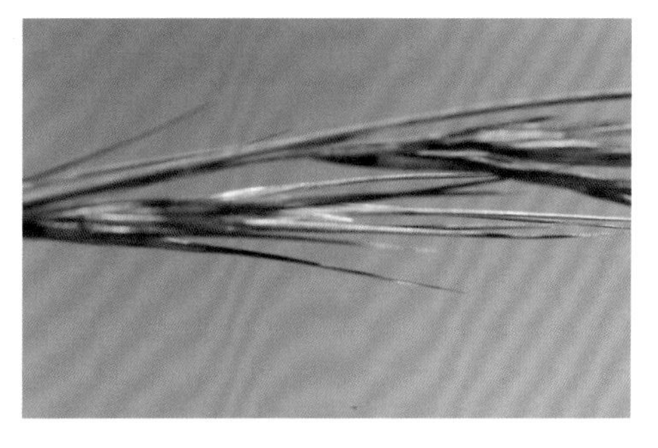

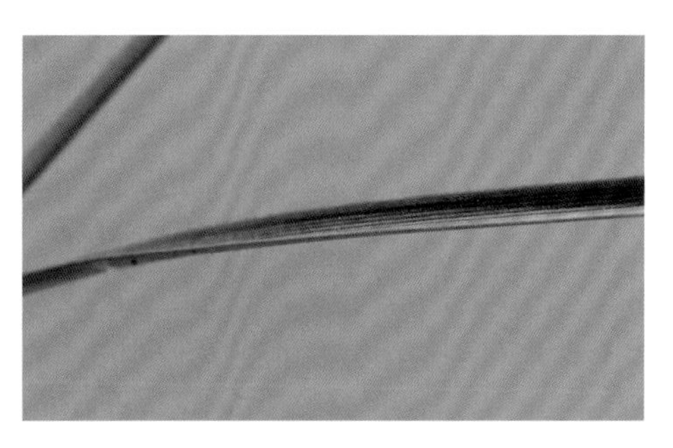

臭草属 *Melica* L.

藏臭草 *Melica tibetica* Roshev.

多年生草本，株高 20~50cm。秆直立，丛生。叶鞘粗糙；叶舌膜质，长约 1mm，先端截平；叶片扁平或内卷，两面粗糙。圆锥花序直立，长 6~15cm，宽约 10mm，具较密集的小穗；小穗柄细弱，常弯曲，上部被微毛；小穗淡紫色，长 5~7mm，通常含 2 枚孕性小花；颖膜质，倒卵状矩圆形，先端钝，被微毛，第一颖长 5~7mm，具 1~3 脉 (侧脉不明显)，第二颖长 5~8mm，具 3~5 脉；外稃被微硬毛及瘤状突起，倒卵状矩圆形，长 4~6mm，顶端 2 浅裂，具 5~7 脉；内稃短于外稃，先端截平；花药长约 1mm。花果期 7~8 月。

中生植物。常生于海拔 3500~4300m 的山地阴坡。

阿拉善地区均有分布。我国分布于内蒙古、西藏、四川等地。

抱草 *Melica virgata* Turcz. ex Trin.

多年生草本，株高 30~70cm。秆丛生，细而硬。叶鞘无毛；叶舌长约 1mm；叶片常内卷，长 7~15cm，宽 2~4mm，上面被柔毛，下面微粗糙。圆锥花序细长，长 10~20cm，分枝直立或斜向上升；小穗柄先端稍膨大，被微毛；小穗长 4~6mm，含 2~3 枚能育小花，顶端不育外稃聚集成棒状，成熟后呈紫色；颖先端尖，第一颖卵形，长 2~3mm，具 3~5 条不明显的脉，第二颖宽披针形，长 3~4mm，具 5 条明显的脉；外稃披针形，顶端钝，具 7 脉，背部被长柔毛，第一外稃长 4~5mm；内稃与外稃等长或略短；花药长 1.5~1.8mm 。花果期 7~9 月。

旱中生植物。常生于海拔 1000~3900m 的石质山坡、草原。

阿拉善地区分布于贺兰山。我国分布于内蒙古、河北、宁夏、甘肃、青海、四川、西藏等地。蒙古、俄罗斯也有分布。

臭草 *Melica scabrosa* Trin. 别名：肥马草、枪草

多年生草本，株高 30~60cm。秆密丛生直立或基部膝曲。叶鞘粗糙；叶舌膜质透明，长 1~3mm，顶端撕裂；叶片长 6~15cm，宽 2~7mm，上面被疏柔毛，下面粗糙。圆锥花序狭窄，长 8~16cm，宽 1~2 cm；小穗柄短而弯曲，上部被微毛，小穗长 5~7mm，含 2~4 枚能育小花；颖狭披针形，几相等，膜质，长 4~7mm，具 3~5 脉；第一外稃卵状矩圆形，长 5~6mm，背部颗粒状粗糙；内稃短于外稃或相等，倒卵形；花药长约 1.3mm。花果期 6~8 月。

中生植物。常生于海拔 200~3300m 的山地阳坡、田野及沙地上。

阿拉善地区分布于贺兰山、龙首山、桃花山。我国分布于华北、西北等地。朝鲜也有分布。

细叶臭草 *Melica radula* Franch.

多年生草本，株高 30~40cm。秆密丛生，直立，较细弱。叶鞘微粗糙；叶舌短，长约 0.5mm；叶片常内卷成条形，长 5~12cm，宽 1~2mm，下面粗糙。圆锥花序长 6~15cm，狭窄，具稀少的小穗；小穗长 5~7mm，通常含 2 朵能育小花；颖矩圆状披针形，先端尖，2 颖几等长，长 4~6mm，第一颖具 1 明显的脉 (侧脉不明显)，第二颖具 3~5 脉；外稃矩圆形，先端稍钝，具 7 脉，第一外稃长 4.5~6mm；内稃短于外稃，卵圆形，脊具纤毛；花药长 1.5~2mm。花果期 6~8 月。

中生植物。常生于海拔 350~2100m 的低山丘陵、山坡下部、沟边或田野。

阿拉善地区分布于贺兰山、龙首山、桃花山。我国分布于华北、内蒙古、陕西等地。

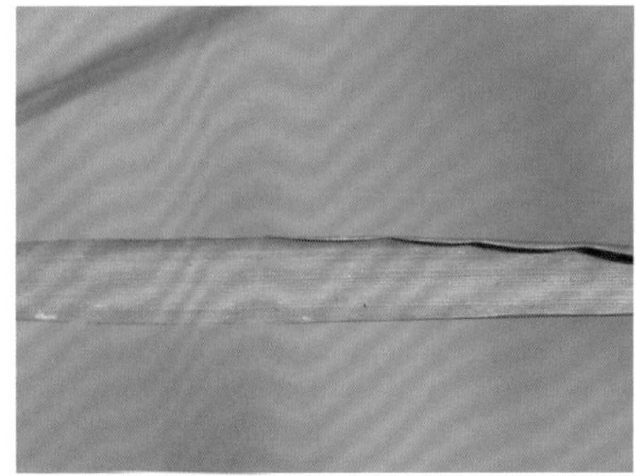

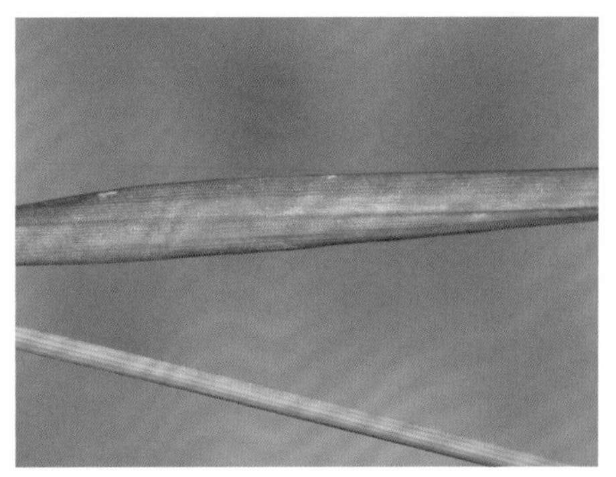

早熟禾属 *Poa* L.

草地早熟禾 *Poa pratensis* L.

多年生草本，株高30~75cm。具根茎。秆单生或疏丛生，直立。叶鞘疏松裹茎，具纵条纹，光滑；叶舌膜质，先端截平，长1.5~3mm；叶片条形，扁平或有时内卷，上面微粗糙，下面光滑，长6~15cm，蘖生者长可超过40cm，宽2~5mm。圆锥花序卵圆形或金字塔形，开展，长10~20cm，宽2~5cm，每节具3~5分枝；小穗卵圆形，绿色或罕稍带紫色，成熟后呈草黄色，长4~6mm，含2~5小花；颖卵状披针形，先端渐尖，脊上稍粗糙，第一颖长2.5~3mm，第二颖长3~3.5mm；外稃披针形，先端尖且略膜质，脊下部2/3或1/2与边脉基部1/2或1/3具长柔毛，基盘具稠密而长的白色棉毛，第一外稃长3~4mm；内稃稍短于或最上者等长于外稃，脊具微纤毛；花药长1.5~2mm。花期6~7月，果期7~8月。

中生植物。常生于海拔500~4000m的草甸、草甸化草原、山地林缘及林下。

阿拉善地区分布于贺兰山、龙首山、桃花山。我国分布于黑龙江、吉林、辽宁、内蒙古、河北、山西、甘肃、四川、山东、江西等地。广布于北半球温带。

粉绿早熟禾（亚种）*Poa pratensis* subsp. *pruinosa* (Korotky) W. B. Dickoré　　别名：天山早熟禾

多年生草本，株高40~65cm。具根茎，须根纤细，根外常具砂套。秆直立，单生或疏丛生，平滑无毛。叶鞘松弛裹茎，平滑无毛；叶舌膜质，先端稍尖，长1~2mm；叶片对折或扁平，长4~12cm，宽2~4mm，上面稍粗糙，下面平滑无毛。圆锥花序卵状矩圆形，开展，长5~13cm，每节具2~5分枝，分枝上端密生多数小穗；小穗矩圆形，长6~7mm，含5~7小花；颖先端尖，稍粗糙或至少在脊上微粗糙，第一颖长2.5~3mm，第二颖长3~3.5mm；外稃矩圆形，先端稍膜质，脊下部约2/3与边脉基部1/3具较长的柔毛，脉间点状粗糙，基盘具较长的绵毛，第一外稃长3~3.5mm；内稃稍短于或等长于外稃，先端微凹，脊上具短纤毛，脊间稍粗糙；花药长约2mm。花果期7~8月。

中生植物。常生于海拔1800~4200m的山坡林缘草地、沟谷湿地。

阿拉善地区分布于贺兰山、龙首山、桃花山。我国分布于内蒙古、四川等地。中亚、蒙古、日本、俄罗斯也有分布。

喜马早熟禾 *Poa hylobates* Bor

多年生草本，株高 30~70cm。根须状，根外常具砂套。秆直立，密丛生，稍粗糙。叶鞘长于节间，稍粗糙；叶舌膜质，长约 2mm；叶片扁平或对折，长 8~15cm，宽 1~2mm，两面均粗糙。圆锥花序狭窄，长 6~8cm，宽 3~8mm，每节具 2~3 分枝，粗糙；小穗长 4~5mm，含 2~4 小花，小穗轴稍粗糙；颖披针形，先端尖，具 3 脉，第一颖长 3~3.5mm，第二颖长 3.5~4mm；外稃矩圆形，先端稍膜质，间脉不甚明显，脊下部 1/4 与边脉基部 1/5 疏生微毛，基盘无毛，第一外稃长 3~3.5mm；内稃稍短于外稃，脊上具短纤毛；花药长约 1mm。花期 8 月。

中生植物。常生于海拔 2900~4000m 的山坡林缘。

阿拉善地区分布于贺兰山、龙首山、桃花山。我国分布于内蒙古、青海、西藏等地。尼泊尔也有分布。

阿洼早熟禾 *Poa araratica* Trautv.　　别名：冷地早熟禾

多年生草本，株高10~45cm。具根茎。秆从基部匍地向上。叶鞘松弛裹茎，稍被短毛或粗糙；叶舌膜质，边缘细齿，长0.5~1mm；叶片狭条形，上面稍被短毛或粗糙，下面无毛，长2~15cm，宽1~2mm。圆锥花序开展，宽卵圆形或金字塔形，带紫色，长4~7cm，宽4~6cm，分枝通常孪生；小穗长5~8mm，含4~7小花；颖卵圆状披针形，边缘及先端宽膜质，第一颖长2~3mm，第二颖长3~4mm；外稃先端稍钝，具宽膜质，脊中部以下及边脉基部1/3被柔毛，脉间稍被贴生微毛，基盘具大量绵毛，第一外稃长4~5mm；内稃稍短于外稃，先端微凹，脊上具短纤毛；花药长约2.5mm。花期6~8月。

中生植物。常生于海拔800~4300m的山坡湿草甸、河滩沟谷阶地。

阿拉善地区分布于贺兰山、龙首山、桃花山。我国分布于内蒙古、河北、新疆、青海、甘肃、陕西、四川、西藏等地。俄罗斯和北美洲也有分布。

堇色早熟禾（亚种）*Poa araratica* subsp. *ianthina* (Keng ex Shan Chen) Olonova & G. H. Zhu

多年生草本，株高30~45cm。秆直立，密丛生，近花序下部稍粗糙。叶鞘长于节间，粗糙，基部稍带紫红色；叶舌膜质，先端尖且撕裂，长1~3mm；叶片扁平或内卷，两面均粗糙，长3~15cm，宽1.5~2mm。圆锥花序狭矩圆形，暗紫色，长5~12cm，宽2~3cm，每节具2~3分枝，粗糙或被微毛；小穗狭卵形，长3.5~6mm，含3~4小花，小穗轴被微毛；颖卵状披针形，先端锐尖，脊上部粗糙，通常紫色且具白色膜质边缘，第一颖长3~3.5mm，第二颖长3.5~4mm；外稃卵状披针形，先端稍钝，通常紫色而顶端有黄铜色膜质边缘，脊下部的1/2、边脉与间脉的1/3具柔毛，基部脉间有时疏生微毛，基盘具少量绵毛，第一外稃长3.5~4mm；内稃稍短于或等长于外稃，先端微凹，脊上具微纤毛，脊间稍粗糙；花药长1.5~1.8mm；子房长1~1.2mm。花果期7~9月。

中生植物。常生于海拔2000~3300m的山地阳坡灌丛间。

阿拉善地区分布于贺兰山、龙首山、桃花山。我国分布于内蒙古、河北、山西等地。

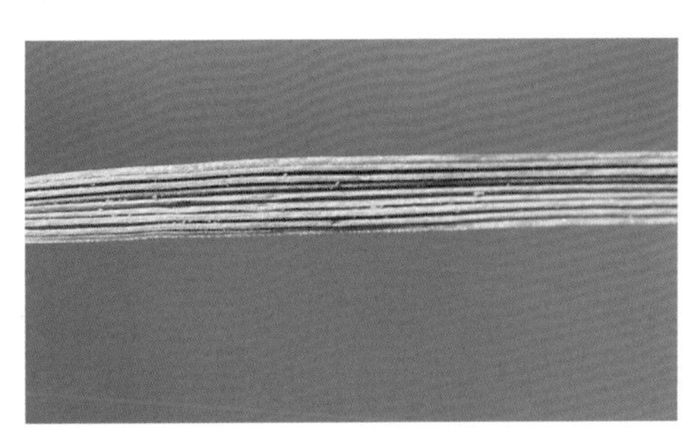

贫叶早熟禾（亚种）*Poa araratica* subsp. *oligophylla* (Keng) Olonova & G. H. Zhu

多年生草本，株高30~50cm。具短根茎，须根外常具砂套。秆直立，疏丛生，粗糙，通常具2节。叶鞘稍粗糙，基部稍带紫褐色；叶舌膜质，长0.5~2mm；叶片扁平或对折，长3~12cm，宽1~2mm，两面均稍粗糙。圆锥花序较狭窄，长5~10cm，宽0.5~2cm，每节具2~4分枝，粗糙；小穗狭倒卵形，带紫色，长3.5~47.5mm，含2~3小花，小穗轴疏生微毛；颖披针形，先端锐尖，边缘稍带紫色，脊上稍粗糙，第一颖长约3mm，第二颖长约3.5mm；外稃矩圆状披针形，先端稍膜质，膜质下面稍带紫色，间脉不明显，脊下部1/2与边脉基部1/3具柔毛，基盘具绵毛，第一外稃长2.5~3mm；内稃稍短于或等长于外稃，脊上具短纤毛，二脊间具微毛；花药长1~1.5mm。花果期6~8月。

中生植物。常生于海拔1500~3500m的山坡沟谷。

阿拉善地区分布于贺兰山、龙首山、桃花山。我国分布于内蒙古、陕西等地。俄罗斯也有分布。

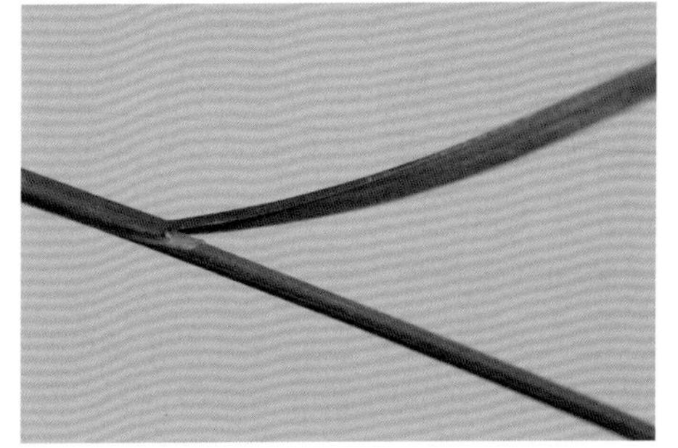

渐尖早熟禾 *Poa attenuata* Trin.

多年生草本，株高 8~60cm。须根纤细。秆直立，坚硬，密丛生，近花序部分稍粗糙。叶鞘无毛，微粗糙，基部者常带紫色；叶舌膜质，微钝，长 1.5~3mm；叶片狭条形，内卷、扁平或对折，上面微粗糙，下面近于平滑，长 1.5~7.5cm，宽 0.5~2mm。圆锥花序紧缩，长 2~7cm，宽 0.5~1.5cm，分枝粗糙；小穗披针形至狭卵圆形，粉绿色，先端微带紫色，长 3~5mm，含 2~5 小花；颖狭披针形至狭卵圆形，先端尖，近相等，微粗糙，长 2.5~3.5mm；外稃披针形至卵圆形，先端狭膜质，具不明显 5 脉，脉间点状粗糙，脊下部 1/2 与边脉基部 1/4 被微柔毛，基盘具少量绵毛至具极稀疏绵毛或完全简化，第一外稃长 3~3.5mm；花药长 1~1.5mm。花果期 5~8 月。

旱生植物。常生于海拔 3300~5500m 的典型草原带、森林草原带及山地砾石质山坡上。

阿拉善地区分布于贺兰山、龙首山、桃花山。我国分布于东北、内蒙古、山西、河北、新疆、青海、西藏等地。印度西北部、俄罗斯、蒙古、巴基斯坦也有分布。

法氏早熟禾 *Poa faberi* Rendle

多年生草本，株高 25~50cm。须根纤细，根外有时具砂套。秆直立，密丛生，通常具 2 节，近花序下微粗糙。叶鞘微粗糙，基部者常呈紫褐色，大都长于节间，顶生者长于其叶片；叶舌膜质，先端尖，易撕裂，长 2~4mm；叶片条形，多为对折，上面粗糙，下面近于平滑，长 5~10cm，宽 1~1.5mm。圆锥花序较紧密，条状矩圆形，长 3~8cm，宽 0.5~2cm；小穗披针状矩圆形，长 5~6mm，含 3~5(7) 小花；颖披针形，先端尖，边缘膜质，膜质以下绿色或稍带紫色，脊上粗糙，第一颖长 2~2.5mm，第二颖长 2.5~3mm；外稃矩圆形，先端稍黄色膜质，膜质下呈紫色，脊下部 1/2 与边脉基部 1/3 具柔毛，基盘具少量至中量绵毛，第一外稃长 3~3.5mm；内稃等长于或稍短于外稃，脊上具微纤毛；花药长 1.5~2 mm。花期 6 月，果期 7 月。

旱生植物。常生于海拔 200~3000m 的山地草原干山坡及干沟中。

阿拉善地区分布于贺兰山、龙首山、桃花山。我国分布于内蒙古、甘肃等地。东亚其他地区也有分布。

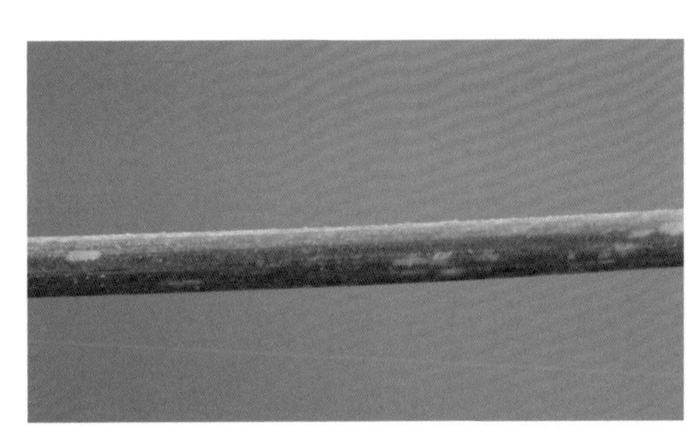

多叶早熟禾（变种）*Poa sphondylodes* var. *erikssonii* Melderis

多年生草本，株高25~45cm。根须状，根外常具砂套。秆直立，密丛生，具3~8节，近花序以下微粗糙。叶鞘通常长于节间，顶生者短于其叶片，微粗糙，基部灰褐色或紫褐色；叶舌膜质，先端稍尖，长1.5~2.5mm；叶片扁平或边缘稍内卷，长4~11cm，宽1~1.5cm，两面均粗糙。圆锥花序紧缩或狭而较疏，长4~8cm，宽7~12mm，黄绿色；小穗倒卵形，长4~6mm，含(2)3~4(5)小花；颖披针形，先端渐尖，具3脉，边缘稍膜质，脊上微粗糙，第一颖长3~3.5mm，第二颖长3.5~4mm；外稃矩圆形，先端稍膜质，稍带紫色，具5脉，脊中部以下及边脉基部1/3具柔毛，基盘具少量绵毛，第一外稃长约3.5mm；内稃长约3mm，脊上微粗糙或有时具微纤毛，先端微2裂；花药长1.5~2mm。花期6~7月，果期7~8月。

中生植物。常生于海拔1350~4300m的砾石质山坡、林缘草地或沟谷地带。

阿拉善地区分布于贺兰山、龙首山、桃花山。我国分布于内蒙古、河北、山西、陕西、四川、河南等地。

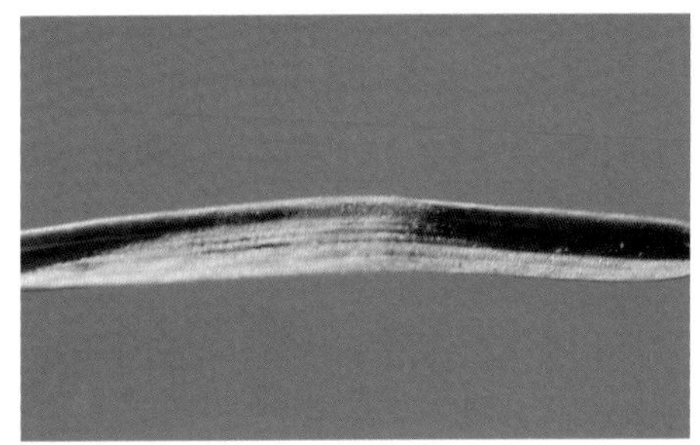

碱茅属 *Puccinellia* Parl.

星星草 *Puccinellia tenuiflora* (Griseb.) Scribn. & Merr.

多年生草本，株高30~40cm。秆丛生，直立或基部膝曲，灰绿色。叶鞘光滑无毛；叶舌干膜质，长约1mm，先端半圆形；叶片通常内卷，长3~8cm，宽1~2(3)mm，上面微粗糙，下面光滑。圆锥花序开展，长8~15cm，主轴平滑，分枝细弱，多平展，与小穗柄微粗糙；小穗长3.2~4.2mm，含3~4小花，紫色，稀为绿色；第一颖长约0.6mm，先端较尖，具1脉，第二颖长约1.2mm，具3脉，先端钝；外稃先端钝，基部光滑或略被微毛，第一外稃长1.5~2mm；内稃平滑或脊上部微粗糙；花药条形，长1~1.2mm。花果期6~8月。

中生植物。常生于海拔500~4000m的盐化草甸，可成为建群种，组成星星草草甸群落，也可见于草原区盐渍低地的盐生植被中。

阿拉善地区均有分布。我国分布于东北、华北、西北等地。俄罗斯、中亚、蒙古也有分布。

碱茅 *Puccinellia distans* (Jacq.) Parl.

多年生草本，株高15~50cm。秆丛生，直立或基部膝曲，基部常膨大。叶鞘平滑无毛；叶舌干膜质，长1~1.5mm，先端半圆形；叶片扁平或内卷，长2~7cm，宽1~3mm，上面微粗糙，下面近于平滑。圆锥花序开展，长10~15cm，分枝及小穗柄微粗糙；小穗长3~5mm，含3~6小花；第一颖长约1mm，具1脉，第二颖长约1.4mm，具3脉；外稃先端钝或截平，其边缘及先端均具不整齐的细裂齿，具5脉，基部被短毛，长1.5~2mm；内稃等长或稍长于外稃，脊上微粗糙；花药长0.5~0.8mm。花果期5~7月。

中生植物。常生于海拔200~3000m的盐湿低地。

阿拉善地区均有分布。我国分布于华北、西北等地。土耳其、伊朗、俄罗斯、中亚、蒙古、朝鲜、日本、北美洲也有分布。

鹤甫碱茅 *Puccinellia hauptiana* (Trin. ex V. I. Krecz.) Kitag.

多年生草本，株高 15~40cm。秆疏丛生，绿色，直立或基部膝曲。叶鞘无毛；叶舌干膜质长 1~1.5mm，先端截平或三角形；叶片条形，内卷或部分平展，长 1~6cm，宽 1~2mm，上面及边缘微粗糙，下面近平滑。圆锥花序长 10~20cm，花后开展，分枝细长，平展或下伸，分枝及小穗柄微粗糙；小穗长 3~5mm，含 3~7 花，绿色或带紫色；第一颖长 0.6~1mm，具 1 脉，第二颖长约 1.2mm，具 3 脉；外稃长 1.5~1.9mm，先端钝圆形，基部有短毛；内稃等长于外稃，脊上部微粗糙，其余部分光滑无毛；花药长 0.3~0.5mm。花果期 6~7 月。

旱中生植物。常生于海拔 900~4800m 的河边、湖畔低湿地及盐碱地，也见于田边路旁，为农田杂草。

阿拉善地区均有分布。我国分布于东北、华北、内蒙古、甘肃等地。俄罗斯、蒙古、朝鲜、日本、北美洲也有分布。

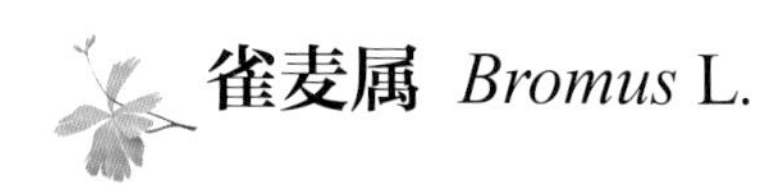

雀麦属 *Bromus* L.

无芒雀麦 *Bromus inermis* Leyss.

多年生草本，株高50~100cm。具短横走根状茎。秆直立，节无毛或稀于节下具倒毛。叶鞘通常无毛，近鞘口处开展；叶舌长1~2mm；叶片扁平，长5~25cm，宽5~10mm，通常无毛。圆锥花序开展，长10~20cm，每节具2~5分枝，分枝细长，微粗糙，着生1~5枚小穗；小穗长(10)15~30(35)mm，含(5)7~10小花，小穗轴节间长2~3mm，具小刺毛；颖披针形，先端渐尖，边缘膜质，第一颖长(4)5~7mm，具一脉，第二颖长(5)6~9mm，具3脉；外稃宽披针形，具5~7脉，无毛或基部疏生短毛，通常无芒或稀具长1~2mm的短芒，第一外稃长(6)8~11mm；内稃稍短于外稃，膜质，脊具纤毛；花药长3~4.5mm。花期7~8月，果期8~9月。

中生植物。常生于海拔1000~3500m的草甸、林缘、山间谷地、河边及路旁。

阿拉善地区分布于贺兰山、龙首山、桃花山。我国分布于东北、华北、西北等地。广布于欧亚大陆温带地区。

加拿大雀麦 *Bromus ciliatus* L.

多年生草本，株高60~120cm。具地下根茎。秆直立或基部斜升，节常被倒柔毛，基部具宿存的枯萎叶鞘。叶鞘长于或稍短于节间，基部者常被倒柔毛；叶舌膜质，极短，长约1mm；叶片扁平，长10~20cm，宽5~10mm，无毛或稀被疏柔毛。圆锥花序长10~25cm，于花期开展，每节着生1~4个分枝，分枝常弯曲，较长，长达15cm，着生1~3枚小穗；小穗长15~25(30)mm，含3~7(10)小花，小穗轴节间长1~2mm，被疏柔毛；颖披针形，无毛或仅脊粗糙，第一颖长5~7(8)mm，具1脉，第二颖长8~10mm，具3脉；外稃披针形，长9~12(14)mm，边缘膜质，具5~7脉，边缘中部以下或稀至先端被柔毛，中脉下部1/3被短柔毛或粗糙，背部无毛，先端具1直芒，芒长2~6mm；内稃膜质，长9~12mm，脊具纤毛；花药橙黄色或褐色，长3~7mm。花期7~8月，果期8~9月。

中生植物。常生于中、低海拔的山地及森林草原地带的林缘草地、路旁及沟边。

阿拉善地区均有分布。我国分布于内蒙古等地。蒙古、俄罗斯、北美洲也有分布。

 披碱草属 *Elymus* L.

毛盘草 *Elymus barbicallus* (Ohwi) S. L. Chen　　别名：毛盘鹅观草

一年生草本，株高75~97cm。秆直立，有时基部节膝曲，平滑无毛，节上不被毛。叶鞘平滑无毛，顶端具叶耳，边缘无毛；叶舌截平，长约0.5mm；叶片扁平，长12~21.5cm，宽3~8mm，两面均无毛。穗状花序长11~16cm，穗轴棱边具纤毛；小穗贴生，长14~21mm，含5~8小花，小穗轴被细短毛；颖披针形，平滑无毛，具4~6脉，先端渐尖，第一颖长7.5~8mm，第二颖长8.5~9mm；外稃宽披针形，上部明显5脉，背部平滑无毛，有时在边缘、脉上或基部两边亦可疏生微细毛，基盘两侧髭毛长约0.5mm，第一外稃长9.5~10.5mm，先端芒细直或微弯曲，粗糙，长10~24mm；内稃与外稃等长，先端微凹，脊上具短纤毛，脊间先端具微毛。花果期5~7月。

中生植物。常生于海拔1350~1700m的山谷草地。

阿拉善地区分布于贺兰山、龙首山、桃花山。我国分布于内蒙古、河北、山西等地。蒙古、俄罗斯、日本也有分布。

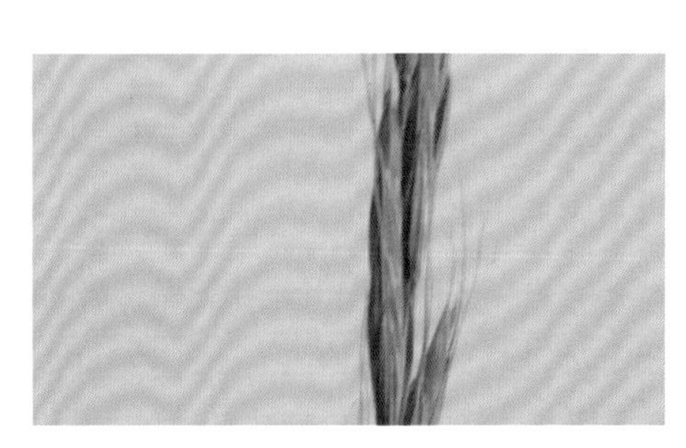

缘毛鹅观草 *Elymus pendulinus* (Nevski) Tzvelev

多年生草本，株高30~45cm。秆纤细，节上无毛。叶鞘无毛或基部者有时可具倒毛；叶舌极短，长约0.5mm；叶片扁平，质薄，长8~21cm，宽1.5~6mm，无毛或上面粗糙。穗状花序长9.5~16cm，直立，或先端稍垂头，穗轴棱边具纤毛；小穗长15~19mm(芒除外)，含5~7小花，小穗轴密生短毛；颖矩圆状披针形，先端具芒尖，脉5~7条，明显，第一颖长8~9mm，第二颖长9~10.5mm；外稃椭圆状披针形，边缘具纤毛，背部平滑无毛或可于近顶处疏生短小硬毛，基盘具短毛，其两侧的毛长0.4~0.7mm，第一外稃长10~11mm，芒长10~20mm；内稃与外稃等长，脊上部具纤毛，脊间亦被短毛，顶端截平或微凹。花果期6~8月。

中生植物。常生于海拔100~2400m的山坡灌丛、林下、沙地灌丛。

阿拉善地区分布于贺兰山、龙首山、桃花山。我国分布于东北、华北、西北等地。日本及俄罗斯东部也有分布。

阿拉善鹅观草 *Elymus alashanicus* (Keng ex Keng & S. L. Chen) S. L. Chen

多年生草本，株高45~75cm。具鞘外分蘖(幼时为膜质鞘所包)，有时横走或下伸成根茎状。秆质刚硬，疏丛，直立或基部斜升。叶鞘紧密裹茎，基生者常碎裂作纤维状；叶舌透明膜质，长约1mm；叶片坚韧直立，内卷成针状，长5~15cm，宽1~2.5mm，两面均被微毛或下面平滑无毛。穗状花序劲直，狭细，长5.5~10cm，穗轴棱边微糙涩；小穗淡黄色，无毛，贴靠穗轴，含4~6小花，长13~17mm，小穗轴平滑；颖矩圆状披针形，平滑无毛，通常具3脉，先端尖或有时为膜质而钝圆，边缘膜质，第一颖长5~7mm，第二颖长(6)8~10mm；外稃披针形，平滑，脉不明显或于近顶处可见有3~5脉，先端尖或为钝头，无芒，基盘平滑无毛，第一外稃长8~11mm；内稃与外稃等长，亦可稍短或微长，先端凹陷，脊上微糙涩，或下部近于平滑；花药乳白色。花果期7~9月。

旱中生植物。常生于海拔1800m左右的山地石质山坡、岩崖、山顶岩石缝间。

阿拉善地区分布于贺兰山、龙首山、桃花山。我国特有种，分布于内蒙古、宁夏、甘肃、新疆等地。

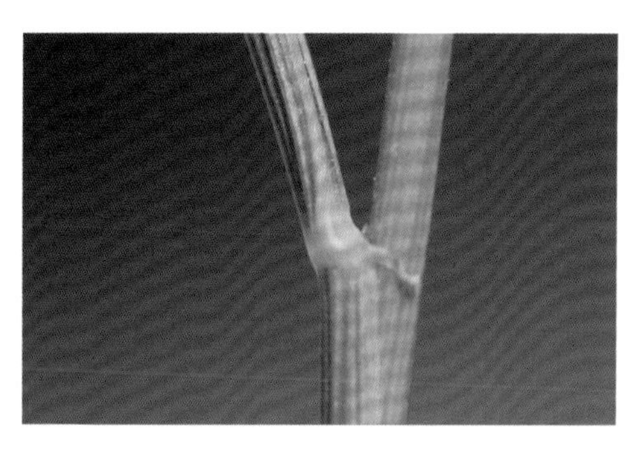

短颖鹅观草 *Elymus burchan-buddae* (Nevski) Tzvelev

多年生草本，株高 23~40cm。植株基部分蘖密集形成根头。秆细而质坚，光滑。叶鞘疏松，光滑；叶舌长 0.2~0.5mm 或几乎缺少；叶片长 3~8.5(17)cm，宽 1.5~2.5mm，内卷，无毛或上面可疏生柔毛。穗状花序长 5~7cm，下垂，且常弯曲作蜿蜒状，穗轴细弱，无毛或棱边被小纤毛，其基部的 2~4 节常不具小穗；小穗草黄色，长 4.5~7mm（芒除外），含 3~4(5) 小花，小穗轴被微毛；颖披针形，质较薄，先端尖，具 3 脉，平滑或脉上微糙涩，第一颖长 4~7mm，第二颖长 5~9mm；外稃披针形，多少贴生短刺毛，上部具明显 5 脉，基盘两侧的毛长 0.5~1mm，第一外稃长 8~10mm，芒粗壮，糙涩，反曲，长 10~28mm；内稃与外稃等长或稍短，脊上半部粗糙至具短纤毛，脊间贴生微毛；花药黑色。花果期 7~10 月。

中生植物。常生于海拔 3000~5500m 的山地草甸或水边湿地。

阿拉善地区分布于贺兰山、龙首山、桃花山。我国分布于内蒙古、甘肃、青海、新疆、四川、西藏等地。南亚也有分布。

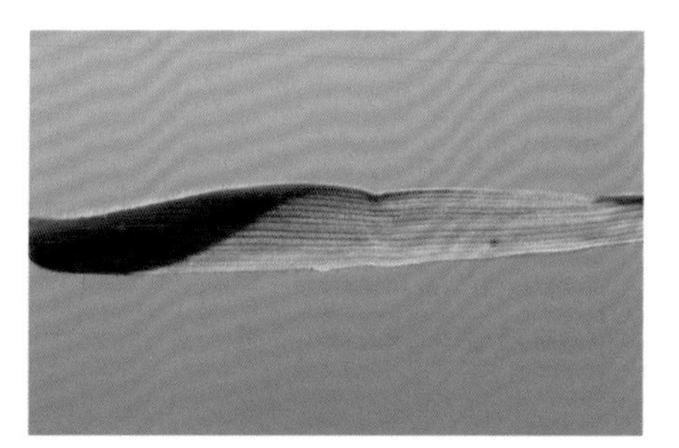

圆柱披碱草（变种）*Elymus dahuricus* var. *cylindricus* Franch.

多年生草本，株高35~45cm。秆细弱，具2~3节。叶鞘无毛；叶舌长0.2~0.5mm，先端钝圆，撕裂；叶片扁平，干后内卷，长4.5~14.5cm，宽2~4mm，上面粗糙，边缘疏生长柔毛，下面无毛而平滑。穗状花序瘦细，直立，长6~8cm，宽4~5mm，穗轴边缘具小纤毛；小穗绿色或带有紫色，长7~10mm，含2~3小花而仅1~2小花发育，小穗轴密生微毛；颖条状披针形，长(5)7~8mm，3~5脉，脉明显而粗糙，先端具芒长2~3(4)mm；外稃披针形，全部被微小短毛，顶端芒粗糙，直立或稍向外展，长7~17(20)mm，第一外稃长7~8.5mm；内稃与外稃等长，先端钝圆，脊上有纤毛，脊间被微小短毛。花果期7~9月。

旱中生植物。常生于山坡、林缘、路旁、田野。

阿拉善地区分布于贺兰山、龙首山、桃花山。我国分布于内蒙古、河北、青海、新疆、四川等地。朝鲜、日本、俄罗斯也有分布。

冰草属 *Agropyron* Gaertn.

冰草 *Agropyron cristatum* (L.) Gaertn.

多年生草本，株高15~75cm。须根稠密，外具砂套。秆疏丛生或密丛，直立或基部节微膝曲，上部被短柔毛。叶鞘紧密裹茎，粗糙或边缘微具短毛；叶舌膜质，顶端截平而微有细齿，长0.5~1mm；叶片质较硬而粗糙，边缘常内卷，长4~18cm，宽2~5mm。穗状花序较粗壮，矩圆形或两端微窄，长(1.5)2~7cm，宽(7)8~15mm，穗轴生短毛，节间短，长0.5~1mm；小穗紧密平行排列成2行，整齐呈篦齿状，含(3)5~7小花；颖舟形，脊上或连同背部脉间被密或疏的长柔毛，第一颖长2~4mm，第二颖长4~4.5mm，具略短或稍长于颖体的芒；外稃舟形，被稠密的长柔毛或显著地被稀疏柔毛，边缘狭膜质，被短刺毛，第一外稃长4.5~6mm，顶端芒长2~4mm；内稃与外稃略等长，先端尖且2裂，脊具短小刺毛。花果期7~9月。

中生植物。常生于海拔600~4000m的干旱草地、山坡、丘陵以及沙地。

阿拉善地区分布于贺兰山、龙首山、桃花山。我国分布于东北、内蒙古、河北、山西、宁夏、陕西、甘肃、青海、新疆等地。俄罗斯、中亚、蒙古、北美洲也有分布。

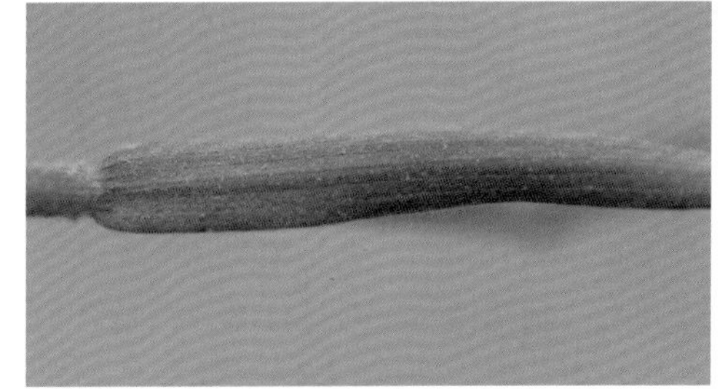

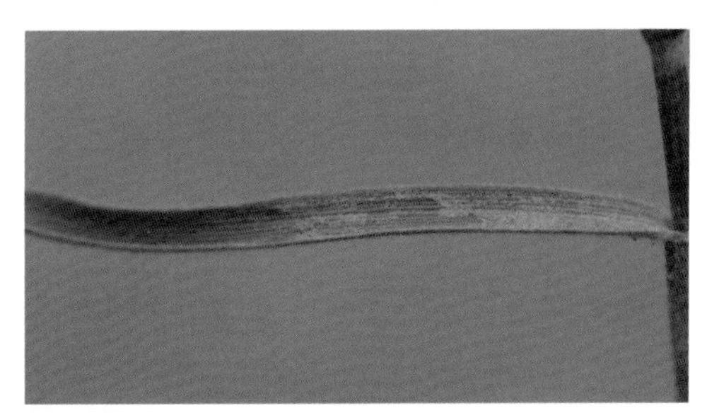

沙生冰草 *Agropyron desertorum* (Fisch. ex Link) Schult.

多年生草本，株高20~55cm。根外具砂套。秆细，呈疏丛或密丛，基部节膝曲，光滑，有时在花序上被柔毛，叶鞘紧密裹茎，无毛；叶舌长约0.5mm或极退化而缺；叶片多内卷成锥状，长4~12cm，宽1.5~3mm。穗状花序瘦细，条状圆柱形或矩圆状条形，长5~9cm，宽5~9(11)mm，穗轴光滑或于棱边具微柔毛；小穗覆瓦状排列，紧密而向上斜升，不呈篦齿状，长5.5~10mm，含5~7小花，小穗轴具微毛；颖舟形，光滑无毛，脊上粗糙或具稀疏的短纤毛，第一颖长3~3.5mm，第二颖长4~5(6)mm，先端芒长约2mm；外稃舟形，背部及边脉上常多少具短柔毛，先端芒长1.5~3mm，第一外稃长5~7mm；内稃与外稃等长或稍长，先端2裂，脊微糙涩。花果期7~9月。

中生植物。常生于海拔2700m左右的干燥草原、沙地、丘陵地、山坡。

阿拉善地区均有分布。我国分布于东北西部、内蒙古、山西、甘肃等地。蒙古、中亚、俄罗斯、北美洲也有分布。

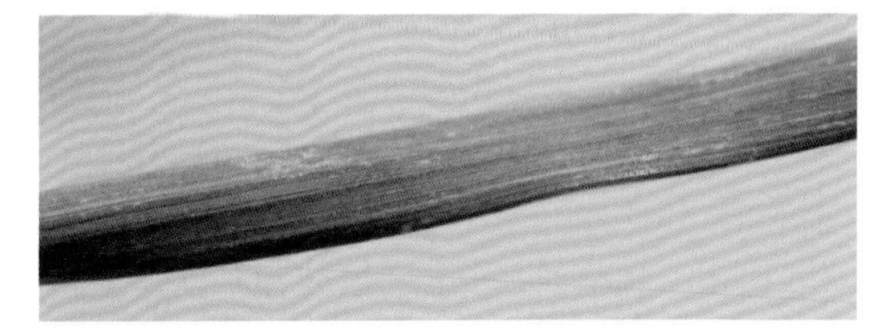

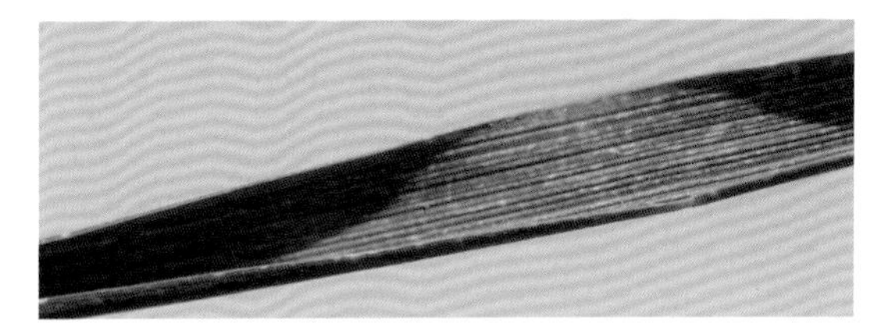

沙芦草 *Agropyron mongolicum* Keng

多年生草本，株高 25~58cm。疏丛，基部节常膝曲。叶鞘紧密裹茎，无毛；叶舌截平，具小纤毛，长约 0.5mm；叶片常内卷成针状，长 5~15cm，宽 1.5~3.5mm，光滑无毛。穗状花序长 5.5~8cm，宽 4~6mm，穗轴节间长 3~5(10)mm，光滑或生微毛；小穗疏松排列，向上斜升，长 5.5~9mm，含 (2)3~8 小花，小穗轴无毛或有微毛；颖两侧常不对称，具 3~5 脉，第一颖长 3~4mm，第二颖长 4~6mm；外稃无毛或具微毛，边缘膜质，先端具短芒尖，长 1~1.5mm，第一外稃长 5~8mm（连同短芒尖在内）；内稃略短于外稃或与之等长或略超出，脊具短纤毛，脊间无毛或先端具微毛。花果期 7~9 月。

旱中生植物。常生于干旱草原、沙地、砾石质地。

阿拉善地区均有分布。我国分布于内蒙古、山西、陕西、甘肃等地。蒙古、俄罗斯也有分布。

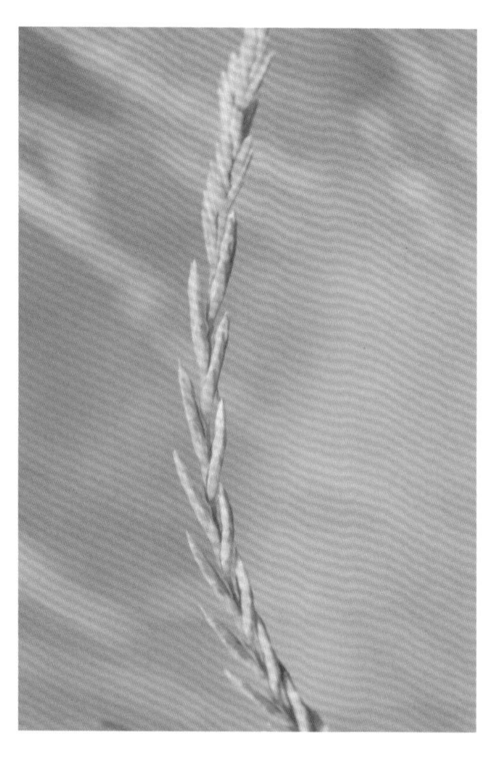

赖草属 *Leymus* Hochst.

羊草 *Leymus chinensis* (Trin. ex Bunge) Tzvelev　　别名：碱草

多年生草本，株高 45~85cm。秆呈疏丛或单生，直立，无毛。叶鞘光滑，有叶耳，长 1.5~3mm；叶舌纸质，截平，长 0.5~1mm；叶片质厚而硬，扁平或干后内卷，长 6~20cm，宽 2~6mm，上面粗糙或有长柔毛，下面光滑。穗状花序劲直，长 7.5~16.5(26)cm，穗轴强壮，边缘疏生长纤毛；小穗粉绿色，熟后呈黄色，通常在每节孪生或在花序上端及基部单生，长 8~15(25)mm，含 4~10 小花，小穗轴节间光滑；颖锥状，质厚而硬，具 1 脉，上部粗糙，边缘具微细纤毛，其余部分光滑，第一颖长 (3)5~7mm，第二颖长 6~8mm；外稃披针形，光滑，边缘具狭膜质，顶端渐尖或形成芒状尖头，基盘光滑，第一外稃长 7~10mm；内稃与外稃等长，先端微 2 裂，脊上半部具微细纤毛或近于无毛。花果期 6~8 月。

中旱生植物。常生于开阔平原、起伏的低山丘陵、河滩和盐渍低地，发育在暗栗钙土、碱化草甸土甚至柱状碱土上。

阿拉善地区均有分布。我国分布于东北、内蒙古、河北、山西、新疆等地。朝鲜、蒙古、俄罗斯、中亚也有分布。

赖草 *Leymus secalinus* (Georgi) Tzvelev

多年生草本，株高 45~90cm。秆单生或呈疏丛，质硬，直立，上部密生柔毛，尤以花序以下部分更多。叶鞘大都光滑，或在幼嫩时上部边缘具纤毛，叶耳长约 1.5mm；叶舌膜质，截平，长 1.5~2mm；叶片扁平或干时内卷，长 6~25cm，宽 2~6mm，上面及边缘粗糙或生短柔毛，下面光滑或微糙涩，或两面均被微毛。穗状花序直立，灰绿色，长 7~16cm；穗轴被短柔毛，每节着生小穗 2~4 枚；小穗长 10~17mm，含 5~7 小花，小穗轴贴生微柔毛；颖锥形，先端尖如芒状，具 1 脉，上半部粗糙，边缘具纤毛，第一颖长 8~10(13)mm，第二颖长 11~14(17)mm；外稃披针形，背部被短柔毛，边缘的毛尤长且密，先端渐尖或具长 1~4mm 的短芒，脉在中部以上明显，基盘具长约 1mm 的毛，第一外稃长 8~11(14)mm；内稃与外稃等长，先端微 2 裂，脊的上半部具纤毛。花果期 6~9 月。

旱中生植物。常生于海拔 2900~4200m 的草原带、芨芨草盐化草甸和马蔺盐化草甸群落中，也见于沙地、丘陵地、山坡。

阿拉善地区分布于贺兰山、龙首山、桃花山。我国分布于东北、内蒙古、河北、山西、陕西、青海、甘肃、西藏等地。朝鲜、日本、蒙古、中亚、俄罗斯东部也有分布。

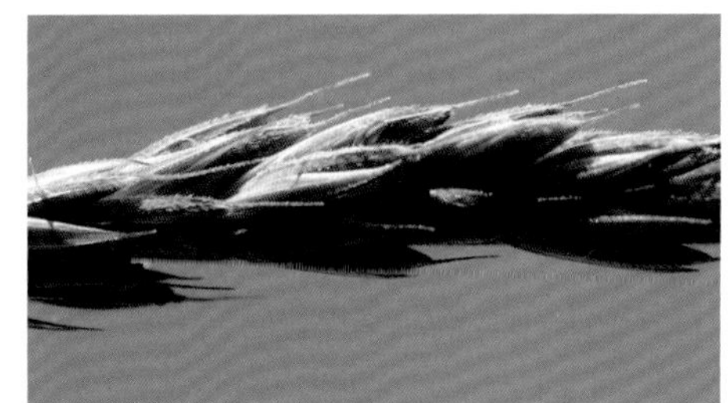

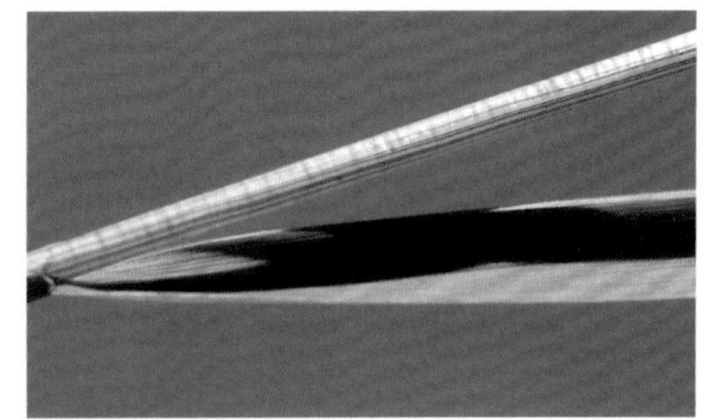

宽穗赖草 *Leymus ovatus* (Trin.) Tzvelev

多年生草本，株高 70~100cm。秆单生，无毛或于花序下密被贴生细毛。叶鞘光滑无毛；叶舌膜质，截平，长约 1mm，被细毛；叶片扁平或内卷，长 5~15cm，宽 5~8mm，上面被稠密的短柔毛并杂有长柔毛，下面密被短毛。穗状花序较宽，密集成长卵形或长椭圆形，长 5~9cm，宽 1.5~2.5cm；穗轴密被柔毛；小穗 4 枚生于 1 节，长 10~20mm，含 5~7 小花；小穗轴节间长约 1mm，贴生短柔毛；颖锥状披针形，两颖近等长，长 10~13mm，先端狭窄如芒，下部具窄膜质边缘；外稃披针形，上部被稀疏贴生的短刺毛，边缘具纤毛，先端渐尖或具长 1~3mm 的短芒，基盘具长约 1mm 的硬毛，第一外稃长 8~10mm；内稃与外稃等长或稍短，脊的上半部具纤毛。花果期 7~8 月。

旱中生植物。常生于路边。

阿拉善地区均有分布。我国分布于内蒙古、新疆等地。中亚、俄罗斯、蒙古也有分布。

天山赖草 *Leymus tianschanicus* (Drobow) Tzvelev

多年生草本，株高 70~120cm。秆单生或丛生，直立，平滑无毛，仅于花序下部稍粗糙。叶鞘无毛；叶舌膜质，圆头，长 2~3mm；叶片扁平或内卷，长 20~40cm，宽 5~9mm，无毛或上面及边缘粗糙。穗状花序直立，细长，长 20~35cm，宽约 1cm；穗轴粗糙或密被柔毛，边缘具睫毛；小穗通常 3 枚生于 1 节（下部者 2 枚），长 15~19mm，含 3~5 小花；小穗轴节间长约 3mm，密被短柔毛；颖锥状披针形，稍长或等长于小穗，两颖等长或第一颖稍短，先端狭窄如芒，基部具窄膜质边缘；外稃矩圆状披针形，背部被短柔毛，边缘具纤毛，先端延伸成长 1~3mm 的小尖头，基盘两侧及上端的毛较长，第一外稃长 10~13mm；内稃等长或短于外稃，脊上具睫毛，上半部的毛长而密。花果期 6~10 月。

旱中生植物。常生于山地草原。

阿拉善地区均有分布。我国分布于内蒙古、新疆等地。中亚也有分布。

毛穗赖草 *Leymus paboanus* (Claus) Pilger

多年生草本，株高 45~90cm。秆单生或少数丛生，光滑无毛。叶鞘无毛；叶舌长约 0.5mm；叶片长 10~30cm，宽 4~7mm，扁平或内卷，上面微粗糙，下面光滑。穗状花序直立，长 10~18cm，宽 8~13mm；穗轴较细弱，上部密被柔毛，向下渐无毛，边缘具睫毛；小穗 2~3 枚生于 1 节，长 8~13mm，含 3~5 小花；小穗轴节间密被柔毛；颖近锥形，与小穗等长或稍长，微被细小刺毛，或平滑无毛或边缘背脊稍粗糙，下部稍扩展，不具膜质边缘；外稃披针形，背部密被长 1~1.5mm 的白色细柔毛，先端渐尖或具长约 1mm 的短芒；内稃与外稃近等长，脊的上半部具睫毛。花果期 6~7 月。

旱中生植物。常生于海拔 2900m 左右的盐化草甸、平原、河边。

阿拉善地区分布于贺兰山、龙首山、桃花山。我国分布于内蒙古、新疆、甘肃、青海等地。中亚、俄罗斯、蒙古也有分布。

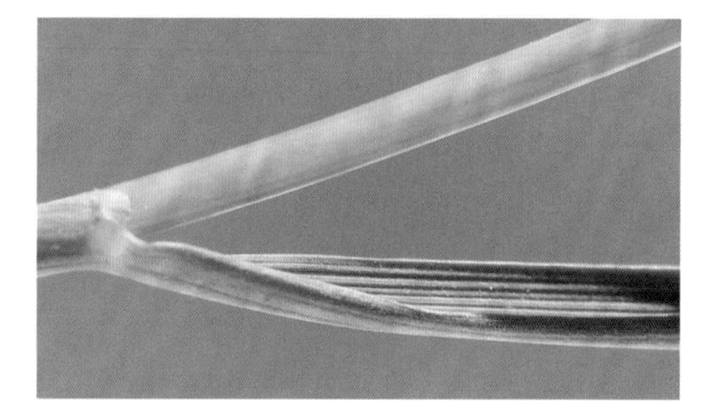

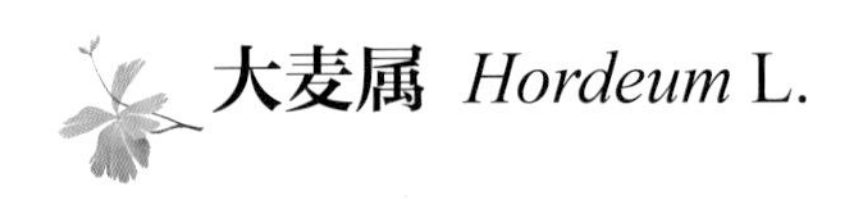

大麦属 *Hordeum* L.

短芒大麦草 *Hordeum brevisubulatum* (Trin.) Link

多年生草本，株高25~70cm。常具根状茎。秆呈疏丛，直立或下部节常膝曲，光滑。叶鞘无毛或基部疏生短柔毛；叶舌膜质，截平，长0.5~1mm；叶片绿色或灰绿色，长2~12cm，宽2~5mm。穗状花序顶生，长3~9cm，宽2.5~5mm，绿色或成熟后带紫褐色；穗轴节间长2~6mm；三联小穗两侧者不育，具长约1mm的柄，颖针状，长4~5mm，外稃长约5mm，无芒；中间小穗无柄，颖长4~6mm，外稃长6~7mm，平滑或具微刺毛，先端具长1~2mm的短芒，内稃与外稃近等长。花果期7~9月。

中生植物。常生于海拔1400~5000m的盐碱滩、河岸低湿地。

阿拉善地区均有分布。我国分布于东北、内蒙古、陕西、宁夏、甘肃、青海、新疆、西藏等地。蒙古、日本、俄罗斯、中亚也有分布。

紫大麦草 *Hordeum roshevitzii* Bowden

多年生草本，株高30~60cm。具短根状茎。秆直，丛生，细弱，径1~1.5mm。叶鞘光滑；叶舌膜质，长0.5~1mm；叶片扁平，长2~12cm，宽2~4mm。顶生穗状花序，长3~6mm；三联小穗两侧者具长约1mm的柄，不育，颖与外稃均为刺芒状；中间小穗无柄，可育，颖长5~8mm，刺芒状，外稃披针形，长5~6mm，背部光滑，先端芒长3~5mm，内稃与外稃近等长。花果期6~9月。

中生植物。常生于海拔500~3500m的河边盐生草甸、河边沙地。

阿拉善地区均有分布。我国分布于内蒙古、陕西、甘肃、青海、新疆等地。蒙古、日本、俄罗斯也有分布。

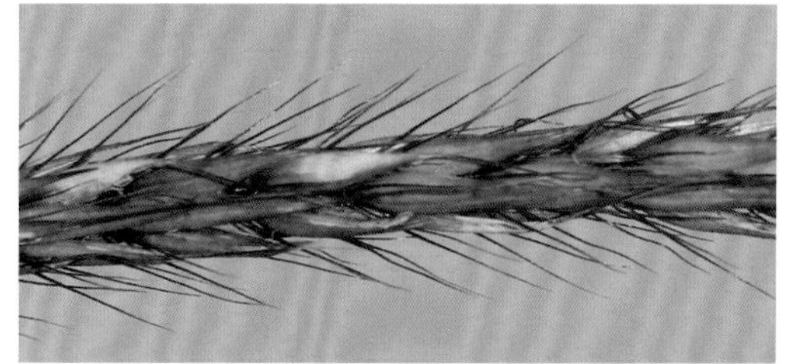

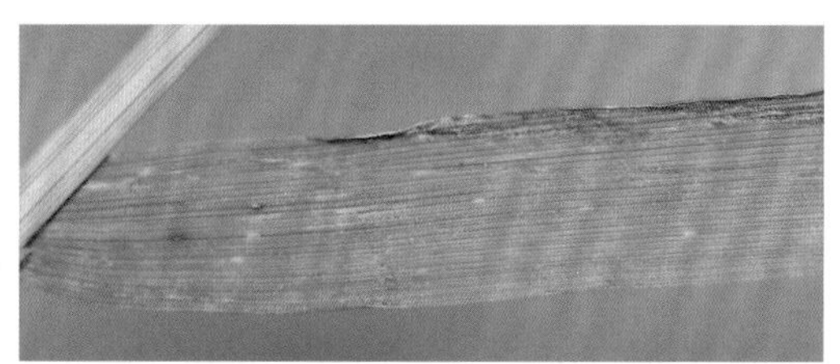

布顿大麦草 *Hordeum bogdanii* Wilensky

多年生草本，株高 30~75cm。具根状茎。秆丛生，径 1.5~2mm，节上密被灰白色毛，基部常膝曲。叶鞘多短于节间；叶舌膜质，长约 1mm；叶片扁平，长 6~15cm，宽 3~6mm。穗状花序稍下垂，长 5~10cm，宽 3~7mm；穗轴节间长约 1mm，易断落；三联小穗两侧者具柄，柄长 1~1.5mm，颖长 6~7mm，外稃贴生细毛，长 3~5mm；中间小穗无柄，颖针状，长 5~8mm，外稃长约 7mm，背部贴生细毛，先端芒长约 7(8)mm，内稃短于外稃。花果期 6~9 月。

中生植物。常生于海拔 1000~3800m 草原和荒漠地区的低地、河谷、盐化及碱化草甸。

阿拉善地区均有分布。我国分布于内蒙古、甘肃、青海、新疆等地。蒙古、中亚、俄罗斯也有分布。

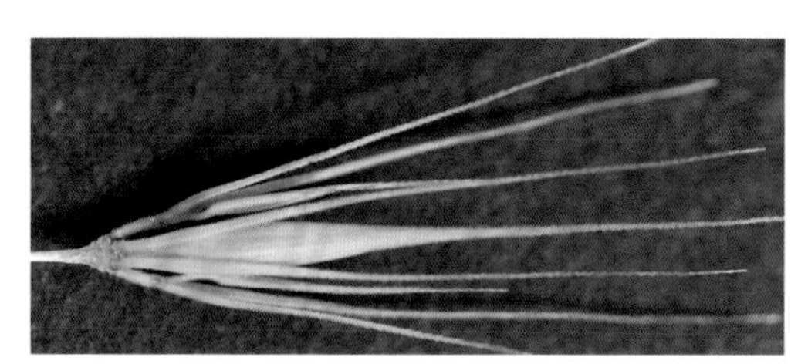

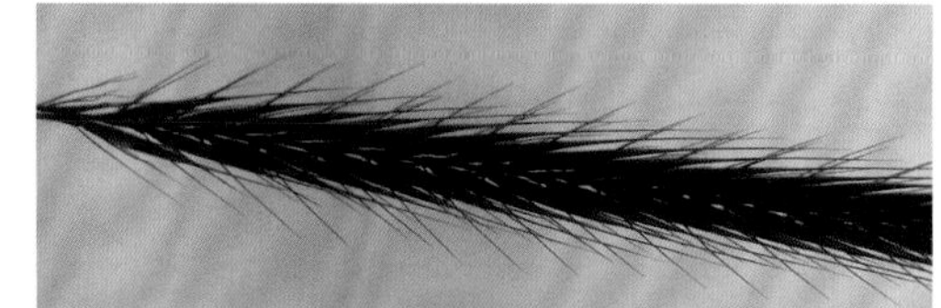

芒颖大麦草 *Hordeum jubatum* L.

越年生草本，株高30~50cm。秆丛生，直立或基部稍倾斜，平滑无毛，径约2mm，具3~5节。叶鞘下部者长于而中部以上者短于节间；叶舌干膜质，截平，长约0.5mm；叶片扁平，粗糙，长6~12cm，宽1.5~3.5mm。穗状花序柔软，绿色或稍带紫色，长约10cm（包括芒）；穗轴成熟时逐节断落，节间长约1mm，棱边具短硬纤毛；三联小穗两侧者各具长约1mm的柄，两颖为长5~6cm弯软细芒状，其小花通常退化为芒状，稀为雄性；中间无柄小穗的颖长4.5~6.5cm，细而弯；外稃披针形，具5脉，长5~6mm，先端具长达7cm的细芒；内稃与外稃等长。花果期5~8月。

中生植物。常生于路旁或田野。

阿拉善地区均有分布。我国分布于黑龙江、辽宁、内蒙古等地。美洲、俄罗斯也有分布。

洽草属 *Koeleria* Pers.

芒洽草 *Koeleria litvinowii* Domin

多年生草本，株高10~40cm。秆具1~3节，花序以下密被短柔毛，基部密集枯叶纤维。叶鞘被柔毛；叶舌膜质，长1~2mm；叶片扁平，长2~5cm，宽2~4mm，上面粗糙无毛或被毛，下面被短柔毛，分蘖叶长5~15cm，宽1~2mm。圆锥花序紧密呈穗状，长1.5~2.5(5)cm，草绿色或带紫褐色，有光泽；小穗长5~6mm，含2~3小花；小穗轴节间被柔毛；颖矩圆状披针形，第一颖长4~4.5mm，具1脉，第二颖长5~6mm，具3脉；外稃披针形，具3~5脉，第一外稃长4.5~5.5mm，自稃体顶端以下1mm处生出一长1~2.5(3) mm的细短芒；内稃稍短于外稃。花果期6~7月。

旱生植物。常生于海拔3000~4300m干旱区的石砾质山地草原。

阿拉善地区均有分布。我国分布于内蒙古、甘肃、青海、新疆、四川、西藏等地。蒙古、中亚也有分布。

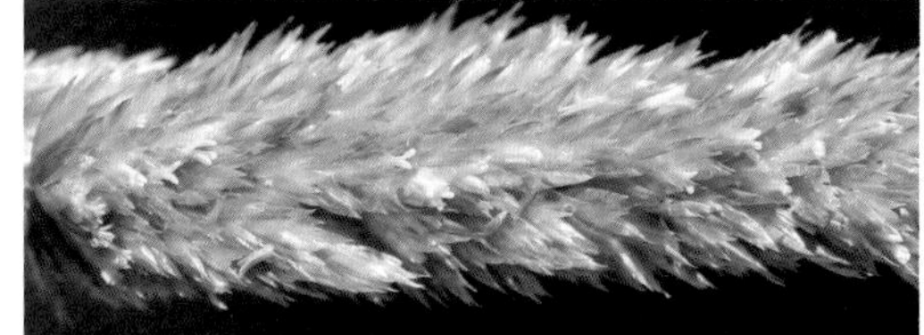

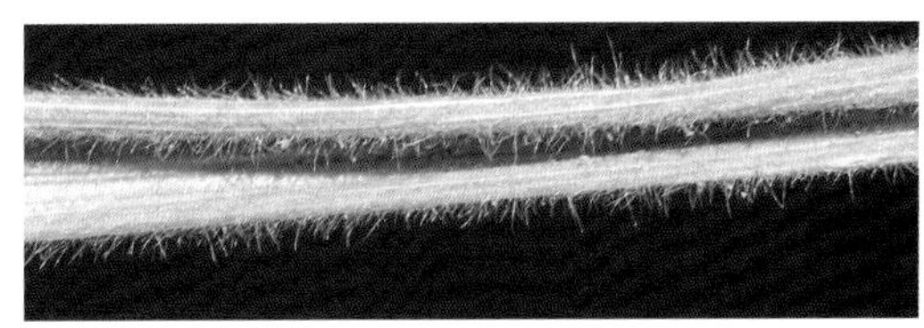

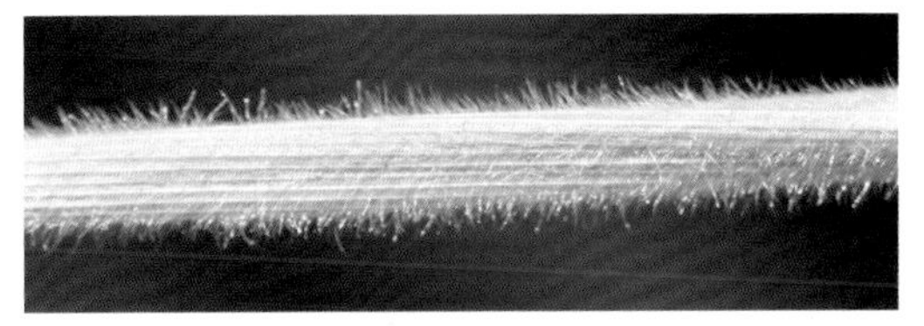

洽草 *Koeleria macrantha* (Ledeb.) Schult.

多年生草本，株高20~60cm，秆直立，具2~3节，花序下密生短柔毛，秆基部密集枯叶鞘。叶鞘无毛或被短柔毛；叶舌膜质，长0.5~2mm；叶片扁平或内卷，灰绿色，长1.5~7cm，宽1~2mm，蘖生叶密集，长5~20(30)cm，宽约1mm，被短柔毛或上面无毛，上部叶近于无毛。圆锥花序紧缩呈穗状，下部间断，长5~12cm，宽7~13(18)mm，有光泽，草黄色或黄褐色，分枝长0.5~1cm；小穗长4~5mm，含2~3小花；小穗轴被微毛或近于无毛；颖长圆状披针形，边缘膜质，先端尖，第一颖具1脉，长2.5~3.5mm，第二颖具3脉，长3~4.5mm；外稃披针形，第一外稃长约4mm，背部微粗糙，无芒，先端尖或稀具短尖头；内稃稍短于外稃。花果期6~7月。

旱生植物。常生于海拔3900m以下草原和荒漠地区的低地、河谷、盐化及碱化草甸。

阿拉善地区均有分布。我国分布于东北、华北、西北、西南等地。蒙古、日本、伊朗、俄罗斯、中亚、北美洲也有分布。

阿尔泰洽草 *Koeleria altaica* (Domin) Krylov

多年生草本，株高13~18(50)cm。植株具短的根状茎或短根头。花序以下秆具柔毛，秆基部具枯叶纤维。叶鞘密生短柔毛；叶舌近膜质，长1~2mm；叶片长4~5cm，宽1~2.5mm，上面被短柔毛，下面被长柔毛，分蘖叶长3~13(30)cm，宽0.5~1mm。圆锥花序顶生，紧缩呈穗状，下部有间断，长2~3(4)cm，宽5~10mm，黄绿色或黄褐色，有光泽；小穗长3.5~4mm，含2(3)小花；颖披针形或矩圆状披针形，第一颖长3~3.5mm，具1脉，第二颖长4~4.5mm，具3脉；外稃披针形，背部被长柔毛，第一外稃长约4.5mm，具3~5脉，顶端无芒，具短尖头；内稃短于外稃。花果期6~7月。

旱生植物。常生于草原地带东半部的山地，为伴生种，亦可沿着山区进入典型草原地带的山地草原，一般生长于薄层的山地黑钙土或暗栗钙土上。

阿拉善地区均有分布。我国分布于内蒙古、新疆等地。蒙古、俄罗斯、中亚也有分布。

燕麦属 *Avena* L.

野燕麦 *Avena fatua* L.

一年生草本，株高60~120cm。秆直立。叶鞘光滑或基部有毛；叶舌膜质，长1~5mm；叶片长7~20cm，宽5~10mm。圆锥花序开展，长达20cm，宽约10cm；小穗长18~25mm，含2~3小花，小穗轴易脱节；颖卵状或短圆状披针形，长2~2.5cm，长于第一小花，具白膜质边缘，先端长渐尖；外稃质坚硬，具5脉，背面中部以下具淡棕色或白色硬毛，芒自外稃中部或稍下方伸出，长约3cm；内稃与外稃近等长。颖果黄褐色，长6~8mm，腹面具纵沟，不易与稃片分离。花果期4~9月。

中生植物。常生于海拔4300m以下的山坡林缘、田间路旁。

阿拉善地区均有分布。我国分布于内蒙古、青海、陕西、四川、云南、江苏、安徽、浙江、广东等地。欧洲、亚洲其他地区、非洲的温寒带也有分布。

黄花茅属 *Anthoxanthum* L.

光稃茅香 *Anthoxanthum glabrum* (Trin.) Veldkamp

多年生草本，株高12~25cm。具细弱根茎。叶鞘密生微毛至平滑无毛；叶舌透明膜质，长1~1.5mm，先端钝；叶片扁平，长2.5~10cm，宽1.5~3mm，两面无毛或略粗糙，边缘具微小刺状纤毛。圆锥花序卵形至三角状卵形，长3~4.5cm，宽1.5~2cm，分枝细，无毛；小穗黄褐色，有光泽，长约3mm；颖膜质，具1脉，第一颖长约2.5mm，第二颖较宽，长约3mm；雄花外稃长于颖或与第二颖等长，先端具膜质而钝，背部平滑至粗糙，向上渐被微毛，边缘具密生粗纤毛，孕花外稃披针形，先端渐尖，较密的被有纤毛，其余部分光滑无毛；内稃与外稃等长或较短，具1脉，脊的上部疏生微纤毛。花果期7~9月。

中生植物。常生于海拔470~3250m草原带、森林草原带的河谷草甸、湿润草地和田野。

阿拉善地区均有分布。我国分布于辽宁、内蒙古、河北、青海等地。蒙古、日本、俄罗斯也有分布。

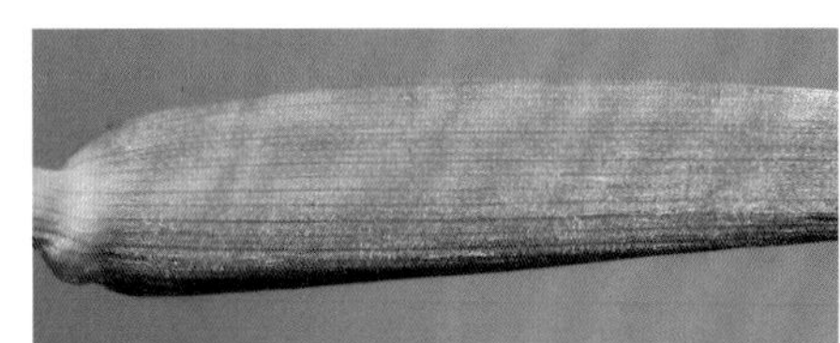

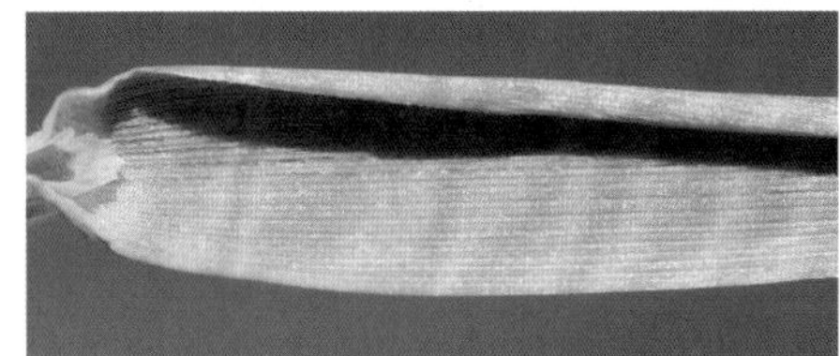

虉草属 *Phalaris* L.

虉草（原变种）*Phalaris arundinacea* var. *arundinacea*

多年生草本，株高60~140cm。有根茎。秆通常单生或少数丛生，有6~8节。叶鞘无毛，下部者长于而上部者短于节间；叶舌薄膜质，长2~3mm；叶片扁平，幼嫩时微粗糙，长6~30cm，宽1~1.8cm。圆锥花序紧密狭窄，长8~15cm，分枝直向上举，密生小穗；小穗长4~5mm，无毛或有微毛；颖沿脊上粗糙，上部有极狭的翼；孕花外稃宽披针形，长3~4mm，上部有柔毛；内稃舟形，背具1脊，脊的两侧疏生柔毛；花药长2~2.5mm；不孕外稃2枚，退化为线形，具柔毛。花果期6~8月。

湿生植物。常生于海拔75~3200m的林下、潮湿草地或水湿处。

阿拉善地区分布于阿拉善左旗、贺兰山。我国分布于黑龙江、吉林、辽宁、内蒙古、河北、山西、陕西、宁夏、甘肃、青海、新疆、四川、云南、河南、湖南、湖北、山东、安徽、江苏、浙江、江西、台湾等地。欧洲也有分布。

看麦娘属 *Alopecurus* L.

苇状看麦娘 *Alopecurus arundinaceus* Poir.

多年生草本，株高60~75cm。具根茎。秆常单生，直立。叶鞘平滑无毛；叶舌膜质，先端渐尖，撕裂，长5~7mm；叶片长10~20cm，宽4~7mm，上面粗糙，下面平滑。圆锥花序圆柱状，长3.5~7.5cm，宽8~9mm，灰绿色；小穗长3.5~4.5mm；颖基部1/4连合，顶端尖，向外曲张，脊上具长1~2mm的纤毛，两侧及边缘疏生长纤毛或微毛；外稃稍短于颖，先端及脊上具微毛，芒直，自稃体中部伸出，近于光滑，长1.5~4mm，隐藏于颖内或稍外露。花果期7~9月。

中生植物。常生于海拔3000m以下的沟谷河滩草甸、沼泽草甸及山坡草地。

阿拉善地区均有分布。我国分布于东北、内蒙古、甘肃等地。欧亚寒温地带均有分布。

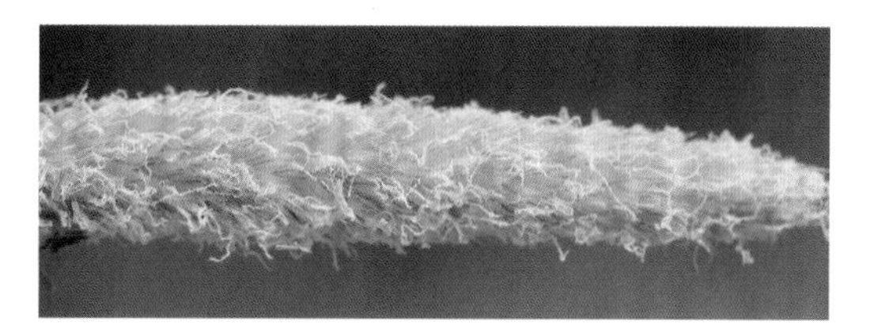

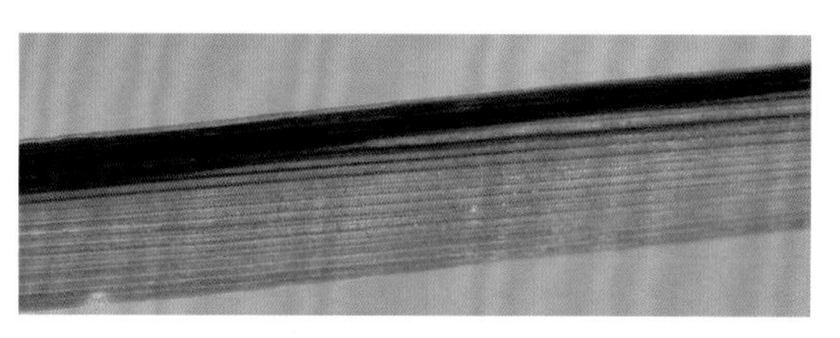

拂子茅属 *Calamagrostis* Adans.

拂子茅 *Calamagrostis epigeios* (L.) Roth

多年生草本，株高 75~135cm。具根茎。秆直立，径可达 3mm，平滑无毛。叶鞘平滑无毛；叶舌膜质，长 5~6mm，先端尖或 2 裂；叶片扁平或内卷，长 10~29cm，宽 2~5mm，上面及边缘糙涩，下面较平滑。圆锥花序直立，有间断，长 10.5~17cm，宽 2~2.5cm，分枝直立或斜上，粗糙；小穗条状锥形，长 6~7.5mm，黄绿色或带紫色；2 颖近于相等或第二颖稍短，先端长渐尖，具 1~3 脉；外稃透明膜质，长约为颖体的 1/2 或稍长，先端齿裂，基盘长柔毛几与颖等长或略短，背部中部附近伸出 1 细直芒，芒长 2.5~3mm；内稃透明膜质，长为外稃的 2/3，先端微齿裂。花果期 7~9 月。

中生植物。常生于海拔 160~3900m 的森林草原，草原带及半荒漠带的河滩草甸、山地草甸，沟谷、低地、沙地。

阿拉善地区均有分布。全国各地均有分布。欧亚温带区域均有分布。

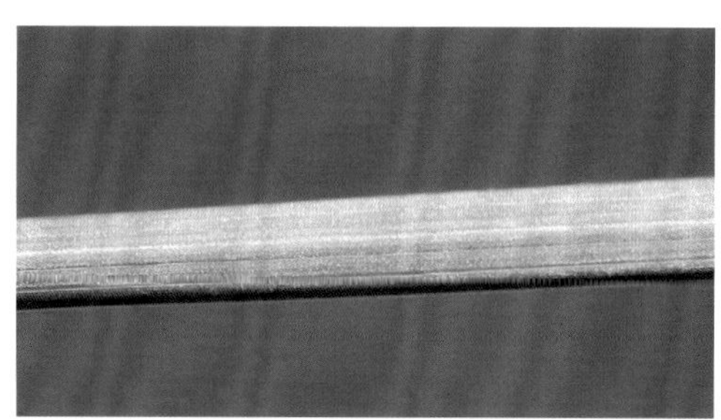
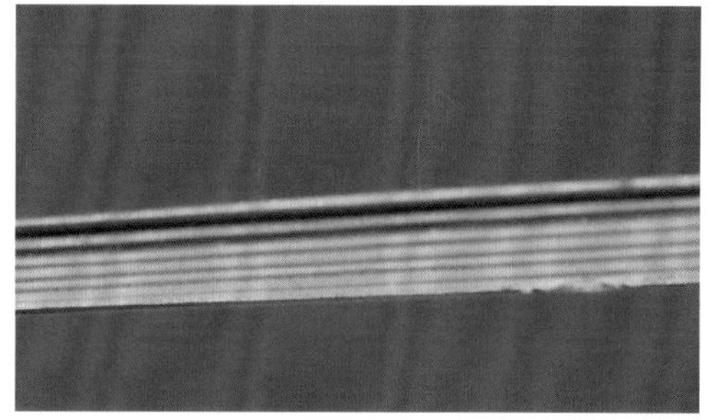

假苇拂子茅 *Calamagrostis pseudophragmites* (Hall. f.) Koeler

多年生草本，株高 30~60cm。秆直立，平滑无毛。叶鞘平滑无毛；叶舌膜质，背部粗糙，先端 2 裂或多撕裂，长 5~8mm；叶片常内卷，长 8~16cm，宽 1~3mm，上面及边缘点状粗糙，下面较粗糙。圆锥花序开展，长 10~19cm，主轴无毛，分枝簇生，细弱，斜升，稍粗糙；小穗熟后带紫色，长 5~7mm；颖条状锥形，具 1~3 脉，粗糙，第二颖较第一颖短 2~3mm，成熟后 2 颖张开；外稃透明膜质，长 3~3.5mm，先端微齿裂，基盘长柔毛与小穗近等长或稍短，芒自近顶端处伸出，细直，长约 3mm；内稃膜质透明，长为外稃的 2/5~2/3。花果期 7~9 月。

中生植物。常生于海拔 360~2500m 的河滩、沟谷、低地、沙地、山坡草地或阴湿之处。

阿拉善地区分布于阿拉善左旗。我国分布于东北、华北、西北、四川、贵州、云南、湖北等地。欧亚的温带区域均有分布。

野青茅属 *Deyeuxia* Clarion ex P. Beauv.

野青茅 *Deyeuxia pyramidalis* (Host) Veldkamp

多年生草本，株高 60~120cm。秆直立或节微膝曲，基部具被鳞片的芽。叶鞘较疏松，无毛或鞘颈具柔毛；叶舌干膜质，背面粗糙，先端撕裂，长 4~5mm；叶片扁平或向上渐内卷，长 15~42cm，宽 3~9mm，上面无毛或疏被长柔毛，下面粗糙。圆锥花序较紧缩，略开展，长 15~20cm，草黄色或带紫色，分枝簇生，直立，粗糙；小穗长 4.5~6mm；颖披针形，先端尖，脊上被微刺毛，其余部分粗糙，2 颖几等长或第二颖略短，具 1~3 脉；外稃与颖等长或略有长短，粗糙，基盘两侧毛长可达稃体的 1/3，芒自近基部 1/5 处伸出，长 5.5~8.5 mm，近中部膝曲；内稃与外稃等长或较短；延伸小穗轴长 1.5~2mm，与其上柔毛共长 3~4mm。花果期 6~8 月。

中生植物。常生于海拔 360~4200m 的山地草甸、林缘、山坡草地或荫蔽之处。

阿拉善地区分布于阿拉善左旗、贺兰山。我国分布于东北、华北、西北、西南、华中、华东等地。欧亚温带地区均有分布。

剪股颖属 *Agrostis* L.

巨序剪股颖 *Agrostis gigantea* Roth　　别名：小糠草

多年生草本，株高60~115cm。植株具根头及匍匐根茎。秆丛生，直立或下部的节膝曲而斜升。叶鞘无毛；叶舌膜质，长5~6mm，先端具缺刻状齿裂，背部微粗糙；叶片扁平，长5~16(22)cm，宽3~5(6)mm，上面微粗糙，边缘及下面具微小刺毛。圆锥花序开展，长9~17cm，宽3.5~8cm，每节具(3)4~6分枝，分枝微粗糙，基部即可具小穗；小穗长2~2.5mm，柄长1~2.5mm，先端膨大；两颖近于等长，脊的上部及先端微粗糙；外稃长约2mm，无毛，不具芒；内稃长1.5~1.6mm，长为外稃的3/4，具2脉，先端全缘或微有齿。花果期6~10月。

中生植物。常生长于低海拔的林缘、沟底、山沟溪边及路旁，为河滩、谷地草甸的建群种、优势种或伴生种。

阿拉善地区分布于阿拉善左旗。我国分布于华北、西北、西南、华东等地。欧亚温带区域均有分布。

棒头草属 *Polypogon* Desf.

长芒棒头草 *Polypogon monspeliensis* (L.) Desf.

一年生草本，株高15~38cm。秆直立，基部常膝曲。叶鞘疏松裹茎，被微细刺毛或粗糙；叶舌膜质，先端深2裂或不规则撕裂，背部被微细短刺毛，长3~6mm；叶片长4~7cm，宽约1.75cm，两面及边缘被微小短刺毛或下面粗糙。圆锥花序穗状，长2.3~6cm，宽1.5~2.5cm（包括芒在内）；小穗灰绿色，熟后呈枯黄色，长2~2.5mm；颖密被细纤毛，边缘者较长，先端2浅裂，裂口处伸出细长而微粗糙的芒，芒长4~6mm（通常第一颖较短）；外稃光滑无毛，长1mm左右，先端具不规则微齿，中脉延伸成细弱而易脱落的芒，芒约与稃体等长；内稃透明膜质。花果期7~9月。

湿中生植物。常生于海拔3900m以下的沟边低湿地。

阿拉善地区均有分布。我国各地均有分布。北半球寒温带地区均有分布。

菵草属 *Beckmannia* Host

菵草 *Beckmannia syzigachne* (Steud.) Fernald

一年生草本，株高45~65cm。秆基部节微膝曲，平滑。叶鞘无毛；叶舌透明膜质，背部具微毛，先端尖或撕裂，长4~7mm；叶片扁平，长6~13cm，宽2~7mm，两面无毛或粗糙或被微细状毛。圆锥花序狭窄，长15~25cm，分枝直立或斜上；小穗压扁，倒卵圆形至圆形，长2.5~3mm；颖背部较厚，灰绿色，边缘近膜质，绿白色，全体被微刺毛，近基部疏生微细纤毛；外稃略超出于颖体，质薄，全体疏被微毛，先端具芒尖，长约0.5mm；内稃等长于外稃或稍短。花果期6~9月。

湿中生植物。常生于海拔3700m以下的水边、潮湿之处。

阿拉善地区均有分布。我国各地均有分布。广布于全世界。

针茅属 *Stipa* L.

大针茅 *Stipa grandis* P. A. Smirn.

多年生草本，株高 50~100cm。秆直立。叶鞘粗糙；叶舌披针形，白色膜质，长 3~5mm；叶上面光滑，下面密生短刺毛，秆生叶较短，基生叶长可达 50cm 以上。圆锥花序基部包于叶鞘内，长 20~50cm，分枝细弱，2~4 枝簇生，向上伸展，被短刺毛；小穗稀疏；颖披针形，成熟后淡紫色，中上部白色膜质，顶端延伸成长尾尖，长 (27)30~40(45)mm，第一颖略长，具 3 脉，第二颖略短，具 5 脉。外稃长 (14.5)15~17mm，顶端关节处被短毛，基盘长约 4mm，密生白色柔毛，芒二回膝曲，光滑或微粗糙，第一芒柱长 6~10cm，第二芒柱长 2~2.5cm，芒针丝状卷曲，长 10~18cm。花果期 7~8 月。

旱生植物。常生于海拔 100~3400m，为亚洲中部草原区特有的典型草原建群种。

阿拉善地区均有分布。我国分布于黑龙江、吉林、辽宁、内蒙古、河北、山西、陕西、甘肃、宁夏、青海等地。蒙古、日本、俄罗斯也有分布。

狼针草 *Stipa baicalensis* Roshev. 别名：贝加尔针茅

多年生草本，株高50~80cm。秆直立。叶鞘粗糙，先端具细小刺毛；叶舌披针形，白色膜质，长1.5~3mm；上面被短刺毛或粗糙，下面脉上被密集的短刺毛；秆生叶长20~30cm，基生叶长达40cm。圆锥花序基部包于叶鞘内，长20~40cm，分枝细弱，2~4枝簇生，向上伸展，被短刺毛；小穗稀疏；颖披针形，长23~30mm，淡紫色，光滑，边缘膜质，顶端延伸成尾尖，第一颖略长，具3脉，第二颖稍短，具5脉；外稃长12~14mm，顶端关节处被短毛，基盘长约4mm，密生白色柔毛，芒二回膝曲，粗糙，第一芒柱扭转，长3~4cm，第二芒柱长1.5~2cm，芒针丝状卷曲，长8~13cm。花果期7~8月。

中旱生植物。为亚洲中部海拔700~4000m的草原区草甸草原植被的重要建群种。

阿拉善地区均有分布。我国分布于黑龙江、吉林、辽宁、内蒙古、河北、山西、陕西、甘肃、青海、西藏等地。蒙古、俄罗斯也有分布。

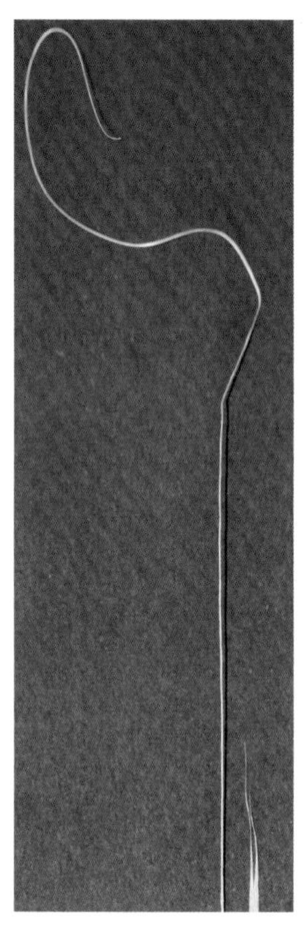

西北针茅（变种）*Stipa sareptana* var. *krylovii* (Roshev.) P. C. Kuo & Y. H. Sun

多年生草本，株高30~60cm。秆直立。叶鞘光滑；叶舌披针形，白色膜质，长1~3mm；叶上面光滑，下面粗糙，秆生叶长10~20cm，基生叶长达30cm。圆锥花序基部包于叶鞘内，长10~30cm，分枝细弱，2~4枝簇生，向上伸展，被短刺毛；小穗稀疏；颖披针形，草绿色，成熟后淡紫色，光滑，先端白色膜质，长(17)20~28mm，第一颖略长，具3脉，第二颖稍短，具4~5脉；外稃长9~11.5mm，顶端关节处被短毛，基盘长约3mm，密生白色柔毛，芒二回膝曲，光滑，第一芒柱扭转，长2~2.5cm，第二芒柱长约1cm，芒针丝状弯曲，长7~12cm。花果期7~8月。

旱生植物。常生于海拔440~4510m的温带半干旱地区，为亚洲中部草原区典型草原植被的建群种，也是中温型典型草原带和荒漠区山地草原带的地带性群系，以及某些大针茅草原的放牧演替变型。

阿拉善地区均有分布。我国分布于东北、华北、内蒙古、宁夏、甘肃、新疆、西藏等地。中亚、俄罗斯、蒙古、日本也有分布。

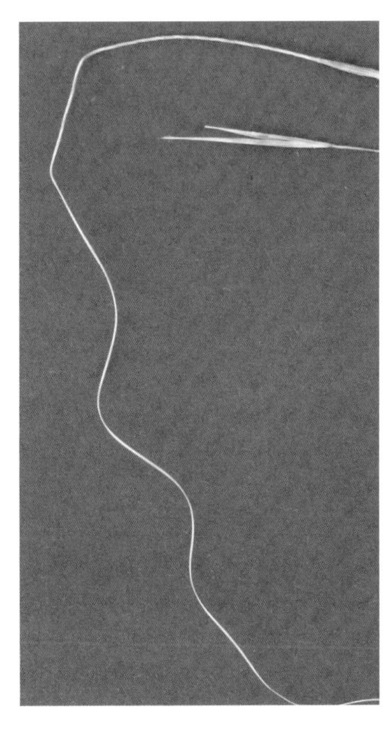

紫花针茅 *Stipa purpurea* Griseb.

多年生草本，株高 20~50cm。秆直立。叶鞘光滑；叶舌披针形，膜质，长约 3mm；叶光滑，秆生叶稀少，长 3.5~5cm，基生叶稠密，长约 10cm。圆锥花序基部常被顶生叶鞘包裹，长 10cm 左右，分枝稀少，细弱，常弯曲，光滑；小穗稀疏；颖宽披针形，深紫色，光滑，中部以上具白色膜质边缘，顶端延伸成芒状，二颖近等长，长 13~15mm，具 3 脉；外稃长约 10mm，顶端关节处具稀疏短毛，基盘长约 2mm，密生白色柔毛，芒二回膝曲，全部着生 2~3mm 白色长柔毛，第一芒柱扭转，长约 1.5cm，第二芒柱长约 1cm，芒针扭曲，长 5~7cm。花果期 7~8 月。

旱生植物。常生于海拔 1900~5150m 的山坡草甸、山前洪积扇或河谷阶地上，为高寒草原建群种。

阿拉善地区均有分布。我国分布于青藏高原、内蒙古、甘肃、新疆等地。中亚、南亚也有分布。

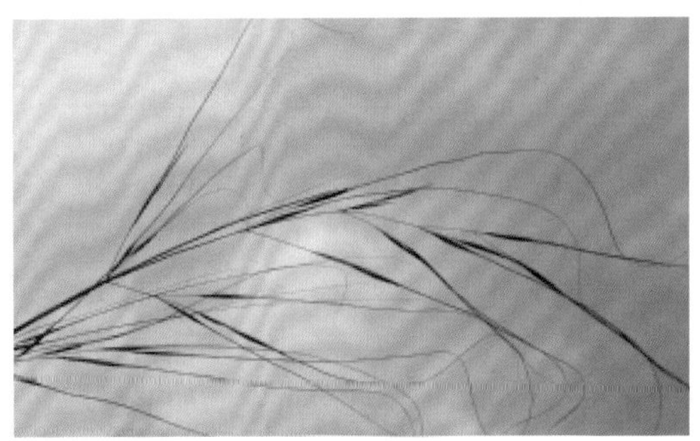
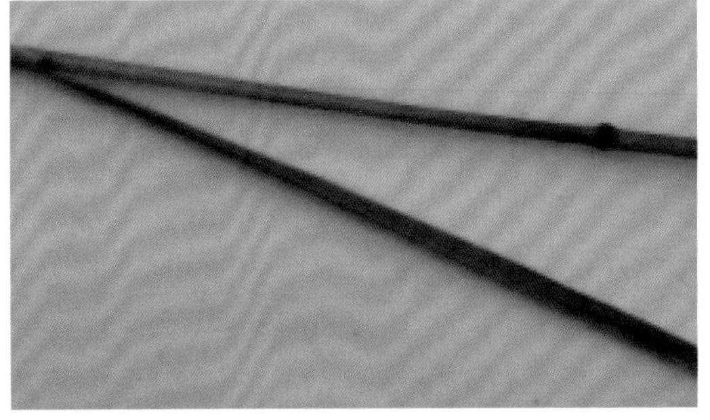

短花针茅 *Stipa breviflora* Griseb.

多年生草本，株高 30~60cm。秆直立，基部节处膝曲。叶鞘粗糙或具短柔毛，上部边缘具纤毛；叶舌披针形，白色膜质，长 0.5~1.5mm；叶片上面光滑，下面脉上具细微短刺毛，秆生叶稀疏，长 3~7cm，基生叶密集，长 10~15cm。圆锥花序下部被顶生叶鞘包裹，长 10~20cm，分枝细弱，光滑或具稀疏短刺毛，2~4 枝簇生，有时具二回分枝，分枝斜升；小穗稀疏；颖狭披针形，长 10~15mm，绿色或淡紫褐色，中上部白色膜质，第二颖略短于第一颖；外稃长约 5.5mm，顶端关节被短毛，基盘长约 1.5mm，密生柔毛，芒二回膝曲，全芒着生短于 1mm 的柔毛，第一芒柱扭转，长 1~1.5cm，第二芒柱长 0.5~1cm，芒针弧状弯曲，长 3~6cm。花果期 6~7 月。

旱生植物。常生于海拔 700~4700m 的石质山坡、干山坡或河谷阶地上，为亚洲中部暖温型荒漠草原的主要建群种，也是典型草原及荒漠群落伴生成分。

阿拉善地区均有分布。我国分布于内蒙古、河北、山西、陕西、甘肃、宁夏、青海、新疆、四川、西藏等地。中亚、蒙古、日本也有分布。

石生针茅（变种）*Stipa tianschanica* var. *klemenzii* (Roshev.) Norl.

多年生草本，株高 (10)20~40cm。秆斜升或直立，基部节处膝曲。叶鞘光滑或微粗糙；叶舌膜质，长约 1mm，边缘具长纤毛；叶片上面光滑，下面脉上被短刺毛，秆生叶长 2~4cm，基生叶长可达 20cm。圆锥花序被膨大的顶生叶鞘包裹，顶生叶鞘常超出圆锥花序，分枝细弱，粗糙，直伸，单生或孪生；小穗稀疏；颖狭披针形，长 25~35mm，绿色，上部及边缘宽膜质，顶端延伸成丝状尾尖，二颖近等长，第一颖具 3 脉，第二颖具 3~4 脉；外稃长约 10mm，顶端关节处光滑或具稀疏短毛，基盘尖锐，长 2~3mm，密被柔毛，芒一回膝曲，芒柱扭转，光滑，长 2~2.5cm，芒针弧状弯曲，长 10~13cm，着生长 3~6mm 的柔毛，芒针顶端的柔毛较短。花果期 6~7 月。

旱生植物。常生于海拔 1450m 左右的砾石质山坡上，为亚洲中部荒漠草原植被的主要建群种，组成中温型荒漠草原带的地带性群落，也为草原化荒漠群落的伴生植物。

阿拉善地区均有分布。我国分布于内蒙古等地。俄罗斯、蒙古也有分布。

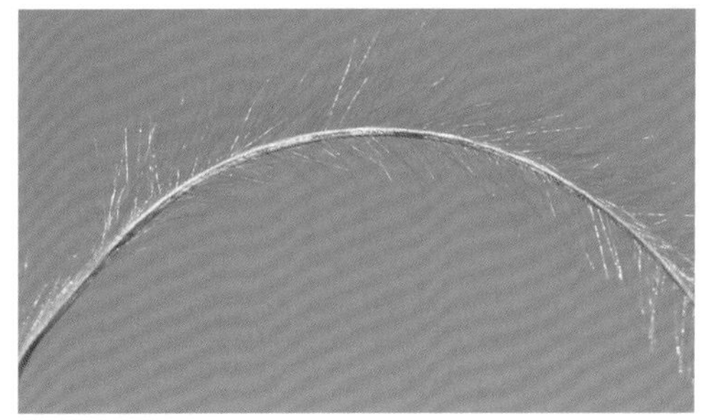

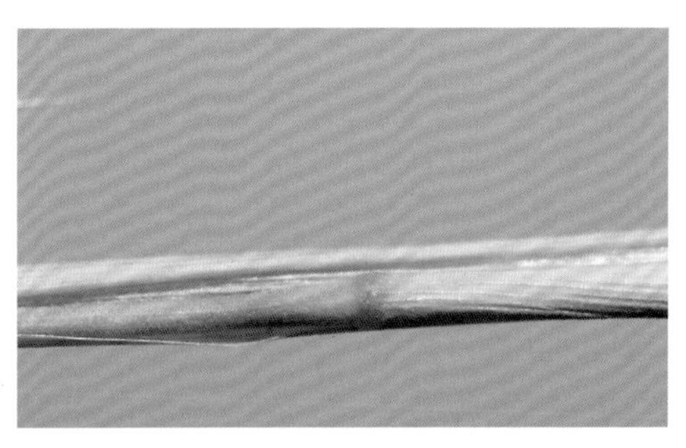

戈壁针茅（变种）*Stipa tianschanica* var. *gobica* (Roshev.) P. C. Kuo & Y. H. Sun

多年生草本，株高 (10)20~50cm。秆斜升或直立，基部膝曲。叶鞘光滑或微粗糙；叶舌膜质，长约 1mm，边缘具长纤毛；叶上面光滑，下面脉上被短刺毛，秆生叶长 2~4cm，基生叶长可达 20cm。圆锥花序下部被顶生叶鞘包裹，分枝细弱，光滑，直伸，单生或孪生；小穗绿色或灰绿色；颖狭披针形，长 20~25mm，上部及边缘宽膜质，顶端延伸成丝状长尾尖，二颖近等长，第一颖具 1 脉，第二颖具 3 脉；外稃长 7.5~8.5mm，顶端关节处光滑，基盘尖锐，长 0.5~2mm，密被柔毛，芒一回膝曲，芒柱扭转，光滑，长约 1.5cm，芒针急折弯曲近成直角，非弧状弯曲，长 4~6cm，着生长 3~5mm 的柔毛，柔毛向顶端渐短。花果期 6~7 月。

旱生植物。常生于海拔 300~4550m 的砾石山坡或戈壁滩上，为干旱区山地砾石生草原的建群种，也见于草原区石质丘陵的顶部。

阿拉善地区均有分布。我国分布于内蒙古、河北、山西、新疆、青海、陕西、甘肃、宁夏等地。蒙古也有分布。

沙生针茅（亚种）*Stipa caucasica* subsp. *glareosa* (P. A. Smirn.) Tzvelev

多年生草本，株高 (10)20~50cm。秆斜生或直立，基部膝曲。基部叶鞘粗糙或具短柔毛，叶鞘的上部边缘具纤毛；叶舌长约 1mm，边缘具纤毛；叶上面具短刺毛，粗糙或光滑，下面密生短刺毛，秆生叶长 2~4cm，基生叶长达 20cm。圆锥花序基部被顶生叶鞘包裹，分枝单生，短且直伸，被短刺毛；颖狭披针形，二颖近等长，长 20~30mm，顶端延伸成长尾尖，中上部皆为白色膜质，第一颖基部具 3 脉，中上部仅剩 1 中脉，第二颖具 3 脉；外稃长 (7)8.5~10(11)mm，基盘尖锐，长约 2mm，密被白色柔毛，芒一回膝曲，全部着生长 2~4mm 的白色柔毛，芒柱扭转，长约 1.5cm，芒针常弧形弯曲，长 4~7cm。花果期 6~7 月。

旱生植物。常生于海拔 630~5150m 的石质山、丘间洼地、戈壁沙滩及河滩砾石地上，为亚洲中部草原区砂壤质荒漠草原的建群种，也是草原化荒漠植被的常见伴生种。

阿拉善地区均有分布。我国分布于内蒙古、宁夏、甘肃、新疆、西藏、青海、陕西、河北等地。中亚、俄罗斯、蒙古也有分布。

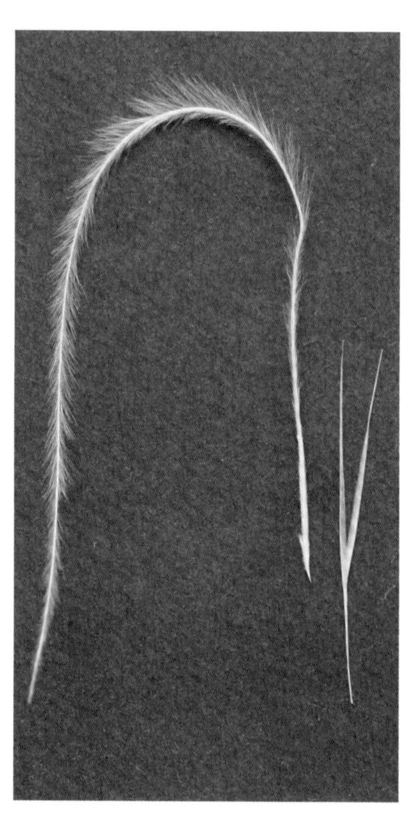

芨芨草属 *Achnatherum* P. Beauv.

芨芨草 *Achnatherum splendens* (Trin.) Nevski　　别名：积机草

多年生草本，株高 80~200cm。秆密丛生，直立或斜升，坚硬。叶鞘无毛或微粗糙；叶舌长 5~15mm，先端渐尖；叶片坚韧。圆锥花序开展，分枝细弱，基部裸露；小穗披针形；颖膜质，具 1~3 脉，第一颖显著短于第二颖；外稃具 5 脉，密被柔毛，顶端具 2 微齿，基盘钝圆，长约 0.5mm，有柔毛，芒长 5~10mm，自外稃齿间伸出，直立或微曲，易断落；内稃脉间有柔毛，顶端具毫毛。花果期 6~9 月。

中生植物。常生于海拔 900~4500m 的微碱性草滩及砂土坡上，为盐化草甸建群种。

阿拉善地区均有分布。我国分布于东北、西北、内蒙古、山西、河北等地。蒙古、俄罗斯、伊朗、中亚也有分布。

京芒草 *Achnatherum pekinense* (Hance) Ohwi

多年生草本，株高 80~150cm。秆直立，疏丛生。光滑无毛。叶鞘较松弛，光滑无毛，边缘膜质；叶舌膜质，截平，顶端常具裂齿，长约 1mm；叶片质地较软，扁平或边缘稍内卷，长 30~50cm，宽 5~11mm，先端渐尖，上面和边缘微粗糙，下面平滑。圆锥花序疏松开展，长 30~40cm，每节具 (2)3~6 枚分枝，分枝细长，直立，成熟后水平开展，微粗糙，常呈半环状簇生，下部裸露；小穗草绿色或灰绿色，成熟后变成紫色或浅黄色，矩圆状披针形，长 7~9mm，柄微粗糙；颖几等长或第一颖稍短，膜质，矩圆状披针形，先端短尖或稍钝，具 3 脉，光滑无毛，上部边缘透明；外稃长 5~6.5mm，顶端具不明显 2 微齿，背部密生白色柔毛，具 3 脉，脉于顶端汇合，基盘钝圆，长约 0.5mm，密生短柔毛，芒长约 2cm，一回膝曲，芒柱扭转，具疏生极细小刺毛；内稃与外稃近等长，脉间具白色短柔毛；花药条形，长约 5mm，顶端有毫毛。花果期 7~9 月。

中生植物。常生于海拔 350~1500m 的草甸草原、山地林缘草甸及路旁。

阿拉善地区均有分布。我国分布于东北、华北、西北、安徽、江苏、浙江等地。俄罗斯、朝鲜、日本也有分布。

醉马草 *Achnatherum inebrians* (Hance) Keng ex Tzvelev

多年生草本，株高 60~120cm。秆丛生，直立，节下贴生微毛。叶鞘稍粗糙；叶舌膜质，长 0.5~1mm；叶片平展或内卷。圆锥花序呈穗状，分枝基部着生小穗，小穗柄具细小刺毛；颖几等长，膜质，先端常破裂，具 3 脉；外稃长 3~5.4mm，顶端具 2 微齿，背部遍生短柔毛，具 3 脉，基盘钝圆，长约 0.5mm，密生短柔毛，芒长 10~13mm，一回膝曲，芒柱扭转且有短毛，芒针具细小刺毛；花药条形，顶端具毫毛。花果期 7~9 月。

旱中生植物。常生于海拔 1700~4200m 的沟谷底部、坡麓等接受径流补充的生境中，或沿径流线生长，为干旱区山地草原和芨芨草盐化草甸群落的伴生成分。

阿拉善地区均有分布。我国分布于内蒙古、陕西、宁夏、甘肃、新疆、青海、四川、西藏等地。蒙古也有分布。

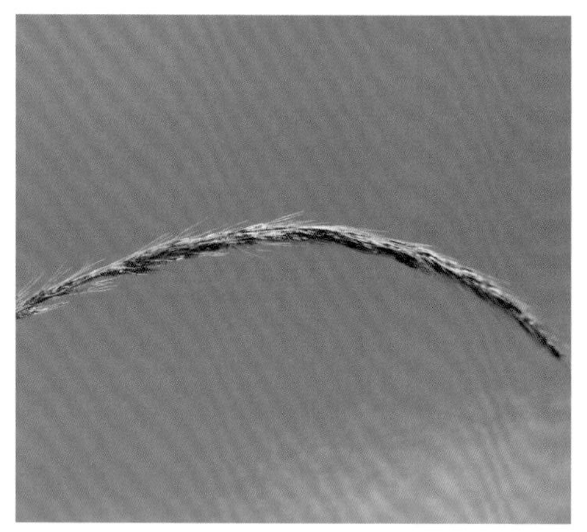

羽茅 *Achnatherum sibiricum* (L.) Keng ex Tzvelev

多年生草本，株高 50~150cm。秆直立，疏丛生。叶鞘光滑；叶舌截平，长 0.5~1.5mm；叶片卷折或扁平。圆锥花序较紧缩或疏松，基部着生小穗裸露；小穗长 8~10mm；2 颖近等长或第一颖稍短，膜质，具 3~4 脉；外稃长 6~7.5mm，背部密生较长的柔毛，具 3 脉，于先端汇合；基盘锐尖，长 0.8~1mm，密生白色柔毛；内稃与外稃近等长或稍短于外稃，脉间具较长的柔毛；花药长约 4mm，顶端具毫毛。花果期 6~9 月。

疏丛型中旱生植物。常生于海拔 650~3420m 的草原、草甸草原、山地草原、草原化草甸以及林缘和灌丛群落中，多为伴生植物，有时成为优势种。

阿拉善地区均有分布。我国分布于东北、华北、西北、河南、西藏等地。朝鲜、蒙古、日本、阿富汗、印度、尼泊尔、俄罗斯、中亚也有分布。

钝基草 *Achnatherum saposhnikovii* (Roshev.) Nevski

多年生草本，株高 20~60cm。根茎细短。秆密丛生，细弱，具 2~3 节，基部具宿存枯叶鞘。叶鞘紧密抱茎，叶舌薄膜质；叶片纵卷如针状。圆锥花序顶生，呈穗状，小穗含 1 小花；颖膜质，先端渐尖，具 3 脉；外稃质地厚于颖片，背部遍生短毛，顶端具 2 短裂齿，具 3 脉，边脉于近顶端裂口处与中脉汇合向上延伸成芒，芒自外稃顶端裂齿间伸出，具细小刺毛，易脱落，基盘短而钝圆，具须毛；内稃脉间具短柔毛；花药长约 2mm。颖果纺锤形，长约 2mm。花果期 6~8 月。

旱生植物。常生于海拔 1500~3500m 的干燥砾石质坡地。

阿拉善地区均有分布。我国分布于内蒙古、宁夏、甘肃、青海、新疆等地。蒙古、俄罗斯也有分布。

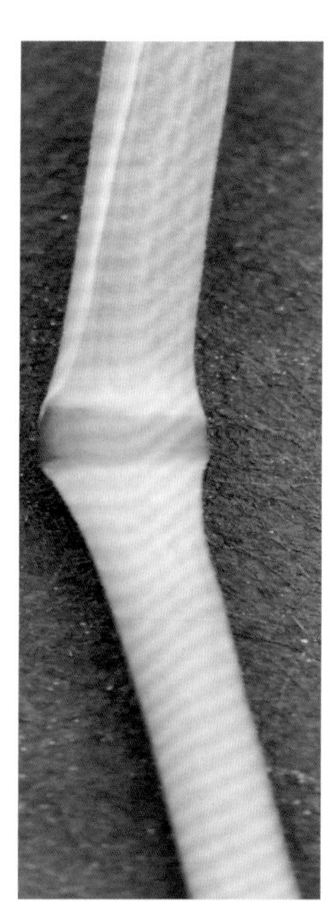

细柄茅属 *Ptilagrostis* Griseb.

双叉细柄茅 *Ptilagrostis dichotoma* Keng ex Tzvelev

多年生草本，株高15~50cm。秆密丛生。叶鞘紧密抱茎；叶舌膜质，长2~3mm；叶片微粗糙。圆锥花序开展，分枝丝状，单生或孪生，上部二叉状分枝；小穗灰褐色或暗灰色，小穗柄纤细，与分枝腋间具枕；颖基部灰褐色、暗灰色或草黄色；外稃长4~5mm，基盘稍钝，长约0.5mm，被柔毛，芒自外稃顶端裂齿间伸出，膝曲，中部以下扭转，长12~15mm，遍生白色柔毛，芒柱上具长1.8~3mm柔毛，芒针被长约1mm的短柔毛；内稃被柔毛；花药长1~1.5mm，顶端具丛生毫毛。花果期7~8月。

旱生植物。为海拔3000~4800m的高山草甸寒生植物，也见于林缘草甸。

阿拉善地区均有分布。我国分布于内蒙古、甘肃、西藏、青海、陕西、四川等地。中亚也有分布。

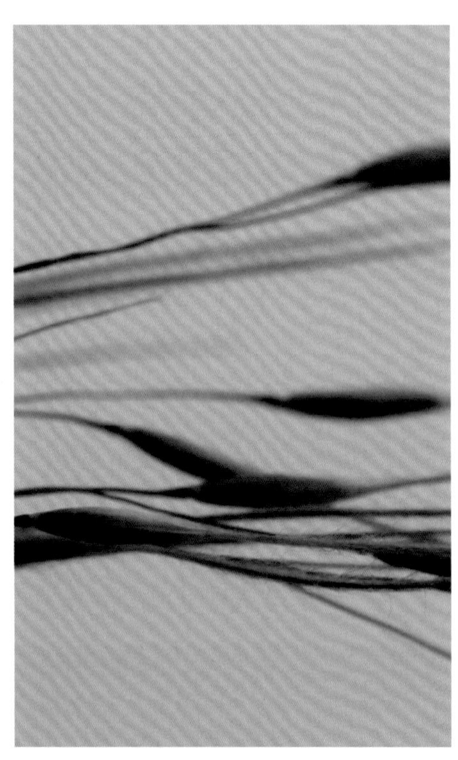

中亚细柄茅 *Ptilagrostis pelliotii* (Danguy) Grubov

多年生草本，株高20~35cm。秆密丛生，直立或基部稍斜生，被细小刺状毛而粗糙，后变平滑。叶鞘紧密抱茎，粗糙，具狭膜质边缘，浅褐色；叶舌截平或中部稍凸出，长0.2~1mm，顶端及边缘被细纤毛，下面疏被微毛；叶片质地较硬，粗糙，长2~5cm（分蘖者长5~12 cm）。圆锥花序疏松开展，长6~14cm，分枝细弱，细丝形，长2~6cm，每节具3~5枚分枝，有时亦有孪生；小穗披针形或矩圆状披针形，浅草黄色或带绿白色，长4~5.5mm，小穗柄细长，微粗糙，后变平滑；颖几相等或第一颖稍长，披针形，先端渐尖，侧脉达中部以上，上部边缘透明；外稃长3~4mm，遍生白色柔毛，基盘顶端钝，被短柔毛，长约0.5mm，芒自外稃顶端裂齿间伸出，长20~25mm，下部膝曲并稍扭转，遍被白色细柔毛；内稃约与外稃等长或稍短，被白色柔毛，上部者毛较长而密生；花药顶端无毛。花果期6~8月。

强旱生植物。常生于海拔1100~3460m戈壁荒漠的砾石质坡地或基岩缝隙中，也可伴生于半日花荒漠、木旋花荒漠群落等砾石质荒漠群落中。

阿拉善地区均有分布。我国分布于内蒙古、宁夏、甘肃、青海、新疆等地。蒙古、中亚也有分布。

沙鞭属 *Psammochloa* Hitchc.

沙鞭 *Psammochloa villosa* (Trin.) Bor

多年生草本，株高 1~2m。具长 2~3m 的根状茎。秆直立，光滑，径 0.8~1cm，基部具有黄褐色枯萎的叶鞘。叶鞘光滑，几包裹全部植株；叶舌膜质，长 5~8mm，披针形；叶片坚硬，扁平，常先端纵卷，平滑无毛，长达 50cm，宽 5~10mm。圆锥花序紧密直立，长达 50cm，宽 3~4.5cm，分枝数枚生于主轴一侧，斜向上升，微粗糙，小穗柄短；小穗淡黄白色，长 10~16mm；两颖近等长或第一颖稍短，披针形，被微毛，具 3~5 脉，其 2 边脉短而不很明显；外稃长 10~12mm，背部密生长柔毛，具 5~7 脉，顶端具 2 微齿，基盘钝，无毛，芒直立，易脱落，长 7~10mm；内稃近等长于外稃，背部被长柔毛，圆形无脊，具 5 脉，中脉不明显，边缘内卷，不被外稃紧密包裹；鳞被 3 层，卵状椭圆形；雄蕊 3，花药长约 7mm，顶生毫毛。花果期 5~9 月。

旱生植物。常生于海拔 910~2900m 的沙丘及沙地上，为沙地先锋植物群聚的优势种。

阿拉善地区均有分布。我国分布于内蒙古、陕西、宁夏、甘肃、青海、新疆等地。蒙古也有分布。

九顶草属 *Enneapogon* Desv. ex P. Beauv.

九顶草 *Enneapogon desvauxii* P. Beauv. 别名：冠芒草

一年生草本，株高5~25cm，植株基部鞘内常具隐藏小穗。秆节常膝曲，被柔毛。叶鞘密被短柔毛，鞘内常有分枝；叶舌极短，顶端具纤毛；叶片长2.5~10cm，宽1~2mm，多内卷，密生短柔毛，基生叶呈刺毛状。圆锥花序短穗状，紧缩成圆柱形，长1~3.5cm，宽5~15mm，铅灰色或熟后呈草黄色；小穗通常含2~3小花，顶端小花明显退化，小穗轴节间无毛；颖披针形，质薄，边缘膜质，先端尖，背部被短柔毛，具3~5脉，中脉形成脊，第一颖长3~3.5mm，第二颖长4~5mm；第一外稃长2~2.5mm，被柔毛，尤以边缘更显，基盘亦被柔毛，顶端具9条直立羽毛状芒，芒不等长，长2.5~4mm；内稃与外稃等长或稍长，脊上具纤毛。花果期7~9月。

湿中生植物。常生于海拔950~1900m的砂砾质地、荒漠区低湿地，为荒漠草原夏雨型一年生禾草常见种。

阿拉善地区均有分布。我国分布于北部各地。俄罗斯、中亚、蒙古、印度和非洲也有分布。

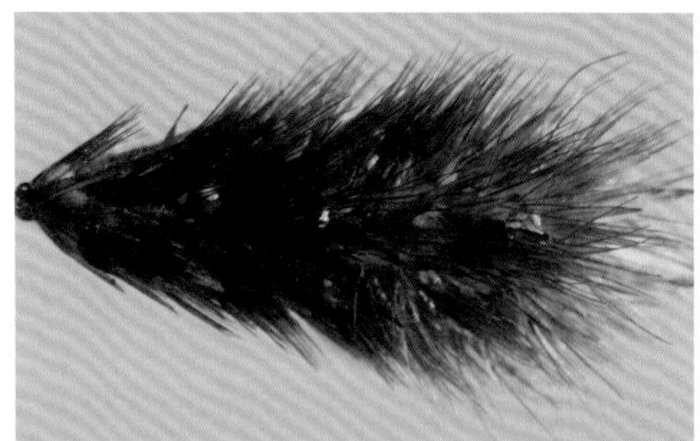

獐毛属 *Aeluropus* Trin.

獐毛 *Aeluropus sinensis* (Debeaux) Tzvelev

多年生草本，株高20~35cm，植株基部密生鳞片状叶。秆直立或倾斜，基部常膝曲，花序以下被微细毛，节上被柔毛。叶鞘无毛或被毛，鞘口常密生长柔毛；叶舌为1圈纤毛，长0.5~1.5mm；叶片狭条形，尖硬，长1.5~5.5cm，宽1.5~3mm，扁平或先端内卷如针状，两面粗糙，疏被细纤毛。圆锥花序穗状，长2.5~5cm，分枝单生，短，紧贴主轴，宽3~8mm；小穗卵形至宽卵形，长2.5~4mm，含4~7小花；颖宽卵形，边缘膜质，脊上粗糙，被微细毛，第一颖长1.5~2mm，第二颖长2~2.5mm；外稃具9脉，先端中脉成脊，粗糙，并延伸成小芒尖，边缘膜质，无毛或先端粗糙至被微细毛，第一外稃长2.5~3 mm；内稃先端具缺刻，脊上具微纤毛。花果期7~9月。

旱中生植物。常生于海拔3200m以下干旱区的盐湖外围、盐渍低地、海滨盐滩地等盐化草甸或盐土生境中。

阿拉善地区均有分布。我国分布于东北、西北、西南、内蒙古、江苏、河南等地。蒙古也有分布。

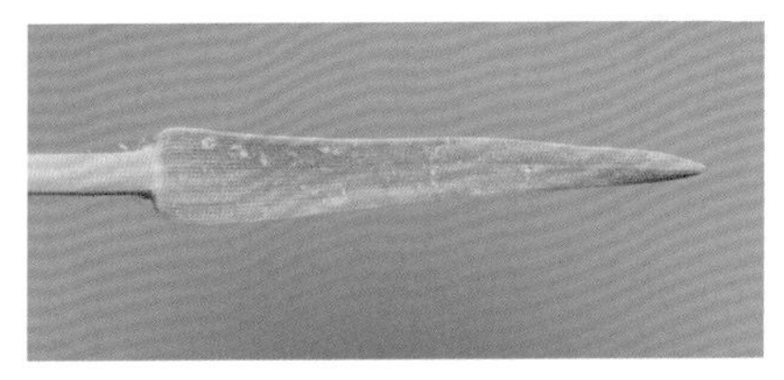
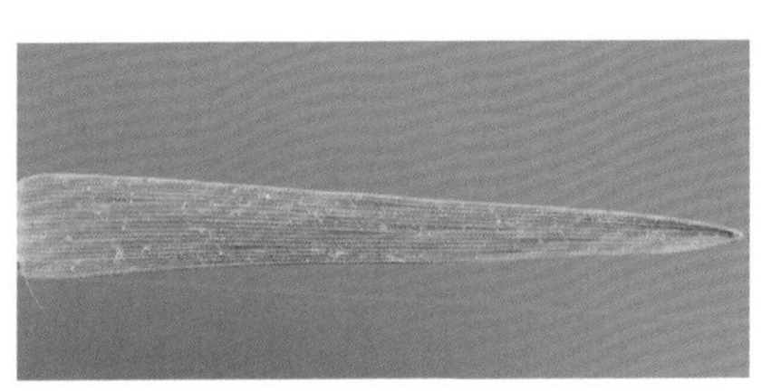

 画眉草属 *Eragrostis* Wolf

画眉草 *Eragrostis pilosa* (L.) P. Beauv.　　别名：星星草

一年生草本，株高 10~30 (45)cm。秆较细弱，直立、斜升或基部铺散，节常膝曲。叶鞘疏松裹茎，多少压扁，具脊，鞘口常具长柔毛，其余部分光滑；叶舌短，为一圈长约 0.5mm 的细纤毛；叶片扁平或内卷，长 5~15cm，宽 1.5~3.5mm，两面平滑无毛。圆锥花序开展，长 7~15cm，分枝平展或斜上，基部分枝近于轮生，枝腋具长柔毛；小穗熟后带紫色，长 2.5~6mm，宽约 1.2mm，含 4~8 小花；颖膜质，先端钝或尖，第一颖常无脉，长 0.4~0.6(0.8)mm，第二颖具 1 脉，长 1~1.2(1.4)mm；外稃先端尖或钝，第一外稃长 1.4~2mm；内稃弓形弯曲，短于外稃，常宿存，脊上粗糙。花果期 7~9 月。

中生植物。常生于海拔 1200~3000m 的田野、撂荒地、路边。

阿拉善地区均有分布。我国各地均有分布。全世界的温带地区均有分布。

大画眉草 *Eragrostis cilianensis* (All.) Vignolo-Lutati ex Janch.

一年生草本，株高30~60cm。秆直立，基部节常膝曲并向外开展，节下常有一圈腺体。叶鞘稍扁压具脊，脉上具腺体并生有疣毛，鞘口具长柔毛；叶舌为一圈细纤毛，长0.5~1mm；叶片扁平，长5~28cm，宽3~6mm，上面贴生微刺毛，下面微粗糙并稀疏被有带疣基的细长柔毛，边缘通常有腺体。圆锥花序开展，长可达26cm，分枝单生，常水平伸展，分枝腋间及小穗柄上均具淡黄色腺体，有时腋间具细柔毛；小穗绿色或有时带绿白色，长3~7mm，宽约2mm，含5~7（或多至15）小花；颖先端尖，第一颖具1脉，长1.5~1.75mm，第二颖具3脉，长2~2.2mm；外稃侧脉明显，先端稍钝，脊上有时具腺点，第一外稃长2.5~2.7mm；内稃长约为外稃的3/4，脊上具微细纤毛；花药长约0.4mm。花果期7~9月。

中生植物。常生于田野、路边、撂荒地。

阿拉善地区均有分布。我国各地均有分布。全世界的热带、温带地区均有分布。

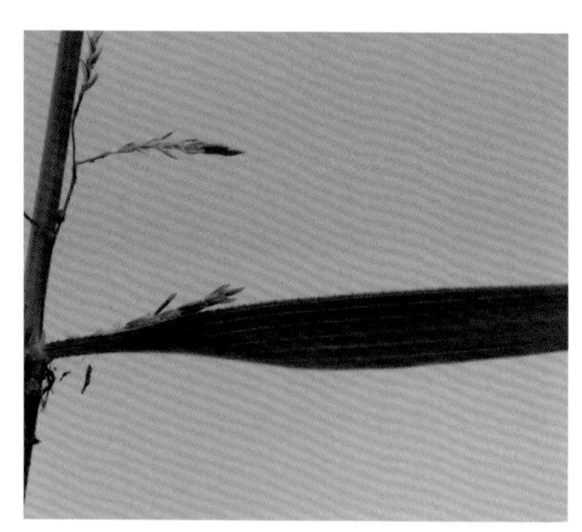

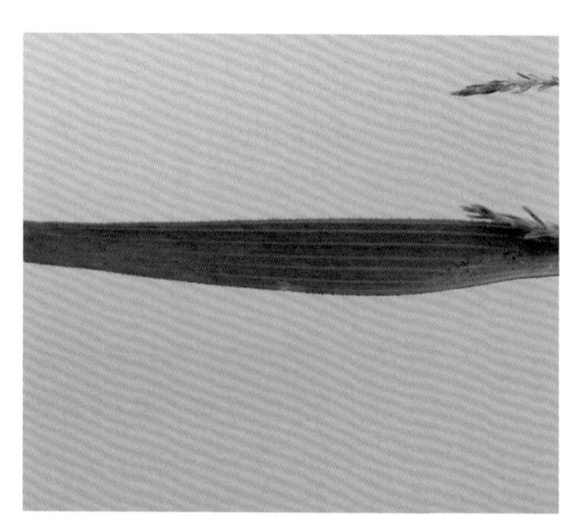

小画眉草 *Eragrostis minor* Host

一年生草本，株高10~20(35)cm。秆直立或自基部向四周扩展而斜升，节常膝曲。叶鞘脉上具腺点，鞘口具长柔毛，脉间亦疏被长柔毛；叶舌为一圈细纤毛，长0.5~1mm；叶片扁平，长3~11.5cm，宽2~5.5mm，上面粗糙，背面平滑，脉上及边缘具腺体。圆锥花序疏松而开展，长5~20cm，宽4~12cm，分枝单生，腋间无毛；小穗卵状披针形至条状矩圆形，绿色或带紫色，长4~9mm，宽1.2~2mm，含4至多数小花，小穗柄具腺体；颖卵形或卵状披针形，先端尖，第一颖长1~1.4mm，第二颖长1.4~2mm，通常具一脉，脉上常具腺体；外稃宽卵圆形，先端钝，第一外稃长1.4~2.2mm；内稃稍短于外稃，宿存，脊上具极短的纤毛。花果期7~9月。

中生植物。常生于田野、路边和撂荒地。是荒漠草原群落中一年生禾草层片的常见成分，也常在井泉附近受到破坏的放牧场上聚生成群。

阿拉善地区均有分布。我国各地均有分布。全世界的温带地区均有分布。

隐子草属 *Cleistogenes* Keng

无芒隐子草 *Cleistogenes songorica* (Roshev.) Ohwi

一年生草本，株高 15~50cm。秆丛生，直立或稍倾斜，基部具密集枯叶鞘。叶鞘无毛，仅鞘口有长柔毛；叶舌长约 0.5mm，具短纤毛；叶片条形，长 2~6cm，宽 1.5~2.5mm，上面粗糙，扁平或边缘稍内卷。圆锥花序开展，长 2~8cm，宽 4~7cm，分枝平展或稍斜上，分枝腋间具柔毛；小穗长 4~8mm，含 3~6 小花，绿色或带紫褐色；颖卵状披针形，先端尖，具 1 脉，第一颖长 2~3mm，第二颖长 3~4mm；外稃卵状披针形，边缘膜质，第一外稃长 3~4mm，5 脉，先端无芒或具短尖头；内稃短于外稃；花药黄色或紫色，长 1.2~1.6mm。花果期 7~9 月。

旱生植物。是小针茅草原、沙生针茅草原群落及蓍状亚菊、女蒿群落的优势成分，也常伴生于草原化荒漠群落中。

阿拉善地区均有分布。我国分布于内蒙古、陕西、宁夏、甘肃、青海、新疆等地。蒙古、日本、俄罗斯、中亚也有分布。

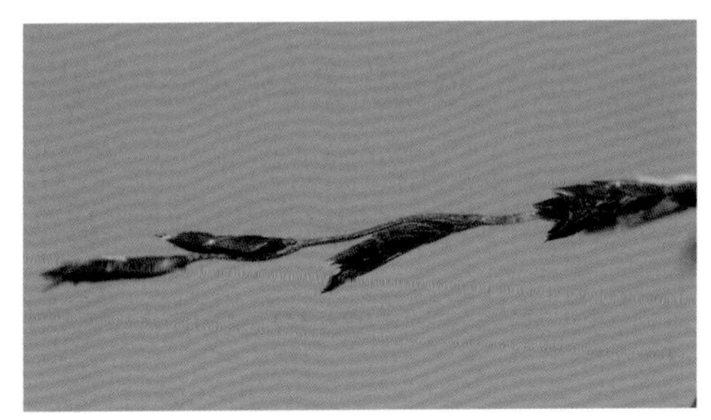

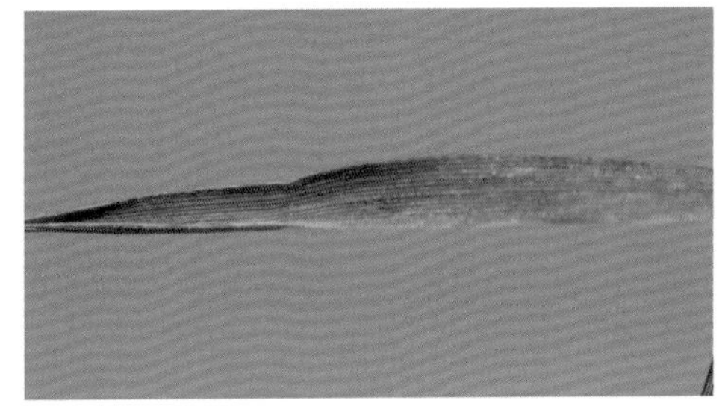

糙隐子草 *Cleistogenes squarrosa* (Trin.) Keng

多年生草本，株高10~30cm，植株通常绿色，秋后常呈红褐色。秆密丛生，直立或铺散，纤细，干后常呈蜿蜒状或螺旋状弯曲。叶鞘层层包裹，直达花序基部；叶舌具短纤毛；叶片狭条形，长3~6cm，宽1~2mm，扁平或内卷，粗糙。圆锥花序狭窄，长4~7cm，宽5~10mm；小穗长5~7mm，含2~3小花，绿色或带紫色；颖具1脉，边缘膜质，第一颖长1~2mm，第二颖长3~5mm；外稃披针形，5脉，第一外稃长5~6mm，先端常具较稃体短的芒；内稃狭窄，与外稃近等长；花药长约2mm。花果期7~9月。

旱生植物。可为各类草原植被的优势成分，也可为次生性草原群落的建群种。

阿拉善地区均有分布。我国分布于黑龙江、吉林、辽宁、内蒙古、河北、山西、陕西、甘肃、宁夏、新疆、山东等地。蒙古、日本、俄罗斯、中亚也有分布。

草沙蚕属 *Tripogon* Roem. & Schult.

中华草沙蚕 *Tripogon chinensis* (Franch.) Hack.

多年生草本，株高10~30cm。须根纤细而稠密。秆直立，细弱，光滑无毛。叶鞘通常仅于鞘口处有白色长柔毛；叶舌膜质，长约0.5mm，具纤毛；叶片狭条形，常内卷成刺毛状，上面微粗糙且向基部疏生柔毛，下面平滑无毛，长5~15cm，宽约1mm。穗状花序细弱，长8~11(15)cm；穗轴三棱形，多平滑无毛，宽约0.5mm；小穗条状披针形，铅绿色，长5~8 (10)mm，含3~5小花；颖具宽而透明的膜质边缘，第一颖长1.5~2mm，第二颖长2.5~3.5mm；外稃质薄似膜质，先端2裂，具3脉，主脉延伸成短且直的芒，芒长1~2mm，侧脉可延伸成长0.2~0.5mm的芒状小尖头，第一外稃长3~4mm，基盘被长约1mm的柔毛；内稃膜质，等长或稍短于外稃，脊上粗糙，具微小纤毛；花药长1~1.5mm。花果期7~9月。

旱生植物。常生于海拔200~2240m山地中山带的石质及砾石质陡壁和坡地。

阿拉善地区均有分布。我国分布于东北、华北、西北、西南等地。俄罗斯、蒙古、朝鲜也有分布。

虎尾草属 *Chloris* Sw.

虎尾草 *Chloris virgata* Sw.

一年生草本，株高 10~35cm。秆无毛，斜升、铺散或直立，基部节处常膝曲。叶鞘背部具脊，上部叶鞘常膨大而包藏花序；叶舌膜质，长 0.5~1mm，顶端截平，具微齿；叶片长 2~15cm，宽 1.5~5mm，平滑无毛或上面及边缘粗糙。穗状花序长 2~5cm，数枚簇生于秆顶；小穗灰白色或黄褐色，长 2.5~4mm（芒除外）；颖膜质，第一颖长 1.5~2mm，第二颖长 2.5~3mm，先端具长 0.5~2mm 的芒；第一外稃长 2.5~3.5mm，具 3 脉，脊上微曲，边缘近顶处具长柔毛，背部主脉两侧及边缘下部亦被柔毛，芒自顶端稍下处伸出，长 5~12mm；内稃稍短于外稃，脊上具微纤毛；不孕外稃狭窄，顶端截平，芒长 4.5~9mm。花果期 6~9 月。

中生植物。常生于海拔 3700m 以下的农田、撂荒地及路边。

阿拉善地区均有分布。我国各地均有分布。全世界热带、温带地区均有分布。

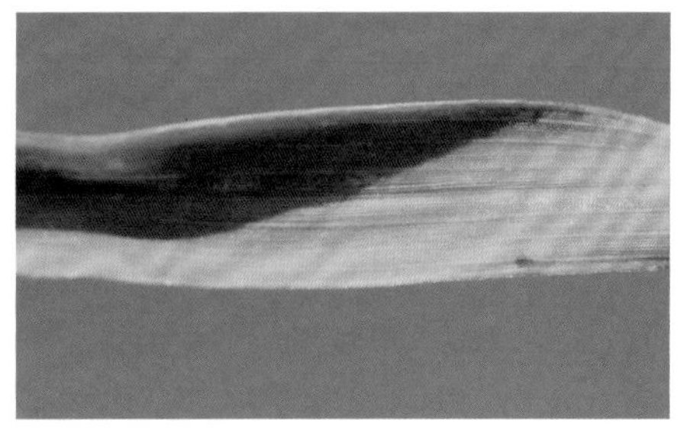

隐花草属 *Crypsis* Aiton

隐花草 *Crypsis aculeata* (L.) Aition

一年生草本，株高5~40cm。须根细弱。秆平卧或斜向上升，具分枝，光滑无毛。叶鞘短于节间，松弛或膨大；叶舌短小，顶生纤毛；叶片线状披针形，扁平或对折，边缘内卷，先端呈针刺状，上面微糙涩，下面平滑，长2~8cm，宽1~5mm。圆锥花序短缩成头状或卵圆形，长约16mm，宽5~13mm，下面紧托两枚膨大的苞片状叶鞘；小穗长约4mm，淡黄白色；颖膜质，不等长，顶端钝，具1脉，脉上粗糙或生纤毛，第一颖长约3mm，窄线形，第二颖长约3.5mm，披针形；外稃长于颖，薄膜质，具1脉，长约4mm；内稃与外稃同质，等长或稍长于外稃，具极接近而不明显的2脉；雄蕊2，花药黄色，长1~1.3mm。囊果长圆形或楔形，长约2mm。花果期5~9月。

中生植物。常生于河滩、沟谷、盐化低地及海滨盐滩地，为盐化草甸的伴生成分。

阿拉善地区均有分布。我国分布于内蒙古、河北、山西、陕西、甘肃、新疆、山东、江苏、安徽等地。欧亚寒温地区均有分布。

蔺状隐花草 *Crypsis schoenoides* (L.) Lam.

一年生草本，株高5~35cm。秆丛生，具分枝，直立至斜升，膝曲。叶鞘无毛，常松弛且多少膨大；叶舌短，长约0.5mm，顶端为一圈柔毛；叶片扁平，先端内卷、细弱呈针刺状，长2~6cm，宽1~3mm，上面被微小硬毛并疏生长纤毛，下面平滑无毛或有时被毛。穗状圆锥花序多少呈矩圆形，长约3.5cm，宽约5mm，下托以苞片状叶鞘；小穗披针形至狭矩圆形，淡白色或灰紫色，长2.5~3mm；颖膜质，具1脉，脊变硬，上具微刺毛；外稃披针形，具1较硬的脊，被微刺毛，长约3mm或较短；内稃短于外稃；雄蕊3。花果期7~9月。

中生植物。常生于盐化和碱化低地、海滨盐滩地及沙滩地，为盐化草甸伴生植物。

阿拉善地区均有分布。我国分布于西北、内蒙古等地。欧洲、亚洲其他地区及北美洲也有分布。

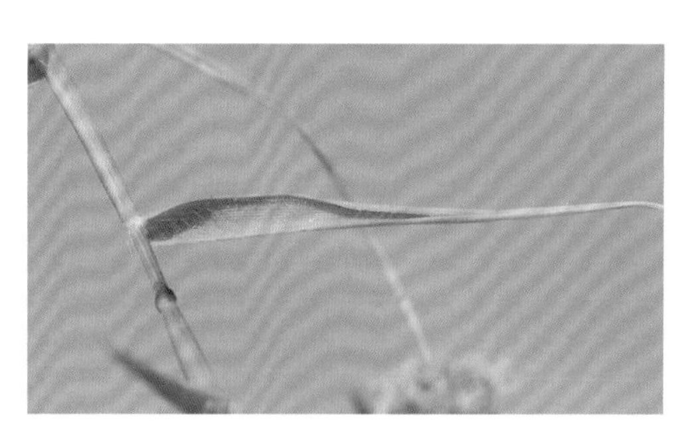

锋芒草属 *Tragus* Haller

锋芒草 *Tragus mongolorum* Ohwi

一年生草本，株高 (6)10~30cm。植株具细弱的须根。秆直立或铺散于地面，节常膝曲。叶鞘无毛，鞘口常具细柔毛；叶舌为一圈长约 1mm 的细柔毛；叶片长 2~5cm，宽 2~5mm，两面无毛，边缘具刺毛。总状花序紧密呈穗状，圆柱形，长 2.5~7cm；小穗簇明显具梗，通常由 2 个孕性小穗及 1 退化小穗组成，小穗长 4~5mm；第一颖微小，薄膜质，长 1~1.5mm，第二颖革质，背部具 5 条带刺的纵肋，顶端尖头明显伸出刺外，长 4~5mm（包括尖头在内）；外稃膜质，具 3 脉，先端具尖头，长 3~4mm；内稃较外稃质薄且短，脉不明显。花果期 7~9 月。

旱生植物，小型一年生农田杂草。常生于海拔 3700m 以下的农田、撂荒地及路边。是荒漠草原夏雨型一年生禾草层片的常见种，在草原沙生植物群落中也常有混生。

阿拉善地区均有分布。我国分布于河北、山西、内蒙古、宁夏、甘肃、青海、四川、云南等地。全世界温带地区均有分布。

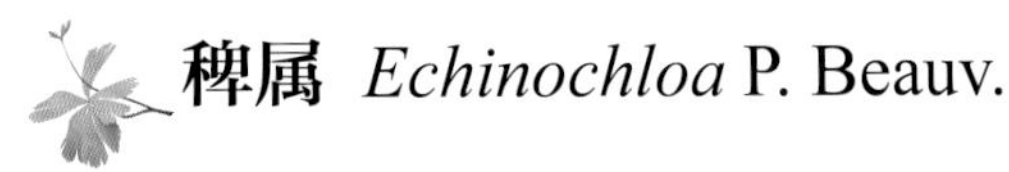

稗属 *Echinochloa* P. Beauv.

稗 *Echinochloa crus-galli* (L.) P. Beauv.　　别名：稗子

一年生草本，株高50~150cm。秆丛生，基部膝曲。叶鞘疏松；叶片条形或宽条形。圆锥花序较疏松，小穗排列于穗轴的一侧，近于无柄；第一颖基部包卷小穗，具5脉，第二颖与小穗等长，草质，具5脉；第一外稃草质，上部具7脉，先端延伸成一粗壮的芒，芒长5~15(30)mm，第一内稃与其外稃几等长，薄膜质，具2脊，脊上微粗糙；第二外稃外凸内平，革质。谷粒椭圆形，易脱落，白色、淡黄色或棕色，先端具小尖头。花果期6~9月。

湿生植物。常生于田野、耕地旁、宅旁、路边、渠沟边、水湿地、沼泽地和水稻田中。

阿拉善地区均有分布。我国各地均有分布。全世界温带地区均有分布。

无芒稗（变种）*Echinochloa crus-galli* var. *mitis* (Pursh) Peterm.

一年生草本，株高50~150cm。秆丛生，基部膝曲。叶鞘疏松；叶片条形或宽条形。小穗卵状椭圆形，长约3mm，无芒或具极短的芒，如有芒，其芒长不超过0.5mm，近于无柄；圆锥花序较疏松，直立；第一颖基部包卷小穗，具5脉，其分枝不作弓形弯曲，挺直，常再分枝，第二颖比谷粒长，草质，具5脉；第一外稃草质，上部具7脉，先端延伸成一粗壮的芒，芒长5~15(30)mm，第一内稃与其外稃几等长，薄膜质，具2脊，脊上微粗糙；第二外稃外凸内平，革质。谷粒椭圆形，易脱落，白色、淡黄色或棕色，先端具小尖头。花果期7~8月。

湿生植物，田间杂草。常生于田野、耕地旁、宅旁、路边、渠沟边、水湿地、沼泽地和水稻田中。

阿拉善地区均有分布。我国各地均有分布。全世界温带地区均有分布。

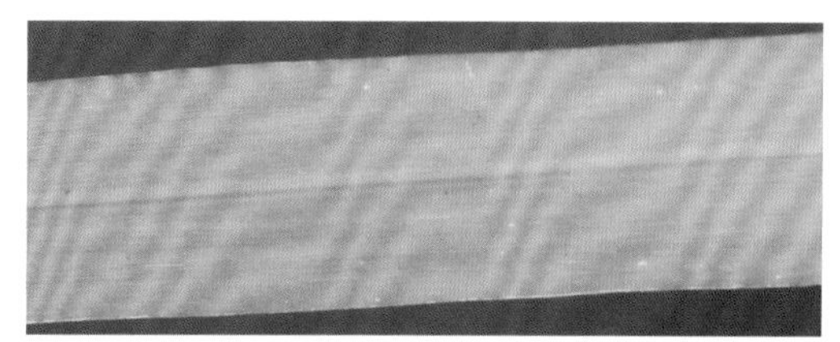

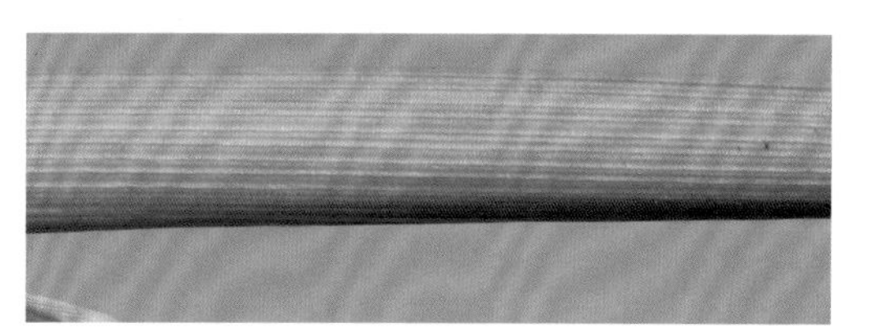

长芒稗 *Echinochloa caudata* Roshev.

一年生草本，株高 1~2m。叶鞘无毛或常有疣基毛（或毛脱落仅留疣基），或仅有粗糙毛或仅边缘有毛；叶舌缺；叶片线形，长 10~40cm，宽 1~2cm，两面无毛，边缘增厚而粗糙。圆锥花序稍下垂，长 10~25cm，宽 1.5~4cm；主轴粗糙，具棱，疏被疣基长毛；分枝密集，常再分小枝；小穗卵状椭圆形，常带紫色，长 3~4mm，脉上具硬刺毛，有时疏生疣基毛；第一颖三角形，长为小穗的 1/3~2/5，先端尖，具 3 脉，第二颖与小穗等长，顶端具长 0.1~0.2mm 的芒，具 5 脉；第一外稃草质，顶端具长 1.5~5cm 的芒，具 5 脉，脉上疏生刺毛，内稃膜质，先端具细毛，边缘具细睫毛；第二外稃革质，光亮，边缘包着同质的内稃；鳞被 2，楔形，折叠，具 5 脉；雄蕊 3；花柱基分离。花果期 6~9 月。

湿生植物，田间杂草。常生于田野、宅旁、路边、耕地旁、渠沟边水湿地、沼泽地和水稻田中。

阿拉善地区分布于额济纳旗、阿拉善左旗。我国各地均有分布。俄罗斯、蒙古、朝鲜、日本也有分布。

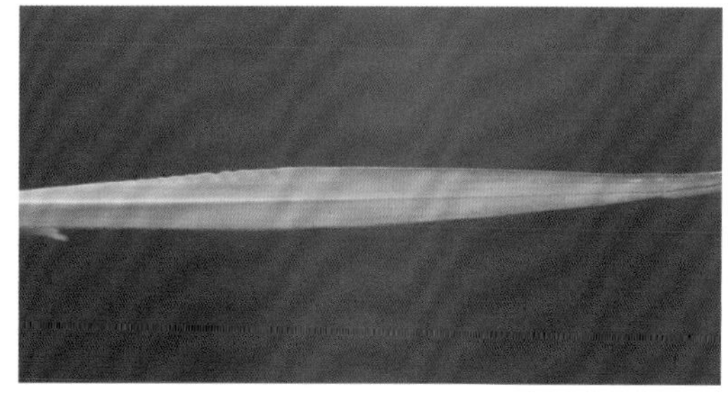

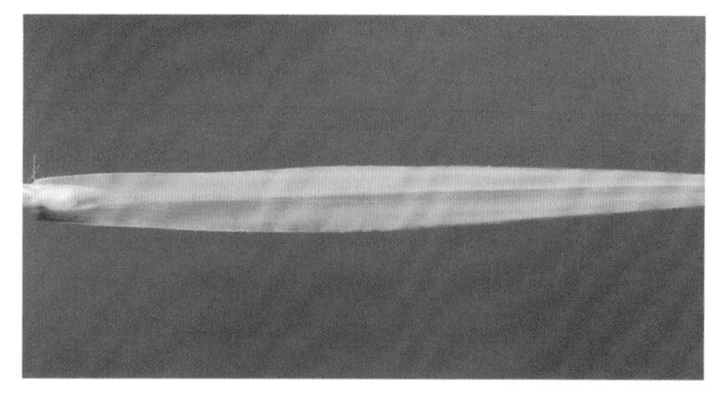

湖南稗子 *Echinochloa frumentacea* Link

一年生草本，株高1~1.7m。秆丛生，粗壮，直立或基部向外倾斜，径5~10mm，光滑无毛。叶鞘较疏松，平滑无毛；叶片条形或宽条形，长14~40cm，宽10~24mm，质地较柔软，边缘增厚或呈细波状，先端渐尖，两面无毛。圆锥花序直立，紧密，长10~20cm，宽2~5cm；穗轴粗壮，具棱，棱边粗糙，有疣基长刺毛，分枝密集，稍弓状弯曲；小穗密集排列于穗轴一侧，单生或2~3个不规则簇生，椭圆形或卵状椭圆形，有时宽卵形，长3~5mm，绿白色，成熟时呈暗淡绿色，无芒，具极短的柄；第一颖短小，三角形，长为小穗的1/3~2/5，具3脉，第二颖稍短于小穗；第一外稃草质，与小穗等长，具5脉，先端尖，无芒，内稃膜质，狭窄，具2脊；第二外稃革质。谷粒不易脱落，椭圆形，白色、淡黄色或棕色，长2~3mm，宽1~2.5mm。花果期7~9月。

湿生植物。常生于田野、宅旁、路边、耕地旁、渠沟边、水湿地、沼泽地和水稻田中。

阿拉善地区均有分布。我国大部分省份皆有栽培。亚洲热带及非洲温带地区均有栽培。

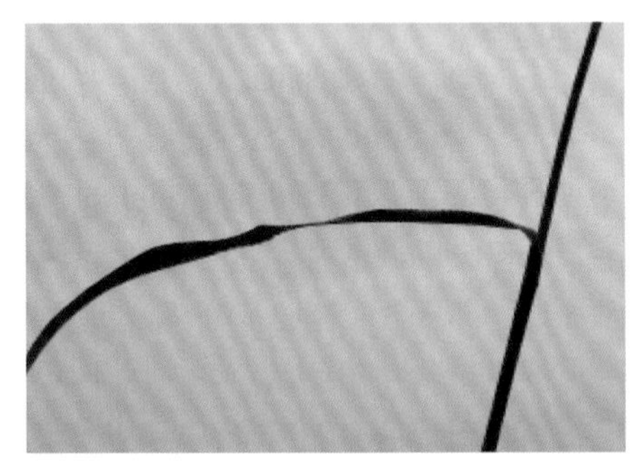

马唐属 *Digitaria* Haller

毛马唐（变种）*Digitaria ciliaris* var. *chrysoblephara* (Figari & De Notaris) R. R. Stewart

一年生草本，株高30~100cm。秆基部倾卧，着土后节易生根，具分枝。叶鞘多短于其节间，常具柔毛；叶舌膜质，长1~2mm；叶片线状披针形，长5~20cm，宽3~10mm，两面多少生柔毛，边缘微粗糙。总状花序4~10枚，长5~12cm，呈指状排列于秆顶；穗轴宽约1mm，中肋白色，约占其宽的1/3，两侧之绿色翼缘具细刺状粗糙；小穗披针形，长3~3.5mm，孪生于穗轴一侧；小穗柄三棱形，粗糙；第一颖小，三角形，第二颖披针形，长约为小穗的2/3，具3脉，脉间及边缘生柔毛；第一外稃等长于小穗，具7脉，脉平滑，中脉两侧的脉间较宽而无毛，间脉与边脉间具柔毛及疣基刚毛，成熟后，两种毛均平展张开，第二外稃淡绿色，等长于小穗；花药长约1mm。花果期6~10月。

中生植物。常生于路旁、田野。

阿拉善地区分布于额济纳旗、阿拉善左旗。我国分布于黑龙江、吉林、辽宁、内蒙古、河北、山西、甘肃、陕西、四川、河南、安徽及江苏等地。全世界亚热带和温带地区均有分布。

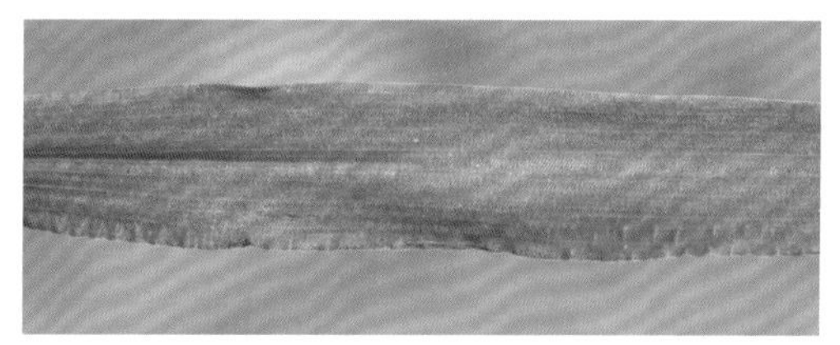
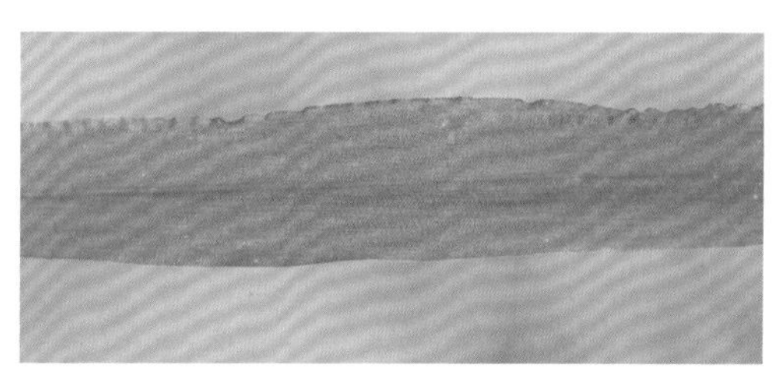

止血马唐 *Digitaria ischaemum* (Schreb.) Muhl.

一年生草本，株高15~45cm。秆直立或倾斜，基部常膝曲，细弱。叶鞘疏松裹茎，具脊，有时带紫色，无毛或疏生细软毛，鞘口常具长柔毛；叶舌干膜质，先端钝圆，不规则撕裂，长0.5~1.5mm；叶片扁平，长3~12cm，宽2~8mm，先端渐尖，基部圆形，两面均贴生微细毛，有时上面疏生细弱柔毛。总状花序2~4于秆顶彼此接近或最下1枚较远离，长3.5~8(11.5)cm，穗轴边缘稍呈波状，具微小刺毛；小穗长2~2.8mm，灰绿色或带紫色，每节生2~3枚；小穗柄无毛，稀可被细微毛；第一颖微小或几乎不存在，透明膜质，第二颖稍短于小穗或约等长，具3脉，脉间及边缘密被柔毛；第一外稃具5脉，全部被柔毛；第二外稃成熟后呈黑褐色，长约2mm。花果期7~9月。

中生植物。常生于田边、路边、沙地。

阿拉善地区均有分布。我国分布于南北各地。欧亚及北美洲的温带地区均有分布。

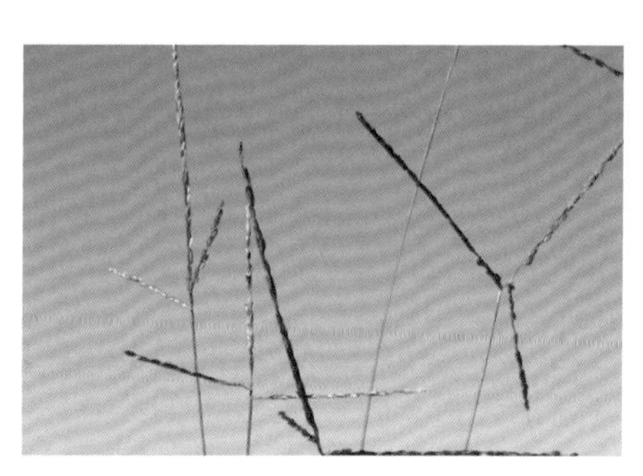

狗尾草属 *Setaria* P. Beauv.

狗尾草 *Setaria viridis* (L.) P. Beauv.

一年生草本，株高 20~60cm。秆直立或基部稍膝曲，单生或疏丛生，通常较细弱，于花序下方多少粗糙。叶鞘较松弛，无毛或具柔毛；叶舌由一圈长 1~2mm 的纤毛组成；叶片扁平，条形或披针形，长 10~30cm，宽 2~10 (15)mm，绿色，先端渐尖，基部略呈钝圆形或渐窄，上面极粗糙，下面稍粗糙，边缘粗糙。圆锥花序紧密成圆柱状，直立，有时下垂，长 2~8cm，宽 4~8mm（刚毛除外），刚毛长于小穗的 2~4 倍，粗糙，绿色；黄色或稍带紫色；小穗椭圆形，先端钝，长 2~2.5mm；第一颖卵形，长约为小穗的 1/3，具 3 脉，第二颖与小穗几乎等长，具 5 脉；第一外稃与小穗等长，具 5 脉，内稃狭窄；第二外稃具有细点皱纹。谷粒长圆形，顶端钝，成熟时稍肿胀。花果期 5~10 月。

中生植物。常生于海拔 4000m 以下的荒地、田野、河边、坡地。

阿拉善地区均有分布。我国各地均有分布。广布于全世界温带和热带地区。

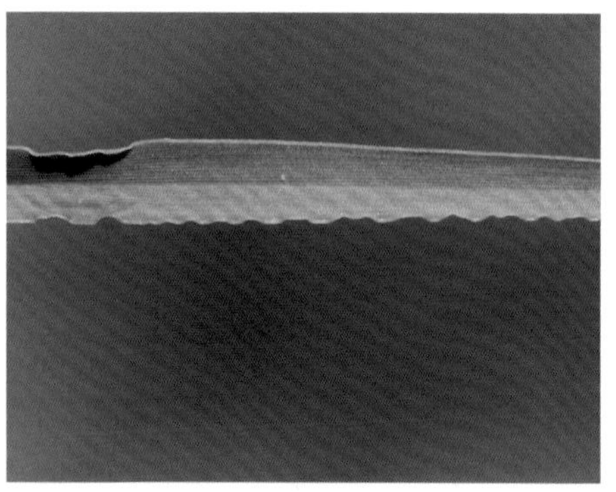

金色狗尾草 *Setaria pumila* (Poir.) Roem. & Schult.

一年生草本，株高 20~80cm。秆直立或基部稍膝曲，光滑无毛，或仅在花序基部粗糙。叶鞘下部扁压具脊；叶舌退化为一圈长约 1mm 的纤毛；叶片条状披针形或狭披针形，长 5~15cm，宽 4~7mm，上面粗糙或在基部有长柔毛，下面光滑无毛。圆锥花序密集成圆柱状，长 2~6 (8)cm，宽约 1cm（包括刚毛在内），直立，主轴具短柔毛，刚毛金黄色，粗糙，长 6~8mm，5~20 根为一丛；小穗长约 3mm，椭圆形，先端尖，通常在一簇中仅有 1 枚发育；第一颖广卵形，先端尖，具 3 脉；第一外稃与小穗等长，具 5 脉，内稃膜质，短于小穗或与之几等长，并且与小穗几乎等宽；第二外稃骨质。谷粒先端尖，成熟时具有明显的横皱纹，背部极隆起。花果期 7~9 月。

中生植物。常生于田野、路边、荒地、山坡等处。

阿拉善地区均有分布。我国各地均有分布。欧亚温带和热带地区均有分布。

狼尾草属 *Pennisetum* Rich.

白草 *Pennisetum flaccidum* Griseb.

多年生草本，株高 35~55cm。具横走根茎。秆单生或丛生，直立或基部略倾斜，节处多少常具髭毛。叶鞘无毛或于鞘口及边缘具纤毛，有时基部叶鞘密被微细倒毛；叶舌膜质，顶端具纤毛，长 1~1.5 (3)mm；叶片条形，长 6~24cm，宽 3~8mm，无毛或有柔毛。穗状圆锥花序呈圆柱形，直立或微弯曲，长 7~12cm，宽 1~2cm（包括刚毛在内）；主轴具棱，无毛或有微毛；小穗簇总梗极短，最长不及 0.5mm，刚毛绿白色或紫色，长 3~14mm，具向上微小刺毛；小穗多数单生，有时 2~3 枚成簇，长 4~7mm，总梗不显著；第一颖长 0.5~1.5mm，先端尖或钝，脉不显，第二颖长 2.5~4mm，先端尖，具 3~5 脉；第一外稃与小穗等长，具 7~9 脉，先端渐尖成芒状小尖头，内稃膜质而较短或退化，具 3 雄蕊或退化；第二外稃与小穗等长，先端亦具芒状小尖头，具 3 脉，脉向下渐不明显，内稃较之略短。花果期 7~9 月。

中生植物。常生于海拔 800~4600m 的干燥丘陵坡地、沙地、沙丘间洼地、田野，为草原、草甸及撂荒地次生群聚的建群植物。

阿拉善地区均有分布。我国分布于东北、华北、西北、西南等地。南亚、中亚、日本也有分布。

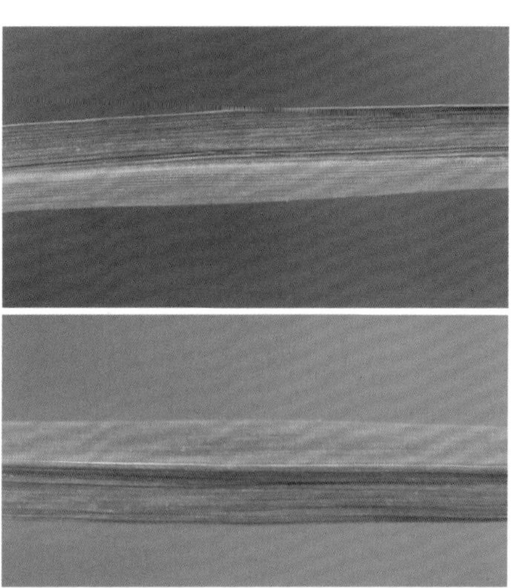

荩草属 *Arthraxon* P. Beauv.

荩草 *Arthraxon hispidus* (Thunb.) Makino

一年生草本，株高30~60cm。秆细弱，无毛，基部倾斜，具多节，常分枝，基部节着地易生根。叶鞘短于节间，生短硬疣毛；叶舌膜质，长0.5~1mm，边缘具纤毛；叶片卵状披针形，长2~4cm，宽0.8~1.5cm，基部心形，抱茎，除下部边缘生疣基毛外余均无毛。总状花序细弱，长1.5~4cm，2~10枚呈指状排列或簇生于秆顶；总状花序轴节间无毛，长为小穗的2/3~3/4。无柄小穗卵状披针形，呈两侧压扁，长3~5mm，灰绿色或带紫；第一颖草质，边缘膜质，包住第二颖2/3，具7~9脉，脉上粗糙至生疣基硬毛，尤以顶端及边缘为多，先端锐尖，第二颖近膜质，与第一颖等长，舟形，脊上粗糙，具3脉而2侧脉不明显，先端尖；第一外稃长圆形，透明膜质，先端尖，长为第一颖的2/3，第二外稃与第一外稃等长，透明膜质，近基部伸出一膝曲的芒，芒长6~9mm，下基部扭转；雄蕊2，花药黄色或带紫色，长0.7~1mm。颖果长圆形，与稃体等长。有柄小穗退化仅到针状刺，柄长0.2~1mm。花果期9~11月。

中生植物。常生于海拔1300~1800m的山坡草地、水边湿地、河滩沟谷草甸、山地灌丛、沙地、田野。

阿拉善地区分布于阿拉善左旗。我国各地均有分布。朝鲜、日本、俄罗斯东部也有分布。

孔颖草属 *Bothriochloa* Kuntze

白羊草 *Bothriochloa ischaemum* (L.) Keng

多年生草本，株高25~70cm。秆丛生，直立或基部倾斜，径1~2mm，具3至多节，节上无毛或具白色髯毛。叶鞘无毛，多密集于基部而相互跨覆，常短于节间；叶舌膜质，长约1mm，具纤毛；叶片线形，长5~16cm，宽2~3mm，顶生者常缩短，先端渐尖，基部圆形，两面疏生疣基柔毛或下面无毛。总状花序4至多数着生于秆顶呈指状，长3~7cm，纤细，灰绿色或淡紫褐色，总状花序轴节间与小穗柄两侧具白色丝状毛；无柄小穗长圆状披针形，长4~5mm，基盘具髯毛；第一颖草质，背部中央略下凹，具5~7脉，下部1/3具丝状柔毛，边缘内卷成2脊，脊上粗糙，先端钝或带膜质，第二颖舟形，中部以上具纤毛，脊上粗糙，边缘亦膜质；第一外稃长圆状披针形，长约3mm，先端尖，边缘上部疏生纤毛，第二外稃退化成线形，先端延伸成一膝曲扭转的芒，芒长10~15mm；第一内稃长圆状披针形，长约0.5mm，第二内稃退化；鳞被2，楔形；雄蕊3枚，长约2mm。有柄小穗雄性；第一颖背部无毛，具9脉；第二颖具5脉，背部扁平，两侧内折，边缘具纤毛。花果期秋季。

中旱生植物。常生于山地草原、灌丛，为暖温带森林草原地区的代表物种。

阿拉善地区均有分布。我国各地均有分布。西亚、中亚、俄罗斯、朝鲜也有分布。

莎草科 Cyperaceae

三棱草属 *Bolboschoenus* (Asch.) Palla

扁秆荆三棱 *Bolboschoenus planiculmis* (F. Schmidt) T. V. Egorova

多年生草本，株高10~85cm。根状茎匍匐。叶片长条形，扁平，宽2~4(5)mm。苞片禾叶状；长侧枝聚伞花序短缩成头状或有时具1至数枚短的辐射枝，辐射枝常具1~4(6)小穗；小穗卵形或矩圆状卵形，长1~1.5(2)cm；鳞片卵状披针形或近椭圆形，黄褐色，顶端延伸成长1~2mm的短芒；下位刚毛2~4条。小坚果倒卵形，长3~3.5mm，扁平或中部微凹。花果期7~9月。

湿生植物。常生于海拔1600m以下的河边盐化草甸及沼泽中。

阿拉善地区均有分布。我国分布于北方地区。朝鲜、日本、蒙古、俄罗斯也有分布。

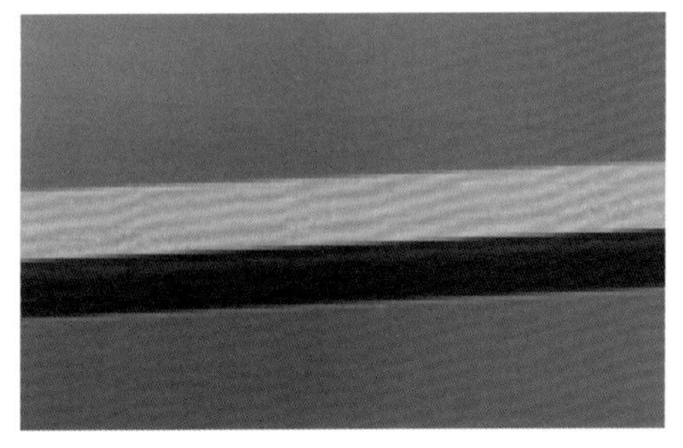

藨草属 *Scirpus* L.

球穗藨草 *Scirpus wichurae* Boeckeler

多年生草本，株高 10~20cm。具匍匐根状及卵状块茎。秆三棱形，中部以上生叶。叶片扁平，条形，宽约 3mm。苞片 2~3 枚，长于花序；长侧枝聚伞花序常缩成头状，少具短辐射枝，具 1 至 10 余小穗；小穗卵形，长 10~15mm，宽 3.5~6(7)mm，具多数花；鳞片长圆状卵形，膜质，淡黄色，长 4~6mm，中脉延伸成芒；下位刚毛 6 条，其中 2 条较长，超出小坚果一半以上，具倒刺；雄蕊 3；柱头 2。小坚果宽倒卵形，双凸状，长约 2.5mm，成熟后黄褐色，具光泽。花果期 7~9 月。

湿生植物。常生于海拔 300~2800m 的沙丘间湿地、盐渍化湿地。

阿拉善地区均有分布。我国分布于内蒙古、甘肃、新疆等地。中亚、伊朗、印度也有分布。

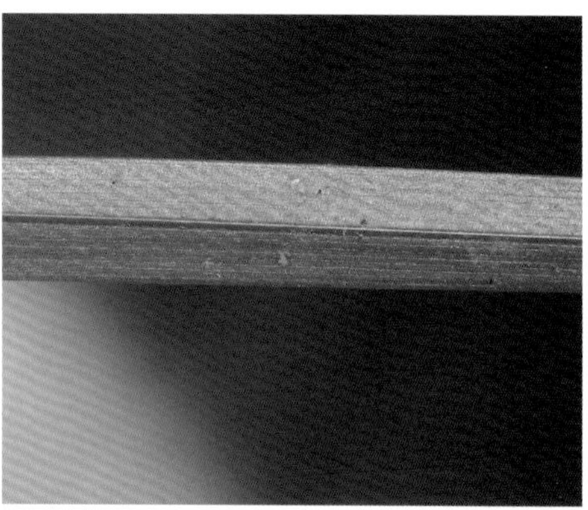

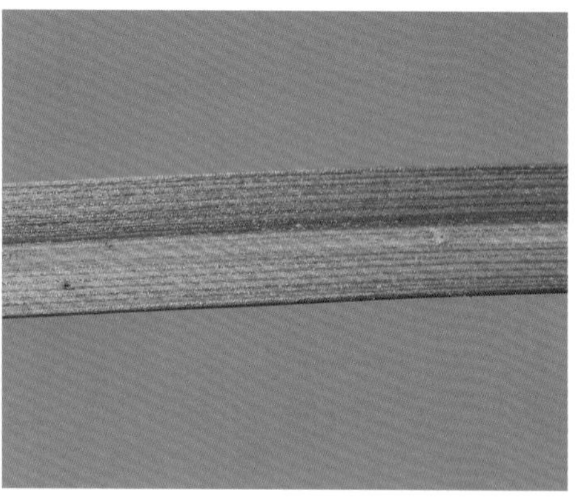

藨草属 *Trichophorum* Pers.

矮藨草 *Trichophorum pumilum* (Vahl) Schinz & Thell. 别名：矮针蔺

多年生草本，株高 5~15cm。具细长匍匐根状茎。秆纤细，干时具有纵槽。叶呈半圆柱状，具槽，长 7~16mm，极细；叶鞘棕色。小穗单生于秆的顶端，倒卵形或椭圆形，长约 4.5mm，宽 2.5mm，具少数花；鳞片膜质，卵形或椭圆形，顶端钝，长约 2.5mm，背面具 1 条绿色脉，两侧黄褐色，边缘无色透明，最下面 2 个鳞片内无花，有花鳞片稍大些；下位刚毛很不发达；雄蕊 3，花药线状长圆形，药隔稍凸出；花柱中等长，柱头 3，细长，上有许多乳头状小突起。小坚果长圆状倒卵形，三棱形，长约 1.5mm。花果期 5 月。

中生植物。常生于海拔 1260m 左右的盐化草甸上。

阿拉善地区均有分布。我国分布于东北、华北、西北、西南等地。伊朗、蒙古、俄罗斯、中亚也有分布。

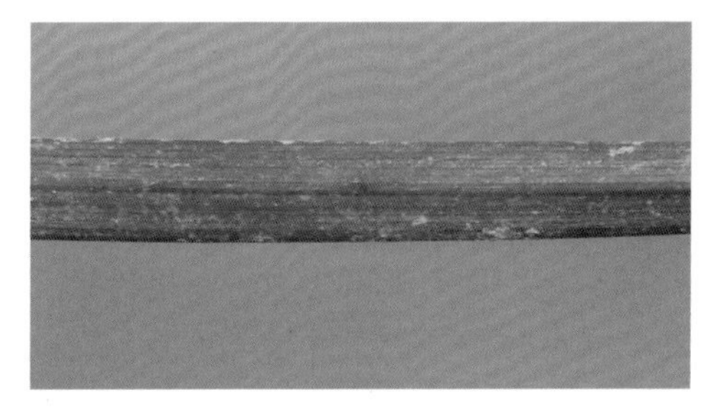
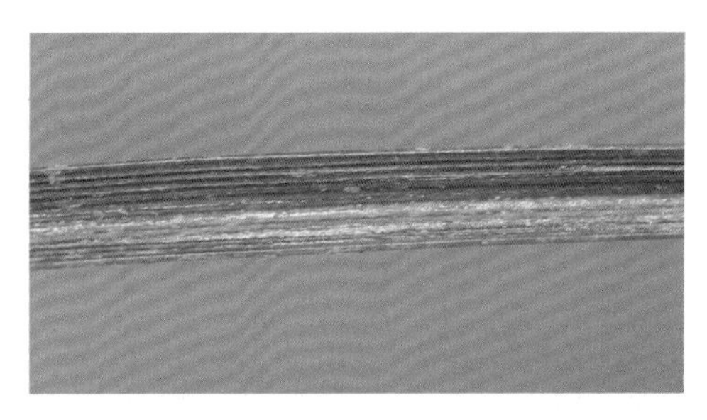

水葱属 *Schoenoplectus* (Rchb.) Palla

水葱 *Schoenoplectus tabernaemontani* (C. C. Gmel.) Palla

多年生草本，株高 1~2m。匍匐根状茎粗壮，具许多须根。秆高大，圆柱状，平滑，基部具 3~4 个叶鞘。叶鞘长可达 38cm，管状，膜质，最上面一个叶鞘具叶片；叶片线形，长 1.5~11cm。苞片 1 枚，为秆的延长，直立，钻状，常短于花序，极少数稍长于花序；长侧枝聚伞花序简单或复出，假侧生，具 4~13 或更多个辐射枝；辐射枝长可达 5cm，一面凸，一面凹，边缘有锯齿；小穗单生或 2~3 个簇生于辐射枝顶端，卵形或长圆形，顶端急尖或钝圆，长 5~10mm，宽 2~3.5mm，具多数花；鳞片椭圆形或宽卵形，顶端稍凹，具短尖，膜质，长约 3mm，棕色或紫褐色，有时基部色淡，背面有铁锈色突起小点，脉 1 条，边缘具缘毛；下位刚毛 6 条，等长于小坚果，红棕色，有倒刺；雄蕊 3，花药线形，药隔凸出；花柱中等长，柱头 2，罕 3，长于花柱。小坚果倒卵形或椭圆形，双凸状，少有三棱形，长约 2mm。花果期 6~9 月。

湿生植物。常生于海拔 300~3200m 的浅水沼泽、沼泽化草甸中。

阿拉善地区均有分布。我国分布于东北、华北、西南及江苏、陕西、甘肃、新疆等地。朝鲜、日本、俄罗斯、中亚、大洋洲、北美洲也有分布。

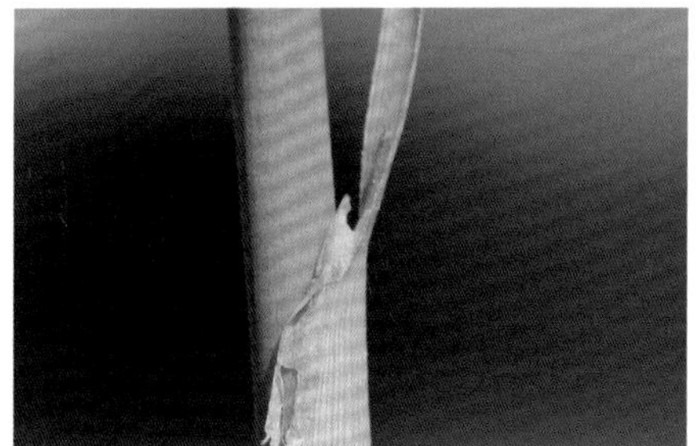

扁穗草属 *Blysmus* Panz. ex Schult.

华扁穗草 *Blysmus sinocompressus* Tang & F. T. Wang

多年生草本，株高3~30cm。根状茎长。叶扁平，宽1.3~5mm。苞片叶状；穗状花序单一，顶生，长1.5~3.5cm，花序由6~15个小穗组成，排列成两列；小穗卵状披针形、卵形或卵状矩圆形，长5~7mm，具2~9朵两性花；鳞片螺旋排列，卵状矩圆形，下位刚毛3~6条。小坚果倒卵形，平凸状。花果期6~9月。

湿生植物。常生于海拔1000~4000m的盐化草甸、河边沼泽中。

阿拉善地区均有分布。我国分布于内蒙古、河北、山西、甘肃、青海、陕西、四川、云南、西藏等地。南亚也有分布。

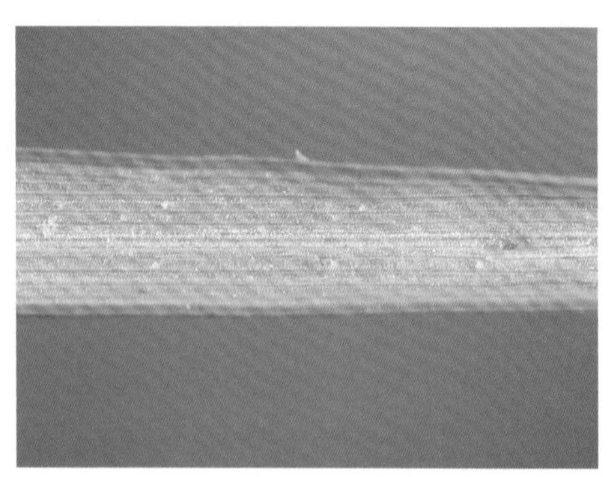

荸荠属 *Eleocharis* R. Br.

单鳞苞荸荠 *Eleocharis uniglumis* (Link) Schult.

多年生草本，株高10~15cm。具或长或短的匍匐根状茎。秆少数或多数，单生或密丛生，细弱，直或微曲，有少数钝肋条和纵槽，无小横脉，亦无疣状突起，直径约1mm。叶缺失，只在秆的基部有2~3个叶鞘，鞘上部黄绿色，下部血红色，鞘口截形或微斜，高1~4cm。小穗狭卵形、卵形或长圆形，长3~8mm，宽1.5~3mm，褐色或仅有褐色斑纹，有少数花（4至10余朵）；在小穗基部有一片鳞片中空无花，抱小穗基部一周（鳞片长为小穗的1/5），其余鳞片全有花，长圆状披针形，顶端钝，长约4mm，宽2mm余，背部在开花时绿色，后来淡褐色，两侧血紫色，开花时边缘狭，后来宽，干膜质；下位刚毛6条，长等于小坚果或稍长或稍短，微弯曲，向外展开，白色，有倒刺，刺密；花柱基近圆形，基部下延，长宽几相等，厚、长约为小坚果的1/3，宽为小坚果的1/2，海绵质，白色。小坚果倒卵形或宽卵形，黄色，后来褐色，双凸状，腹面很凸，背面稍凸，有时呈钝三棱形，长1.4~1.7mm，宽约1mm。花果期4~6月。

湿生植物。常生于海拔100~3300m的湖边、水旁或沼泽土中。

阿拉善地区均有分布。我国分布于内蒙古、新疆等地。俄罗斯西伯利亚、印度、蒙古、北欧、中亚及大西洋地区也有分布。

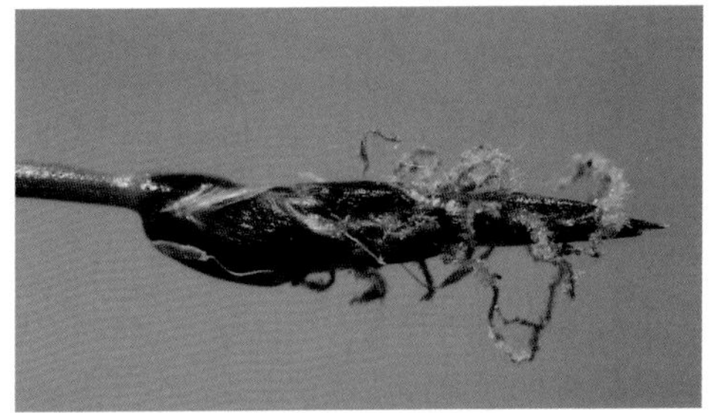

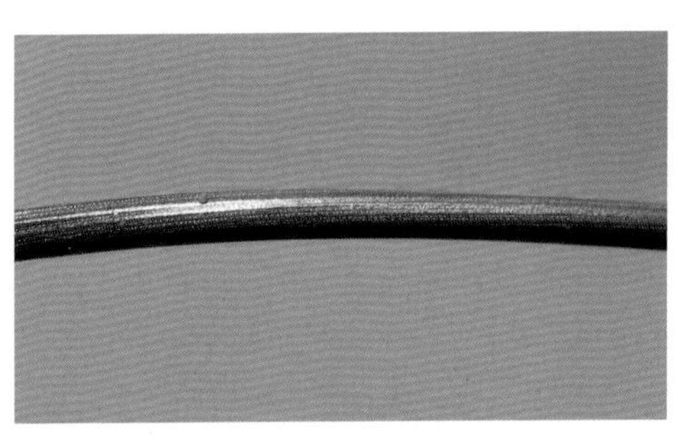

槽秆荸荠 *Eleocharis mitracarpa* Steud.

多年生草本，株高20~50cm。具匍匐根状茎。秆丛生，直立，绿色，直径1~3mm，具明显凸出的肋棱及纵槽。叶鞘长筒形，长可达10cm，顶部截平，下部紫红色。小穗矩圆状卵形或披针形，长5~15mm，宽3~4mm，淡褐色；花两性，多数；鳞片膜质，卵形或矩圆状卵形，长约3mm，宽约1.7mm，先端钝，具1中脉，上面被紫红色条纹；下位刚毛4，明显超出小坚果，具倒刺；雄蕊3；花柱基宽卵形，高约0.3mm，宽略小于高，海绵质，柱头2。小坚果宽倒卵形，长约1.3mm，宽约1mm，光滑。花果期6~8月。

湿生植物。常生于河及湖边沼泽。

阿拉善地区均有分布。我国分布于东北、华北、西北等地。中亚、朝鲜也有分布。

沼泽荸荠 *Eleocharis palustris* (L.) Roem. & Schult. 别名：中间型荸荠

多年生草本，株高20~40cm。具匍匐根状茎。秆丛生，直立，直径1~3mm，具纵沟。叶鞘长筒形，紧贴秆，长可达7cm，基部红褐色，鞘口截平。小穗矩圆状卵形或卵状披针形，长5~15cm，宽3~5mm，红褐色；花两性，多数；鳞片矩圆状卵形，先端急尖，长约3.2mm，宽约1mm，具红褐色纵条纹，中间黄绿色，边缘白色宽膜质，上部和基部膜质较宽；下位刚毛通常4，长于小坚果，具细倒刺；雄蕊3；花柱基三角状圆锥形，高约0.3mm，略大于宽度，海绵质，柱头2。小坚果倒卵形或宽倒卵形，长约1.2mm，宽约0.8mm，光滑。花果期6~7月。

湿生植物。常生于海拔2000m左右的河边、泉边沼泽和盐化草甸，可形成密集的沼泽群聚。

阿拉善地区均有分布。我国分布于东北、西北、内蒙古等地。蒙古、朝鲜、俄罗斯、北美洲也有分布。

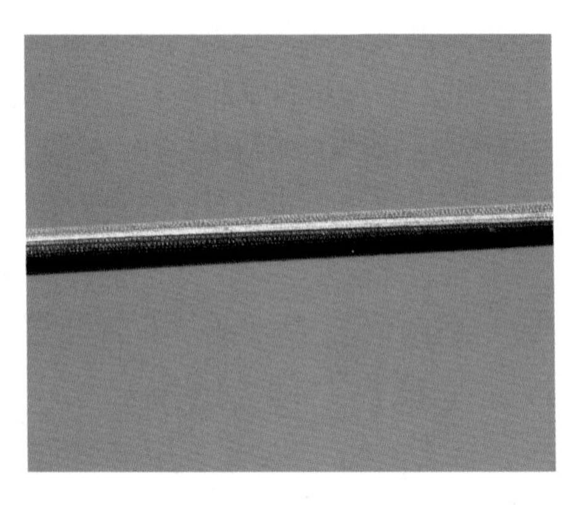

莎草属 *Cyperus* L.

褐穗莎草 *Cyperus fuscus* L. 别名：绿白穗莎草、北莎草

一年生草本，株高6~30cm。具须根。秆丛生，细弱，扁锐三棱形，平滑，基部具少数叶。叶短于秆或有时几与秆等长，宽2~4mm，平张或有时向内折合，边缘不粗糙。苞片2~3枚，叶状，长于花序；长侧枝聚伞花序复出或有时简单，具3~5个第一次辐射枝，辐射枝最长达3cm；小穗5至十几个密聚成近头状花序，线状披针形或线形，长3~6mm，宽约1.5mm，稍扁平，具8~24朵花；小穗轴无翅；鳞片覆瓦状排列，膜质，宽卵形，顶端钝，长约1mm，背面中间较宽的一条为黄绿色，两侧深紫褐色或褐色，具3条不十分明显的脉；雄蕊2，花药短，椭圆形，药隔不凸出于花药顶端；花柱短，柱头3个。小坚果椭圆形，三棱形，长约为鳞片的2/3，淡黄色。花果期7~10月。

中生植物。常生于海拔100~2000m的沼泽、水边、低湿沙地上。

阿拉善地区均有分布。我国分布于东北、内蒙古、河北、山西、甘肃等地。朝鲜、日本、俄罗斯、中亚也有分布。

花穗水莎草 *Cyperus pannonicus* Jacq.

多年生草本，株高7~20cm。具短的根状茎，须根多数。秆密丛生，扁三棱形，平滑。基部叶鞘3~4，红褐色，仅上部1枚具叶片；叶片狭条形，宽0.5~1mm。苞片2，下部者长，上部者较短，下部苞片基部较宽，直立，似秆之延伸；长侧枝聚伞花序短缩成头状，稀仅具1枚小穗，假侧生，小穗1~7(12)个；小穗长5~10mm，宽约3mm，卵状矩圆形或宽披针形，肿胀，含10~20(22)花；鳞片宽卵形，长2~2.5mm，宽约2.5mm，两侧黑褐色，中部淡褐色，具多数脉，先端具短尖；雄蕊3；柱头2。小坚果平凸状，椭圆形或近圆形，长1.8~2mm，宽1.2~1.5mm，黄褐色，有光泽，具网纹。花果期7~9月。

湿生植物。常生于海拔100~1300m的盐化草甸沼泽中。

阿拉善地区均有分布。我国分布于黑龙江、吉林、内蒙古、河北、山西、陕西、新疆、河南等地。欧洲中部也有分布。

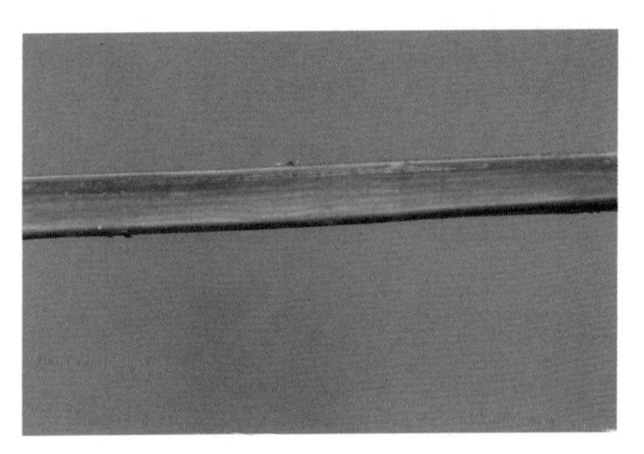

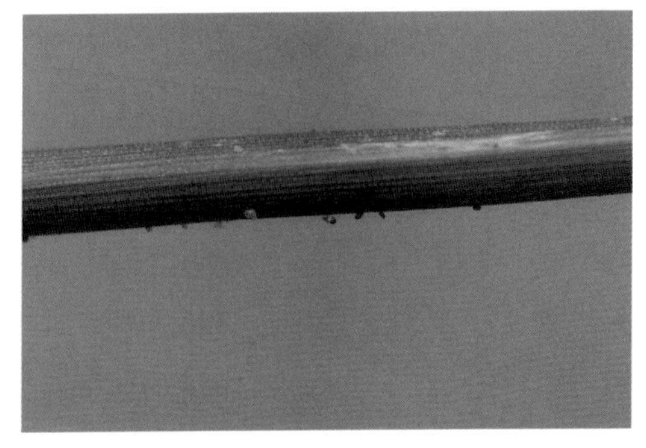

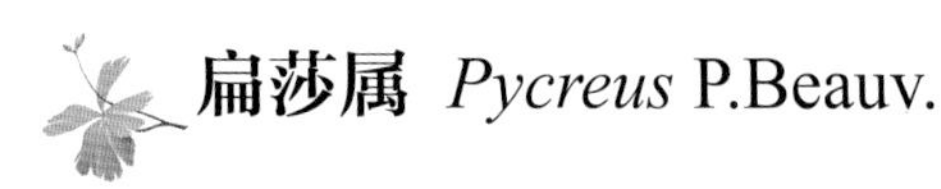

扁莎属 *Pycreus* P.Beauv.

红鳞扁莎 *Pycreus sanguinolentus* (Vahl) Nees ex C. B. Clarke in Hooker f.

一年生草本，株高5~45cm。具须根。秆丛生，稀单生，三棱形，平滑。叶鞘红褐色，具纵肋；叶片条形，扁平，短于秆，宽1~2(3)mm。苞片2~3，叶状，不等长，比花序长1~2倍；长侧枝聚伞花序短缩成头状或具1~4个不等长的辐射枝，辐射枝长1~4cm，其上着生多数小穗；小穗长卵形或矩圆形，长5~10mm，宽约3mm，具5~15花；鳞片成2行排列，卵圆形，长约2.4mm，宽约2mm，背部绿色，具3脉，两侧具淡绿色的宽槽，其外侧紫红色，边缘白色膜质；雄蕊3；柱头2。小坚果倒卵形，长约1.2mm，宽约0.7mm，双凸状，灰褐色，具细点。花果期7~9月。

湿生植物。常生于海拔1000m左右滩地、沟谷的沼泽草甸和河岸沙地上。

阿拉善地区均有分布。我国各地均有分布。朝鲜、蒙古、日本、俄罗斯东部也有分布。

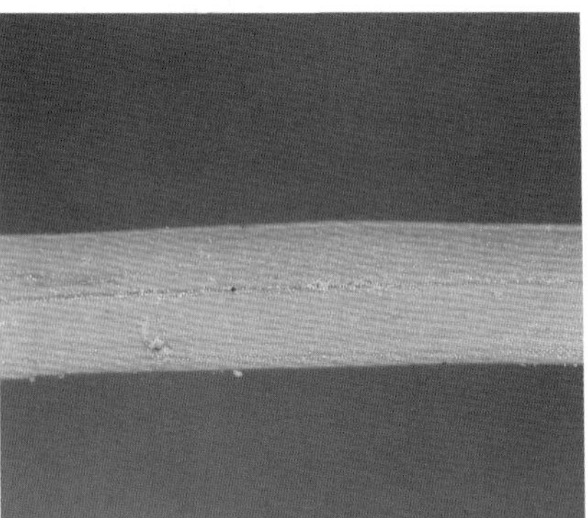

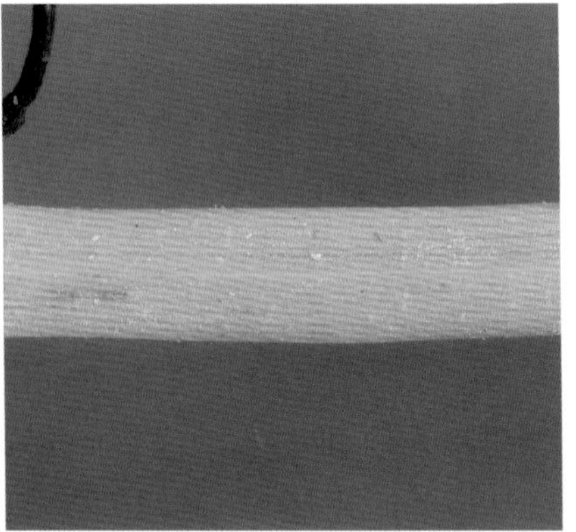

球穗扁莎 *Pycreus flavidus* (Retz.) T. Koyama

多年生草本，株高5~22cm。具极短根状茎。秆纤细，三棱形，平滑。叶鞘红褐色；叶片条形，短于秆，宽1~2mm，边缘稍粗糙。苞片2~3，不等长；长侧枝聚伞花序简单，辐射枝1~4，长1~4.5cm，有的甚短缩，不发育；辐射枝延伸，近顶部形成穗状花序，球形或宽卵圆形，具5~23小穗；小穗条形或狭披针形，长10~20mm，宽1.5~2mm，具20~30花；小穗轴四棱形，鳞片卵圆形或长椭圆状卵形，长约2mm，宽约1mm，背部黄绿色，具3脉，两侧红棕色，或黄棕色，边缘白色膜质，先端钝；雄蕊2；柱头2。小坚果倒卵形，双凸状，先端具短尖，长约1mm，宽约0.5mm，黄褐色，具细点。花果期7~9月。

湿生植物。常生于海拔100~3400m的沼泽化草甸及浅水中。

阿拉善地区均有分布。我国分布于东北、华北、华东、四川、贵州、云南、福建、广东等地。朝鲜、日本、中亚、印度、欧洲、大洋洲、非洲也有分布。

薹草属 *Carex* L.

细叶薹草（亚种）*Carex duriuscula* subsp. *stenophylloides* (V. I. Krecz.) S. Yun Liang & Y. C. Tang

多年生草本，株高5~20cm。根状茎细长，匍匐，黑褐色。秆疏丛生，纤细，近钝三棱形，具纵棱槽，平滑。基部叶鞘无叶片，灰褐色，具光泽，细裂成纤维状；叶片内卷成针状，刚硬，灰绿色，短于秆，宽1~1.5mm，两面平滑，边缘稍粗糙。穗状花序通常卵形或宽卵形，长7~12mm，宽5~10mm；苞片鳞片状，短于小穗；小穗3~6个，雄雌顺序，密生，卵形，长约5mm，具少数花；雌花鳞片宽卵形或宽椭圆形，锈褐色，先端锐尖，具白色膜质狭边缘，稍短于果囊；果囊革质，宽卵形或近圆形，长3~3.2mm，平凸状，褐色或暗褐色，成熟后微有光泽，两面无脉或具1~5条不明显脉，边缘无翅，基部近圆形，具海绵状组织及短柄，顶端急收缩为短喙，喙缘稍粗糙，喙口斜形，白色，膜质，浅2齿裂；花柱短，基部稍膨大，柱头2。小坚果疏松包于果囊中，宽卵形或宽椭圆形，长1.5~2mm。花果期4~7月。

中旱生植物。常生于轻度盐渍低地及沙地。在盐化草甸和草原的过牧地段可出现细叶薹草占优势的群落片段。

阿拉善地区均有分布。我国分布于东北、西北、内蒙古等地。朝鲜、蒙古、俄罗斯也有分布。

干生薹草 *Carex aridula* V. I. Krecz.

多年生草本，株高 5~20cm。根状茎具细长的地下匍匐茎。秆丛生，纤细，扁三棱形，下部平滑，上部棱上粗糙，基部具少数红褐色无叶片的鞘和残存的老叶鞘，老叶鞘常细裂成纤维状。叶短于秆或有的稍长于秆，宽 1~1.5mm，上面和边缘均粗糙，有的边缘稍卷曲。苞片鳞片状，最下面的一枚苞片顶端具长芒，基部抱秆；小穗 2~3 个，最上面的雌小穗与雄小穗间距很小，最下面的小穗稍疏远；顶生小穗为雄小穗，棒形，长 1~1.5cm，近无柄；其余小穗为雌小穗，球形或长圆形，长 5~8mm，具密生的少数几朵或十余朵花，无柄；雄花鳞片长圆状倒卵形或狭长圆形，长 4~4.5mm，顶端近圆形，红褐色，边缘白色透明，具 1~3 条细脉；雌花鳞片卵形或宽卵形，长约 3mm，顶端急尖，膜质，红褐色，边缘白色透明，具 1 条中脉；果囊初期斜展，后期近水平叉开，球状倒卵形，钝三棱形，长约 3mm，淡黄绿色，成熟时稍带淡褐色，平滑，具光泽，无脉，基部宽楔形，顶端骤缩成很短的喙，喙口斜截形，具白色膜质边缘；花柱基部增粗，柱头 3 个。小坚果倒卵形或宽倒卵形，三棱形，长约 2mm，暗棕色，基部楔形，顶端具小短尖。花果期 6~9 月。

中生植物。常生于海拔 2000~3900m 的山坡、高山草甸或沟边滩地。

阿拉善地区分布于龙首山。我国分布于内蒙古、甘肃、青海、西藏、四川等地。蒙古、俄罗斯也有分布。

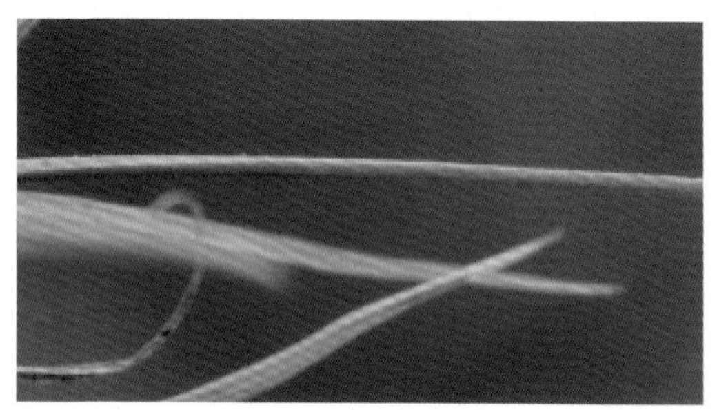

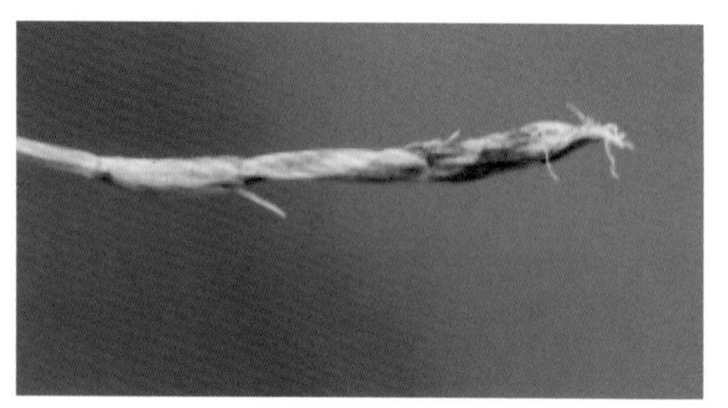

无脉薹草 *Carex enervis* C. A. Mey.in Ledebour

多年生草本，株高 15~45cm。根状茎长，匍匐，褐色。秆每 1~3 株散生，较细，三棱形，下部平滑，上部微粗糙，下部生叶。基部叶鞘无叶片，灰褐色，无光泽；叶片扁平或对折，灰绿色，短于秆，宽 2~3mm，先端长渐尖，边缘粗糙。穗状花序矩圆形或矩圆状卵形，长 1.5~2.5cm，下方 1~2 小穗稍疏生；苞片刚毛状，短于小穗；小穗 5~10 个，雄雌顺序，卵状披针形，长 6~7mm；雌花鳞片矩圆状卵形或卵状披针形，长约 3.5mm，锈褐色，中脉明显，先端渐尖，边缘白色膜质部分较宽，稍短于果囊；果囊膜质，卵状椭圆形或矩圆状卵形，平凸状，长 3~4mm，下部黄绿色，上部及两侧锈色，背腹面具不明显脉至无脉，边缘肥厚，稍向腹侧弯曲，基部无海绵状组织，近圆形或楔形，具短柄，顶端稍急缩为较长喙，喙粗糙，喙口白色膜质，短 2 齿裂；花柱基部不膨大，柱头 2。小坚果疏松包于果囊中，矩圆形或椭圆形，稍呈双凸状，长 1.2~1.6mm，浅灰色，有光泽。花果期 6~8 月。

中生植物。常生于海拔 2460~4500m 的河边沼泽化草甸及盐化草甸。

阿拉善地区均有分布。我国分布于东北、内蒙古、山西、甘肃、青海、新疆、四川等地。蒙古、中亚、俄罗斯也有分布。

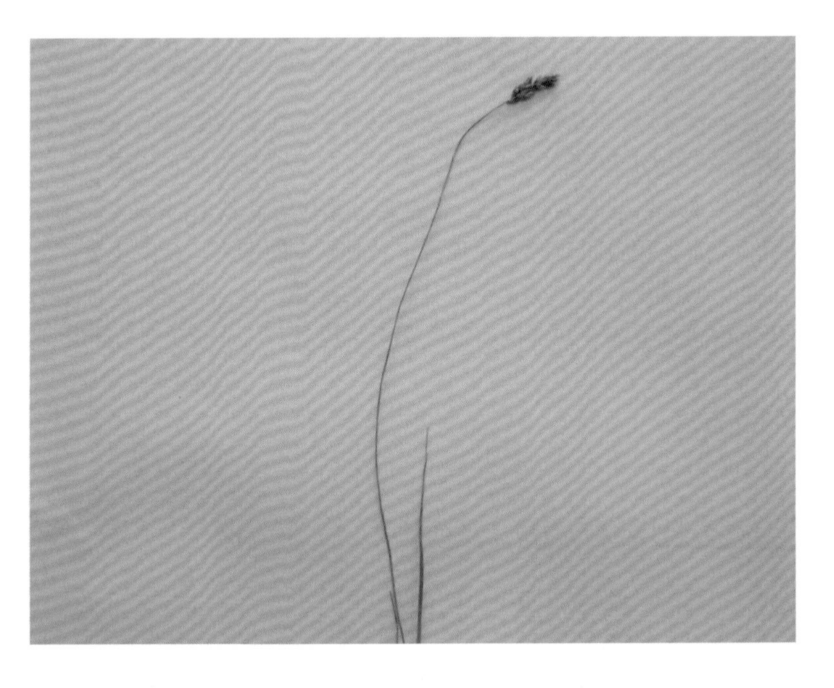

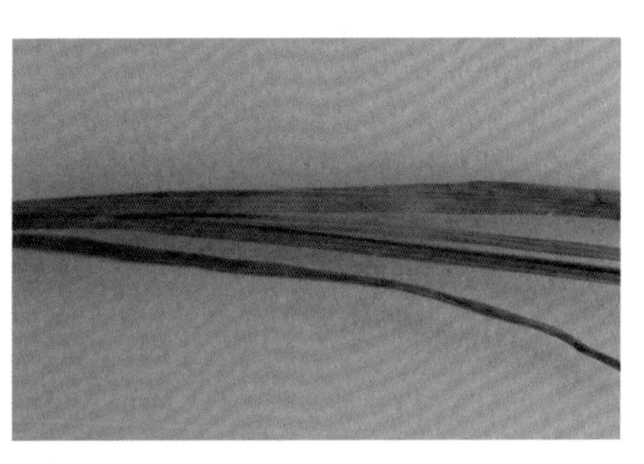

灰脉薹草 *Carex appendiculata* (Trautv.) Kük.

多年生草本。根状茎短，形成踏头。秆密丛生，高35~75cm，平滑或有时粗糙。基部叶鞘无叶，茶褐色或褐色，稍有光泽，老时细裂成纤维状；叶片扁平或有时内卷，淡灰绿色，与秆等长或稍长，宽2~4.5mm，两面平滑，边缘具微细齿。苞叶无鞘，与花序近等长；小穗3~5个，上部1~2(3)为雄小穗，条形，长2~3.5cm，其余为雌小穗（有时部分小穗顶端具少数雄花），条状圆柱形，长1.8~4.5cm，最下部小穗可具长1~1.5cm的短柄；雌花鳞片宽披针形，中部具1~3脉，2侧脉常不显，淡绿色，两侧紫褐色至黑紫色，先端渐尖，边缘白色膜质，短于果囊，且显著较之狭窄；果囊薄革质，椭圆形，长2.2~3.5mm，平凸状，具5~7(10)条细脉，顶端具短喙，喙口微凹；花柱基部不膨大，柱头2。小坚果紧包于果囊中，宽倒卵形或近圆形，平凸状，长约2mm。花果期6~7月。

湿生植物。常生于海拔590m左右的河岸湿地或沼泽。

阿拉善地区均有分布。我国分布于东北、西北、内蒙古等地。蒙古、朝鲜、俄罗斯也有分布。

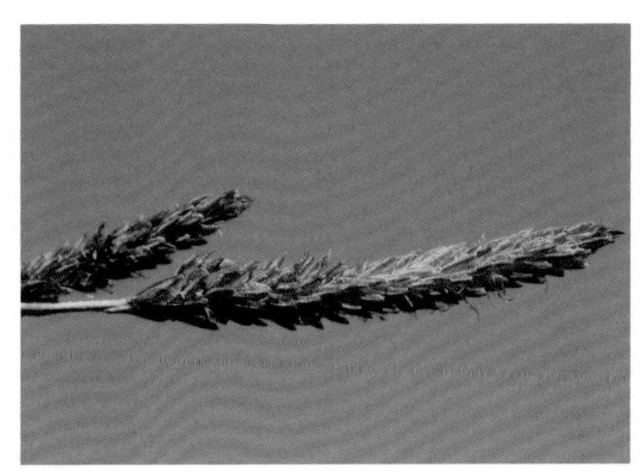

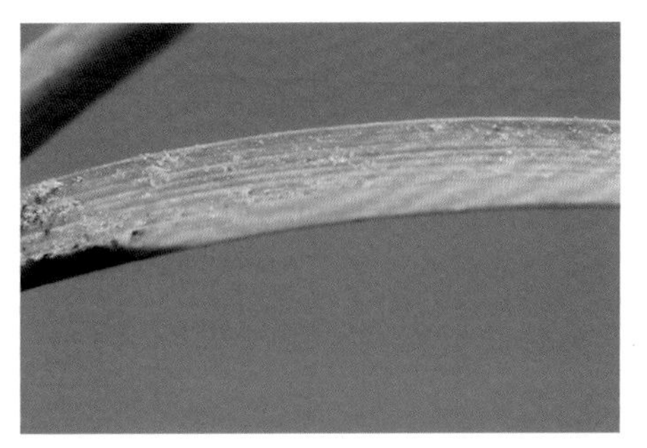

双辽薹草 *Carex platysperma* Y. L. Chang & Y. L. Yang

多年生草本，株高(28)40~50cm。具长的匍匐根状茎。秆疏丛生，纤细，三棱形，平滑。基部叶鞘褐色，有光泽，稍呈网状细裂；叶片扁平，短于秆，宽2~2.5(3)mm，边缘粗糙。苞片叶状，最下1片与花序近等长，无苞鞘；小穗3~4个；上部1(2)个为雄小穗，条形，长1~2.5cm；其余为雌小穗，圆柱形，稍接近，长1~2.5cm；无柄，花密生；雌花鳞片矩圆形，紫红褐色，中部具1条脉，沿脉淡绿色，先端钝，有时具短的凸尖，短于果囊；果囊近膜质，广倒卵形或近圆形，平凸状，具狭边，长2~2.5mm，黄锈色，具3~5条细脉，基部具短柄，顶端急收缩为明显短喙，喙口微凹；柱头2。小坚果紧密包于果囊中，圆倒卵形或圆形，近双凸状，长约1.7mm，顶端具小尖。花果期6~8月。

湿生植物。常生于海拔200~1000m的草原中湿地。

阿拉善地区均有分布。我国特有种，分布于吉林、内蒙古等地。

大披针薹草 *Carex lanceolata* Boott in A. Gray

多年生草本，株高13~36cm。根状茎粗短，斜升。秆密丛生，纤细，扁三棱形，上部粗糙，下部生叶。基部叶鞘深褐色带红褐色，稍细裂成丝网状；叶片扁平，质软，短于秆，花后延伸，宽1.5~2mm。苞片佛焰苞状，锈色，背部淡绿色，具白色膜质宽边缘，先端无或有短尖头；小穗3~5个，彼此疏远；顶生者为雄小穗，与上方雌小穗接近，条状披针形，长约1cm，雄花鳞片披针形，深锈色，先端渐尖，具宽的白色膜质边缘；其余为雌小穗，矩圆形，长1~1.3cm，着花(4)6~7朵，稀疏，具细柄，最下1枚长2~3cm，小穗轴通常之字形膝曲，稀近直；雌花鳞片披针形或卵状披针形，长约5mm，红锈色，中部具3脉，脉间淡棕色，先端渐尖，但不凸出，具宽的白色膜质边缘，比果囊长1/3~1/2；果囊倒卵形，圆三棱形，长约3mm，淡绿色至淡黄绿色，两面各具8~9条明显凸脉，被短柔毛，基部渐狭为海绵质外弯的长柄，顶端圆形，急缩为极短喙，喙口微凹，紫褐色；花柱基部稍膨大，向背侧倾斜，柱头3。小坚果紧包于果囊中，倒卵形，三棱状，长约2.5mm。花期3~5月，果期6~7月。

中生植物。常生于海拔110~2300m的林下、林缘草地、山地草甸草原。

阿拉善地区均有分布。我国分布于东北、华北、西北、华中、华东等地。俄罗斯、蒙古、朝鲜、日本也有分布。

圆囊薹草 *Carex orbicularis* Boott

多年生草本，株高 10~25cm。根状茎短，具匍匐茎。秆丛生，纤细，三棱形，粗糙，基部具栗色的老叶鞘。叶短于秆，宽 1.5~3mm，平张，边缘粗糙。苞片基部刚毛状，短于花序，无鞘，上部鳞片状；小穗 2~3(4) 个，顶生 1 个雄性，圆柱形，长 1.2~2cm，柄长 3~9mm，侧生小穗雌性，卵形或长圆形，长 0.5~1.5cm，花密生，最下部的具短柄，柄长 2~3mm，上部的无柄；雌花鳞片长圆形或长圆状披针形，顶端稍钝，长 1.8~2.5mm，宽 1~1.2mm，暗紫红色或红棕色，具白色膜质边缘，中脉色淡；果囊稍长于鳞片而较鳞片宽 2~3 倍，近圆形或倒卵状圆形，平凸状，长 2~2.7mm，宽 2.3~2.5mm，下部淡褐色，上部暗紫色，密生瘤状小突起，脉不明显，顶端具极短的喙，喙口微凹，疏生小刺；花柱基部不膨大，柱头 2 个。小坚果卵形，长约 2mm。花果期 7~8 月。

中生植物。常生于海拔 2800~4600m 的河漫滩、湖边盐生草甸、沼泽草甸。

阿拉善地区分布于阿拉善左旗、贺兰山。我国分布于内蒙古、甘肃、青海、新疆、西藏等地。西亚、俄罗斯、印度西北部、巴基斯坦也有分布。

无穗柄薹草 *Carex ivanoviae* T. V. Egorova

多年生草本，株高 7~19cm。根状茎细长匍匐。秆疏丛生。叶片刚毛状内卷，苞片通常具刚毛状；具短鞘。小穗 2~4；顶生者为雄小穗，矩圆形或披针形，雄花鳞片卵形；雌小穗通常 2，矩圆形，雌花鳞片卵形，果囊纸质，矩圆状卵形、椭圆形或倒卵形，无脉，平滑，具光泽，顶端急缩为喙，喙长约 1.5mm，柱头 3。小坚果紧包于果囊中，三棱状。花果期 6~7 月。

旱生植物。常生于海拔 4000~5300m 的高山及山前地带沙地和砂质土壤。

阿拉善地区分布于阿拉善左旗、贺兰山。我国分布于内蒙古、青海、甘肃、西藏等地。

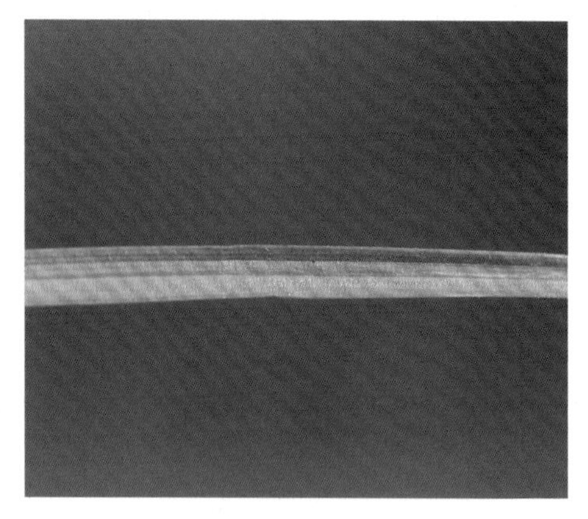

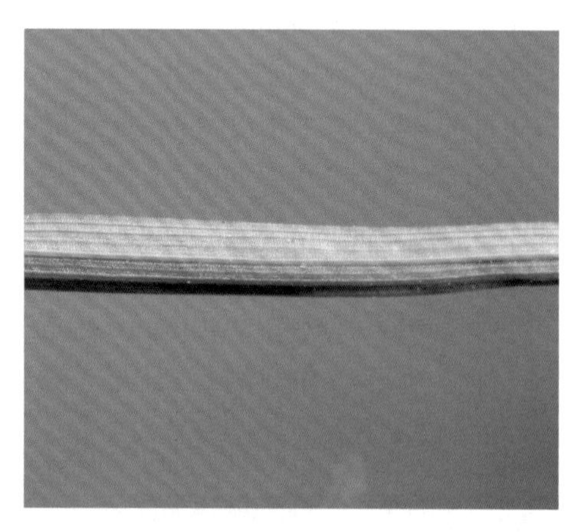

天南星科 Araceae

浮萍属 *Lemna* L.

浮萍 *Lemna minor* L.

多年生草本。植物体漂浮于水面。假根纤细，根鞘无附属物，根冠钝圆或截形。叶状体近圆形或倒卵形，长 3~6mm，宽 2~3mm，全缘，两面绿色，不透明，光滑，具不明显的三条脉纹。花着生于叶状体边缘开裂处；膜质苞鞘囊状，内有雌花 1 朵和雄花 2 朵；雌花具 1 胚珠，弯生。果实圆形，近陀螺状，具深纵脉纹，无翅或具狭翅；种子 1，具不规则的凸出脉。花期 6~7 月。

浮水植物。常生于海拔 2000~3000m 的静水中、小水池及河湖边缘，繁殖快，常遮盖水面。

阿拉善地区分布于阿拉善左旗。我国南北各地均有分布。世界各地均有分布。

灯芯草科 Juncaceae

灯芯草属 *Juncus* L.

小灯芯草 *Juncus bufonius* L.

一年生草本，株高 5~25cm。茎丛生，直立或斜升，基部有时红褐色。叶基生和茎生，扁平，狭条形，长 2~8cm，宽约 1mm；叶鞘边缘膜质，向上渐狭；无明显叶耳。花序呈不规则二歧聚伞状，每分枝上常顶生和侧生 2~4 花；总苞片叶状，较花序短；小苞片 2~3，卵形，膜质；花被片绿白色，背脊部绿色，披针形，外轮明显较长，长 4~5mm，先端长渐尖，内轮较短，长 3.5~4mm，先端长渐尖；雄蕊 6，长 1.5~2mm，花药狭矩圆形，比花丝短。蒴果三棱状矩圆形，褐色，与内轮花被片等长或较短；种子卵形，黄褐色，具纵纹。花果期 6~9 月。

湿生植物。常生于海拔 160~3200m 的沼泽草甸和盐化沼泽草甸。

阿拉善地区均有分布。我国分布于长江以北各地及四川、云南等地。日本、朝鲜、俄罗斯、北美洲也有分布。

扁茎灯芯草 *Juncus gracillimus* (Buchenau) V. I. Krecz. & Gontsch. in Komarov

多年生草本，株高 30~50cm。根状茎横走，密被褐色鳞片，直径约 3mm。茎丛生，直立，绿色，直径约 1mm。基生叶 2~3 片，茎生叶 1~2 片，叶片狭条形，长 5~15cm，宽 0.5~1mm；叶鞘长 2.5~6cm，松弛抱茎，其顶部具圆形叶耳。复聚伞花序生茎顶部，具多数花；总苞片叶状，常 1 片，常超出花序；从总苞片腋部发出多个长短不一的花序分枝，其顶部有一至数回的聚伞花序；花小，彼此分离；小苞片 2，三角状卵形或卵形，长约 1mm，膜质；花被片近等长，卵状披针形，长约 2mm，先端钝圆，边缘膜质，常稍向内卷成兜状；雄蕊 6，短于花被片，花药狭矩圆形，与花丝近等长；花柱短，柱头三分叉。蒴果卵形或近球形，长 2.5~3mm，超出花被片，先端具短尖，褐色，具光泽；种子褐色，斜倒卵形，长约 0.3mm，表面具纵向梯纹。花果期 6~8 月。

湿生植物。常生于海拔 540~1500m 的河边、湖边、沼泽化草甸或沼泽中。

阿拉善地区均有分布。我国分布于长江以北各地。日本、朝鲜、蒙古、俄罗斯也有分布。

百合科 Liliaceae

顶冰花属 *Gagea* Salisb.

少花顶冰花 *Gagea pauciflora* (Turcz. ex Trautv.) Ledeb.

多年生草本，株高 7~25cm。鳞茎球形或卵形，上端延伸成圆筒状，撕裂，抱茎。基生叶 1，长 8~22cm，宽 2~3mm；茎生叶通常 1~3，下部 1 枚，长可达 12cm，披针状条形，上部的渐小而成为苞片状。花 1~3 朵，排成近总状花序；花被片披针形，绿黄色，长 4~22mm，宽 1.5~4mm，先端渐尖或锐尖；雄蕊长为花被的 1/2~2/3，花药条形，长 2~3.5mm；子房矩圆形，长 2.5~3.5mm，花柱与子房近等长或略短，柱头 3 深裂，裂片长度通常超过 1mm。蒴果近倒卵形，长为宿存花被片的 2/3。花期 5~6 月，果期 7 月。

中生植物。常生于海拔 400~4100m 的山地草甸或灌丛。

阿拉善地区分布于贺兰山、龙首山、桃花山。我国分布于内蒙古、河北、陕西、甘肃、青海、西藏等地。俄罗斯、蒙古也有分布。

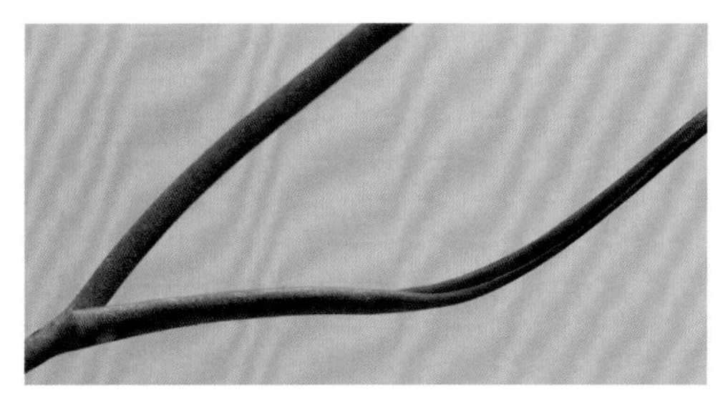

百合属 *Lilium* L.

山丹 *Lilium pumilum* Redouté

多年生草本，株高3~5cm。鳞茎卵形或圆锥形，直径2~3cm；鳞片矩圆形或长卵形，长3~4cm，宽1~1.5cm，白色。茎直立，高25~66cm，密被小乳头状突起。叶散生于茎中部，条形，长3~9.5cm，宽1.5~3mm，边缘密被小乳头状突起。花1至数朵，生于茎顶部，鲜红色，无斑点，下垂；花被片反卷，长3~5cm，宽6~10mm，蜜腺两边有乳头状突起；花丝长2.4~3cm，无毛，花药长矩圆形，长7.5~10mm，黄色，具红色花粉粒；子房圆柱形，长约10mm，花柱长约17mm，柱头膨大，径3.5~4mm，3裂。蒴果矩圆形，长约2cm，直径0.7~1.5cm。花期7~8月，果期9~10月。

中生植物。常生于海拔400~2600m的草甸草原、山地草甸及山地林缘。

阿拉善地区分布于贺兰山、龙首山、桃花山。我国分布于东北、华北、西北、西南等地。欧洲、亚洲其他地区和北美洲也有分布。

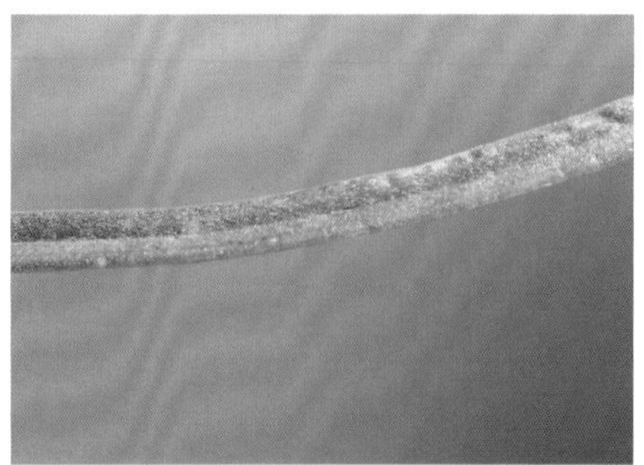

葱属 *Allium* L.

贺兰韭 *Allium eduardii* Stearn

多年生草本，株高 10~40cm。鳞茎数枚紧密地聚生，圆柱状，通常共同被以网状外皮；外皮黄褐色，破裂成纤维状，呈明显网状。叶半圆柱状，上面具纵沟，粗 0.5~1mm，短于花葶。花葶圆柱状，高 20~30cm，下部被叶鞘；总苞片单侧开裂，膜质，具长约 1.5cm 的喙，宿存；伞形花序半球状，较疏散；小花梗近等长，长 1~1.5cm，基部具白色膜质小苞片；花淡紫红色；花被片矩圆状卵形至矩圆状披针形，长 5~6mm，宽 2~2.5mm，外轮稍短于内轮；花丝等长，稍长于花被片，基部合生并与花被片贴生，外轮锥形，内轮基部扩大，每侧各具 1 细长的锐齿；子房近球状，腹缝线基部不具凹陷的蜜穴，花柱伸出花被外。花果期 7~8 月。

旱中生植物。常生于海拔 800~2000m 的山顶石缝。

阿拉善地区分布于贺兰山。我国分布于内蒙古、河北、宁夏等地。俄罗斯、蒙古也有分布。

青甘韭 *Allium przewalskianum* Regel

多年生草本，株高 10~50cm。鳞茎数枚聚生，狭卵状圆柱形；外皮红色，破裂成纤维状，呈明显网状。叶半圆柱状至圆柱状，具纵棱。花葶圆柱状，高 10~45cm，下部被叶鞘。总苞单侧开裂，宿存；伞形花序球状，具多而密集的花；小花梗近等长；花淡红色至深紫红色；花被片长 4~6mm，外轮者卵形或狭卵形，稍短于内轮，内轮的矩圆形至矩圆状披针形；花丝等长，长于花被片，基部合生并与花被片贴生，外轮锥形，内轮基部扩大成矩圆形，每侧各具 1 齿；子房球状。花果期 6~9 月。

中旱生植物。常生于海拔 2000~4800m 的山地灌丛间。

阿拉善地区分布于贺兰山、龙首山、桃花山。我国分布于宁夏、陕西、甘肃、新疆、青海、西藏、四川、云南等地。印度、尼泊尔也有分布。

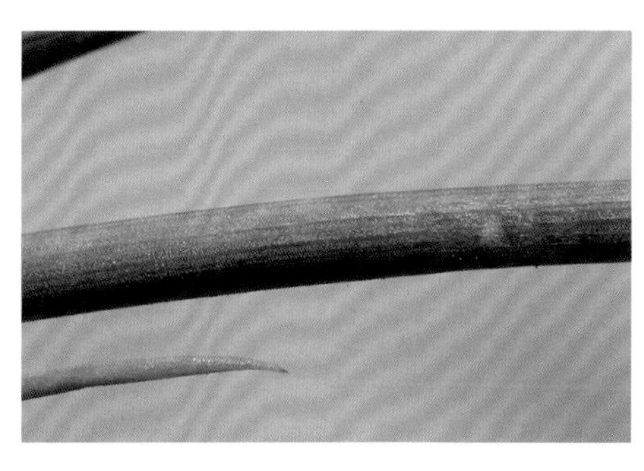

阿拉善韭 *Allium flavovirens* Regel

多年生草本。鳞茎单生或2~3枚聚生，圆柱状，长10~20cm，粗5~20mm，外皮黄褐色、褐色或深褐色，纤维状撕裂。叶半圆柱状，中空，上面具沟槽，与花葶近等长或较长，宽2~4mm。花葶圆柱状，高15~60cm，中下部被叶鞘；总苞2裂，具狭长喙，宿存；伞形花序球形，花多而密集或疏松；小花梗近等长，长为花被片的1.5~2倍，基部无小苞片；花白色或淡黄色；花被片矩圆形或卵状矩圆形，长4~6mm，外轮者稍短，背面淡紫红色；花丝等长，长为花被片的1.5~2倍，基部合生并与花被片贴生，外轮锥形，内轮基部扩大，每侧各具1钝齿；子房近球形，基部具凹陷的蜜穴，花柱伸出。花期8月，果期9月。

中生植物。常生于海拔1800~3100m的山坡石缝。

阿拉善地区分布于贺兰山。我国特有种，分布于内蒙古、宁夏等地。

辉韭 *Allium strictum* Schard. 别名：辉葱

多年生草本。鳞茎单生或2枚聚生，近圆柱状；外皮黄褐色至灰褐色，破裂成纤维状，呈网状。叶狭条形，短于花葶，宽2~5mm。花葶圆柱状，高40~70cm，粗2~3mm，中下部被叶鞘；总苞片2裂，淡黄白色，宿存；伞形花序球状或半球形，具多而密集的花；小花梗近等长，长0.5~1cm，基部具膜质小苞片；花淡紫色至淡紫红色；花被片具暗紫色的中脉，外轮花被片矩圆状卵形，长约4mm，宽约1.5mm，内轮花被片矩圆形至椭圆形，长约5mm，宽约2mm；花丝等长，略长于花被片，基部合生并与花被片贴生，外轮锥形，内轮基部扩大，扩大部分常高于其宽，每侧常各具1短齿，或齿的上部有时又具2~4枚不规则的小齿；子房倒卵状球形，基部具凹陷的蜜穴，花柱稍伸出花被外。花果期7~8月。

中生植物。常生于海拔800~1700m的山地林下、林缘、沟边、低湿地上。

阿拉善地区分布于贺兰山、龙首山、桃花山。我国分布于黑龙江、吉林、内蒙古、宁夏、甘肃、新疆等地。中亚、俄罗斯、蒙古也有分布。

野韭 *Allium ramosum* L.

多年生草本。根状茎粗壮，横生，略倾斜。鳞茎近圆柱状，簇生；外皮暗黄色至黄褐色，破裂成纤维状，呈网状。叶三棱状条形，背面纵棱隆起呈龙骨状，沿叶缘及纵棱常具细糙齿，中空，宽1~4mm，短于花葶。花葶圆柱状，具纵棱或有时不明显，高20~55cm，下部被叶鞘；总苞单侧开裂或2裂，白色、膜质，宿存；伞形花序半球状或近球状，具多而较疏的花；小花梗近等长，长1~1.5cm；基部除具膜质小苞片外常在数枚小花梗的基部为1枚共同的苞片所包围；花白色，稀粉红色；花被片常具红色中脉，外轮花被片矩圆状卵形至矩圆状披针形，先端具短尖头，通常与内轮花被片等长，但较狭窄，宽约2mm；内轮花被片矩圆状倒卵形或矩圆形，先端亦具短尖头，长6~7mm，宽2.5~3mm；花丝等长，长为花被片的1/2~3/4，基部合生并与花被片贴生，合生部位高约1mm，分离部分呈狭三角形，内轮者稍宽；子房倒圆锥状球形，具3圆棱，外壁具疣状突起，花柱不伸出花被外。花果期7~9月。

中旱生植物。常生于海拔460~2100m的砾石质坡地、草原化草甸等群落中。

阿拉善地区均有分布。我国分布于黑龙江、吉林、辽宁、内蒙古、河北、山西、陕西、宁夏、甘肃、青海、新疆、山东等地。中亚、俄罗斯、蒙古也有分布。

碱韭 *Allium polyrhizum* Turcz. ex Regel

多年生草本。鳞茎多枚紧密簇生，圆柱状；外皮黄褐色，撕裂成纤维状。叶半圆柱状，边缘具密的微糙齿，粗 0.3~1mm，短于花葶。花葶圆柱状，高 10~20cm，近基部被叶鞘；总苞 2 裂，膜质，宿存；伞形花序半球状，具多而密集的花；小花梗近等长，长 5~8mm，基部具膜质小苞片，稀无小苞片；花紫红色至淡紫色，稀粉白色；外轮花被片狭卵形，长 2.5~3.5mm，宽 1.5~2mm；内轮花被片矩圆形，长 3.5~4mm，宽约 2mm；花丝等长，稍长于花被片，基部合生并与花被片贴生，外轮锥形，内轮基部扩大，扩大部分每侧各具 1 锐齿，极少无齿；子房卵形，不具凹陷的蜜穴，花柱稍伸出花被外。花果期 7~8 月。

强旱生植物。常生于海拔 1000~3700m 的荒漠草原带、干草原带、半荒漠及荒漠地带的壤质、砂壤质棕钙土、淡栗钙土或石质残丘坡地上，是小针茅草原群落中常见的成分，甚至可成为优势种。

阿拉善地区均有分布。我国分布于内蒙古、河北、山西、宁夏、甘肃、青海、新疆等地。俄罗斯、中亚、蒙古也有分布。

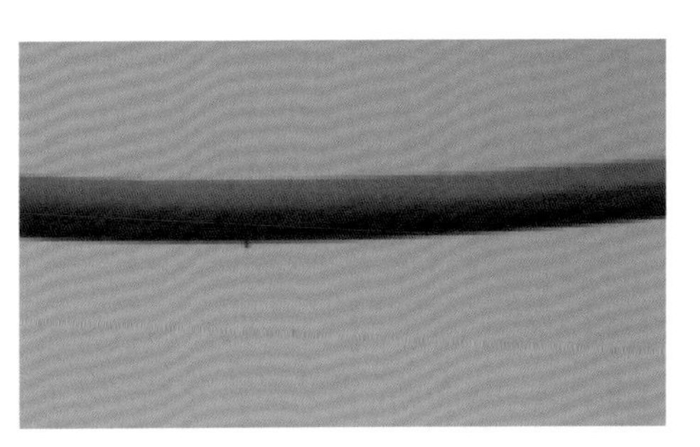

蒙古韭 *Allium mongolicum* Turcz. ex Regel　　别名：蒙古葱

多年生草本。鳞茎密集地丛生，圆柱状；外皮褐黄色，破裂成纤维状，呈松散的纤维状。叶半圆柱状至圆柱状，比花葶短，粗0.5~1.5mm。花葶圆柱状，高10~30cm，下部被叶鞘；总苞单侧开裂，宿存；伞形花序半球状至球状，具多而通常密集的花；小花梗近等长，从与花被片近等长直到比其长1倍，基部无小苞片；花淡红色、淡紫色至紫红色，大；花被片卵状矩圆形，长6~9mm，宽3~5mm，先端钝圆，内轮的常比外轮的长；花丝近等长，为花被片长度的1/2~2/3，基部合生并与花被片贴生，内轮的基部约1/2扩大成卵形，外轮的锥形；子房倒卵状球形，花柱略比子房长，不伸出花被外。花果期7~9月。

旱生植物。常生于海拔800~2800m的荒漠草原及荒漠地带的沙地或干旱山坡。

阿拉善地区均有分布。我国分布于辽宁、内蒙古、陕西、宁夏、甘肃、青海、新疆等地。俄罗斯西伯利亚、蒙古也有分布。

砂韭 *Allium bidentatum* Fisch. ex Prokh. & Ikonn.-Gal.

多年生草本。鳞茎常紧密地聚生在一起，圆柱状，有时基部稍扩大，粗3~6mm；外皮褐色至灰褐色，薄革质，条状破裂，有时顶端破裂成纤维状。叶半圆柱状，比花葶短，常仅为其1/2长，宽1~1.5mm。花葶圆柱状，高10~30cm，下部被叶鞘；总苞2裂，宿存；伞形花序半球状，花较多，密集；小花梗近等长，近与花被片等长，很少比其长1.5倍，基部无小苞片；花红色至淡紫红色；外轮花被片矩圆状卵形至卵形，长4~5.5mm，宽1.5~2.8mm，内轮花被片狭矩圆形至椭圆状矩圆形，先端近平截，常具不规则小齿，稍比外轮的长，长5~6.5mm，宽1.5~3mm；花丝略短于花被片，等长，基部合生并与花被片贴生，合生部分高0.6~1mm，内轮的4/5扩大成卵状矩圆形，扩大部分每侧各具1钝齿，极稀无齿，外轮的锥形；子房卵球状，外壁具细的疣疱状突起或突起不明显，基部无凹陷的蜜穴，花柱略比子房长。花果期7~9月。

旱生植物。常生于海拔600~2000m的草原地带和山地阳坡，为典型草原的伴生种。

阿拉善地区均有分布。我国分布于黑龙江、吉林、辽宁、内蒙古、河北、山西、新疆、宁夏等地。俄罗斯、蒙古也有分布。

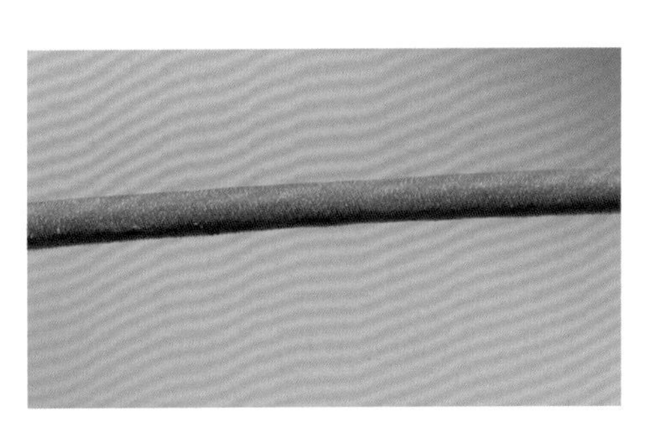

雾灵韭 *Allium stenodon* Nakai & Kitag.

多年生草本。鳞茎常数枚簇生，为基部增粗的圆柱状，粗 0.3~1cm；鳞茎外皮黑褐色至黄褐色，破裂，老时常纤维状，有时略呈网状。叶条形，扁平，近与花葶等长，宽 2~6(8)mm，先端长渐尖，边缘向下反卷，下面的颜色比上面的淡，干时亦能辨别。花葶圆柱状，高 15~40m，中部以下被叶鞘；总苞单侧开裂，比伞形花序短，具短喙，宿存或早落；伞形花序稍松散；小花梗近等长，比花被片长 2~4 倍，果期更长，基部无小苞片；花淡红色、淡紫色至紫色；花被片长 3.5~5(7)mm，宽 1.5~2.4 (34)mm，内轮的卵状矩圆形，先端近平截或钝圆，外轮卵形，舟状，比内轮的稍短；花丝等长，为花被片长度的 1.5~2 倍，仅基部合生并与花被片贴生，内轮的基部扩大，扩大部分每侧各具 1 枚高 (1)2~3mm 的齿片，齿片顶端常具 2 至数枚不规则的小齿；子房倒卵状，腹缝线基部具有帘的凹陷蜜穴，花柱伸出花被外。花果期 8~10 月。

中生植物。常生于海拔 1550~3000m 的山地林缘和草甸。

阿拉善地区分布于贺兰山、龙首山、桃花山。我国分布于内蒙古、河北、山西、河南等地。中亚、俄罗斯、蒙古、朝鲜也有分布。

矮韭 *Allium anisopodium* Ledeb.

多年生草本。根状茎明显，横生。鳞茎近圆柱状，数枚聚生；外皮紫褐色、黑褐色或灰黑色，膜质，不规则地破裂，有时顶端几呈纤维状，内部常带紫红色。叶半圆柱状，稀为横切面呈新月形的狭条形，有时因背面中央的纵棱隆起而呈三棱状狭条形，光滑，或沿叶缘和纵棱具细糙齿，与花葶近等长，宽 1~2(4)mm。花葶圆柱状，具细的纵棱，光滑，高 (20) 30~50 (65) cm，粗 1~2.5mm，下部被叶鞘；总苞单侧开裂，宿存；伞形花序近扫帚状，松散；小花梗不等长，果期尤为明显，随果实的成熟而逐渐伸长，长 1.5~3.5cm，具纵棱，光滑，稀沿纵棱略具细糙齿，基部无小苞片；花淡紫色至紫红色；外轮的花被片卵状矩圆形至阔卵状矩圆形，先端钝圆，长 3.9~4.9mm，宽 2~2.9mm，内轮的倒卵状矩圆形，先端平截或略为钝圆的平截，常比外轮的稍长，长 4~5mm，宽 2.2~3.2mm；花丝长度约为花被片的 2/3，基部合生并与花被片贴生，外轮的锥形，有时基部略扩大，比内轮的稍短，内轮下部扩大成卵圆形，扩大部分约为花丝长度的 2/3，罕在扩大部分的每侧各具 1 小齿；子房卵球状，基部无凹陷的蜜穴，花柱比子房短或近等长，不伸出花被外。花果期 7~9 月。

中生植物。常生于海拔 1300m 以下的森林草原和草原地带的山坡、草地和固定沙地上。

阿拉善地区均有分布。我国分布于黑龙江、吉林、辽宁、内蒙古、山东、河北、新疆等地。中亚、俄罗斯、蒙古、朝鲜也有分布。

山韭 *Allium senescens* L.　　别名：山葱、岩葱

多年生草本。根状茎粗壮，横生，外皮黑褐色至黑色。鳞茎单生或数枚聚生，近狭卵状圆柱形或近圆锥状，粗 0.5~1.5cm；外皮灰褐色至黑色，膜质，不破裂。叶条形，肥厚，基部近半圆柱状，上部扁平，长 5~25cm，宽 2~10mm，先端钝圆，叶缘和纵脉有时具极微小的糙齿。花葶近圆柱状，常具 2 纵棱，高 20~50cm，粗 2~5mm，近基部被叶鞘；总苞 2 裂，膜质，宿存；伞形花序半球状至近球状，具多而密集的花；小花梗近等长，长 10~20mm，基部通常具小苞片；花紫红色至淡紫色；花被片长 4~6mm，宽 2~3mm，先端具微齿，外轮者舟状，稍短而狭，内轮者矩圆状卵形，稍长而宽；花丝等长，比花被片长可达 1.5 倍，基部合生并与花被片贴生，外轮者锥形，内轮者披针状狭三角形；子房近球状，基部无凹陷的蜜穴，花柱伸出花被外。花果期 7~8 月。

中旱生植物。常生于海拔 2000m 以下的草原、草甸草原或砾石质山坡上，为草甸草原及草原伴生种。

阿拉善地区均有分布。我国分布于黑龙江、吉林、辽宁、内蒙古、河北、山西、甘肃、新疆、河南等地。中亚、俄罗斯、蒙古也有分布。

镰叶韭 *Allium carolinianum* Redouté

多年生草本。具短的直生根状茎。鳞茎单生或2~3枚聚生，狭卵状至卵状圆柱形；外皮革质，褐色至黄褐色，顶端破裂，常呈纤维状。叶宽条形，扁平，光滑，常呈镰状弯曲，钝头，宽3~15mm，短于花葶。花葶粗壮，高20~60cm，粗2~4mm，下部被叶鞘；总苞2裂，常带紫色，宿存；伞形花序球状，具多而密集的花；小花梗近等长，基部无小苞片；花紫红色、淡紫色、淡红色；花被片狭矩圆形至矩圆形，长4.5~9.4mm，宽1.5~3mm，先端钝，有时微凹缺，外轮稍短于或近等长于内轮；花丝锥形，比花被片长，基部合生并与花被片贴生，内轮花丝贴生部分高出合生部分约0.5mm，外轮的则略低于合生部分，合生部分高约1mm；子房近球状，腹缝线基部具凹陷的蜜穴，花柱伸出花被外。花果期6~9月。

中生植物。常生于海拔2500~5000m荒漠地带的山地林下及林缘草甸。

阿拉善地区分布于龙首山。我国分布于内蒙古、甘肃、青海、新疆、西藏等地。阿富汗、尼泊尔也有分布。

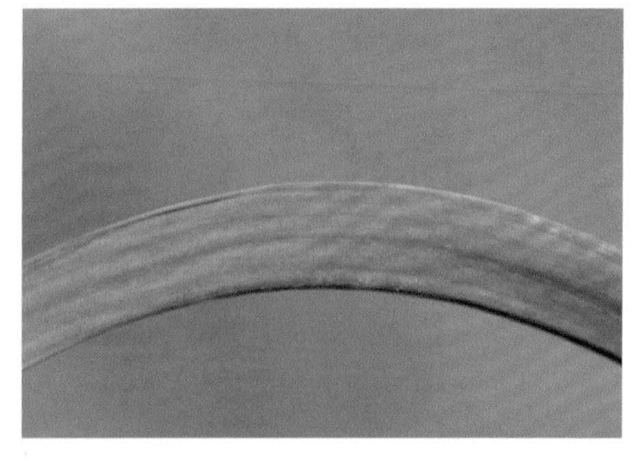

白花葱 *Allium yanchiense* J. M. Xu

多年生草本。具直生的根状茎。鳞茎单生或数枚聚生，狭卵状，粗 1~2cm；外皮污灰色，纸质，无光泽，顶端纤维状。叶圆柱状，中空，短于花葶，粗 1~2mm。花葶圆柱状，高 20~40cm；总苞 2 裂，具短喙，宿存；伞形花序球状，具多而密集的花；小花梗近等长，基部具小苞片；花白色至淡红色，有时淡绿色，常具淡红色中脉；外轮花被片矩圆状卵形，长 4~5.2mm，内轮花被片矩圆形或卵状矩圆形，长 4~6mm；花丝等长，长于花被片，锥形，仅基部合生并与花被片贴生；子房卵球状，腹缝线基部具有帘的蜜穴，花柱伸出花被外。花果期 8~9 月。

中生植物。常生于海拔 1300~2000m 的阴湿沟底和山坡上。

阿拉善地区分布于贺兰山。我国特有种，分布于内蒙古、河北、山西、陕西、宁夏、甘肃、青海等地。

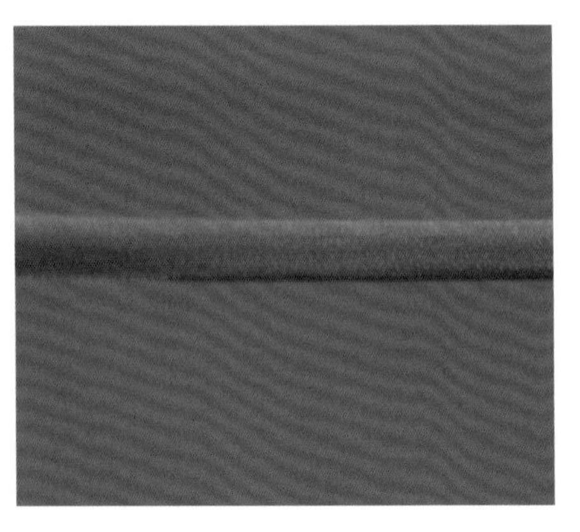

薤白 *Allium macrostemon* Bunge　　别名：小根蒜

多年生草本。鳞茎近球状，粗 0.7~1.5(2)cm，基部常具小鳞茎 (因其易脱落故在标本上不常见)；外皮带黑色，纸质或膜质，不破裂，但在标本上多因脱落而仅存白色的内皮。叶 3~5 枚，半圆柱状，或因背部纵棱发达而为三棱状半圆柱形，中空，上面具沟槽，比花葶短。花葶圆柱状，高 30~70cm，1/4~1/3 被叶鞘；总苞 2 裂，比花序短；伞形花序半球状至球状，具多而密集的花，或间具珠芽或有时全为珠芽；小花梗近等长，比花被片长 3~5 倍，基部具小苞片；珠芽暗紫色，基部亦具小苞片；花淡紫色或淡红色；花被片矩圆状卵形至矩圆状披针形，长 4~5.5mm，宽 1.2~2mm，内轮的常较狭；花丝等长，比花被片稍长直到比其长 1/3，在基部合生并与花被片贴生，分离部分的基部呈狭三角形扩大，向上收狭成锥形，内轮的基部约为外轮基部宽的 1.5 倍；子房近球状，腹缝线基部具有帘的凹陷蜜穴，花柱伸出花被外。花果期 5~7 月。

旱中生植物。常生于海拔 1500m 以下的山地林缘、沟谷和草甸。

阿拉善地区分布于贺兰山。我国各地区均有分布。蒙古、朝鲜、日本也有分布。

天门冬科 Asparagaceae

 舞鹤草属 *Maianthemum* F. H. Wigg.

舞鹤草 *Maianthemum bifolium* (L.) F. W. Schmidt

多年生草本，株高 13~20cm。具匍匐根状茎，细长。茎直立无毛或散生柔毛。基生叶 1，花期凋萎；茎生叶 2(3) 枚，互生，三角状卵形，长 2~5.5cm，宽 1~4.5cm，基部心形，下面脉上散生柔毛，边缘有细锯齿状乳突或柔毛；叶柄长 0.5~2.5cm，通常被柔毛。总状花序顶生，有 12~25 朵花；花白色，单生或成对；花梗细，长 2~5mm，顶端有关节；花被片矩圆形，2 轮，长约 2mm；花丝比花被片短；子房球形，柱头浅 3 裂。花期 6 月，果期 7~8 月。

中生植物。常生于海拔 500~2700m 的落叶松林和白桦林下。

阿拉善地区分布于贺兰山。我国分布于黑龙江、吉林、辽宁、内蒙古、河北、山西、青海、甘肃、陕西和四川等地。广泛分布于北半球温带。

黄精属 *Polygonatum* Mill.

小玉竹 *Polygonatum humile* Fisch. ex Maxim.

多年生草本，株高15~30cm。根状茎圆柱形，细长，直径2~3mm，生有多数须根。茎直立，有纵棱。叶互生，椭圆形、卵状椭圆形至长椭圆形，长5~6cm，宽1.5~2.5cm，先端尖至略钝，基部圆形，下面淡绿色，被短糙毛。花序腋生，常具1花；花梗长9~15mm，明显向下弯曲；花被筒状，白色顶端带淡绿色，全长14~16mm，裂片长约2mm；花丝长约4mm，稍扁，粗糙，着生在花被筒近中部，花药长3~3.5mm，黄色；子房长约4mm，花柱长10~12mm，不伸出花被之外。浆果球形，成熟时蓝黑色，直径约6mm，有2~3颗种子。花期6月，果期7~8月。

中生植物。常生于海拔800~2200m的林下、林缘、灌丛。

阿拉善地区分布于贺兰山。我国分布于黑龙江、吉林、辽宁、内蒙古、河北、山西等地。日本、朝鲜、俄罗斯西伯利亚、蒙古也有分布。

玉竹 *Polygonatum odoratum* (Mill.) Druce

多年生草本，株高25~100cm。根状茎粗壮，圆柱形，有节，黄白色，生有须根，直径4~9mm。茎有纵棱，具7~10叶。叶互生，椭圆形至卵状矩圆形，长6~15cm，宽3~5cm，两面无毛，下面带灰白色或粉白色。花序具1~3花，腋生；总花梗长0.6~1cm，花梗长（包括单花的梗长）0.3~1.6cm，具条状披针形苞片或无；花被白色带黄绿，长14~20mm，花被筒较直，裂片长约3.5mm；花丝扁平，近平滑至具乳头状突起，着生于花筒近中部，花药黄色，长约4mm；子房长3~4mm，花柱丝状，内藏，长6~10mm。浆果球形，熟时蓝黑色，直径4~7mm，有种子3~4颗。花期6月，果期7~8月。

中生植物。常生于海拔500~3000m的林下、灌丛、山地草甸。

阿拉善地区均有分布。我国分布于东北、华北、西北、华东、华中等地。欧亚大陆温带地区均有分布。

热河黄精 *Polygonatum macropodum* Turcz. 别名：多花黄精

多年生草本，株高约 80cm。根状茎粗壮，圆柱形，直径达 1cm。茎圆柱形。叶互生，卵形、卵状椭圆形或卵状矩圆形，长 5~9cm，先端尖，下面无毛。花序腋生，具 8~10 花，近伞房状；总花梗粗壮，弧曲形，长 4~5cm；花梗长 0.5~1.6cm；苞片膜质或近草质，钻形，微小，位于花梗中部以下；花被钟状至筒状，白色或带红点，长 15~20mm，顶端裂片长 4~5mm；花丝长约 5mm，具 3 狭翅，呈皮屑状粗糙，着生于花被筒近中部，花药黄色，长约 4mm；子房长 3~4mm，花柱长 10~13mm，不伸出花被外。浆果，直径 8~10mm，成熟时深蓝色，有种子 7~8 颗。花期 5~6 月，果期 9 月。

中生植物。常生于海拔 400~1500m 的林下或山地阴坡。

阿拉善地区分布于贺兰山。我国分布于辽宁、内蒙古、河北、山西、山东等地。蒙古也有分布。

轮叶黄精 *Polygonatum verticillatum* (L.) All. 别名：红果黄精

多年生草本，株高 20~40cm。根状茎，一头粗，一头细，粗的一头有短分枝。茎有纵棱，无毛。叶通常为 3 叶轮生，间有互生或对生，披针形至矩圆状披针形，长 6~8cm，宽 0.7~1.5cm，先端急尖至渐尖。花腋生，2 朵成花序或单生；总花梗（指成花序时的梗）和花梗（包括单朵花时的梗）均较长，前者长 4~7mm，后者长 8~10mm，下垂；苞片膜质，钻形，微小，着生于花梗上；花被淡黄色或淡紫色，长 11~13mm，顶端裂片长 1~2mm；花丝极短，贴生于花被筒近中部；子房长约 3mm，花柱与子房近相等或稍短。浆果，直径 6~9mm，熟时红色。花期 5~6 月，果期 8~10 月。

中生植物。常生于海拔 2100~4000m 的林缘草甸。

阿拉善地区分布于贺兰山。我国分布于内蒙古、山西、陕西、甘肃、青海、四川、云南、西藏等地。欧洲经西南亚至尼泊尔、不丹也有分布。

黄精 *Polygonatum sibiricum* Redouté 别名：鸡头黄精

多年生草本，株高 30~90cm。根状茎肥厚，横生，圆柱形，一头粗，一头细，直径 0.5~1cm，有少数须根，黄白色。叶无柄，4~6 轮生，平滑无毛，条状披针形，长 5~10cm，宽 4~14mm，先端拳卷或弯曲呈钩形。花腋生，常有 2~4 朵花，呈伞形；总花梗长 5~25mm，花梗长 2~9mm，下垂；花梗基部有苞片，膜质，白色，条状披针形，长 2~4mm；花被白色至淡黄色稍带绿色，全长 9~13mm，顶端裂片长约 3mm，花被筒中部稍缢缩；花丝很短，贴生于花被筒上部，花药长 2~2.5mm；子房长约 3mm，花柱长 4~5mm。浆果，直径 3~5mm，成熟时黑色，有种子 2~4 颗。花期 5~6 月，果期 7~8 月。

中生植物。常生于海拔 800~2800m 的林下、灌丛或山地草甸。

阿拉善地区分布于贺兰山、龙首山、桃花山。我国分布于黑龙江、吉林、辽宁、内蒙古、河北、山西、陕西、宁夏、甘肃、山东、安徽、浙江等地。朝鲜、蒙古、俄罗斯也有分布。

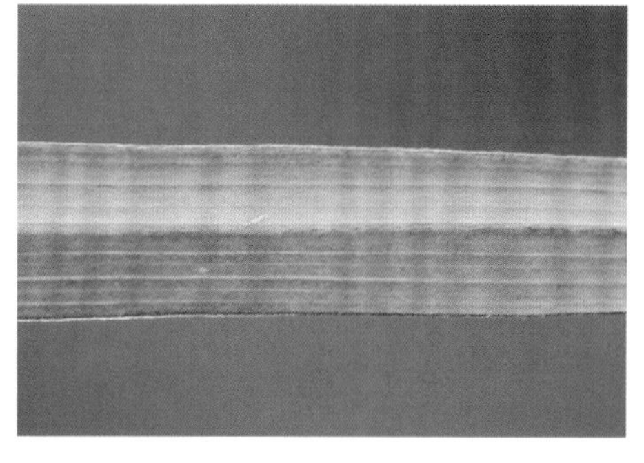

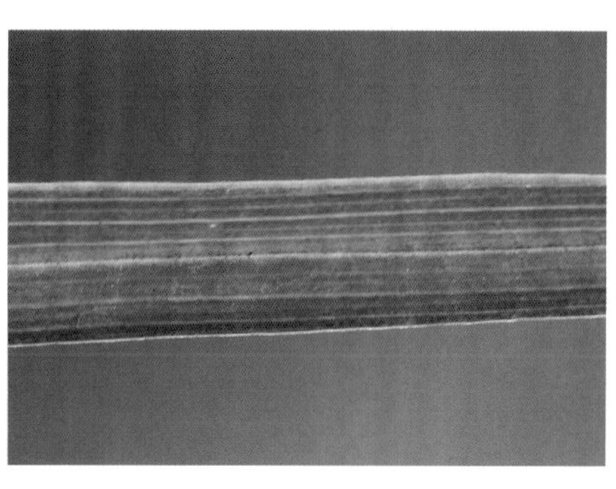

天门冬属 *Asparagus* L.

龙须菜 *Asparagus schoberioides* Kunth　　别名：雉隐天冬

多年生草本，株高40~100cm。根状茎粗短，须根细长，粗2~3mm。茎直立，光滑，具纵条纹，分枝斜升，具细条纹，有时有极狭的翅。叶状枝2~6簇生，与分枝形成锐角或直角，窄条形，镰刀状，基部近三棱形，上部扁平，长1~2cm，宽0.5~1mm，具中脉；鳞片叶近披针形，基部无刺。花2~4朵腋生，钟形，黄绿色；花梗极短，长约1mm或几无梗；雄花的花被片长2~3mm，花丝不贴生于花被片上；雌花与雄花近等大。浆果深红色，直径约6mm，通常有1~2粒种子。花期6~7月，果期7~8月。

中生植物。常生于海拔400~2300m的阴坡林下、林缘、灌丛、草甸和山地草原。

阿拉善地区分布于贺兰山。我国分布于东北、内蒙古、河北、河南、山东、陕西、甘肃等地。日本、朝鲜、俄罗斯也有分布。

攀援天门冬 *Asparagus brachyphyllus* Turcz.

多年生草本。须根膨大，肉质，呈近圆柱状块根，粗 7~15mm。茎近平滑，长 20~100cm，分枝具纵凸纹，通常有软骨质齿。叶状枝 4~10 簇生，近扁的圆柱形，略有几条棱，伸直或弧曲，长 4~12mm，有软骨质齿，鳞片状叶基部有长 1~2mm 的刺状短距。花 2(4) 朵腋生，淡紫褐色；花梗较短，长 4~8mm，关节位于近中部；雄花的花被片长 5~7mm，花丝中部以下贴生于花被片上；雌花较小，花被片长约 3mm。浆果成熟时紫红色，直径 6~8mm，通常有 4~5 粒种子。花期 6~8 月，果期 7~9 月。

中旱生植物。常生于海拔 800~2000m 的山地草原草甸和灌丛中。

阿拉善地区分布于贺兰山。我国分布于吉林、辽宁、内蒙古、河北、山西、陕西、宁夏等地。朝鲜也有分布。

西北天门冬 *Asparagus breslerianus* Schult.f.

多年生草本。须根细长，粗 2~3mm。茎平滑，长 30~100cm；分枝略具条纹或近平滑。叶状枝 4~8 簇生，近圆柱形，略具钝棱，长 5~15(35)mm，粗约 0.5mm，直伸或稍弧曲；鳞片状叶基部具长 1~3mm 的刺状距。花 1~2 朵腋生，红紫色或绿白色；花梗较长，长 6~18mm；花丝中部以下贴生于花被片上，花药顶端具细尖；雌花较小，花被片长约 3mm。浆果在成熟时红色，直径约 6mm，有 5~6 粒种子。花期 6~7 月，果期 7~8 月。

旱生植物。常生于海拔 2900m 以下的盐碱地、戈壁滩、河岸、荒地上。

阿拉善地区分布于阿拉善左旗、额济纳旗、贺兰山等地。我国分布于内蒙古、甘肃、青海、新疆等地。蒙古、俄罗斯、伊朗也有分布。

戈壁天门冬 *Asparagus gobicus* Ivanova ex Grubov

半灌木，株高 15~45cm。具根状茎；须根细长，粗 1.5~2mm。茎坚挺，下部直立，黄褐色，上部通常回折状，常具纵向剥离的白色薄膜；分枝较密集，强烈回折状，常疏生软骨质齿。叶状枝 3~6(8) 簇生，通常下倾和分枝交成锐角，近圆柱形，略有几条不明显的钝棱，长 5~25mm，直径 0.8~1mm，较刚直，稍呈针刺状；鳞片状叶基部具短距。花 1~2 朵腋生；花梗长 2~5mm，关节位于上部或中部；雄花的花被片长 5~7mm，花丝中部以下贴生于花被片上；雌花略小于雄花。浆果红色，直径 5~8mm，有 3~5 粒种子。花期 5~6 月，果期 6~8 月。

旱生植物。常生于海拔 1600~2560m 的荒漠和荒漠化草原地带的沙地及砂砾质干河床。

阿拉善地区均有分布。我国分布于内蒙古、陕西、宁夏、甘肃、青海等地。蒙古也有分布。

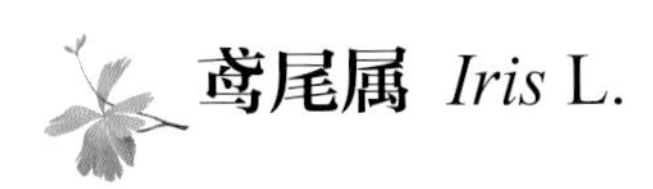

鸢尾属 *Iris* L.

野鸢尾 *Iris dichotoma* Pall. 别名：白射干

多年生草本，株高40~100cm。根状茎粗壮，具多数黄褐色须根。茎直立，圆柱形，直径2~5mm，光滑。多分枝，分枝处具1枚苞片；苞片披针形，长3~10cm，绿色，边缘膜质。叶基生，6~8枚，排列于一个平面上，呈扇状；叶片剑形，长20~30cm，宽1.5~3cm，绿色，基部套折状，边缘白色膜质，两面光滑，具多数纵脉；聚伞花序，有花3~15朵；花梗较长，长约4cm；花白色或淡紫红色，具紫褐色斑纹；总苞干膜质，宽卵形，长1~2cm；外轮花被片矩圆形，薄片状，具紫褐色斑点，爪部边缘具黄褐色纵条纹，内轮花被片明显短于外轮，瓣片矩圆形或椭圆形，具紫色网纹，爪部具沟槽；雄蕊3，贴生于外轮花被片基部，花药基底着生；花柱分枝3，花瓣状，卵形，基部连合，柱头具2齿。蒴果圆柱形，长3.5~5cm，具棱；种子暗褐色，椭圆形，两端翅状。花期7月，果期8~9月。

中旱生植物。常生于海拔200~2300m的草原及山地林缘或灌丛，为草原、草甸草原及山地草原常见杂草。

阿拉善地区分布于贺兰山、龙首山、桃花山。我国分布于东北、华北、西北等地。俄罗斯、蒙古也有分布。

细叶鸢尾 *Iris tenuifolia* Pall.

多年生草本，株高20~40cm，形成稠密草丛。根状茎匍匐，须根细绳状，黑褐色。植株基部被稠密的宿存叶鞘，丝状或薄片状，棕褐色，坚韧；基生叶丝状条形，纵卷，长达40cm，宽1~1.5mm，极坚韧，光滑，具5~7条纵脉。花葶长约10cm；苞叶3~4，披针形，鞘状膨大呈纺锤形，长7~10cm，白色膜质，果期宿存，内有花1~2朵；花淡蓝色或蓝紫色，花被管细长，可达8cm；花被裂片长4~6cm，外轮花被片倒卵状披针形，基部狭，中上部较宽，上面有时被须毛，无沟纹，内轮花被片倒披针形，比外轮略短；花柱狭条形，顶端2裂。蒴果卵球形，具三棱，长1~2cm。花期5月，果期6~7月。

旱生植物。常生于海拔1300~3700m的草原沙地及石质坡地。

阿拉善地区分布于贺兰山。我国分布于东北、华北、西北等地。中亚、俄罗斯西伯利亚、蒙古也有分布。

天山鸢尾 *Iris loczyi* Kanitz

多年生草本，株高 25~40cm，形成稠密草丛。根状茎细，匐匍；须根多数，绳状，黄褐色，坚韧。植株基部被片状、红褐色的宿存叶鞘。基生叶狭条形，长达 40cm，宽 1.5~3mm，坚韧，光滑，两面具凸出纵叶脉。花葶长约 15cm；苞叶质薄，先端尖锐，长 10~15cm，内有花 1~2 朵；花淡蓝色或蓝紫色；花梗短；花被管细长，可达 10cm；外轮花被片倒披针形，长约 5cm，基部狭，上部较宽，淡蓝色，具紫褐色或黄褐色脉纹，内轮花被片较短，较狭，近直立；花柱裂片条形。蒴果球形，具棱，长约 3cm，顶端具喙。花期 5~6 月，果期 7 月。

旱生植物。常生于海拔 2000m 以上的石山坡、山地草原。

阿拉善地区分布于贺兰山、龙首山、桃花山。我国分布于西北、内蒙古等地。俄罗斯、中亚也有分布。

大苞鸢尾 *Iris bungei* Maxim.

多年生草本，株高20~40cm，形成稠密草丛。根状茎粗短，着生多数黄褐色细绳状须根。植株基部被稠密的纤维状棕褐色宿存叶鞘。基生叶条形，长15~30cm，宽2.5~4mm，光滑或粗糙，两面具凸出的纵脉。花葶高约15cm，短于基生叶；苞叶鞘状膨大，呈纺锤形，长6~10cm，先端尖锐，边缘白色膜质，光滑或粗糙，具纵脉而无横脉，不形成网状；花1~2朵，蓝紫色，花被管长3~4cm；外轮花被片披针形，长约5.5cm，顶部较宽，具紫色脉纹，内轮花被片与外轮略等长或稍短，披针形，具紫色脉纹；花柱狭披针形，顶端2裂，边缘宽膜质。蒴果矩圆形，长4~6cm，顶端具长喙。花期5月，果期7月。

强旱生植物。常生于沙地平原、干旱坡地。

阿拉善地区分布于贺兰山、龙首山、桃花山。我国分布于内蒙古、山西、宁夏、甘肃等地。蒙古也有分布。

粗根鸢尾 *Iris tigridia* Bunge ex Ledeb.

多年生草本，株高10~30cm。根状茎短粗，须根多数，粗壮，稍肉质，直径3mm，黄褐色。茎基部具较柔软的黄褐色宿存叶鞘。基生叶条形，先端渐尖，长5~30cm，宽1.5~4mm，光滑，两面叶脉凸出。花葶高7~10cm，短于基生叶；总苞2，椭圆状披针形，长3~5cm，顶端尖锐，膜质，具脉纹；花常单生，蓝紫色或淡紫红色，具深紫色脉纹；外轮花被片倒卵形，边缘稍波状，中部有髯毛，内轮花被片较狭较短，直立，顶端微凹；花柱裂片狭披针形，顶端2裂。蒴果椭圆形，长约3cm，两端尖锐，具喙。花期5月，果期6~7月。

旱生植物。常生于固定沙丘、沙质草原、干山坡上。

阿拉善地区分布于贺兰山、龙首山、桃花山。我国分布于东北、华北、内蒙古、甘肃、青海等地。俄罗斯、蒙古也有分布。

紫苞鸢尾 *Iris ruthenica* Ker Gawl.

多年生草本。花期株高约 10cm，果期可达 30cm。根茎细长，匍匐，分枝，密生条状须根，植株基部及根状茎被褐色宿存纤维状叶鞘。基生叶条形，花期长 10cm，果期可达 30cm，宽 1.5~3.5mm，顶端长渐尖，粗糙，两面具 2 或 3 条凸出叶脉。总苞 2，椭圆状披针形，长 3~4cm，先端渐尖，膜质；花葶长 5~7cm，短于基生叶；花单生，蓝紫色；花被管细长，长约 1.5cm，外轮花被片狭披针形，长 2~3cm，顶端圆形，基部渐狭，具紫色脉纹，内轮花被片较短；花柱狭披针形，顶端 2 裂。蒴果球形，直径约 1cm，具棱。花期 5~6 月，果期 6~7 月。

旱中生植物。常生于海拔 1800~3600m 的向阳草地或石质山坡。

阿拉善地区分布于贺兰山、龙首山、桃花山。我国分布于东北、华北、西北、西南等地。中亚、俄罗斯也有分布。

马蔺 *Iris lactea* Pall.

多年生草本，株高15~40cm。根状茎粗壮，木质，斜伸，外包有大量致密的红紫色折断的老叶残留叶鞘及毛发状的纤维；须根粗而长，黄白色，少分枝。叶基生，坚韧，灰绿色，条形或狭剑形，长约50cm，宽4~6mm，顶端渐尖，基部鞘状，带红紫色，无明显的中脉。花茎光滑，高3~10cm；苞片3~5枚，草质，绿色，边缘白色，披针形，长4.5~10cm，宽0.8~1.6cm，顶端渐尖或长渐尖，内包含2~4朵花；花乳白色，直径5~6cm；花梗长4~7cm；花被管甚短，长约3mm，外花被裂片倒披针形，长4.5~6.5cm，宽0.8~1.2cm，顶端钝或急尖，爪部楔形，内花被裂片狭倒披针形，长4.2~4.5cm，宽5~7mm，爪部狭楔形；雄蕊长2.5~3.2cm，花药黄色，花丝白色；子房纺锤形，长3~4.5cm。蒴果长椭圆状柱形，长4~6cm，直径1~1.4cm，有6条明显的肋，顶端有短喙；种子为不规则的多面体，棕褐色，略有光泽。花期5~6月，果期6~9月。

中生植物。常生于海拔600~3800m的河涌、盐碱滩地，为盐化草甸建群种。

阿拉善地区分布于贺兰山、龙首山、桃花山。我国分布于东北、华北、西北、安徽、湖北、湖南、四川、西藏等地。朝鲜、俄罗斯、蒙古、印度也有分布。

兰　科　Orchidaceae

掌裂兰属 *Dactylorhiza* Neck. ex Nevski

凹舌兰 *Dactylorhiza viridis* (L.) R. M. Bateman

多年生草本，株高14~45cm。块茎肥厚，掌状分裂。茎直立，无毛，基部具2~3片叶鞘。叶2~4片，椭圆形或椭圆状披针形。总状花序具多花；花苞片条形或条状披针形；花绿色或黄绿色；萼片基部靠合且与花瓣成兜，中萼片卵形或卵状椭圆形，侧萼片斜卵形；花瓣条状披针形，唇瓣下垂，肉质，倒披针形，基部具囊状距，近基部中央具1条短的纵褶片，顶端3浅裂；蕊柱直立，退化雄蕊近半圆形，花粉块近棒状；柱头近肾形，子房扭转，无毛。花期5~8月，果期9~10月。

中生植物。常生于海拔1700m左右的山坡灌丛或林下、林缘及草甸。

阿拉善地区分布于贺兰山、龙首山、桃花山。我国分布于黑龙江、吉林、内蒙古、河北、河南、山西、陕西、甘肃、青海、新疆、四川、湖北、云南西北部、西藏东部等地。日本、朝鲜、蒙古、欧洲、北美洲也有分布。

角盘兰属 *Herminium* L.

角盘兰 *Herminium monorchis* (L.) R. Br., W. T. Aiton

多年生草本，株高 5.5~35cm。块茎椭圆形或圆球形。茎直立，基部具棕色膜质叶鞘。叶条状披针形、椭圆形或狭椭圆形。总状花序圆柱状，具多花；花苞片披针形；花小，绿色，垂头，钩手状；中萼片卵形，侧萼片卵状披针形，歪斜；花瓣条状披针形，近中部骤狭呈尾状肉质增厚，3 裂，中裂片近条形，唇瓣近矩圆形，基部凹陷具距，近中部 3 裂，侧裂片条形，中裂片条状三角形，距明显，近卵状矩圆形；退化雄蕊小，椭圆形，花粉块近倒卵形，蕊喙小；柱头 2，隆起，位于唇瓣基部两侧，子房无毛，扭转。花期 6~7 月。

中生植物。常生于海拔 500~2500m 的山地林缘草甸和林下。

阿拉善地区分布于贺兰山。我国分布于黑龙江、吉林、内蒙古、山东、河北、河南、陕西、宁夏、甘肃、青海、四川、云南、西藏等地。日本、朝鲜、蒙古、俄罗斯、中亚也有分布。

鸟巢兰属 *Neottia* Guett.

北方鸟巢兰 *Neottia camtschatea* (L.) Rchb. f.　　　　别名：堪察加鸟巢兰

多年生草本，株高 10~27cm。根状茎短，具鸟巢状纤维根。茎直立，疏被乳突状短柔毛。总状花序具多数花，花序轴密被乳突状短柔毛；苞片矩圆状卵形、宽披针形或宽卵形，花淡黄色、淡绿色或黄绿色；中萼片矩圆状卵形、矩圆形或近舌形，外面疏被短柔毛，侧萼片与中萼片相似，歪斜；花瓣条形或狭矩圆形，唇瓣近楔形，基部上面具 2 枚褶片，顶端 2 深裂，裂片边缘具乳突状细缘毛；蕊喙呈片状，近半圆形；柱头隆起，2 裂，位于蕊喙之下，子房椭圆形或倒卵形，密被乳突状短柔毛。蒴果椭圆形，长 8~9mm，宽 5~6mm。花果期 7~8 月。

中生植物。常生于海拔 2000~2400m 的林下。

阿拉善地区分布于贺兰山。我国分布于内蒙古、河北、山西、甘肃、青海、新疆等地。蒙古、俄罗斯、中亚也有分布。

绶草属 *Spiranthes* Rich.

绶草 *Spiranthes sinensis* (Pers.) Ames

多年生草本，株高 15~40cm。根数条簇生，指状，肉质。茎直立，纤细，上部具苞片状小叶。苞片状小叶先端长渐尖，近基部生叶 3~5 片，叶条状披针形或条形，长 2~12cm，宽 2~8mm，先端钝、急尖或近渐尖。总状花序具多数密生的花，似穗状，长 2~11cm，直径 0.5~1cm，螺旋状扭曲，花序轴被腺毛；花苞片卵形；花小，淡红色、紫红色或粉色；中萼片狭椭圆形或卵状披针形，长约 5mm，宽约 1.5mm，先端钝，具 1~3 脉，侧萼片披针形，与中萼片近等长但较狭，先端尾状，具脉 3~5 条；花瓣狭矩圆形，与中萼片近等长但较薄且窄，先端钝，唇瓣矩圆状卵形，略内卷呈舟状，与萼片近等长，宽 2.5~3.5mm，先端圆形，基部具爪，长约 0.5mm，上部边缘啮齿状，强烈皱波状，中部以下全缘，中部或多或少缢缩，内面中部以上具短柔毛，基部两侧各具 1 个胼胝体；蕊柱长 2~3mm，花药长约 1mm，先端急尖，花粉块较大，蕊喙裂片狭长，渐尖，长约 1mm，黏盘长纺锤形；柱头较大，呈马蹄形，子房卵形，扭转，长 4~5mm，具腺毛。蒴果具 3 棱，长约 5mm。花果期 6~8 月。

湿中生植物。常生于海拔 200~3400m 的沼泽化草甸或林缘草甸。

阿拉善地区分布于贺兰山。我国各地均有分布。朝鲜、日本、菲律宾、印度、澳大利亚、蒙古、俄罗斯也有分布。

参考文献

卢琦，王继和，褚建民. 中国荒漠植物图鉴 [M]. 北京：中国林业出版社，2012.

《内蒙古阿拉善右旗植物图鉴》编委会. 内蒙古阿拉善右旗植物图鉴 [M]. 呼和浩特：内蒙古人民出版社，2010.

《内蒙古植物志》编辑委员会. 内蒙古植物志（第二版）(1～5 卷)[M]. 呼和浩特：内蒙古人民出版社，1989-1998.

徐杰，闫志坚，哈斯巴根，等. 内蒙古维管植物图鉴 (双子叶植物卷)[M]. 北京：科学出版社，2015.

徐杰，闫志坚，哈斯巴根，等. 内蒙古维管植物图鉴 (蕨类植物、裸子植物和单子叶植物卷)[M]. 北京：科学出版社，2017.

燕玲. 阿拉善荒漠区种子植物 [M]. 北京：现代教育出版社，2011.

张勇，冯起，高海宁，李鹏. 祁连山维管植物彩色图谱 [M]. 北京：科学出版社，2013.

赵一之，赵利清. 内蒙古维管植物检索表 [M]. 北京：科学出版社，2014.

朱宗元，梁存柱，李志刚. 贺兰山植物志 [M]. 银川：阳光出版社，2011.

中国科学院兰州沙漠研究所. 中国沙漠植物志 (1～3 卷)[M]. 北京：科学出版社，1985-1992.

中文名索引

■G

■H

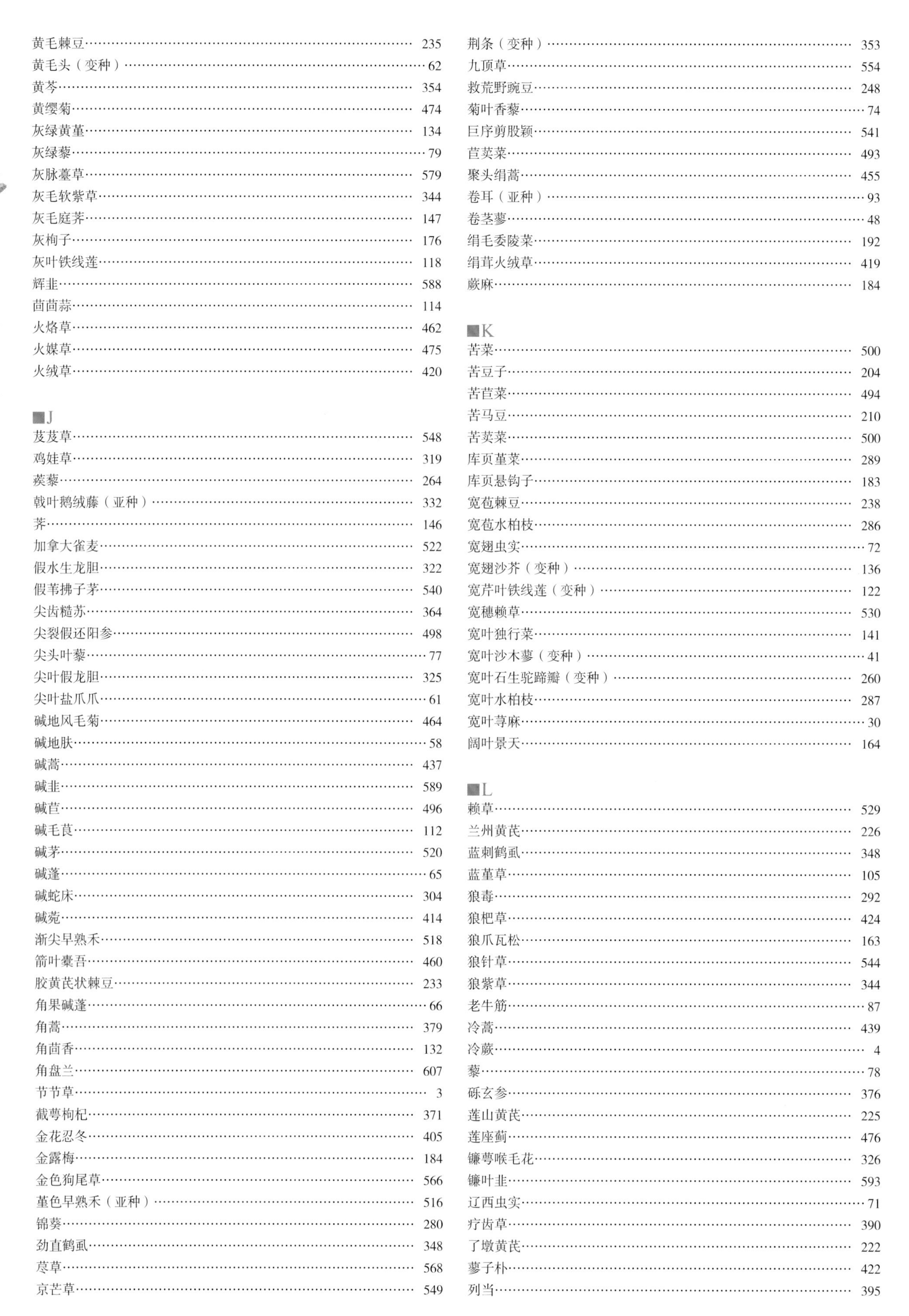

M

N

O

P

■Q

■R

■S

■T

■W

■X

Y

Z

拉丁名索引

B

C

■D

R

S

T

■U

■V

■X

■Z